高职高专土建类“十三五”规划**“互联网+”**创新系列教材

建筑工程计量与计价

JIANZHU GONGCHENG JILIANG YU JIJIA

第2版

主　编　王丽梅　高九云

副主编　杨志鹏　曹成英　沈　芳

偶丹萍　王如亮

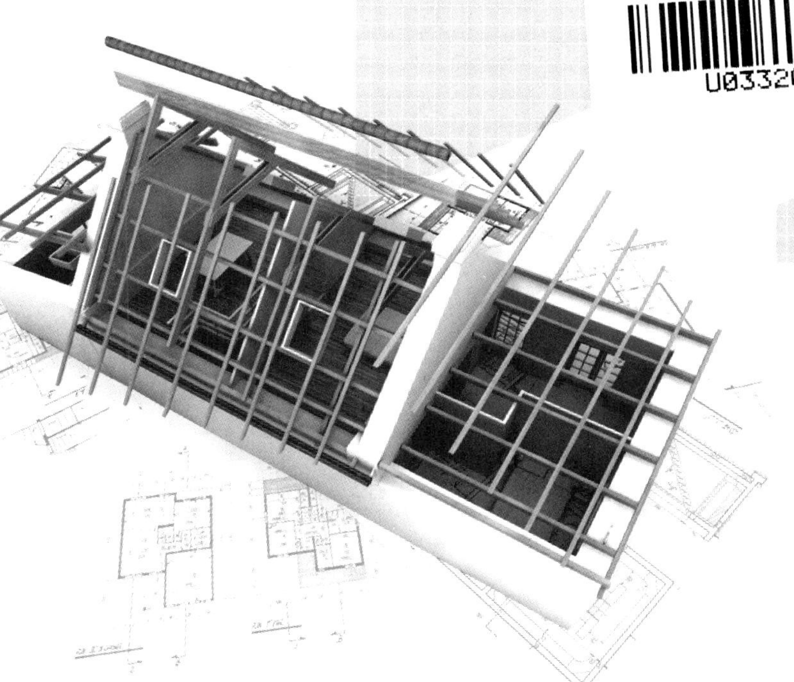

中南大學出版社
www.csupress.com.cn

内容简介

《建筑工程计量与计价》以培养生产、建设、管理和服务等一线需要的高等技术应用型人才为目标，依据高职高专院校土建类专业的教学大纲和造价员培训要求，结合建筑工程计量与计价课程教学基本要求和课程教学特点，按照《建筑安装工程费用项目组成》建标〔2013〕44 号文件和《建设工程工程量清单计价规范》(GB 50500—2013)、《房屋建筑与装饰工程工程量计算规范》(GB 50854—2013)及 2014 年江苏省定额和 2016 年国家营改增新政编写而成。

本教材结合高职高专教育的特点，立足于职业能力的培养，基于建筑与装饰施工过程，以造价员岗位核心工作任务为载体构建课程体系，按定额与清单两种计价模式的工程量计算编写，与造价员教材内容体系保持一致。可作为高等院校工程管理、土木工程、工程造价专业及相关专业的教材或参考书，也可作为造价工程师、监理工程师、建造师、咨询工程师等执业资格考试的参考书，还可供其他从事工程造价管理人员、工程咨询人员及自学者参考使用。

本书配有多媒体教学电子课件及手机微信端“雷课堂”。

高职高专土建类“十三五”规划“互联网＋”创新系列教材编审委员会

出版说明 INSTRUCTIONS

遵照《国务院关于加快发展现代职业教育的决定》(国发〔2014〕19号)提出的“服务经济社会发展和人的全面发展，推动专业设置与产业需求对接，课程内容与职业标准对接，教学过程与生产过程对接，毕业证书与职业资格证书对接”的基本原则，为全面推进高等职业院校土建类专业教育教学改革，促进高端技术技能型人才的培养，依据国家高职高专教育土建类专业教学指导委员会高等职业教育土建类专业教学基本要求，通过充分的调研，在总结吸收国内优秀高职高专教材建设经验的基础上，我们组织编写和出版了这套高职高专土建类专业“十三五”规划教材。

高职高专教学改革不断深入，土建行业工程技术日新月异，相应国家标准、规范，行业、企业标准、规范不断更新，作为课程内容载体的教材也必然要顺应教学改革和新形势的变化，适应行业的发展变化。教材建设应该按照最新的职业教育教学改革理念构建教材体系，探索新的编写思路，编写出版一套全新的、高等职业院校普遍认同的、能引导土建专业教学改革的“十三五”规划系列教材。为此，我们成立了规划教材编审委员会。教材编审委员会由全国30多所高职院校的权威教授、专家、院长、教学负责人、专业带头人及企业专家组成。编审委员会通过推荐、遴选，聘请了一批学术水平高、教学经验丰富、工程实践能力强的骨干教师及企业专家组成编写队伍。

本套教材具有以下特色：

1. 教材依据国家高职高专教育土建类专业教学指导委员会《高职高专土建类专业教学基本要求》编写，体现科学性、创新性、应用性；体现土建类教材的综合性、实践性、区域性、时效性等特点。

2. 适应高职高专教学改革的要求，以职业能力为主线，采用行动导向、任务驱动、项目载体，教、学、做一体化模式编写，按实际岗位所需的知识能力来选取教材内容，实现教材与工程实际的零距离“无缝对接”。

3. 体现先进性特点。将土建学科的新成果、新技术、新工艺、新材料、新知识纳入教材，结合最新国家标准、行业标准、规范编写。

4. 教材内容与工程实际紧密联系。教材案例选择符合或接近真实工程实际，有利于培养学生的工程实践能力。

5. 以社会需求为基本依据，以就业为导向，融入建筑企业岗位(八大员)职业资格考试、国家职业技能鉴定标准的相关内容，实现学历教育与职业资格认证相衔接。

6. 教材体系立体化。为了方便老师教学和学生学习，本套教材建立了多媒体教学电子课件、电子图集、教学指导、教学大纲、案例素材等教学资源支持服务平台；部分教材采用了“互联网+”的形式出版，读者扫描书中“二维码”，即可阅读丰富的工程图片、演示动画、操作视频、工程案例、拓展知识。

高职高专土建类专业规划教材

编审委员会

第 2 版前言 PREFACE

随着社会经济的蓬勃发展，工程造价领域改革的步伐在不断加快，新的法规、规范在陆续颁布，这些都要求工程造价管理从业人员必须用最新的知识、从一个全新的角度来管理和控制工程项目。另外，新时期的高等职业教育也对教学模式和教学方法提出了新的要求。

本书根据高等职业院校工程造价专业的培养目标，基于“工作过程”选取教材内容，采取教师主导、以学生技能课程内容与工程实际为主体，结合目前教学的实际情况编写。编者在充分总结多年教学与实践经验的基础上，依照造价员岗位能力的要求，按照工作任务流程设计教学任务，并将造价员岗位资格考试内容融入课程，保证学生在学习专业知识和培养职业能力的同时，也加重其方法能力和社会能力的培养。

书中引用了大量的典型案例，并推荐了相关阅读资料，对学生拓展知识面有积极的作用。本书的特色如下。

1. 体现新政策、新规范

本书在编写过程中参照了工程造价领域最新颁布的法规和相关政策，尤其是工程造价的新法规、新规范。根据《建设工程工程量清单计价规范》(GB50500—2013)和《房屋建筑与装饰工程工程量计算规范》(GB50854—2013)的工程量清单计价的有关内容进行了修改。在定额计量与计价中根据《江苏省建筑与装饰工程计价定额(2014)》和《江苏省建设工程费用定额(2014)》以及江苏省住房城乡建设厅《关于建筑业实施营改增后江苏省建设工程计价依据调整的通知(2016)》进行调整修改。根据 2016 年发布的《关于做好建筑业营改增建设工程计价依据调整准备工作的通知》(建办标【2016】4 号)和《关于全面推开营业税改征增值税试点的通知》(财税【2016】36 号)等文件增加了“营改增”部分内容，并对第一版相关涉及税金和定额计价部分进行了修改；又适当引入了学科的最新内容和工程造价的最新发展，充分结合了工程造价的特点，使本书内容紧跟科技发展的步伐。

2. 内容丰富，结构新颖

每章中设定了教学目标、重点和难点，增加了实例教学，每章后面均附有习题，习题中增加了造价员模拟习题，书后附建筑工程计量与计价课程实训资料，便于学生全面、系统地掌握工程造价基础理论知识和定额与规范的应用。

3. 实用性强

本书的编写人员由具有多年教学经验和实践工作经验的多个区域、多个院校的教师及专家组成，将丰富的教学典型案例运用到书中，同时，本书的编写内容考虑到学生考取造价员资格证书的需要，结合了注册造价工程师考试教材的内容，如参照全国造价工程师执业资格考试中有关内容进行优化。

4. 立体化及互联网教学资源

本教材配有课件、试题库、参考答案等教学配套资源。并且为方便教师授课和学生自学，我们以“互联网 +”教材 的模式开发了与本书配套的手机微信端课程“雷课堂”，“雷课堂”是移动教学提供的免费的课堂互动教学平台，扫描以下二维码，即可进入学习。

若需要其他相关教学资源，可以登录：文华教育在线（网址：http://www.ulearning.cn/ 用户名：wanglimeitea）。

本书由王丽梅（苏州工业园区职业技术学院）、高九云（江苏商贸职业学院）担任主编，杨志鹏（甘肃林业职业技术学院）、曹成英（甘肃工业职业技术学院）、沈芳（金肯职业技术学院、偶丹萍（江阴职业技术学院）、王如亮（苏州工业园区职业技术学院）担任副主编，季丽（苏州工业园区职业技术学院）参编。具体编写分工如下：杨志鹏编写第 1 章，沈芳编写第 2 章、第 3 章，高九云编写第 4 章，偶丹萍编写第 5 章，王丽梅编写第 6 章、第 7 章，王如亮、季丽编写第 8 章，曹成英编写第 9 章。全书由王丽梅负责统稿。

本书第一版由王丽梅、高九云担任主编，杨志鹏、曹成英、李泽凤（甘肃建筑职业技术学院）、王如亮、杨雪（宿迁泽达职业技术学院）担任副主编，季丽参编，本书是在第一版的基础上修订的，在此向前一版的编者致以衷心的谢意！

本书在编写过程中参考和引用了国内外大量文献资料，在此谨向原书作者表示衷心的感谢！本书出版还得到中南大学出版社编辑的大力支持，对他们的付出，编者在此深表感谢。由于编者经验不足、水平有限，书中难免有疏漏和存在不足之处，诚挚希望读者批评指正，多提宝贵意见。

编　者

2017 年 8 月

目录 CONTENTS

第 1 章　建筑工程计量与计价的基本知识

【目的要求】

1. 了解工程项目建设程序；了解建筑工程计量与计价的发展趋势。
2. 熟悉建设工程概念；熟悉建设项目的分类；熟悉建筑工程计量与计价的含义、作用和基本原则。
3. 掌握建设项目的构成。

【重点和难点】

1. 重点：建筑工程计量与计价的含义。
2. 难点：工程项目建设程序与建筑工程计量与计价的关系。

建议教学时数：2 学时。

1.1　工程建设概论

“建筑工程计量与计价”是高等职业教育建筑工程及工程管理类专业的一门专业技能应用型课程，是建筑企业进行现代化管理的基础，主要研究建筑产品的生产成果与生产消耗之间的定量关系及建筑产品价格的形成原理。要学好本课程，必须先学好“建筑制图与识图”“建筑材料”“建筑结构”“建筑施工技术”“建筑施工组织与项目管理”等相关课程的内容。另外，本课程是一门技术性、实践性和政策性较强的课程，在学习的过程中应坚持理论联系实际，突出以应用为重点，加强培养学生实际动手能力，采用工程项目案例教学方法，结合工程实例图纸边学边练，使学生通过本课程学习，快速掌握概预算编制技能及工程管理方法。

1.1.1　建设工程概念

工程项目的建设是一种特殊的社会经济活动，有其内在特点和规律性。工程项目的建设程序就是这种内在特点和规律性的重要体现。

工程项目建设是指投资建造固定资产和形成物质基础的经济活动。凡是以固定资产扩大生产能力或新增工程效益为主要目的的新建、扩建、改建、迁建和恢复工程以及与之有关的活动，统称为工程项目建设。所谓新建，是指从基础开始建造的建设项目；所谓扩建，是指在原有基础上加以扩充的建设项目，对于建筑工程，扩建主要是指在原有基础上加高加层(需重新建造基础的工程属于新建项目)；所谓改建，是指不增加建筑物或建设项目体量，在原有基础上，为提高生产效率，改进产品质量或改变产品方向，或改善建筑物使用功能、改变使用目的，对原有工程进行改造的建设项目。装修工程也是改建。企业为了平衡生产能力，增加一些附属、辅助车间或非生产性工程，也属于改建项目。

实际上建设工程是形成新的固定资产的经济活动过程，即把一定的物质资料如建筑材料、机械设备等，通过购置、建造和安装等活动转化为固定资产，形成新的生产能力或使用效益的过程。与此相关的其他工作，如征用土地、勘察设计、筹建机构和生产职工培训等也属于基本建设。由此可见，建设工程实质上是形成新的固定资产的经济活动，是实现社会扩大再生产的重要手段。

所谓固定资产是指企业在生产过程中，可供生产或生活较长时间，在使用过程中，基本保持原有实物形态的劳动资料或其他物资资料，如建(构)筑物、机械设备或电气设备。一般地，凡被列为固定资产的劳动资料，应同时具备以下两个条件：①使用期限在一年以上；②劳动资料的单位价值在限额以上。限制的额度要以会计制度为依据。不属于生产经营主要设备的物品，单位价值在2000元以上，并且使用年限超过2年的，也应当作为固定资产。固定资产在生产或被使用过程中逐渐被损耗，但还没有达到完全报废而仍有使用价值的阶段，需要进行定期的大修理，以使原有的固定资产保持原有的性能并继续发挥作用，例如更换已损坏的设备零部件、对房屋进行翻修等。这种对固定资产损耗部分的补偿，并不替换原有的固定资产，也不增加新的固定资产，这种经常进行的生产大修理不属于建设工程投资。

1.1.2 建设项目的内容

一、建筑工程

建筑工程是指永久性或临时性的各种房屋与构筑物，如厂房、仓库、住宅、学校、剧院、矿井、桥梁、电站、铁路、码头、体育场等；各种民用管道和线路的敷设工程；设备基础、窑炉砌筑、金属结构构件工程等。

二、设备安装工程

设备安装工程是指永久性和临时性生产、动力、起重、运输传动和医疗、试验等设备的装配、安装工程，以及附属于被安装设备的管线敷设、绝缘、保温、刷油等工程。

三、设备、工具、器具的购置

设备、工具、器具的购置是指按照设计文件规定，对于生产和服务与生产而又达到固定资产标准的设备、工器具的加工、订购和采购。

四、其他基本建设工作

其他基本建设工作是指在上述工作之外而与建设项目有关的各项工作，如筹建机构、征用土地、设计、培训工人及其他生产准备工作等。

1.1.3 建设项目的分类

一、按照建设项目性质的不同分

(1)新建项目：新建项目是指新开始建设的基本建设项目，或在原有固定资产的基础上扩大3倍以上规模的建设项目。这是建设项目的主要形式。

(2)扩建项目：扩建项目是指在原有固定资产的基础上扩大3倍以内规模的建设项目，其建设目的是为了扩大原有产品的生产能力或效益。

(3)改建项目：改建项目是指为了提高生产效率或使用效率，对原有设备、工艺流程进行技术改造的建设项目。这是基本建设的补充形式。

(4)迁建项目：迁建项目是指由于各种原因迁移到另外的地方建设的项目。迁建项目中符合新建、扩建、改建条件的，应分别作为新建、扩建或改建项目。

(5)重建项目：重建项目是指因遭受自然灾害或战争使得建筑物全部报废而投资重新恢复建设的项目。

二、按资金来源渠道的不同分类

(1)国家预算拨款的工程项目：是指国家预算计划内直接安排的建设项目。

(2)银行贷款的工程项目。

(3)企业联合投资的工程项目。

(4)企业自筹的工程项目。

(5)利用外资的工程项目。

(6)外资工程项目。

三、按建设工程规模分类

(1)按照上级批准的建设项目的总规模和总投资，建设工程项目分为：大型项目、中型项目和小型项目。

(2)更新改造项目按照投资额分为：限额以上项目和限额以下项目。

一个建设项目只能属于大中小型中的一种类型。新建项目按项目的全部建设规模或全部投资划分，改建、扩建项目按改建、扩建所增加的设计能力或投资划分。

四、按建设用途分类

(1)生产性建设项目：如工业工程项目、运输工程项目、农田水利工程项目、能源工程项目等，即用于物资产品生产建设的工程项目。

(2)非生产性建设项目：按满足人们物质文化生活需要的工程项目。非生产性建设工程项目可分为经营性工程项目和非经营性工程项目。

1.1.4　建设项目构成

一、建设项目

建设项目是指经过有关部门批准的立项文件和设计任务书，按一个总体设计组织施工、经济上实行独立核算、管理上具有独立组织形式的基本建设单位。如一座工厂、一所学校、一所医院等均为一个建设项目。一个建设项目又由一个或几个单项工程组成。

二、单项工程

单项工程是指在一个建设项目中具有独立的设计文件，竣工后可以独立发挥生产能力或效益的工程。它是建设项目的组成部分，如工业项目中的各个车间、办公楼及其他辅助工程均为单项工程，非工业建设项目中各独立工程，如学校中的综合办公楼、教学楼、图书馆、实验楼、学生公寓、家属楼、礼堂、食堂、体育馆及室外运动场、电子计算中心、学术中心、培训中心以及辅助项目(锅炉房、汽车库、变电所、垃圾处理设施)等。一个单项工程，可以是一个独立工程(如一幢宿舍)。目前我们遇到的施工招标，多为单项工程。

三、单位工程

单位工程是竣工后一般不能独立发挥生产能力或效益，但具有独立的设计图纸，可以独立组织施工的工程。它是单项工程的组成部分。按其构成，又可将其分解为建筑工程和设备安装工程。一般情况下，单位工程是进行工程成本核算的对象。单位工程产品的价格通过编制单位工程施工图预算来确定。单项工程根据其中各个组成部分分为：一般土建工程、特殊建筑物工程、工业管道工程、电气工程等。单位工程是招标划分标段的最小单位。

四、分部工程

分部工程是单位工程的组成部分。按照工程部位、设备种类、使用材料的不同，可以将一个单位工程分解为若干个分部工程。如房屋的土建工程，按其不同的工种、不同的结构和部位可以分为土石方工程、桩基础工程、砖石工程、混凝土及钢筋混凝土工程、金属结构工程、木结构工程、屋面工程、保温防水工程、楼地面工程、一般抹灰工程等分部工程。当分部工程较大或较复杂时，可按材料种类、施工特点、施工顺序、专业系统和类别等划分成若干子分部工程。

五、分项工程

分项工程是分部工程的组成部分。按照不同的施工方法、不同的材料、不同的规格，可将一个分部工程分解为若干个分项工程，分项工程是工程量计算的基本要素，是工程项目划分的基本单位，所以核算工程量均按分项工程计算。建设工程概预算的编制就是从小的分项工程开始，由小到大逐步汇总而成的。分项工程与工程项目不同，一般来说它没有独立存在的意义，在工程造价管理中分项工程作为一种“假想的”建筑安装工程产品，只能是建筑和安装工程的一种基本的构成因素，指通过较为简单的施工过程就能完成的工程，并且可以采用适当的计量单位进行计算的建筑或设备安装工程。如在土建工程中可将砖石砌筑工程分为砖砌体和毛石砌体两类，砖砌体又可分为砖基础、1 砖墙等分项工程；又如安装工程中一台某型号机床的安装。

六、检验批

将一个分部工程进一步按主要工种、材料、施工工艺、设备类别等进行划分，可由一个或若干个检验批组成。检验批是指按同一的生产条件或按规定的方式汇总起来供检验用的，由一定数量样本组成的检验体。检验批可根据施工及质量控制和专业验收需要按楼层、施工段、变形缝等进行划分。

1.1.5 工程项目建设程序

工程项目建设程序是建设项目从设想、论证、评估、决策、勘测、设计、施工到竣工验收，投入生产或交付使用等整个建设过程中，各项工作必须遵循的先后次序的法则。即按照建设项目发展的内在联系和发展过程，将建设程序划分为若干阶段，这些阶段有严格的先后次序，不能任意颠倒，这是建设项目科学决策和顺利进行的重要保证。

建设项目从前期准备到建设、投产或使用需要经历以下几个主要阶段：第一，根据国民经济和社会发展长远规划，结合行业和地区发展规划的要求，提出项目建议书；第二，在勘察、调查研究及详细技术经济论证的基础上编制可行性研究报告；第三，根据项目的咨询评估情况，对建设项目进行决策；第四，根据批准的可行性研究报告编制设计文件；第五，初步设计经批准后，做好施工前的各项准备工作；第六，组织施工，并根据工程建设进度，做好生产准备；第七，项目按批准的设计内容建完，交付使用；对生产性建设项目，经投料试车验收合格后，正式投产，交付生产使用；第八，使用一段时间或生产运营一段时间后（一般为两年），进行项目后评估。

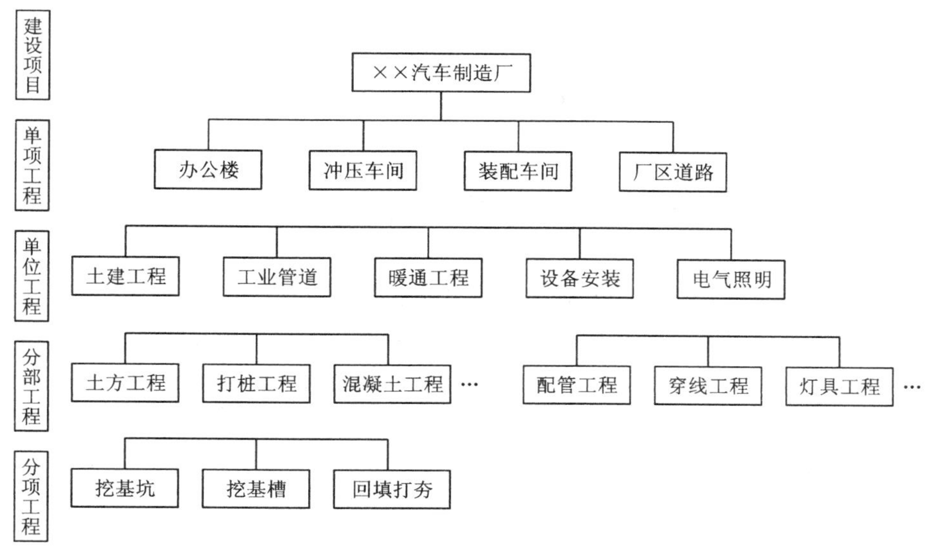

图 1－1　建设项目分解

工程项目建设程序是工程建设项目从策划、评估、决策、设计、施工到竣工验收、投入生产(交付使用)的整个建设过程中必须遵循的前后次序关系，是建设项目科学决策和顺利进行的重要保证。一般分为以下 8 项程序：

一、项目建议书

对于政府投资工程项目，编报项目建议书是项目建设最初阶段的工作。

其主要作用是为了推荐建设项目，以便在一个确定的地区或部门内，以自然资源和市场预测为基础，选择建设项目。

项目建议书经批准后，可进行可行性研究工作，但并不表明项目非上不可，项目建议书不是项目的最终决策。

二、可行性研究

可行性研究是在项目建议书被批准后，对项目在技术上和经济上是否可行所进行的科学分析和论证。

根据《国务院关于投资体制改革的决定》(国发[2004]20 号)，对于政府投资项目须审批项目建议书和可行性研究报告。

《国务院关于投资体制改革的决定》指出，对于企业不使用政府资金投资建设的项目，一律不再实行审批制，区别不同情况实行核准制和登记备案制。

对于《政府核准的投资项目目录》以外的企业投资项目，实行备案制。

三、初步设计阶段

初步设计的主要内容包括：设计依据，设计指导思想，建设规模，产品方案，工艺流程，设备选型，主要建筑物、构筑物，占地面积，征地数量，生产组织，劳动定员，建设工期，总概算等文字说明和图纸。

设计概算是控制建设项目总投资的主要依据。初步设计阶段，应当根据实际情况编制总概算(包括综合概算和单位工程概算)；有扩大初步设计阶段的，还应当编制修正总概算。

初步设计是设计的第一阶段。如果初步设计提出的总概算超过可行性研究报告确定的总投资估算10%以上的，要重新报批可行性研究报告。

建设项目的初步设计和设计概算，应按照不同的管辖级别由相应的主管部门审批。初步设计和设计概算未经批准的项目，一般不能进行施工图设计。

四、施工图设计

初步设计经主管部门审批后，建设项目被列入国家固定资产投资计划，方可进行下一步的施工图设计。在初步设计或技术设计的基础上进行施工图设计，使设计达到建设项目施工和安装的要求。

施工图设计应结合建设项目的实际情况，完整准确地表达出建筑物的外形、内部空间的分割、结构体系以及建筑系统的组成和周围环境的协调。按照有关规定，建设单位应将施工图设计文件报县级以上人民政府建设行政主管部门或其他有关部门审查，未经审查批准的施工图设计文件不得使用。

施工图设计完成以后，应根据施工图、施工组织设计和有关规定编制施工图预算书。施工图预算书是建设单位筹集建设资金、控制投资合理使用、拨付和结算工程价款的重要依据，是施工单位进行施工准备、拟定降低和控制施工成本措施的重要依据。

施工图一经审查批准，不得擅自进行修改，若有修改必须重新报请原审批部门，由原审批部门委托审查机构审查后再批准实施。

五、开工准备阶段

建设准备阶段主要内容包括：组建项目法人、征地、拆迁、“三通一平”乃至“七通一平”；组织材料、设备订货；办理建设工程质量监督手续；委托工程监理；准备必要的施工图纸；组织施工招投标，择优选定施工单位；办理施工许可证等。按规定作好施工准备，具备开工条件后，建设单位申请开工，进入施工安装阶段。

六、工程施工

建设工程具备了开工条件并取得施工许可证后方可开工。项目新开工时间，按设计文件中规定的任何一项永久性工程第一次正式破土开槽时间而定。不需开槽的以正式打桩作为开工时间。铁路、公路、水库等以开始进行土石方工程作为正式开工时间。施工阶段一般包括土建、装饰、给排水、采暖通风、电气照明、工业管道及设备安装等工程项目。施工过程中，为保证工程质量，施工单位必须严格按照合理施工顺序、施工图纸、施工验收规范等要求进行组织施工，加强工程项目成本核算，努力降低工程造价，按期完成工程建设任务。施工中因工程需要变更时，应取得设计单位和建设单位的同意。地下工程和隐蔽工程、基础和结构的关键部位，必须经过检验合格，才能进行下一道工序。对于不符合质量要求的工程，要及时采取措施，不留隐患。不合格的工程不得交工。

七、竣工验收阶段

工程竣工验收是全面考核建设成果、检验设计和施工质量的重要步骤，也是建设项目转入生产和使用的标志。验收合格后，建设单位编制竣工决算，项目正式投入使用。

建设项目按批准的设计文件所规定的内容建完后，便可以组织竣工验收，这是工程建设过程的最后一环，是检验设计和工程质量的重要步骤，是对工程建设成果的全面考核，也是工程项目由建设转入生产或使用的标志。凡列入固定资产投资计划的建设项目，不论新建、扩建、改建、迁建性质，具备投产条件和使用条件的，都要及时组织验收，验收合格后，施工单位应向建设单位办理竣工移交和竣工结算手续，交付建设单位使用。按现行规定，建设项目的验收可视建设规模的大小和复杂程度分为初步验收和竣工验收两个阶段进行。

建设项目全部完成，经过各单项工程的验收，符合要求，由项目主管部门或建设单位向负责验收的单位提出竣工验收申请报告。验收委员会或验收组应由行业主管部门、建设单位、投资方、监理、设计、施工、质检、消防以及其他有关部门组成。验收委员会或验收组应对工程设计、施工和设备质量等方面作出全面评价，不合格的工程不予验收。对遗留问题提出具体解决意见，限期落实完成。验收委员会或验收组应向主管部门提出验收报告，验收报告的内容包括有：竣工图和竣工工程决算表，工程造价竣工结算书，隐蔽工程记录，工程定位测量记录，设计变更资料，建筑物、构筑物各种实验记录，质量事故处理报告，交付使用财产表等有关资料。

八、项目后评价

建设项目后评价是工程项目竣工投产、生产运营一段时间后，在对项目的立项决策、设计施工、竣工投产、生产运营等全过程进行系统评价的一种技术活动，是固定资产管理的一项重要内容，也是固定资产投资管理的最后一个环节。通过建设项目后评估，达到肯定成绩、总结经验、研究问题、吸取教训、提出建议、改进工作、不断提高项目决策水平和投资效果的目的。

1.2　建筑工程计量与计价的含义及作用

1.2.1　建筑工程计量与计价的含义

建筑工程计量与计价是正确确定单位工程造价的重要工作。建筑工程计量与计价是按照不同单位工程的用途和特点，综合运用科学的技术、经济、管理手段和方法，根据工程量清单计价规范和消耗量定额以及特定的建筑工程施工图纸，对其分项工程、分部工程以及整个单位工程的工程量和工程价格，进行科学合理的预测、优化、计算和分析等一系列活动的总称。

建筑工程计量与计价是一项繁琐且工作量大的活动。工程计量与计价不能仅从字面的简单释义来理解，认为只根据施工图纸对分部分项工程以及单位工程的工程量和工程价格进行一般的计算。工程计量与计价的准确性对单位工程造价的预测、优化、计算、分析等多种活动的成果，以及控制工程造价管理的效果都会产生重要的影响。

1.2.2　建筑工程计量与计价的作用

建筑工程计量与计价的准确与否，对正确确定建设单位工程造价等起着举足轻重的作用。建设工程造价涉及国民经济的各部门、各行业以及社会再生产的各环节，直接关系到国计民生。所以，建筑工程计量与计价的作用范围和影响程度相当大，主要表现在以下几个方面：

一、它是正确确定建筑工程造价的依据

根据设计文件规定的工程规模和拟定的施工方法，即可依据《建设工程工程量清单计价规范》中的工程量计算规则计算建筑工程量，并以此作为重要基础；同时，再根据相应的建筑工程消耗量定额所规定的人工、材料、机械设备的消耗量，以及单位预算价值和各种费用标准来确定建筑工程造价。

二、它是建设工程项目决策的依据

工程造价决定着建设工程项目的一次性投资费用。建设单位是否有足够的财务能力支付这笔费用，是否认为值得支付这项费用，是项目决策中要考虑的主要问题，也是建设单位必须首先解决的问题。因此，在工程项目决策阶段，建设工程造价就成为项目财务分析和经济评价的重要依据。

三、它是制定投资计划和控制投资的依据

投资计划是按照建设工期、工程进度和建设工程价格等逐年分月加以制定的。正确的投资计划有助于合理和有效地使用建设资金。

通过建筑工程计量与计价确定出的工程造价在控制投资方面的作用非常明显。工程造价通过各个建设阶段的工程造价预估，最终通过竣工决算确定下来。每一次预估的过程就是对造价的控制过程，每一次估算对下一次估算都是对造价严格的控制，即前者控制后者，这种控制是在投资财务能力的限度内为取得既定的投资效果所必需的。建设工程造价对投资的控制也表现在利用制定各种定额、标准和造价要素等，对建设工程造价的计量和计价的依据进行控制。

四、它是筹措建设资金的依据

工程项目建设资金的需要量由建设工程造价来决定。投资体制的改革和市场经济的建立，要求建设单位必须有很强的筹资能力，才能确保工程建设有充足的资金供应。建设单位必须以相应的工程造价预算值作为筹措资金的基本依据。当建设资金来源于金融机构的贷款时，工程造价也是金融机构评价建设工程项目偿还贷款能力和放贷风险的依据，并根据工程造价来决策是否贷款以及确定给予投资者的贷款数量。

五、它是编制工程计划、统计完成工程量、组织和管理施工的依据

为了更好地组织和管理建筑施工生产，必须编制施工进度计划和施工作业计划。在编制计划和组织管理施工生产中，直接或间接地以计算得出的建筑工程量，计算施工图预算中所确定的工日、材料和施工机械台班等各种数据，作为施工企业编制施工进度计划和作业计划、劳动力计划、材料需用量计划、资金需用量计划、统计完成的工程数量和考核工程成本的依据。

六、它是建筑施工企业实行经济核算的依据

建筑工程计量与计价确定的工程造价是施工企业推行投资包干制和以招投标承包为核心的经济责任制，以及办理工程拨款和工程竣工决（结）算的重要基础，其中签订投资包干协议、计算招标标底和投标报价、签订总包和分包合同协议，以及签发任务书、限额领料单、考核工料消耗、办理拨付工程进度款、办理工程竣工决（结）算、实行经济核算等工作，直接或间接以建筑工程计量与计价的成果作为重要依据。因此，它是加强建筑施工企业管理的重要经济核算数据。

1.2.3 建设产品及其生产的特点

一、建设产品生产的单件性

一般的工业产品大多数是标准化并大批量重复生产，而建设产品不但要满足各种不同的使用功能、建设标准、造型艺术等要求，而且受到建设地点的水文地质条件的制约，以及地

区自然、经济条件的影响，使得建设产品在规模、形式、结构、构造、装饰和基础等诸多方面各不相同。因此，一般都由设计和施工部门根据建设单位的委托进行单独设计和单独施工，这就造成了建设产品生产的单件性，其价格的确定也具有单件性的特点。

二、建设产品及建设产品计价的特点

一般工业产品都是在固定的地点(工厂)进行生产，而任何建设产品都是在选定的地点上建造和使用，因不能搬动而具有固定性。由于建设产品的生产是在不同的地区，或同一地区的不同现场，或同一现场的不同位置上进行的，即生产具有流动性，所以生产因地区自然、技术、经济条件等的不同而有很大变化，施工生产的方法和组织也要因地制宜，因而造成建设产品价格的地区差异和不同变化。

三、建设产品生产露天作业多和高空作业多

一般工业产品都是在车间内生产，生产条件一般不会因时间、气候的不同发生变化。而建设产品因地点固定且体积庞大，决定了其生产具有露天作业多的特点；由于受到气候的直接影响，使建设产品的价格中有雨季施工、冬季施工增加费的变化；而且随着高层建筑物的日趋增多，建设产品生产高空作业多且高度不同，又引起了建设产品价格中建筑物超高施工增加费的变化。

四、建设产品生产周期长

一般工业产品生产周期较短，而建设产品不但体积庞大，且生产程序复杂，需要多专业、多工种之间按照合理的施工程序进行配合和衔接，因而使其具有生产周期长的特点，不少工程往往需要数年才能完成。同时，由于建设产品的最终建成需要不断地消耗大量的人力和物资，这就必须投入大量的资金且占用时间长，势必造成建设产品的价格受到时间和筹资利息的影响。正是由于建设产品的这些特点使得其造价的确定就不能与一般工业产品一样，由物价部门统一核定价格，而必须根据不同的工程对象，按国家规定的特殊计价程序采用单独编制工程概预算的方法来计算和确定工程造价。所以，实行建设概预算制度也是在我国社会主义市场经济条件下，服从产品价格规律的客观要求。

1.2.4 建设工程造价的计价特征

建筑产品的特殊性使得建设工程造价除具有一般商品价格的共同特点之外，还具有自身的特点。

一、单件性计价

由于每一项建设工程之间存在着用途、结构、造型、装饰、体积及面积等方面的个别性和差异性，因此，任何建设工程产品单位的价值都不会完全相同，不能规定统一的造价，只能就各个建设项目或单项工程或单位工程，通过特殊的计价程序(即编制估算、概算、预算、合同价、结算价及最后确定竣工决算价)进行单件性计价。

二、多次性计价

建设工程产品的生产过程环节多，阶段复杂，周期长，而且是分阶段进行的。为了适应各个工程建设阶段的造价控制与管理，建设工程应按照国家规定的计价程序，按照工程建设程序中各阶段的进展，相应做出多次性的计价。其过程如图1-2所示。

三、方法的多样性

建筑工程在施工生产过程中，由于选用的材料、半成品和成品的质量不同，施工技术条

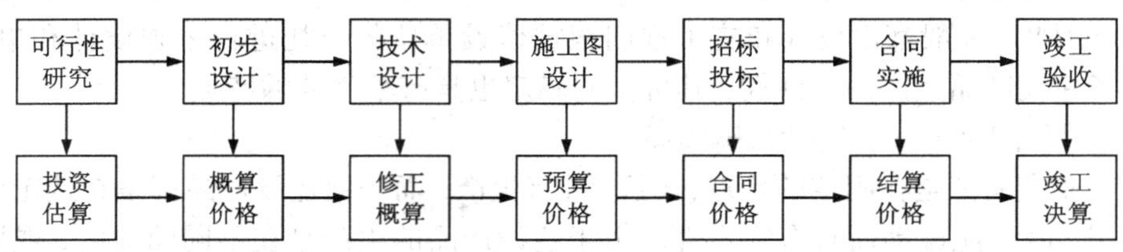

图 1-2　工程多次性计价示意图

件不同，建筑安装工人的技术熟练程度不同，企业生产管理水平不同等诸因素的影响，势必造成了生产质量上的差异，从而导致了同类别、同功能、同标准、同工期和同一建设地区的建筑工程，在同一时间和同一市场内价格上的不同，所以，在工程造价计价时要选择多样性的计价方法。

四、组合性计价

建设工程造价包括从立项到竣工所支出的全部费用，组成内容十分复杂，只有把建设工程分解成能够计算造价的基本组成要素，再逐步汇总，才能准确计算整个工程造价。建设项目的组合性决定了计价过程是一个逐步组合的过程。这一特征在计算概算造价和预算造价时尤为明显，也反映到合同价和结算价。其计算过程为：分部分项单价→单位工程造价→单项工程造价→建设项目总造价。

五、计价依据复杂性

由于影响工程造价的因素多，计价依据复杂，种类繁多，如包括计算设备和工程量依据，计算人工、材料、机械等实物消耗量依据，计算工程单价的价格依据，计算相关费用的依据，以及政府规定的税、费、物价指数和工程造价指数等。依据的复杂性，不仅使计算过程复杂，而且要求计价人员熟悉各类依据，并加以正确利用。

1.2.5　建设工程造价的分类

建设工程概预算，包括设计概算和施工图预算都是确定拟建工程预期造价的文件，而在建设项目完成竣工以后，为反映项目的实际造价和投资效果，还必须编制竣工决算。除此之外，由于建设工程工期长、规模大、造价高，需要按建设程序分段建设，在项目建设全过程中根据建设程序的要求和国家有关文件的规定，还要编制其他有关的经济文件。按照工程建设的不同阶段分为表 1-1 中的计价文件。

表 1-1　计价文件

项目建议书和可行性研究阶段	初步设计阶段	技术设计阶段	施工图设计阶段	招投标阶段	合同实施阶段	竣工验收阶段
投资估算	概算造价	修正概算造价	施工图预算造价	合同价	结算价	竣工决算

一、投资估算

投资估算一般是指在项目建设的前期工作（规划、项目建议书和设计任务书）阶段，项目建设单位向国家计划部门申请建设项目立项，或国家、建设主体对拟建项目进行决策，确定建设项目在规划、项目建议书、设计任务书等不同阶段的投资总额而编制的造价文件。

二、设计概算和修正概算造价

设计概算是设计文件的重要组成部分，它是由设计单位根据初步设计图纸、概算定额规定的工程量计算规则和设计概算编制方法，预先测定工程造价的文件。设计概算文件较投资估算的准确性有所提高，但受投资估算的控制，它包括建设项目总概算、单项工程综合概算和单位工程概算。

修正概算是在扩大初步设计阶段对概算进行的修正调整，较概算造价准确，但又受概算造价控制。

三、施工图预算

施工图预算是指相关单位在开工前，根据已批准的施工图纸，在施工方案（或施工组织设计）已确定的前提下，按照预算定额规定的工程量计价规则和施工图预算编制方法预先编制的工程造价文件。施工图预算准确度更高，但受前一阶段所确定的概算造价的控制。

四、合同价

合同价是指在工程招投标阶段，通过签订承包合同所确定的价格。合同价格属于市场价格，并不等同于实际工程造价。按计价方式不同，建设工程合同一般表现为三种类型：总价合同、单价合同、成本加酬金合同。

五、结算价

结算价是指一个单项工程、单位工程、分部工程或分项工程完工后，经建设单位及有关部门验收并办理验收手续后，施工企业根据施工过程中现场实际情况的记录、设计变更通知书、现场工程变更签证、预算定额、材料预算价格和各项费用标准等资料，在工程结算时按合同调价范围和调价方法，对实际发生的工程量增减、设备和材料价差等进行调整后计算和确定的价格。结算价是该结算工程的实际价格。结算一般有定期结算、阶段结算和竣工结算等方式，它们是结算工程价款、确定工程收入、考核工程成本、进行计划统计、经济核算及竣工结算等的依据。其中竣工结算是反映上述工程全部造价的经济文件。以此为依据，通过建设银行向建设单位办理完工程结算后，就标志着双方所承担的合同义务和经济责任的结束。

六、竣工决算

竣工决算是指建设项目竣工验收后，建设单位根据竣工结算以及相关技术经济文件编制的、用以确定整个建设项目从筹建到竣工投产全过程实际总投资的经济文件。它主要反映基本建设实际投资额及其投资效果，作为核定新增固定资产和流动资金价值、国家或主管部门验收与交付使用的重要财务成本依据。编制的文件包括建设项目从筹建到建设投产或使用的全部实际成本的技术经济文件。

上述几种造价文件之间存在的差异，见表 1－2。

表 1-2　不同阶段工程造价文件对比

项目＼类别	投资估算	设计概算、修正概算	施工图预算	合同价	结算价	竣工决算
编制阶段	项目建议书可行性研究	初步设计、扩大初步设计	施工图设计	招投标	施工	竣工验收
编制单位	建设单位工程咨询单位	设计单位	设计单位施工单位或设计单位、工程咨询单位	承发包双方	施工单位	建设单位
编制依据	投资估算指标	概算定额	预算定额	预算定额	预算定额、施工变更资料	预算定额、工程建设其他费定额
用途	投资决策	控制投资及造价	编制标底、投标报价等	确定工程承发包价格	确定工程承发包价格确定工程实际建造价格	确定工程项目实际投资

1.3　建筑工程计量与计价的基本原则

建筑工程计量与计价是一门科学，国内外不少学者对于建筑工程计量与计价应遵循的原则都发表了自己的见解，但目前尚无统一公认的论述。所谓“基本原则”是指在特定领域内开展工作所依据的基本规律和标准。从这个基本认识出发，建筑工程计量与计价的基本原则就是从事建筑工程计量与计价的工作人员开展计量和计价活动时所必须遵循的法则和标准。因此，我们研究如何科学合理地计算建筑工程量和工程造价需要掌握的原则既关系到建筑工程计量与计价理论的建设，又是正确并顺利开展建筑工程计量与计价实务的基础。

从建筑工程计量与计价理论与实践的特点出发，工程计量和计价的基本原则主要包括以下几个方面：

一、真实性和科学性

建筑工程计量与计价应真实地反映客观存在的工程建设活动的工程数量和工程造价。建筑工程造价会受到社会经济活动中各种因素的影响，而且每一因素的变化都会通过建筑工程计量与计价直接或间接地真实反映出来。同时，建筑工程计量与计价的科学性，首先表现在应采用认真态度制定建筑工程量计算规则和计价程序及方法，尊重客观实际，力求工程量计算规则和计价程序及方法科学合理；其次表现为制定工程量计算规则和计价原则的理论、方法和手段上必须科学化，应充分利用现代化科学管理的成就，形成一套系统的、完整的在实践中行之有效的科学方法；最后根据特定项目、特定阶段，采用科学合理的计量和计价程序及规则，正确确定建筑工程数量和工程造价。

二、系统性和统一性

建筑工程计量与计价的系统性是由工程建设的特点决定的，单位工程的工程数量和工程造价是相对独立的系统，是由多种类、多层次(如分项工程量、分部工程量、单位工程等)结合而成的有机整体。建筑工程计量与计价的统一性主要表现在，计算规则是全国统一的，计价的取费标准是各省、市或地区统一的，为了使建设项目顺利完成，就需要借助于在一定范围内是一种统一尺度的工程量计算规则和计价原则等，才能对项目的决策、设计方案、投标报价、成本控制等进行比选和评价。

三、权威性和强制性

建设主管部门通过一定程序审批颁发的《建设工程工程量清单计价规范》和消耗量定额，具有较强的权威性。这种权威性在一些情况下，具有经济法规性质和执行的强制性。权威性反映统一的意志和统一的要求，也反映信誉和信赖。强制性反映刚性约束，反映工程量计算和计价规则的严肃性。当然在社会主义市场经济条件下，权威性和强制性有时也不应绝对化，但是对于相对比较稳定的工程量计算规则和计价取费标准，就要赋予其一定的强制性，也就是说，对于使用者和执行者来说，必须按规范来执行。

四、完整性和准确性

建筑工程计量与计价的完整性和准确性，体现在工程项目计量和计价时，施工单位等计量与计价主体以及造价工作人员在进行建筑工程计量与计价过程中，根据建筑工程项目的规模、用途、特点等实际情况，实事求是，既严格按照建筑施工图纸，又从施工现场的实际出发，认真进行调查研究，掌握工程项目施工生产中全面、详实、可靠的资料，采用规定的工程量计量规范和计价原则以及科学合理的方法，特别是在施工阶段开始前的阶段，对建设工程项目所需的资金要有充分的估计，既不能多估冒算也不能存在大量的缺项漏项，应经过认真计算和审核之后，才能得出完整、准确的单位工程计量和计价的结论，从而为正确确定工程造价奠定基础。

1.4　建筑工程计量与计价的发展

人类活动不是简单地重复进行的，而是随着人类社会实践的发展由简单到复杂发展起来的。建筑工程计量与计价也是随着时代的进步、社会生产力的发展，以及建筑施工新技术、新工艺、新材料的不断推陈出新而逐渐产生和发展的。

国际上建筑工程计量与计价的发展大致可以分为五个阶段。

1.4.1　建筑工程计量和计价的萌芽阶段

工程计量与计价的萌芽阶段可以追溯到 16 世纪以前。当时世界上大多数建筑设计比较简单，业主往往聘请当地的手工艺人即工匠负责建筑物的设计和施工，工程完成后按照一定计算方法得出实际完成的工程量，并根据双方事先协商好的价格进行结算。

1.4.2　建筑工程计量与计价的雏形阶段

16 世纪至 18 世纪，随着资本主义社会化大生产的出现和发展，在现代工业发展最早的英国出现了现代意义上的建筑工程计量与计价。社会生产力和技术的发展促进了国家建设大批的工业厂房，许多农民在失去土地后集中转向城市，需要大量住房，这样使建筑业逐渐得到了发展，设计和施工逐步分离并各自形成一个独立的专业。此时，工匠需要有人帮助他们对已完成的工程量进行测量和估价，以确定应得的报酬，因此，从事这些工作的人员逐步专门化，并被称为工料测量师。他们以工匠小组的名义与工程委托人和建筑师洽商，计算工程量和确定工程价款。但是，当时的工料测量师是在工程完工以后才去测量工程量和结算工程造价的，因而工程造价管理处于被动状态，不能对设计与施工施加任何影响，只是对已完工程进行实物消耗量的测定。

1.4.3 建筑工程计量与计价的正式诞生阶段——工程计量与计价的第一次飞跃

19 世纪初期，资本主义国家开始推行建设工程项目的竞争性招标投标。对工程计量和工程造价的预测的准确性自然地成为实行这种制度的关键。参与投标的承包商往往雇佣一个估价师为自己做这项工作，而业主(或代表业主利益的工程师)也需要雇佣一个估价师为自己计算拟建工程的工程量，为承包商提供工程量清单。因此要求工料测量师在工程设计以后和开工之前就要对拟建的工程进行测量与估价，以确定招标的标底和投标报价。招标承包制的实行更加强化了工料测量师的地位和作用。与此同时，工料测量师的工作范围也扩大了，而且工程计量和工程估价活动从竣工后提前到施工前进行，这是历史性的重大进步。

1868 年 3 月，英国成立了“测量师协会(Surveyor’s Institution)”，其中最大的一个分会是工料测量师分会。这一工程造价管理专业协会的创立，标志着现代工程造价管理专业的正式诞生。英国皇家特许测量师协会的成立使工程造价管理人士开始了有组织的相关理论和方法的研究，这一变化使得工程造价管理走出了传统管理的阶段，进入了现代化工程造价的阶段。这一时期完成了工程计量和计价历史上的第一次飞跃。

1.4.4 “投资计划和控制制度”的产生阶段——工程计量与计价的第二次飞跃

从 20 世纪 40 年代开始，由于资本主义经济学的发展，许多经济学的原理被应用到了工程造价管理领域。工程造价管理从一般的工程造价的确定和简单的工程造价的控制的雏形阶段开始向重视投资效益的评估、重视工程项目的经济与财务分析等方向发展。

同时，英国的教育部和英国皇家特许测量师协会(RICS)的成本研究小组(RICS Cost Research Panel)相继提出了成本分析和规划的方法。成本规划方法的提出大大改变了计量与计价工作的意义，使计量与计价工作从原来被动的工作状况转变成主动，从原来设计结束后做计量估价转变成与设计工作同时进行，甚至在设计之前即可做出估算，这样就可以根据工程委托人的要求使工程造价控制在限额以内。因此，从 20 世纪 50 年代开始，“投资计划和控制制度”就在英国等经济发达的国家应运而生。此时恰逢二战后的全球重建时期，大量需要建设的工程项目为工程造价管理的理论研究和实践提供了许多机会，从而使工程计量与计价的发展获得了第二次飞跃。

1.4.5 工程计量与计价的综合与集成发展阶段——工程计量与计价的第三次飞跃

从 20 世纪 70 年代末到 90 年代初，工程造价管理的研究又有了新的突破。各国纷纷在改进现有理论和方法的基础上，借助其他管理领域理论和方法的最新发展，对工程造价管理进行了更深入和全面的研究。这一时期，英国提出了“全生命周期造价管理(Life Cycle Costing Management，LCCM)”；美国稍后提出了“全面造价管理(Total Cost Management，TCM)”；我国在 20 世纪 80 年代末和 90 年代初提出了“全过程造价管理(Whole Process Cost Management，WPCM）”。这三种工程造价管理理论的提出和发展，标志着对工程造价理论和实践的研究进入了一个全新的阶段——综合与集成的阶段。

这些崭新的工程造价管理理论的发展，使建筑业对工程计量与计价有了重新的认识。随着我国加入 WTO 后建筑市场对外开放，在工程计量与计价方面实行国际通行的工程量清单计量和计价办法，使工程计量与计价贯穿于工程项目的全生命周期，实现从事后算账发展到事先算账，从被动地反映设计和施工发展到能动地影响设计和施工，从工程计量与计价理论方法的单一化向更加科学和多样化方向发展，从而标志着工程计量与计价发展的第三次飞跃。

【课堂教学内容总结】

1. 工程项目建设程序概念和内容。
2. 建筑工程计量与计价的含义。
3. 工程造价的特征与分类。
4. 建筑工程计量与计价的作用。
5. 建筑工程计量与计价的基本原则。
6. 建筑工程计量与计价的发展过程。

习　题

一、思考题

1. 工程项目建设的含义是什么？
2. 工程项目建设的范围主要包括哪些内容？
3. 简述我国工程项目建设程序及其各阶段主要包括哪些内容？
4. 建筑工程计量与计价的含义是什么？
5. 建筑工程计量与计价有什么作用？
6. 在建筑工程计量与计价时应遵循哪些基本原则？
7. 简述国际建筑工程计量与计价的发展经历了哪些阶段？

二、造价员考试模拟习题

（一）单项选择题

1. 建设工程分类有多种形式，按建设用途划分的是（　　）。

A. 市政基础设施工程　　B. 生产性建设项目

C. 自筹资金建设项目　　D. 经营性工程建设项目

2. 建设单位对原有建设项目进行总体设计，扩大建设规模后，当新增固定资产价值超过原有固定资产价值（　　）以上时，才算新建项目。

A. 1 倍　　B. 2 倍

C. 3 倍　　D. 4 倍

3. 具有独立的设计文件、在竣工后可以独立地发挥效益或生产能力的产品车间生产线或独立工程是(　　)。

A. 单项工程　　B. 单位工程

C. 分部分项工程　　D. 建设项目

4. 在一般工业和民用建筑工程中，不能作为分部工程的是(　　)。

A. 地面工程　　B. 采暖工程

C. 屋面工程　　D. 脚手架工程

5. 某工程有独立设计的施工图纸和施工组织设计，但建成后不能独立发挥生产能力，此工程应属于(　　)。

A. 分部分项工程　　B. 单项工程

C. 分项工程　　D. 单位工程

6. 建设工程承包价格是对应于(　　)而言的。

A. 承包人　　B. 承发包双方

C. 建设单位　　D. 发包人

(二) 多项选择题

1. 下列关于工程建设项目表述正确的是(　　)

A. 单项工程是指具有独立的设计文件、在竣工后可以独立发挥效益或生产能力的独立工程

B. 单位工程是指不能独立发挥生产能力，但具有独立设计的施工图纸和组织施工的工程

C. 建设项目是指按一个总体设计进行建设施工的一个或几个单项工程的总体

D. 钢筋工程属于土建工程的分部工程

E. 管道工程属于安装工程的分部工程

2. 在建设项目构成中，属于分部工程是(　　)。

A. 管道工程　　B. 通风工程

C. 土方工程　　D. 基础工程

E. 钢筋工程

3. 建设工程分类有多种形式，按建设工程性质可分为(　　)。

A. 迁建工程　　B. 自筹资金

C. 新建项目　　D. 中外合资

E. 改建项目

4. 工程造价的特点体现在(　　)。

A. 工程造价的个别性　　B. 工程造价的大额性

C. 工程造价的层次性　　D. 工程造价的动态性

E. 工程造价的可控性

第 2 章　建设工程造价的构成与确定

【目的要求】

1. 了解建设工程造价的含义和计价特征。

2. 熟悉我国现行建设项目总投资及工程造价的构成。

3. 掌握建筑安装工程费用构成。

4. 熟悉设备及工器具购置费、工程建设其他费用、预备费、建设期贷款利息、固定资产投资方向调节税的构成及确定。

【重点和难点】

1. 重点：(1)建筑安装工程费用构成；(2)工程造价的含义及计价特征。

2. 难点：建筑安装工程费用构成及计算。

建议教学时数：4 学时。

2.1　建设工程造价构成概述

2.1.1　建设项目总投资及其构成

一、建设项目总投资及其相关概念

根据中国工程造价管理协会于 2007 年 2 月 8 日发布的《建设项目投资估算编审规程》(CECA/GCT—2007)规定，建设项目总投资，是指项目建设期用于建设项目的建设投资、建设期贷款利息、固定资产投资方向调节税(目前暂不征收)和流动资金的总和。其中建设投资，由设备工器具购置费、建筑安装工程费、工程建设其他费用、预备费(包括基本预备费和价差预备费)构成。建设项目总投资的各项费用按资产属性分别形成固定资产、无形资产和其他资产(递延资产)。

1. 建设工程项目总投资与建设投资

(1)建设工程项目总投资是指建设单位在建设过程中(进行某项工程建设)所花费的全部费用。

(2)建设投资由设备及工、器具购置费用、建筑安装工程费用、工程建设其他费用，以及预备费、建设期利息组成。

(3)流动资金主要是指生产性建设项目为保证生产经营的正常进行，所需要的启动资金。

其中，铺底流动资金通常取流动资金总量的30%。

因此，对于生产性建设工程而言，其总投资包括建设投资和铺底流动资金两部分；对于非生产性建设工程而言，由于不需要铺底流动资金，其总投资则只包括建设投资。

2. 静态投资部分与动态投资部分

(1)静态投资部分是针对某一基准时刻的、完成项目建设所需要的投资。它主要包括设备工器具购置费、建筑安装工程费、工程建设其他费用、基本预备费。

(2)动态投资部分是由于建设期间内发生的利息、国家新批准的税费，以及可能的价格、汇率、利率等变化而需要增加的投资，即基于未来可能的变化而实际发生(追加)的投资。目前其主要包括价差预备费、建设期利息。

因此，建设投资由静态投资部分与动态投资两大部分组成，共同构成完整的建设投资，见图2-1所示。

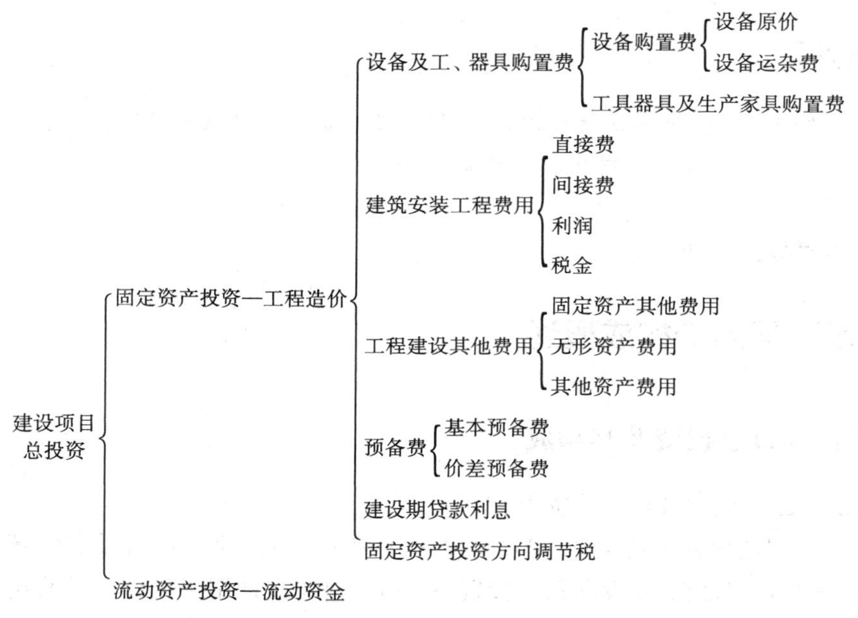

图2-1　我国现行建设项目总投资的构成

2.2　建筑安装工程费用构成

江苏省根据《建设工程工程量清单计价规范》(GB50500—2013)及其9本计算规范和《建筑安装工程费用组成》(建标【2013】44号)等有关文件规定，结合本省实际情况，编制了《江苏省建设工程费用定额》，以下简称"《费用定额》(苏建价【2014】299号)"。该《费用定额》(苏建价【2014】299号)规定江苏省建筑安装工程费用构成包括分部分项工程费、措施项目费、其他项目费、规费和税金(详见图2-2)。

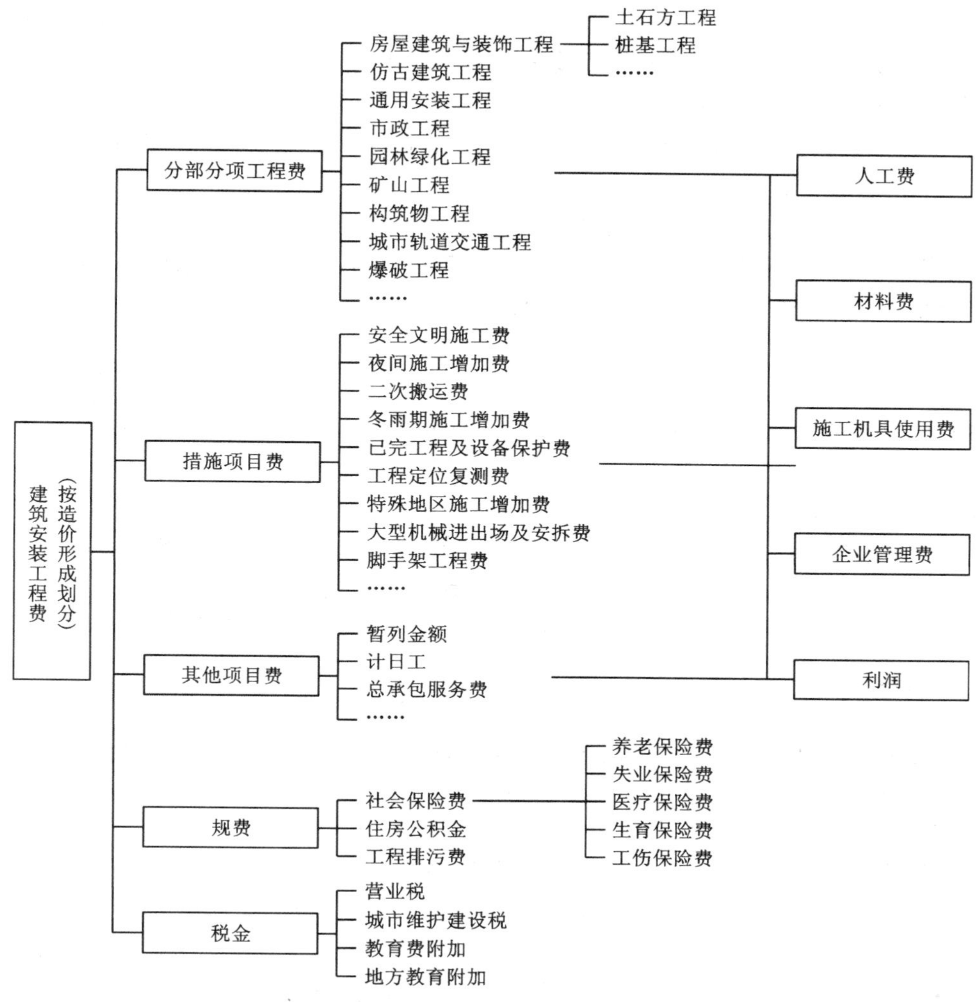

图 2－2　建筑安装工程费用构成

2.2.1　分部分项工程费

分部分项工程费是指各专业工程的分部分项工程应予列支的各项费用，由人工费、材料费、施工机具使用费、企业管理费和利润构成。

一、人工费

是指按工资总额构成规定，支付给从事建筑安装工程施工的生产工人和附属生产单位工人的各项费用。

1. 人工单价的组成

(1)计时工资或计件工资：是指按计时工资标准和工作时间或对已做工作按计件单价支付给个人的劳动报酬。

(2)奖金：是指对超额劳动和增收节支支付给个人的劳动报酬。如节约奖、劳动竞赛奖等。

(3)津贴补贴：是指为了补偿职工特殊或额外的劳动消耗和因其他特殊原因支付给个人的津贴，以及为了保证职工工资水平不受物价影响支付给个人的物价补贴。如流动施工津贴、特殊地区施工津贴、高温(寒)作业临时津贴、高空津贴等。

(4)加班加点工资：是指按规定支付的在法定节假日工作的加班工资和在法定日工作时间外延时工作的加点工资。

(5)特殊情况下支付的工资：是指根据国家法律、法规和政策规定，因病、工伤、产假、计划生育假、婚丧假、事假、探亲假、定期休假、停工学习、执行国家或社会义务等原因按计时工资标准或计时工资标准的一定比例支付的工资。

2. 人工费的计算

人工费计算如下：

(1)施工企业投标报价时自主确定人工费，通常人工费等于人工工日消耗量乘以日工资单价。

人工费 = ∑(人工工日消耗量 × 日工资单价)

日工资单价 = [生产工人平均月工资(计时、计价) + 平均月(奖金 + 津贴补贴 + 特殊情况下支付的工资)]/年平均每月法定工作日

(2)工程造价管理机构编制计价定额时确定定额人工费，人工费等于工程工日消耗量乘以日工资单价。

人工费 = ∑(工程工日消耗量 × 日工资单价)

日工资单价是指施工企业平均技术熟练程度的生产工人在每个工作日(国家法定工作时间内)按规定从事施工工作应得的日工资总额。

二、材料费

材料费是指施工过程中耗费的原材料、辅助材料、构配件、零件、半成品或成品、工程设备的费用。

1. 材料预算价的组成

(1)材料原价：是指材料、工程设备的出厂价格或商家供应价格。

(2)运杂费：是指材料、工程设备自来源地运至工地仓库或指定堆放地点所发生的全部费用。

(3)运输损耗费：是指材料在运输装卸过程中不可避免的损耗。

(4)采购及保管费：是指为组织采购、供应和保管材料、工程设备的过程中所需要的各项费用。包括采购费、仓储费、工地保管费、仓储损耗。

工程设备是指房屋建筑及其配套的构成或计划构成永久工程一部分的机电设备、金属结构设备、仪器装置等建筑设备，包括附属工程中电气、采暖、通风空调、给排水、通信及建筑智能等为房屋功能服务的设备，不包括工艺设备。具体划分标准见《建设工程计价设备材料划分标准》(GB/T 50531—2009)。明确由建设单位提供的建筑设备，其设备费用不作为计取税金的基数。

2. 材料费的计算

"营改增"后材料单价组成内容不变，包括材料原价、运杂费、运输损耗费、采购及保管费等，但应扣除相应的税额。

材料单价根据各项费用组成内容适用的增值税税率或征收率计算出不含进项税额后的

价格。

“营改增”后材料单价计算公式：

材料单价 = 不含税材料原价 + 不含税运杂费 + 不含税运输损耗费 + 不含税采购及保管费

材料单价组成及适用税率

序号	材料单价组成内容	调整方法及适用税率
1	材料原价	以购进货物适用的税率(17%、13%)或征收率(6%、3%)扣减
2	运杂费	以接受交通运输业服务适用税率 11% 扣减
3	运输损耗费	运输过程所发生损耗增加费，以运输损耗率计算，随材料原价和运杂费扣减而扣减
4	采购及保管费	主要包括材料的采购、供应和保管部门工作人员工资、办公费、差旅交通费、固定资产使用费、工具用具使用费及材料仓库存储损耗费等。以费用水平(发生额)“营改增”前后无变化为前提，参照现行企业管理费调整分析测定可扣除费用比例和扣减系数调整采购及保管费，调整后费率一般适当调增

材料的消耗量和材料单价确定后，材料费用可以根据以下公式计算：

$$材料费 = 检验试验费 + \sum(材料消耗量 \times 材料预算单价)$$

例 2－1 某建筑公司购入一批水泥，含税价格为每吨 319.48 元，材料原价为 285.93 元，进项税率适用 17%，交通运输业服务适用税率 11%，采购及保管费按规定扣除费用比例和扣减系数，其他数据如下表。计算该水泥的不含税价格。

分析：不含税原价为 285.93/1.17 = 244.38 元，运杂费为 25/1.11 = 22.52 元，采购及保管费为 7 × (70% + 30%/1.17) = 6.69 元，平均税率为(319.48 − 274.9)/274.9 = 16.22%。

材料名称	价格形式	单价(元)	原价(元)	运杂费(元)	运输损耗费(元)	采购及保管费(元)	平均税率(%)
32.5 号水泥	含税价格	319.48	285.93	25	1.55	7	16.22
	不含税价格	274.9	244.38	22.52	1.33	6.69	

备注：1.“一票制”材料，供应商就收取的货物销售价款和运杂费合计金额向建筑业企业仅提供一张货物销售发票，增值税税率为销售货物适用的税率。

2.“两票制”材料，供应商就收取的货物销售价款和运杂费向建筑业企业分别提供货物销售和交通运输两张发票，增值税税率为销售货物与交通运输适用的税率的加权平均税率。

三、施工机具使用费

施工机具使用费是指施工作业所发生的施工机械、仪器仪表使用费或其租赁费。

1. 施工机具使用费的组成

(1)施工机械使用费：以施工机械台班耗用量乘以施工机械台班单价表示，施工机械台班单价由下列七项费用组成。

①折旧费：指施工机械在规定的使用年限内，陆续收回其原值的费用。

②大修理费：指施工机械按规定的大修理间隔台班进行必要的大修理，以恢复其正常功

能所需的费用。

③经常修理费：指施工机械除大修理以外的各级保养和临时故障排除所需的费用。包括为保障机械正常运转所需替换设备与随机配备工具附具的摊销和维护费用，机械运转中日常保养所需润滑与擦拭的材料费用及机械停滞期间的维护和保养费用等。

④安拆费及场外运费：安拆费指施工机械（大型机械除外）在现场进行安装与拆卸所需的人工、材料、机械和试运转费用以及机械辅助设施的折旧、搭设、拆除等费用；场外运费指施工机械整体或分体自停放地点运至施工现场或由一施工地点运至另一施工地点的运输、装卸、辅助材料及架线等费用。

⑤人工费：指机上司机（司炉）和其他操作人员的人工费。

⑥燃料动力费：指施工机械在运转作业中所消耗的各种燃料及水、电等。

⑦税费：指施工机械按照国家规定应缴纳的车船使用税、保险费及年检费等。

（2）仪器仪表使用费：是指工程施工所需使用的仪器仪表的摊销及维修费用。

2. 施工机具使用费的计算

施工机械台班单价＝台班折旧＋台班大修理费＋台班经常修理费＋台班安拆费及场外运费＋台班人工费＋台班燃料动力费＋台班车船税费

施工机械使用费＝∑（工程施工中消耗的施工机械台班量×机械台班单价）

仪器仪表使用费＝工程使用的仪器仪表摊销费＋维修费

施工机具使用费涉及“营改增”的内容，各组成费用的调整方法与适用税率见下表：

序号	台班单价	调整方法及适用税率
1	机械	各组成内容按以下方法分别扣减，扣减平均税率小于租赁有形动产适用税率17%
1.1	折旧费	以购进货物适用的税率17%扣减
1.2	大修费	以接受修理修配劳务适用的税率17%扣减
1.3	经常修理费	考虑部分外修和购买零配件费用，以接受修理修配劳务和购进货物适用的税率17%扣减
1.4	安拆费	按自行安拆考虑，一般不予扣减
1.5	场外运输费	以接受交通运输业服务适用税率11%扣减
1.6	人工费	组成内容为工资总额，不予扣减
1.7	燃料动力费	以购进货物适用的相应税率或征收率扣减，其中自来水税率13%或征收率6%，县级及县级以下小型水力发电单位生产的电力征收率6%，其他燃料动力的适用税率一般为17%
1.8	车船税费	税收费率，不予扣减
2	租赁机械	以接受租赁有形动产适用的税率扣减
3	仪器仪表	按以下方法分别扣减
3.1	摊销费	以购进货物适用的税率扣减
3.2	维修费	以接受修理修配劳务适用的税率扣减

例 2－2　以履带式液压单斗挖掘机（1 m^3）台班单价扣减进项税额为例。其中台班经常修理费考虑了 70% 的可扣除费用，台班安拆费及场外运输费考虑了 60% 的可扣除费用。

<table>
<tr><th>机械名称</th><th>价格形式</th><th>台班单价</th><th>折旧费</th><th>大修理费</th><th>经常修理费</th><th>安拆费及场外运输费</th><th>人工费</th><th>燃料动力费</th><th>平均税率</th></tr>
<tr><td rowspan="2">履带式液压单斗挖掘机 1m^3</td><td>含税价格</td><td>1088</td><td>286</td><td>75</td><td>158</td><td>0</td><td>127</td><td>442</td><td rowspan="2">(1088－955)÷955＝13.9%</td></tr>
<tr><td>不含税价格</td><td>955</td><td>286÷1.17＝244</td><td>75÷1.17＝64</td><td>158×(30%＋70%÷1.17)＝142</td><td>0×(40%＋60%÷1.11)＝0</td><td>127</td><td>442÷1.17＝378</td></tr>
</table>

四、企业管理费

企业管理费是指施工企业组织施工生产和经营管理所需的费用。

1．企业管理费的组成

（1）管理人员工资：是指按规定支付给管理人员的计时工资、奖金、津贴补贴、加班加点工资及特殊情况下支付的工资等。

（2）办公费：是指企业管理办公用的文具、纸张、账表、印刷、邮电、书报、办公软件、监控、会议、水电、燃气、采暖、降温等费用。

（3）差旅交通费：是指职工因公出差、调动工作的差旅费、住勤补助费，市内交通费和误餐补助费，职工探亲路费，劳动力招募费，职工退休、退职一次性路费，工伤人员就医路费，工地转移费以及管理部门使用的交通工具的油料、燃料等费用。

（4）固定资产使用费：指企业及其附属单位使用的属于固定资产的房屋、设备、仪器等的折旧、大修、维修或租赁费。

（5）工器用具使用费：是指企业施工生产和管理使用的不属于固定资产的工具、器具、家具、交通工具和检验、试验、测绘、消防用具等的购置、维修和摊销费，以及支付给工人自备工具的补贴费。

（6）劳动保险和职工福利费：是指由企业支付的职工退职金、按规定支付给离休干部的经费、集体福利费、夏季防暑降温、冬季取暖补贴、上下班交通补贴等。

（7）劳动保护费：是企业按规定发放的劳动保护用品的支出。如工作服、手套、防暑降温饮料、高危险工种施工作业防护补贴以及在有碍身体健康的环境中施工的保健费用等。

（8）工会经费：是指企业按《工会法》规定的全部职工工资总额比例计提的工会经费。

（9）职工教育经费：是指按职工工资总额的规定比例计提，企业为职工进行专业技术和职业技能培训，专业技术人员继续教育、职工职业技能鉴定、职业资格认定以及根据需要对职工进行各类文化教育所发生的费用。

（10）财产保险费：指企业管理用财产、车辆的保险费用。

（11）财务费：是指企业为施工生产筹集资金或提供预付款担保、履约担保、职工工资支付担保等所发生的各种费用。

（12）税金：指企业按规定交纳的房产税、车船使用税、土地使用税、印花税等。

（13）意外伤害保险费：企业为从事危险作业的建筑安装施工人员支付的意外伤害保险费。

(14)工程定位复测费：是指工程施工过程中进行全部施工测量放线和复测工作的费用。建筑物沉降观测由建设单位直接委托有资质的检测机构完成，费用由建设单位承担，不包含在工程定位复测费中。

(15)检验试验费：是施工企业按规定进行建筑材料、构配件等试样的制作、封样、送达和其他为保证工程质量进行的材料检验试验工作所发生的费用。

不包括新结构、新材料的试验费，对构件(如幕墙、预制桩、门窗)做破坏性试验所发生的试样费用和根据国家标准和施工验收规范要求对材料、构配件和建筑物工程质量检测检验发生的第三方检测费用，对此类检测发生的费用，由建设单位承担，在工程建设其他费用中列支。但对施工企业提供的具有合格证明的材料进行检测不合格的，该检测费用由施工企业支付。

(16)非建设单位所为四小时以内的临时停水停电费用。

(17)企业技术研发费：建筑企业为转型升级、提高管理水平所进行的技术转让、科技研发，信息化建设等费用。

(18)其他：业务招待费、远地施工增加费、劳务培训费、绿化费、广告费、公证费、法律顾问费、审计费、咨询费、投标费、保险费、联防费、施工现场生活用水电费等等。

2. 企业管理费的计算

(1)以人工费和机械费合计为计算基础

$$企业管理费费率(\%)=\{生产工人年平均管理费/[年有效施工天数\times(人工单价+每一工时机械使用费)]\}\times100\%$$

(2)以人工费为计算基础

$$企业管理费费率(\%)=\{生产工人年平均管理费/[年有效施工天数\times人工单价]\}\times100\%$$

以上公式适用于施工企业投标报价时自主确定管理费。江苏省费用定额将企业管理费取费标准按不同的专业工程(或单位工程)划分为一类工程、二类工程、三类工程，规定了不同的取费费率，对应的的计算基础是“人工费”或“人工费+施工机具使用费”。

包工不包料、点工的管理费和利润包含在工资单价中。

企业管理费涉及“营改增”部分，可调整内容如下表：

序号	可扣减费用内容	适用税率分析
	现行企业管理费	按各项组成适用税率和占比，计算加权平均税率
1	办公费：是指企业管理办公用的文具、纸张、账表、印刷、邮电、书报、办公软件、现场监控、会议、水电、烧水和集体取暖降温(包括现场临时宿舍取暖降温)等费用	以购进货物适用的相应税率扣减，其中购进图书、报纸、杂志适用的税率为13%，其他一般为17%
2	固定资产使用费：是指管理和试验部门及附属生产单位使用的属于固定资产的房屋、设备、仪器等的折旧、大修、维修或租赁费	除房屋的折旧、大修、维修或租赁费不予扣减外，设备、仪器的折旧、大修、维修或租赁费以购进货物或接受修理修配劳务和租赁有形动产服务适用的税率扣减，均为17%

续上表

序号	可扣减费用内容	适用税率分析
3	工具用具使用费：是指企业施工生产和管理使用的不属于固定资产的工具、器具、家具、交通工具和检验、试验、测绘、消防用具等的购置、维修和摊销费	以购进货物或接受修理修配劳务适用的税率扣减，均为 17%
4	现行企业管理费其他内容：不包含进项税额	增值税税率可视作为“0”

五、利润

利润是指施工企业完成所承包工程获得的盈利。施工企业根据企业自身需求并结合建筑市场实际自主确定，列入报价中。工程造价管理机构在确定计价定额中的利润时，根据不同的专业工程（或单位工程），以“人工费”或“人工费 + 施工机具使用费”作为计算基数，通过费用定额规定了不同的利润率。利润应列入分部分项工程和措施项目中。

2.2.2　措施项目费

措施项目费是指为完成建设工程施工，发生于该工程施工前和施工过程中的技术、生活、安全、环境保护等方面的费用。

根据现行工程量清单计算规范，措施项目费分为单价措施项目与总价措施项目。

一、单价措施项目

1. 单价措施项目的计算

单价措施项目是指在现行工程量清单计算规范中有对应工程量计算规则，按人工费、材料费、施工机具使用费、管理费和利润形式组成综合单价的措施项目。

$$\text{单价措施项目} = \sum(\text{措施项目工程量} \times \text{综合单价})$$

2. 单价措施项目分类

单价措施项目根据专业不同，包括项目分别为：

（1）建筑与装饰工程：脚手架工程；混凝土模板及支架（撑）；垂直运输；超高施工增加；大型机械设备进出场及安拆；施工排水、降水。

（2）安装工程：吊装加固；金属抱杆安装、拆除、移位；平台铺设、拆除；顶升、提升装置安装、拆除；大型设备专用机具安装、拆除；焊接工艺评定；胎（模）具制作、安装、拆除；防护棚制作安装拆除；特殊地区施工增加；安装与生产同时进行施工增加；在有害身体健康环境中施工增加；工程系统检测、检验；设备、管道施工的安全、防冻和焊接保护；焦炉烘炉、热态工程；管道安拆后的充气保护；隧道内施工的通风、供水、供气、供电、照明及通信设施；脚手架搭拆；高层施工增加；其他措施（工业炉烘炉、设备负荷试运转、联合试运转、生产准备试运转及安装工程设备场外运输）；大型机械设备进出场及安拆。

（3）市政工程：脚手架工程；混凝土模板及支架；围堰；便道及便桥；洞内临时设施；大型机械设备进出场及安拆；施工排水、降水；地下交叉管线处理、监测、监控。

（4）仿古建筑工程：脚手架工程；混凝土模板及支架；垂直运输；超高施工增加；大型机械设备进出场及安拆；施工降水排水。

园林绿化工程：脚手架工程；模板工程；树木支撑架、草绳绕树干、搭设遮阴（防寒）棚工程；围堰、排水工程。

(5)房屋修缮工程中土建、加固部分单价措施项目设置同建筑与装饰工程；安装部分单价措施项目设置同安装工程。

(6)城市轨道交通工程：围堰及筑岛；便道及便桥；脚手架；支架；洞内临时设施；临时支撑；施工监测、监控；大型机械设备进出场及安拆；施工排水、降水；设施、处理、干扰及交通导行(混凝土模板及安拆费用包含在分部分项工程中的混凝土清单中)。

单价措施项目中各措施项目的工程量清单项目设置、项目特征、计量单位、工程量计算规则及工作内容均按现行工程量清单计算规范执行。

二、总价措施项目

总价措施项目由通用总价措施项目和专业措施项目组成。

1. 总价措施项目计算

总价措施项目是指在现行工程量清单计算规范中无工程量计算规则，以总价(或计算基础乘费率)计算的措施项目。

2. 通用的总价措施项目分类

其中各专业都可能发生的通用的总价措施项目如下：

(1)安全文明施工：为满足施工安全、文明、绿色施工以及环境保护、职工健康生活所需要的各项费用。本项为不可竞争费用。

①环境保护包含范围：现场施工机械设备降低噪声、防扰民措施费用；水泥和其他易飞扬细颗粒建筑材料密闭存放或采取覆盖措施等费用；工程防扬尘洒水费用；土石方、建渣外运车辆冲洗、防洒漏等费用；现场污染源的控制、生活垃圾清理外运、场地排水排污措施的费用；其他环境保护措施费用。

②文明施工包含范围："五牌一图"的费用；现场围挡的墙面美化(包括内外粉刷、刷白、标语等)、压顶装饰费用；现场厕所便槽刷白、贴面砖、水泥砂浆地面或地砖费用，建筑物内临时便溺设施费用；其他施工现场临时设施的装饰装修、美化措施费用；现场生活卫生设施费用；符合卫生要求的饮水设备、淋浴、消毒等设施费用；生活用洁净燃料费用；防煤气中毒、防蚊虫叮咬等措施费用；施工现场操作场地的硬化费用；现场绿化费用、治安综合治理费用、现场电子监控设备费用；现场配备医药保健器材、物品费用和急救人员培训费用；用于现场工人的防暑降温费、电风扇、空调等设备及用电费用；其他文明施工措施费用。

③安全施工包含范围：安全资料、特殊作业专项方案的编制，安全施工标志的购置及安全宣传的费用；"三宝"(安全帽、安全带、安全网)、"四口"(楼梯口、电梯井口、通道口、预留洞口)，"五临边"(阳台围边、楼板围边、屋面围边、槽坑围边、卸料平台两侧)，水平防护架、垂直防护架、外架封闭等防护的费用；施工安全用电的费用，包括配电箱三级配电、两级保护装置要求、外电防护措施；起重机、塔吊等起重设备(含井架、门架)及外用电梯的安全防护措施(含警示标志)费用及卸料平台的临边防护、层间安全门、防护棚等设施费用；建筑工地起重机械的检验检测费用；施工机具防护棚及其围栏的安全保护设施费用；施工安全防护通道的费用；工人的安全防护用品、用具购置费用；消防设施与消防器材的配置费用；电气保护、安全照明设施费；其他安全防护措施费用。

④绿色施工包含范围：建筑垃圾分类收集及回收利用费用；夜间焊接作业及大型照明灯具的挡光措施费用；施工现场办公区、生活区使用节水器具及节能灯具增加费用；施工现场基坑降水储存使用、雨水收集系统、冲洗设备用水回收利用设施增加费用；施工现场生活区

厕所化粪池、厨房隔油池设置及清理费用；从事有毒、有害、有刺激性气味和强光、噪声施工人员的防护器具；现场危险设备、地段、有毒物品存放地安全标识和防护措施；厕所、卫生设施、排水沟、阴暗潮湿地带定期消毒费用；保障现场施工人员劳动强度和工作时间符合国家标准《体力劳动强度等级要求》(GB3869—1997)的增加费用等。

(2)夜间施工：规范、规程要求正常作业而发生的夜班补助、夜间施工降效、夜间照明设施的安拆、摊销、照明用电以及夜间施工现场交通标志、安全标牌、警示灯安拆等费用。

(3)二次搬运：由于施工场地限制而发生的材料、成品、半成品等一次运输不能到达堆放地点，必须进行的二次或多次搬运费用。

(4)冬雨季施工：在冬雨季施工期间所增加的费用。包括冬季作业、临时取暖、建筑物门窗洞口封闭及防雨措施、排水、工效降低、防冻等费用。不包括设计要求混凝土内添加防冻剂的费用。

(5)地上、地下设施、建筑物的临时保护设施：在工程施工过程中，对已建成的地上、地下设施和建筑物进行的遮盖、封闭、隔离等必要保护措施。在园林绿化工程中，还包括对已有植物的保护。

(6)已完工程及设备保护费：对已完工程及设备采取的覆盖、包裹、封闭、隔离等必要保护措施所发生的费用。

(7)临时设施费：施工企业为进行工程施工所必须的生活和生产用的临时建筑物、构筑物和其他临时设施的搭设、使用、拆除等费用。

①临时设施包括：临时宿舍、文化福利及公用事业房屋与构筑物、仓库、办公室、加工场等。

②建筑、装饰、安装、修缮、古建园林工程规定范围内(建筑物沿边起50 m以内，多幢建筑两幢间隔50 m内)围墙、临时道路、水电、管线和轨道垫层等。

③市政工程施工现场在定额基本运距范围内的临时给水、排水、供电、供热线路(不包括变压器、锅炉等设备)、临时道路。不包括交通疏解分流通道、现场与公路(市政道路)的连接道路、道路工程的护栏(围挡)，也不包括单独的管道工程或单独的驳岸工程施工需要的沿线简易道路。

建设单位同意在施工就近地点临时修建混凝土构件预制场所发生的费用，应向建设单位结算。

(8)赶工措施费：施工合同工期比我省现行工期定额提前，施工企业为缩短工期所发生的费用。如施工过程中，发包人要求实际工期比合同工期提前时，由发承包双方另行约定。

(9)工程按质论价：施工合同约定质量标准超过国家规定，施工企业完成工程质量达到经有权部门鉴定或评定为优质工程所必须增加的施工成本费。

(10)特殊条件下施工增加费：地下不明障碍物、铁路、航空、航运等交通干扰而发生的施工降效费用。

3. 总价措施项目的专业措施项目

总价措施项目的专业措施项目中，除通用措施项目外，各专业措施项目如下：

(1)建筑与装饰工程：

①非夜间施工照明：为保证工程施工正常进行，在如地下室、地宫等特殊施工部位施工时所采用的照明设备的安拆、维护、摊销及照明用电等费用。

②住宅工程分户验收：按《住宅工程质量分户验收规程》(DGJ32/TJ 103—2010)的要求对住宅工程进行专门验收(包括蓄水、门窗淋水等)发生的费用。室内空气污染测试不包含在住宅工程分户验收费用中，由建设单位直接委托检测机构完成，由建设单位承担费用。

(2)安装工程：

①非夜间施工照明：为保证工程施工正常进行，在如地下(暗)室、设备及大口径管道内等特殊施工部位施工时所采用的照明设备的安拆、维护及照明用电、通风等；在地下(暗)室等施工引起的人工工效降低以及由于人工工效降低引起的机械降效。

②住宅工程分户验收：按《住宅工程质量分户验收规程》(DGJ32/TJ 103—2010)的要求对住宅工程安装项目进行专门验收发生的费用。

(3)市政工程：

行车、行人干扰：由于施工受行车、行人的干扰导致的人工、机械降效以及为了行车、行人安全而现场增设的维护交通与疏导人员费用。

(4)仿古建筑及园林绿化工程：

①非夜间施工照明：为保证工程施工正常进行，仿古建筑工程在地下室、地宫等，园林绿化工程在假山石洞等特殊施工部位施工时所采用的照明设备的安拆、维护及照明用电等。

②反季节栽植影响措施：因反季节栽植在增加材料、人工、防护、养护、管理等方面采取的种植措施以及保证成活率措施。

江苏省2014版建设工程费用定额规定，总价措施项目中以费率计算的措施项目有：安全文明施工措施费、夜间施工费、非夜间施工照明费、冬雨季施工费、已完工程及设备保护费、临时设施费、赶工措施费、按质论价费、住宅工程分户验收费。

计算基础 = 分部分项工程费 + 单价措施项目费 - 工程设备费为计费基数，费率标准由费用定额规定。其他总价措施项目按项计取，综合单价按实际或可能发生的费用进行计算。

2.2.3 其他项目费

其他项目费包括暂列金额、暂估价、计日工和总承包服务费。

一、暂列金额

暂列金额是指建设单位在工程量清单中暂定并包括在工程合同价款中的一笔款项，用于施工合同签订时尚未确定或者不可预见的所需材料、工程设备、服务的采购，施工中可能发生的工程变更、合同约定调整因素出现时的工程价款调整以及发生的索赔、现场签证确认等的费用。由建设单位根据工程特点，按有关计价规定估算；施工过程中由建设单位掌握使用，扣除合同价款调整后如有余额，归建设单位。

二、暂估价

暂估价是指建设单位在工程量清单中提供的用于支付必然发生但暂时不能确定价格的材料的单价以及专业工程的金额，包括材料暂估价和专业工程暂估价。材料暂估价在清单综合单价中考虑，不计入暂估价汇总。

三、计日工

计日工是指在施工过程中，施工企业完成建设单位提出的施工图纸以外的零星项目或工作，按合同中约定的单价计价的一种方式。

四、总承包服务费

总承包服务费是指总承包人为配合、协调建设单位进行的专业工程发包，对建设单位自行采购的材料、工程设备等进行保管以及施工现场管理、竣工资料汇总整理等服务所需的费用。总包服务范围由建设单位在招标文件中明示，并且发承包双方在施工合同中约定。

暂列金额、暂估价按发包人给定的标准计取；计日工计取标准由发承包双方在合同中约定；总承包服务费应根据招标文件列出的服务内容和对总承包人的要求，以分包的专业工程估算造价（不含增值税）为计算基础，参照费用定额给定的标准计算。

2.2.4 规费

规费是指权力部门规定必须缴纳的费用。

一、工程排污费

工程排污费包括废气、污水、固体及危险废物和噪声排污费等内容。

二、社会保险费

社会保险费指企业应为职工缴纳的养老保险、医疗保险、失业保险、工伤保险和生育保险等五项社会保障方面的费用。为确保施工企业各类从业人员社会保障权益落到实处，省、市有关部门可根据实际情况制定管理办法。

三、住房公积金

住房公积金指企业应为职工缴纳的住房公积金。

工程排污费按工程所在地环境保护等部门规定的标准，按实际缴纳计取。

社会保险费及住房公积金计算基础 = 分部分项工程费 + 措施项目费 + 其他项目费 - 工程设备费为计费基数，费率标准由费用定额规定。

2.2.5 税金

一、“营改增”含义

2016 年 5 月 1 日以前，税金是指国家税法规定应计入建筑安装工程造价内的营业税、城市维护建设税、教育费附加及地方教育附加。

2016 年国家财税《关于全面推开营业税改征增值税试点的通知》（财税〔2016〕36 号）规定，自 2016 年 5 月 1 日起，在全国范围内全面推开营业税改征增值税试点，建筑业、房地产业、金融业、生活服务业等全部营业税纳税人，纳入试点范围，由缴纳营业税改为缴纳增值税，这就是所谓“营改增”。

二、“营改增”后建设工程的计税

按照“营改增”后，建设工程计价分为一般计税方法和简易计税方法。一般计税方法以增值税税率为 11% 计算，简易计税方法以增值税征收率为 3% 计算。除清包工工程、甲供工程、合同开工日期在 2016 年 4 月 30 日前的建设工程可采用简易计税方法外，其他一般纳税人提供建筑服务的建设工程，采用一般计税方法。

（一）一般计税方法

（1）根据住房和城乡建设部办公厅《关于做好建筑业营改增建设工程计价依据调整准备工作的通知》（建办标〔2016〕4 号）规定的计价依据调整要求，营改增后，采用一般计税方法的建设工程费用组成中的分部分项工程费、措施项目费、其他项目费、规费中均不包含增值税可抵扣进项税额。

(2)企业管理费组成内容中增加第(19)条附加税：国家税法规定的应计入建筑安装工程造价内的城市建设维护税、教育费附加及地方教育附加。

(3)甲供材料和甲供设备费用应在计取现场保管费后，在税前扣除。

(4)税金定义及包含内容调整为：税金是指根据建筑服务销售价格，按规定税率计算的增值税销项税额。

一般计税方法下，建设工程造价 = 税前工程造价 ×(1 + 11%)，其中税前工程造价中不包含增值税可抵扣进项税额，即组成建设工程造价的要素价格中，除无增值税可抵扣项的人工费、利润、规费外，材料费、施工机具使用费、管理费均按扣除增值税可抵扣进项税额后的价格(以下简称“除税价格”)计入。

(二)简易计税方法

(1)营改增后，采用简易计税方式的建设工程费用组成中，分部分项工程费、措施项目费、其他项目费的组成，均与《江苏省建设工程费用定额》(2014 年)原规定一致，包含增值税可抵扣进项税额。

(2)甲供材料和甲供设备费用应在计取现场保管费后，在税前扣除。

(3)税金定义及包含内容调整为：税金包含增值税应纳税额、城市建设维护税、教育费附加及地方教育附加。

简易计税方法的应纳税额，是指按照销售额和增值税征收率计算的增值税额，不得抵扣进项税额。应纳税额计算公式：应纳税额 = 销售额 ×3%。试点纳税人提供建筑服务适用简易计税方法的，以取得的全部价款和价外费用扣除支付的分包款后的余额为销售额。

三、增值税原理

(一)增值税是价外税

1. 按全部销售额计税，但只对货物或劳务价值中新增价值部分征税；

2. 实行税款抵扣制度，对以前环节已纳税款予以扣除；

3. 税款随货物的销售逐环节转移，最终消费者是全部税款承担者。

增值税的组成计税价格 = 成本 + 利润

营业税组成计税价格 = 成本 + 利润 + 消费税

例 2 – 2 A 公司生产的甲产品(成本 100 元，售价 150 元)，依次经过 B、C、D 流通环节到达最终消费者手里。B 进价 150 元售价 200 元，C 进价 200 元售价 200 元，D 进价 200 元售价 250 元(营业税 5%；增值税税率 17%，每个环节都能取得增值税专用发票并抵扣)。

营业税框架下：

A：150 ×5% =7.5；B：200 ×5% =10；C：200 ×5% =10；D：250 ×5% =12.5

合计：7.5 +10 +10 +12.5 =40

增值税框架下：

A：(150 – 100)/1.17 ×17% =7.26　B：(200 – 150)/1.17 ×17% =7.26

C：(200 –200)/1.17 ×17% =0　D：(250 –200)/1.17 ×17% =7.26

合计：7.26 +7.26 +0 +7.26 =21.78

结论：营业税是逐环节全额征税(特殊规定除外)；增值税是逐环节差额征税。

在实践中增值税计算方法有实耗扣税法、购进扣除法(关键是：采购环节可以抵扣进项

税额，生产环节、接受的劳务抵扣难，造成一个纳税年度内不均衡）

（二）增值税以增值额为征税对象

（1）不重复征税。仅就本环节增值额征税，重复的成本部分不征税。

（2）逐环节征税，逐环节扣税。最终消费者（是指进入消费环节，而不是专指消费者个人）是全部税款的承担者。

（3）税基广阔。基本覆盖社会再生产的全过程。

（4）中性调节。基本将税收对经济决策的扭曲降到了最低。

（三）增值税实行的是专用发票抵扣制

抵扣增值税的进项税税金——必须要取得增值税专用发票或税法规定的凭证（如农产品收购凭证或销售发票或海关缴款书等）。

销项税金——可以没有票。不开发票同样要征税。

2.3　设备及工器具购置费

2.3.1　设备购置费的构成及计算

设备购置费是指为工程建设项目购置或自制的达到固定资产标准的设备、工具、器具的费用。确定固定资产的标准是：使用年限在一年以上，单位价值在一年以上（具体标准由各主管部门规定）。

设备购置费 = 设备原价 + 设备运杂费

设备原价指国产设备或进口设备的原价；设备运杂费指除设备原价之外的有关设备采购、运输、途中包装及仓库保管等方面支出费用的总和。

一、国产设备原价的构成及计算

国产设备原价一般指的是设备制造场的交货价（即出厂价）或订货合同价。它一般根据生产厂或供应商的询价、报价、合同价确定，或采用一定的方法计算确定。国产设备原价分为国产标准设备原价和国产非标准设备原价。

1. 国产标准设备原价

国产标准设备是指按照主管部门颁布的标准图纸和技术要求，由我国设备生产厂批量生产的、符合国家质量检测标准的设备。有的国产标准设备原价有两种，即带有备件的原价和不带有备件的原件。在计算时，一般采用带有备件的原件。

2. 国产非标准设备原价

国产非标准设备是指国家尚无定型标准，各设备生产厂不可能在工艺过程中采用批量生产，只能按一次订货，并根据具体的设计图纸制造的设备。非标准设备原价有多种不同的计算方法，如成本计算估价法、系列设备插入估价法、分部组合估价法、定额估价法等。

二、进口设备原价的构成及计算

进口设备的原价是指进口设备的抵岸价，即抵达买方边境港口或边境车站，且交完关税为止形成的价格。

1. 进口设备的交货类别

（1）进口设备的交货类别

进口设备的交货可分为内陆交货类、目的地交货类和装运港交货类。

①内陆交货类：即卖方在出口国内陆的某个地点交货。在交货地点，卖方及时提交合同规定的货物和有关凭证，并负担交货前的一切费用和风险；买方按时接收货物，交付货款，负担交货后的一切费用和风险，并自行办理出口手续和装运出口。货物的所有权也在交货后由卖方转移给买方。

②目的地交货类：即卖方在进口国的港口或内地交货，有目的港船上交货价、目的港船边交货价和目的港码头交货价（关税已付）及完税后交货价（进口国的指定地点）等几种交货价。

③装运港交货类：即卖方在出口国装运港交货，主要有装运港船上交货价，习惯称离岸价格；运费和内价，保险费在内价，习惯称到岸价格。

2. 进口设备抵岸价的构成及计算

1）进口设备抵岸价的构成

进口设备抵岸价 = 货价 + 国际运费 + 运输保险费 + 银行财务费 + 外贸手续费 + 关税 + 增值税 + 消费税

2）进口设备抵岸价的构成

①货价：一般指装运港船上交货价（FOB）。设备货价分为原币货价和人民币货价，原币货价一路折算为美元表示，人民币货价按原币货价乘以外汇市场美元兑换人民币中间价确定。进口设备货价按有关生产商询价、报价、订货合同价计算。

②国际运费：即从装运港（站）到达我国抵达港（站）的运费。我国进口设备大部分采用海洋运输，小部分采用铁路运输，个别采用航空运输。

③运输保险费：对外贸易货物运输保险是由保险人（保险公司）与被保险人（出口人或进口人）订立的保险契约，在被保险人交付议定的保险费后，保险人根据保险契约的规定对货物在运输的过程中发生的承包责任范围内的损失给予经济上的补偿，这是一种财产保险。计算公式为：

$$运输保险费 = \frac{[原币货币 + 国外货币] \times 保险费率}{1 - 保险费率}$$

保险费率按保险公司规定的进口货物保险费率计算。

④银行财务费：一般是指中国银行手续费，可按下式简化计算：

银行财务费 = 人民币货价（FOB 价）× 银行财务费率

⑤外贸手续费：指按对外经济贸易部规定的外贸手续费率计取得费用。计算公式为：

外贸手续费 =［装运港船上交货价（FOB 价）+ 国际运费 + 运输保险费］× 外贸手续费率

⑥关税：由海关对进出国境或关境的货物和物品征收的一种税。计算公式为：

关税 = 到岸价格（CIF）× 进口关税税率

式中，到岸价格（CIF）包括离岸价格（FOB 价）、国际运费、运输保险费等费用，它作为关税完税价格。

⑦增值税：是对从事进口贸易的单位和个人，在进口商品报关进口后征收的税种。

我国增值税条例规定，进口应税产品均按组成计税价格和增值税税率直接计算应纳税额。

进口产品增值税额 = 组成计税价格 × 增值税税率

$$组成计税价格 = 关税完税价格 + 关税 + 消费税$$

⑧消费税：对部分进口设备（如轿车、摩托车等）征收消费税。计算公式为：

$$应纳消费税率 = \frac{到岸价 + 关税}{1 - 消费税税率} \times 消费税税率$$

式中，消费税税率根据规定的税率计算。

例 2 – 3 有一批进口设备货价（FOB）600 万元，国际运费 100 万元，运输保险费 20 万元。外贸手续费 10 万元，进口关税税率 17%，则关税额为多少？

解： 关税额 =（600 + 100 + 20）× 17% = 122.4（万元）

3. 设备运杂费的构成及计算

1）设备运杂费的构成

设备运杂费通常由下列各项构成：

①运输和装卸费：国产设备有设备制造厂交货地点起至工地仓库（或施工组织设计指定的需要安装设备的堆放地点）止所发生的运输和装卸费；进口设备则由我国到岸港口或边境车站起止工地仓库（或施工组织设计指定的需要安装设备的堆放地点）止所发生的运输和装卸费。

②包装费：在设备原价中没有包括的，为运输需进行的包装支出的各种费用。

③设备供销部门的手续费：按有关部门规定的统一费率计算。

④采购与仓库保管费：指采购、验收、保管和收发设备所发生的各种费用，包括设备采购人员、保管人员和管理人员的工资、工资附加费、办公费、差旅交通费，设备供应部门办公和仓库所占固定资产使用费，工具、用具使用费，劳动保护费，检验试验费等。这些费用可按主管部门规定的采购与保管费费率计算。

2）设备运杂费的计算

设备运杂费按设备原价乘以设备运杂费率计算，计算公式为：

$$设备运杂费 = 设备原价 \times 设备运杂费率$$

式中，设备运杂费率按有关部门的规定计取。

2.3.2 工器具购置费的构成及计算

工具、器具及生产家具购置费，是指新建成、扩建项目初步设计规定的，保证初期正常生产必须购置的没有达到固定资产标准的设备、仪器、工卡模具、器具、生产家具和设备备件的购置费用。一般以设备购置费为计算基数，按照部门或行业规定的工具、器具及生产家具费率计算。计算公式为：

$$工具、器具及生产家具购置费 = 设备购置费 \times 定额费率$$

2.4 工程建设其他费用

2.4.1 土地使用费

土地使用费是指通过划拨方式取得土地使用权而支付的土地征用及迁移补偿费，或者通过土地使用权出让方式取得土地使用权而支付的土地使用权出让金。

一、土地征用及迁移补偿费

土地征用及迁移补偿费，是指建设项目通过划拨方式取得无限期的土地使用权，依照《中华人民共和国土地管理法》等规定所支付的费用。其总和一般不得超过被征土地年产值的20倍，土地年产值则按该地被征用前3年的平均产量和国家规定的价格计算。其内容包括：

(1)土地补偿费。征用耕地(包括菜地)的补偿标准，为该耕地年产值的6～10倍，具体补偿标准由省、自治区、直辖市人民政府在此范围内制定。征用园地、鱼塘、藕塘、苇塘、宅基地、林地、牧场、草原等的补偿标准，由省、自治区、直辖市人民政府制定。征收无收益的土地，不予补偿。

(2)青苗补偿费和被征用土地上的房屋、水井、树木等附着物补偿费。这些补偿费的标准由省、自治区、直辖市人民政府制定。征用城市郊区的菜地时，还应按照有关规定向国家缴纳新菜地开发建设基金。

(3)安置补偿费。征用耕地、菜地的，每个农业人口的安置补助费为该地每亩年产值的3～4倍，每亩耕地的安置补助费最高不得超过其年产值的15倍。

(4)缴纳的耕地占用税或城镇土地使用税、土地登记费及征地管理费等。县市土地管理机关从征地费中提取土地管理费的比率，要按征地工作量大小，视不同情况，在1%～4%幅度内提取。

(5)征地动迁费。包括征用土地上的房屋及附着构筑物、城市公共设施等拆除、迁建补偿费、搬迁运输费，企业单位因搬迁造成的减产、停工损失补贴费，拆迁管理费等。

(6)水利水电工程水库淹没处理补偿费。包括农村移民安置迁建费，城市迁建补偿费，库区工矿企业、交通、电力、通信、广播、管网、水利等的恢复、迁建补偿费，库底清理费，防护工程费，环境影响补偿费用等。

二、土地使用权出让金

土地使用权出让金是指建设项目通过土地使用权出让方式，取得有限期的土地使用权，依照《中华人民共和国城镇国有土地使用权出让和转让暂行条例》规定，支付的土地使用权出让金。

(1)明确国家是城市土地的唯一所有者，并分层次、有偿、有期限地出让、转让城市土地。

第一层次是城市政府将国有土地使用权出让给用地者，该层次由城市政府垄断经营。出让对象可以是有法人资格的企事业单位，也可以是外商。第二层及以下层次的转让则发生在使用者之间。

(2)城市土地的出让和转让可采用协议、招标、公开拍卖等方式。

①协议方式是由用地单位申请，经市政府批准同意后双方洽谈具体地块及底价。该方式适用于市政工程、公益事业用地以及需要减免地价的机关、部队用地和需要重点扶持、优先发展的产业用地。

②招标方式是在规定的期限内，由用地单位以书面形式投标，市政府根据投标报价、所提供的规划方案以及企业信誉综合考虑，择优而取。该方式适用于一般工程建设用地。

③公开拍卖方式是指在指定的地点和时间，由申请用地者叫价应价，价高者得。这完全是由市场竞争决定的，适用于盈利高的行业用地。

(3)在有偿出让和转让土地时，政府对地价不作统一规定，但应坚持以下原则：

①地价对目前的投资环境不产生大的影响。

②地价与当地的社会经济承受能力相适应。

③地价要考虑已投入的土地开发费用、土地市场供求关系、土地用途和使用年限。

④关于政府有偿出让土地使用权的年限，各地可根据时间、区位等各种条件作不同的规定，一般在 30 到 99 年之间；按照地面附属建筑物的折旧年限来看，以 50 年为宜。

⑤土地有偿出让和转让，土地使用者和所有者要签约，明确使用者对土地享有的权利和对土地所有者应承担的义务。

a. 有偿出让和转让使用权，要向土地受让者征收契税。

b. 转让土地如有增值，要向转让者征收土地增值税。

c. 在土地转让期间，国家要区别不同地段、不同用途向土地使用者收取土地占用税。

2.4.2　与项目建设有关的其他费用

一、建设管理费

1. 建设单位管理费

(1)建设单位管理费：是指建设单位发生的管理性质的开支。包括：工作人员工资、工资性补贴、施工现场津贴、职工福利费、住房公基金、基本养老保险费、基本医疗保险费、失业保险费、工伤保险费，办公费、差旅交通费、劳动保护费、工具用具使用费、固定资产使用费必要的办公及生活用品购置费、必要的通信设备及交通工具购置费、零星固定资产购置费、招募生产工人费、技术图书资料费、业务招待费、设计审查费、工程招标费、合同契约公证费、法律顾问费、咨询费、完工清理费、竣工验收费、印花税和其他管理性质开支。

(2)工程监理费：是指建设单位委托工程监理单位实施工程监理的费用。此项费用应按国家发改委与建设部联合发布的《建设工程监理与相关服务收费管理规定》(发改价格[2007]670 号)计算。依法必须实行监理的建设工程施工阶段的监理收费实行政府指导价；其他建设工程施工阶段的监理收费和其他阶段的监理与相关服务收费实行市场调节价。

2. 建设单位管理费的计算

建设单位管理费按照工程费用之和(包括设备工器具购置费和建筑安装工程费用)乘以建设单位管理费费率计算。

$$建设单位管理费 = 工程费用 \times 建设单位管理费费率$$

建设单位管理费费率按照建设项目的不同性质、不同规模确定。有的建设项目按照建设工期和规定的金额计算建设单位管理费。如采用监理，建设单位部分管理工作量转移至监理单位。监理费应根据委托的监理工作范围和监理深度在监理合同中商定或按当地或所属行业部门有关规定计算；如建设单位采用工程总承包方式，其总包管理费由建设单位与总包单位根据总包工作范围在合同中商定，从建设管理费中支出。

二、可行性研究费

可行性研究费是指在建设项目前期工作中，编制和评估项目建议用书(或预可行性研究报告)以及可行性研究报告及设计文件等所需费用。

三、研究试验费

研究试验费是指为建设项目提供和验证设计参数、数据、资料等所进行的必要的试验费用以及设计规定在施工中必须进行试验、验证所需费用。研究试验费按照设计单位根据本工程项目的需要提出的研究试验内容和要求计算，但不包括：

(1)应由科技三项费用(即新产品试制费、中间试验费和重要科学研究补助费)开支和项目费用。

(2)应在建筑安装费用中列支的施工企业对建筑材料、构件和建筑物进行一般鉴定和检查所发生的费用及技术革新的研究试验费。

(3)应由勘察设计费或工程费用开支的项目费用。

四、勘察设计费

勘察设计费是指对工程项目进行工程水文地质勘察、工程设计所发生的费用，包括工程勘察费、初步设计费(基础设计费)、施工图设计费(详细设计费)、设计模型制作费。此项费用应按《关于发布〈工程勘察设计收费管理规定〉的通知》(计价格[2002]10号)的规定计算。

五、环境影响评价费

环境影响评价费是指按照《中华人民共和国环境保护法》《中华人民共和国环境影响评价法》等规定，在工程项目投资决策过程中，对其进行环境污染或影响评价所需的费用。包括编制环境影响报告书(含大纲)、环境影响报告表以及对环境影响报告书(含大纲)、环境影响报告表进行评估等所需的费用。此项费用可参照《关于规范环境影响咨询收费有关问题的通知》(计价格[2002]125号)规定计算。

六、劳动安全卫生评价费

劳动安全卫生评价费是指按照劳动部《建设项目(工程)劳动安全卫生监察规定》和《建设项目(32程)劳动安全卫生预评价管理办法》的规定，在工程项目投资决策过程中，为编制劳动安全卫生评价报告所需的费用。包括编制建设项目劳动安全卫生预评价大纲和劳动安全卫生预评价报告书以及为编制上述文件所进行的工程分析和环境现状调查等所需费用。必须进行劳动安全卫生预评价的项目包括：

(1)属于《国家计划委员会、国家基本建设委员会、财政部关于基本建设项目和大中型划分标准的规定》中规定的大中型建设项目。

(2)属于《建筑设计防火规范》(GB 50016—2006)中规定的火灾危险性生产类别为甲类的建设项目。

(3)属于劳动部颁布的《爆炸危险场所安全规定》中规定的爆炸危险场所等级为特别危险场所和高度危险场所的建设项目。

(4)大量生产或使用《职业性接触毒物危害程度分级》(GBZ 230—2010)规定的Ⅰ级、Ⅱ级危害程度的职业性接触毒物的建设项目。

(5)大量生产或使用石棉粉料或含有10%以上的游离二氧化硅粉料的建设项目。

(6)其他由劳动行政部门确认的危险、危害因素大的建设项目。

七、场地准备及临时设施费

1．场地准备及临时设施费的内容

(1)建设项目场地准备费是指为使工程项目的建设场地达到开工条件，由建设单位组织进行的场地平整等准备工作而发生的费用。

(2)建设单位临时设施费是指建设单位为满足工程项目建设、生活、办公的需要，用于临时设施建设、维修、租赁、使用所发生或摊销的费用。

2. 场地准备及临时设施费的计算

(1)场地准备及临时设施应尽量与永久性工程统一考虑。建设场地的大型土石方工程应进入工程费用中的总图运输费用中。

(2)新建项目的场地准备和临时设施费应根据实际工程量估算，或按工程费用的比例计算。改扩建项目一般只计拆除清理费。

$$场地准备和临时设施费 = 工程费用 \times 费率 + 拆除清理费$$

(3)发生拆除清理费时可按新建同类工程造价或主材费、设备费的比例计算。凡可回收材料的拆除工程采用以料抵工方式冲抵拆除清理费。

(4)此项费用不包括已列入建筑安装工程费用中的施工单位临时设施费用。

八、引进技术和引进设备的其他费

引进技术和引进设备的其他费是指引进技术和设备发生的但未计入设备购置费中的费用。

(1)引进项目图纸资料翻译复制费、备品备件测绘费。可根据引进项目的具体情况计列或按引进货价(FOB)的比例估列；引进项目发生备品备件测绘费时按具体情况估列。

(2)出国人员费用。包括买方人员出国设计联络、出国考察、联合设计、监造、培训等所发生的差旅费、生活费等。依据合同或协议规定的出国人次、期限以及相应的费用标准计算。生活费按照财政部、外交部规定的现行标准计算，差旅费按中国民航公布的票价计算。

(3)来华人员费用。包括卖方来华工程技术人员的现场办公费用、往返现场交通费用、接待费用等。依据引进合同或协议有关条款及来华技术人员派遣计划进行计算。来华人员接待费用可按每人次费用指标计算。引进合同价款中已包括的费用内容不得重复计算。

(4)银行担保及承诺费。指引进项目由国内外金融机构出面承担风险和责任担保所发生的费用，以及支付贷款机构的承诺费用，应按担保或承诺协议计取，投资估算和概算编制时可以担保金额或承诺金额为基数乘以费率计算。

九、工程保险费

工程保险费是指为转移工程项目建设的意外风险，在建设期内对建筑工程、安装工程、机械设备和人身安全进行投保而发生的费用，包括建筑安装工程一切险、引进设备财产保险和人身意外伤害险等。

根据不同的工程类别，分别以其建筑、安装工程费乘以建筑、安装工程保险费率计算。民用建筑(住宅楼、综合性大楼、商场、旅馆、医院、学校)占建筑工程费的2‰～4‰；其他建筑(32 业厂房、仓库、道路、码头、水坝、隧道、桥梁、管道等)占建筑工程费的3‰～6‰；安装工程(农业、工业、机械、电子、电器、纺织、矿山、石油、化学及钢铁工业、钢结构桥梁)占建筑工程费的3‰～6‰。

十、特殊设备安全监督检验费

特殊设备安全监督检验费是指安全监察部门对在施工现场组装的锅炉及压力容器、压力管道、消防设备、燃气设备、电梯等特殊设备和设施实施安全检验收取的费用。此项费用按照建设项目所在省(市、自治区)安全监察部门的规定标准计算。无具体规定的，在一编制投资估算和概算时可按受检设备现场安装费的比例估算。

十一、市政公用设施建设及绿化费

市政公用设施费是指使用市政公用设施的工程项目，按照项目所在地省级人民政府有关规定建设或缴纳的市政公用设施建设配套费用，以及绿化工程补偿费用。此项费用按工程所在地人民政府规定标准计列。

2.4.3 与未来企业生产经营有关的其他费用

联合试运转费是指新建企业或新增加生产工艺过程的扩建企业在竣工验收前，按照设计规定的工程质量标准，进行整个车间的负荷或负荷联合试运转发生的费用支出大于试运转收入的亏损部分。一般根据不同性质的项目按需要试运转车间的工艺设备购置费的百分比计算联合试运转费。

一、生产准备费

生产准备费是指新建企业或新增生产能力的企业，为保证竣工交付使用进行必要的生产准备所发生的费用。费用内容有：

(1)生产人员培训费，包括自行培训、委托其他单位培训的人员的工资、工资性补贴、职工福利费、差旅交通费、学习资料费、学习费、劳动保护费等。

(2)生产单位提前进厂参加施工、设备安装、调试等以及熟悉工艺流程及设备性能等人员的工资、工资性补贴、职工福利费、差旅交通费、劳动保护费等。生产准备费一般根据需要培训和提前进厂人员的人数及培训时间按生产准备费指标进行估算。生产准备费在实际执行中是一笔在时间上、人数上的支出，尤其要严格掌握。

二、办公和生活家具购置费

办公和生活家具购置费是指为保证新建、改建、扩建项目初期正常生产、使用和管理所必须购置的办公和生活家具、用具的费用。改、扩建项目所需的办公和生活用具购置费，应低于新建项目。其范围包括办公室、会议室、资料档案室、阅览室、文娱室、食堂、浴室、理发室、单身宿舍和设计规定必须建设的托儿所、卫生所、招待所、中小学校等家具购置费。这项费用按照设计定员人数乘以综合指标计算。

2.5 预备费

按照我国现行规定，预备费包括基本预备费和涨价预备费。

2.5.1 基本预备费

基本预备费是指在初步设计及概算内难以预料的工程费用，费用内容包括：

(1)在批准的初步设计范围内，技术设计、施工图设计及施工过程中所增加的工程费用，设计变更、局部地基处理等增加的费用。

(2)一般自然灾害造成的损失和预防自然灾害所采取的措施费用。实际工程保险的工程项目费用应适当降低。

(3)竣工验收时为鉴定工程质量对隐蔽工程进行必要的挖掘和修复费用。

基本预备费是按设备及工器具购置费、建筑安装工程费用和工程建设其他费用三者之和为计算基础，乘以基本预备费率进行计算。

基本预备费 =（设备及工器具购置费 + 建筑安装工程费用 + 工程建设其他费用）×基本预备费率

基本预备费率的取值应执行国家及有关部门的规定。

2.5.2　涨价预备费

涨价预备费是指建设项目在建设期间内由于价格等变化引起工程造价变化的预测预留费用，费用内容有人工、设备、材料、施工机械的价差费，建筑安装工程费用及工程建设其他费用调整，利率、汇率调整等增加的费用。

涨价预备费的测算方法，一般根据国家规定的投资综合价格指数，以估算年份价格水平的投资额为基数，采用复利方法计算。计算公式为：

$$PF = \sum_{i=1}^{n} I_t[(1+f)^t - 1]$$

式中：PF 为涨价预备费；n 为建设期年份数；I_t 为建设期中第 t 年的投资计划额，包括设备及工器具购置费、建筑安装工程费、工程建设其他费用及基本预备费；f 为年均投资价格上涨率。

2.6　建设期贷款利息

建设期贷款利息包括向国内银行和其他非银行金融机构贷款、出口信贷、外国政府贷款、国际商业银行贷款以及在境内外发行的债券等在建设期间内应偿还的贷款利息。建设期贷款利息实行复利计算。当贷款是分年均衡发放时，建设期利息的计算可按当年借款在年中支用考虑，即当年贷款按半年计息，上年贷款按全年计息。计算公式为：

$$q_j = (p_{j-1} + 1/2\ A_j) \cdot i$$

式中：q_j为建设期第 j 年应计利息；p_{j-1}为建设期第（$j-1$）年末贷款累计金额与利息累计金额之和；A_j为建设期第 j 年贷款金额；i 为年利率。

国外贷款利息的计算中，还应包括国外贷款银行根据贷款协议向贷款方以年利率的方式收取的手续费、管理费、承诺费，以及国内代理机构经国家主管部门批准的以年利率的方式向贷款单位收取的转贷费、担保费、管理费等。

例 2－4　某新建项目，建设期为 3 年，分年均衡进行贷款，第一年贷款 300 万元，第二年 400 万元，第三年 500 万元，年利率为 8%，计算建设期贷款利息。

解：在建设期，各年利息计算如下：

$$q_1 = \frac{1}{2}A_1 \times I = \frac{1}{2} \times 300 \times 8\% = 12（万元）$$

$$q_2 = (P_1 + \frac{1}{2}A_2) \times I = (300 + 12 + \frac{1}{2} \times 400) \times 8\% = 40.96（万元）$$

$$q_3 = (P_2 + \frac{1}{2}A_3) \times I = (312 + 400 + 40.96 + \frac{1}{2} \times 500) \times 8\% = 80.24（万元）$$

所以，建设期贷款利息 $= q_1 + q_2 + q_3 = 12 + 40.96 + 80.24 = 133.2$（万元）

固定资产投资方向调节税是指依照《中华人民共和国固定资产投资方向调节税暂行条例》规定，应缴纳的固定资产投资方向调节税。国家根据国民经济的运行情况，制定各个时期征收的规定，以宏观调控国内建设的需求。为了贯彻国家宏观调控政策，扩大内需，鼓励投资，根据国务院决定对纳税义务人，其固定资产投资应税项目自2000年1月1日起新发生的投资额，暂停征收固定资产投资方向调节税。但该税种并未取消。

【课堂教学内容总结】

1. 建设工程造价的含义。
2. 建设工程造价的计价特征。
3. 建设工程造价的理论构成。
4. 建设项目总投资的构成。
5. 建筑安装工程费用构成。
6. 江苏省2014版建筑安装工程费用定额。
7. 设备及工器具购置费用的组成及计算。
8. 工程建设其他费用的组成及计算。

习　题

一、思考题

1. 什么是工程造价?
2. 建设工程造价有哪些计价特征?
3. 建设工程总投资由哪几部分费用构成?
4. 我国现行工程造价由哪些内容组成?
5. 我国现行建筑安装工程费用由哪些费用构成?
6. 江苏省2014版建筑安装工程费用定额包括哪些内容?
7. 什么是规费? 它包括哪些内容?
8. 计入建筑安装工程费的税金包括哪些内容?
9. 设备及工器具购置费由哪些费用构成?
10. 进口设备的离岸价、到岸价、抵岸价的费用组成内容各有哪些?
11. 工程建设其他费用由哪些费用构成?
12. 预备费由哪些费用构成?

二、造价员考试模拟习题

(一)单项选择题

1. 下列费用中，属于建设工程静态投资的是(　　)

A. 基本预备费　　　　B. 涨价预备费

C. 建设期贷款利息　　　　D. 建设工程有关税费

2. 某项目中建筑安装工程费560万元，设备工器具购置费330万元，工程建设其他费用133万元，基本预备费102万元，建设期贷款利息59万元，涨价预备费55万元，则静态投资为(　　)万元。

A. 1203　　　　B. 1125

C. 1180　　D. 1239

3. 施工企业在施工现场搭设临时设施的支出应列入(　　)。

A. 分部分项工程费　　B. 企业管理费

C. 工程建设其他费用　　D. 措施项目费

4. 不属于材料预算单价的组成部分是(　　)。

A. 材料原价　　B. 采购保管费

C. 新材料的试验费　　D. 包装费

5. 江苏省2014版费用定额规定，下列(　　)属于通用措施项目费的内容。

A. 大型机械设备进出场及安拆费　　B. 垂直运输机械费

C. 围堰　　D. 脚手架费

6. 江苏省2014版费用定额规定，(　　)不属于规费内容。

A. 工程排污费　　B. 安全文明施工措施费

C. 社会保障费　　D. 住房公积金

7. 我国进口设备采用最多的一种货价是(　　)。

A. 装运港船上交货价(FOB)　　B. 目的港船上交货价(FOS)

C. 离岸价加运费(C&F)　　D. 到岸价(CIF)

8. 与项目建设有关的其他费用中，研究试验费不包括(　　)。

A. 自行研究试验所需的人工费、材料费

B. 自行研究试验所需的试验设备及仪器使用费

C. 按规定付给商品检验部门的进口设备检验鉴定费

D. 委托其他部门研究试验所需的人工费、材料费、试验设备及仪器使用费

9. 为本建设项目提供和验证设计数据、资料等进行必要的研究试验费用及按照设计规定在建设过程中必须进行试验、验证所需的费用，应列入(　　)。

A. 材料费　　B. 工程建设其他费

C. 企业检验试验费　　D. 按质论价费

10. 下列项目中不属于设备运杂费的是(　　)。

A. 设备原价中包含的包装费　　B. 设备供销部门的手续费

C. 采购与保管费　　D. 运费和装卸费

(二)多项选择题

1. 固定资产静态投资包括(　　)。

A. 建筑安装工程费　　B. 工程建设其他费

C. 价差预备费　　D. 铺底流动资金

E. 设备及工器具购置费

2. 下列(　　)属于工程造价范围内的费用。

A. 土地使用费　　B. 预备费

C. 建设期贷款利息　　D. 铺底资金

E. 招标代理费

3. 江苏省2014版费用定额规定，施工机械台班单价组成包括(　　)。

A. 折旧费　　B. 大修理费

C. 人工费　　D. 燃料动力费

E. 大型机械设备场外运输费及安装拆除费

4. 江苏省2014版费用定额规定，企业管理费包括(　　)。

A. 管理人员基本工资　　B. 固定资产使用费

C. 已完工程及设备保护费　　D. 企业检验试验费

E. 差旅交通费

5. 江苏省2014版费用定额规定，其他项目费包括(　　)。

A. 工程排污费　　B. 总承包服务费

C. 暂列金额　　D. 计日工

E. 二次搬运费

6. 江苏省规定实行工程量清单计价工程项目，不可竞争费不包括(　　)。

A. 现场安全文明施工措施费　　B. 临时设施

C. 税金　　D. 企业管理费

E. 利润

7. 工程建设其他费用是指从工程筹建起到工程竣工验收交付使用止的整个建设周期除(　　)外的，为保证工程建设顺利完成和交付使用后能够正常发挥效用而发生的各项费用。

A. 勘察设计费　　B. 建筑安装工程费

C. 设备费　　D. 建设单位管理费

E. 工器具购置费

8. 除建筑安装工程费用和设备、工器具购置费用以外的与工程建设有关的其他费用包括(　　)。

A. 建筑安全监督管理费　　B. 土地使用费

C. 勘察设计费　　D. 企业技术研发费

E. 工程造价咨询费

第 3 章　建筑工程定额

【目的要求】

1. 了解工程计价依据的含义、种类。
2. 了解工程预算定额的编制原理。
3. 掌握工程预算定额的使用。
4. 掌握定额单价形式、组成与人工、材料、机械台班价格的确定方法。
5. 熟悉工程费用定额、估算指标、概算指标与概算定额的内容与使用。
6. 了解工程造价指数编制与使用。

【重点和难点】

1. 重点：(1)工程预算(消耗量)定额的使用与调整；(2)定额(或分项工程)单价的形式和确定方法。

2. 难点：定额编制原理与人工材料机械台班消耗量的确定。

教学时数：6 学时。

3.1　概述

3.1.1　定额和定额水平

一、定额的概念

所谓定，就是规定；额，就是额度或限额。从广义理解，定额就是规定的额度或限额，即工程施工中的标准或尺度。具体来讲，定额指的是在正常的施工条件下，完成某一合格单位产品或完成一定量的工作所需消耗的人力、材料、机械台班和财力的数量标准(或额度)。

二、定额水平的概念

定额水平，反映了当时的生产力发展水平。人们一般把定额所反映的资源消耗量的大小称为定额水平。定额水平受一定时期的生产力发展水平的制约。一般来说，生产力发展水平高，则生产效率高，生产过程中的消耗就少，定额所规定的资源消耗量应相应地降低，称为定额水平高：反之，生产力发展水平低，则生产效率低，生产过程中的消耗就多，定额所规定的资源消耗量应相应地提高，称为定额水平低。所以，合理的定额水平，是在正常的生产条件下，多数职工经过努力可以达到或超过的定额。为了制定先进合理的定额，要选择恰当的制定定额的方法。

3.1.2 工程建设定额及体系

一、工程建设定额的基本概念

工程建设定额是在正常施工条件下，完成单位合格产品所必须消耗的劳动力、材料、机械台班的数量标准。这种量的规定，反映出完成建设工程中的某项合格产品与各种生产消耗之间特定的数量关系。建设工程定额反映了工程建设投入与产出的关系，它一般除了规定的数量标准以外，还规定了具体的工作内容、质量标准和安全要求等。

“正常施工条件”是指绝大多数施工企业和施工队、班组，在合理组织施工的条件下所处的施工条件。施工条件一般包括：工人的技术等级是否与工作等级相符，工具与设备的种类和质量、工程机械化程度、材料实际需要量、劳动的组织形式、工资报酬形式、工作地点的组织和其准备工作是否及时，安全技术措施的执行情况，气候条件，劳动竞赛开展情况等。正常施工条件是界定定额研究对象的前提条件，因为针对不同的自然、社会、经济和技术条件，完成单位建设工程产品的消耗内容和数量是不同的。“单位合格产品”中的“单位”是指定额子目中所规定的定额计量单位，因定额性质的不同而不同。如预算定额一般以分项工程来划分定额子目，每一子目的计量单位因其性质不同而不同，砖墙、混凝土以“m^3”为单位，钢筋以“t”为单位，门窗多以“m^2”为单位。“合格”是指施工生产所完成的成品或半成品必须符合国家或行业现行的施工验收规范和质量评定标准的要求。“产品”指的是“工程建设产品”，称为工程建设定额的标定对象。不同的工程建设定额有不同的标定对象，所以，它是一个笼统的概念，即工程建设产品是一种假设产品，其含义随不同的定额而改变，它可以指整个工程项目的建设过程，也可以指工程施工中的某个阶段，甚至可以指某个施工作业过程或某个施工工艺环节。

由以上分析可以看出，建设工程定额不仅规定了建设工程投入产出的数量标准，同时还规定了具体的工作内容、质量标准和安全要求。

在理解上述工程建设定额概念时，还必须注意以下两个问题：

第一，工程建设定额属于生产消费定额的性质。定额一般可以划分为生产性定额和非生产性定额两大类。其中，生产性定额主要是指在一定生产力水平条件下，完成单位合格产品所必需消耗的人工、材料、机械及资金的数量标准，它反映了在一定的社会生产力水平条件下的产品生产和生产消费之间的数量关系。工程建设是物质资料的生产过程，而物质资料的生产过程也是生产的消费过程。一个工程项目的建成，要消耗大量的人力、物力和资金。而工程建设定额所反映的，正是在一定的生产力发展水平条件下，完成工程建设中的某项产品与各种生产消费之间的特定的数量关系。

第二，工程建设定额的定额水平，反映了当时的生产力发展水平。人们一般把定额所反映的资源消耗量的大小称为定额水平。定额水平受一定时期的生产力发展水平的制约。一般来说，生产力发展水平高，则生产效率高，生产过程中的消耗就少，定额所规定的资源消耗量应相应地降低，称为定额水平高。反之，生产力发展水平低，则生产效率低，生产过程中的消耗就多，定额所规定的资源消耗量应相应地提高，称为定额水平低。工程定额是指工程建设中，在正常的施工条件和合理劳动组织、合理使用材料及机械的条件下，完成单位合格产品所必须消耗的人工、材料、机械等资源的数量标准。

二、工程建设定额的性质

（1）科学性：定额的科学性，表现为定额的编制是在认真研究客观规律的基础上，自觉遵循客观规律的要求，用科学方法确定各项消耗量标准。所确定的定额水平，是大多数企业和职工经过努力能够达到的平均先进水平。

（2）法令性：定额的法令性，是指定额一经国家、地方主管部门或授权单位颁发，各地区及有关施工企业单位，都必须严格遵守和执行，不得随意变更定额的内容和水平。定额的法令性保证了建筑工程统一的造价与核算尺度。

（3）群众性：定额的拟定和执行，都要有广泛的群众基础。定额的拟定，通常采取工人、技术人员和专职定额人员三结合方式。使拟定定额时能够从实际出发，反映建筑安装工人的实际水平，并保持一定的先进性，使定额容易为广大职工所掌握。

（4）稳定性和时效性：建筑工程定额中的任何一种定额，在一段时期内都表现出稳定的状态。根据具体情况不同，稳定的时间有长有短，一般在 5 到 10 年之间。但是，任何一种建筑工程定额，都只能反映一定时期的生产力水平，当生产力向前发展了，定额就会变得陈旧。所以，建筑工程定额在具有稳定性特点的同时，也具有显著的时效性。当定额不能起到它应有作用的时候，建筑工程定额就要重新修订了。

建筑工程定额反映一定社会生产水平条件下的建筑产品（工程）生产和生产耗费之间的数量关系，同时也反映着建筑产品生产和生产耗费之间的质量关系，一定时期的定额，反映一定时期的建筑产品（工程）生产机械化程度和施工工艺、材料、质量等建筑技术的发展水平和质量验收标准水平。随着我国建筑生产事业的不断发展和科学发展观的深入贯彻，各种资料的消耗量，必然会有所降低，产品质量及劳动生产率会有所提高。因此，定额并不是一成不变的，但在一定时期内，又必须是相对稳定的。

三、工程建设定额的作用

（1）工程建设中，定额具有促进节约社会劳动和提高生产效率的作用。企业用定额计算工料消耗、劳动效率、施工工期并与实际水平对比，衡量自身的竞争能力，促使企业加强管理，厉行节约的合理分配和使用资源，以达到节约的目的。

（2）定额有利于建筑市场公平竞争。定额所提供的正确信息为建筑市场供需双方的交易活动和竞争创造条件。

（3）定额是对市场行为的规范。定额既是投资决策的依据，又是价格决策的依据。

（4）工程建设定额有助于完善市场信息系统。定额本身是大量信息的集合，既是大量信息加工的结果，又向使用者提供信息。建筑工程造价就是依据定额提供的信息进行的。

四、工程建设定额的分类

1. 按生产要素分类

按生产要素分主要有劳动消耗定额、材料消耗定额、机械台班消耗量定额。

（1）劳动消耗定额，又称劳动定额，是指在正常施工条件下某工种某等级的工人，完成单位合格产品所必须消耗的工作时间或在单位时间内（工日）应完成合格产品的数量。劳动定额有两种基本表示形式。时间定额：完成单位合格产品所必须消耗的工作时间。产量定额：在单位时间内（工日）应完成合格产品的数量。

(2)材料消耗定额，也称材料定额，是指在节约和合理使用材料的条件下，生产单位合格产品所需一定品种规格的建筑或构、配件消耗量的标准数量。

(3)机械使用台班定额，指在正常施工条件下，利用某种机械完成单位合格产品或某项工作所必需的工作时间或在一个工作台班内应完成合格产品的标准数量。

2. 按定额的用途分类

按定额的用途分为施工定额、预算定额、概算定额、概算指标、投资估算指标。

(1)施工定额。施工定额是企业内部使用的定额。它以同一性质的施工过程为测定对象，表示某一施工过程中的人工、主要材料和机械消耗量。施工定额是企业内部经济核算的依据，也是编制预算定额的基础。施工定额是施工企业(建筑安装企业)组织生产和加强管理在企业内部使用的一种定额，属于企业定额的性质。施工定额是以同一性质的施工过程——工序作为对象编制，表示生产产品数量与生产要素消耗综合关系的定额。为了适应组织生产和管理的需要，施工定额的项目划分很细，是工程定额中分项最细、定额子目最多的一种定额，也是工程定额中的基础性定额。

(2)预算定额。预算定额是在编制施工图预算阶段，以工程中的分项工程和结构构件为对象编制，用来计算工程造价和计算工程中的劳动、机械台班、材料需要量的定额。预算定额是一种计价性定额。从编制程序上看，预算定额是以施工定额为基础综合扩大编制的，同时它也是编制概算定额的基础。预算定额是用途最广泛的一种定额。

(3)概算定额。概算定额是编制扩大设计概算时计算和确定扩大分项工程人工、材料和机械台班耗用量的数量标准。它是预算定额的综合扩大。

(4)概算指标。概算指标是在初步设计阶段编制工程概算所采用的一种定额，是以整个建筑物或构筑物为对象，以“m^2”“m^3”等为计量单位规定人工、材料和机械台班耗用量的数量标准。它比概算定额更加综合扩大。

(5)投资估算指标。投资估算指标是指在项目建议书和可行性研究阶段，计算投资需要量时使用的一种定额，一般以独立的单项工程或完整的工程项目为对象。它也是以预算定额、概算定额为基础的综合扩大。

3. 按照专业性质划分

工程建设定额分为通用定额、行业通用定额和专业专用定额三种。

4. 按主编单位和管理权限分类

工程建设定额可以分为全国统一定额、行业统一定额、地区统一定额、企业定额、补充定额五种。

3.2 施工定额

施工定额也称企业定额，是以同一性质的施工过程为对象，施工企业根据本企业的技术水平和管理水平制定的完成一定计量单位的合格产品所必须消耗的人工、机械、材料消耗的数量标准。

本节主要介绍工人工作时间的组成、时间定额的测定方法和施工定额的组成，要求掌握工作时间组成和施工定额中人工、材料、机械台班消耗量的测定方法。

3.2.1　施工定额概述

一、施工定额概念

施工定额是以同一性质的施工过程或工序为测定对象，规定建筑安装工人或班组，在正常施工条件下为完成单位合格产品所需消耗的劳动、材料和机械台班的数量标准。

二、性质

施工定额是企业的个别消耗水平，反映了企业的劳动效率和生产管理水平。施工定额是企业定额，是企业内部使用定额。施工定额编制的基础应以平均先进水平为准。平均先进水平就是在正常的生产条件下，多数工人和多数企业经过努力能够达到和超过的水平；它低于先进水平，略高于平均水平。

三、编制原则

平均先进、简明适用、独立自主。

3.2.2 劳动定额

一、工作时间的研究

工作研究包括两个密不可分的部分，即动作研究和时间研究。动作研究，也称之为工作方法研究，它包括对多种过程的描写、系统地分析和对工作方法的改进。目的在于制定出一种最可取的工作方法。

现代科学管理始于"泰勒制"，即是对工人动作时间的研究，在操作过程中去掉不必要的动作并计时，制定出标准，既提高了效率，也增加了工人收入。

工人在工作班内消耗的工作时间，按其消耗的性质，可以分为两大类：

(1)必需消耗的时间(定额时间)，包括有效工作时间(准备与结束工作时间、基本工作时间、辅助工作时间)、休息时间和不可避免中断时间。

(2)损失时间(非定额时间)，包括多余和偶然工作时间、停工时间、违反劳动纪律损失时间。

在确定人工定额时只考虑有效工作时间。

二、测定时间消耗的基本方法

计时观察法是研究工作时间消耗的一种技术测定方法。它以研究工时消耗为对象，以观察测时为手段，通过密集抽样和粗放抽样等技术进行直接的时间研究。包括：

1. 测时法

测时法是一种精确度比较高的计时观察法，主要用来观察和测定某些重要的以循环形式不断定时重复进行的工作的时间消耗。

2. 写实记录法

写实记录法是一种观察和研究施工过程中各种性质的工作时间消耗的方法。它包括对基本工作时间、辅助工作时间、不可避免的中断时间、准备与结束时间，以及各种损失时间等的观察和研究。

3. 工作日写实法

工作日写实法是一种研究整个工作班内的各种工时消耗的方法。

三、劳动定额的编制方法

1. 劳动定额的概念

劳动定额也称人工定额，是指在正常的生产技术和施工组织条件下，采用科学合理的方法，完成单位合格产品所必须消耗的劳动数量标准。

劳动定额按其表现形式的不同，分为时间定额和产量定额。

$$时间定额 \times 产量定额 = 1$$

2. 劳动定额时间构成

定额时间包括准备与结束时间、作业时间（基本时间 + 辅助时间）、作业宽放时间（技术性宽放时间 + 组织性宽放时间）、个人生理需要与休息宽放时间。

3. 制定劳动定额的主要依据

制定劳动定额的主要依据，按性质可分为两大类：

（1）国家的经济政策和劳动制度

国家的经济政策和劳动制度主要有《建筑安装工人技术等级标准》和工资标准、工资奖励制度、八小时工作日制度、劳动保护制度等。

（2）技术资料

技术资料分为两类，即规范类和技术测定及统计资料类。

4. 劳动定额消耗量的确定

时间定额和产量定额是劳动定额的两种表现形式，确定出时间定额，也就可以计算出产量定额。时间定额是在确定基本工作时间、辅助工作时间、不可避免中断时间、准备与结束的工作时间，以及休息时间的基础上制定的。时间定额是完成一个工序所需的时间，它是劳动生产率指标。根据时间定额可以安排生产作业计划，进行成本核算，确定设备数量和人员编制，规划生产面积。因此时间定额是工艺规程中的重要组成部分。时间定额以工日为单位，每一工日按 8 h 计算。

时间定额计算公式：

单位产品的时间定额（工日）= 1/每工的产量或单位产品的时间定额（工日）

= 班组成员工日数总和/班组完成产品数量总和

产量定额也可称“工作定额”，是劳动定额的一种，是在单位时间内（如小时、工作日或班次）规定的应生产产品的数量或应完成的工作量。如对车工规定一小时应加工的零件数量、对装配工规定一个工作日应装配的部件或产品的数量；以单位时间的产品计量单位表示：如 m、m^2、m^3、t 等。

产量定额 = 1/单位产品时间定额或产量定额

= 班组完成产品数量总和/班组成员工日数总和

时间定额和产量定额互为倒数，时间定额 = 1/产量定额。

例 3－1　某操作班组 18 人，人工挖基础土方，需 5 天完成，人工挖土方的定额为 0.31 工日/m^3，该班组完成的挖土工程量是多少？

解：该班组完成的挖土工程量 $18 \times 5/0.31 = 290.32(m^3)$

例 3－2　某施工机械的台班产量为 500 m^3，与之配合的工人小组有 4 人，则人工时间定额为多少？

解：时间定额为 = 4/500 = 0.8（工日/100 m^3）

四、材料消耗定额的编制方法

1. 材料消耗定额概念

在正常的生产技术和施工组织条件下，在保证工程质量、合理和节约使用材料的原则下，完成单位合格产品所必须消耗的一定品种、规格的原材料、燃料、半成品、配件和水、电、动力等资源(统称为材料)的数量标准，称为材料消耗定额。它是企业核算材料消耗、考核材料节约或浪费的指标。

2. 材料消耗定额表现形式

材料消耗总定额由净用量定额和损耗量定额两部分组成。

净用量定额即有效消耗净用量定额，是指生产某合格产品或完成某一施工过程的实际有效消耗量。

损耗量定额是指材料从现场仓库领出到完成合格产品或完成某一施工过程中，在最低施工损耗的情况下，所用材料的所有非有效消耗量之和。按损耗情况可划分为以下三种：

运输损耗：专指材料在场外运输过程中所发生的自然损耗，这种损耗发生在从厂家运输到工地仓库的流通过程中。运输损耗费列入材料预算价格内。

保管损耗：专指材料在流通保管过程中发生的自然损耗，这种损耗费列入材料采购保管费。

施工损耗：指在施工过程中施工操作不可避免地存在残余料损耗和不可避免的废料损耗，以及现场材料搬运堆存保管损耗，这种损耗应包括在材料消耗定额内。

$$材料消耗定额 = 材料净用量定额 + 材料损耗量定额$$

损耗率是某种产品使用某种材料的损耗量的多少，常用损耗率来表示：

$$损耗率 = \frac{损耗量}{净用量} \times 100\%$$

从上面损耗定额看，损耗率也可分为运输损耗率、保管损耗率、施工损耗率。其中施工损耗率是施工损耗量与材料净用量之百分比。

五、材料消耗量的测定方法

1. 现场技术测定法

就是在合理和节约使用材料的情况下，深入施工现场，对生产某一产品进行实际观察、测定，取得产品数量和施工过程中消耗的材料数量，并通过对产品数量、材料消耗量和材料净用量的计算，确定该单位产品的材料消耗量或损耗率，为编制材料消耗定额提供技术根据。

2. 实验室试验法

就是在实验室内或者其他非施工现场创造一种接近施工实际的情况下进行观察和测定工作。这种方法主要用于研究材料强度与各种材料消耗的数量关系，以获得多种配合比，在此基础上计算出各种材料的消耗数量。例如混凝土原材料用量的确定，涂料配合比用料的确定。

3. 理论计算法

理论计算法是在研究建筑结构的基础上，运用一定的理论计算公式制定材料消耗定额的一种方法。

例如：砌砖工程中砖和砂浆净用量一般都采用以下公式计算：

(1)计算每立方米1砖墙标准砖的净用量：

$$砖数净用量=\frac{1}{墙厚\times(砖长+灰缝)\times(砖厚+灰缝)}\times墙厚砖数\times2$$

(2)计算每立方米块体墙块体的净用量：

$$块体墙块体净用量=\frac{标准块中砌块计量单位数量}{单块标准块(含灰缝)的体积}$$

(3)计算砂浆的净用量：

$$砂浆净用量(m^3)=1\ m^3砌体-1m^3砌体中砖数\times每块砖体积$$

例3-3 计算砌一立方米370厚标准砖墙的标准砖和砂浆的净用量与总耗量(标准砖、砂浆的损耗率均为1.5%，计算结果标准砖取整数、砂浆保留三位小数)。

解：370原墙1 m^3 所需净砖数 $=2\times1.5/[0.365\times(0.24+0.01)\times(0.053+0.01)]=522$ 块

考虑损耗后需砖数量 $522\times(1+1.5\%)=530$ 块

砂浆净用量变 $1-522\times0.24\times0.115\times0.053=0.236\ m^3$

考虑损耗后需用量 $=0.236\times(1+1.5\%)=0.24\ m^3$

4. 现场统计分析法

现场统计分析法是指在现场施工中，对现场积累的分部分项工程拨出的材料数量、完成建筑产品的数量、完成工作后剩余材料的数量等资料，进行统计、整理和分析而编制材料消耗定额的方法。

六、机械消耗定额的编制方法

机械台班定额消耗量的确定：

(1)确定正常的施工条件拟定机械工作正常条件，主要是拟定工作地点的合理组织和合理的工人编制。

(2)确定机械一小时纯工作正常生产率。

(3)确定施工机械的正常利用系数。

(4)计算施工机械台班定额。

在确定了机械工作正常条件、机械一小时纯工作正常生产率和机械正常利用系数之后，采用下列公式可以计算施工机械产量定额：

$$施工机械台班产量定额=机械一小时纯工作正常生产率\times工作班纯工作时$$

3.3 预算定额

3.3.1 概述

一、预算定额的概念

预算定额是指在正常合理的施工条件下，规定完成一定计量单位合格的分项工程或结构构件所需消耗的劳动力、材料和机械台班的数量标准，是计算建筑安装产品价格的基础。

二、预算定额的分类

(1)按专业性质分，预算定额可分为建筑工程预算定额和安装工程预算定额两大类。

建筑工程预算定额按适用对象又分建筑工程预算定额、市政工程预算定额、铁路工程预算定额、公路工程预算定额、房屋修缮工程预算定额、矿山井巷预算定额、仿古建筑及园林绿化工程预算定额、水利水电工程预算定额等。

安装工程预算定额按适用对象又分为电气设备安装工程预算定额、机械设备安装工程预算定额、通信设备安装工程预算定额、化学工业设备安装工程预算定额、工业管道安装工程预算定额、工艺金属结构安装工程预算定额、热力设备安装工程预算定额等。

(2)按管理权限和执行范围分，预算定额可分为全国统一定额、行业统一定额和地区统一定额等。

(3)按生产要素分，预算定额可分为劳动定额、机械台班定额和材料消耗定额，但它们相互依存形成一个整体，作为编制预算定额的依据，各自不具有独立性。

三、预算定额的作用

(1)预算定额是编制施工图预算，确定和控制项目投资、建筑安装工程造价、编制工程标底和投标报价的基础。

(2)预算定额是对设计方案进行技术经济比较，进行技术经济分析的依据。

(3)预算定额是编制施工组织设计的依据。

(4)预算定额是拨付工程价款和进行工程结算的依据。

(5)预算定额是施工企业进行经济活动分析的依据。

(6)预算定额是编制概算定额和估算指标的基础。

3.3.2　预算定额中人工材料机械消耗量的确定

一、人工消耗量确定

预算定额中人工工日消耗量是指在正常施工生产条件下，完成单位合格产品所必须消耗的各种用工量。包括基本用工、辅助用工、材料及半成品超运距用工和人工幅度差四项内容。

(1)基本用工。基本用工是指完成该单位分项工程的主要用工量。如墙体砌筑工程中，就包括调运铺砂浆、运砖、砌砖的用工，砌附墙烟囱、砖旋、垃圾道、门窗洞口等需增加的用工。

基本工工日数量，按综合取定的工程量套劳动定额计算，其计算公式如下：

$$\text{基本工工日数量} = \sum(\text{单位工程量} \times \text{时间定额})$$

(2) 辅助用工。辅助用工是指施工现场所发生的材料加工等用工，如筛砂子、淋石灰膏等用工。其计算公式如下：

$$\text{辅助用工} = \sum(\text{加工材料数量} \times \text{时间定额})$$

(3) 超运距用工。超运距用工指预算定额中材料及半成品的运输距离超过了劳动定额基本用工中规定的距离所须增加的用工量。其计算公式如下：

$$\text{超运距} = \text{预算定额规定的运距} - \text{劳动定额规定的运距}$$

$$\text{超运距用工} = \sum(\text{超运距材料数量} \times \text{时间定额})$$

(4)人工幅度差。人工幅度差主要是指在劳动定额作业时间以外，在预算定额中应考虑的在正常施工条件下所发生的各种工时损失。

人工幅度差内容包括：

①工序交叉、搭接停歇的时间损失；

②机械临时维修、小修、移动不可避免的时间损失；

③工程检验影响的时间损失；

④施工收尾及工作面小影响工效的时间损失；

⑤施工用水、电管线移动影响的时间损失；

⑥工程完工、工作面转移造成的时间损失。

按国家规定的人工幅度差系数，在以上各种用工量的基础上进行计算。其计算公式如下：

人工幅度差用工量 =（基本用工 + 辅助用工 + 超运距用工）×人工幅度差系数

人工工日 =（基本用工 + 辅助用工 + 超运距用工）×（1 + 人工幅度差系数）

例3-4 某砌筑工程，工程量为100m³，每m³砌体需要基本用工1.2工日，辅助用工为30工日，超运距用工是基本用工的15%，人工幅度差系数为10%，则该砌筑工程的人工工日消耗量为多少工日？

解：该砌筑工程的人工工日消耗量 =（1.2×100 + 30 + 1.2×100×15%）×（1 + 10%）= 184.4（工日）

二、材料消耗指标确定

预算定额中的材料消耗量是在保证工程质量、合理和节约使用材料的原则下，完成单位合格产品所必须消耗的一定品种、规格的原材料、燃料、半成品、配件和水、电、动力等资源的数量标准，包括材料净用量和材料不可避免损耗量。

材料消耗量 = 材料净用量 + 材料损耗量 = 材料净用量×（1 + 损耗率）

三、机械台班消耗指标确定

预算定额中的机械台班消耗量指标是指在正常施工、合理使用机械和合理施工组织的条件下，完成单位合格产品必须消耗的某类某种型号施工机械的台班数量。一般是按全国统一《建筑安装工程劳动定额》中的机械台班产量，并考虑一定的机械幅度差进行计算的。

3.4 人工、材料、机械台班单价及综合单价

3.4.1 人工单价的确定

人工单价是指一个直接从事建筑安装工程施工的生产工人一个工作日在预算中应计入的全部人工费用（即综合日工资标准）。合理确定人工日工资单价标准，是计算人工费和工程造价的前提和基础。

现行人工工资包括基本工资、工资性津贴、生产工人辅助工资、职工福利费、生产工人劳动保护费。

3.4.2 材料预算价格的确定

材料预算价格是指建设工程材料（包括成品、半成品及构件）从其经销单位的交货地点（或生产厂家）直接送达施工工地仓库或材料堆放点的全部费用。

材料预算价格由材料原价（含包装费）、运杂费、运输损耗费、采购及保管费、检验试验费组成，其计算公式如下：

材料预算价格 =（原价 + 运杂费）×（1 + 运输损耗率）×（1 + 采购及保管费率）+ 检验试验费

3.4.3 机械台班单价的确定

机械台班单价是指一台施工机械，在正常运转条件下一个工作班中所发生的全部费用。施工机械使用费按照分部分项工程定额施工机械台班消耗量乘以台班单价计算。

一、施工机械台班单价的组成

(1)折旧费；

(2)大修理费；

(3)经常修理费；

(4)安拆费及场外运费；

(5)人工费；

(6)燃料动力费；

(7)其他费用。

二、施工机械台班单价的计算方法

施工机械台班单价 = 台班折旧费 + 台班大修理费 + 台班经常修理费 +
台班安拆费及场外运费 + 台班人工费 + 台班燃料动力费 +
台班其他费用

3.4.4 分项工程单价

(1)单位估价也称定额预算单价，是根据预算定额确定的人工、材料、施工机械台班的消耗数量，按照工程所在地的工资标准、材料预算价格和机械台班预算单价计算的、以货币形式表示的分项工程的定额计量单位的价格表，即分项工程的价格。

分项工程单位估价 = 人工数量 × 人工单价 + ∑(各材料消耗数量 × 相预算价格) +
∑(各机械台班消耗数量 × 相应机械台班单价)

(2)综合单价包括人工费、材料费、机械费、利润，是工程量清单计价规范要求的分项工程单价形式。

3.5 概算定额、概算指标、投资估算指标

3.5.1 概算定额

一、概算定额的概念

概算定额是初步设计阶段编制工程概算时，计算和确定工程概算造价，计算人工、材料及机械台班需要量所使用的定额。它的项目划分粗细，与初步设计深度相适应。概算定额是控制工程项目投资的重要依据，在工程建设的投资管理中有重要作用。

概算定额是确定完成一定计量单位扩大结构构件或扩大分项工程所需的人工、材料和施工机械台班消耗量的标准。

二、概算定额的内容和形式

概算定额的表现形式由于专业特点和地区特点有所不同，其内容基本上由文字说明和定额项目表格和附录组成。

概算定额的文字说明中有总说明、分章说明，有的还有分册说明。在总说明中，要说明编制的目的和依据，所包括的内容和用途，使用范围和应遵守的规定，建筑面积的计算规则，分章说明，规定分部分项工程的工程量计算规则等。

三、概算定额的作用

(1)概算定额是编制投资规划、可行性研究，确定建设项目贷款、拨款的依据。

(2)概算定额是初步设计阶段编制建设项目概算、技术设计阶段编制修正概算的主要依据。

(3)概算定额是对设计方案进行技术经济分析和比较的依据。

(4)概算定额是编制概算指标和投资估算指标的依据。

(5)概算定额也可在实行工程总承包时作为已完工程价款结算的依据。

(6)概算定额是编制主要材料需用量申请计划的计算依据。

四、概算指标

1. 概算指标及其作用

建筑安装工程概算指标通常是以整个建筑物和构筑物为对象，以建筑面积、体积或成套设备装置的台或组为计量单位而规定的人工、材料和机械台班的消耗量标准和造价指标。建筑安装工程概算指标比概算定额具有更加概括与扩大的特点。概算指标的作用主要有以下几点：

(1)概算指标可以作为编制投资估算的参考。

(2)概算指标中的主要材料指标可作为匡算主要材料用量的依据。

(3)概算指标是设计单位进行设计方案比较，建设单位选址的一种依据。

(4)概算指标是编制固定资产投资计划、确定投资额的主要依据。

2. 概算指标的编制原则

(1)按平均水平确定概算指标。在市场经济条件下，概算指标作为确定工程造价的依据，同样必须遵照价值规律的客观要求，在其编制时必须按社会必要劳动时间，贯彻平均水平的编制原则。只有这样才能使概算指标合理确定和控制工程造价的作用得到充分发挥。

(2)概算指标的内容和表现形式，要简明适用。为适应市场经济的客观要求，概算指标的项目划分应根据用途的不同，确定其项目的综合范围。遵循粗而不漏、适用面广的原则，体现综合扩大的性质。概算指标从形式到内容应简明易懂，要便于在采用时根据拟建工程的具体情况进行必要的调整换算，能在较大范围内满足不同用途的需要。

(3)概算指标的编制依据，必须具有代表性。编制概算指标所依据的工程设计资料，应是有代表性的，技术上是先进的，经济上是合理的。

五、投资估算指标

1. 投资估算指标作用和编制原则

1)投资估算指标及其作用

工程建设投资估算指标是以能独立发挥投资效益的建设项目(或单位工程、单项工程)为对象的扩大的技术经济指标。它是编制建设项目建议书、可行性研究报告等前期工作阶段投资估算的依据，也可以作为编制固定资产长远规划投资额的参考。投资估算指标为完成项目建设的投资估算提供依据和手段，它在固定资产的形成过程中起着投资预测、投资控制、投资效益分析的作用，是合理确定项目投资的基础。估算指标中主要材料消耗量也是一种扩大材料消耗量指标，可以作为计算建设项目主要材料消耗量的基础。估算指标的正确制订对于提高投资估算的准确度、对建设项目的合理评估、正确决策具有重要的意义。

2)投资估算指标的内容

投资估算指标的范围涉及建设前期、建设实施期和竣工验收交付使用期等各个阶段的费用支出，内容因行业不同各异，一般可分为三个层次。

①建设项目综合指标；

②单项工程指标；

③单位工程指标。

3.6　工程造价指数

3.6.1　工程造价指数的概念和作用

一、工程造价指数概念

工程造价指数是反映一定时期由于价格变化对工程造价影响程度的一种指标，它是调整工程造价价差的依据。工程造价指数反映了报告期与基期相比的价格变动趋势。

在建筑市场供求和价格水平发生经常性波动的情况下，设备、材料价格和人工费的变化对工程造价及其各组成部分的影响日益增大。这不仅使不同时期的工程在“量”与“价”两方面都失去可比性，也给合理确定和有效控制造价造成了困难。根据工程建设的特点，编制工程造价指数是解决这些问题的最佳途径。以合理方法编制的工程造价指数，不仅能够较好地反映工程造价的变动趋势和变化幅度，而且可用以剔除价格水平变化对造价的影响，正确反映建筑市场的供求关系和生产力发展水平。

二、工程造价指数的作用

(1)工程造价指数可以作为政府对建筑市场宏观调控的依据。

(2)工程造价指数可以作为工程估算和概预算的基本依据。

(3)工程造价指数可以为承包商提出合理的投标报价提供依据。

3.6.2　工程造价指数的分类

一、按照工程范围、类别、用途分类

(1)单项价格指数。单项价格指数是分别反映各类工程的人工、材料、施工机械及主要设备报告期价格对基期价格的变化程度的指标。可利用它研究主要单项价格变化的情况及其发展变化的趋势。各种单项价格指数属于个体指数，即反映个别现象变动情况的指数，编制比较简单。如：人工费价格指数、主要材料价格指数、施工机械台班价格指数、主要设备价格指数等。

(2)综合造价指数。综合造价指数是综合反映各类项目或单项工程人工费、材料费、施工机械使用费和设备费等报告期价格对基期价格变化而影响工程造价程度的指标，是研究造价总水平变动趋势和程度的主要依据。如：建筑安装工程造价指数、建设项目或单项工程造价指数、建筑安装工程直接费造价指数、措施费及间接费造价指数、工程建设其他费用造价指数等。

二、按造价资料期限长短分类

(1)时点造价指数。时点造价指数是不同时点(例如2008年9月9日9时对上一年同一时点)价格对比计算的相对数。

(2)月指数。月指数是不同月份价格对比计算的相对数。

(3)季指数。季指数是不同季度价格对比计算的相对数。

(4)年指数。年指数是不同年度价格对比计算的相对数。

三、按不同基期分类

(1)定基指数。定基指数是各时期价格与某固定时期的价格对比后编制的指数。

(2)环比指数。环比指数是各时期价格都以其前一期价格为基础计算的造价指数。例如,与上月对比计算的指数,为月环比指数。

3.6.3 工程造价指数的编制

工程造价指数一般应按各主要构成要素(建筑安装工程造价,设备工器具购置费和工程建设其他费用)分别编制价格指数,然后经汇总得到工程造价指数。

一、人工、材料、施工机械等要素价格指数的编制

人工、材料、施工机械等要素价格指数的编制是编制建筑安装工程造价指数基础。其计算公式如下:

$$材料(设备、人工、机械)价格指数=\frac{P_n}{P_0}$$

式中:P_0 为基期人工费、施工机械台班和材料、设备预算价格;P_n 为报告期人工费、施工机械台班和材料、设备预算价格。

二、措施费、间接费等费率价格指数的编制

计算公式为:

$$措施费、间接费等费率价格指数=\frac{P_n}{P_0}$$

式中:P_0 为基期措施费、间接费费率;P_n 为报告期措施费、间接费费率。

三、建筑安装工程造价指数的编制

建筑安装工程造价指数是一种综合性极强的价格指数,可按照下列公式计算:

建筑安装工程造价指数 = 人工费指数 × 基期人工费占建筑安装工程造价比例 + $\sum$(单项材料价格指数 × 基期该单项材料费占建筑安装工程造价比例) + $\sum$(单项施工机械台班指数 × 基期该单项机械费占建筑安装工程造价比例) + 措施费、间接费综合指数 × 基期措施费、间接费占建筑安装工程造价比例

四、设备工器具和工程建设其他费用价格指数的编制

(1)设备工器具价格指数。设备工器具的种类、品种和规格很多,其指数一般可选择其中用量大、价格高、变动多的主要设备工器具的购置数量和单价进行登记,按照下面的公式进行计算:

$$设备、工器具价格指数=\frac{\sum(报告期设备工器具单价\times报告期购置数量)}{\sum(基期设备工器具单价\times报告期购置数量)}$$

（2）工程建设其他费用指数。工程建设其他费用指数可以按照每万元投资额中的其他费用支出定额计算，计算公式如下：

$$工程建设其他费用指数 = \frac{报告期每万元投资支出中其他费用}{基期每万元投资支出中其他费用}$$

五、建设项目或单项工程综合造价指数的编制

编制建设项目或单项工程综合造价指数的公式如下：

建设项目或单项工程综合造价指数 = 建筑安装工程造价指数 × 基期建筑安装工程费占总造价的比例 + $\sum$（单项设备价格指数 × 基期该项设备费占总造价的比例）+ 工程建设其他费用指数 × 基期工程建设其他费用占总造价的比例

3.7　建设工期定额

3.7.1　建设工期的有关概念

（1）建设工期。一般指建设项目中构成固定资产的单项工程、单位工程从正式破土动工到按设计文件全部建成能竣工验收交付使用所需的全部时间。建设工期、工程造价和工程质量是建设项目管理的三大目标，作为考核建设项目经济效益和社会效益的重要指标。

（2）建设周期。指建设总规模与年度建设规模的比值。它反映国家、一个地区或行业完成建设总规模平均需要的时间，同时也反映建设速度与建设过程中人力、物力和财力集中的程度。作为考查投资效益的重要指标，可用总投资额与年度投资额表示，即：

$$建设周期(年) = \frac{总投资额}{年度投资额}$$

也可用项目总个数与年度竣工项目个数表示。即：

$$建设周期(年) = \frac{项目总个数}{年建成项目个数}$$

（3）合理建设工期。是建设项目在正常的建设条件、合理的施工工艺和管理，以及合理有效地利用人力、财力、物力资源，使项目的投资方和各参建单位均获得满意的经济效益的工期。合理建设工期受拟建项目的资源勘探、厂址选择、设备选型与供应、工程质量、协作配合、生产准备等阶段性工作各种客观因素的制约。

（4）工期定额。是在一定的经济和社会条件下，在一定时期内由建设行政主管部门制订并发布项目建设所消耗的时间标准。定额工期具有一定的法规性，对具体建设项目的建设工期确定具有指导意义，合理建设工期反映了一定时期国家、地区或部门不同建设项目的建设和管理水平。

工期定额是各类工程规定的施工期限的定额天数，包括建设工期定额和施工工期定额两个层次，建设工期定额是建设项目或独立的单项工程从开工建设起到全部建成投产或交付使用时止所需要的额定时间，不包括由于决策失误而停（缓）建所延误的时间，一般以月数或天数表示。施工工期定额是单项工程或单位工程从正式开工起至完成承包工程全部设计内容并达到国家验收标准所需要的额定时间。施工工期是建设工期中的一部分。因不可抗拒的自然灾害或重大设计变更造成的停工，经签证后，可顺延工期。

(5)合同工期。是在定额工期的指导下，由工程建设的承发包双方根据项目建设的具体情况，经招标投标或协商一致后，在承包合同书中确认的建设工期。合同工期一经签定，对合同双方都具有强制性约束作用，受到国家经济合同法的保护和制约。

3.7.2 建设工期与成本、质量的关系

工期与成本在项目建设管理中有其内在的规律，不能简单地说工期越短、成本越低。一般来讲缩短正常建设工期需要投入更多的人力、物力和采取相应的施工措施。增加投入也即项目建设成本加大，其关系如图 3－1 所示。

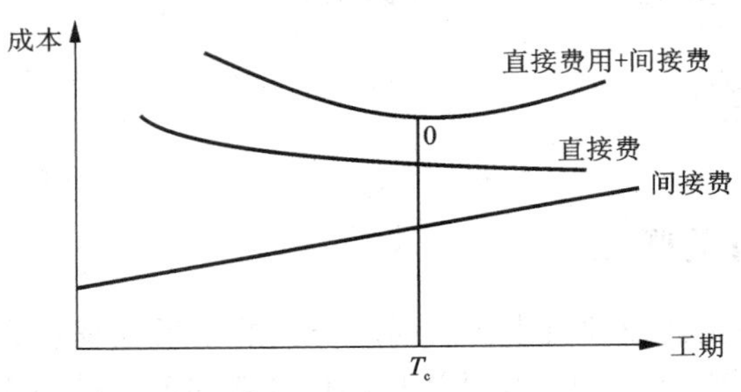

图 3－1　建设项目成本与工期关系图

增加的成本需要从项目提前投产或交付使用所产生的效益中得到补偿，当提前建成所产生的效益小于为提前工期而增加的成本时，即失去了提前工期的意义。可见压缩正常建设工期是有一定限制的，从经济角度上讲，成本最低、质量合格所对应的工期应是合理的。

另一方面，正常建设工期的拖延，即使不考虑材料、人工、机械设备的变化因素，也会造成成本中间接费的增加，从投资角度看，建设工期拖延，不能按时形成生产能力，资金回收期延长，投资收益率降低。更为严重的是由于建设工期拖延会失去项目建设预期的商业机会或增加资产的无形损耗。如某玻璃纤维工程项目，产品属国内新产品，销路前景看好，但由于建设工期拖延达数年，待项目建成投产后，市场上该产品已饱和、产品滞销，最终被迫破产。

前面提到的正常建设工期和最经济成本都是以保障工程质量为前提的，工程质量高低或合格或优质所对应工期和成本是不同的，由此可见工期、成本和质量三者之间是相互联系、相互制约的统一体，离开成本、质量，该工程必然欲速则不达。确需缩短工期时应依据工程具体情况，对工期进行优化，采取相应措施，通过合理的组织管理，在工艺流程允许的条件下改进工艺、合理划分工序，对关键工序路线组织平行、交叉作业或增加作业班次等。

3.7.3 影响建设工期的主要因素与工期优化

一、影响建设工期的主要因素

影响建设工期的因素是多方面的、复杂的，而且许多因素具有不确定性。概括起来大致可分为内部因素、外部因素和管理因素。

(1)内部因素。包括建设项目的建设标准、功能、规模以及项目建设中采用相应的施工组织措施和施工技术方案等。不同项目有不同的特点，即使同类项目，由于建设规模、生产

能力、工艺设备及流程、工程结构的不同，影响建设工期的因素也不同。内部因素主要反映不同建设项目或相同项目不同建设规模、标准之间所存在的建设工期的差异。

(2)外部因素。包括：

①建设地点的地质、气候等自然条件。建设地点的地质条件直接影响到内部因素所涉及的建设工程量、建设的难易程度、交通运输和施工组织设计等；气候条件主要是指建设地点的海拔高度、冬季施工期、年度降雨天数、年大风或台风天数、最大冻土深度等，气候因素影响了建设的年有限工期以及由此导致的降效。

②供应条件。主要指建设项目的资金、材料设备、劳动力、施工机械等的供应及其质量。供应条件受整个国民经济和建筑业发展的影响。实践表明，供应条件是影响建设项目工期的关键因素之一。如不少重点建设项目，由于资金到位率高、物质供应有保障，加上主管部门和参与建设各单位的科学管理，项目建设工期明显缩短，使项目建设取得了良好的经济效益和社会效益。相反也有相当一部分工程项目仓促上马，建设资金不足时搞“钓鱼”工程，严重影响了材料、设备的准备工作，致使工期一拖再拖，形成了“投资无底洞、工期马拉松”的状况，不仅造成建设项目投资效益差，还给参与建设的各方带来经济损失，同时也出现了不少“扯皮”或纠纷现象。

(3)管理因素。建设项目的实施涉及计划、建设、财政等行政部门和业主、设计、施工、咨询等诸多单位，就建设工期或建设速度而言体现了上述部门和单位的工作效率和协调配合能力。

按照建设各阶段的划分，项目的施工阶段在整个建设工期中所占的比例最大，但项目的可行性研究、设计、施工准备工作包括征地拆迁、招标、材料设备采购等建设前期工作都将对建设工期产生影响。目前我国的建设管理水平在这方面还存在一些不容忽视的问题，相当一部分项目建设工期的确定带有随意性，如招投标过程中，违背施工客观规律，盲目压缩工期，打乱了正常的施工和建设程序，造成一些难以弥补的质量问题。因此加强建设工期的管理必须有科学和严格的法规作保障，以提高参建各单位的管理水平。

二、建设工期的优化

建设工期的优化是运用系统分析和优化理论与方法，研究确定一个具体建设条件下项目建设的合理工期。优化工作是加强建设工期科学化管理必不可少的工作。建设工期的优化不仅限于建设前期，从时间上说包括项目建设的全过程，从空间上说包括施工组织设计、人力、投资、设备材料供应的均衡情况。优化工作综合考虑可预见的或已发生的各种影响建设工期的因素，并不断地对项目建设进行跟踪管理。通过建设工期优化工作不仅能制订出科学合理的进度计划，而且能够保障其实施。

建设工期优化工作的目标是充分协调工期、成本、质量三者之间的关系。实际操作过程中，在保障质量的前提下，主要是工期—成本之间的优化，既寻求最低成本下的建设工期或确定工期条件下的最低成本及资源供应均衡。优化的方法有简有繁，主要根据项目建设的难易程度及进度计划表现形式，如横道图、关键线路、计划评审技术(PERT)等而采用不同的方法。

三、工期定额的作用

(1)工期定额是编制招标文件的依据。

(2)工期定额是签订建筑安装工程施工承包合同、确定合理工期的基础。

(3)工期定额是施工企业编制施工组织设计、确定投标工期、安排施工进度的参考。

(4)工期定额是施工索赔的基础。

【课堂教学内容总结】

1. 工程造价计价依据的含义和种类。
2. 工程建设定额及体系。
3. 工作研究和施工定额。
4. 材料消耗定额的概念组成及计算。
5. 人工和机械台班消耗定额定额的组成及计算。
6. 预算定额的概念、分类和作用。
7. 预算定额中人工、材料、机械台班单价的确定。
8. 概算定额、概算指标、投资估算指标编制原则和作用。
9. 工程造价指数作用分类。
10. 建设工期定额。

习　题

一、思考题

1. 工程造价计价依据有哪些种类？
2. 什么是建筑工程定额？工程建设定额如何进行分类？
3. 什么是施工定额？施工定额的组成内容是什么？编制原则有哪些？
4. 什么是工作时间？人工工作时间和机械工作时间的分类如何？
5. 什么是技术测定法？技术测定法的种类有哪些？
6. 劳动定额的概念、表现形式是什么？劳动定额是如何确定的？
7. 材料消耗定额的概念是什么？材料消耗如何分类？材料消耗定额的组成是什么？
8. 机械台班定额的概念、表现形式是什么？机械台班定额是如何确定的？
9. 预算定额的概念、分类、作用和编制原则是什么？
10. 预算定额中人工工日消耗量确定方法有哪些？组成内容是什么？如何确定？
11. 预算定额中材料消耗量确定方法有哪些？组成内容是什么？如何确定？
12. 预算定额中机械台班消耗量确定方法有哪些？组成内容是什么？如何确定？
13. 人工工日单价的概念和组成内容是什么？
14. 什么是材料预算单价？组成内容是什么？如何确定材料预算价格？
15. 机械台班单价的概念和组成内容是什么？
16. 综合单价和建设工程造价的组成和计算程序是什么？
17. 什么是概算定额？编制原则是什么？
18. 什么是概算指标？它与概算定额的区别是什么？概算指标的编制原则是什么？
19. 什么是投资估算指标？编制原则是什么？投资估算指标的内容有哪些？
20. 什么是工程造价指数？工程造价指数如何分类？

21. 人工、材料、机械的价格指数如何编制？建筑安装工程造价指数如何编制？

22. 什么是建设工期？工期定额的作用是什么？

二、造价员考试模拟习题

(一)单项选择题

1. 下列定额分类中按内容分类的是(　　)。

A. 材料消耗定额、机械消耗定额、工器具消耗定额

B. 劳动消耗定额、材料消耗定额、机械消耗定额

C. 机械消耗定额、材料消耗定额、建设工程定额

D. 资金消耗定额、劳动消耗定额、机械消耗定额

2. 衡量工人劳动数量和质量，反映成果和效益指标的是(　　)。

A. 时间定额　　B. 产量定额

C. 施工定额　　D. 预算定额

3. 根据建筑安装工程定额编制的原则，按平均先进水平编制的是(　　)。

A. 预算定额　　B. 施工定额

C. 概算定额　　D. 概算指标

4. 周转性材料在材料消耗定额中，以(　　)表示。

A. 材料一次使用量　　B. 材料补损量

C. 周转使用量减去回收量　　D. 材料回收量

5. 某瓦工班组15人，砌1.5砖厚砖基础，需6天完成，砌筑砖基础的定额为1.25工日/m^3，该班组完成的砌筑工程量是(　　)。

A. 112.5 m^3　　B. 90 m^3/工日

C. 80 m^3/工日　　D. 72 m^3

6. 墙砖规格为300 mm×200 mm，灰缝1 mm，其损耗率为1%，则100 m^2墙砖消耗量为(　　)。

A. 1684块　　B. 1670块

C. 1678块　　D. 1637块

7. 预算定额是按照(　　)编制的。

A. 社会平均水平　　B. 社会先进水平

C. 行业平均水平　　D. 社会平均先进水平

8. 某砼工程工程量为100 m^2，每m^2砼需要基本用工1.11工日，辅助用工和超运距用工分别是基本用工的25%和15%，人工幅度差系数为10%，则该砼工程的人工工日消耗量是(　　)。

A. 170.9工日　　B. 155.4工日

C. 122.1工日　　D. 152.6工日

9. 根据建筑安装工程定额编制的原则，按平均先进水平编制的是(　　)。

A. 预算定额　　B. 施工定额

C. 概算定额　　D. 概算指标

10. 建筑工程中必须消耗的材料不包括(　　)。

A. 直接用于构成建筑工程实体的材料　　B. 不可避免的施工废料
C. 不可避免的场外运输材料损耗　　D. 不可避免的操作损耗

(二)多项选择题

1. 施工定额的作用表现在(　　　　)。
A. 是企业计划管理的依据
B. 是企业提高劳动生产率的手段
C. 是企业计算工人劳动报酬的依据
D. 是编制施工预算、加强企业成本管理的基础
E. 是企业组织和指挥施工生产的有效工具

2. 在正常的施工条件下,预算定额中的人工工日消耗量是由(　　　　)组成的。
A. 基本用工　　B. 人工幅度差
C. 辅助用工　　D. 其他用工
E. 超运距运费用

第 4 章　建筑工程定额计量与计价概述

【目的要求】

1. 了解施工图预算的概念。
2. 掌握建筑施工图预算书的编制内容和步骤。
3. 掌握建筑工程工程量的计算顺序、计算方法和计算步骤。

【重点和难点】

1. 重点：掌握施工图预算书的编制内容和步骤。
2. 难点：掌握工程量的计算方法、计算顺序和计算步骤。

教学时数：4 学时。

4.1　施工图预算

4.1.1　施工图预算概述

一、概念

中国在建筑工程中实行工料预算历时已久。北宋李诫编纂的《营造法式》已有工料限额。明、清政府和民间都有估工算料的例子，如《营造算例》就是流传民间的清代营造算法的抄本。清代宫廷设有专司估算工料费用的“算房”及负责设计的“样房”。20 世纪初，随着建筑业的发展，开始按施工图计算工料费用。中华人民共和国成立后，于50 年代初正式建立了建筑工程预算制度，先后颁发了具有法规性质的预算定额；统一规定了概算和预算文件的组成和编制程序；制定了材料预算价格、机械台班单价、间接费用、计划利润等计算办法。

施工图预算是根据施工图、预算定额、各项取费标准、建设地区的自然及技术经济条件等资料编制的建筑安装工程预算造价文件。在中国，施工图预算是建筑企业和建设单位签订承包合同、实行工程预算包干、拨付工程款和办理工程结算的依据；也是建筑企业控制施工成本、实行经济核算和考核经营成果的依据。在实行招标承包制的情况下，是建设单位确定招标控制价和建筑企业投标报价的依据。施工图预算是关系建设单位和建筑企业经济利益的技术经济文件，如在执行过程中发生经济纠纷，应按合同经协商或仲裁机关仲裁，或按民事诉讼等其他法律规定的程序解决。

建筑安装工程预算包括建筑工程预算和设备及安装工程预算。建筑工程预算又可分为一般土建工程预算、给排水工程预算、暖通工程预算、电气照明工程预算、构筑物工程预算及工业管道、电力、电信工程预算。设备及安装工程预算又可分为机械设备及安装工程预算和电气设备及安装工程预算。本章只讨论“一般土建工程施工图预算”的编制。

二、内容

施工图预算由预算表格和文字说明组成。工程项目（如工厂、学校等）总预算包含若干个单项工程（如车间、教室楼等）综合预算；单项工程综合预算包含若干个单位工程（如土建工程、机械设备及安装工程）预算（见设计概算）。按费用构成分，施工图预算由以下七项费用构成：①人工费；②材料费；③施工机具使用费；④企业管理费；⑤利润；⑥规费；⑦税金。

三、施工图预算的作用

1．施工图预算对建设单位的作用

施工图预算是施工图设计阶段确定建设工程项目造价的依据，是设计文件的组成部分。施工图预算是建设单位在施工期间安排建设资金计划和使用建设资金的依据。施工图预算是招投标的重要基础，既是工程量清单的编制依据，也是招标控制价编制的依据。施工图预算是拨付进度款及办理结算的依据。

2．施工图预算对施工单位的作用

施工图预算是确定投标报价的依据。施工图预算是施工单位进行施工准备的依据，是施工单位在施工前组织材料、机具、设备及劳动力供应的重要参考，是施工单位编制进度计划、统计完成工作量、进行经济核算的参考依据。施工图预算是控制施工成本的依据。预算，是其业务水平、素质和信誉的体现。

3．施工图预算对造价管理部门的作用

对于工程造价管理部门而言，施工图预算是监督检查执行定额标准、合理确定工程造价、测算造价指数及审定招标工程标底的重要依据。

四、施工图预算的编制依据

1．编制依据

(1)施工图纸。

是指经过会审的施工图，包括所附的文字说明、有关的通用图集和标准图集及施工图纸会审记录。它们规定了工程的具体内容、技术特征、建筑结构尺寸及装修做法等。因而是编制施工图预算的重要依据之一。

(2)现行预算定额或地区单位估价表。

现行的预算定额是编制预算的基础资料。编制工程预算，从分部分项工程项目的划分到工程量的计算，都必须以预算定额为依据。

地区单位估价表是根据现行预算定额、地区工人工资标准、施工机械台班使用定额和材料预算价格等进行编制的。它是预算定额在该地区的具体表现，也是该地区编制工程预算的基础资料。

(3)经过批准的施工组织设计或施工方案。

施工组织设计或施工方案是建筑施工中的重要文件，它对工程施工方法、材料、构件的加工和堆放地点都有明确规定。这些资料直接影确工程量的计算和预算单价的套用。

(4)地区取费标准（或间接费定额）和有关动态调价文件。

按当地规定的费率及有关文件进行计算。

(5)工程的承包合同（或协议书）、招标文件。

(6)最新市场材料价格。

是进行价差调整的重要依据

(7)预算工作手册。

预算工作手册是将常用的数据、计算公式和系数等资料汇编成手册以便查用，可以加快工程量计算速度。

(8)有关部门批准的拟建工程概算文件。

2. 编制条件

(1)施工图经过设计交底和会审后，由建设单位、施工单位和设计单位共同认可；

(2)施工单位编制的施工组织设计或施工方案，经过其上级有关部门批准；

(3)建设单位和施工单位在设备、材料、构件等加工定货方面已有明确分工。

4.1.2　施工图预算的编制方法和步骤

一、施工图预算的编制方法

施工图预算的编制方法有单价法和实物法两种。

1. 单价法

用单价法编制施工图预算，就是利用各地区、各部门编制的建筑安装工程单位估价表或预算定额基价，根据施工图计算出的各分项工程量，分别乘以相应单价或预算定额基价并求和，得到定额直接费，再加上其他直接费，即为该工程的直接费；再以工程直接费或人工费为计算基础，按有关部门规定的各项取费费率，求出该工程的间接费、计划利润及税金等费用；最后将上述各项费用汇总即为一般土建工程预算造价。

这种编制方法便于技术经济分析，是常用的一种编制方法。

2. 实物法

用实物法编制一般土建工程施工图预算，就是根据施工图计算的各分项工程量分别乘以预算定额的人工、材料、施工机械台班消耗量，分类汇总得出该工程所需的全部人工、材料、施工机械台班数量，然后再乘以当时、当地人工工资标准、各种材料单价、施工机械台班单价，求和，再加上其他直接费，就可以求出该工程直接费。间接费、计划利润及税金等费用计取方法与单价法相同。

下面以单价法为例介绍一般土建工程施工图预算的编制步骤。

二、一般土建工程施工图预算的步骤

1. 收集基础资料，做好准备

主要收集编制施工图预算的编制依据。包括施工图纸、有关的通用标准图、图纸会审记录、设计变更通知、施工组织设计、预算定额、取费标准及市场材料价格等资料。

2. 熟悉施工图等基础资料

编制施工图预算前，应熟悉并检查施工图纸是否齐全、尺寸是否清楚，了解设计意图，掌握工程全貌。另外，针对要编制预算的工程内容搜集有关资料，包括熟悉并掌握预算定额的使用范围、工程内容及工程量计算规则等。

3. 了解施工组织设计和施工现场情况

编制施工图预算前，应了解施工组织设计中影响工程造价的有关内容。例如，各分部分项工程的施工方法，土方工程中余土外运使用的工具、运距，施工平面图对建筑材料、构件等堆放点到施工操作地点的距离等等，以便能正确计算工程量和正确套用或确定某些分项工程的基价。这对于正确计算工程造价，提高施工图预算质量，有着重要意义。

4. 计算工程量

工程量计算应严格按照图纸尺寸和现行定额规定的工程量计算规则，遵循一定的顺序逐项计算分项子目的工程量。计算各分部分项工程量前，最好先列项。也就是按照分部工程中各分项子目的顺序，先列出单位工程中所有分项子目的名称，然后再逐个计算其工程量。这样，可以避免工程量计算中，出现盲目、零乱的状况，使工程量计算工作有条不紊地进行，也可以避免漏项和重项。

有关工程量计算方法和规则，参见本章第四节。

5. 汇总工程量、套预算定额基价(预算单价)

各分项工程量计算完毕，并经复核无误后，按预算定额手册规定的分部分项工程顺序逐项汇总，然后将汇总后的工程量抄入工程预算表内，并把计算项目的相应定额编号、计量单位、预算定额基价以及其中的人工费、材料费、机械台班使用费填入工程预算表内。

6. 计算直接工程费

计算各分项工程直接费并汇总，即为一般土建工程定额直接费，再以此为基数计算其他直接费、现场经费，求和得到直接工程费。

7. 计取各项费用

按取费标准(或间接费定额)计算间接费、计划利润、税金等费用，求和得出工程预算价值，并填入预算费用汇总表中。同时计算技术经济指标，即单方造价。

8. 进行工料分析

计算出该单位工程所需要的各种材料用量和人工工日总数，并填入材料汇总表中。这一步骤通常与套定额单价同时进行，以避免二次翻阅定额。如果需要，还要进行材料价差调整。

9. 编制说明、填写封面、装订成册

编制说明一般包括以下几项内容：

(1)编制预算时所采用的施工图名称、工程编号、标准图集以及设计变更情况；

(2)采用的预算定额及名称；

(3)间接费定额或地区发布的动态调价文件等资料；

(4)钢筋、铁件是否已经过调整；

(5)其他有关说明。通常是指在施工图预算中无法表示，需要用文字补充说明的。例如，分项工程定额中需要的材料无货，用其他材料代替，其价格待结算时另行调整，就需用文字补充说明。

施工图预算封面通常需填写的内容有：工程编号及名称、建筑结构形式、建筑面积、层数、工程造价、技术经济指标、编制单位及日期等。最后，把封面、编制说明、预算费用汇总表、材料汇总表、工程预算分析表，按以上顺序编排并装订成册，编制人员签字盖章，请有关单位审阅、签字并加盖单位公章后，一般土建工程施工图预算便完成了编制工作。常见单位工程施工图预算表见表 4 - 1。

表 4 – 1　单位工程预(结)算表

定额编号	项目名称	单位	工程量	省定额价		其中				
				基价	合价	人工费	材料费	机械费	管理费	利润

4.2　工程量计算的原则和方法

4.2.1　工程量的概念

工程量，就是以物理计量单位或自然单位所表示的各个具体工程和结构配件的数量。物理计量单位，一般是指以公制度量表示的长度、面积、体积、重量等。如建筑物的建筑面积，楼面的面积(m^2)，墙基础、墙体、混凝土梁、板、柱的体积(m^3)，管道、线路的长度(m)，钢柱、钢梁、钢屋架的重量(t)等。自然计量单位是指以施工对象本身自然组成情况为计量单位，如台、套、组、个等。

4.2.2　工程量计算的原则

工程量是编制施工图预算的基础数据，同时也是施工图预算中最繁琐、最细致的工作。而且工程量计算项目是否齐全，结果准确与否，直接影响着预算编制的质量和进度。要快速准确地计算工程量，计算时应遵循以下原则：

一、熟悉基础资料

在工程量计算前，应熟悉现行预算定额、施工图纸、有关标准图、施工组织设计等资料，因为它们都是计算工程量的直接依据。

二、计算工程量的项目应与现行定额的项目一致

工程量计算时，只有当所列的分项工程项目与现行定额中分项工程的项目完全一致时，才能正确使用定额的各项指标。尤其当定额子目中综合了其他分项工程时，更要特别注意所列分项工程的内容是否与选用定额分项工程所综合的内容一致，不可重复计算。

例如，现行定额楼地面工程找平层子目中，均包括刷素水泥浆一道，在计算工程量时，不可再列刷素水泥浆子目。

三、工程量的计量单位必须与现行定额的计量单位一致

现行定额中各分项工程的计量单位是多种多样的。有的是 m^3、有的是 m^2、还有的是延长米 m、t 和个等。所以，计算工程量时，所选用的计量单位应与之相同。

四、必须严格按照施工图纸和定额规定的计算规则进行计算

计算工程量必须在熟悉和审查图纸的基础上，严格按照定额规定的工程量计算规则，以施工图所标注尺寸(另有规定者除外)为依据进行计算，不能随意加大或缩小构件尺寸，以免影响工程量的准确性。

五、工程量的计算应采用表格形式

为计算清晰和便于审核，在计算工程量时常采用表格形式，表格具体形式见表4－2。

表4－2　工程量计算表

定额编号	项目名称	计算公式	单位	工程量

4.2.3　工程量计算的一般方法

为了防止漏项、减少重复计算，在计算工程量时应按照一定的顺序，有条不紊地进行。

一、熟悉施工图

1．修正图样

主要是按照图纸会审纪录、设计变更通知单的内容修正全套施工图，这样可避免走“回头路”，造成重复劳动。

2．粗略看图

(1)了解工程的基本概况。如建筑物的层数、高度、基础形式、结构形式和大约的建筑面积等。

(2)了解工程所使用的材料以及采取的施工方法。如基础是砖、石还是钢筋混凝土砌筑的，墙体是砌砖还是砌砌块，楼地面的做法等。

(3)了解施工图中的梁表、柱表、混凝土构件统计表、门窗统计表，要对照施工图进行详细核对。一经核对，在计算相应工程量时就可直接利用。

(4)了解施工图表示方法。

3．重点看施工图

重点看图时，着重需弄清的问题有：

(1)房屋室内外的高差，自然地面标高，以便在计算基础和室内挖、填工程时利用这个数据。

(2)建筑物的层高、墙体、楼地面面层、门窗等相应工程内容是否因楼层或段落不同而有所变化(包括尺寸、材料、构造做法、数量等变化)，以便在有关工程量的计算时区别对待。

(3)工业建筑设备基础、地沟等平面布置大概情况，以利于基础和楼地面工程量的计算。

(4)建筑物构配件如平台、阳台、雨篷和台阶等的设置情况，便于计算其工程量时明确所在部位。

二、合理安排各分项工程的计算顺序

工程计量的特点是工作量大，头绪多，工程计量要求做到既不遗漏又不重复，既要快又要准，就要按照一定的顺序，有条不紊地依次进行，这样，既可以节省看图时间，加快计算速度，又可以提高计算的准确率。

一项单位工程要包含数十项乃至上百项分项工程，先计算什么，后计算什么，不能看到什么想到什么就计算什么，这样往往会产生遗漏或重复，而且心中无底，因此为了准确、快速地计算清单工程量，合理安排计算顺序非常重要。具体计算工程量的顺序一般有如下三种：

1. 先后顺序计算

按施工顺序计算法，就是按照施工工艺流程的先后顺序来计算工程量。如一般土建工程从平整场地、挖土、垫层、基础、填土、墙柱、梁板、门窗、楼地面、内外墙天棚装修等顺序进行。用这种方法计算工程量，要求具有一定的施工经验，能掌握组织施工的全部过程，并且要求对清单及图样内容十分熟悉，否则容易漏项。

2. 按定额顺序计算

按当地定额中的分部分项编排顺序计算工程量，即从定额的第一分部第一项开始，对照施工图纸，凡遇定额所列项目，在施工图中有的，就按该分部工程量计算规则算出工程量。凡遇定额所列项目，在施工图中没有，就忽略，继续看下一个项目，若遇到有的项目，其计算数据与其他分部的项目数据有关，则先将项目列出，其工程量待有关项目工程量计算完成后，再进行计算。例如：计算墙体砌筑，该项目在定额的第四分部，而墙体砌筑工程量为：(墙身长度 × 高度 − 门窗洞口面积) × 墙厚 − 嵌入墙内混凝土及钢筋混凝土构件所占体积 + 垛、附墙烟道等体积。这时可先将墙体砌筑项目列出，工程量计算可暂放缓一步，待第五分部混凝土及钢筋混凝土工程及第六分部门窗工程等工程量计算完毕后，再利用该计算数据补算出墙体砌筑工程量。

这种按定额编排计算工程量顺序的方法，对初学者可以有效地防止漏算重算现象。

3. 按统筹法原理设计顺序计算

工程造价人员经过实践、分析与总结发现，每个分项工程量计算虽有着各自的特点，但都离不开计算“线”“面”之类的基数，人们在整个工程量计算中常常要反复多次使用。因此运用统筹法原理就是根据分项工程的工程量计算规则，找出各分项工程工程量计算的内在联系，统筹安排计算顺序，做到利用基数(常用数据)连续计算；一次算出，多次使用；结合实际，机动灵活。这种计算顺序适用于具有一定预算工作经验的人员。

(1)统筹程序，合理安排。

在工程量计算中，计算程序安排是否合理，直接关系到计算工程量效率的高低、进度的快慢。计算工程量若按照施工顺序和清单规范顺序逐项进行计算，对于稍复杂的工程，就显得繁琐，造成大量数据的重复计算，若能统筹安排每个分项工程的计算程序，就可减少许多数据的重复计算，加快计算速度，提高工程量计算的效率。

例如：某室内地面有地面垫层、找平层及地面面层三道工序，如按施工顺序或定额顺序计算则为：

①地面垫层体积 = 长 × 宽 × 垫层厚(m^3)

②找平层面积 = 长 × 宽(m^2)

③地面面层面积 = 长 × 宽(m^2)

这样，长 × 宽就要进行三次重复计算，没有抓住各分项工程量计算中的共性因素，而按照统筹法原理，根据工程量自身计算规律，按先主后次统筹安排，把地面面层放在其他两项的前面，利用它得出的数据供其他工程项目使用。即：

①地面面层面积 = 长 × 宽（m^2）

②找平层面积 = 地面面层面积（m^2）

③地面垫层体积 = 地面面层面积 × 垫层厚（m^3）

按上面程序计算，抓住地面面层这道工序，长 × 宽只计算一次，还把后两道工序的工程量带算出来，且计算的数字结果相同，减少了重复计算。这个简单的实例，说明了统筹程序的意义。

（2）利用基数，连续计算

所谓基数就是计算分项工程量时重复利用的数据。在统筹法计算中就是将相同基数的分项工程工程量一次算出，利用“线”和“面”为基数，算出与它有关的分项工程量。

“线”是指建筑平面图上所示的外墙中心线、外墙外边线和内墙净长线。

外墙中心线（用 $L_{中}$ 表示）= 外墙中心线总长度

外墙外边线（用 $L_{外}$ 表示）= 建筑平面图外墙的外围线总长度

内墙净长线（用 $L_{内}$ 表示）= 建筑平面图中所有内墙中心线长度（扣除重叠部分）

与“线”有关的项目有：

$L_{中}$：外墙基挖地槽、外墙基础垫层、外墙基础砌筑、外墙墙基防潮层、外墙圈梁、外墙墙身砌筑等分项工程。

$L_{外}$：平整场地、勒脚，腰线，外墙勾缝，外墙抹灰，散水等分项工程。

$L_{内}$：内墙基挖地槽，内墙基础垫层，内墙基础砌筑，内墙基础防潮层，内墙圈梁，内墙墙身砌筑，内墙抹灰等分项工程。

“面”是指建筑平面图上所标示的底层面积，用 S 标示，计算时要结合建筑物的造型而定，即：

$$底层面积\ S = 建筑物底层平面勒脚以上外围水平投影面积$$

与“面”有关的计算项目有：平整场地、天棚抹灰、楼地面及屋面等分项工程。

一般工业与民用建筑工程，都可在这三条“线”和一个“面”的基础上，连续计算出它的工程量。也就是说，把这三条“线”和一个“面”先计算好，作为基数，然后利用这些基数再计算与它们有关的分项工程量。.

（3）一次算出，多次使用。

在工程量计算过程中，往往有一些不能用“线”“面”基数进行连续计算的项目，如木门窗、屋架、钢筋混凝土预制标准构件等，事先，将常用数据一次算出，汇编成土建工程量计算手册（即“册”），其次也要把那些规律较明显的如槽、沟断面、砖基础大放脚断面等，都预先一次算出，也编入册。当需计算有关的工程量时，只要查手册就可很快算出所需要的工程量。这样可以减少那种按图逐项地进行繁琐而重复的计算，亦能保证计算的及时与准确性。

（4）结合实际，灵活机动。

用“线”“面”“册”计算工程量，是一般常用的工程量基本计算方法，实践证明，在一般工程上完全可以利用。但在特殊工程上，由于基础断面、墙厚、砂浆标号和各楼层的面积不同，就不能完全用“线”或“面”的一个数作为基数，而必须结合实际灵活地计算。

一般常遇到的几种情况及采用的方法如下：

①分段计算法。

当基础断面不同，在计算基础工程量时，就应分段计算。

②分层计算法。

如遇多层建筑物，各楼层的建筑面积或砌体砂浆标号不同时，均可分层计算。

③补加计算法。

即在同一分项工程中，遇到局部外形尺寸或结构不同时，为便于利用基数进行计算，可先将其看作相同条件计算，然后再加上多出部分的工程量。如基础深度不同的内外墙基础、宽度不同的散水等工程。

假设前后墙散水宽度 1.20 m，两山墙散水宽 0.80 m，那么应先按 0.80 m 计算，再将前后墙 0.40 m 散水宽度进行补加。

④补减计算法。

与补加计算法相似，只是在原计算结果上减去局部不同部分工程量。如在楼地面工程中，各层楼面除每层盥厕间为水磨石面层外，其余均为水泥砂浆面层，则可先按各楼层均为水泥砂浆面层计算，然后补减盥厕间的水磨石地面工程量。

三、合理安排分项工程计量顺序并做相应的标注

为使计量数据能让计算者便于日后阅读和让审核人员方便阅读，计量必须有规律性和一定的顺序，必要时做相应的标注，使计量不重不漏，表达式清楚，一目了然。根据不同的分项工程内容，一般有如下三种计量顺序。

1. 分项工程计量顺序

(1)按顺时针方向绕一周计算。

此计量顺序以平面图左上角开始向右进行，绕一周后回到左上角止。这种顺时针方向转圈、依次分段计算工程量的方法，适用于形成封闭的构件，如外墙的挖地槽、垫层、基础、墙体、圈梁、楼地面、天棚、外墙粉刷等工程计量，如图 4－1 所示。

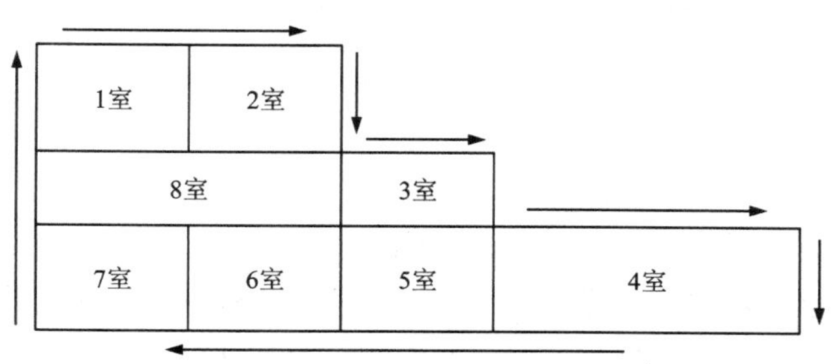

图 4－1　顺时针方向计算法示意图

(2)按先横后竖、从上到下、从左到右计算。

此计量顺序适用于不封闭的条形构件，如内墙的挖地槽、垫层、基础、墙体、圈过梁等，如图 4－2 所示，按照从①到⑨的顺序计算。

(3)按图中编号顺序计算。

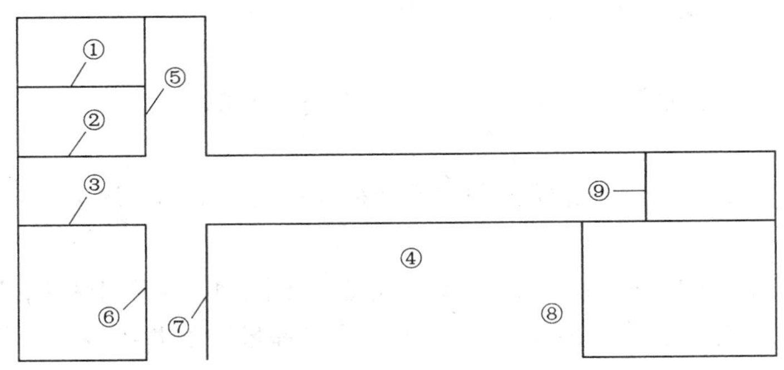

图 4－2　先横后竖、从上到下、从左到右计算法

此法适用于点式构件，如钢筋混凝土柱、梁、屋架及门、窗等的工程量，按照图纸上的构、配件编号顺序计算，在图纸上注明记号，按照各类不同的构、配件，如柱、梁、板等编号，顺序地按柱 Z_1、Z_2、Z_3、Z_4、…；梁 L_1、L_2、L_3、…，板 B_1、B_2、B_3、…等构件编号依次计算。如图 4－3 所示。

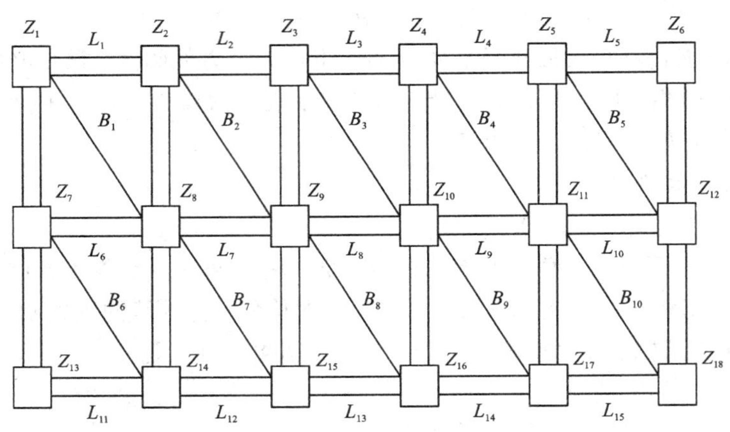

图 4－3　按构、配件编号顺序计算

(4)根据平面图上的定位轴线编号顺序计算。

对于复杂工程，计算墙体、柱子和内外粉刷时，仅按上述顺序计算还可能发生重复或遗漏，这时，可按图纸上的轴线顺序进行计算，并将其部位以轴线号表示出来。如位于 *A* 轴线上的外墙，轴线长为①～②，可标记为 *A*：①～②。此方法适用于内外墙挖地槽、内外墙基础、内外墙砌体、内外墙装饰等工程量的计算。

2. 工程量计算式的标注

计算式标注是计量者与审核者沟通的无声语言，规范的语言，表述简单明了，思路正确，起着引导、回忆提醒的作用，因此，具体计量标注是相当必要的，计算式标注常用方法有如下三种。

(1)坐标标注法。

某墙，定位坐标 A 轴，长度范围坐标①～⑧轴，表示为 A，①～⑧

(2)图中编号标注。

按编号或编码标注，如 Z_1、Z_3。

(3)文字说明。

对不能以前两种标注法标注的，可采用文字标注。

3. 注意计算中的整体性与相关性

在工程量计算时；应有这样的理念：一个建筑物是一个整体，计算时应从整体出发。例如墙身工程，开始计算时不论有无门窗洞口，先按整个墙身计算，在算到门、窗或其他相关分部时再在墙身工程中扣除这部分洞口工程量。抹灰工程和粉刷工程也可以用同样的方法来计算。如果门窗工程和粉刷工程是由不同的人来计算的话，那么最好由计算门、窗工程的人来做墙身工程量的扣除和调整。

4. 注意计算列式的规范性与完整性

计算时最好采用统一格式的工程量计算纸，书写时必须标清部位、编号，以便核对。

5. 注意计算过程中的顺序性

工程量计算时为了避免发生遗漏、重复等现象，一般可按上面所述的顺序进行计算。

6. 注意对计算结果的检查

工程量计算完毕后，计算者自己应进行粗略的检查，如指标检查(某种结构类型的工程正常每平方米耗用的实物工程量指标)、对比检查(同以往类似工程的数字进行比较)等，也可请经验比较丰富、水平比较高的造价工程师来检查。

例 4－1 某工程底层平面图、基础平面图及断面图如图 4－4 所示，门窗尺寸如下：

M－1：1200 mm×2400 mm(带纱镶木板门，单扇带亮)；M－2：900 mm×2100 mm(无纱胶合板门，单扇无亮)；C－1：1500 mm×1500 mm(铝合金双扇推拉窗，带亮、带纱，纱扇尺寸 800 mm×950 mm)；C－2：1800 mm×1500 mm(铝合金双扇推拉窗，带亮、带纱，纱扇尺寸 900 mm×950 mm)；C－3：2000 mm×1500 mm(铝合金三扇推拉窗，带亮、带纱，纱扇每扇尺寸 700 mm×950 mm，2 扇)。

要求：(1)计算“四线”“两面”；(2)计算散水工程量；(3)编制门窗统计表。

解：

(1)计算“四线”“两面”

$L_{外}=(7.80+5.30)\times2=26.20\text{m}$

$L_{中}=L_{外}-4\times\text{墙厚}=26.20-4\times0.37=24.72\ \text{m}$

$L_{内}=3.30-0.24=3.06\ \text{m}$

$L_{净垫层}=L_{内}+\text{墙厚}-\text{垫层宽}=3.06+0.37-1.50=1.93\ \text{m}$

$S_{底}=7.80\times5.30-4.00\times1.50=35.34\text{m}^2$

$S_{房}=S_{底}-L_{中}\times\text{墙厚}-L_{内}\times\text{墙厚}=35.34-24.72\times0.37-3.06\times0.24=25.46\ \text{m}^2$

(2)计算散水工程量

散水中心线长度 $L_{散水中}=L_{外}+4\times\text{散水宽}=26.20+4\times0.9=29.80\ \text{m}$

$S_{散水}=29.80\times0.9-1.2\times0.9=25.74\ \text{m}^2$

(3)编制门窗统计表

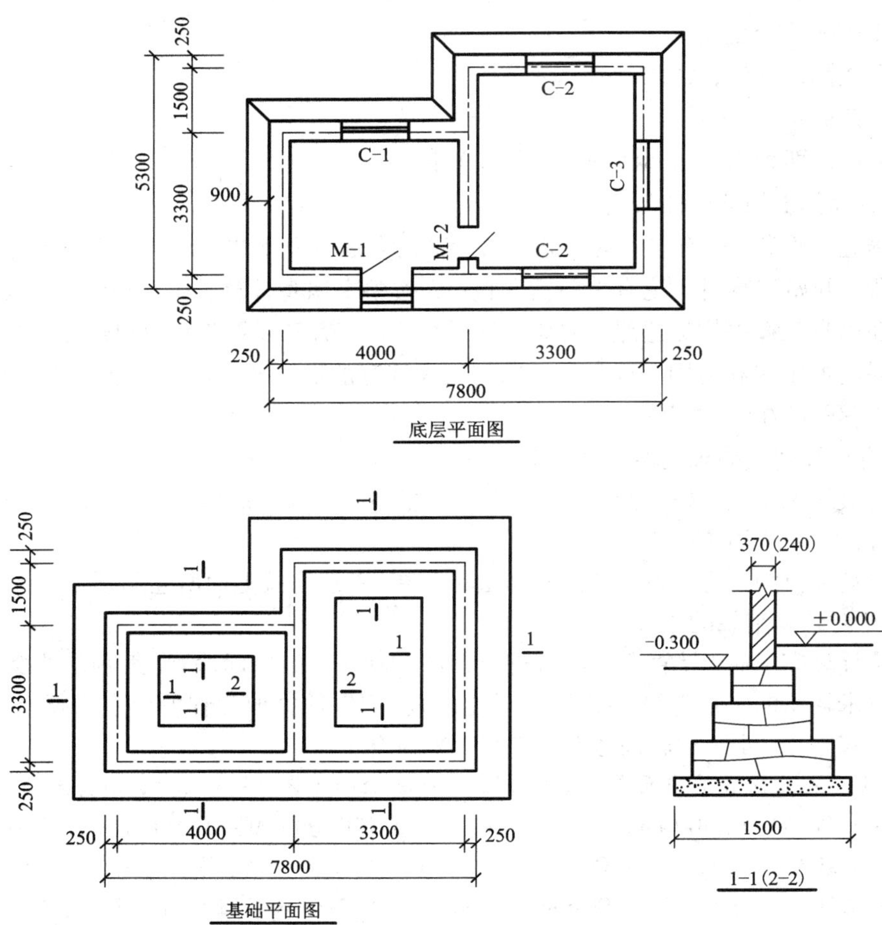

图 4－4　应用案例 4－1 附图

类别	门窗编号	洞口尺寸		数量	备注
		宽(mm)	高(mm)		
门	M－1	1200	2400	1	带纱镶木板门，单扇带亮
	M－2	900	2100	1	无纱胶合板门，单扇无亮
窗	C－1	1500	1500	1	铝合金双扇推拉窗，带亮、带纱，纱扇尺寸 800 mm×950 mm
	C－2	1800	1500	2	铝合金双扇推拉窗，带亮、带纱，纱扇尺寸 900 mm×950 mm
	C－3	2000	1500	1	铝合金三扇推拉窗，带亮、带纱，纱扇每扇尺寸 700 mm×950 mm，2 扇

【课堂教学内容总结】

1. 施工图预算的概念和作用，以及施工图预算的编制方法，特别是要掌握单价法施工图预算。

2. 工程量的概念，掌握利用三“线”一“面”来计算工程量。

3. 掌握工程量计算的统筹方法。

习 题

一、思考题

1. 单价法施工图预算的方法如何?
2. 施工图预算的作用如何?
3. 何为三“线”一“面”?
4. 计算各分项工程的工程量常用的顺序有哪些? 并具体阐述。

二、造价员考试模拟习题

选择题

1. 遵照工程量计算规则中关于计算精确度的要求，1.2359m、1.2354t、1.49个按照规定的计量单位最终确定的数值分别为(　　)。

A. 1.236、1.235、2　　B. 1.24、1.235、2

C. 1.236、1.24、1.5　　D. 1.24、1.235、1.5

2. 关于施工图预算，下列说法正确的有(　　)。

A. 施工图预算有单位工程预算、单项工程预算和建设项目总预算

B. 施工图预算是签订建设工程合同和贷款合同的依据

C. 施工图预算是编制建设项目投资计划、确定和控制建设项目投资的依据

D. 施工图预算是落实或调整年度建设计划的依据

E. 施工图预算是施工企业编制施工计划的依据

第 5 章　建筑工程建筑面积计算

【目的要求】

1. 了解建筑面积的有关概念。
2. 明确计算建筑面积的范围和不计算建筑面积的范围。
3. 掌握建筑面积的计算方法。

【重点和难点】

1. 重点：掌握建筑面积的计算规则。
2. 难点：区分建筑面积计算中按全算、一半、不算的交叉条款。

建议教学时数：4 学时。

5.1　建筑面积概念和作用

5.1.1　建筑面积概念

建筑面积(S)亦称建筑展开面积，是指建筑物各层面积之和。建筑面积包括使用面积、辅助面积和结构面积。

一、使用面积

是指建筑物各层平面布置中，可直接为生产或生活使用的净面积总和。

二、辅助面积

是指建筑物各层平面布置中为辅助生产或生活所占净面积的总和。

三、结构面积

是指建筑物各层平面布置中墙体、柱等结构所占面积的总和。

5.1.2　建筑面积的作用

建筑面积的计算在建筑工程计量和计价方面起着非常重要的作用，主要表现在以下几个方面：

(1)是确定建设规模的重要指标，是建筑房屋计算工程量的主要指标。

(2)是确定各项技术经济指标的基础。

①计算单位工程每平方米预算造价的主要依据。其计算公式：

工程单位面积造价 = 工程造价/建筑面积

②是确定容积率的主要依据。对于开发商来说，容积率决定地价成本在房屋中占的比

例；而对于住户来说，容积率直接涉及到居住的舒适度。其计算公式：

容积率 = 总建筑面积/用地面积

（3）是选择概算指标和编制概算的主要依据，也是统计部门汇总发布房屋建筑面积完成情况的基础。

5.2　建筑面积的计算

5.2.1　计算依据

根据建设部和国家质量监督总局联合发布的《建筑工程建筑面积计算规范（GB/T 50353—2013）》计算。该规范适用于新建、扩建、改建的工业与民用建筑工程建设全过程的建筑面积计算。建筑工程的建筑面积计算，除应符合本规范外，尚应符合国家现行有关标准的规定。

一直以来，《建筑面积计算规则》在建筑工程造价管理方面起着非常重要的作用，是建筑房屋计算工程量的主要指标，是计算单位工程每平方米预算造价的主要依据。是统计部门汇总发布房屋建筑面积完成情况的基础。

当前，建设部和国家质量技术监督局颁发的《房产测量规范》的房产面积计算，以及《住宅设计规范》中有关面积的计算，均依据《建筑面积计算规则》计算。考虑到《建筑面积计算规则》的重要作用，此次将修订的《建筑面积计算规则》改为《建筑工程建筑面积计算规范》。2005 年建设部以国家标准发布了《建筑工程建筑面积计算规范》（GB/T 50353—2005）。此次修订是在总结《建筑工程建筑面积计算规范》（GB/T 50353—2005）实施情况的基础上进行的，鉴于建筑发展中出现的新结构、新材料、新技术、新的施工方法，为了解决建筑技术的发展产生的面积计算问题，本着不重算、不漏算的原则，对建筑面积的计算范围和计算方法进行了修改、统一和完善。

5.2.2　术语

一、建筑面积（construction area）

建筑物（包括墙体）所形成的楼地面面积。

建筑面积包括附属于建筑物的室外阳台、雨蓬、室外走廊、室外楼梯等。

二、自然层（floor）

按楼板、地板结构分层的楼层。

三、架空层（empty space）

建筑物深基础或坡地建筑吊脚架空部位不回填土石方形成的建筑空间。

四、围护结构（envelop enclosure）

围合建筑空间四周的墙体、门、窗等。

五、建筑空间（space）

以建筑界面限定的、供人们生活和活动的场所。

具备可出入、可利用条件（设计中可能标明了使用用途，也可能没有标明使用用途不明确）的围合空间，均属于建筑空间。

六、结构净高(structure net height)

楼面或地面结构层上表面至上层结构层下表面之间的垂直距离。

七、围护设施(enclosure facilities)

为保障安全而设置的栏杆、栏板等围挡。

八、地下室(basement)

室内地平面低于室外地平面的高度超过室内净高的1/2的房间。

九、地下室(semi - basement)

室内地平面低于室外地平面的高度超过室内净高的1/3，且不超过1/2的房间。

十、架空层(stilt floor)

仅有结构支撑而无外围结构的开敞空间层。

十一、走廊(corridor)

建筑物中的水平交通空间。

十二、架空走廊(elevated corridor)

专门设置在建筑物在二层或二层以上，作为不同建筑物之间为水平交通的空间。

十三、结构层(structure layer)

整体结构体系中承重的楼板层。

特指整体结构体系中承重的楼层，包括板、梁等构件。结构层承受整个楼层的全部荷载，并对楼层的隔声、防火等起主要作用。

十四、落地橱窗(French window)

突出外墙面根基落地的橱窗。

落地橱窗是指在商业建筑临街面设置的下槛落地、可落在室外地坪也可落在室内首层地板，用来展览各种样品的玻璃窗。

十五、凸窗(飘窗)(bay window)

凸出建筑物外墙面的窗户。

凸窗(飘窗)既作为窗，就有别于楼(地)板的延伸，也就是不能把楼(地)板延伸出去的窗称为凸窗(飘窗)。凸窗(飘窗)的窗台应只是墙面的一部分且距(楼)地面应有一定的高度。

十六、檐廊(eaves gallery)

建筑物挑檐下的水平交通空间。

檐廊是附属于建筑物底层外墙有屋檐作为顶盖，其下部一般有柱或栏杆、栏板等的水平交通空间。

十七、挑廊(overhanging corridor)

挑出建筑物外墙的水平交通空间。

十八、门斗(air lock)

建筑物入口处两道门之间的空间。

十九、雨篷(canopy)

建筑物出入口上方为遮挡雨水而设置的部件。

雨蓬是批建筑物出入口上方、凸出墙面、为遮挡雨水而单独设立的建筑部件。雨蓬划分为有柱雨蓬(包括独立柱雨蓬，多柱雨蓬，柱墙混合支撑雨蓬、墙支撑雨蓬)和无柱雨蓬(悬挑雨蓬)。如凸出建筑物，且不单独设立顶盖，利用上层结构板(如楼板、阳台底板)进行遮挡，则不视为雨蓬，不计算建筑面积。对于无柱雨蓬，如顶盖高度达到或超过两个楼层时，也不视为雨蓬，不计算建筑面积。

二十、门廊(porch)

建筑物入口前有顶棚的半围合空间

门廊是在建筑物出入口，无门、三面或二面有墙，上部有板(或借用上部楼板)围护的部位。

二十一、楼梯(stairs)

由连续行走的梯级、休息平台和维护安全的栏杆(或栏板)、扶手及相应的支托结构组成的作为楼层之间垂直交通使用的建筑部件。

二十二、阳台(balcony)

附设于建筑物外墙，设有栏杆供(或栏板)，可供人活动的室外空间。

二十三、主体结构(major structure)

接受、承担和传递建设工程上所有上部荷载，维持上部结构整体性、稳定性和安全性的有机联系的构造。

二十四、变形缝(defornnation joint)

防止建筑物在某些因素作用下引起开裂甚至破坏而预留的构造缝。

变形缝是指在建筑物因温差，不均匀沉降以及地震而可能引起结构破坏变形的敏感部位或其他必要的部位，预先设缝将建筑物断开，令断开后建筑物的各部分成为单独的单元，或者是划分为简单规则的段，并令各段之间的缝达到一定的宽度，以能够适应变形的需要。根据外界破坏因素的不同，变形缝一般分为伸缩缝、沉降缝、抗震缝三种。

二十五、骑楼(overhang)

建筑底层沿街面后退且留出公共人行空间的建筑物。

骑楼是指沿街二层以上用承重柱支撑骑跨在公共人行空间之上，其底层沿街后退的建筑物。

二十六、过街楼(overhead building)

跨越道路上空并与两边建筑相连接的建筑物。

过街楼是指当有道路在建筑群穿过进为保证建筑物之间的功能联系，设置跨越道路上空使两边建筑相连接的建筑物。

二十七、建筑物通道(passage)

为穿过建筑物而设置的空间。

二十八、露台(terrace)

设置在屋面、首层地面或雨蓬上的供人室外活动的有围护设施的平台。

露台应满足四个条件：一是位置，设置在屋面、地面或雨蓬顶，二是可出入，三是有围护设施，四是无盖，这四个条件须同时满足。如果设置在首层并有围护设施的平台，且其上层为同体量阳台，则该平台应视为阳台，按阳台的规则计算建筑面积。

二十九、勒脚(plinth)

在房屋外墙接近地面部位设置的饰面保护构造。

三十、台阶(step)

联系室内外地坪或同楼层不同标高而设置的阶梯形踏步。

台阶是指建筑物出入口不同标高地面或同楼层不同标高处设置的供人行走的阶梯式连接构件。室外台阶还包括与建筑物出入口连接处的平台。

5.2.3 计算建筑面积的规定

一、计算建筑面积的规定

(1)建筑物的建筑面积应按自然层外墙结构外围水平面积之和计算。结构层高在2.20 m及以上的，应计算全面积；结构层高在2.20 m以下的，应计算1/2面积。

建筑面积的计算，在主体结构内形成建筑空间，满足计算面积结构要求的均应按本条规定计算建筑面积。主体结构外的室外阳台、雨蓬、檐廊、室外走廊、室外楼梯等按相应条款计算建筑面积。当外墙结构本身在一个层高范围不等厚时，以楼地面结构标高处的外围水平面积计算。

(2)建筑物内设有局部楼层时(图5－1)，对于局部楼层的二层及以上楼层，有围护结构的应按其围护结构外围水平面积计算，无围护结构的应按其结构底板水平面积计算，且结构层高在2.20 m及以上的，应计算全面积，结构层高在2.20 m以下的，应计算1/2面积。

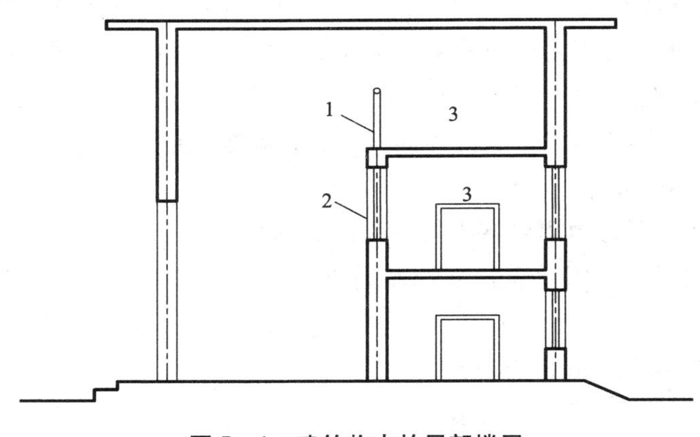

图5－1 建筑物内的局部楼层

1—围护设施；2—围护结构；3—局部楼层

例5－1 某单层建筑物内设有局部楼层，尺寸如图5－2所示，$L=9240$ mm，$B=8240$ mm，$a=3240$ mm，$b=4240$ mm，试计算该建筑物的建筑面积。

解： 建筑面积 $S=LB+ab=9.24\times8.24+3.24\times4.24=89.88\ \text{m}^2$

(3)对于形成建筑空间的坡屋顶，结构净高在2.10 m及以上的部位应计算全面积；结构净高在1.20 m及以上至2.10 m以下的部位应计算1/2面积；结构净高在1.20 m以下的部位不应计算建筑面积。

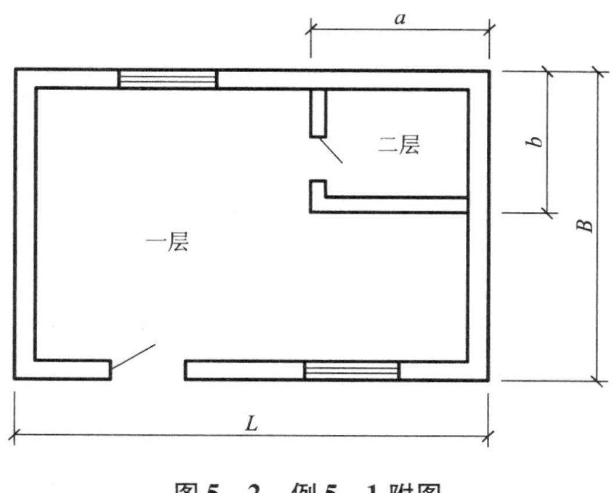

图 5－2 例 5－1 附图

例 5－2 如图 5－3，假定房屋长 $L=10$ m，则 $S=5.4\times10+2.7\times10\times0.5\times2=81\ \text{m}^2$

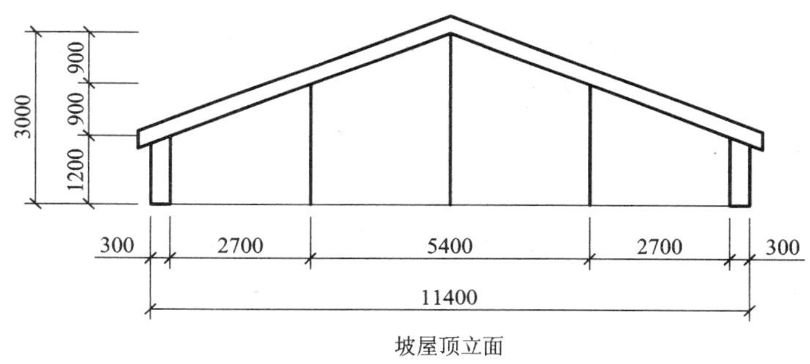

图 5－3 例 5－2 附图

(4)对于场馆看台下的建筑空间，结构净高在 2.10 m 及以上的部位应计算全面积；结构净高在 1.20 m 及以上至 2.10 m 以下的部位应计算 1/2 面积；结构净高在 1.20 m 以下的部位不应计算建筑面积。室内单独设置的有围护设施的悬挑看台，应按看台结构底板水平投影面积计算建筑面积。有顶盖无围护结构的场馆看台应按其顶盖水平投影面积的 1/2 计算面积。场馆看台下的建筑空间因其上部结构多为斜板，所以采用净高的尺寸划定建筑面积的计算范围和对应规则。

①室内单独设置的有围护设施的悬挑看台，应按看台结构底板水平投影面积计算建筑面积。室内单独设置的有围护设施的悬挑看台，因其看台上部高有顶盖且可供人使用，所以按看台板的结构底板水平投影计算建筑面积。

②顶盖无围护结构的场馆看台应按其顶盖水平投影面积的 1/2 计算面积。

③“有顶盖无围护结构的场馆看台”所称的“场馆”为专业术语，指各种“场”类建筑，如：体育场、足球场、网球场、带看台的风雨操场等。

例 5-3 如图 5-4，$S = 8 \times (5.3 + 1.6 \times 0.5) = 48.8\ m^2$

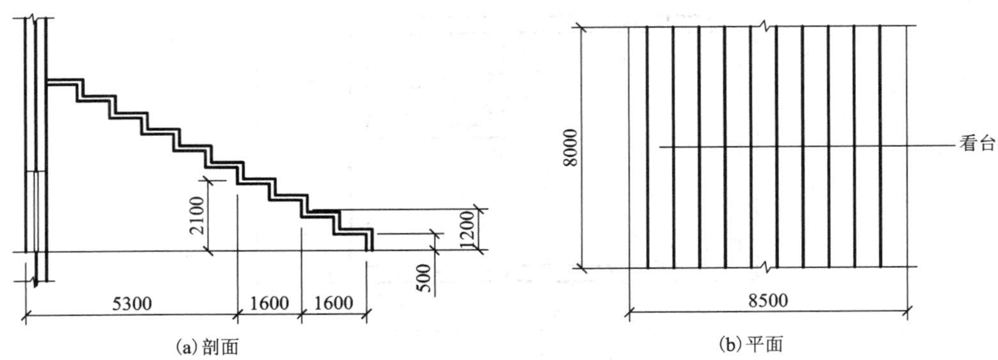

图 5-4 例 5-3 附图

(5)地下室、半地下室应按其结构外围水平面积计算。结构层高在 2.20 m 及以上的，应计算全面积；结构层高在 2.20 m 以下的，应计算 1/2 面积。

地下室作为设备、管道层按 26 条执行；地下室的各种竖向井道按本规范第 19 条执行；地下室的围护结构不垂直于水平面的按本规范按 18 条规定执行

(6)出入口外墙外侧坡道有顶盖的部位，应按其外墙结构外围水平面积的 1/2 计算面积。

出入口坡道分有顶盖出入口坡道和无顶盖出入口坡道，出入口坡道的挑出长度，为顶盖结构外边线至外墙结构外边线的长度；顶盖以设计图纸为准，对后增加及建设单位自行增加的顶盖等，不计算建筑面积。顶盖不分材料种类(如钢筋混凝土顶盖、彩钢板顶盖、阳光板顶盖等)。地下室入口见图 5-5。

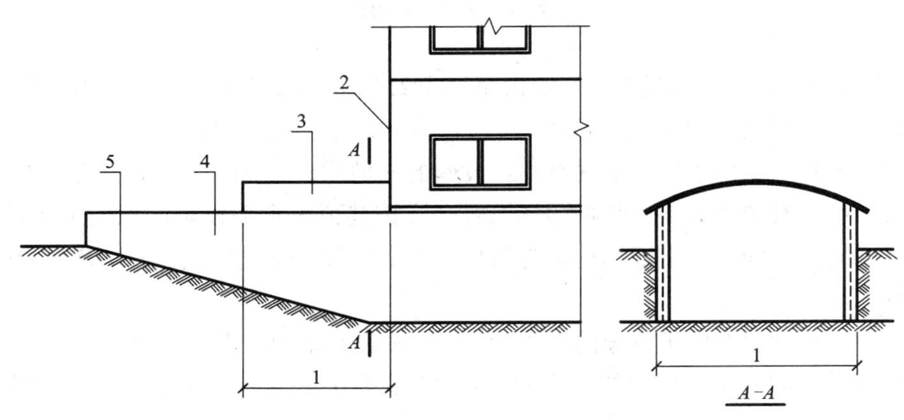

图 5-5 地下室出入口

1—计算 1/2 投影面积部位；2—主体建筑；3—出入口顶盖；4—封闭出入口侧墙；5—出入口坡道

(7)建筑物架空层及坡地建筑物吊脚架空层，应按其顶板水平投影计算建筑面积。结构层高在 2.20 m 及以上的，应计算全面积；结构层高在 2.20 m 以下的，应计算 1/2 面积。

本条既适用于建筑物吊脚架空层、深基础架空层的建筑面积计算，也适用于目前部分住宅、学校教学楼等工程在底层架空或在二楼以上某个甚至多个楼层架空，作为公共活动、停车、绿化等空间的建筑面积计算。架空层中有围护结构的建筑空间按相关规定计算。建筑物吊脚架空层见图 5－6。

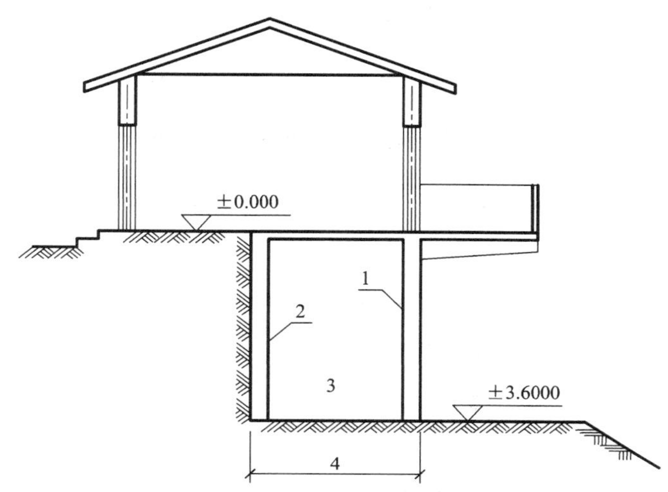

图 5－6　建筑物吊脚架空层

1—柱；2—墙；3—吊脚架空层；4—计算建筑面积部位

例 5－4　如图 5－7，$H=2.0$ m，$S=(5.44\times2.8+4.53\times1.48)\times0.5=10.97$ m^2

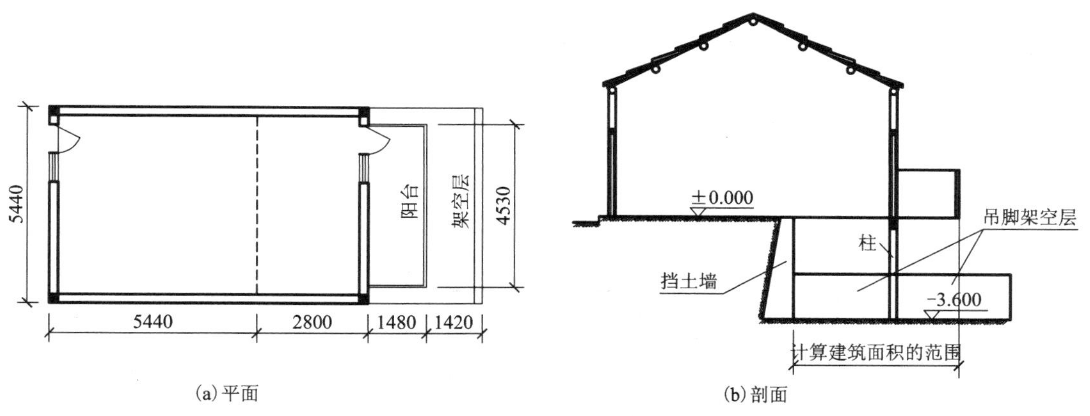

图 5－7　例 5－4 附图

(8) 建筑物的门厅、大厅应按一层计算建筑面积，门厅、大厅内设置的走廊应按走廊结构底板水平投影面积计算建筑面积。(如图 5－8) 结构层高在 2.20 m 及以上的，应计算全面积；结构层高在 2.20 m 以下的，应计算 1/2 面积。

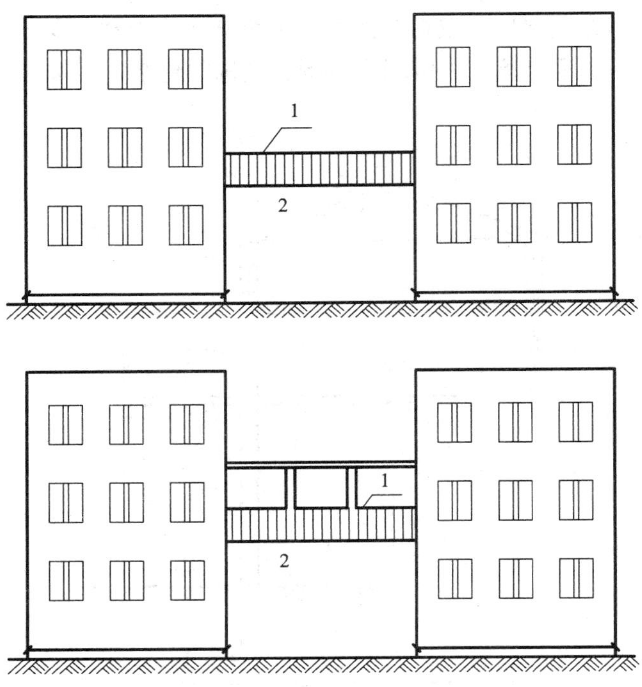

图 5-8　无围护结构的架空走廊

1—栏杆；2—架空走廊

(9)对于建筑物间的架空走廊，有顶盖和围护设施的，应按其围护结构外围水平面积计算全面积；无围护结构、有围护设施的，应按其结构底板水平投影面积计算 1/2 面积(无维护结构的架空走廊见图 5-9，有维护结构的架空走廊见图 5-10)。

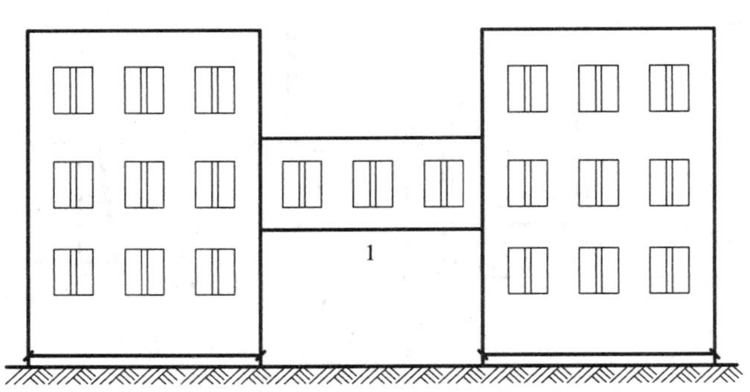

图 5-9　有围护结构的架空走廊

例 5-5　如图 5-10，墙厚 240，$S = (6 - 0.24) \times (3 + 0.24) = 18.66\ \mathrm{m}^2$

(10)对于立体书库、立体仓库、立体车库，有围护结构的，应按其围护结构外围水平面积计算建筑面积；无围护结构、有围护设施的，应按其结构底板水平投影面积计算建筑面积。无结构层的应按一层计算，有结构层的应按其结构层面积分别计算。结构层高在 2.20 m 及

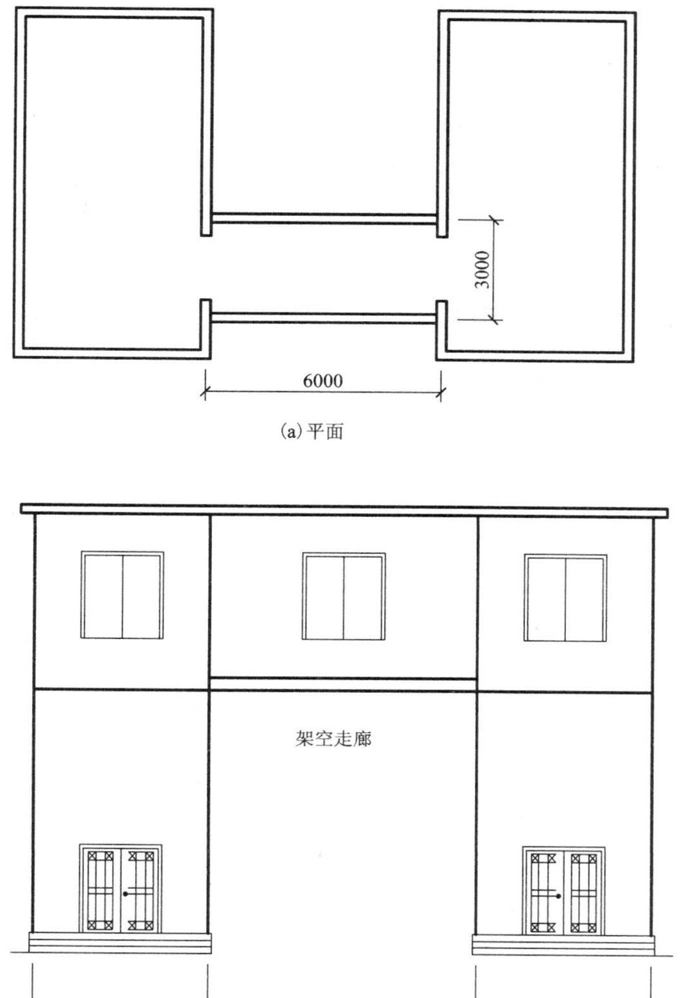

图5-10　例5-5附图

以上的，应计算全面积；结构层高在2.20 m以下的，应计算1/2面积。

本条主要规定了图书馆中立体书库、仓储中心的立体仓库、大型停车场的立体车库等建筑的建筑面积计算规定。起局部分隔、储存等作用的书架层、货架层或可升降的立体钢结构停车层均不属于结构层，故该部分分层不计算建筑面积。

例5-6　如图5-11，货台面积 $S=4.5\times1\times5\times0.5\times5=56.25\ m^2$

该建筑物总建筑面积：$12.24\times6.24+56.25=132.63\ m^2$

(11)有围护结构的舞台灯光控制室，应按其围护结构外围水平面积计算。结构层高在2.20 m及以上的，应计算全面积；结构层高在2.20 m以下的，应计算1/2面积。

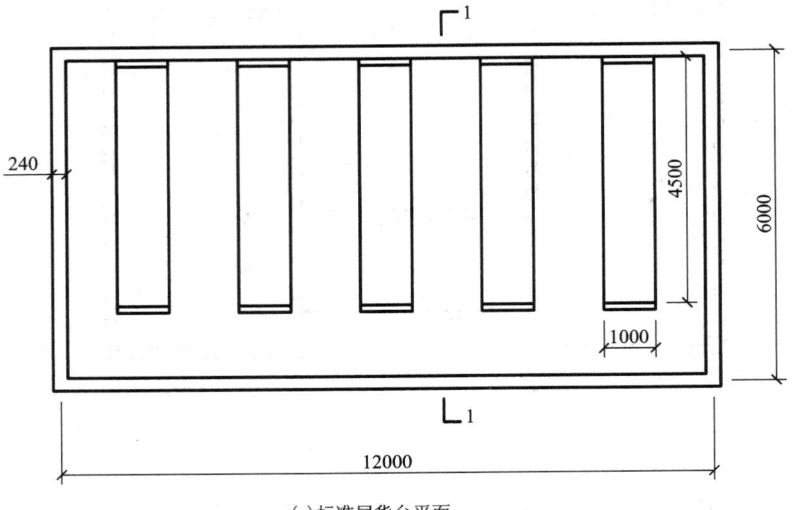

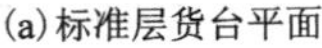
(a)标准层货台平面

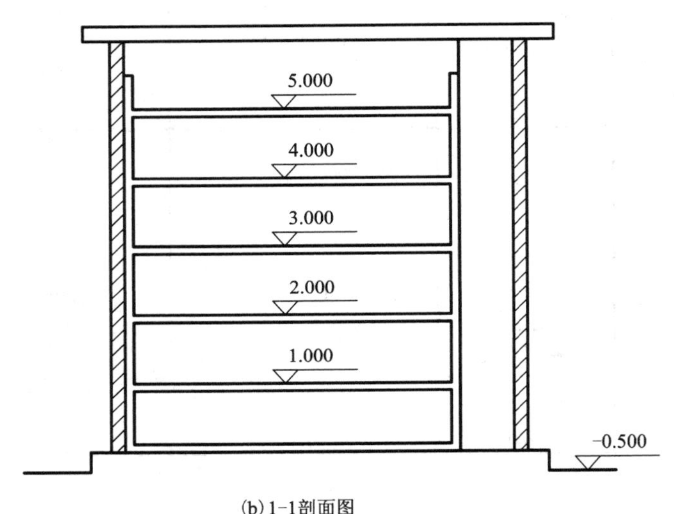

(b)1-1剖面图

图 5-11　例 5-6 附图

例 5-7　如图 5-12 所示计算舞台灯光控制室的建筑面积。

解： $F=\dfrac{\pi R^2}{2}=\dfrac{3.14\times 2^2}{2}=6.28\ \text{m}^2$

(12)附属在建筑物外墙的落地橱窗，应按其围护结构外围水平面积计算。结构层高在 2.20 m 及以上的，应计算全面积；结构层高在 2.20 m 以下的，应计算 1/2 面积。

(13)窗台与室内楼地面高差在 0.45 m 以下且结构净高在 2.10 m 及以上的凸(飘)窗，应按其围护结构外围水平面积计算 1/2 面积。

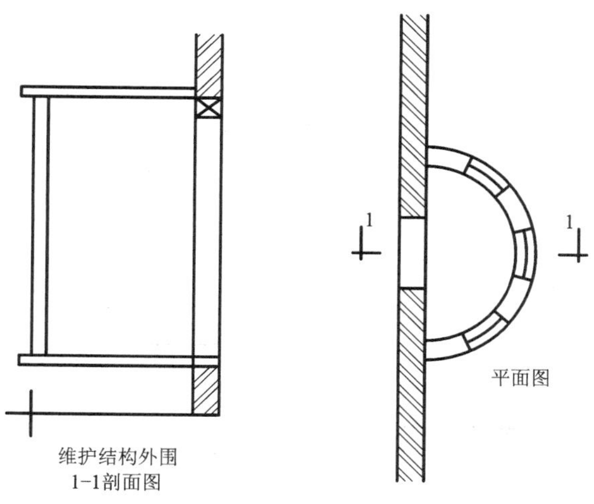

图 5 - 12　例 5 - 7 附图

(14)有围护设施的室外走廊(挑廊)，应按其结构底板水平投影面积计算 1/2 面积；有围护设施(或柱)的檐廊，应按其围护设施(或柱)外围水平面积计算 1/2 面积(檐廊见图 5 - 13)。

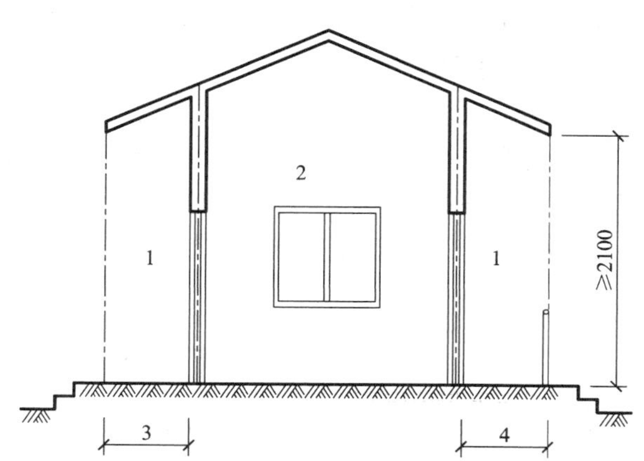

图 5 - 13　檐廊

1—檐廊；2—室内；3—不计算建筑面积部位；4—计算 1/2 建筑面积部位

(15)门斗应按其围护结构外围水平面积计算建筑面积，且结构层高在 2.20 m 及以上的，应计算全面积；结构层高在 2.20 m 以下的，应计算 1/2 面积(门斗见图 5 - 14)。

(16)门廊应按其顶板的水平投影面积的 1/2 计算建筑面积；有柱雨篷应按其结构板水平投影面积的 1/2 计算建筑面积；无柱雨篷的结构外边线至外墙结构外边线的宽度在 2.10 m 及以上的，应按雨篷结构板的水平投影面积的 1/2 计算建筑面积。无柱雨篷，其结构板不能跨层，并受出挑宽度的限制，设计出挑宽度大于或等于 2.10 m 时才计算建筑面积。出挑宽

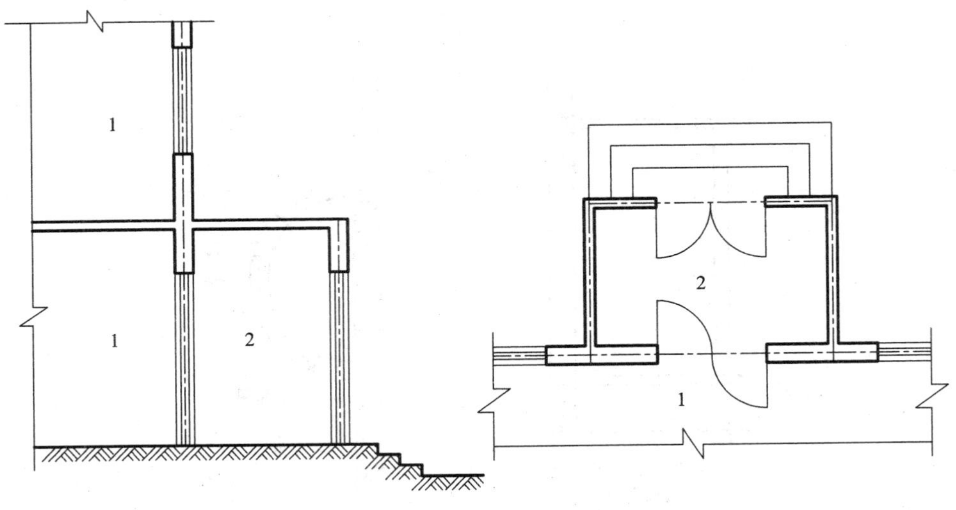

图 5 – 14　门斗

度，系指雨篷结构外边线至外墙结构外边线的宽度，弧形或异形时取最大宽度。

（17）设在建筑物顶部的、有围护结构的楼梯间、水箱间、电梯机房等，结构层高在 2.20 m 及以上的应计算全面积；结构层高在 2.20 m 以下的，应计算 1/2 面积。

（18）围护结构不垂直于水平面的楼层，应按其底板面的外墙外围水平面积计算。结构净高在 2.10 m 及以上的部位，应计算全面积；结构净高在 1.20 m 及以上至 2.10 m 以下的部位，应计算 1/2 面积；结构净高在 1.20 m 以下的部位，不应计算建筑面积。

建筑面积规范的 2005 版条文中仅对维护结构向外倾斜进行了规定，本次修订后条文对向内、向外倾斜均适用。在划分高度上，本条使用的是“结构净高”，与其他正常平楼层按层高划分不同，但与斜屋面划分原则一致。由于目前很多建筑追求新、奇、特，造型越来越复杂，很多时候无法明确区分什么是围护结构、什么是屋顶，因此对于斜维护结构与斜屋顶采用相同的计算规则，即只要外壳倾斜，就按结构净高划段，分别计算建筑面积，斜维护结构见图 5 – 15 所示。

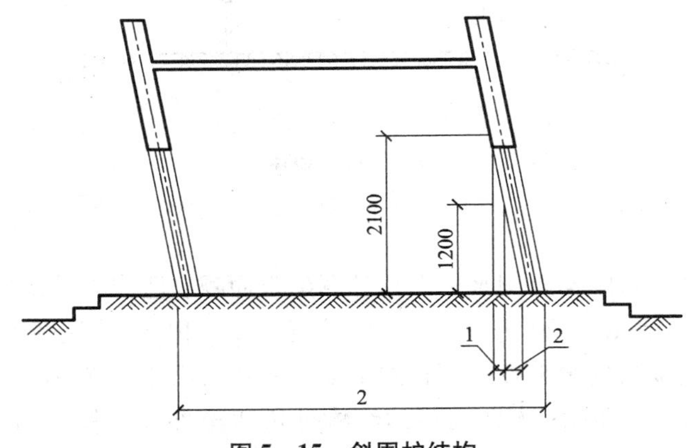

图 5 – 15　斜围护结构

1—计算 1/2 建筑面积部位；2—不计算建筑面积部位

(19) 建筑物的室内楼梯、电梯井、提物井、管道井、通风排气竖井、烟道，应并入建筑物的自然层计算建筑面积。有顶盖的采光井应按一层计算面积，且结构净高在 2. 10 m 及以上的，应计算全面积；结构净高在 2. 10 m 以下的，应计算 1/2 面积。建筑物的楼梯间层数按建筑物的层数计算。有顶盖的采光井包括建筑物中的采光井和地下室采光井，地下室采光井见图 5－16。

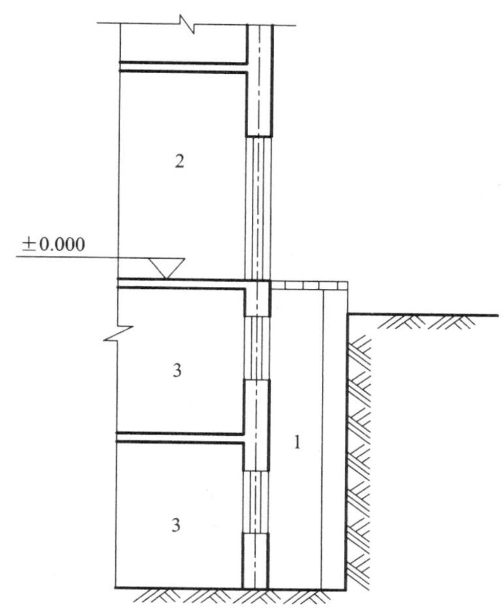

图 5－16　地下室采光井

1—采光井；2—室内；3—地下室

(20) 室外楼梯应并入所依附建筑物自然层，并应按其水平投影面积的 1/2 计算建筑面积。

(21) 在主体结构内的阳台，应按其结构外围水平面积计算全面积；在主体结构外的阳台，应按其结构底板水平投影面积计算 1/2 面积。

(22) 有顶盖无围护结构的车棚、货棚、站台、加油站、收费站等，应按其顶盖水平投影面积的 1/2 计算建筑面积。

(23) 以幕墙作为围护结构的建筑物，应按幕墙外边线计算建筑面积。

(24) 建筑物的外墙外保温层，应按其保温材料的水平截面积计算，并计入自然层建筑面积。为贯彻国家节能要求，鼓励建筑外墙采取保温措施，本规范将保温材料的厚度计入建筑面积，但计算方法较 2005 年有一定变化。建筑物外墙外侧有保温隔热层的，保温隔热层以保温材料的净厚度乘以外墙结构的外边线长度按建筑物的自然层计算建筑面积，其外墙外边线长度不扣除门窗和建筑物外的已计算建筑面积构件(如阳台、室外走廊、门斗、落地橱窗等部件)所占长度。当建筑物外已计算面积的构件有保温隔热层时，其保温隔热层也不再计算建筑面积。外墙是斜面者按楼面楼板处的外墙外边线长度乘以保温材料的净厚度计算。外墙外保温以沿高度方向满铺为准，某层外墙外保温铺设高度未达到全部高度时(不包含阳台、室外走廊、门斗、落地橱窗、雨篷、飘窗等)，不计算建筑面积。保温隔热层的建筑面积是以保温隔热材料的厚度来计算，不包含抹灰层、防潮层、保护层(墙)的厚度。建筑外墙外保温见图 5－17。

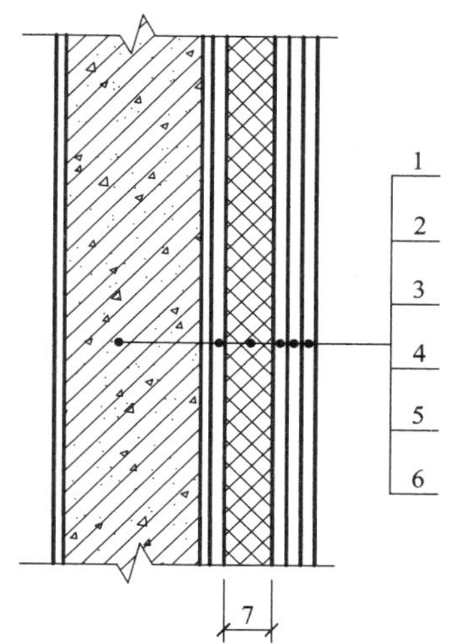

图 5－17　建筑外墙外保温

1—墙体；2—黏结胶浆；3—保温材料；4—标准网；5—加强网；6—抹面胶浆；7—计算建筑面积部位

(25) 与室内相通的变形缝，应按其自然层合并在建筑物建筑面积内计算。对于高低联跨的建筑物，当高低跨内部连通时，其变形缝应计算在低跨面积内。

例 5-8 如图 5-18，某单层工业厂房平面和剖面如图所示，该厂房总长 60.5 m，高低跨柱的中心线长分别为 15 m 和 9 m，中柱和高跨边柱断面尺寸为 400 mm×600 mm，低跨边柱断面尺寸为 400 mm×400 mm，墙厚为 370 mm，试分别计算该工业厂房高跨和低跨部分的建筑面积。

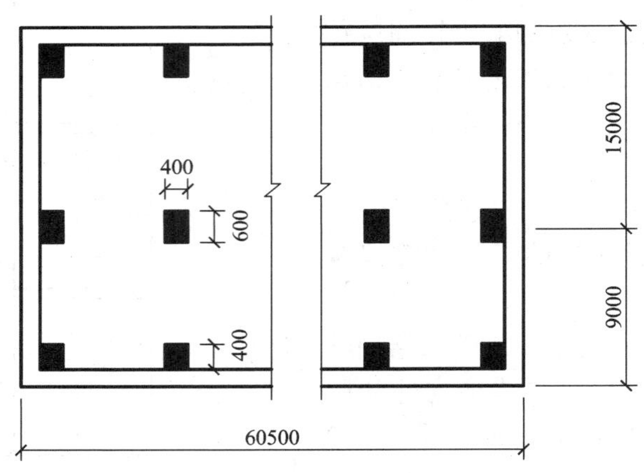

图 5-18 例 5-8 附图

解：高跨部分的建筑面积 $S=60.5\times(15+0.3+0.3+0.37)=966.19\ m^2$

低跨部分的建筑面积 $S=60.5\times(9-0.3+0.2+0.37)=560.84\ m^2$

(26)对于建筑物内的设备层、管道层、避难层等有结构层的楼层，结构层高在 2.20 m 及以上的，应计算全面积；结构层高在 2.20 m 以下的，应计算 1/2 面积。

二、下列项目不应计算建筑面积：

(1)与建筑物内不相连通的建筑部件；

(2)骑楼(图 5-19)、过街楼(图 5-20)底层的开放公共空间和建筑物通道；

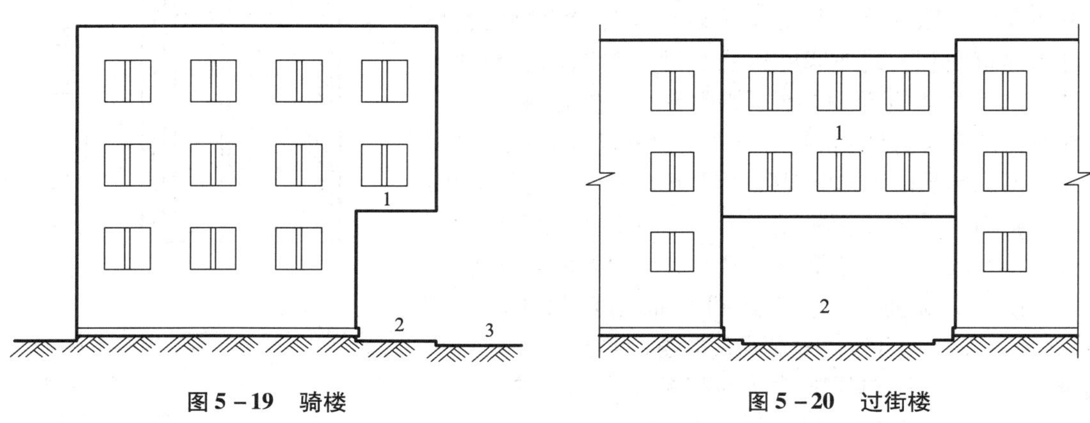

图 5-19 骑楼

1—骑楼；2—人行道；3—街道

图 5-20 过街楼

1—过街楼；2—建筑物通道

(3)舞台及后台悬挂幕布和布景的天桥、挑台等；指的是影剧院的舞台及为舞台服务的可供上人维修、悬挂幕布、布置灯光及布景等搭设的天桥和挑台等构件设施；

（4）露台、露天游泳池、花架、屋顶的水箱及装饰性结构构件；

（5）建筑物内的操作平台、上料平台、安装箱和罐体的平台；建筑物内不构成结构层的操作平台、上料平台（包括工业厂房、搅拌站和料仓等建筑中的设备操作控制平台、上料平台等），其主要作用为室内构筑物或设备服务的独立上人设施，因此不计算建筑面积。

（6）勒脚、附墙柱、垛、台阶、墙面抹灰、装饰面、镶贴块料面层、装饰性幕墙，主体结构外的空调室外机搁板（箱）、构件、配件，挑出宽度在 2.10 m 以下的无柱雨篷和顶盖高度达到或超过两个楼层的无柱雨篷；

（7）窗台与室内地面高差在 0.45 m 以下且结构净高在 2.10 m 以下的凸（飘）窗，窗台与室内地面高差在 0.45 m 及以上的凸（飘）窗；

（8）室外爬梯、室外专用消防钢楼梯；室外钢楼梯需要区分具体用途，如专用于消防楼梯，则不计算建筑面积，如果是建筑物唯一通道、兼用于消防，则需要按规范 20 条计算建筑面积。

（9）无围护结构的观光电梯；

（10）建筑物以外的地下人防通道，独立的烟囱、烟道、地沟、油（水）罐、气柜、水塔、贮油（水）池、贮仓、栈桥等构筑物。

【课堂教学内容总结】

通过本章学习要掌握计算建筑面积的范围和不应计算建筑面积的范围；特别是：
①不同结构形式建筑面积的计算方法；
②计算全面积、1/2 面积层高界线的划分；
③不应计算建筑面积的范围建筑面积的概念和作用。

习　题

一、思考题

1. 什么叫建筑面积？建筑面积有何作用？
2. 骑楼和过街楼有何不同？
3. 多层建筑物的建筑面积应该怎样计算？
4. 变形缝的建筑面积怎样计算？
5. 阳台的建筑面积怎样计算？
6. 楼梯的建筑面积怎样计算？
7. 利用坡屋顶和场馆看台下的空间时，应如何计算建筑面积？

二、造价员考试模拟习题

（一）单项选择题

1. 一般住宅层高 3 米，某住宅只一层，但高达 9 米，其建筑面积应按（　　）层计算。

A. 1　　B. 1.5

C. 3　　D. 视不同情况而定

2. 下列项目应计算建筑面积的是(　　)

A. 地下室的采光井　　B. 室外台阶

C. 建筑物内的操作平台　　D. 穿过建筑物的通道

3. 一六层住宅，勒脚以上结构的外围水平面积，每层为600 m^2，六层结构外围的挑阳台的水平投影面积之和为200 m^2，则该工程的建筑面积为(　　)m^2。

A. 700　　B. 3700

C. 3800　　D. 3600

4. 关于建筑面积计算表述正确的是(　　)。

A. 不作使用的深基础地下架空层，按围护结构外围水平面积计算

B. 用于疏散的室外楼梯按自然层投影面积之和计算

C. 室外条石台阶按投影面积计算

D. 建筑物外有围护结构且宽度大于1.5 m的走廊按外围水平面积的一半计算

5. 建筑物外有顶盖的无柱走廊(外挑宽度1.60 m)的建筑面积应按(　　)计算。

A. 顶盖水平投影面积　　B. 顶盖水平投影面积的一半

C. 围护结构外围面积　　D. 走廊中心线长乘以宽度

6. 下列描述错误的是：(　　)

A. 对于立体书库、立体仓库、立体车库，有围护结构的，应按其围护结构外围水平面积计算建筑面积；

B. 出入口外墙外侧坡道有顶盖的部位，应按其外墙结构外围水平面积的1/2计算面积。

C. 对于形成建筑空间的坡屋顶，层高在2.10 m及以上的部位应计算全面积；

D. 外墙是斜面者按楼面楼板处的外墙外边线长度乘以保温材料的净厚度计算。

7. 某五层厂房工程设有一室外无顶盖楼梯，其水平投影尺寸为9000 mm×3600 mm，则该室外楼梯的建筑面积为(　　) m^2。

A. 64.8　　B. 129.6

C. 81　　D. 162

8. 建筑面积计算规范中将层高(　　)作为全计或半计面积的划分界限，这一划分界限贯穿于整个建筑面积计算规范之中。

A. 1.2 m　　B. 2.1 m

C. 2.2 m　　D. 2.3 m

9. 屋面上部有围护结构的水箱间(　　)计算建筑面积。

A. 按围护结构外围水平面积一半　　B. 按围护结构外围水平面积

C. 层高2.20 m及以上按全面积计算　　D. 层高2.20 m以下不算面积

10. 某宾馆工程入口处的大厅高三层，在二、三层分别设有层高3.9 m的回廊。已知该回廊结构底板水平面积为80 m^2，则该工程回廊建筑面积是(　　) m^2。

A. 0　　B. 80

C. 160　　D. 240

(二)案例题

1. 如图5－21，某五层建筑物的各层建筑面积一样，底层外墙尺寸如图所示，墙厚均为240 mm，试计算建筑面积。(轴线坐中)

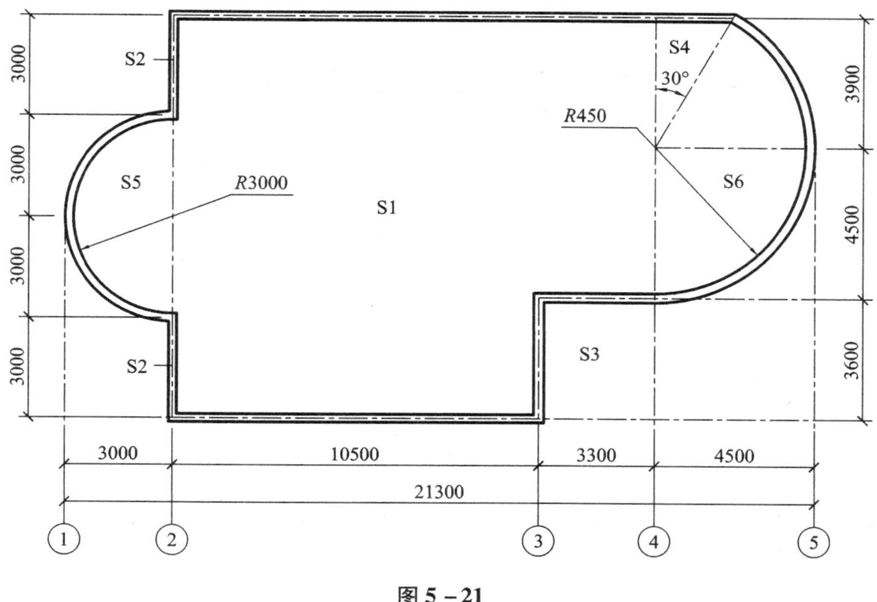

图5-21

2. 如图5-22，某多层住宅变形缝宽度为0.20 m，阳台水平投影尺寸为1.80 m×3.60 m（共18个），雨蓬水平投影尺寸为2.60 m×4.00 m，坡屋面阁楼室内净高最高点为3.65 m，坡屋面坡度为1∶2；平屋面女儿墙顶面标高为11.60 m。请计算该住宅的建筑面积。

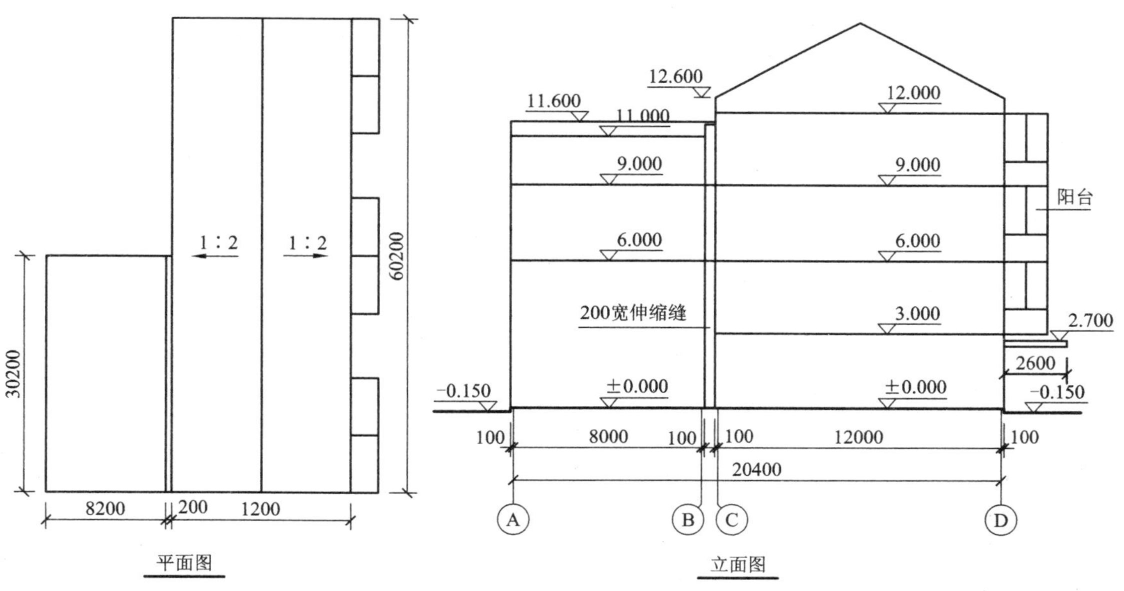

图5-22

第6章　建筑工程定额计量与计价

【目的要求】

1. 了解《江苏省建筑与装饰工程计价定额》(2014年)。
2. 熟练掌握平整场地、挖一般土方、挖沟槽土方、挖基坑土方的适用范围和计算规则。
3. 熟悉地基处理与边坡支护工程量的计算及定额套项。
4. 掌握桩基工程量的计算与定额套用。
5. 掌握砌筑工程量的计算和适用范围。
6. 掌握钢筋和混凝土工程工程量的计算及定额套项。
7. 熟悉钢结构工程工程量的计算及定额套项。
8. 熟悉构件运输及安装工程工程量计算。
9. 熟悉木结构工程工程量计算及定额套项。
10. 掌握屋面及防水工程工程量计算及定额套项。
11. 熟悉保温、隔热、防腐工程工程量计算及定额套用。
12. 熟悉厂区道路及排水工程工程量计算及定额套用。
13. 掌握措施项目的计算及定额套用。
14. 掌握定额套用及换算。

【重点和难点】

1. 重点：

(1)土石方工程量的计算规则、人工土石方工程量的计算规则及机械土石方工程量的计算规则；(2)桩基工程量计算；(3)砌筑工程量计算；(4)钢筋及混凝土工程工程量计算；(5)屋面及防水工程量计算；(6)措施项目工程量计算。

2. 难点：

(1)土石方工程量的计算；(2)桩基工程量计算；(3)砌筑工程量计算；(4)钢筋及混凝土工程工程量计算；(5)屋面及防水工程量计算；(6)措施项目工程量计算

(7)各项目的定额套用与换算。

教学时数：24学时。

6.1 《江苏省建筑与装饰工程计价定额》(2014)简介

6.1.1 编制依据与作用

《江苏省建筑与装饰工程计价定额》(2014)(以下简称《2014 江苏省定额》)。适用于江苏省行政区域范围内一般工业与民用建筑的新建、扩建、改建工程及单独装饰工程。国有资金投资的建筑与装饰工程应执行本定额;非国有资金投资的建筑与装饰工程可参照使用本定额;当工程施工合同约定按本计价表规定计价时,应遵守本定额的相关规定。

一、编制依据

(1)《江苏省建筑与装饰工程计价表》(2004);

(2)《全国统一建筑工程基础定额》(GJD-101—1995);

(3)《全国统一建筑装饰装修工程消耗量定额》(GYD-901—2002);

(4)《建设工程劳动定额建筑工程》(LD/T72.1~11—2008);

(5)《建设工程劳动定额装饰工程》(LD/T73.1~4—2008);

(6)《全国统一建筑安装工程工期定额》(2000);

(7)《全国统一施工机械台班费用编制规则》(2001);

(8)南京市 2013 年下半年建筑工程材料指导价格。

二、定额的作用:

(1)编制工程招标控制价(最高投标限价)的依据;

(2)编制工程标底、结算审核的指导;

(3)工程投标报价、企业内部核算、制定企业定额的参考;

(4)编制建筑工程概算定额的依据;

(5)建设行政主管部门调解工程价款争议、合理确定工程造价的依据。

6.1.2 定额使用的有关规定

一、综合单价

综合单价由人工费、材料费、机械费、管理费、利润等五项费用组成。一般建筑工程、打桩工程的管理费与利润,已按照三类工程标准计入综合单价内;一、二类工程和单独发包的专业工程应根据《江苏省建设工程费用定额》规定,对管理费和利润进行调整后计入综合单价内。定额项目中带括号的材料价格供选用,不包含在综合单价内。部分定额项目在引用了其他项目综合单价时,引用的项目综合单价列入材料费一栏,但其五项费用数据在项目汇总时已作拆解分析,使用中应予注意。

二、檐高

是指设计室外地面至檐口的高度。檐口高度按以下情况确定:

(1)坡(瓦)屋面按檐墙中心线处屋面板面或椽子上表面的高度计算。

(2)平屋面以檐墙中心线处平屋面的板面高度计算。

(3)屋面女儿墙、电梯间、楼梯间、水箱等高度不计入。

三、定额人工工资

分别按一类工 85.00 元/工日、二类工 82.00 元/工日、三类工 77.00 元/工日计算。每工日按八小时工作制计算。工日中包括基本用工、材料场内运输用工、部分项目的材料加工及人工幅度差。

四、材料消耗量及有关规定

1. 本定额中材料预算价格的组成：

材料预算价格 = [采购原价(包括供销部门手续费和包装费) + 场外运输费]
×1.02(采购保管费)

2. 本定额项目中的主要材料、成品、半成品均按合格的品种、规格加附录中的操作损耗以数量列入定额，次要材料以“其他材料费”按“元”列入。

3. 周转性材料已按“规范”及“操作规程”的要求以摊销量列入相应项目。

4. 使用现场集中搅拌混凝土时综合单价应调整。本定额按 C25 以下的混凝土以 32.5 级复合硅酸盐水泥、C25 以上的混凝土以 42.5 级硅酸盐水泥、砌筑砂浆与抹灰砂浆以 32.5 级硅酸盐水泥的配合比列入综合单价；混凝土实际使用水泥级别与定额取定不符，竣工结算时以实际使用的水泥级别按配合比的规定进行调整；砌筑、抹灰砂浆使用水泥级别与计价表取定不符，水泥用量不调整，价差应调整。本定额各章项目综合单价取定的混凝土、砂浆强度等级，设计与定额不符时可以调整。

5. 本定额中，砂浆按现拌砂浆考虑。如使用预拌砂浆，按定额中相应现拌砂浆定额子目进行套用和换算，并按以下办法对人工工日、材料、机械台班进行调整。

(1)使用湿拌砂浆：扣除人工 0.45 工日/m^3(指砂浆用量)；将现拌砂浆换算成湿拌砂浆；扣除相应定额子目中的灰浆拌和机台班。

(2)使用散装干拌(混)砂浆：扣除人工 0.3 工日/m^3(指砂浆用量)；干拌(混)砂浆和水的配合比可按砂浆生产企业使用说明的要求计算，编制预算时，应将每立方米现拌砂浆换算成干拌(混)砂浆 1.75 t 及水 0.29 t；扣除相应定额子目中的灰浆拌和机台班，另增加电 2.15 kW·h/m^3(指砂浆用量)，该电费计入其他机械费中。

(3)使用袋装干拌(混)砂浆：扣除人工 0.2 工日/m^3(指砂浆用量)；干拌(混)砂浆和水的配合比可按砂浆生产企业使用说明的要求计算，编制预算时，应将每立方米现拌砂浆换算成干拌(混)砂浆 1.75 t 及水 0.29 t；

6. 本定额项目中的黏土材料，如就地取土者，应扣除黏土价格，另增挖、运土方人工费用。

7. 现浇、预制砼构件内的预埋铁件，应另列预埋铁件制作、安装等项目进行计算。

8. 本定额中，凡注明规格的木材及周转木材单价中，均已包括方板材改制成定额规格木材或周转木材的加工费。方板材改制成定额规格木材或周转木材的出材率按 91% 计算(所购置方板材 = 定额用量 ×1.0989)，圆木改制成方板材的出材率及加工费另行计算。

9. 本定额项目中的综合单价、附录中的材料预算价格仅反映编制期的市场价格水平；编制工程概算、预算、结算时，按工程实际发生的预算价格计入综合单价中。

10. 建设单位供应的材料，建设单位完成了采购和运输并将材料运至施工工地仓库交施工单位保管的，施工单位退价时应以实际发生的材料预算价格除以 1.01 退给建设单位(1% 作为施工单位的现场保管费)；凡甲供木材中板材(25 mm 厚以内)到现场退价时，按定额分析用量和每立方米预算价格除以 1.01 再减 105 元后的单价退给甲方。

五、定额的垂直运输机械费已包含了单位工程在经江苏省调整后的国家定额工期内完成全部工程项目所需要的垂直运输机械台班费用。

六、定额的机械台班单价是按《江苏省施工机械台班 2007 年单价表》取定；其中人工工资单价为 82.00 元/工日；汽油 10.62 元/kg；柴油 9.03 元/kg；煤 1.1 元/t；电 0.89 元/kW·h；水 4.70 元/m^3。

七、定额中，除脚手架、垂直运输费用定额已注明其适用高度外，其余章节均按檐口高度在 20 m 以内编制的。超过 20 m 时，建筑工程另按建筑物超高增加费用定额计算超高增加费，单独装饰工程则另外计取超高人工降效费。

八、定额中的塔吊、施工电梯基础、塔吊电梯与建筑物连接件项目，供编制施工图预算、最高投标限价（招标控制价）、标底使用，投标报价、竣工结算时应根据施工方案进行调整。

九、为方便发承包双方的工程量计量，本定额在附录一中列出了混凝土构件的模板、钢筋含量表，供参考使用。按设计图纸计算模板接触面积或使用混凝土含模量折算模板面积，同一工程两种方法仅能使用其中一种，不得混用。竣工结算时，使用含模量者，模板面积不得调整；使用含钢量者，钢筋应按设计图纸计算的重量进行调整。

十、钢材理论重量与实际重量不符时，钢材数量可以调整；调整系数由施工单位提出资料与建设单位、设计单位共同研究确定。

十一、同时使用二个或二个以上系数时，采用连乘方法计算。

6.2　建筑工程计量与计价

6.2.1　土石方工程

一、定额说明

1. 土壤及岩石的划分

按《建设工程工程量清单计价规范》（GB 50500—2013）（以下简称 2013 清单计价规范）中的新分类表（表 6 – 1），土壤及岩石的划分 按土壤的名称、天然湿度下平均容重、极限压碎强度、开挖方法及紧固系数等，将土壤分为一类土、二类土、三类土和四类土，将岩石分为极软岩、软岩、较软岩、硬质岩。（注：土壤的鉴别常采用工具鉴别方法，在城市市区和市郊区一般采用三类土。）

表 6 – 1　土壤分类表

土壤分类	土壤名称	开挖方法
一、二类土壤	粉土、砂土（粉砂、细砂、中砂、粗砂、砾砂）、粉质粘土、弱中盐渍土、软土（淤泥质土、泥炭、泥炭质土）、软塑红粘土、冲填土	用锹、少许用镐、条锄开挖。机械能全部直接铲挖满载者
三类土	粘土、碎石土（圆砾、角砾）混合土、可塑红粘土、硬塑红粘土、强盐渍土、素填土、压实填土	主要用镐、条锄、少许用锹开挖。机械需部分刨松方能铲挖满载者或可直接铲挖但不能满载者
四类土	碎石土（卵石、碎石、漂石、块石）、坚硬红粘土、超盐渍土、杂填土	全部用镐、条锄挖掘、少许用撬棍挖掘。机械须普遍刨松方能铲挖满载者

注：本表土的名称及其含义按国家标准《岩土工程勘察规范》（GB 50021—2001）（2009 年版）定义。

2. 土石方体积折算(表 6－2)

表 6－2　土石方体积折算系数表

天然密实度体积	虚方体积	夯实后体积	松填体积
0.77	1.00	0.67	0.83
1. 00	1.30	0.87	1. 08
1.15	1.50	1. 00	1.25
0.92	1.20	0.80	1. 00

注：①虚方指未经碾压、堆积时间≤1 年的土壤。②本表按《全国统一建筑工程预算工程量计算规则》(GJDGZ－101—1995)整理。③设计密实度超过规定的，填方体积按工程设计要求执行；无设计要求按各省、自治区、直辖市或行业建设行政主管部门规定的系数执行。

3. 干土与湿土的划分

干土与湿土的划分，以地质勘测资料为准；如无资料时以地下常水位为准，常水位以上为干土，常水位以下为湿土。采用人工降低地下水位时，干、湿土的划分仍以地下常水位为准。

4. 挖土深度

应按自然地面测量标高至设计地坪标高的平均厚度确定。竖向土方、山坡切土开挖深度应按基础垫层底表面标高至交付施工现场地标高确定，无交付施工场地标高时，应按自然地面标高确定。一般计算基础土石方开挖深度，自设计室外地坪计算至基础底面，有垫层时计算至垫层底面(如遇爆破岩石，其深度应包括岩石的允许超挖深度)。如图 6－1 所示，H 即为土方开挖深度。

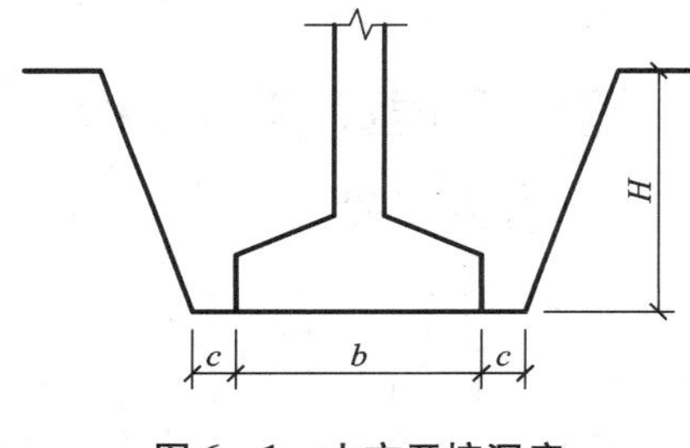

图 6－1　土方开挖深度

5. 平整场地与一般土方的区分

(1)建筑物场地厚度≤ ±300 mm 的挖、填、运、找平，应按平整场地列项。

平整场地计算规则进一步解释：2013 清单计价规范的规则是按建筑物首层建筑面积计算，但从施工考虑，平整场地是与建筑物占地面积相关的，故表述为：按建筑物外墙外边线每边各加 2 m，以平方米计算。需说明的是建筑物外墙外边线是指：从建筑物地上部分、地下室部分整体考虑，以垂直投影最外边的外墙边线为准，即：当地上首层外墙在外时，以地上首层外墙外边线为准；当地下室外墙在外时，以地下室外墙外边线为准；当局部地上首层外墙在外、局部地下室外墙在外时(外墙外边线有交叉)，则以最外边的外墙外边线为准。

(2)厚度 > ±300 mm 的竖向布置挖土或山坡切土应按本表中挖一般土方项目列项。

6. 概念界定

根据 2013 清单计价规范，重新界定沟槽、基坑、一般土方等概念的定义：

(1)沟槽：底宽≤7 m 且底长 >3 倍底宽的为沟槽；套用定额时，根据底宽不同，分别按底宽 3 至 7 米间、3 米以内套用对应定额子目；

(2)基坑：底长≤3 倍底宽，且底面积≤150 m^2的为基坑；套用定额时，根据底面积不同，分别按底面积 20 m 至 150 m^2、20 m^2 以内套用对应定额子目；

(3)一般挖土石方：超出上述范围(底宽 7 米以上、底面积 150 m^2 以上)的为一般土方，一般土方不分挖土深度。

7. 工作面与放坡

工作面与放坡按 2013 清单计价规范执行挖沟槽、基坑、一般土方因工作面和放坡增加的工程量(管沟工作面增加的工程量)，并入各土方工程量中(表 6－3、表 6－4、表 6－5)。

表 6－3　放坡系数表

土类别	放坡起点/m	人工挖土	机械挖土		
			在坑内作业	在坑上作业	顺沟槽在坑上作业
二类土	1.20	1∶0.5	1∶0.33	1∶0.75	1∶0.5
三类土	1.50	1∶0.33	1∶0.25	1∶0.67	1∶0.33
四类土	2. 00	1∶0.25	1∶0.10	1∶0.33	1∶0.25

注：①沟槽、基坑中土类别不同时，分别按其放坡起点、放坡系数、依不同土类别厚度加权平均计算。②计算放坡时，在交接处的重复工程量不予扣除，原槽、坑作基础垫层时，放坡自垫层上表面开始计算。

表 6－4　基础施工所需工作面宽度计算表

基础材料	每边各增加工作面宽度(mm)
砖基础	200
浆砌毛石、条石基础	150
混凝土基础垫层支模板	300
混凝土基础支模板	300
基础垂直面做防水层	1000(防水层面)

注：本表按《全国统一建筑工程预算工程量计算规则》GJDGZ－101－95 整理。

表 6－5　管沟施工每侧所需工作面宽度计算表

管道结构款/mm 管沟材料	≤500	≤1000	≤2500	＞2500
混凝土及钢筋混凝土管道/mm	400	500	600	700
其他材质管道/mm	300	400	500	600

注：①本表按《全国统一建筑工程预算工程量计算规则》GJDGZ－101－95 整理。②管道结构宽：有管座的按基础外缘，无管座的按管道外径。

8. 管沟土方计算时不扣除各类井的长度，井的土方并入；管沟施工两侧所需工作面设计未规定时，按定额表中的数据计算。其中管道结构宽规定：有管座的按基础外缘，无管座的按管道外径计算。

9. 定额套用应注意的问题

(1)按不同的土壤类别、挖土深度、干湿土分别计算、分别套用定额。

(2)在同一槽、坑内或沟内有干、湿土时应分别计算，但使用定额时，按槽、坑或沟的全深计算。

(3)人工挖土方的定额套用。

工程量按全部深度计算，水平运输应另行计算。即：工程量不变，子目叠加。

以“3 m＜底、宽 7 m 的沟槽挖土或 20 m^3 ＜底、面积≤150 m^3的基坑人工挖土”的套用为例：

当挖深≤1.5 m 时，直接套用 1－5～1－12(区分土的类别和干湿)；

当 1.5 m＜挖深≤6 m 时，1－5～1－12＋1－13～1－17(区分土的类别和干湿土)；

当挖深＞6 m 时，1－5～1－12＋1－13～1－17＋1－18×系数(区分土的类别和干湿土)。

二、土(石)方工程的定额工程量计算

1. 平整场地

1)基本概念

平整场地项目是指建筑物场地厚度在±300 mm 以内的挖、填、运、找平以及有招投标人指定距离内的土方运输。

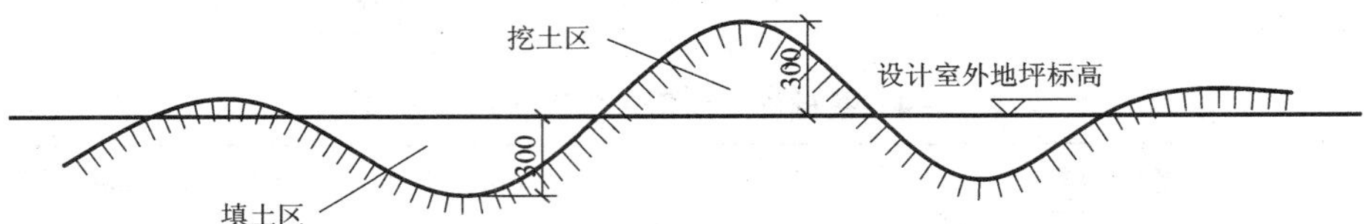

图 6－2　平整场地与挖土方、填土方之间的关系示意图

2)工程内容

平整场地的工程内容包括：土方挖填、场地找平、土方运输。

3)计算规则

平整场地是按面积计算，平整场地工程量按建筑物外墙外边线每边各加 2 m，以平方米计算：$S=(a+4)\times(b+4)=S_{底}+2L_{外}+16$，$a$、$b$ 分别是外墙外边线，$S_{底}$是底层建筑面积。

例 6－1　某建筑物平面图、1－1 剖面图如图 6－3 所示，墙厚为 240 mm，试计算人工场地平整工程量及确定综合单价。

解：1. 计算 $S_{底}$、$L_{外}$

$$S_{底}=(3.3\times3+0.24)\times(5.4+0.24)-3.3\times0.6=55.21\ m^2$$

$$L_{外}=(3.3\times3+0.24+5.4+0.24)\times2=31.56\ m$$

2. 计算场地平整工程量 S

$$S=S_{底}+L_{外}\times2+16=55.21+31.56\times2+16=134.33\ m^2$$

3. 套定额 1－98，综合单价＝60.13 元/10 m^2

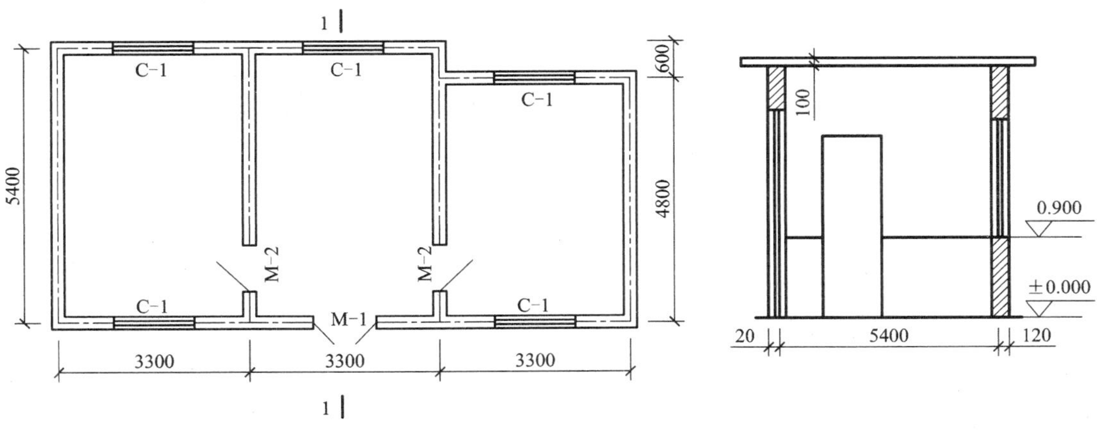

图 6－3　（例 6－1 附图）

2. 挖一般土方

1）适用范围

挖一般土方是指室外地坪标高 300 mm 以上竖向布置的挖土或山坡切土，包括由招标人指定运距的土方运输项目。

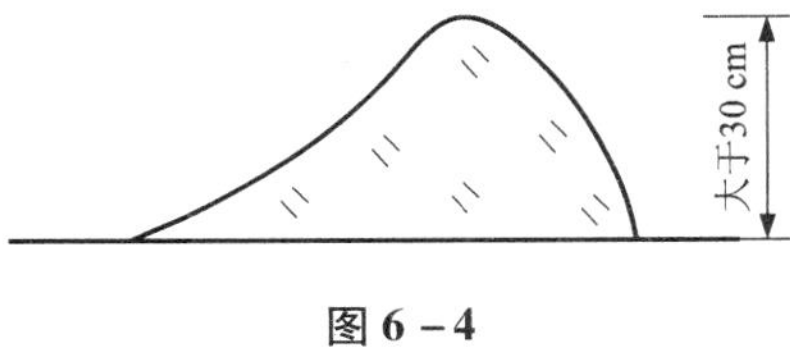

图 6－4

厚度 > ±300 mm 的竖向布置挖土或山坡切土应按挖一般土方项目列项（如图 6－4 所示）。

沟槽、基坑、一般土方的划分为：底宽≤7 m，底长 >3 倍底宽为沟槽；底长≤3 倍底宽、底面积≤150 m^2 为基坑。

超出上述范围则为一般土方。

2）计算规定

挖沟槽。

外墙沟槽，按外墙中心线长度（即 $L_{中}$）计算；内墙沟槽，按图示基础（含垫层）底面之间净长度（$L_{净基础}$ 或 $L_{净垫层}$）计算（不考虑工作面和超挖宽度）；外、内墙突出部分的沟槽体积，按突出部分的中心线长度并入相应部位工程量内计算。

$$V=(a+2c+kH)\times H\times L$$

挖沟槽工程量（如图 6－5 所示），

假定在垫层上表面放坡，垫层厚度为 h），则（下图 6－5）：

$$V=[(a+2c)\times h+(a+2c+kH)H]\times L$$

式中：L——外墙为中心线长度（即 $L_{中}$）；内墙为基础（或垫层）底面之间的净长度（即 $L_{净基础}$ 或 $L_{净垫层}$）（m）（图 6－6 所示）

3）支挡土板的沟槽（图 6－7 所示）

$$S=(b+2c+0.1\times 2)\times h$$

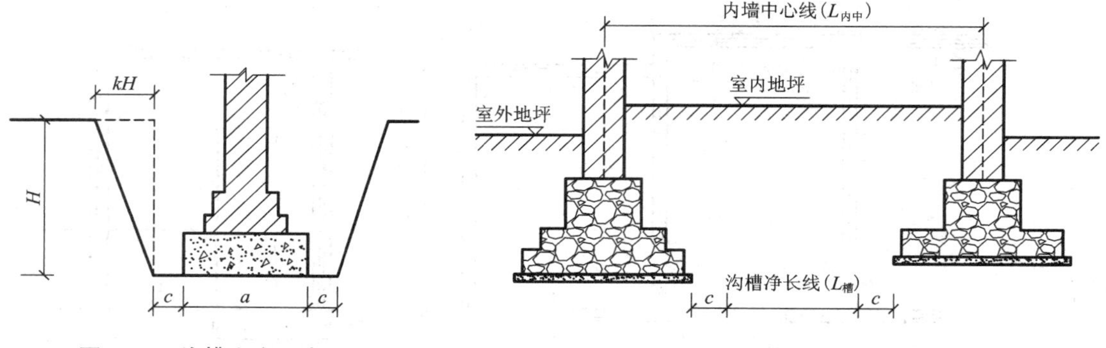

图6-5　沟槽土方示意图　　　　图6-6　沟槽净长线示意图

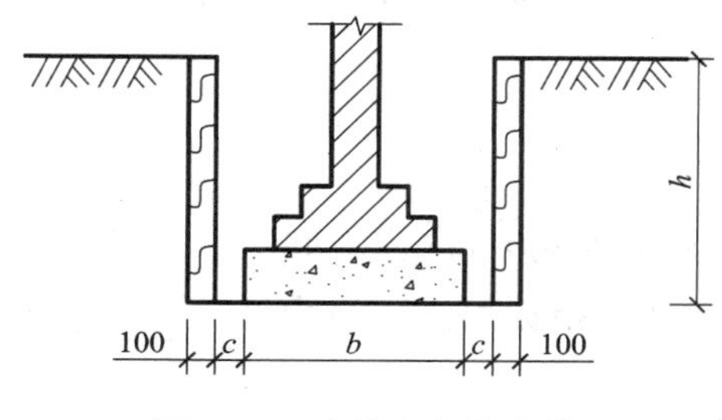

图6-7　支挡土板的沟槽

例6-2　某工程基础平面图和断面图如图6-8所示，土质为普通土，采用人工挖土，按层上表面放坡，人力车运土方，运距为200 m，试计算该条形基础土石方工程量。

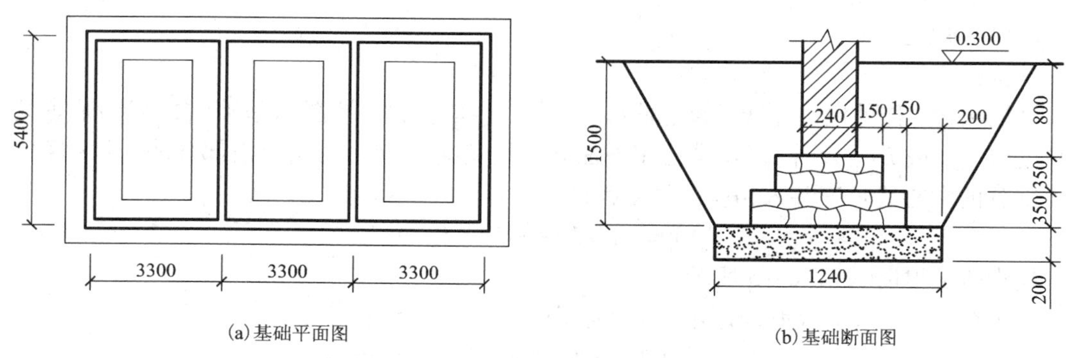

图6-8　【例6-2】【例6-3】附图

解：计算工程量

$$L_{中}=(3.3\times3+5.4)\times2=30.6\ \text{m}$$

$$L_{净垫层}=(5.4-1.24)\times2=8.32\ \text{m}$$

利用公式 $V=[(a+2c)\times h+(a+2c+kH)H]\times L$，得该条形基础土石方工程量：

$$V=[1.24\times0.2+(1.24+0.5\times1.5)\times1.5]\times(30.6+8.32)=125.83\ \text{m}^3$$

挖基坑工程量(如图6-9所示，假定基础垫层长边为 a)，则：

$$基坑底面积\ S_{底} = (a+2c) \times (b+2c)$$

$$基坑顶面积\ S_{顶} = (a+2c+2kH) \times (b+2c+2kH)$$

$$基坑体积\ V = (a+2c) \times (b+2c) \times h + \frac{H}{3} \times (S_{底} + S_{顶} + \sqrt{S_{底} \times S_{顶}})$$

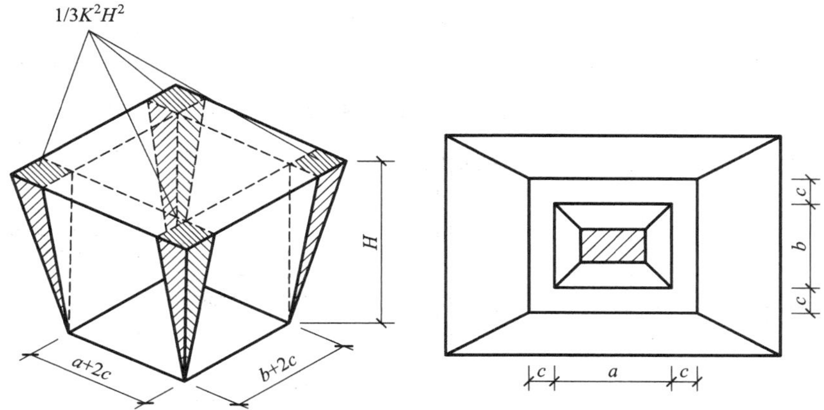

图 6－9　基坑土方示意图

例 6－3　某工程基础平面图和断面图如图 6－8 所示，土质为普通土，采用挖掘机挖土（大开挖，坑内作业），自卸汽车运土，运距为 500 m，试计算该基础土石方工程量（不考虑坡道挖土），确定定额项目。

解：①计算挖土方总体积

基坑底面积 $S_{底} = (a+2c) \times (b+2c) = (3.3 \times 3 + 1.24) \times (5.4 + 1.24) = 73.97\ \mathrm{m}^2$

基坑顶面积 $S_{顶} = (a+2c+2kH) \times (b+2c+2kH)$

$= (3.3 \times 3 + 1.24 + 2 \times 0.33 \times 1.5) \times (5.4 + 1.24 + 2 \times 0.33 \times 1.5)$

$= 92.55\ \mathrm{m}^2$

挖土方总体积 $V = (a+2c) \times (b+2c) \times h + \frac{H}{3} \times (S_{底} + S_{顶} + \sqrt{S_{底} \times S_{顶}})$

$= 73.97 \times 0.2 + 1.5/3 \times (73.97 + 92.55 + \sqrt{73.97 \times 92.55}) = 139.42\ \mathrm{m}^3$

②计算挖掘机挖土、自卸汽车运土方工程量　$V = 139.42 \times 95\% = 132.45\ \mathrm{m}^3$

3. 土（石）方回填

土（石）方回填是指场地回填、室内回填和基础回填以及包括招标人指定运距内的取土。

回填土区分夯填、松填，以立方米计算。

（1）基槽、坑回填土体积＝挖土体积－设计室外地坪以下埋设的体积（包括基础垫层、柱、墙基础及柱等）。

（2）室内回填土体积按主墙间净面积乘填土厚度计算，不扣除附垛及附墙烟囱等体积。

（3）管道沟槽回填，以挖方体积减去管外径所占体积计算。管外径小于或等于 500 mm 时，不扣除管道所占体积。管径超过 500 mm 以上时，按规定扣除。

注意：基槽、坑回填土体积＝挖土体积－设计室外地坪以下埋设的体积（包括基础垫层、柱、墙基础及柱等）。室内回填土体积按主墙间净面积乘填土厚度计算，不扣除附垛及附墙烟囱等体积。

4. 余土外运

余土外运、缺土内运工程量按下式计算：运土工程量；挖土工程量 - 回填土工程量。正值为余土外运，负值为缺土内运。

例6－4 某建筑物基础平面及剖面如图6－10所示。已知设计室外地坪以下砖基础体积为15.85 m^3，混凝土垫层体积为2.86 m^3，室内地面厚度为200 mm，二类土，要求挖出的土堆在槽边，回填土分层夯实，回填后余下的土外运。计算平整场地、挖土方、回填土工程量。

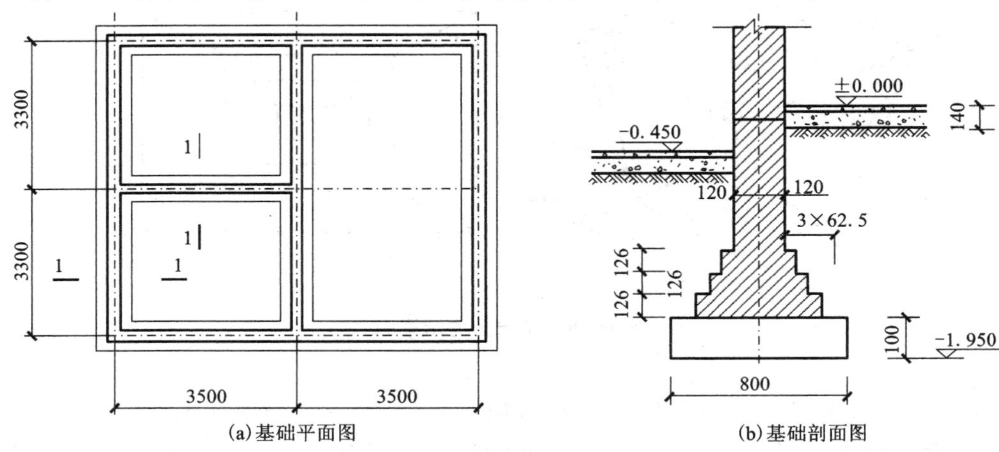

图6－10 （例6－4附图）

解： 工程量计算

①平整场地

工程量 $S=(3.5\times2+0.24+2\times2)\times(3.3\times2+0.24+2\times2)=121.84\ (m^2)$

②挖沟槽

工程量 $V_1=(a+2c+kH)H\times L$

$=(0.8+2\times0.3+0.5\times1.5)\times1.5\times34.5=111.26\ m^3$

$L_{外}=(7+6.6)\times2=27.2\ (m)$

$L_{内}=(6.6-0.8-0.3\times2)+(3.5-0.8-0.6)=7.3\ (m)$

$L=27.2+7.3=34.5\ (m)$

③基础回填土

工程量 V_2 = 挖方体积 - 设计室外地坪以下埋设的基础体积

$=111.26-15.85-2.86=92.55\ (m^3)$

④房心回填

房心回填土 V_3 = 主墙间净面积 × 回填厚度

$=[(3.5-0.24)\times(3.3-0.24)\times2+(3.5-0.24)\times(3.3\times2-0.24)]\times(0.45-0.20)$

$=10.17\ (m^3)$

⑤运土工程量 = 挖土总体积 - 回填土总体积

$=111.26-(24.13+10.17)=76.96\ (m^3)$

6.2.2　地基处理及边坡支护工程

一、定额说明

(1)本定额适用于一般工业与民用建筑工程的地基处理及边坡支护。

(2)换填垫层适用于软弱地基的换填材料加固，按第四章相应子目执行。

(3)强夯法加固地基是在天然地基上或在填土地基上进行作业的，不包括强夯前的试夯工作和费用。如设计要求试夯，可按设计要求另行计算。

(4)深层搅拌桩不分桩径大小，执行相应子目。设计水泥量不同可换算，其他不调整。

(5)深层搅拌桩(三轴除外)和粉喷桩是按四搅二喷施工编制，设计为二搅一喷，定额人工、机械乘以系数 0.7；六搅三喷，定额人工、机械乘以系数 1.4。

(6)高压旋喷桩、压密注浆的浆体材料用量可按设计含量调整。

基坑及边坡支护：

(1)斜位锚桩是指深基坑围护中，锚接围护桩体的斜拉桩。

(2)基坑钢管支撑为周转摊销材料，其场内运输、回库保养均已包括在内。支撑处需挖运土方、围檩与基坑护壁的填充混凝土未包括在内，发生时应按实另行计算。场外运输按金属Ⅲ类构件计算。

(3)打、拔钢板桩单位工程打桩工程量小于 50 t 时，人工、机械乘以系数 1.25。场内运输超过 300 m 时，应按相应构件运输子目执行，并扣除打桩子目中的运输费。

(4)采用桩进行地基处理时，按第三章相应子目执行。

(5)本章未列混凝土支撑，若发生，按相应混凝土构件定额执行。

二、地基处理及边坡支护工程定额工程量计算

(一)地基处理

1. 地基处理基本知识

人工地基：土木工程建设中，有时不可避免地遇到工程地质条件不良的软弱土地基，不能满足建筑物要求，需要先经过人工处理加固，再建造基础，处理后的地基称为人工地基。

地基处理的目的：是针对软土地基上建造建筑物可能产生的问题，采取人工的方法改善地基土的工程性质，达到满足上部结构对地基稳定和变形的要求。地基处理方法如表 6－6 所示。

表 6－6　地基处理方法

物理处理				化学处理		热学处理	
置换	排水	挤密	加筋	搅拌	灌浆	热加固	冻结

2. 地基处理方法与工程量计算

1)换填垫层

①基本概念

当建筑物基础下的持力层比较软弱、不能满足上部结构荷载对地基的要求时，常采用换填土垫层来处理软弱地基。即将基础下一定范围内的土层挖去，然后回填强度较大的砂、砂石或灰土等，并分层夯实至设计要求的密实程度，作为地基的持力层。

②工程量计算

换填垫层按设计图示尺寸以体积计算。

2)强夯地基

①基本概念。

强夯地基是用起重机械将大吨位(8～25 t)夯锤(图6－11)起吊到6～30 m高度后，自由落下，给地基土以强大的冲击能量的夯击，使土中出现冲击波和很大的冲击应力，迫使土体孔隙压缩，排除孔隙中的水，使土粒重新排列，迅速固结，从而提高地基承载力，降低其压缩性的一种地基的加固方法。

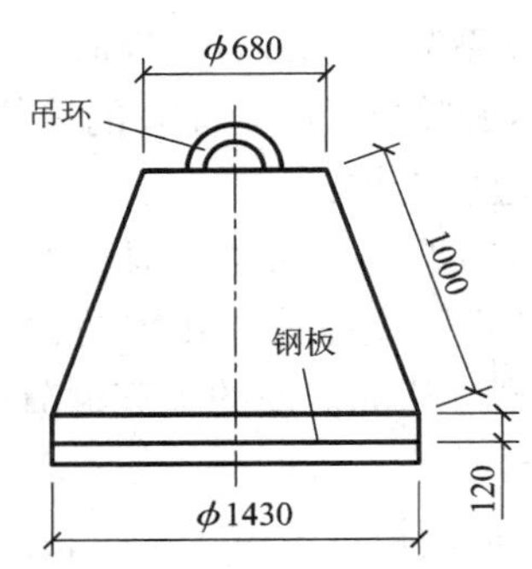

图6－11　强夯地基及夯锤

②工程量计算。

强夯加固地基，以夯锤底面积计算，并根据设计要求的夯击数执行相应定额。

3. 灰土挤密桩

①基本概念。

灰土挤密桩是利用锤击(冲击、爆破等方法)将钢管打入土中侧向挤密成孔，将钢管拔出后，在桩孔中分层回填2∶8或3∶7灰土夯实而成。它是与桩间土共同组成复合地基以承受上部荷载的桩。

②工程量计算。

灰土挤密桩工程量按设计图示尺寸以桩长(包括桩尖)计算。

例6－5　现有3∶7灰土挤密桩施工，施工场地土壤级别为二级土，人工成孔，设桩长9.5 m，直径为0.5 m，共计500根。试计算工程量及定额综合单价。

解：该灰土挤密桩的工程量为按长度计算：500×9.5＝4750 (m)

定额套用2－20，直接套用，综合单价为274.24元。

4. 深层搅拌桩、粉喷桩

①基本概念。

深层搅拌桩、粉喷桩加固地基，利用水泥或其他固化剂通过特制的搅拌机械，在地基中将水泥和土体强制拌和，使软弱土硬结成整体，形成具有水稳性和足够强度的水泥土桩或地下连续墙，处理深度可达8～12 m(如图6－12所示)。

图6－12　水泥搅拌桩

②工程量计算。

按设计长度另加500 mm（设计有规定的按设计要求）乘以设计截面积以立方米计算（重叠部分面积不得重复计算），群桩间的搭接不扣除。

③定额套用注意点。

定额中已经包括了2 m以内的钻进空搅因素，超过2 m以外的空搅体积按相应子目人工，深层搅拌桩机乘以系数0.3，其他不计算。

5．高压旋喷桩

①基本概念。

高压旋喷桩，是以高压旋转的喷嘴将水泥浆喷入土层与土体混合，形成连续搭接的水泥加固体。施工占地少、振动小、噪声较低，但容易污染环境，成本较高，对于特殊的不能使喷出浆液凝固的土质不宜采用（如图6－13所示）。

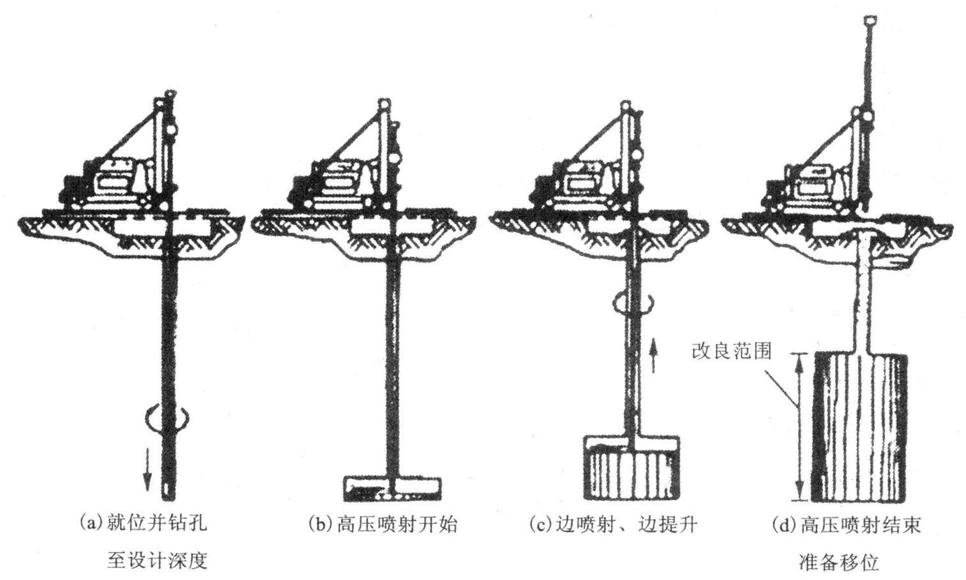

图6－13　高压旋喷桩

②工程量计算。

钻孔长度按自然地面至设计桩底标高以长度计算，喷浆按设计加固桩截面面积×设计桩长以体积计算。

6．压密注浆

①基本概念。

压密注浆是利用较高的压力灌入浓度较大的水泥浆或化学浆液，注浆开始时浆液总是先充填较大的空隙，然后在较大的压力下渗入土体孔隙。随着土层孔隙水压力升高挤压土体，直至出现剪切裂缝，产生劈裂，浆液随之充填裂缝，形成浆脉，使得土体内形成新的网状骨架结构。浆脉在形成过程中由于占据了土体中一部分空间，加上土层内孔隙被浆液所渗透，从而将土体挤密，构成了新的浆脉复合地基，改善了土体的强度和防渗性能，同时也改变了土体物理力学性质，提高了软土地基的承载力。

②工程量计算。

钻孔以长度计算，注浆工程量按以下方式计算：设计图纸注明加固土体体积的，按注明的加固体体积计算；设计图纸按布点形式图示土体加固范围的，则按两孔间距的一半作为扩散尺寸，以布点边线各加扩散半径形成计算平面，计算注浆体积；如果设计图纸上注浆点在钻孔灌注桩之间，按两注浆孔距的一半作为每孔的扩散半径，以此圆柱体体积计算。

（二）基坑及边坡支护

当基坑开挖深度较大时，使用挡土板支护的方法已无法保证土壁的稳定和施工安全，必须采用深基坑支护方法。常用的深基坑支护方法较多，如钢板桩、预制钢筋混凝土板桩、钻孔灌注钢筋混凝土排桩、地下连续墙、喷锚支护等。

深基坑支护类型的选择，应由设计单位根据实际情况确定，并进行相应计算和设计。

1．基坑锚喷护壁。

①基本概念

指的是借高压喷射水泥混凝土和打入岩层中的金属锚杆的联合作用（根据地质情况也可分别单独采用）加固岩层。

②工程特征。

结构特征：由土钉与喷锚混凝土面板两部分组成；

支撑材料：由土钉及钢筋混凝土面板构成支撑；

受力特征：由土钉构成支撑体系，喷锚混凝土面板构成挡土体系；

适用条件：地下水位以上或降水后的粘土、粉土、杂填土及非松散砂土、碎石土。

③工程量计算。

其工程量计算规则为基坑锚喷护壁成孔、斜拉锚桩成孔及孔内注浆按设计图示尺寸以长度计算。护壁喷射混凝土按设计图示尺寸以面积计算。

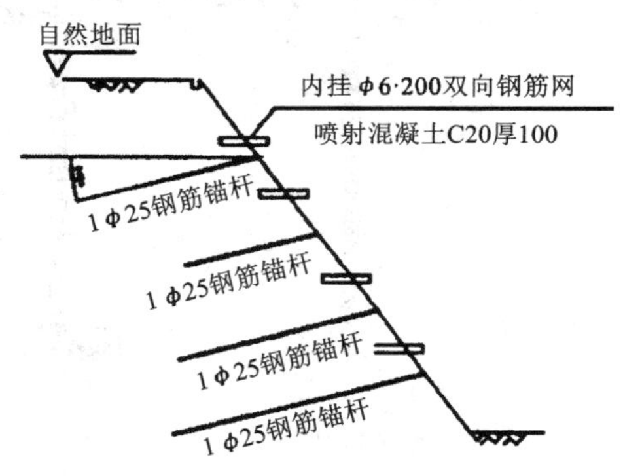

图6－14　基坑锚喷护壁

土钉支护钉土锚杆按设计图示尺寸以长度计算，挂钢筋网按设计图纸以面积计算（如图6－14

所示)。

例 6－6　如图 6－15 所示，某边坡工程采用土钉支护，根据岩土工程勘察报告，地层为带块石的碎石土，土钉成孔直径为 90 mm，采用 1 根 HRB335、直径 25 的钢筋作为杆体，成孔深度均为 10.0 m，土钉入射倾角为 15°，杆筋送入钻孔后，灌注 M30 水泥砂浆。混凝土面板采用 C20 喷射混凝土，厚度为 120 mm，挂直径为 8 mm 的钢筋网。试确定分部分项工程工程量并确定综合单价。

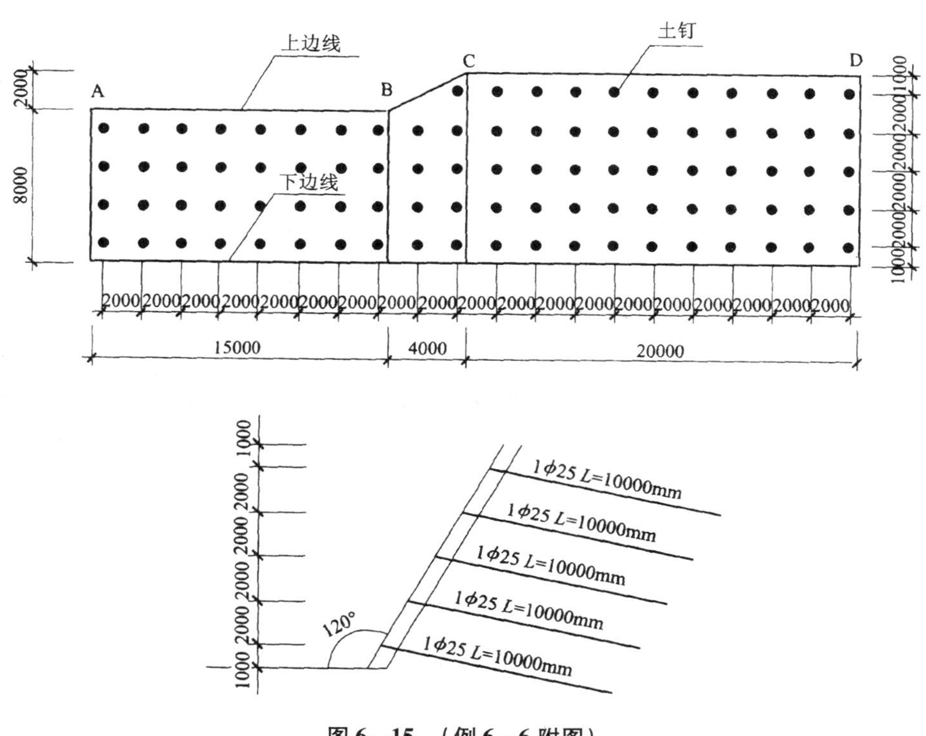

图 6－15　(例 6－6 附图)

解：(1) 计算定额工程量

①钻孔 10 × 91 = 910.00 m

②注浆 10 × 91 = 910.00 m

③土钉 10 × 91 = 910.00 m

④挂直径为 8 mm 的钢筋网 411.07 m^2

⑤喷射混凝土 411.07 m^2

(2) 确定综合单价

①钻孔套定额 2－24 换：综合单价(1382.15 × 1.2 + 124.24) × (1 + 14% + 8%) + 51.16 = 2226.20 元/100 m

②注浆套定额 2－26：综合单价 = 5246.47 元/100 m

③土钉套定额 2－30 换：综合单价 1886.21 － 1013.04 + 0.393 × 4020

= 2449.01 元/100 m

④钢筋网套定额 2 - 32 挂直径为 8 mm：综合单价 = 2006.63 元/100 m^2

⑤喷射混凝土套定额 2 - 28 + 2 - 29 喷射混凝土厚 120 mm：

2 - 28 厚 10 混凝土定额综合单价 = 10984.61 元/100 m^2，

2 - 29 换 定额综合单价 = 416.32 × 2 = 832.64/100 m^2

2. 斜拉锚桩

①工程量计算。

斜拉锚桩成孔以设计长度计算。

②定额套用注意。

斜拉锚桩成孔定额子目，参无锡补充定额，仅是成孔；注浆按基坑锚喷护壁中的注浆定额子目套用，如孔内安放钢筋笼时，则按相应定额执行。

3. 内撑式围护结构

①基本概念。

内撑式围护结构常见有钢管支撑、地下连续墙和环梁支护系统。

基坑钢管支撑为周转摊销材料，其场内运输、回库保养均已包括在内。支撑处需挖运土方、围檩与基坑护壁的填充混凝土未包括在内，发生时应按实另行计算。场外运输按金属工Ⅲ类构件计算。

地下连续墙是在地面上采用一种挖槽机械，沿着深开挖工程的周边轴线，在泥浆护壁的措施下，开挖出一条狭长的深槽，深槽内放入钢筋笼，然后用导管法灌注水下混凝土，筑成一个个单元槽段，以特殊接头方式在地下筑成一道连续的钢筋混凝土墙壁，作为截水、防渗、承重和挡土结构。它适用于高层建筑的深基础、工业建筑的深池、地下铁道等工程的施工。

②项目特征。

结构特征：由挡土结构与支撑结构两部分组成；

支撑材料：挡土材料有钢筋混凝土桩、地下连续墙，支撑材料有钢筋混凝土梁、钢管、型钢等；

受力特征：水平支撑、斜支撑，单层支撑、多层支撑；

适用条件：各种土层和基坑深度。

③工程量计算。

基坑钢管支撑以坑内的钢立柱、支撑、围檩、活络接头、法兰盘、预埋铁件的合并质量计算。

地下连续墙工程量计算按设计图示墙中心线乘以厚度再乘以槽深以体积计算。

环梁按照现浇混凝土工程计算规则计算。

4. 打拔钢板桩

①工程量计算。

打拔钢板桩按设计钢板桩质量计算。

②定额套用注意点。

打、拔钢板桩单位工程打桩工程量小于 50 t 时，人工、机械乘以系数 1.25。场内运输超过 300 m 时，应按相应构件运输子目执行，并扣除打桩子目中的场内运输费。

6.2.3　桩基工程

一、基础知识回顾

一般房屋基础中，桩基的主要作用是将承受的上部竖向荷载，通过较弱地层传至深部较坚硬的、压缩性小的土层或岩层。

常见桩的分类按受力情况分为(如图 6－15 所示)：

(1)端承桩：穿过弱软土层而达于岩层或坚硬土层上的桩，上部结构荷载主要由桩尖阻力承担。

(2)摩擦桩：将荷载传布在四周土中的桩，荷载靠桩表面与土的摩擦力承担。

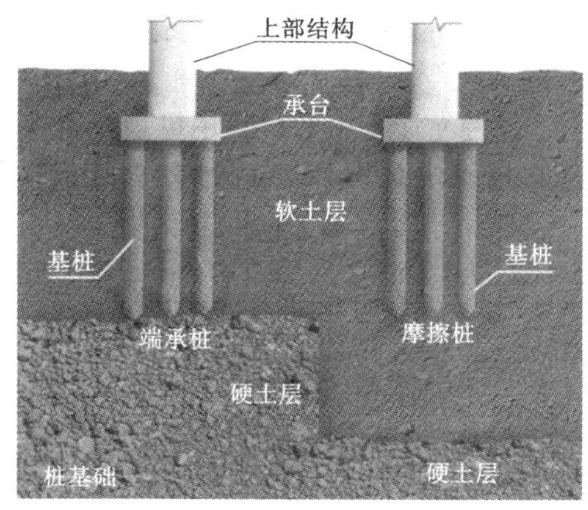

图 6－15　摩擦桩和端承桩

二、定额说明

(1)本定额适用于一般工业与民用建筑工程的桩基础，不适用于支架上、室内打桩。打试桩可按相应定额项目的人工、机械乘以系数 2，试桩期间的停置台班结算时应按实调整。

(2)本定额打桩机的类别、规格执行中不换算。打桩机及为打桩机配套的施工机械的进(退)场费和组装、拆卸费用，另按实际进场机械的类别、规格计算。

(3)打桩工程：

①预制钢筋混凝土桩的制作费，另按相关章节规定计算。打桩如设计有接桩，另按接桩定额执行。

②本定额土壤级别已综合考虑，执行中不换算。子目中的桩长度是指包括桩尖及接桩后的总长度。

③电焊接桩钢材用量，设计与定额不同时，按设计用量乘以系数 1.05 调整，人工、材料、机械消耗量不变。

④每个单位工程的打(灌注)桩工程量小于下表规定数量时，其人工、机械(包括送桩)按相应定额项目乘以系数 1.25(如表 6－7 所示)。

表 6－7　单位打桩工程工程量表

项　目	工程量/m^3
预制钢筋混凝土方桩	150
预制钢筋混凝土离心管桩(空心方桩)	50
打孔灌注混凝土桩	60
打孔灌注砂桩、碎石桩、砂石桩	100
钻孔灌注混凝土	60

⑤本定额以打直桩为准，如打斜桩，斜度在1∶6以内，按相应定额项目人工、机械乘以系数1.25，如斜度大于1∶6，按相应定额项目人工、机械乘以系数1.43。

⑥地面打桩坡度以小于15度为准，大于15度打桩按相应定额项目人工、机械乘以系数1.15。如在基坑内(基坑深度大于1.15 m)打桩或在地坪上打坑槽内(坑槽深度大于1.0 m)桩时，按相应定额项目人工、机械乘以系数1.11。

⑦本定额打桩(包括方桩、管桩)已包括300 m内的场内运输，实际超过300 m时，应按相应构件运输定额执行，并扣除定额内的场内运输费。

4. 灌注桩

(1)各种灌注桩中的材料用量预算暂按下表内的充盈系数和操作损耗计算，结算时充盈系数按打桩记录灌入量进行调整，操作损耗不变(如表6-8所示)。

表6-8　灌注桩充盈系数及操作损耗率表

项目名称	充盈系数	操作损耗率/%
打孔沉管灌注混凝土桩	120	1.50
打孔沉管灌注砂(碎石)桩	1.20	2.00
打孔沉管灌注砂石桩	120	2.00
钻孔灌注混凝土桩(土孔)	120	1.50
钻孔灌注混凝土桩(岩石孔)	110	1.50
打孔沉管夯扩灌注混凝土桩	1.15	2.00

各种灌注桩中设汁钢筋笼时，按相应定额执行。设计混凝土强度、等级或砂、石级配与定额取定不同，应按设计要求调整材料，其他不变。

(2)钻孔灌注桩的钻孔深度是按50 m内综合编制的，超过50 m桩，钻孔人工、机械乘以系数1.10。人工挖孔灌注混凝土桩的挖孔深度是按15 m内综合编制的，超过15 m的桩，挖孔人工、机械乘以系数1.20。

钻孔灌注桩钻土孔含极软岩，钻入岩石以软岩为准(参照岩石分类表)，如钻入较软岩时，人工、机械乘以系数1.15，如钻入较硬岩以上时，应另行调整人工、机械用量。

(3)打孔沉管灌注桩分单打、复打，第一次按单打桩定额执行，在单打的基础上再次打，按复打桩定额执行。打孔夯扩灌注桩一次夯扩执行一次夯扩定额，再次夯扩时，应执行二次夯扩定额，最后在管内灌注混凝土到设计高度按一次夯扩定额执行。使用预制钢筋混凝土桩尖时，钢筋混凝土桩尖另加，定额中活瓣桩尖摊销费应扣除。

(4)注浆管埋设定额按桩底注浆考虑，如设计采用侧向注浆，则人工和机械乘以系数1.2。

(5)灌注桩后注浆的注浆管、声测管埋设，注浆管、声测管如遇材质、规格不同时，可以换算，其余不变。

5. 本定额不包括打桩、送桩后场地隆起土的清除及填桩孔的处理(包括填的材料)，现场实际发生时，应另行计算。

6. 凿出后的桩端部钢筋与底板或承台钢筋焊接应按相应定额执行。

7. 坑内钢筋混凝土支撑需截断按截断桩定额执行。

8. 因设计修改在桩间补打桩时，补打桩按相应打桩定额子目人工、机械乘系数 1.15。

9. 桩基工程定额项目划分如表 6－9 所示。

表 6－9　桩基工程定额项目划分

<table>
<tr><td rowspan="8">桩基础工程定额项目划分</td><td rowspan="2">预制混凝土桩</td><td>预制混凝土
方桩</td><td>打预制方桩
静力压桩</td><td>桩长 12 m、18 m、30 m 以内，30 m 以外</td></tr>
<tr><td colspan="2">预制混凝土管桩打预制管桩</td><td>桩长 24 m 以内，24 m 以外</td></tr>
<tr><td rowspan="6">灌注混凝土桩</td><td colspan="2">打孔灌注混凝土桩</td><td>桩长 10 m、15 m 以内，15 m 以外</td></tr>
<tr><td colspan="2">震动沉管灌注混凝土桩</td><td>桩长 10 m、15 m 以内，15 m 以外</td></tr>
<tr><td colspan="2">钻（冲）孔灌注混凝土桩</td><td>桩径 70 cm 以内、100 cm 以内、100 cm 以外</td></tr>
<tr><td colspan="2">人工挖孔灌注混凝土桩</td><td>混凝土护壁（ITl3）
红砖护壁（Ill3）</td></tr>
<tr><td colspan="2">夯扩桩</td><td>桩长 10 m 以内、10 m 以外</td></tr>
<tr><td>砂、石桩</td><td>砂桩
碎石桩
砂石桩</td><td>桩长 10 m、15 m 以内，15 m 以外</td></tr>
</table>

三、桩基工程定额工程量计算

（一）打桩

1. 打预制钢筋混凝土桩

1）基本概念

预制钢筋混凝土桩是先在加工厂或施工现场采用钢筋和混凝土预制形成各种形状的桩，然后用沉桩设备将其沉入土中以承受上部结构荷载的构件（如图 6－16）。

图 6－16　预制钢筋混凝土桩

2）工程量计算

预制钢筋混凝土桩的体积，按设计桩长（包括桩尖，不扣除桩尖虚体积）乘以桩截面面积以立方米计算；管桩(空心方桩)的空心体积应扣除，管桩(空心方桩)的空心部分设计要求灌注混凝土或其他填充材料时，应另行计算。

工程量计算公式：

①打方桩体积(如图 6－17 所示)：

$$V=a^2L\times N$$

式中：a 为方桩边长；L 为设计桩长，包括桩尖长度(不扣减桩尖虚体积)；N 为桩根数。

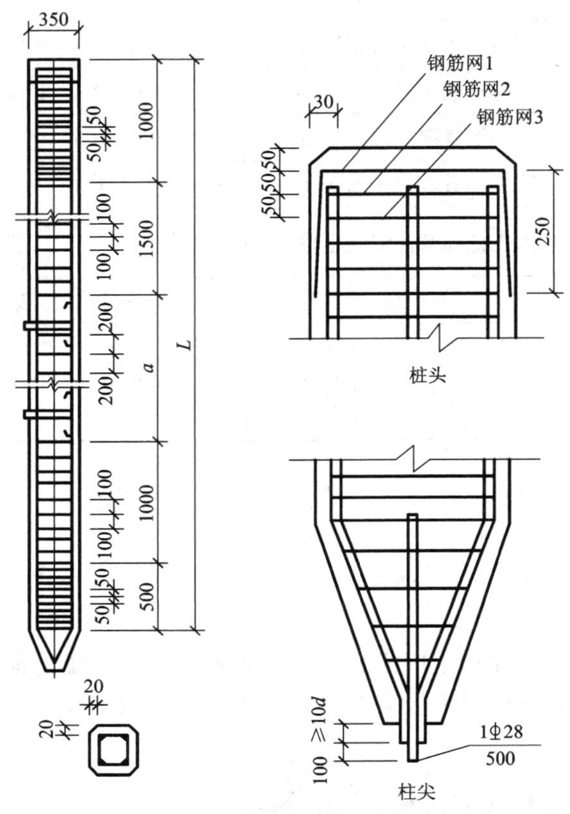

图 6－17　预制混凝土方桩

例 6－7　某框架楼采用 C35 混凝土预制方桩基础，设计桩截面面积 400 mm×400 mm，桩长 8 m(含桩尖长度)，共计 102 根桩，施工场地土壤级别为一级土。请根据已知条件计算该预制混凝土桩的工程量及确定该预制混凝土桩的综合单价。

解：①根据预制钢筋混凝土方桩的工程量计算规则，该预制混凝土桩的定额工程量为：

$$0.4\times0.4\times8\times102=130.56\ \text{m}^3$$

②预制钢筋混凝土方桩综合单价套定额 3－1，283.64 元。

②单根管桩体积

$$V=[(\pi/4)D^2L-(\pi/4)d^2L]\times N$$

式中：D 为管桩外径；d 为管桩内径；L 为设计桩长，包括桩尖长度(不扣减桩尖虚体积)；N 为桩根数。

2. 接桩

1) 基本概念

是指按设计要求，按桩的总长分节预制，运至现场先将第一根桩打入，将第二根桩垂直吊起和第一根桩相连接后再继续打桩，这一过程称为接桩。

2) 计算规则

按每个接头计算。

3. 送桩

1) 基本概念

利用打桩机械和送桩器将预制桩打(或送)至地下设计要求的位置，这一过程称为送桩。

2) 工程量计算

以送桩长度(自桩顶面至自然地坪另加 500 mm)乘以桩截面面积以体积计算。

工程量计算公式：

$$V_{桩} = S \times H \times N = S \times (h + 0.5) \times N$$

式中：S 为桩截面积；N 为桩根数；h 为设计桩顶标高至自然地坪之间高度差。

例 6-8　某打桩工程(如图 6-18 所示)，设计桩型为 T-PHC-AB700-650(110)-13、13a，管桩数量 250 根，断面及示意如图所示，桩外径 700 mm，壁厚 110 mm，自然地面标高 -0.3 m，桩顶标高 -3.6 m，螺栓加焊接接桩，管桩接桩接点周边设计用钢板，该型号管桩成品价为 1800 元/m^3，a 型空心桩尖市场价 180 元/个。采用静力压桩施工方法，管桩场内运输按 250 m 考虑。

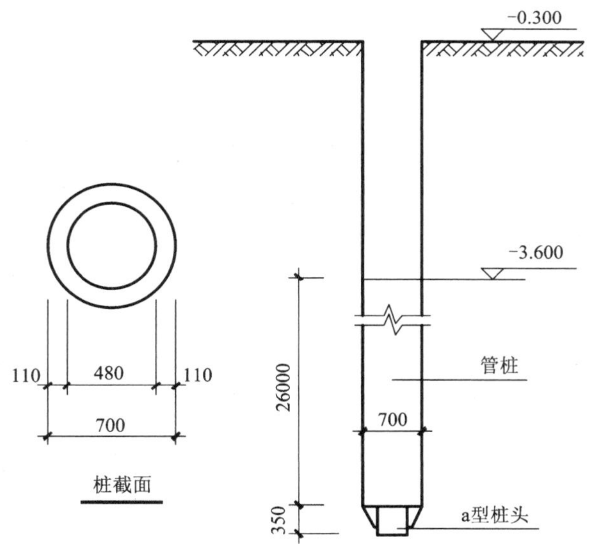

图 6-18　(例 6-8 附图)

解：(1) 计算定额工程量

①压桩 $3.14 \times (0.35^2 - 0.24^2) \times 26.35 \times 250 = 1342.44\ m^3$

②送桩 3.14×(0.35² -0.24²)×(3.6 -0.3 +0.5)×250 =193.60 m^3

③接桩 250 个

④成品桩 3.14×(0.35² -0.24²)×26.35×250 =1342.44 m^3

⑤a 型桩尖 250 个

(2)确定综合单价

①套定额 3 -21 静力压预制钢筋混凝土管桩 24 m 以内

3 -21 换 综合单价 294.45 -13 +0.01×1800 =299.45 元/ m^3

②套定额 3 -23 静力压预制钢筋混凝土管桩送桩 24 m 以内

3 -23 综合单价 290.90 元/ m^3

③04290241 成品桩 1800 元/ m^3

④套定额 3 -27 接桩

3 -27 综合单价 211.41 元/个

⑤a 型桩尖 180 元/个

⑥静力压预制钢筋混凝土管桩清单综合单价 =(1342.44×299.45 +1342.44×1800 +193.60×290.90 +250×211.41 +250×180/250 =11890.23 元/根

(二)灌注桩

1.泥浆护壁钻孔灌注桩

(1)钻土孔深与钻岩石孔工程量应分别计算。土与岩石地层分类详见附表。钻土孔自自然地面至岩石表面的长度乘设计桩截面积以体积计算;钻岩石孔以入岩深度乘桩截面面积以体积计算。

(2)砼灌入量以设计桩长(含桩尖长)另加一个直径(设计有规定的,按设计要求)乘桩截面积以立方米计算;地下室基础超灌高度按现场具体情况另行计算。

(3)泥浆外运的体积等于钻孔的体积以立方米计算。

(4)成孔工程量计算公式:

V=桩径截面积×成孔长度

其中,V为入岩增加量,V=桩径截面积×入岩长度;成孔长度为自然地坪至设计桩底的标高;入岩长度为实际进入岩石层的长度(如图 6 -19 所示)。

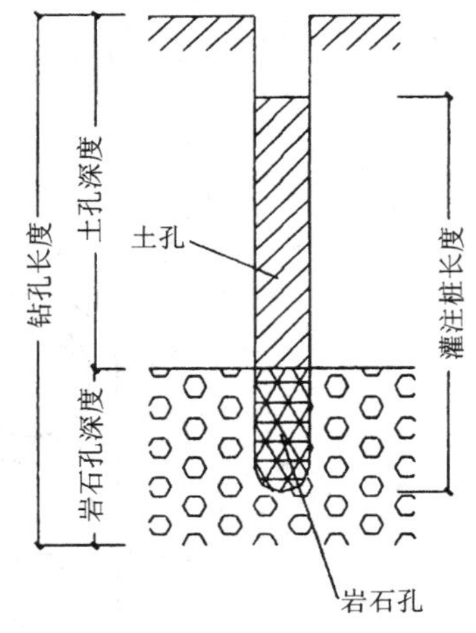

图 6 -19　泥浆护壁钻孔灌注桩

(5)成桩工程量计算公式:

V=桩径截面积×(设计桩长另加一个桩直径)

其中,设计桩长为桩顶标高至桩底的标高。

(6)砌砌浆池,暂按 2 元/m^3 计算,结算时调整。

砌浆池工程量为 =土孔混凝土体积 +岩石孔混凝土体积

例 6 -9　如图 6 -20 所示,某单独打桩工程编制标底,设计钻孔灌注桩 25 根,桩径 900,设计桩长 28 m,入软岩 1.5 m,自然标高 -0.6 m,桩顶标高 -2.6 m,C30 砼现场自拌,土孔砼充盈系数 1.25,岩石孔砼充盈系数 1.1,每根桩钢筋用量为 0.75 t,以自身的粘土及灌入的自来水进行护壁,砌泥浆池,泥浆外运 8 km,桩头不需凿除。请计算定额工程量并确定综合单价。

解：

(1)工程量计算：

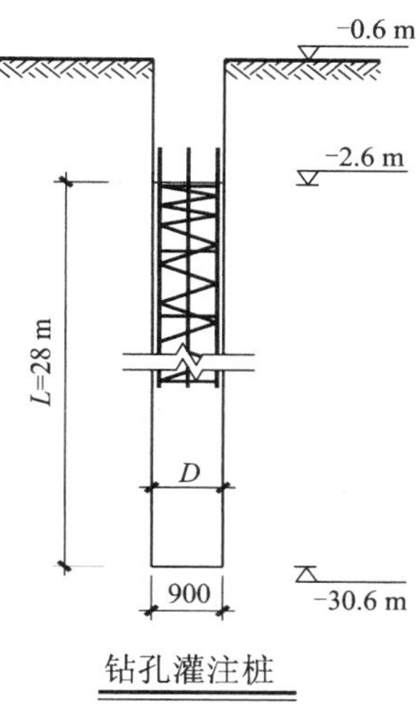

图 6−20　(例 6−9 附图)

①V 钻土孔 = 3.14 × 0.452 × (30 − 1.5) × 25

= 453.04 m^3

②V 钻岩石孔 = 3.14 × 0.452 × 1.5 × 25 = 23.84 m^3

③V 土孔砼 = 3.14 × 0.452 × (28 + 0.9 − 1.5) × 25

= 435.56 m^3

④V 岩石孔砼 = 3.14 × 0.452 × 1.5 × 25 = 23.84 m^3

⑤砌泥浆池：V 土孔砼 + V 岩石孔砼 = 435.56 + 23.84

= 459.40 m^3

⑥泥浆外运 8 kM 内：V 钻土孔 + V 钻岩石孔 = 476.88 m^3

⑦钢筋笼：0.75 × 25 = 18.75t

(2)综合单价

①套定额 3−29：钻土孔(直径 1000 以内)

3−29 综合单价 = 291.09 元/m^3

②套定额 3−32：钻岩孔(直径 1000 以内)

3−32 综合单价 = 1084.57 元/m^3

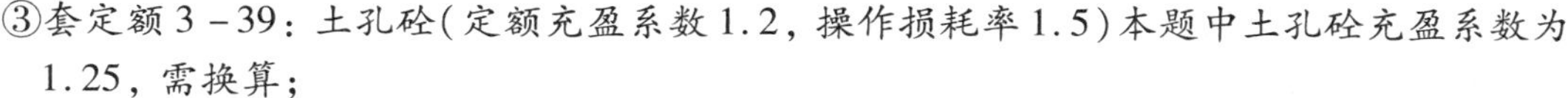

③套定额 3−39：土孔砼(定额充盈系数 1.2，操作损耗率 1.5)本题中土孔砼充盈系数为 1.25，需换算；

3−39 换：综合单价 458.83 − 351.03 + 288.20 × 1.218 ÷ 1.2 × 1.25 = 473.45 元/m^3

综合单价 473.45 元/m^3

④套定额 3−35：岩石孔砼(定额充盈系数 1.1，操作损耗率 1.5)本题中岩石孔砼充盈系数为 1.1，不需换算；

3−40：综合单价 = 421.18 元/m^3

⑤砌泥浆池，根据 2014 定额桩 74 页注 2，按 2.00 元/m^3

⑥泥浆外运 8 km 内套 3−41(5 km 内)和 3−42(每增加 1 km)

3−41 + 3 × 3−42：综合单价 = 112.21 + 3 × 3.47 = 112.21 + 10.41 = 122.62 元/m^3

⑦套定额 5−6 钢筋笼

5−6 综合单价 5432.56 元/t

2. 长螺旋或钻盘式钻机钻孔灌注桩的单桩体积计算

按设计桩长(含桩尖)另加 500 mm(设计有规定，按设计要求)再乘以螺旋外径或设计截面积以立方米计算。

3. 打孔沉管灌注桩

(1)灌注混凝土、砂、碎石桩使用活瓣桩尖时，单打、复打桩体积均按设计桩长(包括桩尖)另加 250 mm(设计有规定，按设计要求)乘以标准管外径以体积计算。使用预制钢筋混凝土桩尖时，单打、复打桩体积均按设计桩长(不包括预制桩尖)另加 250 mm 乘以标准管外径以体积计算。

(2)打孔、沉管灌注桩空沉管部分，按空沉管的实际体积计算。

计算公式：

V＝管外径截面积×[设计桩长(含活瓣桩尖)＋加灌长度]

其中，设计桩长，含活瓣桩尖但不包括预制桩尖；加灌长度、超灌高度一般是设计根据规范在图纸中明确注明了的要求，是在保证设计桩顶标高处混凝土强度符合设计要求的基础上应多灌注的高度，用来满足混凝土灌注充盈量，按设计规定；无规定时，按0.25 m计取。

(3)打孔灌注桩、夯扩桩使用预制钢筋混凝土桩尖的，桩尖个数另列项目计算，单打、复打的桩尖按单打、复打次数之和计算，桩尖费另计。

5. 夯扩桩

夯扩桩体积分别按每次设计夯扩前投料长度(不包括预制桩尖)乘以标准管内径体积计算，最后管内灌注混凝土按设计桩长另加250 mm乘以标准管外径体积计算。

计算公式为：

夯扩桩打桩体积＝标准管内径截面积×设计夯扩前投料长度

管内灌注混凝土体积＝标准管外径截面积×[设计桩长(不包括桩尖)＋加灌长度250 mm]

夯扩投料长度按设计规定计算。

6. 注浆管、声测管

按打桩前的自然地坪标高至设计桩底标高长度另加0.2 m，按长度计算工程量。

7. 灌注桩后注浆

按设计注入水泥用量，以质量计算。

8. 等计算人工挖孔灌注混凝土桩中挖井坑土、挖井坑岩石、砖砌井壁、混凝土井壁、井壁内灌注混凝土均按图示尺寸以体积计算。如设计要求超灌时，另行增加超灌工程量。

9. 凿灌注混凝土桩头

凿灌注混凝土桩头按体积计算，凿、截断预制方(管)桩均以根计算。

6.2.4 砌筑工程

一、定额说明

(一)砌砖、砌块墙

(1)标准砖墙不分清、混水墙及艺术形式复杂程度。砖券、砖过梁、砖圈梁、腰线、砖垛、砖挑檐、附墙烟囱等因素已综合在定额内，不得另立项目计算。阳台砖隔断按相应内墙定额执行。

(2)砌体使用配砖与定额不同时，不做调整。

(3)空斗墙中门窗立边、门窗过梁、窗台、墙角、檩条下、楼板下、踢脚线部分和屋檐处的实砌砖已包括在定额内，不得另列项目计算。空斗墙中遇有实砌钢筋砖圈梁及单面附垛时，应另列项目按零星砌砖定额执行。

(4)砌块墙、多孔砖墙中，窗台虎头砖、腰线、门窗洞边接茬用标准砖已包括在定额内。

(5)门窗洞口侧预埋混凝土块，定额中已综合考虑。实际施工不同时，不做调整。注意的是相关定额子目中增加其他材料费(1 元/m^2)；梁板底按1皮斜砌砖考虑，实际采用细石砼、砂浆塞缝不调整。

(6)各种砖砌体的砖、砌块是按下表编制的，规格不同时，可以换算，具体规格见表6－10。

表 6－10　砖、砌块规格表

砖名称	长×宽×高/m^3
标准砖	240×115×53
七五配砖	190×90×40
KPl 多孔砖	240×115×90
多孔砖	240×240×115　240×115×115
KMI 空心砖	190×190×90　190×90×90
三孔砖	190×190×90
六孔砖	190×190×140
九孔砖	190×190×190
页岩模数多孔砖	240×190×90　240×140×90 240×90×90　190×120×90
普通混凝土小型空心砌块(双孔)	390×190×190
普通混凝土小型空心砌块(单孔)	190×190×190　190×190×90
粉煤灰硅酸盐砌块	880×430×240　580×430×240 430×430×240　280×430×240
加气混凝土块	600×240×150600×200×250　600×100×250

(7)除标准砖墙外，本定额的其他品种砖弧形墙其弧形部分每立方米砌体按相应定额人工增加 15%，砖 5%，其他不变。

(8)砌砖、块定额中已包括了门、窗框与砌体的原浆勾缝在内，砌筑砂浆强度等级按设计规定应分别套用。

(9)砖砌体内的钢筋加固及转角、内外墙的搭接钢筋，按设计图示钢筋长度乘以单位理论质量计算，执行第五章的“砌体、板缝内加固钢筋”子目。

(10)砖砌挡土墙以顶面宽度按相应墙厚内墙定额执行，顶面宽度超过一砖按砖基础定额执行。

(11)零星砌体系指砖砌门蹲、房上烟囱、地垅墙、水槽、水池脚、垃圾箱、台阶面上矮墙、花台、煤箱、垃圾箱、容积在 3 m^3 内的水池、大小便槽(包括踏步)、阳台栏板等砌体。

(12)砖砌围墙如设计为空斗墙、砌块墙时，应按相应定额执行，其基础与墙身除定额注明外应分别套用定额。

(13)蒸压加气混凝土砌块根据施工方法的不同，分为普通砂浆砌筑蒸压加气混凝土(指主要靠普通砂浆或专用砌筑砂浆粘结，砂浆灰缝厚度不超过 15 mm)和薄层砂浆砌筑蒸压加气混凝土(简称薄灰砌筑法，使用专用粘结砂浆和专用铁件连接，砂浆灰缝一般 3～4 mm)。定额分别按蒸压加气混凝土砌块和蒸压砂加气混凝土砌块列入子目，实际砌块种类与定额不同时，可以替换。

(二)砌石

(1)定额分为毛石、方整石砌体两种。毛石系指无规则的乱毛石，方整石系指已加工好有面、有线的商品方整石(方整石砌体不得再套打荒、錾凿、剁斧定额)

(2)毛石、方整石零星砌体按窗台下墙相应定额执行，人工乘系数1.10。毛石地沟、水池按窗台下石墙定额执行。毛石、方整石围墙按相应墙定额执行。砌筑圆弧形基础、墙(含砖、石混合砌体)，人工按相应项目乘系数1.10，其他不变。

(三)构筑物

砖烟囱毛石砌体基础按水塔的相应定额执行。

(四)基础垫层

(1)整板基础下垫层采用压路机 碾压时，人工乘以系数0.9，垫层材料乘以系数1.15，增加光轮压路机(8 t)0.022台班，同时扣除定额中的电动夯实机台班(已有压路机的子目除外)。

(2)混凝土垫层应另行执行第六章相应子目。

二、砌筑定额工程量计算规则

(一)砌筑工程量一般规则

(1)计算墙体工程量时，应扣除门窗、洞口、嵌入墙身的钢筋砼柱、梁、圈梁、挑梁、过梁及凹进墙内的壁龛、管槽、暖气槽、消火栓箱所占体积，不扣除梁头、板头、檩头、垫木、木楞头、沿椽木、木砖、门窗走头、砖墙内加固钢筋、木筋、铁件、钢管及单个面积不大于0.3 m^2 的孔洞等所占的体积。突出墙面的腰线、挑檐、压顶、窗台线、虎头砖、门窗套的体积亦不增加。凸出墙面的砖垛并入墙体体积内计算。

(2)附墙烟囱、通风道、垃圾道按其外型体积并入所依附的墙体积内合并计算，不扣除每个横截面在0.1 m^2 内的孔洞体积。

(二)墙体厚度计算规定

(1)多孔砖、空心砖墙、加气混凝土、硅酸盐砌块、小型空心砌块墙均按砖或砌块的厚度计算，不扣除砖或砌块本身的空心部分体积。

(2)标准砖墙计算厚度见下表6－11。

表6－11　标准砖墙厚度计算表

标准砖	1/4	1/2	3/4	1	3/2	2
砖墙计算厚度/mm	53	115	178	240	365	490

(三)基础与墙身的界限划分

(1)基础与墙身采用同一种材料时，以设计室内地面为界(有地下室的，以地下室室内设计地面为界)。以下为基础，以上为墙身，如图6－21(a)所示。

(2)基础与墙身使用不同材料时，若两种材料的交界处在设计室内地面±300 mm以内时，以交界处为分界线，如图6－21(b)所示；若超过±300 mm时，以设计室内地面为分界线，如图6－21(c)所示。

(3)砖、石围墙，以设计室外地坪为分界线，以下为基础，以上为墙身。

(四)砖、石基础长度的确定

(1)外墙墙基按外墙中心线长度计算。

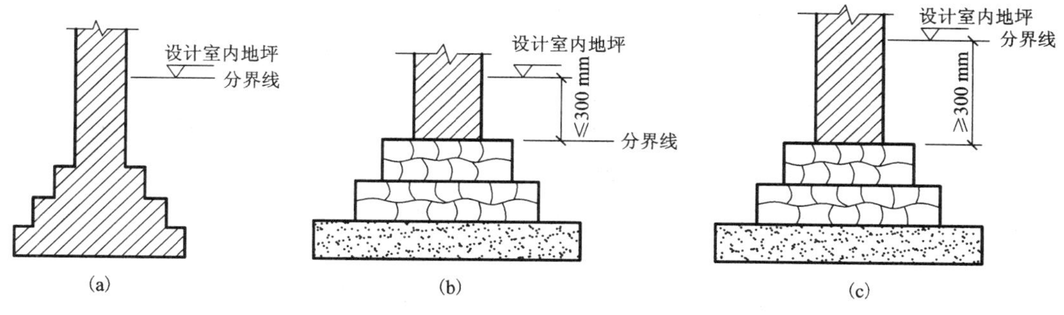

图 6－21　基础与墙身的分界线

(2)内墙墙基按内墙基最上一步净长度计算。注意：遇有偏轴线时，应将轴线移为中心线计算。

基础大放脚 T 形接头处重叠部分以及嵌入基础的钢筋、铁件、管道、基础防水砂浆防潮层、通过基础单个面积在 0.3 m^2 以内孔洞所占的体积不扣除，但靠墙暖气沟的挑檐亦不增加。附墙垛基础宽出部分体积，并入所依附的基础工程量内。

(四)墙体高度与长度的确定

1．外墙高度

下起点为基础与墙身的分界线，上止点分以下几种情况考虑：

(1)平屋面算至钢筋混凝土板底，如图 6－22(a)、图 6－22(b)所示；

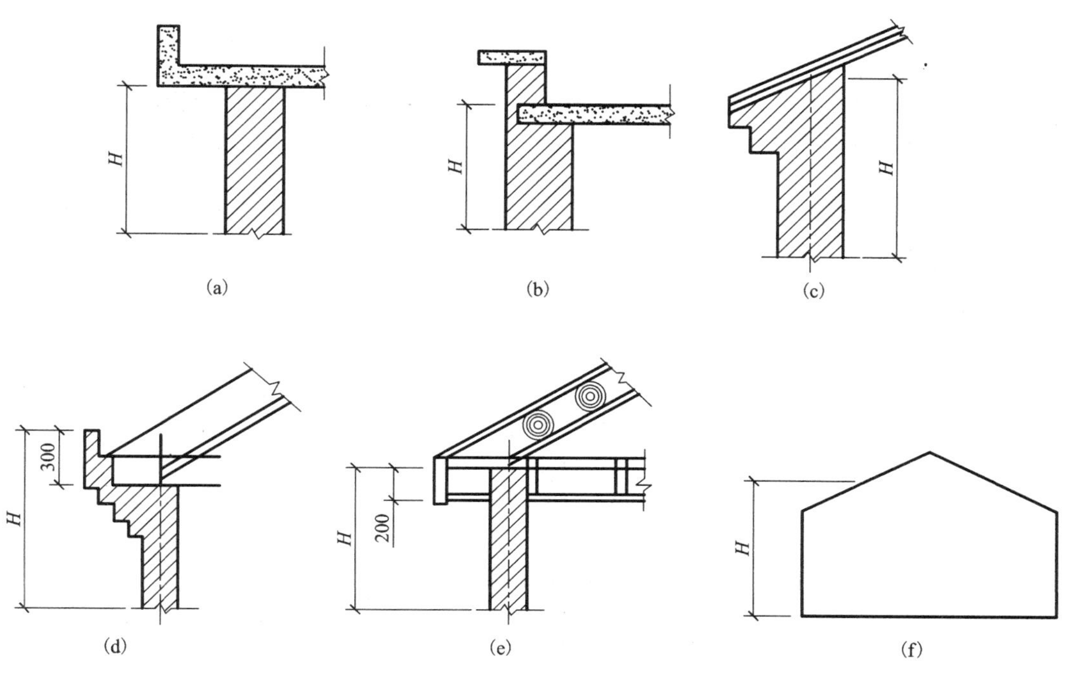

图 6－22　外墙高度示意图

(2)坡屋面无檐口顶棚者算至屋面板底，如图 6－22(c)所示；

(3)有屋架无顶棚者算至屋架下弦底加 300 mm，出檐宽度超过 600 mm 时按实砌高度计算，如图 6－22(d)所示；

(4)有屋架且室内外均有顶棚者，高度算至屋架下弦底加 200 mm，如图 6－22(e)所示；

(5)山墙高度按其平均高度计算，如图 6－22(f)所示；

(6)女儿墙高度自外墙顶面算至混凝土压顶底部，如图 6－23 所示；

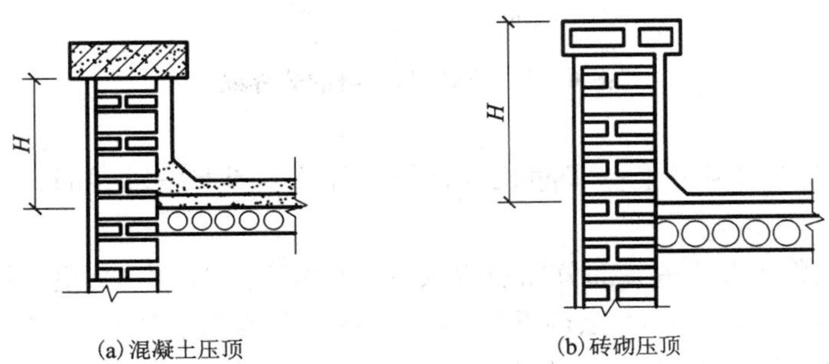

图 6－23　女儿墙高度示意图

2. 内墙高度

下起点以楼板面为起点(底层为基础与墙身的分界线)，上止点分为以下几种情况考虑：

(1)位于屋架下弦者，算至屋架下弦底，如图 6－24(a)所示；

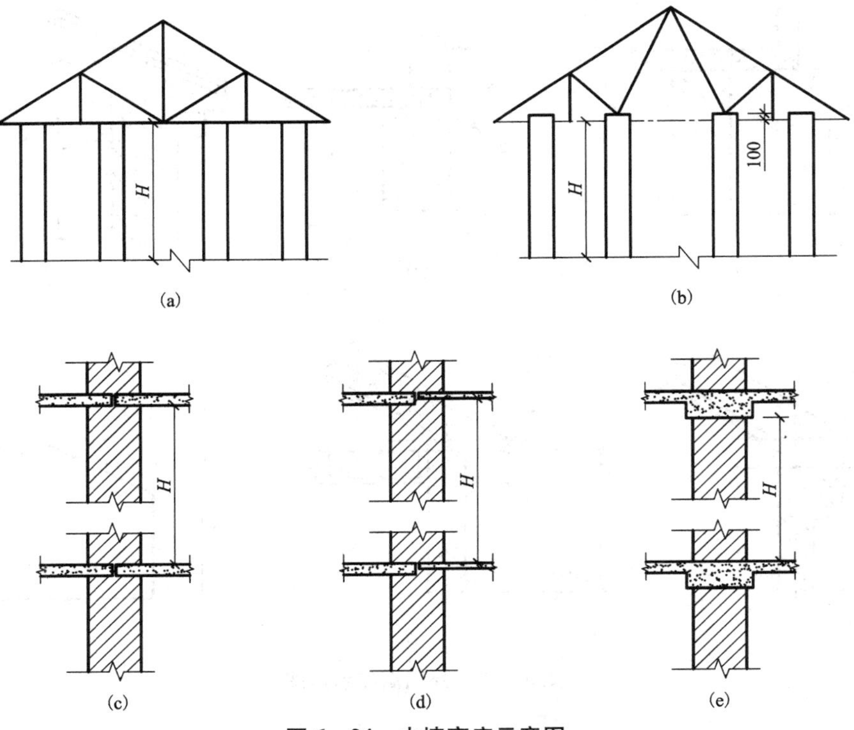

图 6－24　内墙高度示意图

(2)无屋架者算至顶棚底另加 100 mm，如图 6－24(b)所示；

(3)有钢筋混凝土楼板隔层者，算至楼板底，如图 6－24(c)所示；

(4)不同板厚压在同一个墙上时，按平均高度计算，如图 6－24(d)所示；

(5)位于梁下的内墙高度算至梁底面，如图 6－24(e)所示。

3. 墙身长度

(1)外墙长度：按设计外墙中心线长度计算；

(2)内墙长度：按设计墙间净长计算；

(3)女儿墙长度：按女儿墙中心线长度计算。

三、砌筑工程量的计算及应用

1. 基础

概念回顾：砖基础一般采用台阶形式向下逐级放大，形成阶梯形，砖基础是由基础墙和大放脚组成。基础大放脚一般采用每两皮挑出 1/4 砖(等高式大放脚)或二皮与一皮间隔挑出 1/4 砖(不等高式大放脚)两种形式，如图 6－25 所示。

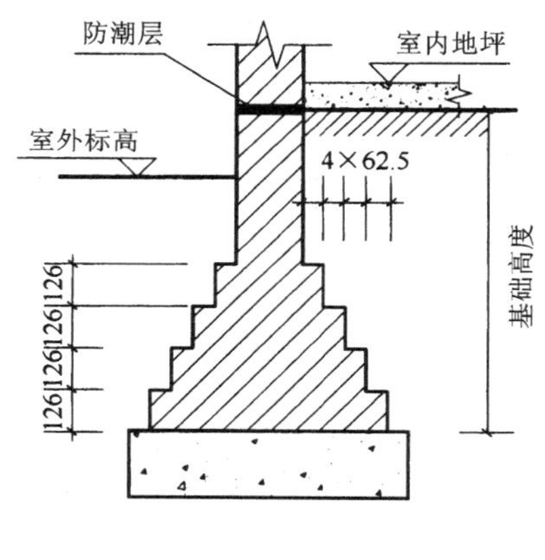

(a)等高大放脚砖基础

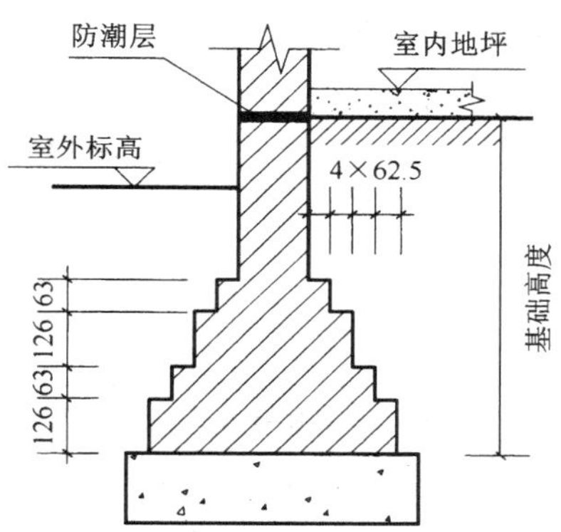

(b)不等高大放脚砖基础

图 6－25　大放脚砖基础

计算原则：各种基础均以图示尺寸按立方米计算体积。

$$基础砌筑工程量 = S_{外墙基础断面} \times L_{中} + S_{内墙基础断面} \times L_{内} - V_{扣除} + V_{增加}$$

其中：$V_{扣除}$指面积在0.3 m^2以上的孔洞、伸入墙体的混凝土构件(梁、柱)的体积；$V_{增加}$指附墙垛、基础宽出的部分体积。

注意：不扣除基础大放脚 T 形接头所占体积(如图 6－26 所示)，靠墙处的重叠部分及嵌入基础内的钢筋、铁件、管道、基础砂浆防潮层和单个面积≤0.3 m^2的孔洞、暖气沟的挑檐不增加。

砖基础断面面积 = 基础墙厚度 × 基础高度 + 大放脚折算断面面积

　　　　　　　= 基础墙厚度 ×(基础高度 + 大放脚折加高度)

大放脚折加高度和大放脚折算断面面积如图 6－27 所示，数值可查表 6－12。

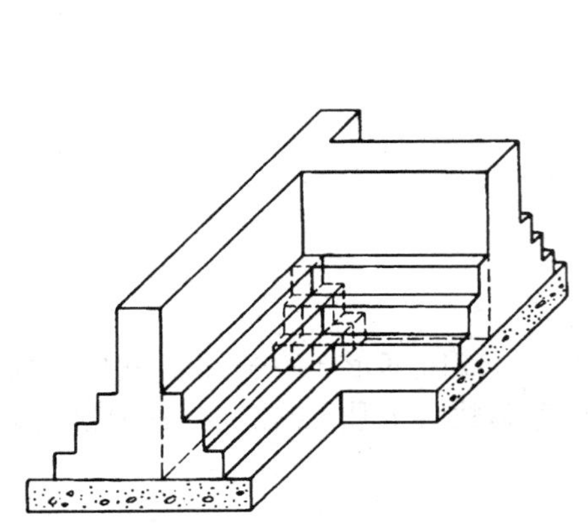

图 6－26　基础大放脚 T 形接头处

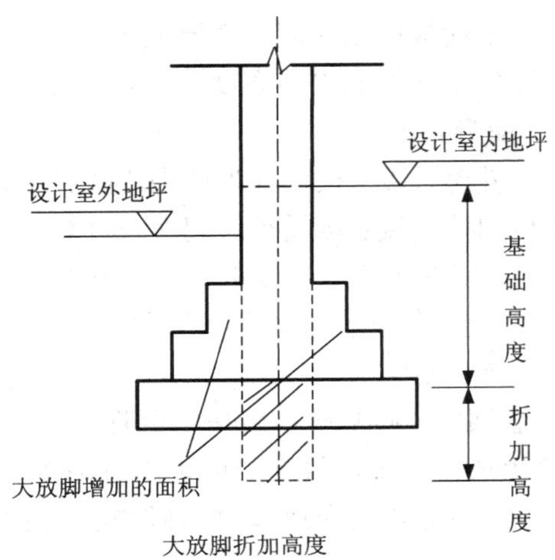

图 6－27　大放脚折加高度和大放脚折算断面面积

表 6－12　标准砖大放脚折加高度

放脚层数	折加高度/m								增加断面面积/m^2	
	11.5		24		36.5		49		等高	不等高
	等高	不等高	等高	不等高	等高	不等高	等高	不等高		
1	0.137	0.137	0.066	0.066	0.043	0.043	0.032	0.032	0.01575	0.01575
2	0.411	0.342	0.197	0.164	0.129	0.108	0.096	0.080	0.04725	0.03938
3			0.394	0.328	0.259	0.216	0.193	0.161	0.0945	0.07875
4			0.656	0.525	0.432	0.345	0.321	0.253	0.1575	0.1260
5			0.984	0.788	0.647	0.518	0.482	0.380	0.2363	0.1890
6			1.378	1.083	0.906	0.712	0.672	0.580	0.3308	0.2599
7			1.838	1.444	1.208	0.949	0.900	0.707	0.441	0.3465
8			2.363	1.838	1.553	1.208	1.157	0.900	0.567	0.4411

例 6－10　某工程基础平面图和剖面图如图 6－28 所示，已知该工程土壤为二类土，试计算该砖基础工程量。

解：(1)计算基数

$$L_{中}=(11.40+0.5-0.37+9.90+0.5-0.37)\times2=43.12(\mathrm{m})$$

$$L_{内}=(4.8-0.12\times2)\times4+(9.9-0.12\times2)\times2=37.56(\mathrm{m})$$

(2)计算基础体积

基础体积＝墙厚×(设计基础高度＋折加高度)×基础长度

基础设计高度为 1.40－0.20＝1.20 m，内、外墙均采用等高三层砌筑方法，基础墙厚分

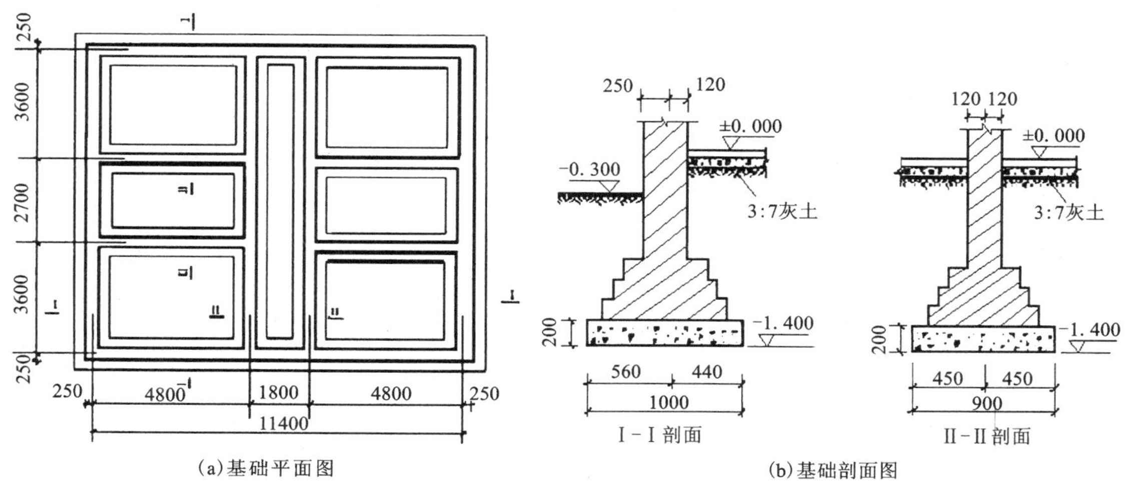

(a)基础平面图　　(b)基础剖面图

图6－28　【例6－10】附图

别为0.24 m和0.365 m，查表，知其折加高度分别是0.394 m和0.259 m。

外墙基础体积　$V_{中}=0.365\times(1.20+0.259)\times43.12=22.96(\text{m}^3)$

内墙基础体积　$V_{内}=0.24\times(1.20+0.394)\times37.56=14.37(\text{m}^3)$

$$V_{总}=22.96+14.37=37.33\ \text{m}^3$$

2. 墙体

计算原则：各种砌砖、砌石、砌块的墙体以图示尺寸按立方米计算体积；轻质墙板按设计图示尺寸以平方米计算面积。应扣除部分增加凹进墙体内的壁龛、管槽、暖气槽、消火栓箱所占体积；不扣除0.3 m^{2}以下调整为不大于0.3 m^2；凸出墙体的腰线、挑檐不论三皮砖以内。

$$砌体墙工程量砌筑工程量=(墙体长度\times墙体高度-S_{扣})\times墙体设计厚度$$

其中：$S_{扣}$指门窗洞口、过梁、嵌入墙身的钢筋混凝土柱、梁所占墙体的面积。

例6－11　已知某建筑物平面图和剖面图如图6－29所示，三层，层高均为3.0 m，标准砖墙，内外墙厚均为240 mm；外墙有女儿墙，高900 mm，厚240 mm；现浇钢筋混凝土楼板，屋面板厚度均为120 mm。门窗洞口尺寸：M1：1400 mm×2700 mm，M2：1200 mm×27000 mm，C1：1500 mm×1800 mm，（二、三层M1换成C1）。门窗上设置圈梁兼过梁，240 mm×180 mm，计算墙体工程量，并确定综合单价。

解：(1)计算工程量

$$L_{中}=(3.6\times3+5.8)\times2=33.2\ \text{m}$$

$$L_{内}=(5.8-0.24)\times2=11.12\ \text{m}$$

240砖外墙工程量$=\{33.2\times[3-(0.18+0.12)]\times3-1.4\times2.7-1.5\times1.8\times17\}\times0.24=52.62\ \text{m}^3$

240砖内墙工程量$=[11.12\times(3-0.12)\times3-1.2\times2.7\times6]\times0.24=18.39\ \text{m}^3$

240砖砌女儿墙工程量$=33.2\times0.9\times0.24=7.17\ \text{m}^3$

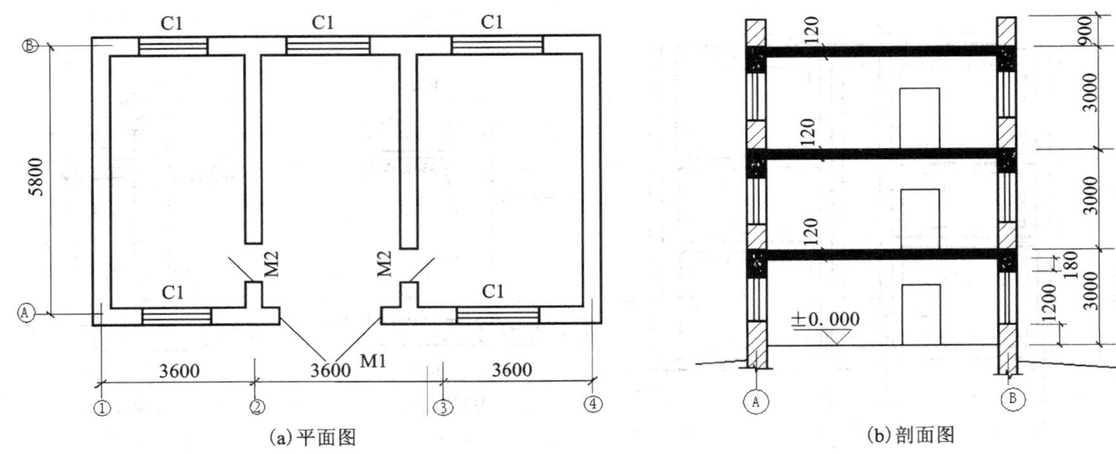

(a)平面图　(b)剖面图

图 6－29　【例 6－11】附图

(2)确定综合单价

1 砖外墙和女儿墙套 4－35，综合单价为 442.66 元/m^3

1 砖内墙套 4－41，综合单价为 426.57 元/m^3

3. 框架间砌体

(1)框架间墙不分内外墙(砌块墙、多孔砖墙等定额不分内外墙而框架间墙已基本不用标准砖砌体，故不考虑砖砌内外墙)；

(2)框架外表面镶贴砖部分，按零星砌砖子目计算(原并入墙体)；

4. 空斗墙、空花墙、围墙

(1)空斗墙，按设计图示尺寸以空斗墙外形体积计算。墙角、内外墙交接处、门窗洞口立边、窗台砖、屋檐处的实砌部分体积，并入空斗墙体积内。空斗墙的窗间墙、窗台下、楼板下、梁头下等的实砌部分，按零星砌砖子目执行。

(2)空花墙，按设计图示尺寸以空花部分的外形体积计算，不扣除空洞部分体积。空花墙外有实砌墙，其实砌部分应以体积另列项目计算。

(3)围墙，按设计图示尺寸以体积计算，其围墙附垛、围墙柱及砖压顶应并入墙身体积内；砖围墙上有混凝土花格、混凝土压顶时，混凝土花格及压顶应按混凝土工程相应子目计算，其围墙高度算至混凝土压顶下表面。

5. 填充墙

按设计图示尺寸以填充墙外形体积计算，其实砌部分及填充料已包括在定额内，不另计算。

6. 砖柱

按设计图示尺寸以体积计算。扣除混凝土及钢筋混凝土梁垫、梁头、板头所占体积。砖柱基、柱身不分断面，均以设计体积计算，柱身、柱基工程量合并套“砖柱”定额。柱基与柱身砌体品种不同时，应分开计算并分别套用相应定额。

矩形砖柱柱基计算公式：

$$V_{矩} = A \times B \times H + V_{放}$$

其中：$V_{矩}$为矩形砖柱砖基础工程量(m^3)；A、B为矩形砖柱截面的长、宽尺寸(m)；H为矩形砖柱砖基础高度。自矩形砖柱砖基础大放脚底面至砖基础顶面(即分界面)的高度(m)；$V_{放}$为矩形砖柱柱基大放脚折算体积(m^3)查表。

7. 砖砌地下室墙身及基础

按设计图示以体积计算，内、外墙身工程量合并计算按相应内墙定额执行。墙身外侧面砌贴砖按设计厚度以体积计算。

8. 钢筋砖过梁

加气混凝土、硅酸盐砌块、小型空心砌块墙砌体中设计钢筋砖过梁时，应另行计算，套“零星砌砖”子目。

9. 毛石墙、方整石墙

按图示尺寸以体积计算。方整石墙单面出垛并入墙身工程量内，双面出墙垛按柱计算。标准砖镶砌门、窗口立边、窗台虎头砖、钢筋砖过梁等按实砌砖体积另列项目计算，套“零星砌砖”子目。

10. 墙基防潮层

按墙基顶面水平宽度乘以长度以面积计算，有附垛时将附垛面积并入墙基内。

11. 其他砌筑

(1)砖砌台阶按水平投影面积以面积计算。

(2)毛石、方整石台阶均以图示尺寸按体积计算，毛石台阶按毛石基础定额执行。

(3)墙面、柱、底座、台阶的剁斧以设计展开面积计算

(4)砖砌地沟沟底与沟壁工程量合并以体积计算。

(5)毛石砌体打荒、錾凿、剁斧按砌体裸露外表面积计算(錾凿包括打荒，剁斧包括打荒、整凿、錾凿、剁斧不能同时列入)。

12. 基础垫层

(1)基础垫层按设计图示尺寸以立方米计算。

(2)外墙基础垫层长度按外墙中心线长度计算，内墙基础垫层长度按内墙基础垫层净长计算。

6.2.5　钢筋工程

一、定额说明

(1)钢筋工程以钢筋的不同规格、不分品种，按现浇构件钢筋、现场预制构件钢筋、加工厂预制构件钢筋、预应力构件钢筋、点焊网片分别编制定额项目。

(2)钢筋工程内容包括：除锈、平直、制作、绑扎(点焊)、安装以及浇灌砼时维护钢筋用工。

(3)钢筋搭接所耗用的电焊条、电焊机、铅丝和钢筋余头损耗已包括在定额内，设计图纸注明的钢筋接头长度以及未注明的钢筋接头按规范的搭接长度应计入设计钢筋用量中。

(4)先张法预应力构件中的预应力、非预应力钢筋工程量应合并计算，按预应力钢筋相应项目执行；后张法预应力构件中的预应力钢筋、非预应力钢筋应分别套用定额。

(5)预制构件点焊钢筋网片已综合考虑了不同直径点焊在一起的因素，如点焊钢筋直径粗细比在两倍以上时，其定额工日按该构件中主筋的相应子目乘系数1.25，其他不变(主筋

是指网片中最粗的钢筋）。

(6)粗钢筋接头采用电渣压力焊、套管接头、锥螺纹等接头者，应分别执行钢筋接头定额。计算了钢筋接头不能再计算钢筋搭接长度。

(7)非预应力钢筋不包括冷加工，设计要求冷加工时，应另行处理。预应力钢筋设计要求人工时效处理时，应另行计算。

(8)后张法钢筋的锚固是按钢筋帮条焊V型垫块编制的，如采用其他方法锚固时，应另行计算。

(9)对构筑物工程，其钢筋可按表6－13所列系数调整定额中人工和机械用量。

表6－13　构筑物人工、机械调整系数表

<table>
<tr><td>项目</td><td colspan="6">构筑物</td></tr>
<tr><td rowspan="2">系数范围</td><td rowspan="2">烟囱烟道</td><td rowspan="2">水塔水箱</td><td colspan="2">贮仓</td><td rowspan="2">栈桥通廊</td><td rowspan="2">水池油池</td></tr>
<tr><td>矩形</td><td>圆形</td></tr>
<tr><td>人工机械调整系数</td><td>1.70</td><td>1.70</td><td>1.25</td><td>1.50</td><td>1.20</td><td>1.20</td></tr>
</table>

(10)钢筋制作、绑扎需拆分者，制作按45%、绑扎按55%拆算。

(11)钢筋、铁件在加工厂制作时，由加工厂至现场的运输费应另列项目计算。在现场制作的不计算此项费用。

(12)铁件是指质量在50 kg以内的预埋铁件。

(13)管桩与承台连接钢筋和钢板分别按钢筋笼和铁件执行。

(14)后张法预应力钢丝束、钢绞线束不分单跨、多跨以及单向双向布筋，当构件长在60 m以内时，均按定额执行。定额中预应力筋按直径5 mm的碳素钢丝或直径15～15.24 mm的钢绞线编制的，采用其他规格时另行调整。定额按一端张拉考虑，当两端张拉时，有粘结锚具基价乘以系数1.14，无粘结锚具乘系数1.07。使用转角器张拉的锚具定额人工及机械乘以系数1.1。当钢绞线束用于地面预制构件时，应扣除定额中张拉平台摊销费。单位工程后张法预应力钢丝束、钢绞线束设计用量在3 t以内时，且设计总用量在30 t以内时，定额人工及机械台班有粘结张拉乘系数1.63；无粘结张拉乘系数1.80。

(15)本定额无粘结钢绞线束以净重计量，若以毛重（含封油包塑的重量）计量时，按净重与毛重之比1∶1.08进行换算。

(16)增补010516004钢筋电渣压力焊接头：

项目编码	项目名称	项目特征	计量单位	工程量计算规则	工作内容
010516004	钢筋电渣压力焊接头	钢筋类型、规格	个	按数量计算	1. 接头清理 2. 焊接固定。

二、钢筋工程定额工程量规则

编制预算时，钢筋工程量可暂按构件体积（或水平投影面积、外围面积、延长米）×钢筋含量计算，详见《2014江苏省定额》附录一。结算工程量应按设计图示、标准图集和规范要求计算；当设计图示、标准图集和规范要求不明确时按以下规则计算。

（一）一般规则

（1）钢筋工程应区别现浇构件、预制构件、加工厂预制构件、预应力构件、点焊网片等以及不同规格分别按设计展开长度（展开长度、保护层、搭接长度应符合规范规定）乘理论重量以吨计算。

（2）计算钢筋工程量时，搭接长度按规范规定计算。当梁、板（包括整板基础）$\phi 8$ 以上的通筋未设计搭接位置时，预算书暂按 9 m 一个双面电焊接头考虑，结算时应按钢筋实际定尺长度调整搭接个数，搭接方式按已审定的施工组织设计确定。

（3）先张法预应力构件中的预应力和非预应力钢筋工程量应合并按设计长度计算，按预应力钢筋定额（梁、大型屋面板、F 板执行 $\phi 5$ 外的定额，其余均执行 $\phi 5$ 内定额）执行。后张法预应力钢筋与非预应力钢筋分别计算，预应力钢筋按设计图规定的预应力钢筋预留孔道长度，区别不同锚具类型分别按下列规定计算。

①低合金钢筋两端采用螺杆锚具时，预应力钢筋按预留孔道长度减 350 mm、螺杆另行计算。

②低合金钢筋一端采用墩头插片，另一端螺杆锚具时，预应力钢筋长度按预留孔道长度计算。

③低合金钢筋一端采用墩头插片，另一端采用帮条锚具时，预应力钢筋增加 150 mm，两端均用帮条锚具时，预应力钢筋共增加 300 mm 计算。

④低合金钢筋采用后张砼自锚时，预应力钢筋长度增加 350 mm 计算。

⑤低合金钢筋（钢绞线）采用 JM、XM、QM 型锚具，孔道长度不大于 20 m 时，钢筋长度增加 1 m 计算，孔道长度大于 20 m 时，钢筋长度增加 1.8 m 计算。

⑥碳素钢采用锥形锚具，孔道长度不大于 20 m 时，钢筋长度增加 1 m 计算，孔道长度大于 20 m 时，钢筋长度增加 1.8 m 计算。

⑦碳素钢丝采用镦头锚具，钢丝束长度按孔道长度增加 0.35 m 计算。

（4）电渣压力焊、锥螺纹、套管挤压等接头以“个”计算。预算书中，底板、梁暂按 8 m 长一个接头的 50% 计算；柱按自然层每根钢筋 1 个接头计算。结算时应按钢筋实际接头个数计算。

（5）地脚螺栓制作、端头螺杆螺帽按设计尺寸以质量计算。

（6）植筋按设计数量以根数计算，无设计时按审定施工组织设计确定。

（7）桩顶部破碎砼后主筋与底板钢筋焊接分别分为灌注桩、方桩（离心管桩按方桩）以桩的根数计算。每根桩端焊接钢筋根数不调整。

（8）在加工厂制作的铁件（包括半成品铁件）、已弯曲成型钢筋的场外运输按吨计算。各种砌体内的钢筋加固分绑扎、不绑扎按吨计算。

（9）混凝土柱中埋设的钢柱，其制作、安装应按相应的钢结构制作、安装定额执行。

（10）基础中钢支架、预埋铁件的计算：

①基础中，多层钢筋的型钢支架、垫铁、撑筋、马凳等按已审定的施工组织设计合并用量计算，按金属结构中的钢平台制、安定额执行；现浇楼板中设置的撑筋按已审定的施工组织设计用量与现浇构件钢筋用量合并计算。

②铁件按设计尺寸以质量计算，不扣除孔眼、切肢、切角、切边的质量，在计算不规则或

多边形钢板质量时均以矩形面积计算。

③预制柱上钢牛腿按铁件以吨计算。

(11)后张法预应力钢丝束、钢绞线束按设计图纸预应力筋的结构长度(即孔道长度)加操作长度之和乘钢材理论重量计算(无粘结钢绞线封油包塑的重量不计算),其操作长度按下列规定计算;

①钢丝束采用镦头锚具时,不论一端张拉或两端张拉均不增加操作长度(即:结构长度等于计算长度)。

②钢丝束采用锥形锚具时,一端张拉为1.0 m,两端张拉为1.6 m。

③有粘结钢绞线采用多根夹片锚具时,一端张拉为0.9 m,两端张拉为1.5 m。

④无粘结预应力钢绞线采用单根夹片锚具时,一端张拉为0.6 m,两端张拉为0.8 m。

⑤用转角器张拉及特殊张拉的预应力筋,其操作长度应按实计算。

(12)当曲线张拉时,后张法预应力钢丝束、钢绞线计算长度可按直线长度乘下列系数确定:梁高1.50 m内,乘1.015:梁高在1.50 m以上,乘1.025;10 m以内跨度的梁,当矢高650 mm以上时,乘1.02。

(13)后张法预应力钢丝束、钢绞线锚具,按设计规定所穿钢丝或钢绞线的孔数计算(每孔均包括了张拉带和固定端的锚具),波纹管按设计图示以延长米计算。

三、钢筋工程定额工程量计算及应用

(一)钢筋工程量计算步骤

钢筋工程量,区分不同钢筋种类和规格,分别按设计长度乘以相应的单位理论重量以"吨"为单位计算。

(1)根据构件结构配筋图或者按照钢筋混凝土构件的平法标注,依次计算各种构件不同种类和规格的钢筋的总长度。

(2)把各种构件的不同种类和规格的钢筋长度汇总,得到各种不同种类和规格钢筋的总长度。

(3)用不同种类和规格的钢筋总长度分别乘以相应的单位理论重量(常见钢筋理论重量见表6-14),得到各种种类和规格的钢筋重量。

(4)具体计算公式:

钢筋工程量=钢筋长度×线密度(钢筋单位理论质量)

其中钢筋线密度(钢筋单位理论质量)$=0.006165\times d^2$(d为钢筋直径)

钢筋长度=构件长度(高度)-混凝土保护层厚度+弯钩增加长度+弯起增加长度
+锚固增加长度+搭接增加长度

(二)常用钢筋混凝土构件的钢筋种类

(1)受力钢筋,又叫主筋,配置在构件的受弯、受拉、偏心受压或受拉区以承受拉力。

(2)架立钢筋,又叫构造筋,一般按构造要求配置,如2ϕ12,用来固定箍筋以形成钢筋骨架,一般在梁上部。

(3)箍筋,箍筋形状如一个箍,在梁和柱子中使用,它一方面起着抵抗剪力的作用;另一方面起固定主筋和架立钢筋位置的作用。它垂直于主筋设置,在梁中与受力筋、架立筋组成钢筋骨架,在柱中与受力筋组成钢筋骨架。

表6－14 常见钢筋理论重量表

直径	光圆钢筋		带肋钢筋	
	截面积/cm^2	单位理论质量	截面积/cm^2	单位理论质量
5	0.196	0.154		
6	1.283	0.222		
6.5	0.332	0.260		
8	0.503	0.395		
10	0.785	0.617	0.785	0.617
12	1.130	0.888	1.130	0.888
14	1.539	1.210	1.540	1.21
16	2.011	1.580	2.00	1.58
18	2.545	2.00	2.54	2.00
20	3.142	2.470	3.14	2.47
22	3.801	2.98	3.8	2.98
25	4.909	3.85	4.91	3.85
28	15.158	4.83	6.16	4.83

(4)分布筋。在板中垂直于受力筋，以保证受力钢筋位置并传递内力。它能将构件所受的外力分布于较广的范围，以改善受力情况。

(5)附加钢筋。因构件几何形状或受力情况变化而增加的附加筋，如吊筋、鸭筋等。

(三)钢筋的混凝土保护层

钢筋的混凝土保护层是指钢筋外皮至混凝土构件表面之间的混凝土层。钢筋保护层厚度，设计有规定的，按设计规定计算；设计无规定的，可按下表6－15用。

表6－15 钢筋的混凝土保护层厚度

环境类别	板、墙	梁、柱
一	15	20
二a	20	25
二b	25	35
三a	30	40
三b	40	50

混凝土结构的常用环境类别：

一类：室内干燥环境；无侵蚀性静水浸没环境。

二类a：室内潮湿环境；非严寒和非寒冷地区的露天环境；非严寒和非寒冷地区与无侵蚀

性的水或土壤直接接触的环境；寒冷和严寒地区的冰冻线以下与无侵蚀性的水或土壤直接接触的环境。

二类 b：干湿交替环境；水位频繁变动环境，严寒和寒冷地区的露天环境；严寒和寒冷地区的冰冻线以上与无侵蚀性的水或土壤直接接触的环境。

三类 a：严寒和寒冷地区冬季水位变动区环境；受除冰岩影响环境；海风环境。

三类 b：盐渍土环境；受除冰岩作用环境；海岸环境。

（四）钢筋的锚固

纵向受拉钢筋抗震锚固长度，按表 6－16、表 6－17、表 6－18 计算。

表 6－16　受拉钢筋基本锚固长度 Lab、LabE

钢筋种类	抗震等级	混凝土强度等级								
		C20	C25	C30	C35	C40	C45	C50	C55	≥C40
HPB300	一、二级（L_{abE}）	$45d$	$39d$	$35d$	$32d$	$29d$	$28d$	$26d$	$25d$	$24d$
	三级（L_{abE}）	$41d$	$36d$	$32d$	$29d$	$26d$	$25d$	$24d$	$23d$	$22d$
	四级（L_{abE}） 非抗震（L_{ab}）	$39d$	$34d$	$30d$	$28d$	$25d$	$24d$	$23d$	$22d$	$21d$
HPB335 HRBF335	一、二级（L_{abE}）	$44d$	$38d$	$33d$	$31d$	$29d$	$26d$	$25d$	$24d$	$24d$
	三级（L_{abE}）	$40d$	$35d$	$31d$	$28d$	$26d$	$24d$	$23d$	$22d$	$22d$
	四级（L_{abE}） 非抗震（L_{ab}）	$38d$	$33d$	$29d$	$27d$	$25d$	$23d$	$22d$	$21d$	$21d$
HRB400 HRBF400 RRB400	一、二级（L_{abE}）	—	$46d$	$40d$	$37d$	$33d$	$12d$	$31d$	$30d$	$29d$
	三级（L_{abE}）	—	$42d$	$37d$	$34d$	$30d$	$29d$	$28d$	$27d$	$26d$
	四级（L_{abE}） 非抗震（L_{ab}）	—	$40d$	$35d$	$32d$	$29d$	$28d$	$27d$	$26d$	$25d$
HPB500 HRBF500	一、二级（L_{abE}）	—	$55d$	$49d$	$45d$	$41d$	$39d$	$37d$	$36d$	$35d$
	三级（L_{abE}）	—	$50d$	$45d$	$41d$	$38d$	$36d$	$34d$	$33d$	$32d$
	四级（L_{abE}） 非抗震（L_{ab}）	—	$48d$	$43d$	$39d$	$36d$	$34d$	$32d$	$31d$	$30d$

表 6－17　受拉钢筋锚固长度修正系数 ζ_a

<table>
<tr><td>锚固条件</td><td colspan="2">ξ_a</td><td rowspan="4">—</td></tr>
<tr><td>带肋钢筋的公称直径大于 25</td><td colspan="2">1.10</td></tr>
<tr><td>环氧树脂图层带肋钢筋</td><td colspan="2">1.25</td></tr>
<tr><td>施工过程中易受扰动的钢筋</td><td colspan="2">1.10</td></tr>
<tr><td rowspan="2">锚固区保护层厚度</td><td>$3d$</td><td>0.80</td><td rowspan="2">注：中间时按内插值，d 为锚固钢筋直径</td></tr>
<tr><td>$5d$</td><td>0.70</td></tr>
</table>

表6－18　受拉钢筋锚固长度 L_a、抗震锚固长度 L_{aE}

非抗震	抗震	注：
$L_a=\zeta_a$	$L_{aE}=\xi_{aE}L_a$	1. L_a 且不应小于200。 2. 锚固长度修正系数按右表取用，当多于一项时，可按连乘计算，但不应小于0.6。 3. 抗震锚固长度修正系数 ζ_{aE}，对一二级抗震等级取1.15，对三级抗震系数取1.05，对四级抗震系数取1.00。

（五）钢筋的连接

常用的钢筋的接头方式有下列几种：

1. 焊接接头。钢筋的焊接接头受力可靠，便于布置钢筋，并且节约钢材。焊接接头有闪光对焊、电弧焊两种。（单面焊10d，双面焊5d）

2. 绑扎接头。在钢筋搭接部分的中心两端共三处用铁丝绑扎而成。绑扎接头操作方便，但不结实，因此接头要长一些，要消耗较多钢材。绑扎搭接长度按设计图纸规定计算。设计图纸未注明搭接长度的按规范计算。

3. 机械连接。机械连接是将所要连接的钢筋端头用套丝机套成丝扣，再将带内丝的套筒用扳手把两根带丝扣的钢筋端部连接起来，通过钢筋端部的丝扣与套筒内丝的机械咬合达到连接的目的。这种钢筋连接方式牢固，操作方便，但造价较高。机械连接以个计算。

搭接长度计算中按图中注明的搭接长度计算，图中未注明的受拉钢筋搭接长度可按表6－19计算。实际施工中梁柱钢筋基本都采用焊接接头，钢筋接头采用电渣压力焊或机械接头，其搭接长度不再另行计算，报价中应含接头的价格。

表6－19　受拉钢筋锚固长度修正系数 L_l、L_{lE}

纵向受拉钢筋绑扎搭接长度 L_l，L_{lE}				注：
抗震	非抗震			1. 当直径不同的钢筋搭接时，按直径最小的钢筋计算。
$L_{lE}=\zeta_l L_{aE}$	$L_l=\zeta_l L$			2. 任何情况下不应小于300 mm。
纵向受拉钢筋搭接长度修正系数 ζ_l				3. 式中纵向受拉钢筋搭接长度修正系数，当纵向钢筋搭接接头面积百分率为表的中间值时，可按内插取值。
纵向钢筋搭接接头面积百分率(%)	≤25	50	100	
ζ_l	1.2	1.4	1.6	

（六）钢筋直（弯）、弯钩、圆柱、柱螺旋箍筋及其他长度计算

1. 梁、板为简支，钢筋为Ⅱ、Ⅲ级钢时的计算

（1）直钢筋净长 $=L-2C$，如图6－30所示。

（2）弯起钢筋净长 $=L-2C+2\times0.414H'$，如图6－31所示。

当 θ 为30°时，公式内0.414改为0.268；

当 θ 为60°时，公式内0.414改为0.577。

（3）弯起钢筋两端带直钩净长 $=L-2C+2H''+2\times0.414H''$，如图6－32所示。

当 θ 为30°时，公式内0.414改为0.268；

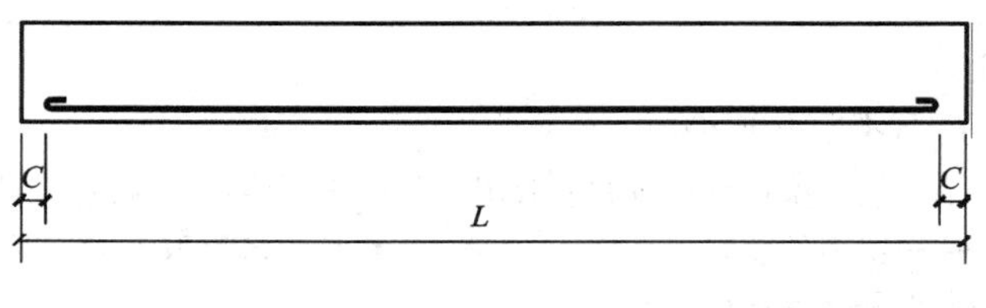

图 6－30　直钢筋图

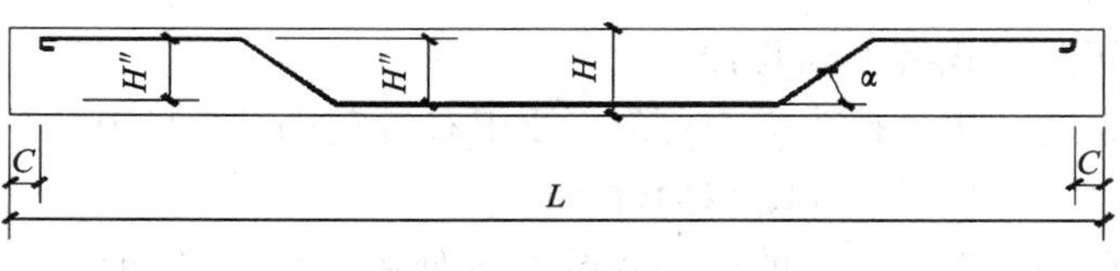

图 6－31　弯起钢筋图

当 θ 为 60°时，公式内 0.414 改为 0.577。

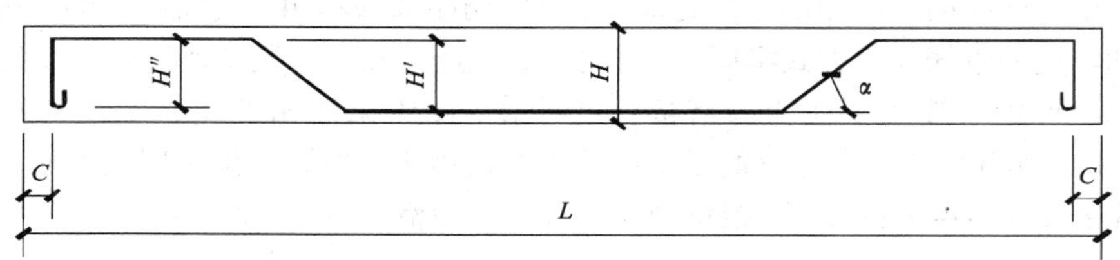

图 6－32　钢筋两端带直钩图

(4)末端需作 90°、135°弯折时，其弯起部分长度按设计尺寸计算。

以上(1)(2)(3)当采用Ⅰ级钢时，除按上述计算长度外，在钢筋末端应设弯钩，每只弯钩增加 6.25d。

2. 钢筋弯钩

钢筋弯钩增加长度根据钢筋弯钩形状来确定，如图 6－33 所示，圆弯钩为 6.25d，直弯钩为 3.5d，斜弯钩为 4.9d。

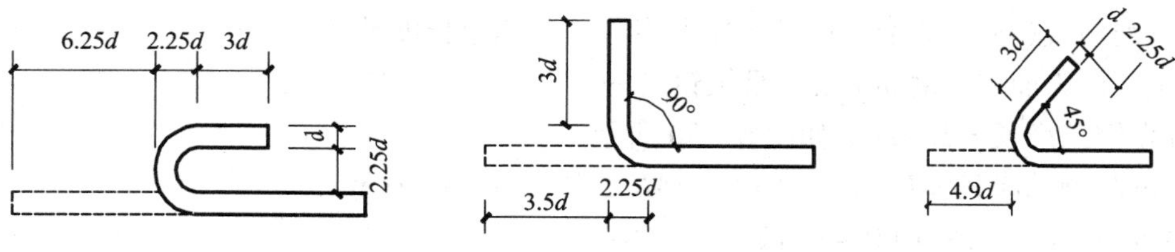

图 6－33　半圆弯钩、直弯钩、斜弯钩

3. 箍筋

箍筋末端应作 135°弯钩，弯钩平直部分的长度 C，一般不应小于箍筋直径的 5 倍；对有抗震要求的结构不应小于箍筋直径的 10 倍，如图 6－34 所示。

当平直部分为 $5d$ 时，箍筋长度 L：$(a-2C+2d)\times2+(b-2C+2d)\times2+14d$；

当平直部分为 $10d$ 时，箍筋长度 L：$(a-2C+2d)\times2+(b-2C+2d)\times2+24d$。

箍筋一般按设计规定的间距设置，箍筋长度计算表达式为：

箍筋长度＝单根箍筋长度×箍筋根数

其中：箍筋根数＝(构件长度－2×钢筋保护层厚度)÷箍筋间距＋1

箍筋长度的计算应按图纸规定计算，无规定时可按下式计算：

1) 双肢箍

双肢箍长度＝构件截面周长－8×保护层厚＋8×箍筋直径＋2×弯钩增加长度

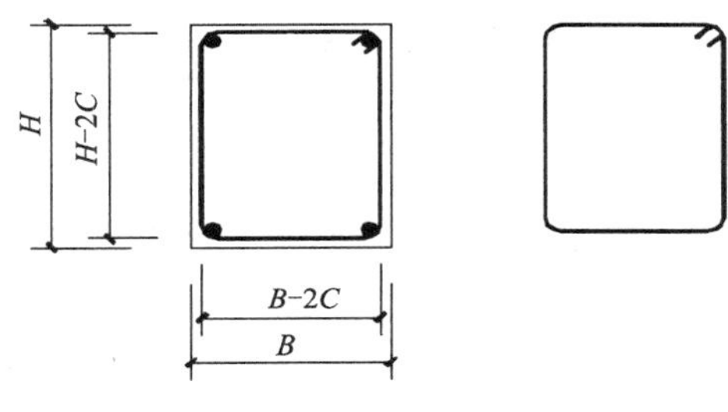

图 6－34　双肢箍筋

2) 四肢箍

四肢箍即两个双肢箍，其长度与构件纵向钢筋根数及其排列有关。如图 6－35 所示，当为两个相同的双肢箍时，可按下式计算：

四肢箍长度＝一个双肢箍长度×2

$$=\left\{[\text{构件宽度}-\text{两端保护层厚度}]\times\frac{2}{3}+\text{构件高度}-\text{两端保护层厚度}\times2+\text{两个弯钩增加长度}\right\}\times2$$

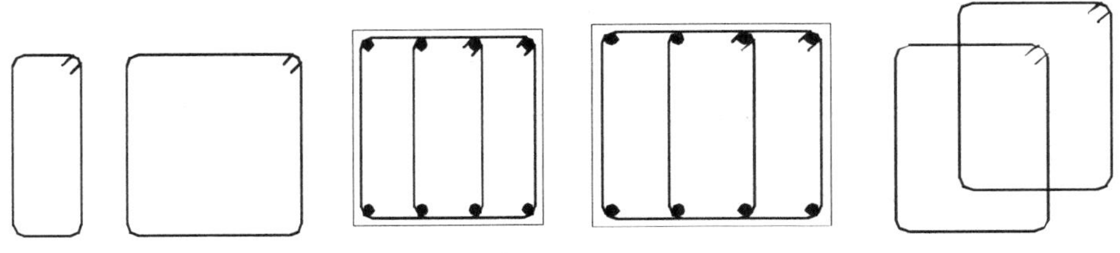

图 6－35　四肢箍筋

3) 螺旋箍筋

$$\text{螺旋箍筋长度}=\sqrt{(\text{螺距})^2+(3.14\times\text{螺旋直径})^2}\times\text{螺旋圈数}$$

4)S 形单肢箍筋

$$每箍长度 = 构件厚度 - 2 \times 混凝土保护层厚度 + 2 \times 弯钩增加长度 + d$$

式中：构件厚度为 S 形单肢箍布箍方向的厚度；d 为箍筋直径。

4．弯起钢筋

常用弯起钢筋的弯起角度有 30°、45°、60°三种，其斜长增加值是指斜长与水平投影长度之间的差值(ΔL)，如图 6－36 所示。弯起钢筋斜长系数见表 6－20 所示。弯起钢筋终弯点外应留有锚固长度，在受拉区不应小于 $20d$，在受压区不应小于 $10d$。

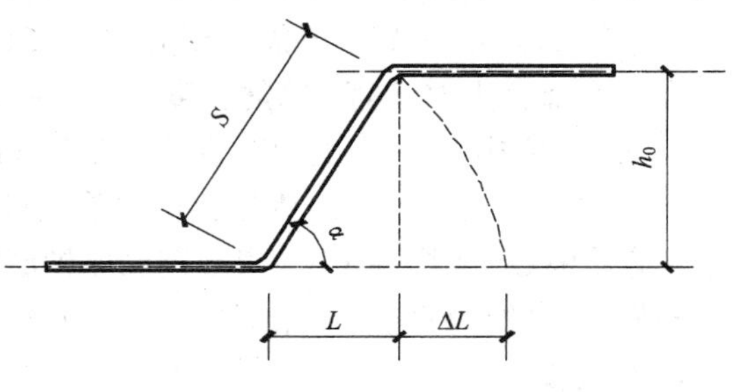

图 6－36　弯起钢筋角度示意图

表 6－20　弯起钢筋斜长系数

弯起角度	S	L	ΔL	
30°	$2.00h_0$	$1.732h_0$	$0.268h_0$	1. h_0 = 混凝土构件高度 − 2 × 保护层厚度 2. 梁高 $h \geqslant 0.8$ m 用 60°，梁高 $h < 0.8$ m 用 45°，板用 30°。
45°	$1.414h_0$	$1.00h_0$	$0.414h_0$	
60°	$1.15h_0$	$0.577h_0$	$0.577h_0$	

弯起钢筋长度 = 构件长 − 两端保护层厚度 + 弯钩增加长度 + 斜长增加值 + 其他需要增加长度

或：

$$L = L_1 - 2c + \Delta L + L_{增}$$

式中：L 为弯起钢筋长度(m)；L_1 构件长度(m)；c 受力主筋的混凝土保护层厚度(m)；ΔL 斜长增加值；$L_{增}$需要增加长度(比如因为支座宽度满足不了钢筋锚固长度的需要而下弯的长度)(m)。

5．箍筋、板筋排列根数计算

箍筋、板筋排列根数 $= \dfrac{L - 100\ \text{mm}}{设计间距} + 1$，但在加密区的根数按设计另增。

上式中 L = 柱、梁、板净长。柱梁净长计算方法同砼，其中柱不扣板厚。板净长指主(次)梁与主(次) 梁之间的净长。计算中有小数时，向上舍入(如：4.1 取 5)。

6．圆桩、柱螺旋箍筋长度计算

$$L = \sqrt{h^2 + (D - 2C + 2d)^2 \pi^2} \times n$$

式中：D = 圆桩、柱直径；C = 主筋保护层厚度；d = 箍筋直径；h = 箍筋间距；n = 箍筋道数 = 柱；桩中箍筋配置长度 ÷ $h + l$。

7．"S"箍(也称拉筋见图 6－37 所示)的计算：

拉筋单根长度：

L = 构件截面宽度 − 2 × 钢筋保护层厚度 + 需增加的长度(取 $10d$，75 mm 中大值)

8．其他

有设计者按设计要求，当设计无具体要求时，按下列规定计算，如图 6－38 所示。

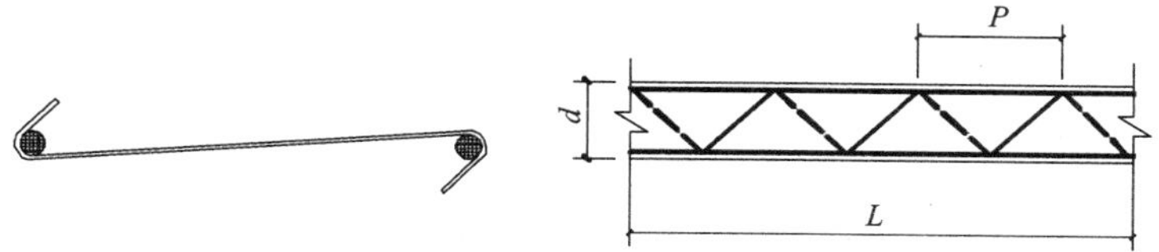

图 6 – 37　拉筋

（七）常见构件钢筋计算

1．独立基础内的钢筋计算

独立柱基通常是在柱基底部双向配置受力钢筋，如图 6 – 39 所示。现浇柱下独立基础的插筋直径、根数和间距应与柱中钢筋相同，下端宜做成直弯钩，放在基础的钢筋网上。当基础高度较大时，仅四角插筋伸至基底。插筋的箍筋与柱中箍筋相同，基础内设置二个。

独立柱基内钢筋长度 = 单根钢筋长度 × 钢筋根数

其中：单根钢筋长度按前述一般直筋长度计算公式计算。

钢筋长度 =（构件截面尺寸 – 2 × 钢筋保护层厚度 + 钢筋弯钩增加长度）

钢筋根数 =（构件截面尺寸 – 2 × 钢筋保护层厚度）÷ 箍筋间距 + 1

钢筋保护层厚度垫层 40 mm，无垫层 70 mm。

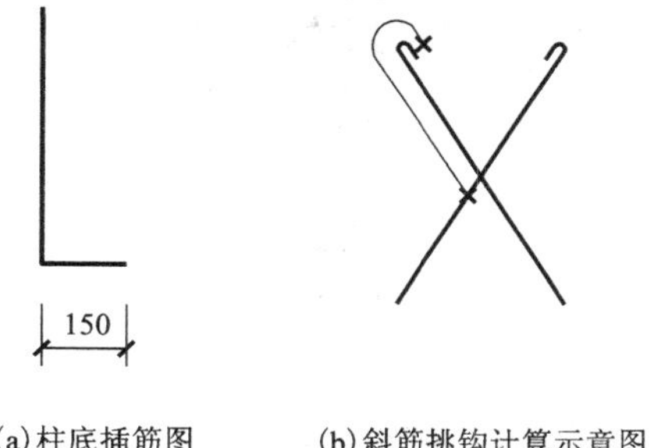

图 6 – 38　(a) 柱底插筋　(b) 斜筋挑钩

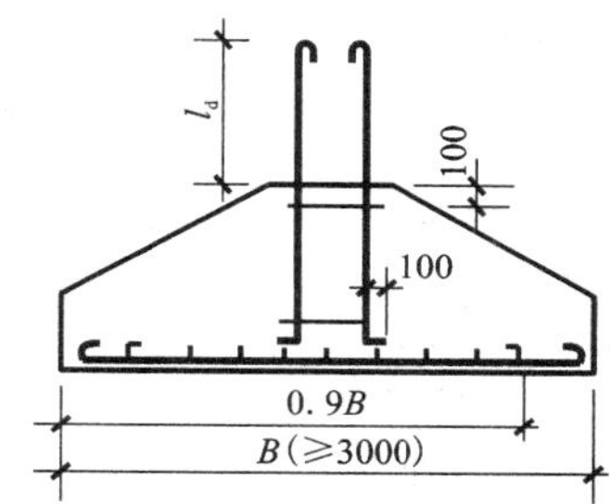

图 6 – 39　现浇柱下独立基础配筋示意图

例 6 – 12　计算如图 6 – 40 所示独立基础内的钢筋工程量。独立基础的数量为 20 个。

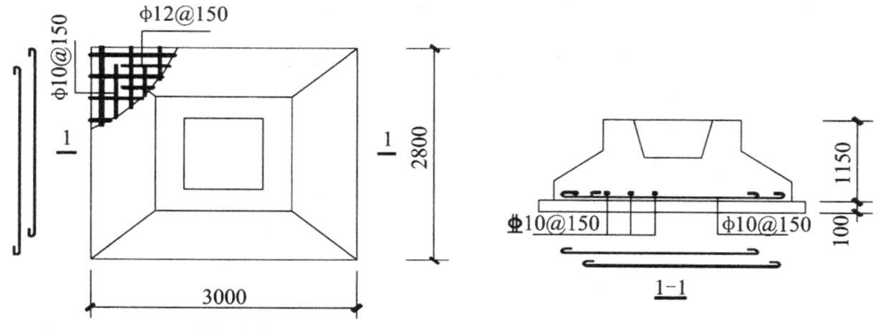

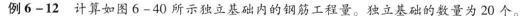

图 6 – 40　例 6 – 12 附图

解：(1) ϕ12@150

长度：3.0－2×0.04＋12.5×0.012＝3.87 m

根数：(2.8－2×0.04)÷0.15＋1＝20 根

质量：3.87×20×20×0.888 ＝1374.624 kg

2. Φ10@150

长度：2.8－2×0.04＋12.5×0.010＝2.845 m

根数：(3.0－2×0.04)÷0.15＋1＝26 根

质量：2.845×26×20×0.617＝912.790 kg

2. 条形基础

(1) 横向受力钢筋的直径，一般为 6～16 mm；间距为 120～250 mm。

(2) 纵向分布钢筋的直径，一般为 5～6 mm；间距为 250～350 mm。

(3) 条形基础的宽度 $B \geqslant 1600$ mm 时，横向受力钢筋的长度可减至 0.9B，交错布置，如图 6－41 所示。

条形基础交接处配筋如图 6－42 所示。L 形交接时，纵横墙受力钢筋重叠布置，该部分分布钢筋取消但需搭接 150；T 形交接时，重叠处横墙受力钢筋排至 1/4 基底处。

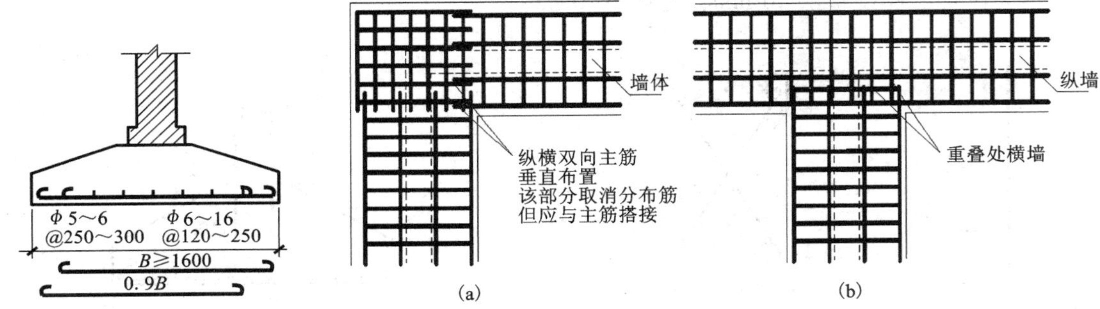

图 6－41　条形基础配筋示意图

图 6－42　条形基础交接处配筋示意图

例 6－13　计算如图 6－43 所示的现浇 C20 条形基础的钢筋工程量。

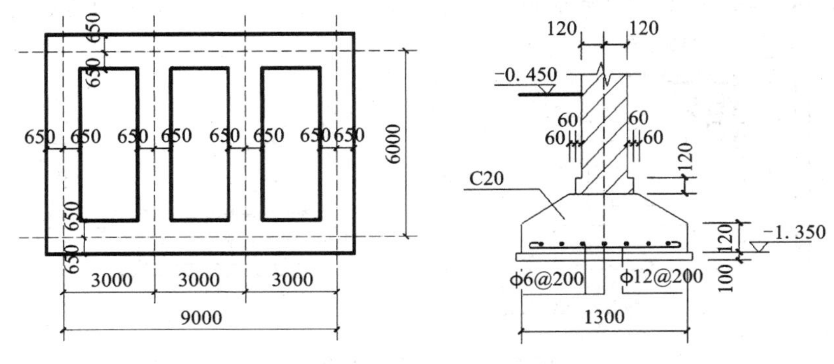

图 6－43　(例 6－13 附图)

解：(1)横向主筋：

ϕ12 单根长度 = 1300 − 40 × 2 + 6.25 × 12 × 2 = 1370

根数：(9000 + 1300 − 100)/200 + 1 = 52

(6000 + 1300 − 100)/200 + 1 = 37

(6000 − 1300/2 − 100)/200 + 1 = 28

ϕ12 总长度：1.37 × (52 + 37 + 28) × 2 = 320.58 m

(2)纵向分布筋：

ϕ6 横向单根长度 = 9000 − 1300 + 40 × 2 + 150 × 2 + 6.25 × 6 × 2 = 8155

ϕ6 纵向单根长度 = 6000 − 1300 + 40 × 2 + 150 × 2 + 6.25 × 6 × 2 = 5155

根数：(1300 − 100)/200 + 1 = 7

ϕ6 总长度：8.155 × 7 × 2 + 5.155 × 7 × 4 = 258.51 m

(3)钢筋重量：

Ⅰ级钢筋，ϕ10 以内：G = 258.51 × 0.222/1000 = 0.057 t

Ⅱ级钢筋，ϕ20 以内：G = 320.58 × 0.888/1000 = 0.285 t

3．梁的钢筋计算

梁钢筋计算一般有：上部通长钢筋、侧面钢筋、下部钢筋(通长或不通长)、左右支座钢筋、架立钢筋或跨中钢筋、箍筋和附加钢筋。在本书中主要讲述框架梁的计算。

(1)上部通筋长度 = 总净跨长 + 左支座锚固 + 右支座锚固 + 搭接长度 × 搭接个数

(2)下部钢筋 = 净跨长度 + 2 × 锚固 L_{aE}(且≥0.5hc + 5d)

(3)支座负筋的计算：

①左、右支座

第一排长度 = 左或右支座锚固 + 净跨长/3

第二排长度 = 左或右支座锚固 + 净跨长/4

②中间跨支座负筋的计算：

第一排为：Ln/3 + 中间支座值 + Ln/3；

第二排为：Ln/4 + 中间支座值 + Ln/4

注意：当中间跨两端的支座负筋延伸长度之和≥该跨的净跨长时，其钢筋长度：

第一排为：该跨净跨长 + (Ln/3 + 前中间支座值) + (Ln/3 + 后中间支座值)；

第二排为：该跨净跨长 + (Ln/4 + 前中间支座值) + (Ln/4 + 后中间支座值)。

其他钢筋计算同首跨钢筋计算。Ln 为支座两边跨较大值。

以上(1)(2)(3)钢筋中均涉及到支座锚固问题(如图6−44所示)，总结以上三类钢筋的支座锚固判断问题，钢筋的端支座锚固值为：

支座宽≥Lae 且≥0.5hc + 5d，为直锚，取 Max{Lae，0.5hc + 5d}。

支座宽≤Lae 或≤0.5hc + 5d，为弯锚，取 Max{Lae，支座宽度 − 保护层 + 15d}。

钢筋的中间支座锚固值 = Max{Lae，0.5hc + 5d}

(4)构造钢筋：构造钢筋长度 = 净跨长 + 2 × 15d

抗扭钢筋：算法同贯通钢筋

拉筋长度 = (梁宽 − 2 × 保护层 + 2d) + 2 × 11.9d(抗震弯钩值)

拉筋根数：如果图纸上没有在平法输入中给定拉筋的布筋间距，那么拉筋的根数 = (箍

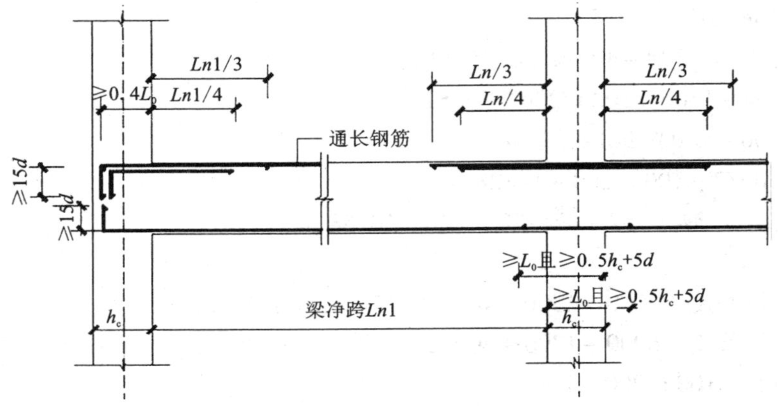

图 6－44　抗震等级楼层框架梁钢筋配筋示意图

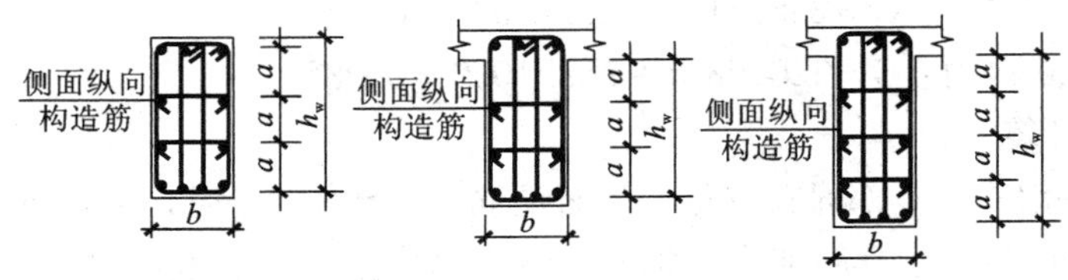

图 6－45　抗震等级楼层框架梁侧面纵向构造筋和拉筋配筋示意图

注：1. 当 h_w ≥450 mm 时，在梁的两个侧面应沿高度配置纵向构造钢筋；纵向构造钢筋间距 a≤200 mm。

2. 当梁侧面配有直径不小于构造纵筋的受扭纵筋时，受扭钢筋可以代替构造钢筋。

3. 梁侧面构造纵筋的搭接与锚固长度可取 15d。梁侧面受扭纵筋的搭接为 l_{lE} 或 l_l，锚固长度为 l_{aE} 或 l_a，锚固方式同框架梁下部纵筋。

4. 当梁宽≤350 mm 时，拉筋直径为 6 mm；梁宽＞350 mm 时，拉筋直径为 8 mm。拉筋间距为非加密区箍筋间距的 2 倍。当设有多排拉筋时，上下两排拉筋竖向错开设置。

筋根数/2）×（构造筋根数/2）；如果给定了拉筋的布筋间距，那么拉筋的根数＝布筋长度/布筋间距。

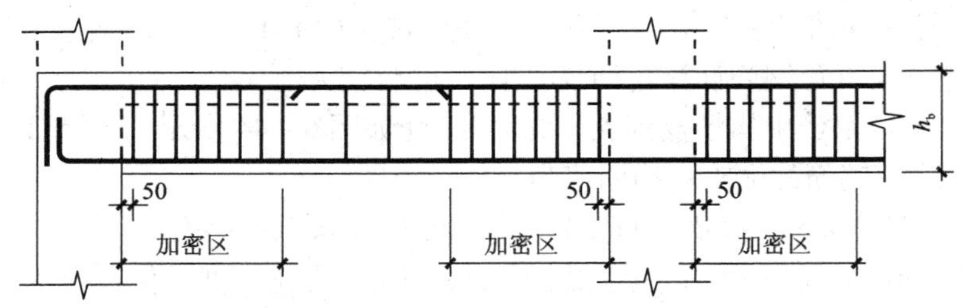

加密区：抗震等级为一级：≥2.0h_b且≥500
抗震等级为二～四级：≥1.5h_b且≥500

抗震框架梁KL、WKL箍筋加密区范围

（弧形梁沿梁中心线展开，箍筋间距沿凸面线量度。h_b为梁截面高度）

图 6－46　抗震等级楼层框架梁箍筋加密区配筋示意图

(5)箍筋长度=(梁宽 -2×保护层+2d+梁高 -2×保护层+2d)×2+2×11.9d

根数计算=2×【(加密区长度-50)/加密间距+1】+(非加密区长度/非加密间距-1)

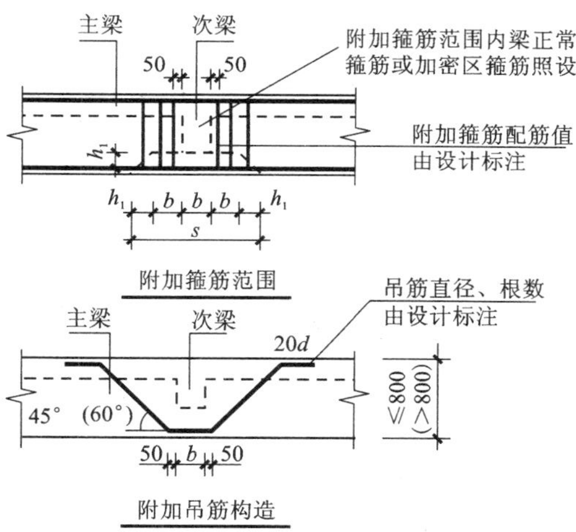

图 6-47　抗震等级楼层框架梁钢筋附加箍筋与吊筋配筋示意图

(6)吊筋长度=2×锚固+2×斜段长度+次梁宽度+2×50

角度 a 规定：框梁高度>800 mm，a=60°；框梁高度<=800 mm，a=45°。

附加箍筋，次梁加筋按根数计算，长度同箍筋长度。

例 6-14　如图 6-48 所示，框架梁配筋图，抗震等级为二级，混凝土 C30，框架柱 450 mm×450 mm，配筋如下，在正常环境下使用，计算梁的钢筋及确定综合单价。

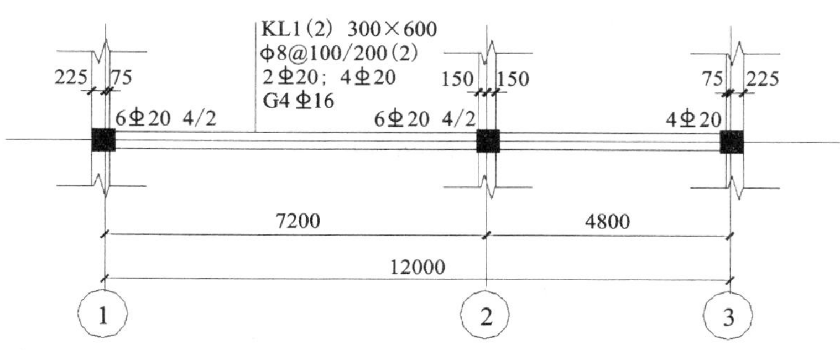

图 6-48　(例 6-14)附图

解：1. 计算梁的钢筋工程量

(1)上部贯通筋 2Φ20

单根长=柱间净长+$(0.4L_{abE}+15d)\times2+(\zeta_l L_{aE})$×搭接接头个数

=柱间净长+$(0.4L_{abE}+15d)\times2+(\zeta_l \zeta_{aE} L_a)$×搭接接头个数

$=12-0.225\times2+(0.4\times33\times0.02+15\times0.02)\times2+1.2\times1.15\times33\times0.02\times1$

$=12-0.45+1.128+0.9108$

$=13.5888$ m

总长 $=13.5888\times2=27.178$ m

①轴线支座负筋 6 ⌀20

第一排 2 ⌀20

单根长 $=Ln/3\times0.4L_{abE}+15d$

$=1/3\times(7.2-0.45)+0.4\times33\times0.02+15\times0.02$

$=2.814$ m

总长 $=2.814\times2=5.628$ m

第二排 2 ⌀20

单根长 $=Ln/4+0.4L_{abE}+15d$

$=1/4\times(7.2-0.45)+0.4\times33\times0.02+15\times0.02$

$=2.26$ m

总长 $=4.52$ m

②轴线支座负弯矩 6 ⌀20

第一排 2 ⌀20

单根长 $=Ln/3\times2+$ 柱宽 $=1/3\times(7.2-0.45)\times2+0.45=4.95$ m

总长 $=4.95\times2=9.9$ m

第二排 2 ⌀20

单根长 $=Ln/4\times2+$ 柱宽 $=1/4\times(7.2-0.45)\times2+0.45=3.825$ m

总长 $=3.825\times2=7.65$ m

③轴线支座负弯矩筋 4 ⌀20

第一排 2 ⌀20

单根长 $=Ln/3+0.4L_{abE}+15d$

$=1/3\times(4.8-0.45)+0.4\times33\times0.02+15\times0.02=2.014$ m

总长 $=2.014\times2=4.028$ m

(2)下部受力筋 4 ⌀20

①-②轴单根长 $=0.4L_{abE}+15d+7.2-0.45+L_{aE}$

$=0.4\times33\times0.02+15\times0.02+7.2-0.45+1.15\times33\times0.02=8.073$ m

总长 $=8.073\times4=32.292$ m

②-③轴单根长 $=0.4L_{abE}+15d+7.2-0.45+L_{aE}$

$=0.4\times33\times0.02+15\times0.02+4.8-0.45+1.15\times33\times0.02$

$=5.673$ m

总长 $=5.673\times4=22.692$ m

(3)构造钢筋 4 ⌀16

单根长 $=7.2+4.8-0.45\times2+0.15\times$ 搭接接头个数 $+15d\times2$

$=7.2+4.8-0.45\times2+0.15\times$ 搭接接头个数 $+15d\times2$

$=7.2+4.8-0.45\times2+0.15\times1+15\times0.016\times2=8.730$ m

总长 $=8.73\times4=34.920$ m

(4)箍筋⌀8

单根箍筋长 = 构件截面周长 $-8\times$ 保护层厚 $+8\times$ 箍筋直径 $+2\times$ 弯钩增加长度

$=(0.65+0.3)\times2-8\times0.025+8\times0.008+2\times12.89\times0.008$

$=1.97$ m

根数：加密区≥1.5Hb，且≥500 mm

1.5Hb = 1.5 × 650 = 975 mm > 500 mm；取 975 mm

第一跨箍筋个数 = 箍筋设置区域长/箍筋间距 + 1

= (0.975 − 0.05)/0.1 × 2 + (7.2 − 0.45 − 0.975 × 2)/0.2 + 1 = 44 根

第二跨箍筋个数 = 箍筋设置区域长/箍筋间距 + 1

= (0.975 − 0.05)/0.1 × 2 + (4.8 − 0.45 − 0.975 × 2)/0.2 + 1 = 32 根

箍筋总长 = 1.97 × (44 + 32) = 149.738 m

(6)计算钢筋重量

Ⅰ级钢筋，ф10 以内：

G = 149.738 × 0.395/1000 = 0.059 t

Ⅱ级钢筋，ф20 以内：

G = (27.178 + 5.628 + 4.52 + 9.9 + 7.65 + 4.028 + 32.292 + 22.692) × 2.466 + 49.235 × 1.578)/1000 = 0.359 t

2. 确定综合单价

(1)套定额 5 − 1 ф10 以内现浇Ⅰ级钢筋

5 − 1 定额综合单价 = 5470.72 元/t

(2)套定额 5 − 2 ф25 以内现浇Ⅱ级钢筋

5 − 2 定额综合单价 = 4998.87 元/t

4. 板钢筋计算

在实际工程中，我们知道板分为预制板和现浇板，这里主要分析现浇板的布筋情况。

板钢筋计算一般有：受力筋(单向或双向，单层或双层)、支座负筋、分布筋、附加钢筋(角部附加放射筋、洞口附加钢筋)、撑脚钢筋(双层钢筋时支撑上下层)等。

1)受力筋(单向或双向，单层或双层)

受力筋的长度是依据轴网计算的，锚固类型如图 6 − 49 所示。

受力筋长度 = 轴线尺寸 + 左锚固 + 右锚固 + 两端弯钩(如果是Ⅰ级筋)

根数 = (轴线长度 − 扣减值)/布筋间距 + 1

2)支座负筋

分为边支座负筋和中间支座负筋，如图 6 − 50 所示。

边支座负筋：负筋长度 = 锚入长度 + 弯勾 + 板内净尺寸 + 弯折长度

端支座负筋的分布筋长度计算：

中间支座负筋长度 = 水平长度 + 弯折长度 × 2

负筋长度 = 标注长度 + 左弯折 + 右弯折

负筋根数 = (布筋范围 − 扣减值)/布筋间距 + 1

3)分布筋

分布筋长度 = 负筋布置范围长度 − 负筋扣减值，如图 6 − 51 所示。

分布筋根数 = 负筋的长度/分布筋间距 + 1

4)附加钢筋（角部附加放射筋、洞口附加钢筋）、撑脚钢筋(双层钢筋时支撑上下层)

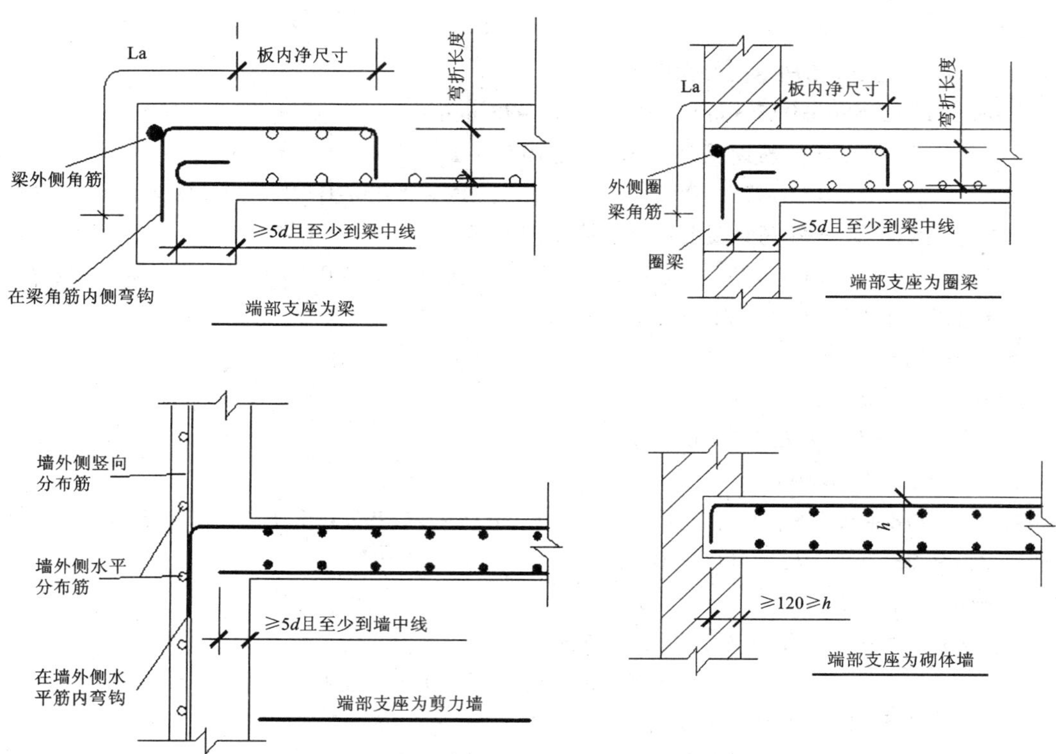

图 6－49　板钢筋端部锚固类型

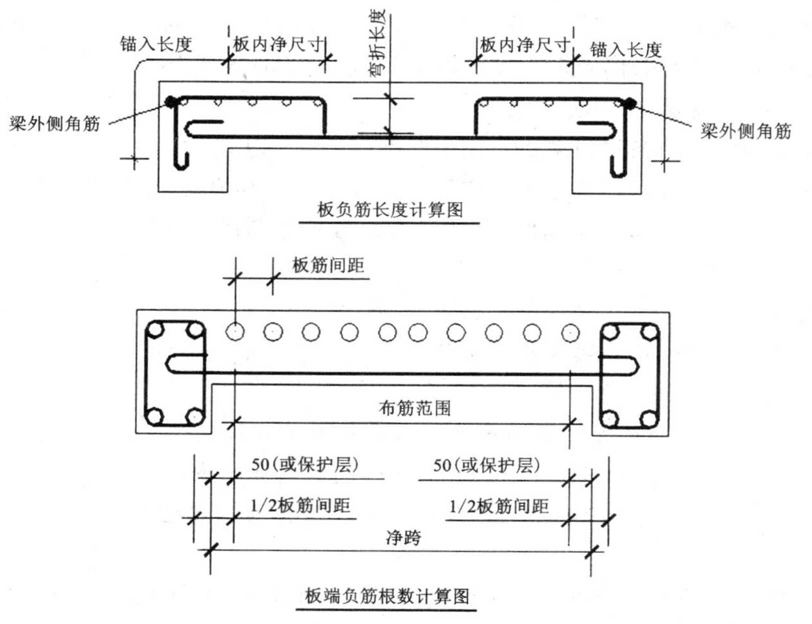

图 6－50　板负筋计算

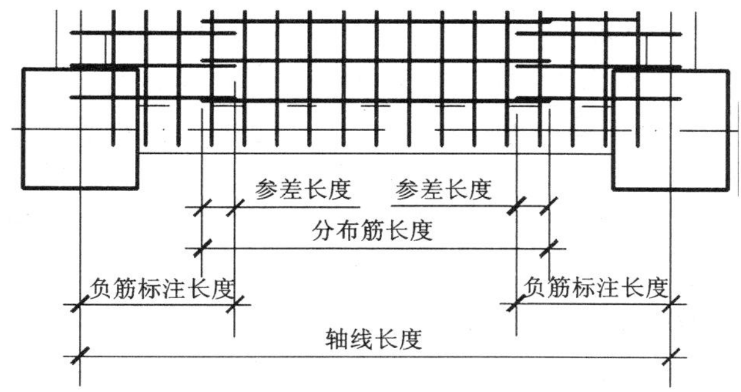

图6－51　板平面配筋图

说明：1．板底筋、负筋受力筋未注明均为Φ8@200；2．未注明梁宽均为250 mm，高600 mm；3．未注明板支座负筋分布钢筋为Φ6@200。

钢筋理论重量：Φ6＝0.222 kg/m，Φ8＝0.395 kg/m

例6－15　某现浇C25砼有梁板楼板平面配筋图（如图6－52所示），请根据《混凝土结构施工图平面整体表示方法制图规则和构造详图（现浇混凝土框架、剪力墙、梁、板）》（国家

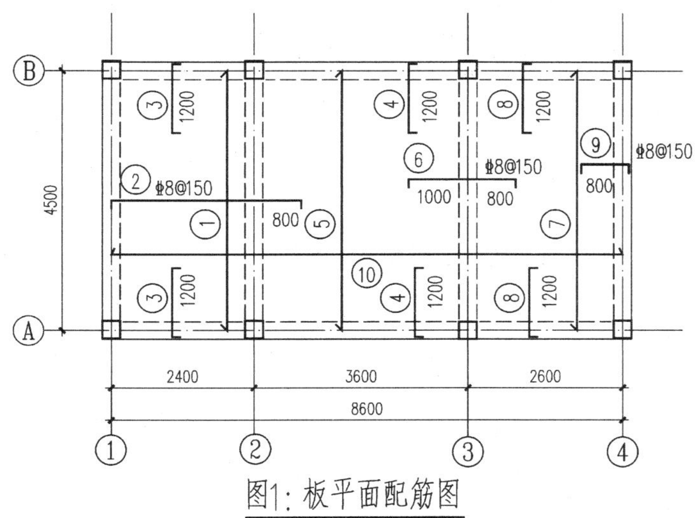

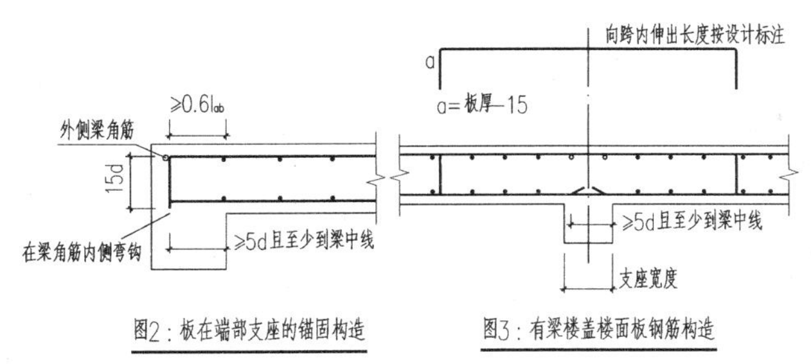

图6－52　平面配筋图

建筑标准设计图集16G101—1)有关构造要求(如图2、图3所示),以及本题给定条件,计算该楼面板钢筋总用量,其中板厚100 mm,钢筋保护层厚度15 mm,钢筋锚固长度 $l_{ab}=35d$;板底部设置双向受力筋,板支座上部非贯通纵筋原位标注值为支座中线向跨内的伸出长度;板受力筋排列根数为=[(L-100 mm)/设计间距]+1,其中L为梁间板净长;分布筋长度为轴线间距离,分布筋根数为布筋范围除以板筋间距。板筋计算根数时如有小数时,均向上取整计算根数(如4.1取5根)。钢筋长度计算保留三位小数;重量保留两位小数。温度筋、马凳筋等不计。

解:该板钢筋总重=0.32 t,计算见表6-21。

表6-21 钢筋计算汇总表

钢筋编号	钢筋名称	规格	单根长度计算式	单根长度(米)	根数	总长度(米)	重量(kg)
1号	底筋	8	长度:4.500 根数:(2400-125×2-100)/200+1=12根	4.500	12	54.000	
2号	负筋受力筋	8	长度:2400-125+288+800+85=3448mm 根数:(4500-125×2-100)/150+1=29根	3.448	29	99.992	
	分布筋	6	长度:4500 根数:(2400-250)/200=11根 根数:(800-125)/200=4根	4.500	15	67.500	
3号	端支座负筋	8	长度:1200-125+288+85=1448 mm 根数:[(2400-125×2-100)/200+1]×2 =24根	1.448	24	34.752	
	分布筋	6	用2号筋代替,不计	无			
4号	端支座负筋	8	长度:1200-125+288+85=1448 mm 根数:[(3600-125×2-100)/200+1]×2 =36根	1.448	36	52.128	
	分布筋	6	长度:3600 mm 根数:(1200-125)/200=6×2=12根	3.600	12	43.200	
5号	底筋	8	长度:4500 mm 根数:(3600-125×2-100)/200+1=18根	4.500	18	81.000	
6号	中间支座负筋	8	长度:1000+800+(100-15)×2=1970 mm 根数:(4500-125×2-100)/150+1=29根	1.970	29	57.130	
	分布筋1	6	长度:4500 根数:(1000-125)/200=5根 根数:(800-125)/200=4根	4.500	9	40.500	
7号	底筋	8	长度:4500 mm 根数:(2600-125×2-100)/200+1=13根	4.500	13	58.500	
8号	端支座负筋	8	长度:1200-125 +288+85=1448 mm 根数:[(2600-125×2-100)/200+1]×2 =26根	1.448	26	37.648	
	分布筋	6	长度:2600 mm 根数:[(1200-125)/200]×2=12根	2.600	12	31.200	

钢筋编号	钢筋名称	规格	单根长度计算式	单根长度(米)	根数	总长度(米)	重量(kg)
9 号	端支座负筋	8	长度：800 − 125 + 288 + 85 = 1048 mm 根数：(4500 − 125 × 2 − 100)/150 + 1 = 29 根	1.048	29	30.392	
	分布筋	6	长度：4500 根数：(800 − 125)/200 = 4 根	4.500	4	18.000	
10 号	底筋 8		长度：2400 + 3600 + 2600 = 8600 mm 根数：(4500 − 125 × 2 − 100)/200 + 1 = 22 根	8.600	22	189.200	
	小计	8	54.000 + 99.992 + 34.752 + 52.128 + 81.000 + 57.130 + 58.500 + 37.648 + 30.392 + 189.200			694.742	274.42
		6	67.500 + 43.200 + 40.500 + 31.200 + 18.000			200.400	44.49
	合计						318.91

5. 柱钢筋

柱钢筋主要分为纵筋和箍筋。柱纵筋分角筋、截面 b 边中部筋和 h 边中部筋；柱纵筋连接方式包括绑扎搭接、机械连接和焊接连接。连接方式不同，计算的方法也不同。另外不同的部位有不同的构造要求，一般柱的纵筋按基础、首层、中间层和顶层来计算。具体框架柱需要计算的钢筋量见表 6 − 22 所示。

表 6 − 22　框架柱计算钢筋量统计

框架柱要计算的筋量				
楼层名称	构件分类	分类细分	需计算的数量	
			名称	单位
基础层	无梁基础	基础板厚小于 2000	基础插筋、箍筋	长度、根数、重量
		基础板厚大于 2000		
	有梁基础	基础梁底与基础板底一平		
		基础板顶与基础板顶一平		
−1 层			纵筋、箍筋	长度、根数、重量
首层				
中间层				
顶层	中柱			
	边柱			
	角柱			

1) 基础插筋计算

基础插筋的计算公式：

$$长度 = 弯折长度\ a + 锚固竖直长度\ h_1 + 非连接区\ H_n/3 + 搭接长度\ L_{lE}$$

计算要考虑混凝土标号、锚固、搭接值，如图 6－53 所示。

2）首层柱纵筋计算（中间层）

纵筋长度＝首层层高－首层非连接区＋2 层非连接区 max（$Hn/6$，Hc，500）＋搭接长度 L_{lE}

（3）标准层柱纵筋计算（中间层）

如图 6－54 所示。

纵筋长度＝标准层层高－本层非连接区＋上一层非连接区＋搭接长度 L_{lE}

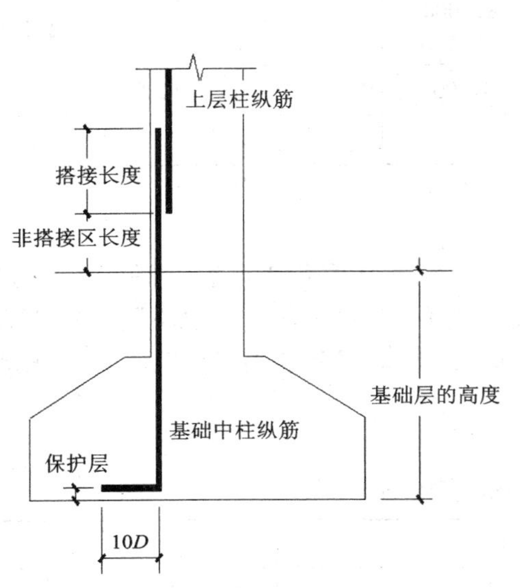

图 6－53　柱插筋示意图

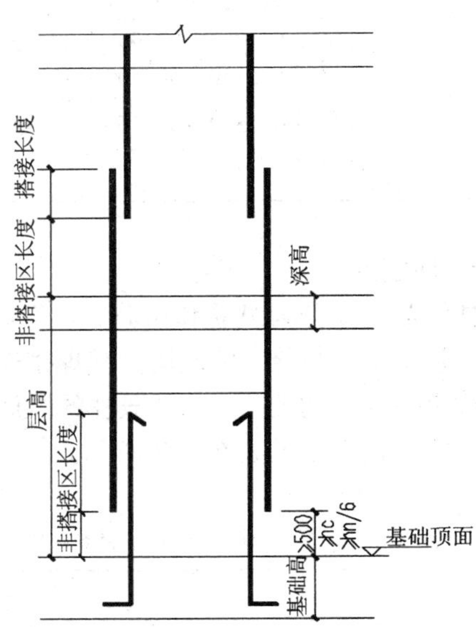

图 6－54　中间层柱纵筋示意图

4）顶层纵筋计算

①中柱：

计算需要先判断伸入梁内的高度与 Lae 的关系，如图 6－55 示。

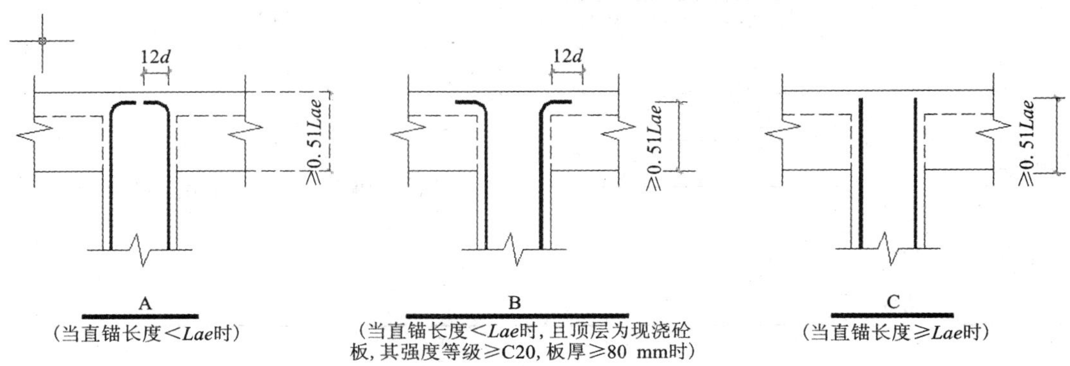

图 6－55　柱纵筋与梁的锚固

中柱：顶层层高－max｛本层楼层净高 $Hn/6$，500，柱截面长边尺寸（圆柱直径）｝－梁高＋锚固。

其中锚固长度取值为：

当柱纵筋伸入梁内的直段长 $<Lae$ 时，则使用弯锚形式：柱纵筋伸至柱顶后弯折 $12d$；

锚固长度 = 梁高 − 保护层 + $12d$；

当柱纵筋伸入梁内的直段长 $\geqslant Lae$ 时，则为直锚：柱纵筋伸至柱顶后截断；

②边柱：

边柱：层高 − max{本层楼层净高 $Hn/6$，500，柱截面长边尺寸（圆柱直径）} − 梁高 + $1.5Lae$；边柱纵筋的锚固见图 6 − 56 示。

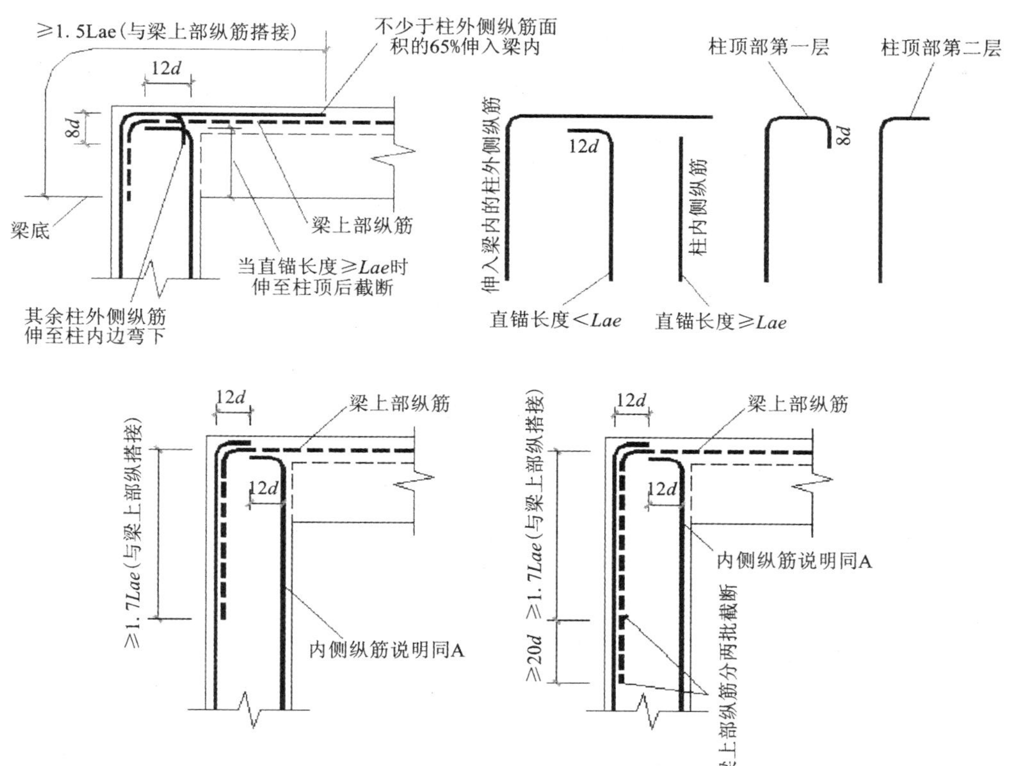

图 6 − 56　柱纵筋与梁的锚固

5）箍筋计算

如图 6 − 57 所示。

①箍筋长度计算同前面所述

②箍筋根数的计算：

首层：加密区长度 = $Hn/3 + Hb$ + max（柱长边尺寸，$Hn/6$，500）

非加密区长度 = 层高 − 加密区长度

标准层：加密区长度 = 2 × max（柱长边尺寸，$Hn/6$，500）+ Hb

非加密区长度 = 层高 − 加密区长度

例 6 − 16　计算 KZ2（如图 6 − 58）钢筋用量，箍筋为 HPB235 普通钢筋，其余均为 HRB335 普通螺纹钢筋；$La = 34d$，图 6 − 58 为某地上三层带地下一层现浇框架柱平法施工图

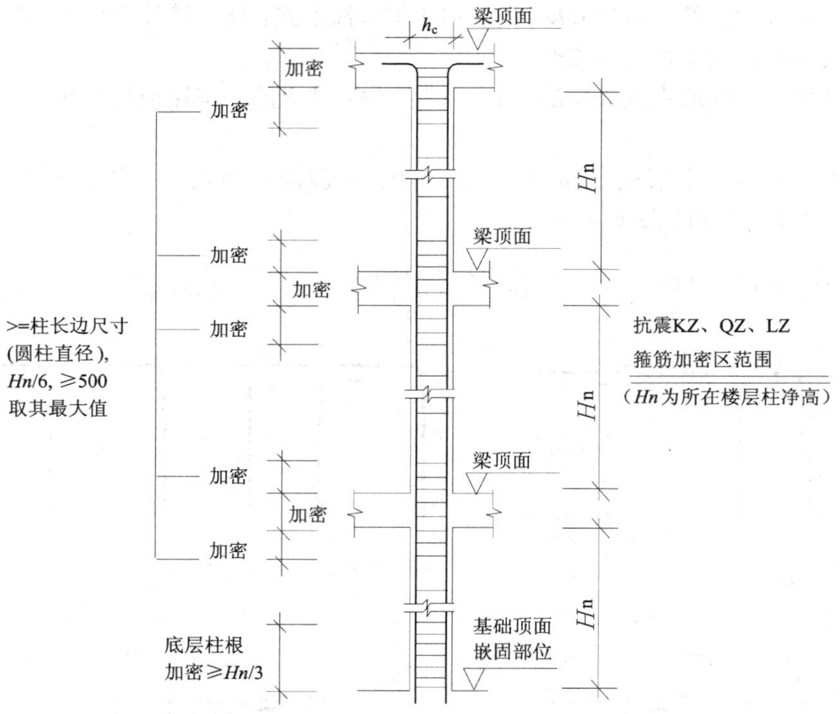

图 6－57　柱箍筋计算示意图

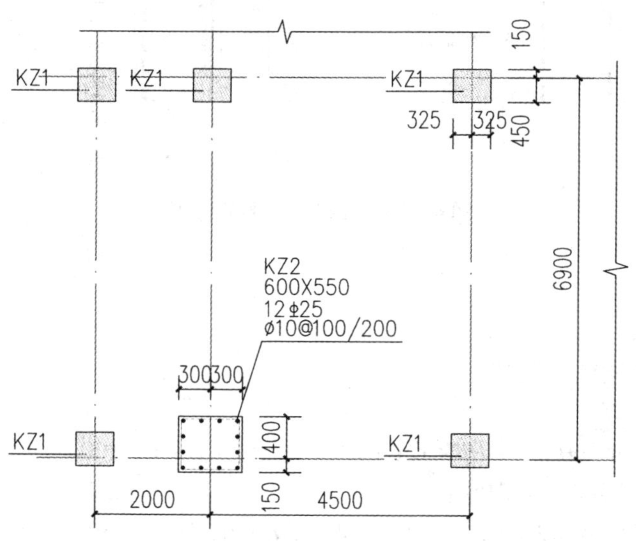

图 6－58　框架柱 KZ2 配筋图

的一部分，结构层高均为3.50 m，砼框架设计抗震等级为三级。已知柱砼强度等级为C25，整板基础厚度为800 mm，每层的框架梁高均为400 mm。柱中纵向钢筋均采用闪光对焊接头，每层均分两批接头。请根据下图及《江苏省建筑与装饰工程计价定额》(2014)有关规定，计算一根边柱 $ae=35d$，钢筋保护层30 mm；主筋伸入整板基础距板底100 mm处，在基础内水平弯折200 mm，基础内箍筋2根；其余未知条件执行《11G101-1规范》)。注：长度计算时保留三位小数；重量保留两位小数。

理论重量：

序号	直径	重量(kg/m)
1	25	3.85
2	10	0.617

屋面	10.47	
3	6.97	3.5
2	3.47	3.5
1	-0.03	3.5
-1	-3.53	3.5
层号	标高(mm)	层高(m)

解：1. 本题为闪光对焊，因此不考虑搭接长度以及错开搭接长度。

2. 据题意，Z2为边柱，首先计算柱外侧四根 $\phi25$ 纵筋。本题为柱包梁，因此顶层柱筋伸入梁内的锚固长度自梁底开始以 Lae 的1.5倍计算。长度计算公式为：基础内弯折长度+整板基础厚度-基础保护层厚度+四层纵筋长度(层高)-顶层梁高+1.5Lae=0.2+(0.8-0.1)+(3.5×4-0.4+1.5×35×0.025=15.813 m，根数为4根，总重量为15.813 m×4根×3.85=243.51 kg。

3. 计算柱内侧12根 $\phi25$ 纵筋。判断纵筋直锚长度梁高-保护层=0.4-0.03=0.37，抗震最小锚固长度为 Lae：35×0.025=0.875，即内侧纵筋顶层直锚长度小于 Lae，则顶层梁顶需要加长度为 $12d$ 的弯锚长度。长度计算公式为：基础内弯折长度+整板基础厚度-基础保护层厚度+四层纵筋长度(层高)-顶层梁高+(梁高-保护层+$12d$)=0.2+(0.8-0.1)+(3.5×4-0.4)+0.4-0.03+12×0.025=15.17 m，根数为8根，总重量为15.17 m×8根×3.85=467.24 kg。

4. 计算柱箍筋 $\phi10$ 长度，计算长度公式为：$(a-2c+2d)\times2+(b-2c+2d)\times2+24d$=(0.55-2×0.03+2×0.01)×2+(0.60-2×0.03+2×0.01)×2+24×0.01=2.38 m。

计算柱箍筋根数：

(1)基础内根据题意为2根。

(2)负一层：确定加密区长度=底层柱根加密区+梁截面高度+梁底下部分三选一最高值=[$Hn/3$]+[H梁]+[max(柱长边尺寸，$Hn/6$，500)]=(3.5-0.4)/3+0.4+max[0.6，(3.5-0.4)/6，500]=(3.5-0.4)/3+0.4+0.6=1.033+1.0=2.033 m，非加密区长度=层高-加密区长度=3.5-2.033=1.467 m。根数为：加密区/0.1+非加密区/0.2= 1.033/0.1+1+1.0/0.1+1 1.467/0.2-1=(逢小数进1)29根

(3)一至三层：确定加密区长度=板上部三选一最高值+梁截面高度+梁底下部三选一最高值=[max(柱长边尺寸，$Hn/6$，500)]+[H梁]+[max(柱长边尺寸，Hn/6，500)]=MAX[0.6，(3.5-0.4)/6，500]+0.4+ max[0.6，(3.5-0.4)/6，500]=0.6+0.4+0.6=0.6+1.0=1.60 m，非加密区长度=层高-加密区长度=3.5-1.60=1.90 m。根数为：加密

区/0.1+非加密区/0.2+1=0.6/1.0+1+1.0/0.1+1+1.9/0.2-1=(逢小数进1)27根

(4)箍筋总重量：2+29+27×3=112根×2.68 m×0.617=164.47 kg。

6.2.6 混凝土工程

一、定额说明

(1)混凝土工程部分将混凝土构件分为自拌混凝土构件、商品混凝土泵送构件、商品混凝土非泵送构件三部分，各部分又包括了现浇构件、现场预制构件、加工厂预制构件、构筑物等。

(2)混凝土石子粒径取定：设计有规定的按设计规定，无设计规定按表6-23规定计算。

表6-23 混凝土构件石子粒径表

石子粒径	构件名称
5~16 mm	预制板类构件、预制小型构件
5~31.5 mm	现浇构件：矩形柱(构造柱除外)、圆柱、多边形柱(L、T、十形柱除外)、框架梁、单梁、连续梁、地下室防水混凝土墙； 预制构件：柱、梁、桩
5~20 mm	除以上构件外均用此粒径
5~40 mm	基础垫层、各种基础、道路、挡土墙、地下室墙、大体积混凝土

(3)构筑物中毛石混凝土的毛石掺量按15%计算，如设计要求不同时，可按比例换算毛石、混凝土数量，其余不变。

(4)现浇柱、墙子目中，均已按规范规定综合考虑了底部铺垫1:2水泥砂浆的用量。

(5)室内净高超过8 m的现浇柱、梁、墙、板(各种板)的人工工日分别乘以下系数：净高在12 m以内1.18；净高在18 m以内1.25。

(6)现场预制构件，如在加工厂制作，砼配合比按加工厂配合比计算；加工厂构件及商品砼改在现场制作，砼配合比按现场配合比计算；其工料、机械台班不调整。

(7)加工厂预制构件其他材料费中已综合考虑了掺入早强剂的费用，现浇构件和现场预制构件未考虑使用早强剂费用，设计需使用或建设单位认可时，可以另行计算早强剂增加费用。

(8)加工厂预制构件采用蒸汽养护时，立窑、养护池养护费用另行计算。

(9)小型混凝土构件，系指单体体积在0.05 m^3以内的未列出子目的构件。

(10)构筑物中砼、抗渗砼已按常用的强度等级列入基价，设计与子目取定不符综合单价，调整。

(11)钢筋砼水塔、砖水塔基础采用毛石砼，砼基础按烟囱相应项目执行。

(12)构筑物中的砼、钢筋砼地沟是指建筑物室外的地沟，室内钢筋砼地沟按现浇构件相应项目执行。

(13)泵送砼子目中已综合考虑了输送泵车台班，布拆管及清洗人工、泵管摊销费、冲洗费。当输送高超过30 m时，输送泵车台班乘以1.10，输送高度超过50 m时，输送泵车台班

（含50 m以内）乘以1.25；泵送混凝土输送高度100 m时，输送泵车台班（含100 m以内）乘以1.35；泵送混凝土输送高度150 m时，输送泵车台班（含150 m以内）乘以1.45。泵送混凝土输送高度200 m时，输送泵车台班（含200 m以内）乘以1.55。

（14）现场集中预拌混凝土按现场集中搅拌混凝土配合比执行，混凝土拌合楼的费用另行计算。

二、混凝土工程定额工程量计算规则及应用

（一）现浇混凝土

1. 混凝土垫层

（1）室内垫层按室内主墙间净面积乘以设计厚度，以立方米计算。

计算时应扣除凸出地面的构筑物、设备基础、室内铁道、地沟以及单个面积在0.3 m^2以上的孔洞、独立柱等所占体积；不扣除伸入垫层的桩头所占体积；不扣除间壁墙、附墙烟囱、墙垛以及单个面积在0.3 m^2以内的孔洞等所占体积，门洞、空圈、暖气壁龛等开口部分也不增加。

地面垫层工程量：

$$V_{地面垫层} = 【S_{房} - 独立柱面积 - \sum(构筑物、设备基础、地沟等面积)】\times 垫层厚度$$

式中：

$$S_{房} = S_{底} - \sum(L_{中} \times 外墙厚) - \sum(L_{内} \times 内墙厚)$$

（2）基础垫层按下列规定，以立方米计算。

① 条形基础垫层，外墙按外墙中心线长度、内墙按其设计净长度乘以垫层平均断面面积计算。柱间条形基础垫层，按柱基垫层之间的设计净长度计算。

条形基础垫层工程量：

$$V_{基础垫层} = (\sum L_{中} + \sum L_{净}) \times 垫层断面积$$

②独立基础垫层和满堂基础垫层，按设计图示尺寸乘以平均厚度计算。

2. 混凝土基础

混凝土基础分为带形基础、独立基础、满堂基础、设备基础。

工程量计算按图示尺寸以体积计算。不扣除伸入承台基础的桩头所占体积。

1）带形基础（条形基础）

其工程量按图示尺寸以实体积计算。

无梁式带形基础：梁高/梁宽 >4∶1 时，基础底按无梁式带型基础计算，上部按墙计算。

有梁带形基础：梁高/梁宽 ≤4∶1 时，按有梁式带形基础计算。

期中梁高是指梁底部到上部的高度，如图6－59所示。

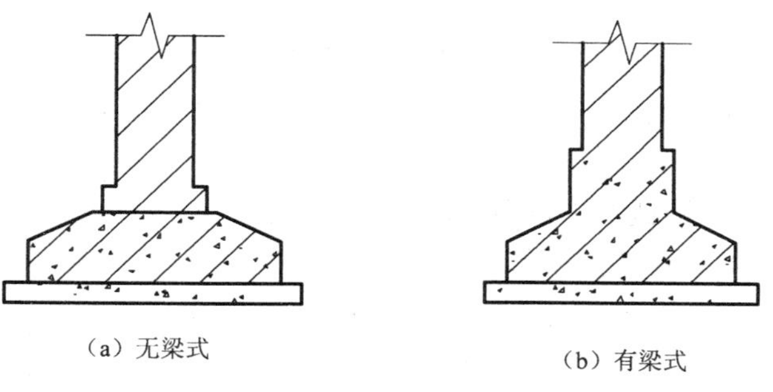

图6－59　带形基础断面示意图

$$条形基础混凝土工程量 = 基础断面面积 \times 基础长度$$

带形基础长度：外墙下条形基础按外墙中心线长度；内墙下条形基础按基础间净长度。

内墙下条形基础按基底、有斜坡的按斜坡间的中心线长度、有梁部分按梁净长计算，独立柱基间带形基础按基底净长计算，如图6－70所示。

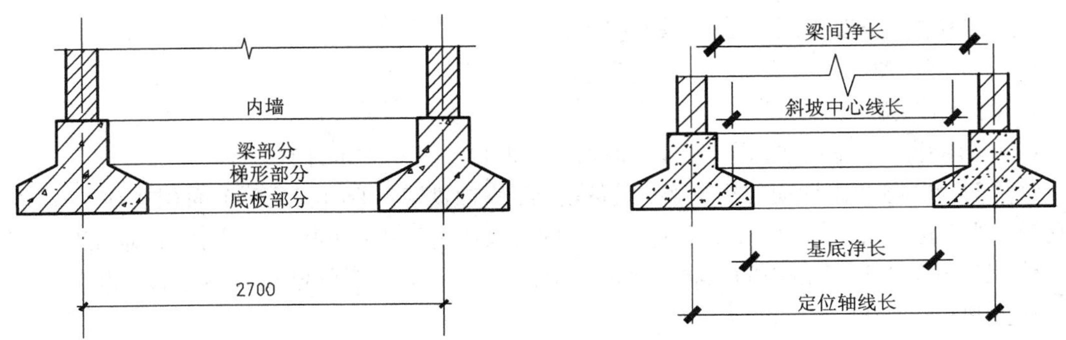

图6－70　内墙条形基础长度示意图

2）独立基础

3）独立柱基、桩承台

按图示尺寸实体积以体积计算至基础扩大顶面。常见形状有阶形（如图6－71所示）、锥形（如图6－72所示）和杯形（如图6－73所示）。

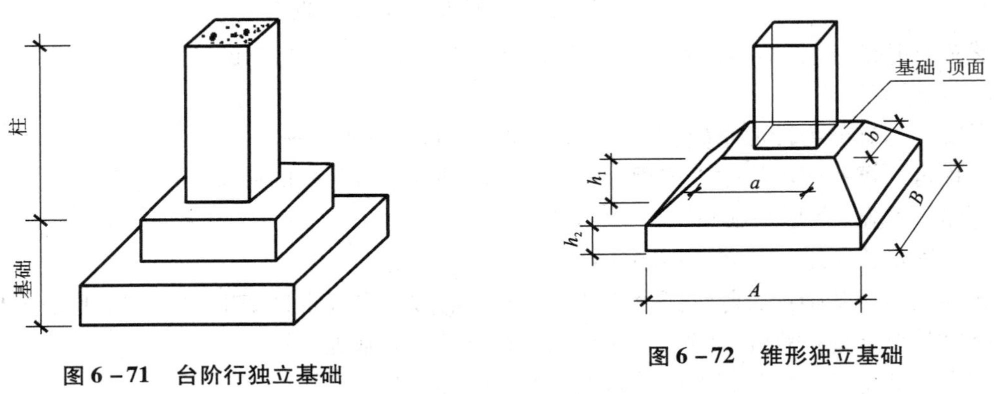

图6－71　台阶行独立基础

图6－72　锥形独立基础

阶形：$V = V_{下六面体} + V_{上六面体}$，高度从垫层上表面算至柱基上表面

锥形：$V = V_{下六面体} + V_{上四棱台}$

$= A \times B \times h_2 + h_1/6 + [A \times B + (A + a) \times (B + b) + a \times b]$

式中：A、B 为棱台下底两边或矩形部分的两边边长（m）；a、b 为棱台上底两边边长（m）；h_1 为棱台部分的高（m）；h_2为基座底部矩形部分的高（m）。

杯行：　　$V = V_{下六面体} + V_{中四棱台} + V_{上六面体} - V_{净空体积}$

杯行基础定额套用独立柱基定额。杯口外壁高度大于杯口外长边的杯形基础，套“高颈杯形基础”定额。

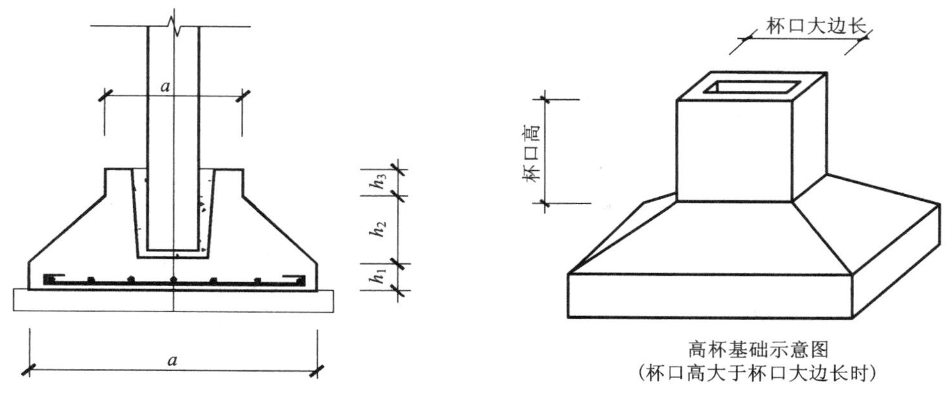

图6-73　杯阶行独立基础

4)满堂基础(板式基础)

常见满堂基础如图6-74所示。

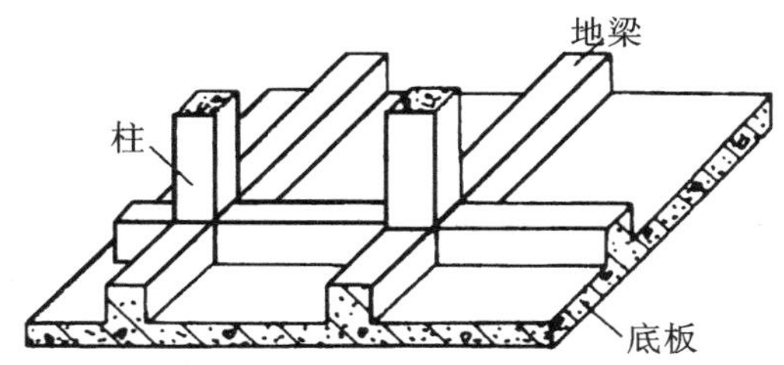

图6-74　满堂基础示意图

$$V=基础底板面积\times板厚+梁截面面积\times梁长$$

①有梁式(包括反梁)满堂基础

$$V=基础底板面积\times板厚+梁截面面积\times梁长$$

②无梁式满堂基础

$$V=基础底板面积\times板厚+柱墩总体积$$

无梁式满堂基础底板定额套无梁式满堂基础。

3)箱式满堂基础定额套用墙套砼墙，顶板套相应的板。

例6-17　某办公楼，为三类工程，其地下室如图6-75所示。设计室外地坪标高为-0.30 m，地下室的室内地坪标高为-1.50 m。现某土建单位投标该办公楼土建工程。已知该工程采用满堂基础，C30钢筋砼，垫层为C10素砼，垫层底标高为-1.90 m。垫层施工前原土打夯，所有砼均采用商品砼。

根据《2014定额》规定计算该满堂基础砼和垫层砼部分的分部分项工程量及确定定额综合单价。

解:

(1)计算基础垫层和满堂基础的工程量

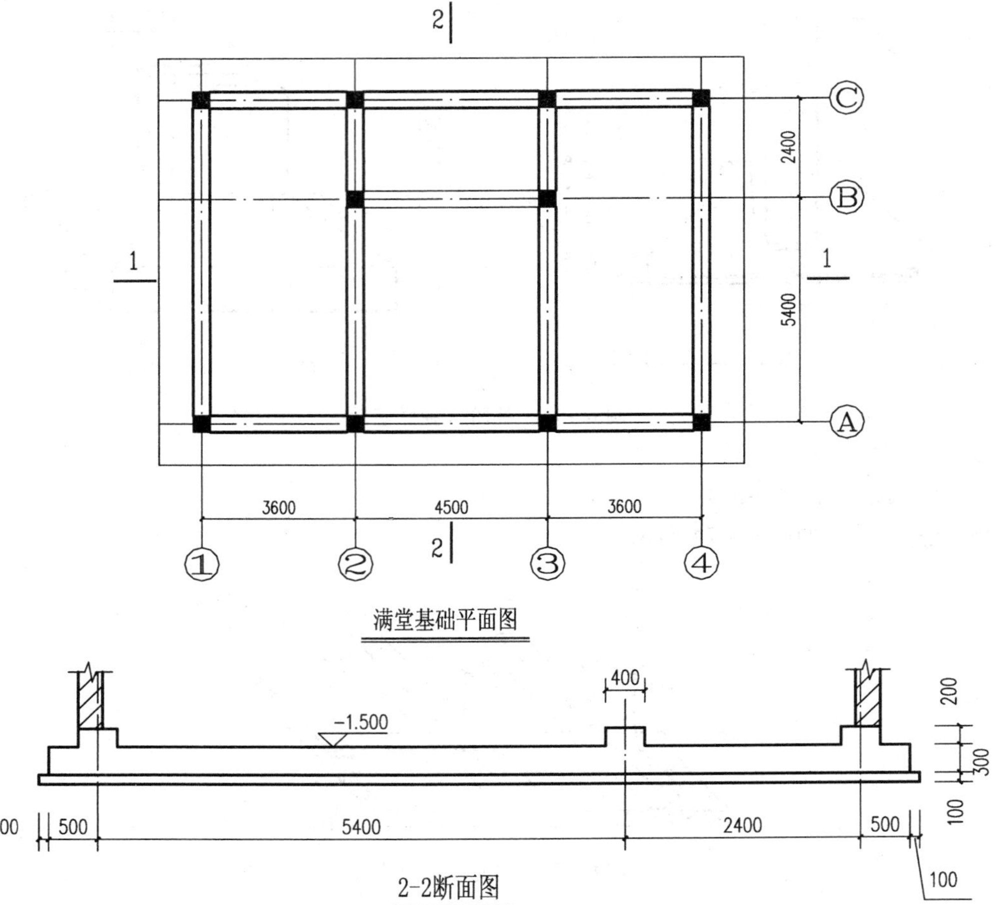

图 6-75 (例 6-17)附图

基础垫层：

$(3.6\times2+4.5+0.5\times2+0.1\times2)\times(5.4+2.4+0.5\times2+0.1\times2)\times0.1=11.61\ m^3$

满堂基础：

底板：$(3.6\times2+4.5+0.5\times2)\times(5.4+2.4+0.5\times2)\times0.3=33.528\ m^3$

反梁：$0.4\times0.2\times[(3.6\times2+4.5+5.4+2.4)\times2+(7.4\times2+4.5-0.4)]=4.63\ m^3$

合计：$38.16\ m^3$

(2)确定综合单价

C10 商品砼泵送无筋垫层：6-178 综合单价为 409.10 元/m^3

C30 泵送商品砼有梁式满堂基础：6-184 换 综合单价为 425.10 元/m^3

6-184 换算：$404.70-342.00\times1.02$(C20) $+362\times1.02$(C30) $=425.10$ 元/m^3

5)设备基础

设备基础除块体以外，其他类型设备基础分别按基础、梁、柱、板、墙等有关规定计算，套相应定额。

3. 柱

柱按设计图示尺寸以体积"m^3"计算，不扣除构件内钢筋、预埋铁件所占体积，依附柱上的牛腿和升板的柱帽，并入柱身体积计算。型钢混凝土柱应扣除构件内型钢所占体积。

体积　　　　　　V = 图示断面面积 × 柱高 + 应该增加的体积

(1)有梁板的柱高，应至柱基上表面(或楼板上上表面)至上一层楼板上表面之间的高度计算，不扣除板厚，如图6－76所示。

(2)无梁板柱高从柱基上表面(或楼板上表面)至柱帽下表面，如图6－77所示。

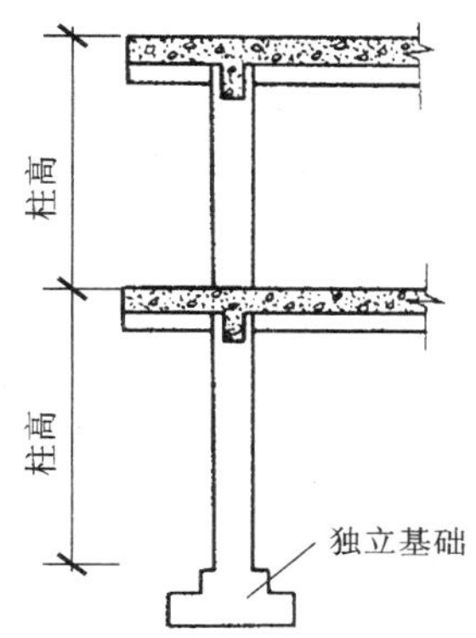

图6－76　有梁板柱高示意图

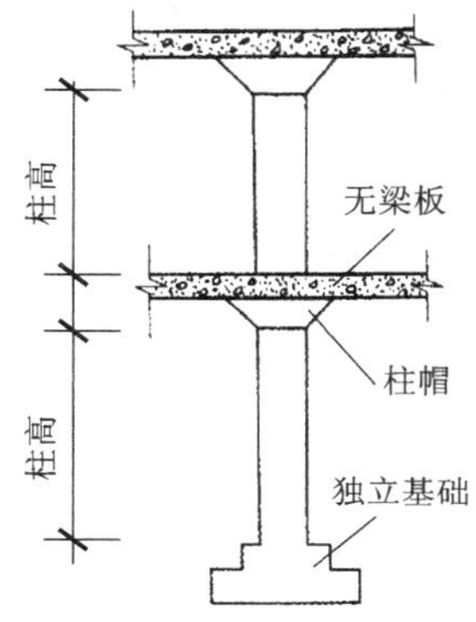

图6－77　无梁板柱高示意图

(3)有预制板的框架柱柱高自柱基上表面至柱顶高度。

(4)构造柱按全高计算，与砖墙嵌接部分的混凝土体积，并入柱身体积内计算，如图6－78和图6－79所示。

构造柱工程量 = 柱身体积 + 马牙槎体积

$$V = B^2H + 1/2 \times b \times B \times n \times H$$

式中：B 为构造柱宽度；b 为马牙槎宽度；n 为马牙槎咬接面数；H 为构造柱高度。

一般构造柱马牙槎长度按每边30 mm计算，宽度同墙厚。

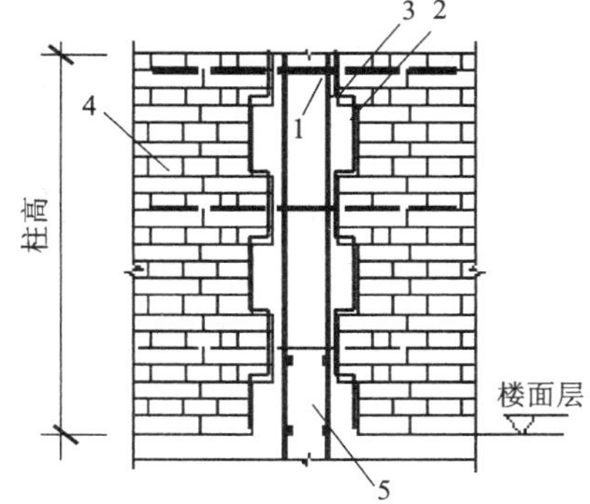

图6－78　构造柱高示意图

(5)依附柱上的牛腿，并入相应柱身体积内计算。

(6)L、T、十字形柱，按L、T、十字形柱相应定额执行。当两边之和超过2000 mm，按直形墙相应定额执行，如图6－80所示。

4. 梁

按设计图示尺寸以体积计算。不扣除构件内钢筋、预埋铁件所占体积，伸入墙内的梁头、梁垫并入梁体积内。型钢混凝土梁扣除构件内型钢所占体积。

梁的混凝土体积

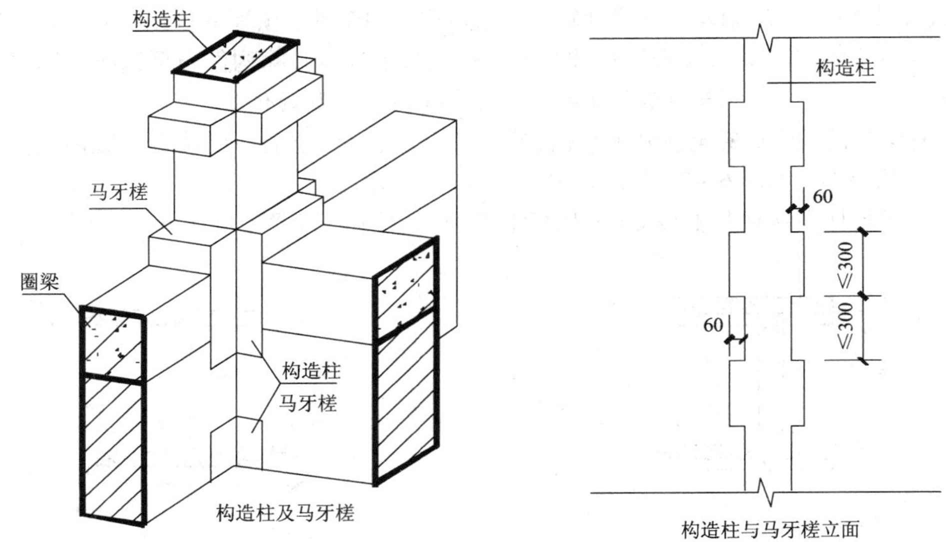

图 6-79　构造柱与马牙槎示意图

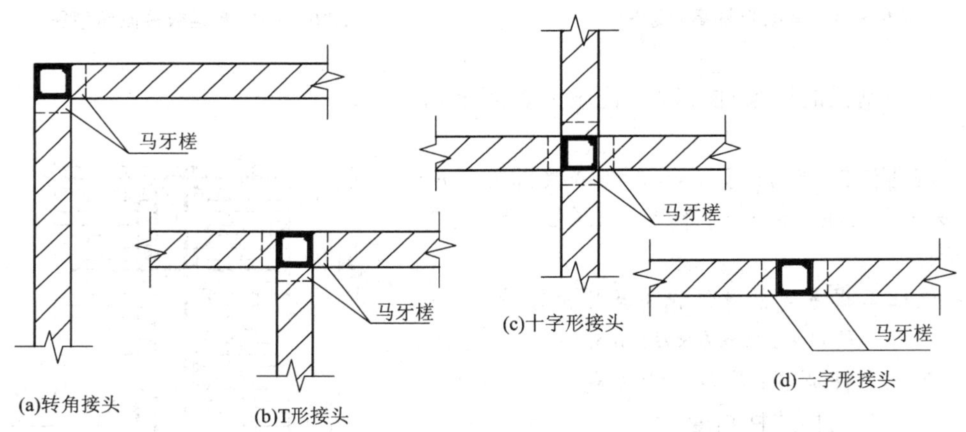

图 6-80　构造柱类型示意图

$$V = 梁断面面积\ S \times 梁长\ L$$

(1)梁的长度 L 应按下述规定执行：

①梁与柱连接时，梁长算至柱侧面，如图 6-81 所示。

②主梁与次梁连接时，次梁长算至主梁的侧面。伸入砖墙内的梁头、梁垫体积并入梁体积内计算，如图 6-82 所示。

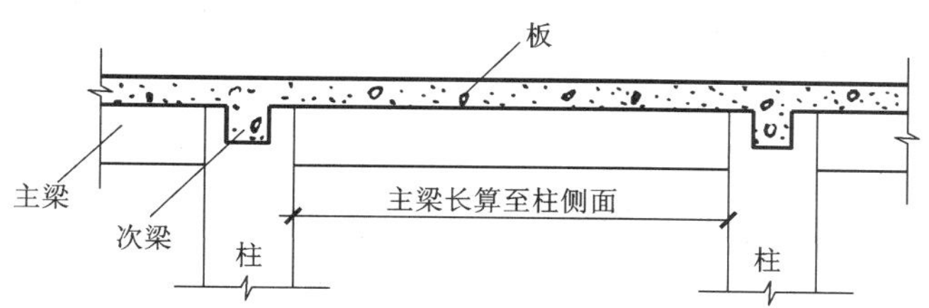

图6－81　梁与柱连接时梁长计算示意图

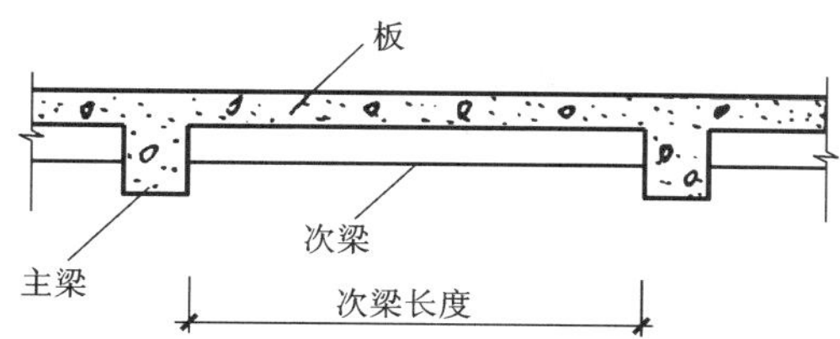

图6－82　梁与次梁连接时梁长计算示意图

(2)伸入砖墙内的梁按设计图示梁的长度计算，即梁头、梁垫体积并入梁体积内计算，如图6－83所示。

(3)圈梁、过梁应分别计算，过梁长度按图示尺寸，图纸无明确表示时，按门窗洞口外围宽另加500 mm计算。平板与砖墙上砼圈梁相交时，圈梁高应算至板底面。

圈梁是指为了加强结构整体性，沿外墙四周及部分内隔墙设置的连续闭合的梁。过梁是指为了门窗洞口上部砌体所传来的各种荷载，并将这些荷载传给窗间墙，在门窗洞口上设置的钢筋混凝土横梁。

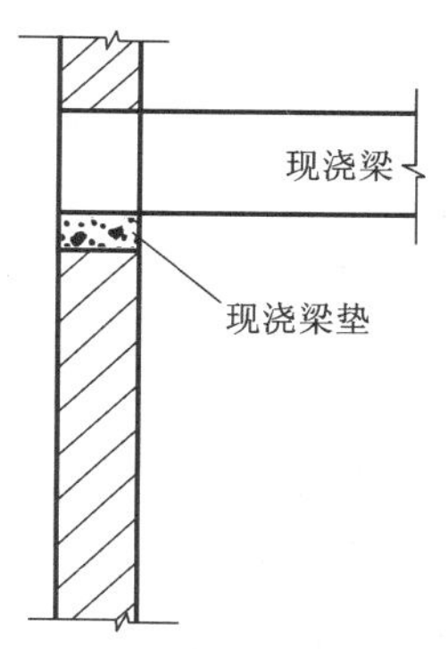

图6－83　梁与梁垫示意图

(4)依附于梁、板、墙(包括阳台梁、圈过梁、挑檐板、混凝土栏板、混凝土墙外侧)上的混凝土线条(包括弧形线条)按小型构件定额执行(梁、板、墙宽算至线条内侧)。

(5)现浇挑梁按挑梁计算，其压入墙身部分按圈梁计算；挑梁与单、框架梁连接时，其挑梁应并入相应梁内计算。

(6)花篮梁二次浇捣部分执行圈梁定额。

5. 板

按图示面积×板厚以体积计算(梁板交接处不得重复计算)不扣除单个面积0.3 m^2以内柱、垛以及孔洞所占体积，应扣除构件中压形钢板所占体积；

(1)有梁板按梁(包括主梁、次梁)、板体积之和计算，有后浇板带时，后浇板带(包括主、次梁)应扣除。厨房间、卫生间墙下设计有素混凝土防水坎时，工程量并入板内，执行有梁板定额。

(2) 无梁板按板和柱帽之和以体积计算，如图6－84所示。

$$无梁板混凝土工程量=图示长度\times图示宽度\times板厚+柱帽体积$$

(3)平板按实体积计算，如图6-85所示。

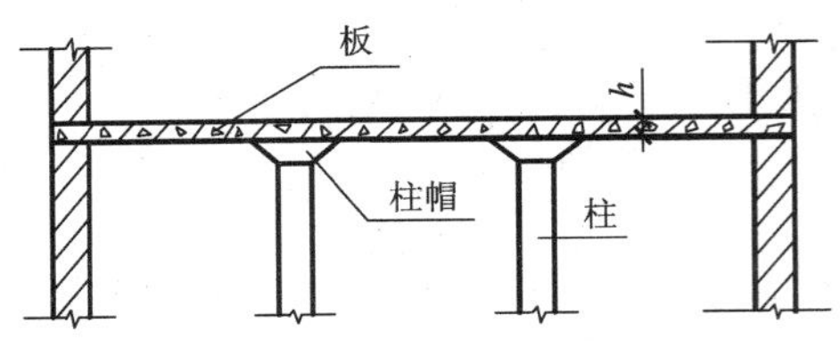

图6-84　无梁板示意图

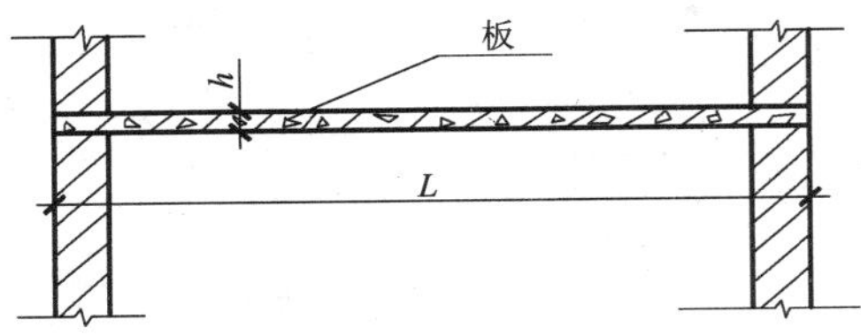

图6-85　平板示意图

(4)现浇挑檐、天沟与板(包括屋面板、楼板)连接时，以外墙面为分界线，与圈梁(包括其他梁)连接时，以梁外边线为分界线。外墙边线以外或梁外边线以外为挑檐、天沟。天沟底板和侧板工程量应分别计算，底板按板式雨篷以板底水平投影面积计算，侧板按天、檐沟竖向挑板以体积计算，如图6-86所示。

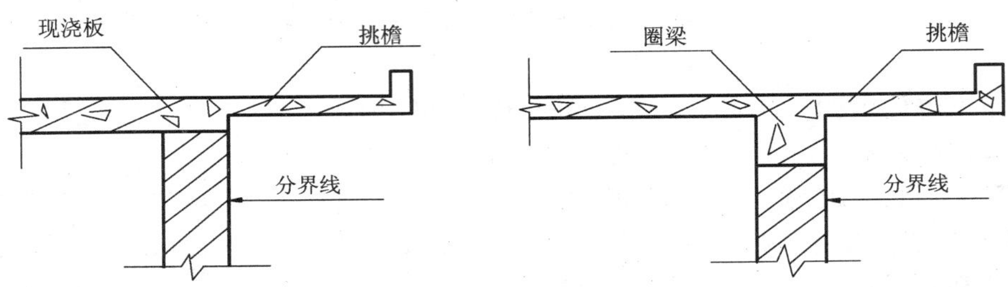

图6-86　挑檐与墙、梁连接示意图

(5)飘窗的上下挑板按板式雨篷以板底水平投影面积计算。

(6)各类板伸入墙内的板头并入板体积内计算。

(7)预制板缝宽度在100 mm以上的现浇板缝按平板计算。

(8)后浇墙、板带(包括主、次梁)按设计图纸尺寸以体积计算。

(9)现浇混凝土空心楼板混凝土按图示面积乘板厚以立方米计算，其中空心管、箱体的空心部分体积扣除。

(10)现浇混凝土空心楼板内筒芯按设计图示中心线长度计算；无机阻燃型箱体按设计图示数量计算。

例6-18　如图6-87所示，某单位办公楼屋面现浇钢筋砼有梁板，板厚为100 mm，A、B、1、4轴截面尺寸为240 mm×500 mm，2、3轴截面尺寸为240 mm×350 mm，柱截面尺寸为400 mm×400 mm。请根据《2014江苏省定额》计算规则计算现浇钢筋砼有梁板C20的混凝土工程量并确定定额综合单价。

解：

(1)计算工程量

$$混凝土板工程量=12.24\times7.44\times0.1=9.107\ m^3$$

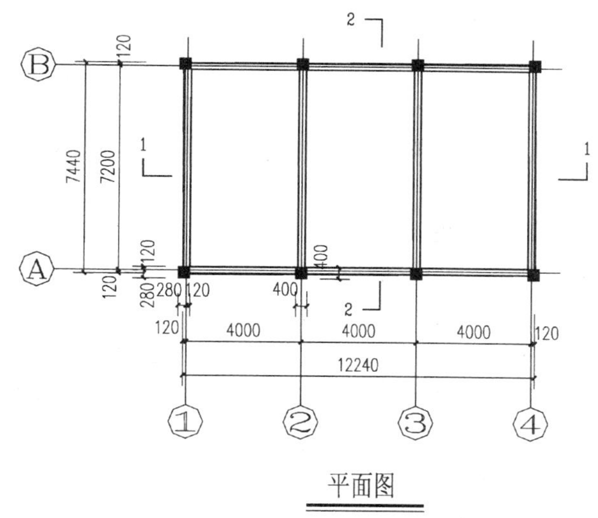

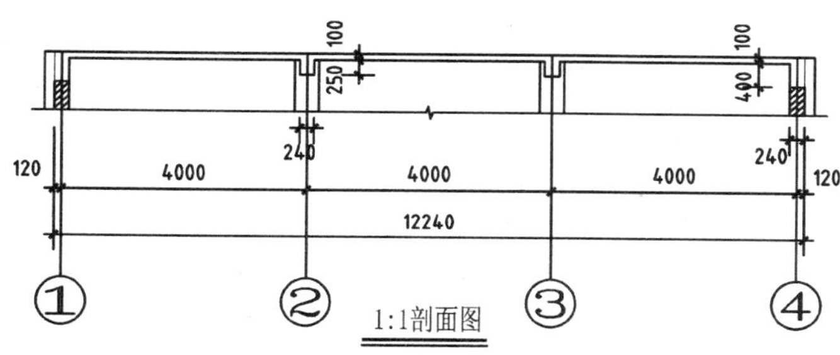

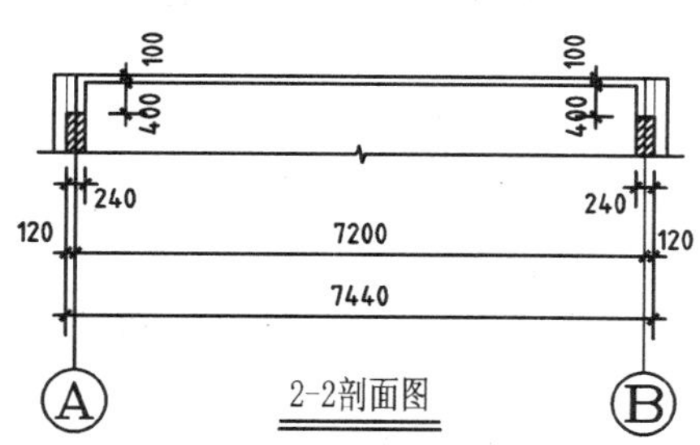

图6－87 （例6－18附图）

混凝土梁工程量＝(6.96＋10.96)×0.24×0.4×2＋6.96×0.24×0.25×2

＝3.44＋0.835＝4.275

有梁板混凝土工程量＝9.107＋4.275＝13.38 m^3

(2)确定综合单价

C20现浇混凝土有梁板：6－32，综合单价为430.43元/m^3。

6. 墙

外墙按图示中心线(内墙按净长)乘墙高、墙厚以体积计算，应扣除门、窗洞口及0.3 m^3

以外孔洞体积。单面墙垛其突出部分并入墙体体积内计算，双面墙垛(包括墙)按柱计算。弧形墙按弧线长度乘墙高、墙厚计算，地下室墙有后浇墙带时，后浇墙带应扣除。梯形断面墙按上口与下口的平均宽度计算。

墙高的确定：

(1)墙与梁平行重叠，墙高算至梁顶面；当设计梁宽超过墙宽时，梁墙分别按相应项目计算；

(2)墙与板相交，墙高算至板底面；

(3)屋面混凝土女儿墙按直(圆)形墙以体积计算。

7. 楼梯

(1)整体楼梯包括休息平台、平台梁、斜梁及楼梯梁，按水平投影面积计算，不扣除宽度在500 mm以内的楼梯井，伸入墙内部分不另增加，楼梯与楼板连接时，楼梯算至楼梯梁外侧面。

当 $b \leqslant 500$ mm 时，$S = A \times B$

当 $b > 500$ mm 时，$S = A \times B - a \times b$，如图6－87所示。

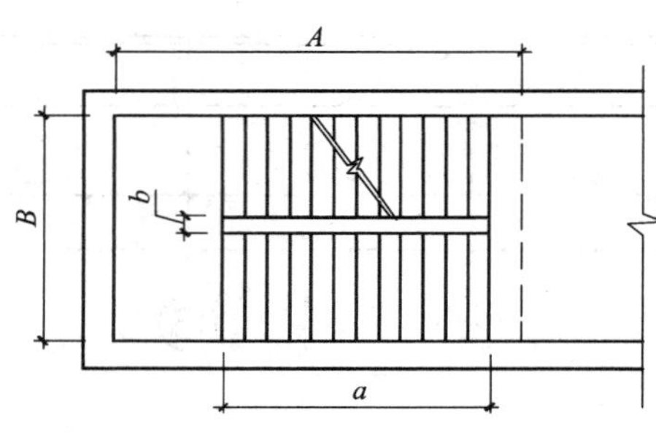

图6－87　楼梯示意图

(2)当现浇楼板无梯梁连接时，以楼梯的最后一个踏步边缘加300 mm为界。圆弧形楼梯包括圆弧形梯段、圆弧形边梁及与楼板连接的平台，按楼梯的水平投影面积计算。

8. 阳台、雨篷等计算

(1)阳台、雨篷，按伸出墙外的板底水平面积计算，伸出墙外的牛腿不另计算，如图6－88所示。

(2)阳台、沿廊栏杆的轴线柱、下嵌、扶手以扶手的长度按延长米计算。混凝土栏板、竖向挑板以体积计算。拦板的斜长如图纸无规定时，按水平长度乘以系数1.18计算。地沟底、壁应分别计算，沟底按基础垫层定额执行。

(3)预制钢筋混凝土框架梁、柱现浇接头，按设计断面以体积计算，套用“柱接柱接头”定额。

(4)台阶按水平投影面积以平方米计算，设计混凝土用量超过定额含量时应调整，台阶与平台的分界线以最上层的台阶的外口增300 mm宽度为准，台阶宽以外部分并入地面工程量计算，如图6－89所示。

(5)空调板按板式雨篷以板底水平投影面积计算。

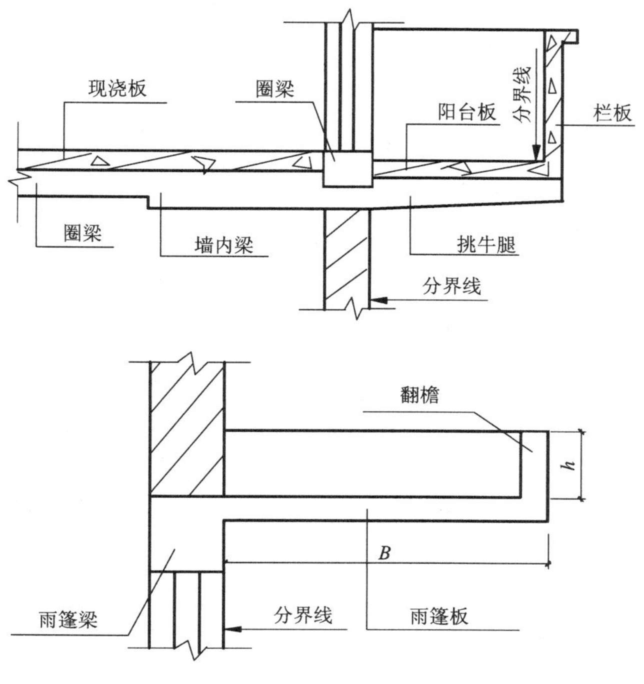

图 6－88　阳台分界线示意图

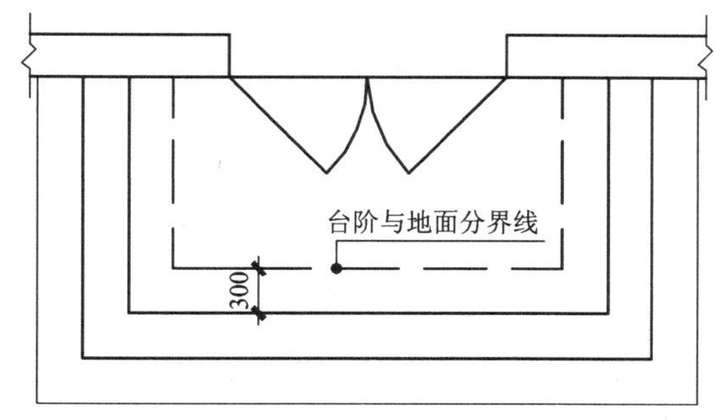

图 6－89　台阶示意图

二、现场、加工厂预制混凝土

（1）混凝土工程量均按图示尺寸以体积计算，扣除圆孔板内圆孔体积，不扣除构件内钢筋、铁件、后张法预应力钢筋灌浆孔及板内 0.3 m^2以内孔洞面积所占的体积。

预制混凝土工程量＝图示断面面积×构件长度

（2）预制桩按桩全长（包括桩尖）乘桩设计断面面积（不扣除桩尖虚体积）。以体积计算

预制桩工程量＝图示断面面积×桩总长度

（3）混凝土与钢杆件组合的构件，混凝土按构件实体积以体积计算，钢拉杆按 2014 定额第 7 章中相应定额执行。

（4）漏空混凝土花格窗、花格芯按外形面积以面积计算。

（5）天窗架、端壁、桁条、支撑、楼梯、板类及厚度在 50 mm 以内的薄型构件按设计图纸加定额规定的场外运输、安装损耗以体积计算。

6.2.7　金属结构工程

一、定额说明

(1)金属构件不论在专业加工厂、附属企业加工厂或现场制作，均执行本定额(现场制作需搭设操作平台，其平台摊销费按本章相应项目执行)。

(2)本定额中各种钢材数量除定额已注明为钢筋综合、不锈钢管、不锈钢网架球的外，均以型钢表示。实际不论使用何种型材，钢材总数量和其他人工、材料、机械(除另有说明外)均不变。

(3)本定额的制作均按焊接编制的，局部制作用螺栓或铆钉连接，亦按本定额执行。轻钢檩条拉杆安装用的螺帽、圆钢剪刀撑用的花篮螺栓，以及螺栓球网架的高强螺栓、紧定钉，已列入本章节相应定额中，执行时按设计用量调整。

(4)本定额除注明者外，均包括现场内(工厂内)的材料运输、下料、加工、组装及成品堆放等全部工序。加工点至安装点的构件运输，除购入构件外应另按构件运输定额相应项目计算。

(5)本定额构件制作项目中的，均已包括刷一遍防锈漆。

(6)金属结构制作定额中钢材品种系按普通钢材为准，如用锰钢等低合金钢者，其制作人工乘以系数1.1。

(7)劲性混凝土柱、梁、板内，用钢板、型钢焊接而成的H、T型钢柱、梁等构件，按H型、T型钢构件制作定额执行，截面由单根成品型钢构成的构件按成品型钢构件制作定额执行。

(8)本定额各子目均未包括焊缝无损探伤(如：X光透视、超声波探伤、磁粉探伤、着色探伤等)，亦未包括探伤固定支架制作和被检工件的退磁。

(9)轻钢檩条拉杆按檩条钢拉杆定额执行，木屋架、钢筋混凝土组合屋架拉杆按屋架钢拉杆定额执行。

(10)钢屋架单榀质量在0.5 t以下者，按轻型屋架定额执行。

(11)天窗挡风架、柱侧挡风板、挡雨板支架制作均按挡风架定额执行。

(12)钢漏斗、晒衣架、钢盖板等制作、安装一体的定额项目中已包括安装费在内，但未包括场外运输。角钢、圆钢焊制的入口截流沟篦盖制作、安装，按设计质量执行钢盖板制、安定额。

(13)零星钢构件制作是指质量50 kg以内的其他零星铁件制作。

(14)薄壁方钢管、薄壁槽钢、成品H型钢檩条及车棚等小间距钢管、角钢槽钢等单根型钢檩条的制作，按C、Z型轻钢檩条制作执行。由双C、双[、双L型钢之间断续焊接或通过连接板焊接的檩条，由圆钢或角钢焊接成片形、三角形截面的檩条按型钢檩条制作定额执行。

(15)弧形构件(不包括螺旋式钢梯、圆形钢漏斗、钢管柱)的制作人工、机械乘以系数1.2。

(16)网架中的焊接空心球、螺栓球、锥头等热加工已含在网架制作工作内容中，不锈钢球按成品半球焊接考虑。

(17)钢结构表面喷砂与抛丸除锈定额按照Sa2级考虑。如果设计要求Sa2.5级，定额乘以系数1.2；设计要求Sa3级，定额乘以系数1.4。

二、金属结构工程定额工程量计算规则及应用

1. 工程量计算一般规定

金属结构制作按图示钢材尺寸以质量计算，不扣除孔眼、切肢、切角、切边的质量，电焊条、铆钉、螺栓、紧定钉等质量不计入工程量。计算不规则或多边形钢板时，以其外接矩形面积乘以厚度再乘以单位理论质量计算，如图 6－90 所示。

$$S = A \times B$$

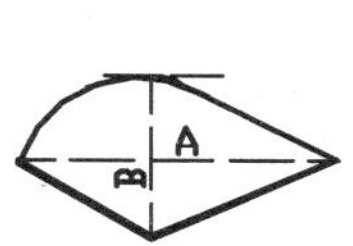

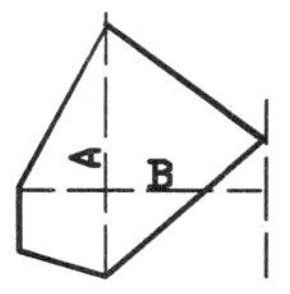

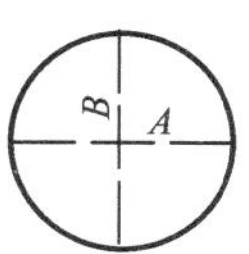

图 6－90　不规则或多边形钢板示意图

2. 实腹柱、钢梁、吊车梁、H 型钢、T 型钢构件

实腹柱、钢梁、吊车梁、H 型钢、T 型钢构件按图示尺寸计算，其中钢梁、吊车梁腹板及翼板宽度按图示尺寸每边增加 8 mm 计算。

3. 钢柱

钢柱制作工程量包括依附于柱上的牛腿及悬臂梁质量；制动梁的制作工程量包括制动梁、制动桁架、制动板质量；墙架的制作工程量包括墙架柱、墙架梁及连接杆件质量，轻钢结构中的门框、雨篷的梁柱按墙架定额执行。

4. 钢平台、走道

钢平台、走道应包括楼梯、平台、栏杆合并计算，钢梯子应包括踏步、栏杆合并计算。栏杆是指平台、阳台、走廊和楼梯的单独栏杆。

5. 钢漏斗

钢漏斗制作工程量，矩形按图示分片，圆形按图示展开尺寸，并依钢板宽度分段计算，每段均以其上口长度(圆形以分段展开上口长度)与钢板宽度按矩形计算，依附漏斗的型钢并入漏斗质量内计算。

6. 轻钢檩条

(1)轻钢檩条以设计型号、规格按质量计算，檩条间的 C 型钢、薄壁槽钢、方钢管、角钢撑杆、窗框并入轻钢檩条内计算。

(2)轻钢檩条的圆钢拉杆按檩条钢拉杆定额执行，套在圆钢拉杆上作为撑杆用的钢管，其质量并入轻钢檩条钢拉杆内计算。

(3)檩条间圆钢钢拉杆定额中的螺母质量、圆钢剪刀撑定额中的花篮螺栓、螺栓球网架定额中的高强螺栓质量不计入工程量，但应按设计用量对定额含量进行调整。

7. 金属构件中的剪力栓钉安装

按设计套数执行构件运输及安装工程相应子目。

8. 网架

网架制作中螺栓球按设计球径、锥头按设计尺寸计算质量，高强螺栓、紧定钉的质量不计算工程量，设计用量与定额含量不同时应调整；空心焊接球矩形下料余量定额已考虑，按

设计质量计算；不锈钢网架球按设计质量计算。

9. 机械喷砂、抛丸除锈的工程量同相应构件制作的工程量。

例 6－19　某工程钢屋架如图 6－91 所示，计算钢屋架工程量。

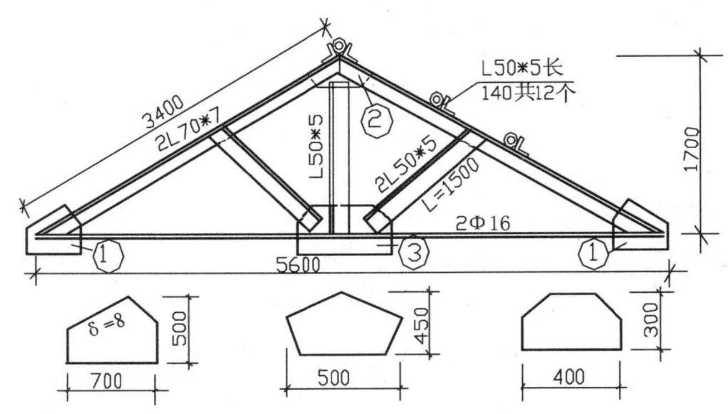

图 6－91　钢屋架示意图

解： 上弦重量＝3.40×2×2×7.40＝100.64 kg

下弦重量＝5.60×2×1.58＝17.70 kg

立杆重量＝1.70×3.77＝6.41 kg

斜撑重量＝1.50×2×2×3.77＝22.62 kg

①号连接板重量＝0.7×0.5×2×62.80＝43.96 kg

②号连接板重量＝0.5×0.45×62.80＝14.13 kg

③号连接板重量＝0.4×0.3×62.80＝7.54 kg

檩托重量＝0.14×12×3.77＝6.33 kg

屋架工程量＝100.61＋17.70＋6.41＋22.62＋43.96＋14.13＋7.54＋6.33＝219.30 kg

例 6－20　某工程有 10 根实腹钢柱，热轧 H 型钢 500×300×14×16，安装在混凝土柱上，单根重量 0.809 t，油漆 80.00 m^2 探伤费用不计入，铁红防锈漆一遍，醇酸磁漆二遍，场外运输距离 24.5 km。试计算定额工程量、确定综合单价和综合单价分析表。

解：(1)计算定额工程量

工程量：10×0.809＝8.09 t

油漆：80 m^2

(2)确定综合单价

1)套定额 7－1 钢柱制作，7－1 综合单价为 6944.16 元/t

2)套定额 8－112 钢柱安装在混凝土柱上，8－112 换为 1094.39 元/t

8－112 换：300.12×1.43＋188.44＋(169.59－145.38＋145.38×1.43)＋(300.12×1.43＋169.59－145.38＋145.38×1.43)×(25%＋12%)＝1094.39 元/t

3)套定额 8－29、8－30 构件运输

8－29 综合单价为 161.14 元/t

8－30 综合单价为 4.5×3.63＝16.34 元/t

4)套定额 17－142、17－143 醇酸磁漆二遍

17－142 综合单价为 56.58 元/10 m^2

17－143 综合单价＝51.80 元/10 m^2

5)套定额 17－135 红丹防锈漆一遍

17－135 综合单价为 57.23 元/10 m^2

6)清单综合单价＝(8.09×6944.16＋8.09×1094.39＋8.09×161.14＋8.09×16.34＋8×56.58＋8×51.80＋8×57.23)/8.09＝8379.80 元/t

(3)计算合价

8.09×8379.80＝67792.56 元

(4)编制清单综合单价分析表，见表 6－24。

表 6－24　某工程实腹钢柱分部分项工程综合单价分析表

序号	项目编码	项目名称	项目特征描述	计量单位	工程量	金额/元	
						综合单价	合价
1	010603001001	实腹钢柱	1.钢材品种、规格：热轧 H 形钢 500×300×14×16 2.单根柱重量：0.809 t 3.探伤要求：无 4.油漆品种、刷漆遍数：铁红防锈漆一遍，醇酸磁漆二遍 5.场外运输距离 24.5 km	t	8.09	8379.80	67792.56
定额	7－1	钢柱制作		t	8.09	6944.16	56178.25
	8－112	钢柱安装在混凝土柱上		t	8.09	1094.39	8853.62
	8－29	金属Ⅰ类构件运输 20 km 内		t	8.09	161.14	1303.62
	8－30 换	金属Ⅰ类构件运输超过 20 km 每增加 1 m		t	8.09	16.34	132.19
	17－142	醇酸磁漆第一遍		10 m^2	8.00	56.58	452.62
	17－143	醇酸磁漆第一遍		10 m^2	8.00	51.80	414.40
	17－135	红丹防锈漆一遍		10 m^2	8.00	57.23	457.84

6.2.8　构件运输与安装工程

一、定额说明

1. 构件运输

(1)本定额包括混凝土构件、金属构件及门窗运输，运输距离应由构件堆放地(或构件加工厂)至施工现场的实际距离确定。

(2)本定额构件运输类别划分详见表 6－25、表 6－26 所示。

表 6-25 混凝土构件运输类别划分表

类别	项 目
Ⅰ类	各类屋架、桁架、托架、梁、柱、桩、薄腹梁、风道梁
Ⅱ类	大型屋面板、槽形板、肋形板、天沟板、空心板、平板、楼梯、檩条、阳台、门窗过梁、小型构件
Ⅲ类	天窗架、端壁架、挡风架、侧板、上下档、各种支撑
Ⅳ类	全装配式内外墙板、楼顶板、大型墙板

表 6-26 金属构件运输类别划分表

类别	项 目
Ⅰ类	钢柱、钢梁、屋架、托架梁、防风桁架
Ⅱ类	吊车梁、制动梁、钢网架、型(轻)钢檩条、钢拉杆、盖板、垃圾、灰门、篦子、爬梯、平台、扶梯、烟囱紧固箍
Ⅲ类	墙架、挡风架、天窗架、不锈钢网架、组合檩条、钢支撑、上下挡、轻型屋架、滚动支架、悬挂支架、箭道支架、零星金属构件

(3)本定额综合考虑了城镇、现场运输道路等级、上下坡等各种因素，不得因道路条件不同而调整定额。

(4)构件运输过程中，如遇道路、桥梁限载而发生的加固、拓宽和公安交通管理部门的保安护送以及沿途发生的过路、过桥等费用，应另行处理。

(5)构件场外运输距离在 45 km 以上时，除装车、卸车外，其运输分项不执行本定额，根据市场价格协商确定。

2. 构件安装

(1)构件安装场内运输按下列规定执行：

①现场预制构件已包括了机械回转半径 15 m 以内的翻身就位。如受现场条件限制，混凝土构件不能就位预制，运距在 150 m 以内，每立方米构件另加场内运输人工 0.12 工日，材料 4.10 元，机械 29.35 元。

②加工厂预制构件安装，定额中已考虑运距在 500 m 以内的场内运输。

③金属构件安装定额工作内容中未包括场内运输费的，如发生，单件在 0.5 t 以内、运距在 150 m 以内的，每吨构件另加场内运输人工 0.08 工日，材料 8.56 元，机械 14.72 元；单件在 0.5 t 以上的金属构件按定额的相应项目执行。

④场内运距如超过以上规定时，应扣去上列费用，另按 1 km 以内的构件运输定额执行。

(2)定额中的塔式起重机台班均已包括在 2014 定额第二十三章垂直运输机械费定额中。

(3)本安装定额均不包括为安装工作需要所搭设的脚手架，若发生应按 2014 定额第二十章脚手架工程规定计算。

(4)本定额混凝土构件安装是按履带式起重机、塔式起重机编制的，如施工组织设计需使用轮胎式起重机或汽车式起重机，经建设单位认可后，可按履带式起重机相应项目套用，其中人工、吊装机械乘以系数 1.18；轮胎式起重机或汽车起重机的起重吨位，按履带式起重机相近的起重吨位套用，台班单价换算。

(5)金属构件中轻钢檩条拉杆的安装是按螺栓考虑，其余构件拼装或安装均按电焊考虑，设计用连接螺栓，其连接螺栓按设计用量另行计算(人工不再增加)，电焊条、电焊机应相应扣除。

(6)单层厂房屋盖系统构件如必须在跨外安装，按相应构件安装定额中的人工、吊装机械台班乘以系数1.18。用塔吊安装不乘此系数。

(7)履带式起重机(汽车式起重机)安装点高度以20 m内为准，超过20 m在30 m内，人工、吊装机械台班(子目中起重机小于25 t者应调整到25 t)乘以系数1.20；超过30 m在40 m内，人工、吊装机械台班(子目中起重机小于50 t者应调整到50 t)乘以系数1.40；超过40 m，按实际情况另行处理。

(8)钢柱安装在混凝土柱上(或混凝土柱内)，其人工、吊装机械乘以系数1.43。混凝土柱安装后，如有钢牛腿或悬臂梁与其焊接时，钢牛腿或悬臂梁执行钢墙架安装定额，钢牛腿执行铁件制作定额。

(9)钢管柱安装执行钢柱定额，其中人工乘以系数0.5。

(10)钢屋架单榀质量在0.5 t以下者，按轻钢屋架子目执行。

(11)构件安装项目中所列垫铁，是为了校正构件偏差用的，凡设计图纸中的连接铁件、拉板等不属于垫铁范围的，应按第七章金属结构工程相应子目执行。

(12)钢屋架、天窗架拼装是指在构件厂制作、在现场拼装的构件，在现场不发生拼装或现场制作的钢屋架、钢天窗架不得套用本定额。

(13)小型构件安装包括：沟盖板、通气道、垃圾道、楼梯踏步板、隔断板以及单体体积小于0.1 m^3 的构件安装。

(14)钢网架安装定额按平面网格结构编制，如设计为球壳、筒壳或其他曲面状，其安装定额人工乘以系数1.2。

3. 其他

(1)矩形、工型、空格型、双肢柱、管道支架预制钢筋混凝土构件安装，均按混凝土柱安装相应定额执行。

(2)预制钢筋混凝土柱、梁通过焊接形成的框架结构，其柱安装按框架柱计算，梁安装按框架梁计算，框架梁与柱的接头现浇混凝土部分按2014定额第六章混凝土工程相应项目另行计算。

注意的是预制柱、梁一次制作成型的框架按连体框架柱梁定额执行。

(3)预制钢筋混凝土多层柱安装，第一层的柱按柱安装定额执行，二层及二层以上柱按柱接柱定额执行。

(4)单(双)悬臂梁式柱按门式刚架定额执行。

(5)定额子目内既列有“履带式起重机(汽车式起重机)”又列有“塔式起重机”的，可根据不同的垂直运输机械选用：选用卷扬机(带塔)施工的，套“履带式起重机(汽车式起重机)”定额子目；选用塔式起重机施工的，套“塔式起重机”定额子目。

二、构件运输、安装工程定额工程量计算规则及应用

(1)构件运输、安装工程量计算方法与构件制作工程量计算方法相同(即：运输、安装工程量 = 制作工程量)。构件由于在运输、安装过程中易发生损耗(损耗率见表6－27)，工程量按下式计算：

表 6－27　预制钢筋混凝土构件场内、外运输、安装损耗率

名　称	场外运输/%	场内运输/%	安装/%
天窝架、端壁、桁条、支撑、踏步板、板类及厚度在 50 mm 内薄型构件	0.8	0.5	0.5

$$制作、场外运输工程量 = 设计工程量 \times 1.018$$

$$安装工程量 = 设计工程量 \times 1.01$$

(2)加气混凝土板(块)、硅酸盐块运输每立方米折合钢筋混凝土构件体积 0.4 m^3 按Ⅱ类构件运输计算。

(3)木门窗运输按门窗洞口的面积(包括框、扇在内)以 100 m^2 计算，带纱扇另增洞口面积的 40% 计算。

(4)预制构件安装后接头灌缝工程量均按预制钢筋混凝土构件实体积计算，柱与柱基的接头灌缝按单根柱的体积计算。

(5)组合屋架安装，以混凝土实际体积计算，钢拉杆部分不另计算。

(6)成品铸铁地沟盖板安装，按盖板铺设水平面积计算，定额是按盖板厚度 20 mm 计算的，厚度不同，人工含量按比例调整。角钢、圆钢焊制的入口截流沟篦盖制作、安装，按设计质量执行《2014 江苏省定额》第七章金属结构工程钢盖板制、安定额计算。

6.2.9　木结构工程

一、定额说明

(1)均以一、二类木种为准，如采用三、四类木种(木种划分见第十六章门窗工程说明)，木门制作人工和机械费乘以系数 1.3，木门安装人工乘以系数 1.15，其他项目人工和机械费乘以系数 1.35。

(2)按已成型的两个切断面规格料编制的，两个切断面以前的锯缝损耗按总说明规定应另外计算。

(3)注明的木材断面或厚度均以毛料为准，如设计图纸注明的断面或厚度为净料时，应增加断面刨光损耗：一面刨光加 3 mm，两面刨光加 5 mm，圆木按直径增加 5 mm。

(4)木材是以自然干燥条件下的木材编制的，需要烘干时，其烘干费用及损耗由各市确定。

(5)厂库房大门的钢骨架制作已包括在子目中，其上、下轨及滑轮等应按五金铁件相应项目执行。

(6)厂库房大门、钢木大门及其他特种门的五金铁件表按标准图用量列出，仅作备料参考。

二、木结构定额工程量计算规则及应用

1. 门

门制作、安装工程量按门洞口面积计算。无框厂库房大门、特种门按设计门扇外围面积计算。

2. 木屋架

木屋架的制作安装工程量，按以下规定计算：

（1）木屋架不论圆、方木，其制作安装均按设计断面以立方米计算，分别套相应子目，其后配长度及配制损耗已包括在子目内不另外计算（游沿木、风撑、剪刀撑、水平撑、夹板、垫木等木料并入相应屋架体积内）。

（2）圆木屋架刨光时，圆木按直径增加5 mm计算，附属于屋架的夹板、垫木等已并入相应的屋架制作项目中，不另计算。与屋架连接的挑檐木、支撑等工程量并入屋架体积内计算。

（3）圆木屋架连接的挑檐木、支撑等为方木时，方木部分按矩形檩木计算。

（4）气楼屋架、马尾折角和正交部分的半屋架应并入相连接的正榀屋架体积内计算。

例6－21　某工程木屋架如图6－92所示，试编制15 m跨度方木屋架工程量。

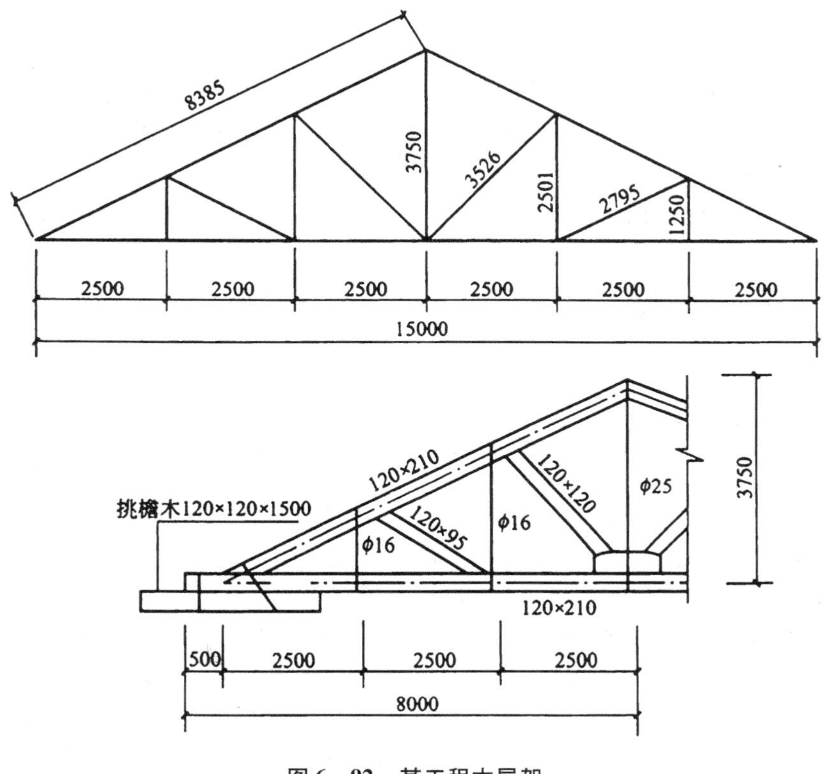

图6－92　某工程木屋架

解：

木屋架制作：

$$上弦工程量 = 8.385 \times 0.12 \times 0.21 \times 2 = 0.423\ m^3$$

$$下弦工程量 = 16 \times 0.12 \times 0.21 = 0.403\ m^3$$

$$斜撑工程量 = 3.526 \times 0.12 \times 0.21 \times 2 = 0.102\ m^3$$

$$斜撑工程量 = 2.795 \times 0.12 \times 0.095 \times 2 = 0.064\ m^3$$

$$挑檐木工程量 = 1.5 \times 0.12 \times 0.12 \times 2 = 0.043\ m^3$$

合计：　木屋架工程量 $= 1.035\ m^3$

木屋架安装：　木屋架安装工程量 $= 1.035\ m^3$

3. 檩木

檩木按立方米计算，筒支檩木长度按设计图示中距增加200 mm计算，如两端出山，檩条长度算至搏风板。连续檩条的长度按设计长度计算，接头长度按全部连续檩木的总体积的5%计算。檩条托木已包括在子目内，不另计算。

4. 屋面木基层

屋面木基层按屋面斜面积计算，不扣除附墙烟囱、风道、风帽底座和屋顶小气窗所占面积，小气窗出檐与木基层重叠部分亦不增加，气楼屋面的屋檐突出部分的面积并入计算。

5. 封檐板

封檐板按图示檐口外围长度计算，搏风板按水平投影长度乘屋面坡度系数 C 后，单坡加300 mm，双坡加500 mm计算。

6. 木楼梯

木楼梯(包括休息平台和靠墙踢脚板)按水平投影面积计算，不扣除宽度300 mm以内的楼梯井，伸入墙内部分的面积亦不另计算。

7. 木柱、木梁

木柱、木梁制作安装均按设计断面竣工木料以立方米计算，其后备长度及配置损耗已包括在子目内。

6.2.10 屋面及防水工程

一、定额说明

(1)屋面防水分为瓦、卷材、刚性、涂膜四部分。

①瓦材规格与定额不同时，瓦的数量可以换算，其他不变。换算公式为：

$$\frac{10\ \text{m}^2}{\text{瓦有效长度}\times\text{有效宽度}}\times 1.025(\text{操作损耗})$$

②油毡卷材屋面包括刷冷底子油一遍，但不包括天沟、泛水、屋脊、檐口等处的附加层，其附加层应另行计算。其他卷材屋面均包括附加层。

③本章以石油沥青、石油沥青玛碲脂为佳，设计使用煤沥青、煤沥青玛碲脂，材料调整。

④冷胶“二布三涂”项目，其“三涂”是指涂膜构成的防水层数，并非指涂刷遍数，每一涂层的厚度必须符合规范(每一涂层刷二至三遍)要求。

⑤高聚物、高分子防水卷材粘贴，实际使用的粘结剂与本定额不同，单价可以换算，其他不变。

(2)平、立面及其他防水是指楼地面及墙面的防水，分为涂刷、砂浆、粘贴卷材三部分，既适用于建筑物(包括地下室)又适用于构筑物。

各种卷材的防水层均已包括刷冷底子油一遍和平、立面交界处的附加层工料在内。

(3)在粘结层上单撒绿豆砂者(定额中已包括绿豆砂的项目除外)，每10n/铺洒面积增加0.066工日。绿豆砂0.078 t，合计6.62元。

(4)伸缩缝项目中，除已注明规格可调整外，其余项目均不调整。

(5)玻璃棉、矿棉包装材料和人工均已包括在定额内。

(6)凡保温、隔热工程用于地面时，增加电动夯实机0.04台班。

二、屋面及防水工程定额工程量计算规则及应用

(1)瓦屋面按图示尺寸的水平投影面积乘以屋面坡度延长系数 C(见表6－28)以平方米

计算（瓦出线已包括在内），不扣除房上烟囱、风帽底座、风道、屋面小气窗、斜沟等所占面积，屋面小气窗的出檐部分也不增加。

表6-28 屋面坡度延长系数

坡度比例 a/b	角度 θ	延长系数 C	隅延长系数 D
1/1	45°	1.4142	1.7321
1/1.5	33°45′	1.2015	1.5621
1/2	26°34′	1.1180	1.5000
1/2.5	21°48′	1.0770	1.4697
1/3	18°26′	1.0541	1.4530

（2）瓦屋面的屋脊、蝴蝶瓦的檐口花边、滴水应另列项目按延长米计算，四坡屋面斜脊长度按下图中的“b”乘以隅延长系数 D（见表6-28）以延长米计算，山墙泛水长度 $=A\times C$，如图6-93所示。瓦穿铁丝、钉铁钉、水泥砂浆粉挂瓦条按每10 m^2斜面积计算。

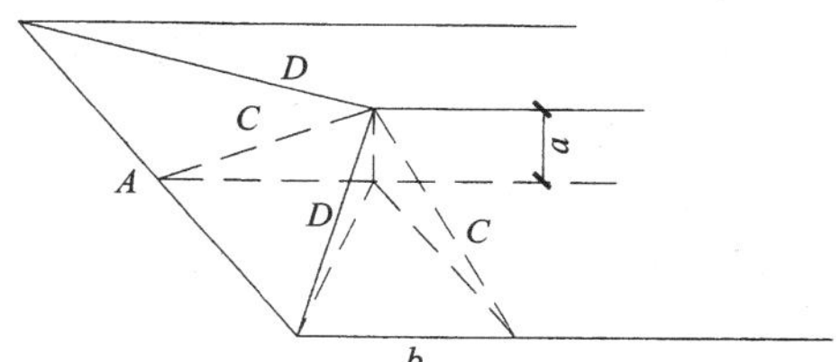

图6-93 屋面参数示意图

注：屋面坡度大于45°时，按设计斜面积计算。

瓦屋面工程量计算：

屋面实际面积 = 屋面水平投影面积 $\times C$

一个斜脊长度 $=A\times D$

山墙泛水长度 $=A\times C$

例6-22 某建筑平面图、剖面图如图6-94所示，屋面采用水泥彩瓦420 mm × 332 mm，墙厚均为240 mm，屋面坡度1∶2。试计算工程量及确定瓦屋面综合单价。

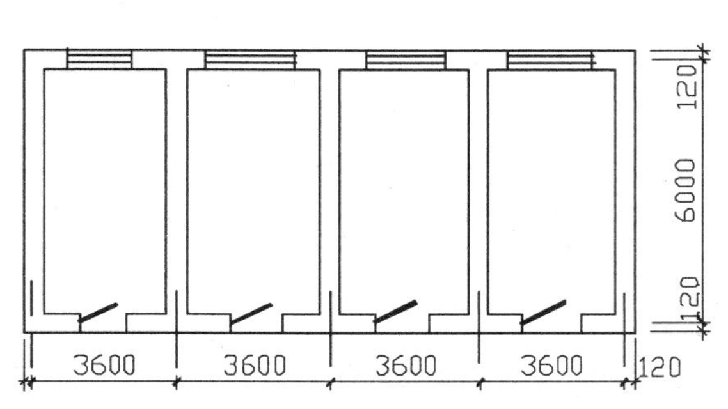

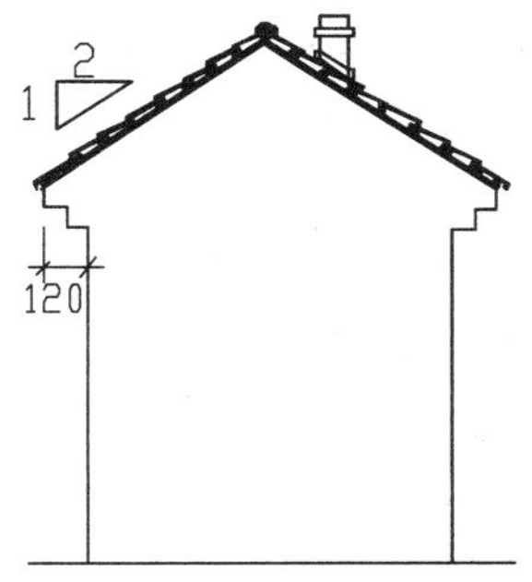

图6-94 某建筑平面图、剖面图

解：（1）计算定额工程量

①瓦屋面：$(6.00+0.24+0.12\times2)\times(3.60\times4+0.24)\times1.118=106.06\ m^2$

②脊瓦　　　　　　　　$3.60\times4+0.24=14.64\ m$

(2)确定综合单价

①套定额 10-7 水泥彩瓦铺瓦：定额综合单价为 368.70 元/10 m^2

②套定额 10-8 水泥脊瓦：定额综合单价 = 298.36 元/10 m

(3)彩钢夹芯板、彩钢复合板屋面按实铺面积以平方米计算，支架、槽铝、角铝等均包含在定额内。

(4)彩板屋脊、天沟、泛水、包角、山头按设计长度以延长米计算，堵头已包含在定额内。

(5)卷材屋面工程量按以下规定计算。

①卷材屋面按图示尺寸的水平投影面积乘以规定的坡度系数以平方米计算，但不扣除房上烟囱、风帽底座、风道所占面积。女儿墙、伸缩缝、天窗等处的弯起高度按图示尺寸计算并入屋面工程量内；如图纸无规定时，伸缩缝、女儿墙的弯起高度按 250 mm 计算，天窗弯起高度按 500 mm 计算并入屋面工程量内；檐沟、天沟按展开面积并入屋面工程量内。

②油毡屋面均不包括附加层在内，附加层按设计尺寸和层数另行计算；

③其他卷材屋面已包括附加层在内，不另行计算；收头、接缝材料已列入定额内。

(6)屋面刚性防水工程量按设计图示尺寸以面积计算，不扣除房上烟囱、风帽底座、风道等所占面积。

(7)刚性屋面、涂膜屋面工程量计算同卷材屋面。

(8)平、立面防水工程量按以下规定计算。

①涂刷油类防水按设计涂刷面积计算。

②防水砂浆防水按设计抹灰面积计算，扣除凸出地面的构筑物、设备基础及室内铁道所占的面积。不扣除附墙垛、柱、间壁墙、附墙烟囱及 0.3 m^2 以内孔洞所占面积。

③粘贴卷材、布类

a. 平面：建筑物地面、地下室防水层按主墙（承重墙）间净面积以平方米计算，扣除凸出地面的构筑物、柱、设备基础等所占面积，不扣除附墙垛、间壁墙、附墙烟囱及 0.3 m^2 以内孔洞所占面积。与墙间连接处高度在 300 mm 以内者，按展开面积计算并入平面工程量内，超过 300 mm 时，按立面防水层计算。

b. 立面：墙身防水层按图示尺寸扣除立面孔洞所占面积（0.3 m^2 以内孔洞不扣）以 m_2 计算；

c. 构筑物防水层按实铺面积计算，不扣除 0.3 m^2 以内孔洞面积。

(9)伸缩缝、盖缝、止水带按延长米计算，外墙伸缩缝在墙内、外双面填缝者，工程量应按双面计算。

(10)屋面排水工程量按以下规定计算。

①玻璃钢、PVC、铸铁水落管、檐沟均按图示尺寸以延长米计算。水斗、女儿墙弯头，铸铁落水口（带罩）均按只计算。

②阳台 PVC 管通水落管按只计算。每只阳台出水口至水落管中心线斜长按 1 m 计（内含两只 135°弯头，1 只异径三通）。

例 6-23　某工程 SBS 改性沥青卷材防水屋面平面、剖面图如图 6-95 所示，其自结构层由下向上的做法为：钢筋混凝土板上用1∶12水泥珍珠岩找坡，坡度2%，最薄处60 mm；保温隔热层上1∶3水泥砂浆找平层反边高300 mm，在找平层上刷冷底子油，加热烤铺，贴3 mm厚SBS改性沥青防水卷材一道（反边高300 mm），在防水卷材上抹1∶2.5水泥砂浆找平层（反边高300 mm）。不考虑嵌缝，砂浆以使用中砂为拌和料，女儿墙不计算，未列项目不补充。试计算屋面防水工程的工程量及确定综合单价。

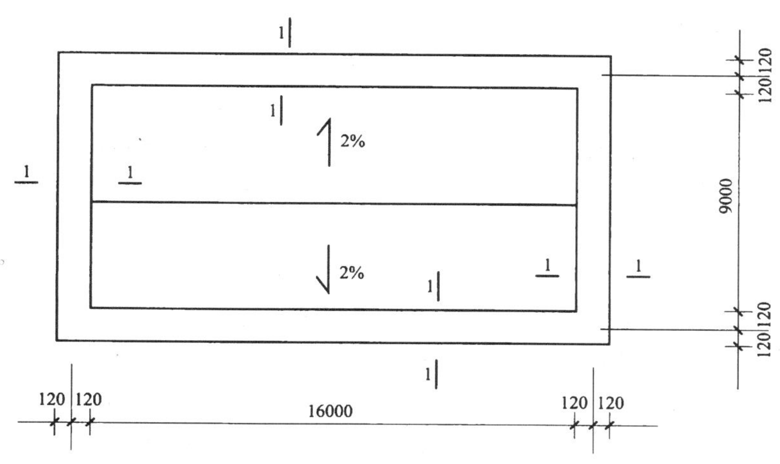

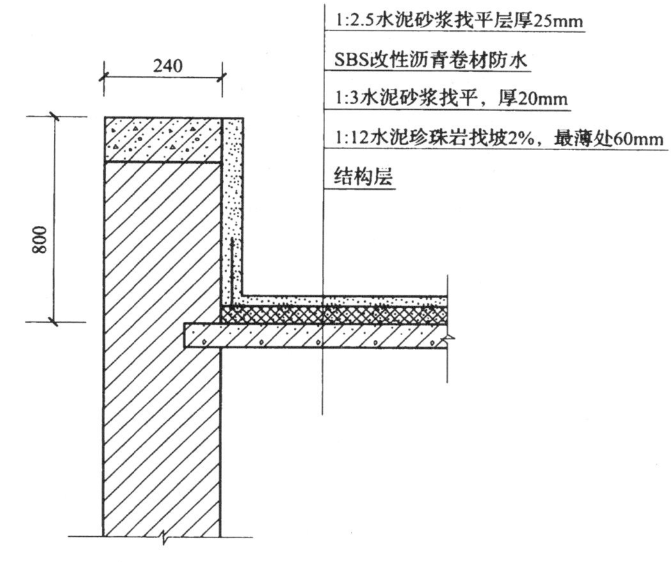

图6－95　某工程屋面示意图

解：（1）计算定额工程量

①屋面卷材防水　　$16.00\times9.00+(16+9)\times2\times0.30=159\ \text{m}^2$

②屋面找平层　　$16.00\times9.00+(16+9)\times2\times0.30=159\ \text{m}^2$

(2)确定综合单价

①套定额 10－32 3 mm 厚 SBS 改性沥青防水卷材防水

10－32 定额综合单价＝434.60 元/10 m^2

②套定额 10－99 刷冷底子油

10－99 定额综合单价＝65.49 元/10 m^2

③套定额 13－15 20 厚 1：3 水泥砂浆找平层

13－15 定额综合单价＝130.68 元/10 m^2

④套定额 13－15、13－17 25 厚 1:2.5 水泥砂浆找平层

13－15 换定额综合单价＝130.68－47.41＋0.202×265.07＝136.81 元/10 m^2

13－17 换定额综合单价＝28.51－12.22＋0.051×265.07＝29.81 元/10 m^2

6.2.11 保温、隔热、防腐工程

一、定额说明

(1)外墙聚苯颗粒保温系统，根据设计要求套用相应的工序。

(2)凡保温、隔热工程用于地面时，增加电动夯实机 0.04 台班/m^3。

(3)整体面层和平面砌块料面层，适用于楼地面、平台的防腐面层。整体面层厚度、砌块料面层的规格、结合层厚度、灰缝宽度、各种胶泥、砂浆、混凝土的配合比，设计与定额不同应换算，但人工、机械不变。

块料贴面结合层厚度、灰缝宽度取定如下：

树脂胶泥、树脂砂浆结合层 6 mm，灰缝宽度 3 mm；

水玻璃胶泥、水玻璃砂浆结合层 6 mm，灰缝宽度 4 mm；

硫磺胶泥、硫磺砂浆结合层 6 mm，灰缝宽度 5 mm；

花岗岩及其他条石结合层 15 mm，灰缝宽度 8 mm。

(4)块料面层以平面砌为准，立面砌时按平面砌的相应子目人工乘以系数 1.38，踢脚板人工乘以系数 1.56，块料乘以系数 1.01，其他不变。

(5)本章中浇捣混凝土的项目需立模时，按混凝土垫层项目的含模量计算，按带形基础定额执行。

二、保温、隔热、防腐工程定额工程量计算规则及应用

(1)保温隔热工程量按以下规定计算。

①保温隔热层按隔热材料净厚度(不包括胶结材料厚度)乘实铺面积按立方米计算；

②地墙隔热层，按围护结构墙体内净面积计算，不扣除 0.3 m^2以内孔洞所占的面积。

③软木、聚苯乙烯泡沫板铺贴平顶以图示长乘宽乘厚的体积以立方米计算；

④屋面架空隔热板、天棚保温(沥青贴软木除外)层，按图示尺寸实铺面积计算。

⑤墙体隔热：外墙按隔热层中心线，内墙按隔热层净长乘图示尺寸的高度(如图纸无注明高度时，则下部由地坪隔热层起算，带阁楼时算至阁楼板顶面止；无阁楼时则算至檐口)及厚度以立方米计算，应扣除冷藏门洞口和管道穿墙洞口所占的体积。

⑥门口周围的隔热部分，按图示部位，分别套用墙体或地坪的相应定额以立方米计算。

⑦软木、泡沫塑料板铺贴柱帽、梁面，以图示尺寸按立方米计算。

⑧梁头、管道周围及其他零星隔热工程，均按实际尺寸以立方米计算，套用柱帽、梁面

定额。

⑨池槽隔热层按图示池槽保温隔热层的长、宽及厚度以立方米计算，其中池壁按墙面计算，池底按地面计算。

⑩包柱隔热层，按图示柱的隔热层中心线的展开长度乘图示尺寸高度及厚度以立方米计算。

(2)防腐工程项目应区分不同防腐材料种类及厚度，按设计图示尺寸以面积计算，应扣除凸出地面的构筑物、设备基础所占的面积。砖垛等突出墙面部分按展开面积计算，并入墙面防腐工程量内。

(3)踢脚板定额工程量计算规则：按设计图示尺寸以面积计算，应扣除门洞所占面积，并相应增加侧壁展开面积。

(4)平面砌筑双层耐酸块料时，按单层面积乘以系数2.0计算。

(5)防腐卷材接缝附加层收头等工料，已计入定额中，不另行计算。

(6)烟囱内表面涂抹隔绝层，按筒身内壁的面积计算，并扣除孔洞面积。

例6－24　某工程SBS改性沥青卷材防水屋面平面、剖面图如上例图6－95所示，其自结构层由下向上的做法为：钢筋混凝土板上用1∶12水泥珍珠岩找坡，坡度2%，最薄处60 mm；保温隔热层上1∶3水泥砂浆找平层反边高300 mm，在找平层上刷冷底子油，加热烤铺，贴3 mm厚SBS改性沥青防水卷材一道(反边高300 mm)，在防水卷材上抹1∶2.5水泥砂浆找平层(反边高300 mm)。不考虑嵌缝，砂浆以中砂为拌和料，女儿墙不计算，未列项目不补充。试计算屋面保温工程的工程量及确定综合单价。

解：(1)计算定额工程量

屋面保温层做法1∶12水泥珍珠岩找坡，最薄处60 mm，故计算平均找坡厚度

最厚处 $=4.5\times2\%+0.06=0.15$ m，最薄处0.06 m，平均厚度 $=(0.06+0.15)/2=0.105$ m

屋面水泥珍珠岩保温 $16.00\times9.00\times0.105=15.12\ \text{m}^3$

(2)确定综合单价

套定额11－6 现浇水泥珍珠岩

11－6换 定额综合单价 $=356.69-244.35+1.02\times248.94=366.26$ 元/m^3

6.2.12　厂区道路及排水工程

一、定额说明

(1)本定额适用于一般工业与民用建筑物(构筑物)所在的厂区或住宅小区内的道路、广场及排水。

(2)本章定额中未包括的项目(如：土方、垫层、面层和管道基础等)，应按本定额其他分部的相应子目执行。

(3)管道铺设不论用人工或机械均执行本定额。

(4)停车场、球场、晒场，按道路相应定额执行，其压路机台班乘系数1.20。

(5)检查井综合定额中挖土、回填土、运土项目未综合在内，应按《2014江苏省定额》土方分部涉及相应子目执行。

二、厂区道路及排水定额工程量计算规则

(1)整理路床、路肩和道路垫层、面层均按设计图示尺寸以面积计算，不扣除窨井所占面积。

(2)路牙(沿)以延长米计算。

(3)钢筋混凝土井(池)底、壁、顶和砖砌井(池)壁不分厚度以实体积计算，池壁与排水管连接的壁上孔洞其排水管径在300 mm以内所占的壁体积不予扣除；超过300 mm时，应予扣除。所有井(池)壁孔洞上部砌砖已包括在定额内，不另计算。井(池)底、壁抹灰合并计算。

(4)路面伸缩缝锯缝、嵌缝均按延长米计算。

(5)混凝土、PVC排水管按不同管径分别按延长米计算，长度按两井间净长度计算

6.2.13 建筑物超高增加费用

一、定额说明

1. 建筑物超高增加费

(1)建筑物设计室外地面至檐口的高度(不包括女儿墙、屋顶水箱、突出屋面的电梯间、楼梯间等的高度)超过20 m或建筑物超过6层时，应计算超高费。

(2)超高费内容包括：人工降效、除垂直运输机械外的机械降效费用、高压水泵摊销、上下联络通信等所需费用。超高费包干使用，不论实际发生多少，均按本定额执行，不调整。

(3)超高费按下列规定计算：

①建筑物檐高超过20 m或层数超过6层部分的建筑物应按其超过部分的建筑面积计算。

②建筑物檐高超过20 m，但其最高一层或其中一层楼面未超过20 m且在6层以内时，则该楼层在20 m以上部分的超高费，每超过1 m(不足0.1 m按0.1 m计算)按相应定额的20%计算。

③建筑物20 m或6层以上楼层，如层高超过3.6m时，层高每增高1 m(不足0.1 m按0.1 m计算)，层高超高费按相应定额的20%计取。

④同一建筑物中有2个或2个以上的不同檐口高度时，应分别按不同高度竖向切面的建筑面积套用定额。

⑤单层建筑物(无楼隔层者)高度超过20 m，其超过部分除构件安装按构件运输及安装工程的规定执行外，另再按本章相应项目计算每增高1 m的层高超高费。

2. 单独装饰工程超高人工降效

(1)“高度”和”层高”，只要其中一个指标达到规定，即可套用该项目。

(2)当同一个楼层中的楼面和天棚不在同一计算段内，按天棚面标高段为准计算。

二、建筑物超高费定额工程量计算规则及应用

1. 建筑物超高费以超过20 m或6层部分的建筑面积计算。

2. 单独装饰工程超高人工降效，以超过20 m或6层部分的工日分段计算。

例6-25 如图6-96所示，已知某建筑物共18层，其中一层层高4.5 m，二、三层层高4.2 m，4~18层为标准层，层高3.0 m，室外地坪标高-0.45 m，又知1~3层每层建筑面积为4502 m^2，4~18层每层建筑面积为3842 m^2，求该建筑物的超高增加费。

解：(1)计算定额工程量

建筑总高度 58.35 m，室外地坪算起 20 m 线位于六层，故：第六层开始计算超高增加费。

①全超高面积：$S=(18-6)\times 3842=46104\ m^2$

②6 层部分超高：第 6 层超高 $H=0.45+4.5+4.2\times 2+3\times 3=22.35-20=2.35$ m

$S=3842\ m^2$

(2)确定综合单价

①全超高面积套建筑物超高增加檐高 60 m 内：19－4 综合单价＝66.89 元/m^2

②6 层部分超高 2.35 m 套 19－4 换：19－4 换 $66.89\times 20\%\times 2.35=31.44$ 元/m^2

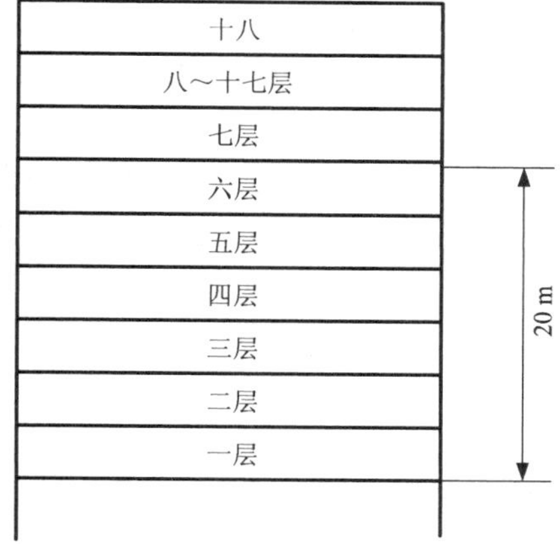

图 6－96　某建筑物立面示意图

6.2.14　脚手架工程

一、定额说明

(一)脚手架工程

脚手架是建筑工程措施项目，脚手架分为综合脚手架和单项脚手架两部分。

单项脚手架适用于单独地下室、装配式和多(单)层工业厂房、仓库、独立的展览馆、体育馆、影剧院、礼堂、饭堂(包括附属厨房)、锅炉房、檐高未超过 3.60 m 的单层建筑、超过 3.60 m 高的屋顶构架、构筑物和单独装饰工程等。除此之外的单位工程均执行综合脚手架项目。

1. 综合脚手架

(1)檐高在 3.60 m 内的单层建筑不执行综合脚手架定额。

(2)综合脚手架项目仅包括脚手架本身的搭拆，不包括建筑物洞口临边、电器防护设施等费用，以上费用已在安全文明施工措施费中列支。

(3)单位工程在执行综合脚手架时，遇有下列情况应另列项目计算，不再计算超过 20 m 脚手架材料增加费。

①各种基础自设计室外地面起深度超过 1.50 m(砖基础至大方脚砖基底面、钢筋混凝土基础至垫层上表面)，同时混凝土带形基础底宽超过 3 m、满堂基础或独立柱基(包括设备基础)混凝土底面积超过 16 m^2 应计算砌墙、混凝土浇捣脚手架。砖基础以垂直面积按单项脚手架中里架子，混凝土浇捣按相应满堂脚手架定额执行；

②层高超过 3.60 m 的钢筋混凝土框架柱、梁、墙混凝土浇捣脚手架按单项定额规定计算；

③独立柱、单梁、墙高度超过 3.60 m 混凝土浇捣脚手架按单项定额规定计算；

④层高在 2.20 m 以内的技术层外墙脚手架按相应单项定额规定执行；

⑤施工现场需搭设高压线防护架、金属过道防护棚脚手架按单项定额规定执行；

⑥屋面坡度大于 45°时，屋面基层、盖瓦的脚手架费用应另行计算；

⑦未计算到建筑面积的室外柱、梁等，其高度超过 3.60 m 时，应另按单项脚手架相应定额计算；

⑧地下室的综合脚手架按檐高在 12 m 以内的综合脚手架相应定额乘以系数 0.5 执行；

⑨檐高 20 m 以下采用悬挑脚手架的可计取悬挑脚手架增加费用，20 m 以上悬挑脚手架增加费已包括在脚手架超高材料增加费中。

2. 单项脚手架

(1)适用于综合脚手架以外的檐高在 20 m 以内的建筑物，突出主体建筑物顶的女儿墙、电梯间、楼梯间、水箱等不计入檐口高度。前后檐高不同，按平均高度计算。檐高在 20 m 以上的建筑物，脚手架除按本定额计算外，其超过部分所需增加的脚手架加固措施等费用，均按超高脚手架材料增加费子目执行。构筑物、烟囱、水塔、电梯井按其相应子目执行。

(2)除高压线防护架外，本定额已按扣件式钢管脚手架编制，实际施工中不论使用何种脚手架材料，均按本定额执行。

(3)需采用型钢悬挑脚手架时，除计算脚手架费用外，应计算外架子悬挑脚手架增加费。

(4)满堂脚手架不适用于满堂扣件式钢管支撑架(简称满堂支撑架)，满堂支撑架应按搭设方案计价。

(5)单层轻钢厂房脚手架适用于单层轻钢厂房钢结构施工用脚手架，分钢柱梁安装脚手架、屋面瓦等水平结构安装脚手架和墙板、门窗、雨篷、天沟等竖向结构安装脚手架，不包括厂房内土建、装饰工作脚手架，实际发生时另执行相关子日。

(6)外墙镶(挂)贴脚手架定额适用于单独外装饰工程脚手架搭设。

(7)高度在 3. 60 m 以内的墙面、天棚、柱、梁抹灰(包括钉间壁、钉天棚)用的脚手架费用套用 3. 60 m 以内的抹灰脚手架。如室内(包括地下室)净高超过 3. 60 m 时，天棚需抹灰(包括钉天棚)应按满堂脚手架计算，但其内墙抹灰不再计算脚手架。高度在 3. 60 m 以上的内墙面抹灰(包括钉间壁)，如无满堂脚手架可以利用时，可按墙面垂直投影面积计算抹灰脚手架。

(8)建筑物室内天棚面层净高在 3.60 m 内，吊筋与楼层的连结点高度超过 3.60 m，应按满堂脚手架相应定额综合单价乘以系数 0.60 计算。

(9)墙、柱梁面刷浆、油漆的脚手架按抹灰脚手架相应定额乘以系数 0.10 计算。室内天棚净高超过 3.60 m 的板下勾缝、刷浆、油漆可另行计算一次脚手架费用，按满堂脚手架相应项目乘以系数 0.10 计算。

(10)天棚、柱、梁、墙面不抹灰但满批腻子时，脚手架执行同抹灰脚手架。

(11)瓦屋面坡度大于 45°时，屋面基层、盖瓦的脚手架费用应另按实计算。

(12)当结构施工搭设的电梯井脚手架延续至电梯设备安装使用时，套用安装用电梯井脚手架时应扣除定额中的人工及机械费。

(13)构件吊装脚手架按下表执行，单层轻钢厂房钢构件吊装脚手架执行单层轻钢厂房钢结构施工用脚手架，不再执行表 6－29 所示规定。

表 6－29　构件吊装脚手架费用表　　单位：元

混凝土构件/m^3				钢构件/t			
柱	梁	屋架	其他	柱	梁	屋架	其他
1.58	1.65	3.20	2.30	0.70	1.00	1.50	1.00

（14）满堂支撑架适用于架体顶部承受钢结构、钢筋混凝土等施工荷载，对支撑构件起支撑平台作用的扣件式脚手架。脚手架周转材料使用量大时，可区分租赁和自备材料两种情况计算，施工过程中对满堂支撑架的使用时间、材料的投入情况应及时核实并办理好相关手续，租赁费用应由甲乙双方协商进行核定后结算，乙方自备材料按定额中满堂支撑架使用费计算。

（15）建筑物外墙设计采用幕墙装饰，不需要砌筑墙体，根据施工方案需搭设外围防护脚手架的，且幕墙施工不利用外防护架，应按砌墙脚手架相应子目另计防护脚手架费。

3. 超高脚手架材料增加费

（1）脚手架是按建筑物檐高在 20 m 以内编制的，檐高超过 20 m 时应计算脚手架材料增加费。

（2）檐高超过 20 m 脚手材料增加费内容包括：脚手架使用周期延长摊销费、脚手架加固费。脚手架材料增加费包干使用，无论实际发生多少，均按本章执行，不调整。

（3）檐高超过 20 m 脚手材料增加费按下列规定计算：

1）综合脚手架

①檐高超过 20 m 部分的建筑物，应按其超过部分的建筑面积计算。

②层高超过 3.6m 每增高 0.1 m 按增高 1 m 的比例换算（不足 0.1 m 按 0.1 m 计算），按相应项目执行。

③建筑物檐高高度超过 20 m，但其最高一层或其中一层楼面未超过 20 m 时，则该楼层在 20 m 以上部分仅能计算每增高 1 m 的增加费。

④同一建筑物中有 2 个或 2 个以上的不同檐口高度时，应分别按不同高度竖向切面的建筑面积套用相应子目。

⑤单层建筑物（无楼隔层者）高度超过 20 m，其超过部分除构件安装构件运输安装的规定执行外，另再按本章相应项目计算脚手架材料增加费。

2）单项脚手架

①檐高超过 20 m 的建筑物，应根据脚手架计算规则按全部外墙脚手架面积计算。

②同一建筑物中有 2 个或 2 个以上的不同檐口高度时，应分别按不同高度竖向切面的外脚手架面积套用相应子目。

二、脚手架工程定额工程量计算规则及应用

（一）脚手架工程

1. 综合脚手架

综合脚手架按建筑面积计算。单位工程中不同层高的建筑面积应分别计算。

2. 单项脚手架

（1）脚手架工程量计算一般规则：

①凡砌筑高度超过 1.5 m 的砌体均需计算脚手架。

②砌墙脚手架均按墙面（单面）垂直投影面积以平方米计算。

③计算脚手架时，不扣除门、窗洞口、空圈、车辆通道、变形缝等所占面积。

④同一建筑物高度不同时，按建筑物的竖向不同高度分别计算。

（2）砌筑脚手架工程量计算规则：

①外墙脚手架按外墙外边线长度乘以外墙高度以平方米计算。

a. 外墙外边线长度，如外墙有挑阳台，则每只阳台计算一个侧面宽度，计入外墙面长度内，两户阳台连在一起的也只算一个侧面，如图 6－97 所示。

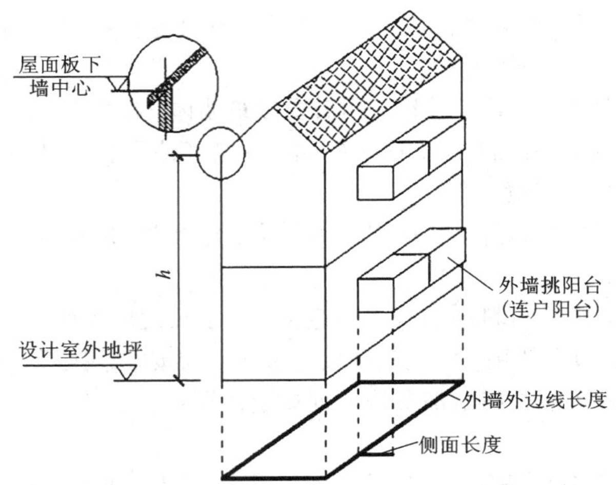

图 6－97　外墙脚手架外墙有挑阳台示意图

b. 外墙高度指室外设计地坪至檐口（或女儿墙上表面）高度（如图 6－98 所示），坡屋面至屋面板下（或椽子顶面）墙中心高度，墙算至山尖 1/2 处的高度。

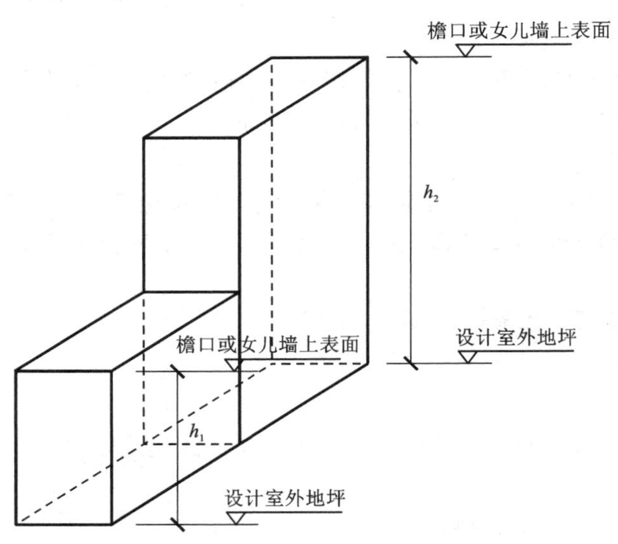

图 6－98　外墙脚手架高度示意图

②内墙脚手架以内墙净长乘以内墙净高计算。

a. 有山尖时，高度算至山尖 1/2 处，如图 6－99 所示。

b. 有地下室时，高度自地下室室内地坪算至墙顶面。

③砌体高度在 3.60 m 以内，套用里脚手架；高度超过 3.60 m，套用外脚手架。

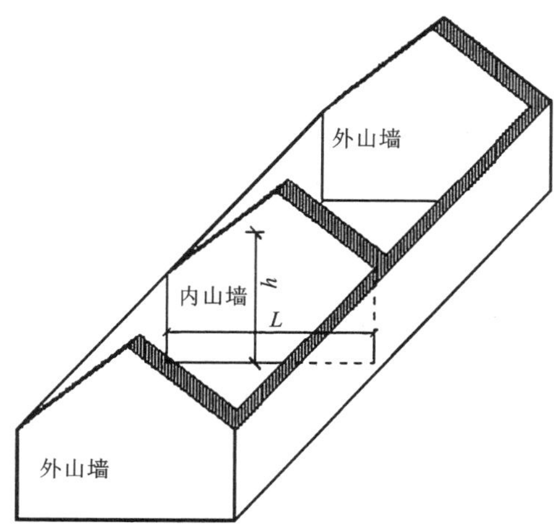

图 6－99　内墙脚手架有山尖示意图

④山墙自设计室外地坪至山尖 1/2 处的高度超过 3.60 m 时，该整个外山墙按相应外脚手架计算，内山墙按单排外架子计算。

⑤独立砖（石）柱高度在 3.60 m 以内，脚手架以柱的结构外围周长乘以柱高计算，执行砌墙脚手架里架子；柱高超过 3.60 m，以柱的结构外围周长加 3.6 m 乘以柱高计算，执行砌墙脚手架外架子（单排）。

⑥砌石墙到顶的脚手架，工程量按砌墙相应脚手架乘以系数 1.50。

⑦外墙脚手架包括一面抹灰脚手架在内，另一面墙可计算抹灰脚手架。

⑧砖基础自设计室外地坪至垫层（或混凝土基础）上表面的深度超过 1.50 m 时，按相应砌墙脚手架执行。

⑨突出屋面部分的烟囱，高度超过 1.50 m 时，其脚手架按外围周长加 3.60 m 乘以实砌高度按 12 m 内单排外脚手架计算。

（3）外墙镶（挂）贴脚手架工程量计算规则：

①外墙镶（挂）贴脚手架工程量计算规则同砌筑脚手架中的外墙脚手架。

②吊篮脚手架按装修墙面垂直投影面积以平方米计算（计算高度从室外地坪至设计高度）。安拆费按施工组织设计或实际数量确定。

（4）现浇钢筋混凝土脚手架工程量计算规则：

①钢筋混凝土基础自设计室外地坪至垫层上表面的深度超过 1.50 m 时，同时带形基础底宽超过 3.0 m、独立基础或满堂基础及大型设备基础的底面积超过 16 m^2 的混凝土浇捣脚手架应按槽、坑土方规定放工作面后的底面积计算，按满堂脚手架相应定额乘以系数 0.3 计算脚手架费用。（使用泵送混凝土者，混凝土浇捣脚手架不得计算）

②现浇钢筋混凝土独立柱、单梁、墙高度超过 3.6 m 应计算浇捣脚手架费用。

a. 柱的浇捣脚手架以柱的结构周长加 3.6 m 乘以柱高计算；

b. 梁的浇捣脚手架按梁的净长乘以地面（或楼面）至梁顶面的高度计算；

c. 墙的浇捣脚手架以墙的净长乘以墙高计算。

d. 套柱、梁、墙混凝土浇捣脚手架。

③层高超过3.60 m的钢筋混凝土框架柱、墙(楼板、屋面板为现浇板)所增加的混凝土浇捣脚手架费用，以框架轴线水平投影面积，按满堂脚手架相应子目乘以系数0.3执行；层高超过3.60 m的钢筋混凝土框架柱、梁、墙(楼板、屋面板为预制空心板)所增加的混凝土浇捣脚手架费用，以框架轴线水平投影面积，按满堂脚手架相应子目乘以系数0.4执行。

(5)贮仓脚手架，不分单筒或贮仓组，高度超过3.60 m，均按外边线周长乘以设计室外地坪至贮仓上口之间高度以平方米计算。高度在12 m内，套双排外脚手架，乘以系数0.7执行；高度超过12 m套20 m内双排外脚手架乘以系数0.7执行(均包括外表面抹灰脚手架在内)。贮仓内表面抹灰按抹灰脚手架工程量计算规则执行。

(6)抹灰脚手架、满堂脚手架工程量计算规则：

①抹灰脚手架：

A. 钢筋混凝土单梁、柱、墙按以下规定计算脚手架：

a. 单梁：以梁净长乘以地坪(或楼面)至梁顶面高度计算；

b. 柱：以柱结构外围周长加3.60 m乘以柱高计算；

c. 墙：以墙净长乘以地坪(或楼面)至板底高度计算。

B. 墙面抹灰：以墙净长乘以净高计算。

C. 如有满堂脚手架可以利用时，不再计算墙、柱、梁面抹灰脚手架。

D. 天棚抹灰高度在3.60 m以内，按天棚抹灰面(不扣除柱、梁所占的面积)以平方米计算。

②满堂脚手架：天棚抹灰高度超过3.60 m，按室内净面积计算满堂脚手架，不扣除柱、垛、附墙烟囱所占面积。

a. 基本层：高度在8 m以内计算基本层；

b. 增加层：高度超过8 m，每增加2 m，计算一层增加层，计算式如下：

$$增加层数=(室内净高(m)-8m)/2m$$

增加层数计算结果保留整数，小数在0.6以内舍去，在0.6以上进位。

c. 满堂脚手架高度以室内地坪面(或楼面)至天棚面或屋面板的底面为准(斜的天棚或屋面板按平均高度计算)。室内挑台栏板外侧共享空间的装饰如无满堂脚手架利用时，按地面(或楼面)至顶层栏板顶面高度乘以栏板长度以平方米计算，套相应抹灰脚手架定额。

(7)其他脚手架工程量计算规则：

①外架子悬挑脚手架增加费按悬挑脚手架部分的垂直投影面积计算。

②单层轻钢厂房脚手架柱梁、屋面瓦等水平结构安装按厂房水平投影面积计算，墙板、门窗、雨篷等竖向结构安装按厂房垂直投影面积计算。

③高压线防护架按搭设长度以延长米计算。

④金属过道防护棚按搭设水平投影面积以平方米计算。

⑤斜道、烟囱、水塔、电梯井脚手架区别不同高度以座计算。滑升模板施工的烟囱、水塔，其脚手架费用已包括在滑模计价表内，不另计算脚子架。烟囱内壁抹灰是否搭设脚手架，按施工组织设计规定办理，费用按相应满堂脚手架执行，人工增加20%，其余不变。

⑥高度超过3.60 m的贮水(油)池，其混凝土浇捣脚手架按外壁周长乘以池的壁高以平方米计算，按池壁混凝土浇捣脚手架项目执行，抹灰者按抹灰脚手架另计。

⑦满堂支撑架搭拆按脚手钢管重量计算：使用费（包括搭设、使用和拆除时间，不计算现场囤积和转运时间）按脚手架钢管重量和使用天数计算。

3. 檐高超过20 m脚手架材料增加费

1）综合脚手架

建筑物檐高超过20 m可计算脚手架材料增加费。建筑物檐高超过20 m脚手架材料增加费以建筑物超过20 m部分建筑面积计算。

2）单项脚手架

建筑物檐高超过20 m可计算脚手架材料增加费。建筑物檐高超过20 m脚手架材料增加费同外墙脚手架计算规则，从设计室外地面起算。

例6－26　某工程结构平面图和剖面图如图6－100所示，板顶标高为9.500 m，现浇板底抹水泥砂浆，搭设满堂钢管脚手架，试计算满堂钢管脚手架工程量并确定综合单价。

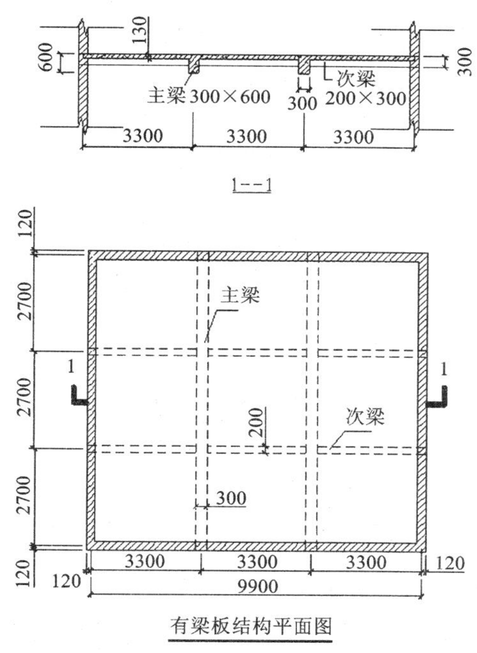

图6－100　（例6－26附图）

解：（1）计算满堂脚手架工程量

$$S=(9.9-0.24)\times(2.7\times3-0.24)=75.93\ \text{m}^2$$

计算增加层

$$n=(9.5-0.13-8)\div2=0.685\approx1$$

注意：如果在0.6以内舍去。

（2）确定综合单价

套用定额20－21，综合单价＝196.80元/10 m²

增加层套20－22，综合单价＝44.54元/10 m²

综合单价＝196.80＋44.54＝241.34元/10 m²

6.2.15 模板工程

一、定额说明

本章分为现浇构件模板、现场预制构件模板、加工厂预制构件模板和构筑物工程模板四个部分，使用时应分别套用。为便于施工企业快速报价，在附录中列出了混凝土构件的模板含量表，供使用单位参考。按设计图纸计算模板接触面积或使用砼含模量折算模板面积，两种方法仅能使用其中一种，相互不得混用。使用含模量者，竣工结算时模板面积不得调整。构筑物工程中的滑升模板是以立方米砼为单位的模板系综合考虑。倒锥形水塔水箱提升以“座”为单位。

(1)现浇构件模板子目按不同构件分别编制了组合钢模板配支撑、复合木模板配钢支撑，使用时，任选一种套用。。

(2)预制构件模板子目，按不同构件，分别以组合钢模板、复合木模板、木模板、定型钢模板、长线台钢拉模、加工厂预制构件配混凝土地模、现场预制构件配砖胎模、长线台配混凝土地胎模编制，使用其他模板时不予换算。

(3)模板工作内容包括清理、场内运输、安装、刷隔离剂、浇灌混凝土时模板维护、拆模、集中堆放、场外运输。木模板包括(预制构件包括刨光，现浇构件不包括刨光)组合钢模板、复合木模板包括装箱。

(4)现浇钢筋混凝土柱、梁、墙、板的支模高度以净高(底层无地下室者高需另加室内外高差)在3.6 m以内为准，净高超过3.6 m的构件其钢支撑、零星卡具及模板人工分别乘以下表6－30系数。即根据施工规范要求属于高大支模的，其费用另行计算。

表6－30　构件净高超过3.6 m增加系数表

增加内容	净高在	
	5 m以内	8 m以内
独立柱、梁、板钢支撑及零星卡具	1.10	130
框架柱(墙)、梁、板钢支撑及零星卡具	1.07	1.15
模板人工(不分框架和独立柱梁板)	130	160

注：轴线未形成封闭框架的柱、梁、板称独立柱、梁、板。

(5)支模高度净高。

①柱：无地下室底层是指设计室外地面至上层板底面、楼层板顶面至上层板底面；

②梁：无地下室底层是指设计室外地面至上层板底面、楼层板顶面至上层板底面；

⑧板：无地下室底层是指设计室外地面至上层板底面、楼层板顶面至上层板底面；

④墙：整板基础板顶面(或反梁顶面)至上层板底面、楼层板顶面至上层板底面。

(6)设计上，*T*、*L*、十形柱，其单面每边宽在1000 m以内按*T*、*L*、十形柱相应子目执行，其余按直形墙相应定额执行。*T*、*L*、十形柱边的确定如图6－101所示。

(7)模板项目中，仅列出周转木材而无钢支撑的项目，其支撑量已含在周转木材中，模板与支撑按7:3拆分。

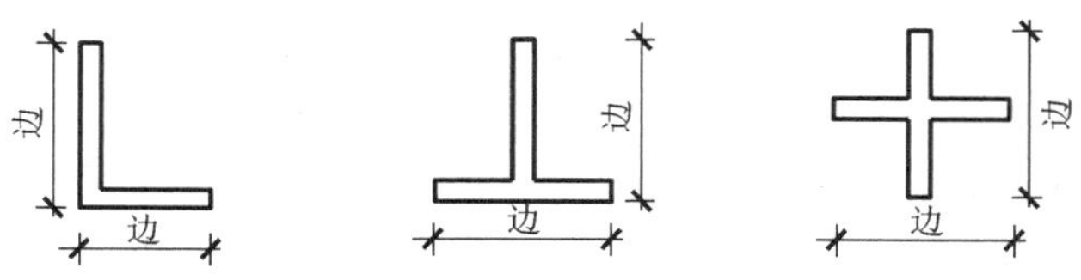

图6-101　*T*、*L*、十形柱示意图

(8)模板材料已包含砂浆垫块与钢筋绑扎用的22#镀锌铁丝在内，现浇构件和现场预制构件不用砂浆垫块，而改用塑料卡，每10 m^2模板另加塑料卡费用每只0.2元，计30只，合计6.00元。

(9)有梁板中的弧形梁模板按弧形梁定额执行(含模量，肋形板含模量)其弧形板部分的模板按板定额执行。砖墙基上带形砼防潮层模板按圈梁定额执行。

(10)砼底板面积在1000 m^2内，有梁式满堂基础的反梁或地下室墙侧面的模板如用砖侧模时，砖侧模的费用应另外增加，同时扣除相应的模板面积(总量不得超过总含模量)；超过1000 m^2时，反梁用砖侧模，则砖侧模及边模的组合钢模应分别另列项目计算。

(11)地下室后浇墙带的模板应按已审定的施工组织设计另行计算，但混凝土墙体模板含量不扣。

(12)带形基础、设备基础、栏板、地沟如遇圆弧形，除按相应定额的复合模板执行外，其人工、复合木模板乘系数1.30，其他不变(其他弧形构件按相应定额执行)。

(13)用钢滑升模板施工的烟囱、水塔、贮仓使用的钢提升杆是按025一次性用量编制的，设计要求不同时，另行换算。施工是按无井架计算的，并综合了操作平台，不再计算脚手架和竖井架。

(14)钢筋砼水塔、砖水塔基础采用毛石砼、砼基础时按烟囱相应项目执行。

(15)烟囱钢滑升模板项目均已包括烟囱筒身、牛腿、烟道口；水塔钢滑升模板均已包括直筒、门窗洞口等模板用量。

(16)倒锥壳水塔塔身钢滑升模板项目，也适用于一般水塔塔身滑升模板工程。

(17)栈桥子目适用于现浇矩形柱、矩形连梁、有梁斜板栈桥，其超过3.6 m支撑按本章有关说明执行。

(18)本章的砼、钢筋砼地沟是指建筑物室外的地沟，室内钢筋砼地沟按本章相应项目执行。

(19)现浇有梁板、无梁板、平板、楼梯、雨篷及阳台，底面设计不抹灰者，增加模板缝贴胶带纸人工0.27工日/10 m^2，计7.02元。

(20)飘窗上下挑板、空调板按板式雨篷模板执行；

(21)混凝土线条按小型构件定额执行。

二、模板工程定额工程量计算规则

(一)现浇混凝土及钢筋混凝土模板工程量计算

(1)现浇混凝土及钢筋混凝土模板工程量除另有规定者外，均按混凝土与模板的接触面积以平方米计算。若使用含模量计算模板接触面积者，其工程量=构件体积×相应项目含模量(含模量详见附录)。

(2)钢筋混凝土墙，板上单孔面积在0.3 m^2以内的孔洞，不予扣除，洞侧壁模板不另增加，但突出墙面的侧壁模板应相应增加。单孔面积在0.3 m^2以外的孔洞，应予扣除，洞侧壁模板面积并入墙、板模板工程量之内计算。

(3)现浇钢筋混凝土框架分别按柱、梁、墙、板有关规定计算，墙上单面附墙柱并入墙内工程量计算，双面附墙柱按柱计算，但后浇墙、板带的工程量不扣除。

(4)设备螺栓套孔或设备螺栓分别按不同深度以"个"计算；二次灌浆，按实灌体积以立方米计算。

(5)预制混凝土板间或边补现浇板缝，缝宽在100 mm以上者，模板按平板定额计算。

(6)构造柱外露均应按图示外露部分计算面积(锯齿形，则按锯齿形最宽面计算模板宽度)构造柱与墙接触面不计算模板面积。

(7)现浇混凝土雨篷、阳台、水平挑板，按图示挑出墙面以外板底尺寸的水平投影面积计算(附在阳台梁上的砼线条不计算水平投影面积)。挑出墙外的牛腿及板边模板已包括在内。复式雨篷挑口内侧净高超过250 mm时，其超过部分按挑檐定额计算(超过部分的含模量按天沟含模量计算)。

(8)整体直形楼梯包括楼梯段、中间休息平台、平台梁、斜梁及楼梯与楼板连结的梁，按水平投影面积计算，不扣除小于500 mm的梯井，伸入墙内部分不另增加。

(9)圆弧形楼梯按楼梯的水平投影面积以平方米计算(包括圆弧形梯段、休息平台、平台梁、斜梁及楼梯与楼板连接的梁)。

(10)楼板后浇带以延长米计算(整板基础的后浇带不包括在内)。

(11)现浇圆弧形构件除定额已注明者外，均按垂直圆弧形的面积计算。

(12)栏杆按扶手的延长米计算，栏板竖向挑板按模板接触面积以平方米计算。扶手、栏板的斜长按水平投影长度乘系数1.18计算。

(13)劲性混凝土柱模板，按现浇柱定额执行。

(14)砖侧模分别不同厚度，按实砌面积以平方米计算。

(15)后浇带模板、支撑增加费的工程量计算规则，按后浇板带设计长度以延长米计算。

(16)整板基础后浇带铺设热镀锌钢丝网计算规则，按实铺面积计算。

(二)现场预制钢筋混凝土构件模板工程量计算

(1)现场预制构件模板工程量，除另有规定者外，均按模板接触面积以平方米计算。若使用含模量计算模板面积者，其工程量=构件体积×相应项目的含模量。砖地模费用已包括在定额含量中，不再另行计算。

(2)漏空花格窗、花格芯按外围面积计算。

(3)预制桩不扣除桩尖虚体积。

(4)加工厂预制构件有此项目，而现场预制无此项目，实际在现场预制时模板按加工厂预制模板子目执行。现场预制构件有此项目，加工厂预制构件无此项目，实际在加工厂预制时，其模板按现场预制模板子目执行。

(三)加工厂预制构件的模板计算

除漏空花格窗、花格芯外，均按构件的体积以立方米计算：

(1)混凝土构件体积一律按施工图纸的几何尺寸以实体积计算，空腹构件应扣除空腹体积。

(2)漏空花格窗、花格芯按外围面积计算。

(四)构筑物工程模板计算规则

构筑物工程中的现浇构件模板除注明外均按模板与砼的接触面积以平方米计算。

1. 烟囱

(1)钢筋砼烟囱基础，包括基础底板及筒座，筒座以上为筒身，烟囱基础按接触面积计算。

(2)烟囱筒身

①烟囱筒身不分方形、圆形均按 m^3 计算，筒身体积应以筒壁平均中心线长度乘厚度。圆筒壁周长不同时，可分段计算，取之和。

②砖烟囱的钢筋砼圈梁和过梁，按接触面积计算，套用本章现浇钢筋砼构件的相应项目。

③烟囱的钢筋砼集灰斗(包括分隔墙、水平隔墙、柱、梁等)应按本章现浇钢筋砼构件相应项目计算、套用。

④烟道中的其他钢筋砼构件模板，应按本章相应钢筋砼构件的相应定额计算、套用。

⑤钢筋砼烟道，可按本章地沟定额计算，但架空烟道不能套用。

2. 水塔

(1)基础：各种基础均以接触面积计算(包括基础底板和筒座)，筒座以上为塔身，以下为基础。

(2)筒身

①钢筋砼筒式塔身以筒座上表面或基础底板上表面为分界线：柱式塔身以柱脚与基础底板或梁交界处为分界线，与基础底板相连接的梁并入基础内计算。

②钢筋砼筒式塔身与水箱的分界是以水箱底部的圈梁为界，圈梁底以下为筒式塔身。水箱的槽底(包括圈梁)、塔顶、水箱(槽)壁工程量均应分别按接触面积计算。

③钢筋砼筒式塔身以接触面积计算。应扣除门窗洞口面积，依附于筒身的过梁、雨篷、挑檐等工程量并入筒身面积内按筒式塔身计算；柱式塔身不分斜柱、直柱和梁，均按接触面积合并计算按柱式塔身定额执行。

④钢筋砼、砖塔身内设置钢筋砼平台、回廊以接触面积计算。

⑤砖砌筒身设置的钢筋砼圈梁以接触面积计算，按本章相应项目执行，

(3)塔顶及槽底

①钢筋砼塔顶及槽底的工程量合并计算。塔顶包括顶板和圈梁，槽底包括底板、挑出斜壁和圈梁。回廊及平台另行计算。

②槽底不分平底、拱底，塔顶不分锥形、球形均按本定额执行。

(4)水槽内、外壁

①与塔顶、槽底(或斜壁)相连系的圈梁之间的直壁为水槽内、外壁；设保温水槽的外保护壁为外壁，直接承受水侧压力的水槽壁为内壁。非保温水箱的水槽壁按内壁计算。

②水槽内、外壁以接触面积计算；依附于外壁的柱、梁等并入外壁面积中计算。

(5)倒锥壳水塔

①基础按相应水塔基础的规定计算，其筒身、水箱制作按砼的体积以 m^3 计算。

②环梁以砼接触面积计算。

③水箱提升按不同容积和不同的提升高度，分别套用定额，以“座“计算。

3. 贮水(油)池

(1)池底按图示尺寸的接触面积计算。池底为平底执行平底子目，平底体积应包括池壁下部的扩大部分；池底有斜坡者，执行锥形底子目。

(2)池壁有壁基梁时，锥形底应算至壁基梁底面，池壁应从壁基梁上口开始，壁基梁应从锥形底上表面算至池壁下口；无壁基梁时锥形底算至坡上表面，池壁应从锥形底的上表面开始。

(3)无梁池盖柱的柱高，应由池底上表面算至池盖的下表面，包括柱帽、柱座的模板面积。

(4)池壁应按圆形壁、矩形壁分别计算，其高度不包括池壁上下处肋扩大部分，无扩大部分时，则自池底上表面(或壁基梁上表面)至池盖下表面。

(5)无梁盖应包括与池壁相连的扩大部分的面积；肋形盖应包括主、次梁及盖板部分的面积；球形盖应自池壁顶面以上，包括边侧梁的面积在内。

(6)沉淀池水槽系指池壁上的环形溢水槽及纵横、U 形水槽，但不包括与水槽相连接的矩形梁；矩形梁可按现浇构件矩形梁定额计算。

4. 贮仓

1)矩形仓

矩形仓分立壁和漏斗，各按不同厚度计算接触面积，立壁和漏斗按相互交点的水平线为分界线；壁上圈梁并入漏斗工程量内。基础、支撑漏斗的柱和柱间的连系梁分别按现浇构件的相应子目计算。

2)圆筒仓

①本定额适用于高度在 30 m 以下、仓壁厚度不变、上下断面一致、采用钢滑模施工工艺的圆形贮仓，如盐仓、粮仓、水泥库等。

②圆形仓工程量应分仓底板、顶板、仓壁三部分。底板、顶板按接触面积计算，仓壁按实体积以 m^3 计算。

③圆形仓底板以下的钢筋砼柱，梁、基础按现沟构件的相应项目计算。

④仓顶板的梁与仓顶板合并计算，按仓顶板定额执行。

⑤仓壁高度应自仓壁底面算至顶板底面计算，扣除 0.05 m^2 以上的孔洞。

5. 地沟及支架

(1)本定额适用于室外的方形(封闭式)、槽形(开口式)、阶梯形(变截面式)的地沟。底、壁、顶应分别按接触面积计算。

(2)沟壁与底的分界，以底板上表面为界。沟壁与顶的分界以顶板下表面为界。八字角部分的数量并入沟壁工程量内。

(3)地沟预制顶板，按本章相应定额计算。

(4)支架均以接触面积计算(包括支架各组成部分)，框架型或 A 字型支架应将柱、梁的体积合并计算；支架带操作平台者，其支架与操作台的体积亦合并计算。

(5)支架基础应按本章的相应定额计算。

6. 栈桥

(1)柱、连系梁(包括斜梁)接触面积合并、肋梁与板的面积合并均按图示尺寸以接触面积计算。

(2)栈桥斜桥部分不论板顶高度如何均按板高在 12 m 内子目执行。

(3)栈桥柱、梁、板的砼浇捣脚手架按第十九章相应子目执行(工程量按相应规定)。

(4)板顶高度超过 20 m，每增加 2 m 仅指柱、连系梁(不包括有梁板)。

7. 使用滑升模板施工的均以砼体积以立方米计算，其构件划分依照上述计算规则执行。

三、模板工程定额工程量计算应用

计算混凝土工程模板工程量一般按混凝土与模板的接触面积计算，如图 6 - 102 箭线所示，具体涉及到各个部位的计算下面分别讲述。

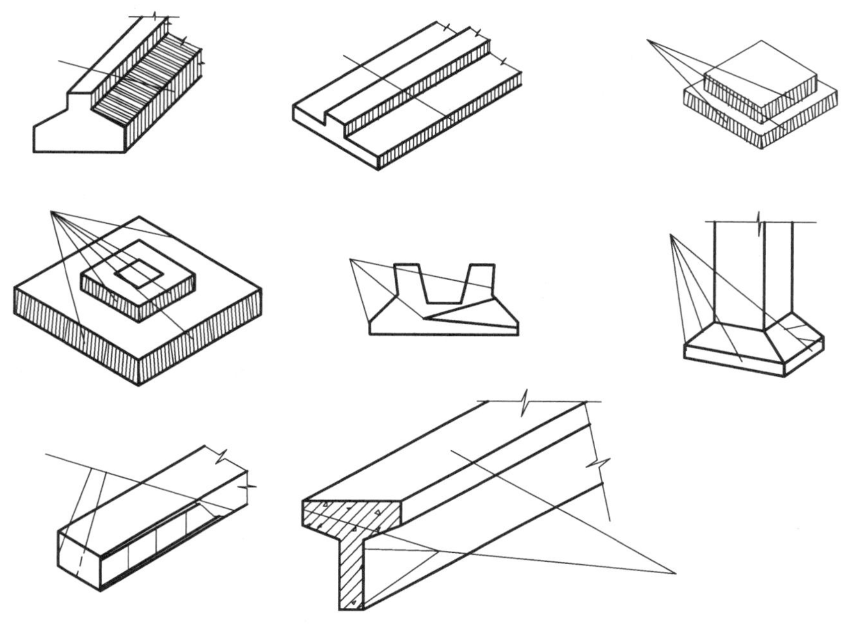

图 6 - 102　混凝土模板接触面示意图

1. 垫层模板

垫层模板面积 S = 长度 × 垫层高度

独立基础垫层长度 = 独立基础垫层外边线长度之和

满堂基础垫层长度 = 满堂基础垫层外边线长度之和

条基垫层长度 = 外墙条基垫层外侧外边线长度 + 外墙条基垫层内侧净长度 + 内墙条基垫层净长度

2. 基础模板

(1)独立基础及承台基础(阶梯型)(如图 6 - 103 所示)模板的模板工程量，按以下规定计算：

独立基础模板 = 各层周长 × 各层模板高

(2)条形基础模板一般由侧板、斜撑、平撑组成。侧板可用长条木板加钉竖向木板拼制，也可用短条木板加横向木板拼成。斜撑和平撑钉在木桩(或垫木)与木板之间。

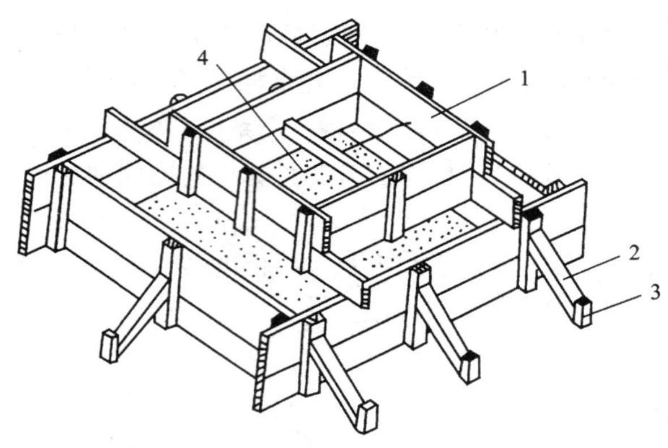

图 6-103　阶梯型独立基础模板示意图

1—拼板；2—斜撑；3—木桩；4—铁丝

现浇混凝土条形(带形)基础的模板，按其展开高度乘以基础长度，以平方米计算；砼条基侧面净长×砼条基高度。

$$S = 混凝土与模板的接触面积 = 基础支模长度 \times 支模高度$$

(3)杯形基础杯口高度大于杯口大边长度的，套高杯基础定额项目。

例 6-27　某工程设有钢筋混凝土柱 20 根，柱下独立基础形式如图 6-104 所示，试计算该工程独立基础模板工程量。

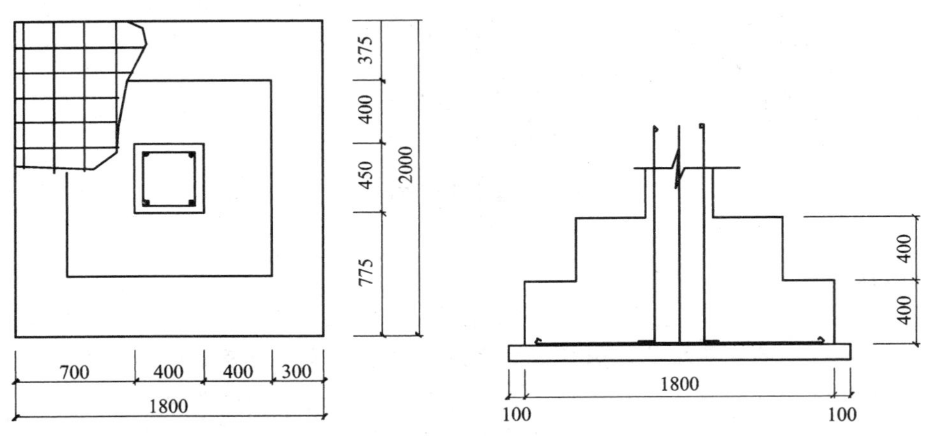

图 6-104　独立基础平面、剖面示意图

解：该独立基础为阶梯形，其模板接触面积应分阶计算如下：

$$S_{上} = (1.2 + 1.25) \times 2 \times 0.4 = 1.96\ \text{m}^2$$

$$S_{下} = (1.8 + 2.0) \times 2 \times 0.4 = 3.04\ \text{m}^2$$

独立基础模板工程量：

$$S = (1.96 + 3.04)\,\text{m}^2 \times 20 = 100\ \text{m}^2$$

3．梁模板

现浇混凝土梁(包括基础梁)模板，按梁三面展开宽度乘以梁长，以平方米计算。现浇钢筋混凝土柱、梁、板、墙的支模高度(即室外地坪至板底或板面至板底之间的高度)以3.6 m以内为准，超过3.6 m以上部分，另按超过部分计算增加支撑工程量。

现浇混凝土梁模板工程量=(梁底宽+梁侧高×2)×梁长

其中：梁长：外墙圈梁按外侧$L_{外}$、内侧外墙内边线；内墙圈梁按$L_{内}$；支撑在混凝土墙上的梁按墙间净距，支撑在砖墙上的梁按梁实际长度。

梁高：内侧梁底至板底、外侧梁底至板顶；外侧梁和内部梁模板计算不同；梁和柱或梁和梁相交时模板的扣减关系，支模高度的问题同柱，具体如下：

(1)单梁，支座处的模扳扣除，端头处的模板增加。

(2)梁与柱相交时主梁取至柱边。

(3)梁与梁相交时，次梁取至主梁边，扣除次梁梁头所占主梁模板面积。

(4)梁与板连接时，梁侧壁模板算至板下坪。

①基础梁模板=(梁高×2)×梁长

②架空的基础梁模板=(梁宽+梁高×2)×梁长

③梁模板=(梁宽+梁高×2)×梁长

注：梁高带板的梁计至板底，不带板的梁计至梁项。

④外轴线梁模板=(梁宽+梁高1+梁高2)×梁长

其中：梁高1—梁底至板底，梁高2—梁底到板面

⑤圈梁、过梁模板=(梁高×2)×梁长+梁宽×梁下门窗洞长度

例6-28 某工程有20根现浇钢筋混凝土矩形单梁L1，其截面和配筋如图6-105所示，试计算该工程现浇单梁模板的工程量。

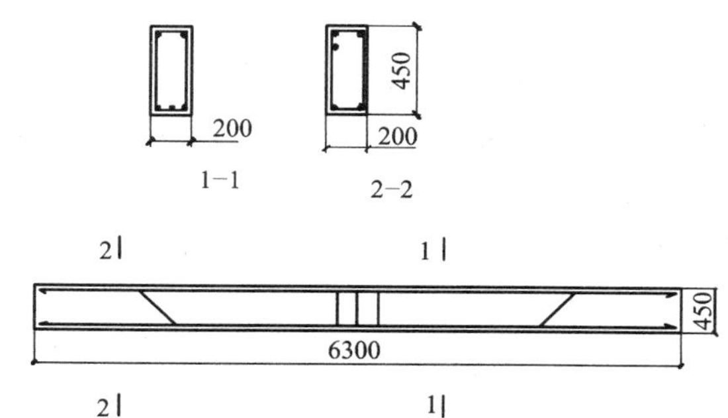

图6-105 L1梁截面及配筋示意图

解：工程量计算如下：

梁底模：6.3×0.2=1.26 m^2

梁侧模：6.3×0.45×2=5.67 m^2

模板工程量：(1.26+5.67)×20=138.6 m^2

4．柱模板

现浇混凝土柱模板，按柱四周展开宽度乘以柱高，以平方米计算。现浇钢筋混凝土柱、

梁、板、墙的支模高度(即室外地坪至板底或板面至板底之间的高度)以3.6 m以内为准，超过3.6 m以上部分，另按超过部分计算增加支撑工程量。

现浇混凝土柱模板工程量 = 柱截面周长 × 柱高

柱高：按柱基上表面(或楼板上表面)至上一层楼板下表面之间高度，遇框架梁应算至柱顶。柱与梁、柱与墙、梁与梁等连接的重叠部分以及伸入墙内的梁头、板头部分，均不计算模板面积。附墙柱并入墙内工程量计算。

5. 构造柱模板

构造柱模板，按混凝土外露宽度，乘以柱高以平方米计算。

(1)构造柱与砌体交错咬茬连接时，按混凝土外露面的最大宽度计算。构造柱与墙的接触面不计算模板面积，如图6－106所示。

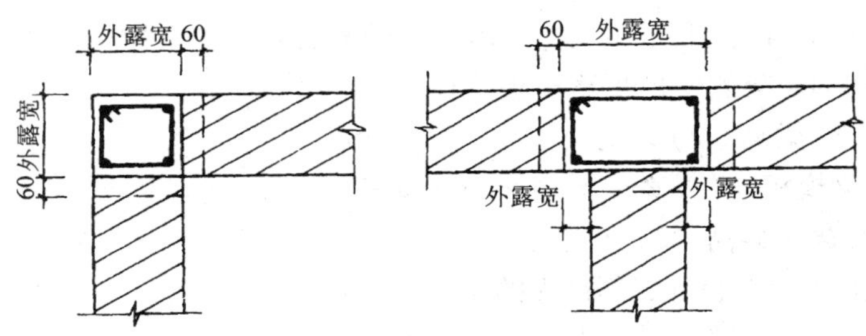

图6－106　构造柱模板支模示意图

构造柱与砖墙咬口模板工程量 = 混凝土外露面的最大宽度 × 柱高

①当构造柱位于单片墙最前端时，$S=(K\times2+D\times4)\times H$

②当构造柱位于L或一形墙体相交处时，$S=(K\times2+D\times4)\times H$

③当构造柱位于T形墙体相交处时，$S=(K\times1+D\times6)\times H$

④当构造柱位于十形墙体相交处时，$S=D\times8\times H$

其中：D指马牙槎的外伸长度；K指墙体宽度；H为柱高度。

(2)构造柱模板子目，已综合考虑了各种形式的构造柱和实际支模大于混凝土外露面积等因素，适用于先砌砌体，后支模、浇筑混凝土的夹墙柱情况。

例6－29　某工程在如图6－107所示的位置上设置了构造柱。已知构造柱尺寸为240 mm×240 mm，柱支模高度为3.0 m，墙厚度240 mm。试计算构造柱模板工程量。

解：(1)转角处

$$S=[(0.24+0.06)\times2+0.06\times2]\times3.0=2.16\ \text{m}^2$$

(2) T形接头处

$$S=[(0.24+0.06)\times2+0.06\times2\times2]\times3.0=1.8\ \text{m}^2$$

(3)十字接头处

$$S=0.06\times2\times4\times3.0=1.44\ \text{m}^2$$

$$\text{构造柱模板工程量}=2.16+1.8+1.44=5.4\ \text{m}^2$$

6. 混凝土墙模板

现浇混凝土墙模板，按混凝土与模板接触面积，以平方米计算。注意：突出墙外宽度≤

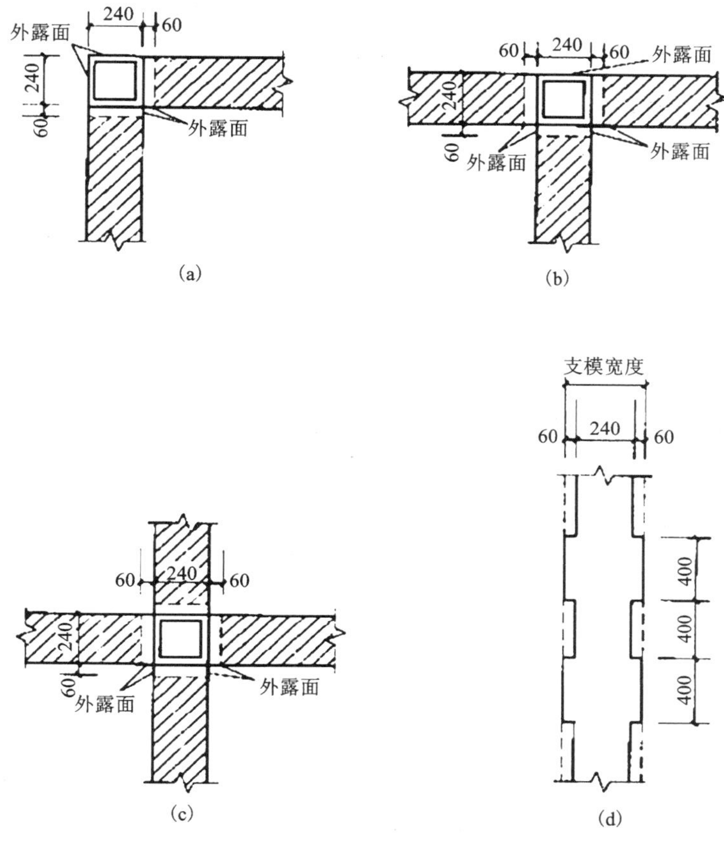

图 6－107　（例 6－29 附图）

120 mm 的附墙柱两侧模板并入墙体模板工程量内。现浇钢筋混凝土墙上单孔面积在 0.3 m^2 以内的孔洞，不予扣除，洞侧壁模板亦不增加；单孔面积在 0.3 m^2 以外时，应予扣除，洞侧壁模板面积并入墙、板模板工程量之内计算。现浇钢筋混凝土柱、梁、板、墙的支模高度（即室外地坪至板底或板面至板底之间的高度）以 3.6 m 以内为准，超过 3.6 m 以上部分，另按超过部分计算增加支撑工程量。

（1）墙与柱连接时，柱侧壁按展开宽度，并入墙模板面积内计算。

（2）墙与梁相交时，扣除梁头所占墙的模板面积。

（3）现浇混凝土墙模板中的对拉螺栓，定额按周转使用编制。若工程需要，对拉螺栓（或对拉钢片）与混凝土一起整浇时，按定额“附注”执行；对拉螺栓的端头处理，另行单独计算。

7. 混凝土板模板

模板及支架按模板与现浇混凝土构件的接触面积计算，单孔面积≤0.3 m^2 的孔洞不予扣除，洞侧壁模板亦不增加；>0.3m^2 的孔洞应予扣除，洞侧壁模板面积并入板模板工程量中。

（1）梁所占面积应予扣除。

（2）有梁板按板与次梁的模板面积之和计算。

（3）柱帽按展开面积计算，并入无梁板工程量中。

注意：板模的面积计算，要扣掉梁和柱。计算板模板时，板只算底面模板，梁只算扣板厚后的侧模，板边及洞口边沿的板侧模别忘了计算。

例 6－30 某工程现浇混凝土平板如图 6－108 所示，层高为 3 m，板厚为 100 mm，墙厚均为 240 mm，如果模板采用组合钢模板、钢支撑，试计算现浇混凝土平板模板工程量，确定定额项目。

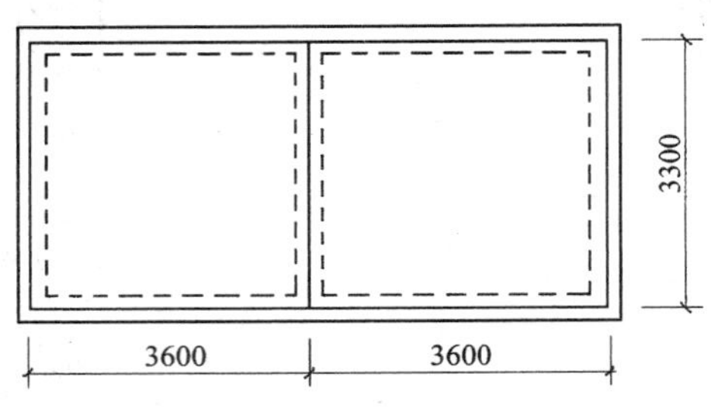

图 6－108 例 6－30 附图

解： 模板工程量 $=(3.6\times2-0.24\times2)\times(3.3-0.24)=20.56\ m^2$

套用定额 10－4－168，平板组合钢模板、钢支撑

定额基价 $=241.14$ 元/10 m^2

定额直接费 $=20.56/10\times241.14=495.86$ 元

8. 混凝土楼梯模板

楼梯模板的构造与楼板相似，不同点是楼梯模板要倾斜支设，且要能形成踏步。

踏步模板分为底板及梯步两部分。

平台、平台梁的模板同前，

混凝土楼梯模板工程量＝钢筋混凝土楼梯工程量

9. 混凝土台阶及悬挑板（雨蓬、阳台）模板

混凝土台阶模板工程量＝台阶水平投影面积

现浇钢筋混凝土悬挑板（雨蓬、阳台）按图示外挑部分尺寸的水平投影面积计算。挑出墙外的牛腿梁及板边模板不另计算。

6.2.16 施工排水、降水

一、定额说明

（1）人工土方施工排水是在人工开挖湿土、淤泥、流砂等施工过程中的地下水排放发生的机械排水台班费用。

（2）基坑排水是指地下常水位以下且基坑底面积超过 150 m^2（两个条件同时具备）土方开挖以后，在基础或地下室施工期间所发生的排水包干费用（不包括 ±0.00 以上有设计要求待框架、墙体完成以后再回填基坑土方期间的排水）。

（3）井点降水项目适用于降水深度在 6 m 以内。井点降水使用时间按施工组织设计确定。井点降水材料使用摊销量中已包括井点拆除时材料损耗量。井点间距根据地质和降水要求由施工组织设计确定，一般轻型井点管间距为 1.2 m。

(4)强夯法加固地基坑内排水是指点坑内的积水抽排台班费用。

(5)机械土方工作面中的捧水费已包含在土方中，但不包括地下水位以下的施工排水费用，如发生，依据施工组织设计规定，排水人工、机械费用另行计算。

二、施工排水、降水工程量计算规则

(1)人工土方施工排水不分土壤类别、挖土深度，按挖湿土工程量以立方米计算。

(2)人工挖淤泥、流砂施工排水按挖淤泥、流砂工程量以立方米计算。

(3)基坑、地下室排水按土方基坑的底面积以平方米计算。

(4)强夯法加固地基坑内排水，按强夯法加固地基工程量以平方米计算。

(5)井点降水50根为一套，累计根数不足一套者按一套计算，井点使用定额单位为套天，一天按24 h计算。

井管的安装、拆除以"根"计算。

(6)深井管井降水安装、拆除按座计算，使用按座天计算，一天按24小时计算。

例6－31　三类建筑工程整板基础，如图6－109所示，其基础平面尺寸为18 m×60 m，基础埋置深度为自然地面以下2.4 m，基础底标高为－2.7 m，自然地面处标高为－0.3 m，地下常水位在－1.5 m标高处。采用人工放坡挖土，土方类别为三类。

要求：

(1)计算该工程挖湿土排水费用；

(2)计算该工程基坑排水费用。

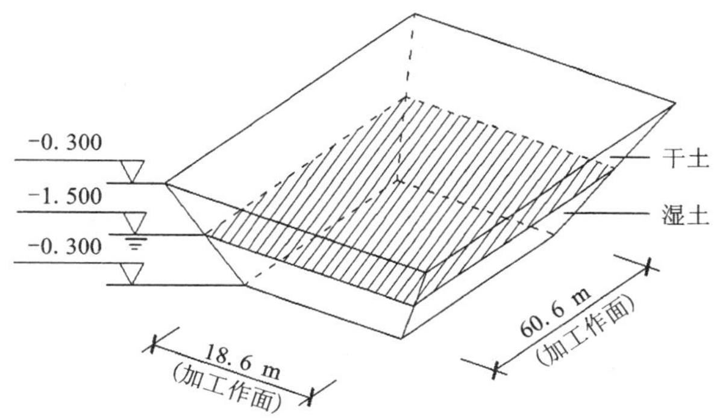

图6－109　整板基础排水示意图

解：

1. 挖湿土排水工程量计算

(1)基坑下口面积：

$$(18+0.3\times2)\times(60+0.3\times2)=18.6\times60.6\ \text{m}$$

(2)基坑干湿土分界处面积：

$$(18.6+1.2\times0.33\times2)\times(60.6+1.2\times0.33\times2)=19.39\times61.39\ \text{m}$$

(3)挖湿土排水工程量为：

$$[18.6\times60.6+19.39\times61.39+(18.6+19.39)\times(60.6+61.39)]\times1.2/6=1390.38\ \text{m}^3$$

(4)基坑排水工程量＝土方基坑的底面积＝$18.6\times60.6=1127.16\ \text{m}^2$

2. 确定综合单价

套人工土方挖湿土排水：22－1 综合单价＝12.97 元/m^3

套基坑排水：22－2 综合单价＝298.07 元/10 m^2

6.2.17　建筑工程垂直运输

一、定额说明

（一）建筑物垂直运输

（1）“檐高”是指设计室外地坪至檐口的高度，突出主体建筑物顶的女儿墙、电梯间、楼梯间、水箱等不计入檐口高度以内；“层数”指地面以上建筑物的层数，地下室、地面以上部分净高小于2.1 m的半地下室不计入层数。

（2）本定额工作内容包括在江苏省调整后的国家工期定额内完成单位工程全部工程项目所需的垂直运输机械台班，不包括机械的场外运输、一次安装、拆卸、路基铺垫和轨道铺拆等费用。施工塔吊与电梯基础、施工塔吊和电梯与建筑物连接的费用单独计算。

（3）本定额项目划分是以建筑物“檐高”、“层数”两个指标界定的，只要其中一个指标达到定额规定，即可套用该定额子目。

（4）一个工程，出现两个或两个以上檐口高度（层数），使用同一台垂直运输机械时，定额不作调整；使用不同垂直运输机械时，应依照国家工期定额规定结合施工合同的工期约定，分别计算。

（5）当建筑物垂直运输机械数量与定额不同时，可按比例调整定额含量。本定额按卷扬机施工配两台卷扬机，塔式起重机施工配一台塔吊一台卷扬机（施工电梯）考虑。如仅采用塔式起重机施工，不采用卷扬机时，塔式起重机台班含量按卷扬机含量取定，卷扬机扣除。

（6）垂直运输高度小于3.6 m的一层地下室不计算垂直运输机械台班。

（7）预制混凝土平板、空心板、小型构件的吊装机械费用已包括在本定额中。

（8）本定额中现浇框架系指柱、梁、板全部为现浇的钢筋混凝土框架结构。如部分现浇，部分预制，按现浇框架乘系数0.96。

（9）柱、梁、墙、板构件全部现浇的钢筋混凝土框筒结构、框剪结构按现浇框架执行；筒体结构按剪力墙（滑模施工）执行。

（10）预制或现浇钢筋混凝土柱，预制屋架的单层厂房，按预制排架定额计算。

（11）单独地下室工程项目定额工期按不含打桩工期自基础挖土开始计算，多幢房屋下有整体连通地下室时，上部房屋分别套用对应单项工程工期定额，整体连通地下室按单独地下室工程执行。

（12）在计算定额工期时，未承包施工的打桩、挖土等的工期不扣除。

（13）混凝土构件，使用泵送混凝土浇注者，卷扬机施工定额台班乘系数0.96；塔式起重机施工定额中的塔式起重机台班含量乘系数0.92。

（14）建筑物高度超过定额取定时，另行计算。

（15）采用履带式、轮胎式、汽车式起重机（除塔式起重机外）吊（安）装预制大型构件的工程，除按本章规定计算垂直运输费外，另按《2014 江苏省定额》第八章有关规定计算构件吊（安）装费。

（二）烟囱、水塔、筒仓垂直运输

烟囱、水塔、筒仓的“高度”指设计室外地坪至构筑物的顶面高度，突出构筑物主体顶的机房等高度，不计入构筑物高度内。

二、垂直运输工程量计算规则及应用

（1）建筑物垂直运输机械台班用量，区分不同结构类型、檐口高度（层数）按以国家定额工期套用单项工程以日历天计算。

（2）单独装饰工程垂直运输机械台班，区分不同施工机械、垂直运输高度、层数、按定额工日分别计算。

（3）烟囱、水塔、筒仓垂直运输机械台班，以“座”计算。超过定额规定高度时，按每增高 1 m 定额项目计算。高度不足 1 m，按 1 m 计算。

（4）施工塔吊、电梯基础，塔吊及电梯与建筑物连接件，按施工塔吊及电梯的不同型号以“台”计算。

例 6 – 32　某施工企业承包某大楼的 10 ~ 13 层办公楼的装饰，采用 1 台单笼的施工电梯进行材料的垂直运输和工人上下班，国家定额工期为 70 天，考虑到工程实际最终确定合同工期为 60 天。

要求：计算该垂直运输费用；

解： 垂直运输机械台班：国家定额工期 70 天。

套 23 – 33 施工电梯垂直运输高度（层数）20 ~ 40 m（7 ~ 13）

综合单价 = 67.34 元/10 工日

6.2.18　场内二次搬运

一、定额说明

（1）现场堆放材料有困难，材料不能直接运到单位工程周边需再次中转，建设单位不能按正常合理的施工组织设计提供材料、构件堆放场地和临时设施用地的工程而发生的二次搬运费用，执行本章定额。

（2）执行本定额时，应以工程所发生的第一次搬运为准。

（3）水平运距的计算，分别以取料中心点为起点，以材料堆放中心为终点。超运距增加运距不足整数者，进位取整计算。

（4）运输道路 15% 以内的坡度已考虑，超过时另行处理。

（5）松散材料运输不包括做方，但要求堆放整齐。如需做方者，应另行处理。

（6）机动翻斗车最大运距为 600 m，单（双）轮车最大运距为 120 m，超过时，应另行处理。

二、二次搬运工程量计算规则

（1）砂子、石子、毛石、块石、炉渣、矿渣、石灰膏按堆积原方计算。

（2）混凝土构件及水泥制品按实体积计算。

（3）玻璃按标准箱计算。

（4）其他材料按表中计量单位计算。

例 6 – 33　某建筑三类工程因为施工现场的堆放材料有困难，需要双轮车二次搬运 100 m。要求：

(1)计算500袋水泥的二次搬运费用；

(2)计算0.5 t装饰用胶的二次搬运费用。

解：(1)计算工程量

水泥的二次搬运工程量：500袋

装饰用胶的二次搬运工程量：0.5 t

(2)确定综合单价

水泥的二次搬运套水泥基本运距60 m + 超运距增加50 m

(24-37)+(24-38)综合单价=26.37+3.17=29.54元/100袋

装饰用胶的二次搬运装饰用胶基本运距60 m + 超运距增加50 m

(24-39)+(24-40)综合单价=28.48+2.11=30.59元/t

6.3 建筑工程定额计价

在本节我们学习如何运用定额套价。要学习定额计价，首先要熟悉定额的总说明、册、章说明，以及附注等有关规定。定额计价中定额子目有的是可以直接套用的，但有的是需要通过换算才能套用，以《江苏省建筑与装饰工程计价定额(2014)》(简称《2014江苏省定额》采用综合单价计价的形式。由人工费、材料费、机械费、管理费、利润五部分组成。具体计算公式如下

综合单价=人工费+材料费+机械费+管理费+利润

期中：管理费=(人工费+机械费(施工机具使用费))×管理费费率

利润=(人工费+机械费(施工机具使用费))×利润率

在《2014江苏省定额》中的管理费费率是以三类工程的标准计入，如表6-31。

表6-31 建筑工程企业管理费和利润取费标准表

序号	项目名称	计算基础	企业管理费率/%			利润率/%
			一类工程	二类工程	三类工程	
一	建筑工程	人工费+施工机具使用费	31	28	25	12
二	单独预制构件制作		15	13	11	6
三	打预制桩、单独构件吊装		11	9	7	5
四	制作兼打桩		15	13	11	7
五	大型土石方工程		6			4

6.3.1 定额直接套用

工程项目的设计要求、施工条件和施工方法等与定额项目的内容、规定完全一致时，可以直接套用定额。

例6-34 某三类工程项目，根据地质勘探报告，土壤类别为三类，无地下水，挖土深度1.3 m，底面积120 m^2，采用人工开挖，按《2014江苏省定额》的工程量计算规则土方工程量

为 450 m^3，套用《2014 江苏省定额》相应子目计算合价。

解：查得定额编号为 1 -7，该项目与定额做法完全一致，可以直接套用定额。

定额编号	项目名称	计量单位	数量	综合单价/元	合价/元
1 -7	20 m^2 < 底面积 ≤ 150 m^2 的基坑人工挖土	m^3	450	32.70	14715.00

6.3.2 定额换算

当工程项目的设计要求、施工条件和施工方法等与定额项目的内容、规定不完全一致时，应按规定进行定额换算，定额换算方法一般采用系数调整和人工、材料、机械等的调整。

一、换算分类

1. 按计算方法分类：

(1)加减数的换算方法：即按照定额规定在原定额项目中工、料、机械消耗量抽减、添加上新的消耗量。

(2)乘数的换算：即是按规定在定额项目的工、料、机械或预算价格上乘一系数的换算。

2. 按定额换算的位置分类：

分为人工、材料、机械和混合换算。

(1)人工换算：只对项目定额人工进行换算，其他不变。

(2)材料换算：由于定额项目中某种(部分)材料、规格与定额不同而影响数量及价格时按规定进行换算，其他不变。只涉及材料的调整，综合单价 = 人工费 + 机械费(施工机具使用费) =(人 + 机) ×(1 +25% +12%) + 材料费，特别注意材料费调整不影响管理费和利润。

一般有：砼强度等级(种类)、砂浆强度(种类)、材料用量(木材截面变化/砼灌注桩充盈系数变化)等。

(3)机械换算：只对定额项目中某种施工机械费进行换算，其他不变。

(4)混合换算：施工图要求使定额项目中的工、料、机发生部分变化而影响另一个子目发生变化的、两种以上的换算。

二、换算公式

定额换算后，相应定额子目后增加“换”字。定额换算原则可以用下式表示：

换算后综合单价 = 原综合单价 - 换出价格 + 换入价格

或 换算后综合单价 = 换后人工费 + 换后材料费 + 换后机械费 + 换后管理费 + 换后利润

特别提醒的是：只要人工和机械发生变化，相应管理费和利润也变化。

三、换算应用举例

例 6 -35 某三类工程项目，±0.000 以下砖基础采用 M10 水泥砂浆标准砖砌筑，砖基础高 1.4 m，按《2014 江苏省定额》的工程量计算规则土方工程量为 50 m^3，套用《2014 江苏省定额》相应子目计算合价。

解：依据《2014 江苏省定额》，查得定额编号为 4 -1，该项目与定额做法不完全一致，砂浆强度应由 M5 换成 M10。

综合单价 = 原综合单价 - M5 水泥砂浆单价 × 定额消耗量 + M10 水泥砂浆单价 × 定额消耗量 =406.25 -180.37 ×0.242 +191.53 ×0.242 =408.95 元/m^3

定额编号	项目名称	计量单位	数量	综合单价/元	合价/元
4-1换	M10水泥砂浆砖基础	m^3	50	408.95	20447.50

例6-36　某三类工程项目，施工组织采用斗容量1 m^3反铲挖掘机挖土，土壤为三类土，土方外运5 km，采用自卸汽车运土，按《2014江苏省定额》的工程量计算规则土方工程量为1000 m^3，套用《2014江苏省定额》相应子目计算合价。

解：依据《2014江苏省定额》，查得定额编号为1-204、1-264，该项目与定额做法不完全一致，乘以相应系数进行换算。

(1)1-204反铲挖掘机挖土

查得按照第1章定额说明中的规定，机械挖土方工程量小于2000 m^3，或在桩间挖土，按相应定额乘系数1.10。

$$综合单价=原综合单价\times1.10=5053.89\times1.10=5559.28\ 元/1000\ m^3$$

(2)1-264自卸汽车运土

查得按照第1章定额说明中的规定，自卸汽车运土按正铲挖掘机挖土考虑，如系反铲挖掘机装车，则自卸汽车运土台班量乘以系数1.10。

$$换算后材料费=40.42\ 元$$

$$换算后机械费=14341.86\times1.10+243.90=16019.95\ 元$$

$$换算后管理费=16019.95\times25\%=4004.99\ 元$$

$$换算后利润=16019.95\times12\%=1922.39\ 元$$

$$综合单价=40.42+16019.95+4004.99+1922.39=21987.75\ 元/1000\ m^3$$

定额编号	项目名称	计量单位	数量	综合单价/元	合价/元
1-204换	反铲挖掘机挖土	1000 m^3	1	5559.28	5559.28
1-264换	自卸汽车运土(运距5 km)	1000 m^3	1	21987.75	21987.75

例6-37　某三类工程项目，直行现浇楼梯，混凝土强度等级C30，商品混凝土泵送，按设计图纸计算出楼梯的混凝土量为6.15 m^3，按《2014江苏省定额》的工程量计算规则计算出其水平投影面积为26.00 m^2，套用《2014江苏省定额》相应子目计算合价。

解：依据《2014江苏省定额》，查得定额编号为6-213，该项目与定额做法不完全一致，混凝土强度等级C20换成C30；查得定额编号为6-218，混凝土的设计用量与定额用量不同，进行相应调整。

(1)6-213 C30泵送商品混凝土现浇直行楼梯

$$综合单价=995.07-707.94+2.07\times362=1036.47\ 元/10\ m^2$$

(2)6-218楼梯混凝土含量每增减

$$综合单价=995.07-707.94+2.07\times362=1036.47\ 元/10\ m^2$$

$$混凝土设计用量\ 6.15\times(1+1.5\%)=6.24\ m^3$$

$$按照定额含量\ 26.00\times2.07/10=5.38\ m^3$$

$$设计混凝土含量增加\ 6.24-5.38=0.86\ m^3$$

$$综合单价=478.11+1.005\times(362-342)=498.21\ 元/m^3$$

定额编号	项目名称	计量单位	数量	综合单价/元	合价/元
6-213 换	C30 泵送商品混凝土现浇直行楼梯	10 m^3	2.60	1036.47	2694.82
6-218 换	楼梯混凝土含量每增减	m^3	0.86	498.21	428.46

例 6-38　某二类工程项目，人工单价为 90 元/工日，±0.000 以下砖基础采用 M10 水泥砂浆标准砖砌筑，砖基础高 1.4m，按《2014 江苏省定额》的工程量计算规则土方工程量为 50 m^3，套用《2014 江苏省定额》相应子目计算合价。

解：依据《2014 江苏省定额》，查得定额编号为 4-1，该项目与定额做法不完全一致，砂浆强度应由 M5 换成 M10，人工费变化，管理费费率变化。

$$换算后人工费 = 90 \times 1.2 = 108 元$$

$$换算后材料费 = 263.38 - 43.65 + 46.35 = 266.08 元$$

$$换算后机械费 = 5.89 元$$

$$换算后管理费 = (108 + 5.89) \times 28\% = 31.89 元$$

$$换算后利润 = (108 + 5.89) \times 12\% = 13.67 元$$

$$综合单价 = 108 + 266.08 + 5.89 + 31.89 + 13.67 = 425.53 元/m^3$$

定额编号	项目名称	计量单位	数量	综合单价/元	合价/元
4-1	M10 水泥砂浆砖基础	m^3	50	425.53	21276.50

【课堂教学内容总结】

通过本章的学习：

1. 了解《2014 江苏省定额》相关内容。
2. 熟练掌握平整场地、挖一般土方、挖沟槽土方、挖基坑土方的适用范围和计算规则。
3. 熟悉地基处理与边坡支护工程量的计算及定额套项。
4. 掌握桩基工程量的计算与定额套用。
5. 掌握砌筑工程量的计算和适用范围。
6. 掌握钢筋和混凝土工程工程量的计算及定额套项。
7. 熟悉钢结构工程工程量的计算及定额套项。
8. 熟悉构件运输及安装工程工程量计算。
9. 熟悉木结构工程工程量计算及定额套项。
10. 掌握屋面及防水工程工程量计算及定额套项。
11. 熟悉保温、隔热、防腐工程工程量计算及定额套用。
12. 熟悉厂区道路及排水工程工程量计算及定额套用。
13. 掌握措施项目的计算及定额套用。

习 题

一、思考题

1. 挖一般土方、挖沟槽土方、挖基坑土方的适用范围和计算规则?
2. 地基处理与边坡支护工程量的计算及定额套项?
3. 桩基工程量的计算与定额套用?
4. 钢筋工程基础、柱、梁、板定额工程量计算规则?
5. 混凝土工程工程量的计算及定额套项?
6. 脚手架工程量计算及定额套项?
7. 模板工程量计算及定额套项?
8. 建筑物超高费计算及定额套项?

二、造价员考试模拟习题

(一)选择题

1. 计算土建工程人工挖土方工程量需放坡时,对二类土其放坡起点为(　　)。

A. 1.5 m　　B. 1.2 m　　C. 2.0 m　　D. 1.4 m

2. 某工程自然地面标高为 -0.45 m,设计室外地坪标高为 -0.30 m,基础槽坑底标高为 -1.60 m,人工挖二类土。在计算挖土工程量时 K 的取值为(　　)。

A. 0.75　　B. 0.5　　C. 0.33　　D. 0.25

3. 平整场地指原地面与设计室外地坪标高相差(　　)厘米以内的原土找平。

A. 20　　B. 25　　C. 30　　D. 35

4. 某工程设计室外地坪标高为 -0.3 m,交付施工场地标高为 -0.45 m,基础垫层底标高为 -1.8 m,基础垫层厚 100 mm,则挖基础土方定额计价工程量的挖土深度为(　　)。

A. 1.35 m　　B. 1.5 m　　C. 1.8 m　　D. 1.4 m

5. 钻孔灌注桩(土孔)混凝土工程量按(　　)以立方米计算。

A. 成孔长度(含桩尖)乘设计桩径截面积　B. 设计桩长(含桩尖)乘设计桩径截面积

C. (设计桩长(含桩尖) +250 mm) × 设计桩径截面积

D. (设计桩长(含桩尖) + 一个直径) × 设计桩径截面积

6. 设计无规定时,设计桩长 30 m 的夯扩桩的加灌长度为(　　)。

A. 0.2 m　　B. 0.25 m　　C. 0.5 m　　D. 1.0 m

7. 无梁板的混凝土工程量(　　)计算。

A. 按梁与板的体积之和　　B. 按板和柱帽的体积之和

C. 按板和柱的体积之和　　D. 按板和圈梁的体积之和

8. 采用同种材料砌筑,砖基础与上部结构的划分界线为(　　)。

A. 设计室外地坪　　B. 设计室内地坪

C. 基础上表面　　D. ±0.00 处

9. 关于定额套用与工程量计算的说法有误的是(　　)。

A. 标准砖柱的柱基和柱身的工程量合并计算，套砖柱定额

B. 框架间墙内外墙均按墙体净尺寸以体积计算

C. 空花墙按设计图示尺寸以空花部分的外形体积计算，扣除空洞体积

D. 砖砌水塔筒座以上为筒身，以下为基础，均以实体积计算

10. 某大厅层高为 15.5 m，天棚净高为 15.0 m，其天棚抹灰满堂脚手架增加层层数为(　　)。

A. 2　　B. 3　　C. 4　　D. 5

11. 楼梯混凝土工程量按设计图示尺寸以楼梯水平投影面积计算，其计算基数不包括的内容为(　　)。

A. 500 mm 以外的楼梯井　　B. 500 mm 以内的楼梯井

C. 踏步　　D. 休息平台

12. 四坡水的坡形瓦屋面其外墙中心线长为 24 m，宽 10 m，外墙为 240 mm 砖墙，四面出檐距外墙外边线 0.5 m，屋面坡度系数为 1:2.5，瓦屋面工程量为(　　)m^2。

A. 240　　B. 275　　C. 283.70　　D. 305.54

(二)定额套用题

计价定额编号	子目名称及做法	单位	综合单价有换算的列简要换算过程	综合单价(元)
	人工挖土方,四类土			
	振动沉管灌注砂桩(桩长 9 m)的空沉管			
	M10 水泥砂浆砌标准砖 1 砖圆形水池(容积 6 m^3)			
	C30 泵送商品混凝土现浇直形楼梯			
	檩木上钉椽子及挂瓦条(椽子刨光，断面 45×45)			1
	屋面氰凝防水涂料两布三涂			
	现浇 150 mm 厚混凝土体育看台板的复合木模板			

(三)案例题

1. 某工程基础平面图与断面图如图 6－110 所示，根据地质勘探报告，土壤类别为三类，如果基础垫层为 C15 混凝土，试计算基础垫层工程量，确定定额项目；如果地面垫层为 C20 混凝土，厚度为 60 mm，试计算该基础平整场地、垫层混凝土工程量和砖基础工程量并套定额项目。

2. 如图 6－111 所示，某单位传达室基础平面图和剖面图。根据地质勘探报告，土壤类别为三类，无地下水。该工程设计室外地坪标高为 －0.30 m，室内地坪标高为 ±0.00 m，防潮层标高 －0.06 m，防潮层做法为 C20 抗渗砼 P10 以内，防潮层以下用 M7.5 水泥砂浆砌标准砖基础，防潮层以上为多孔砖墙身，C20 钢筋砼条形基础，砼构造柱截面尺寸 240 mm×240 mm，从钢筋砼条形基础中伸出。请按《2014 江苏省定额》规定计算土方人工开挖、混凝土基础、砖基础、防潮层、模板工程量，并套用定额相应子目确定综合单价。

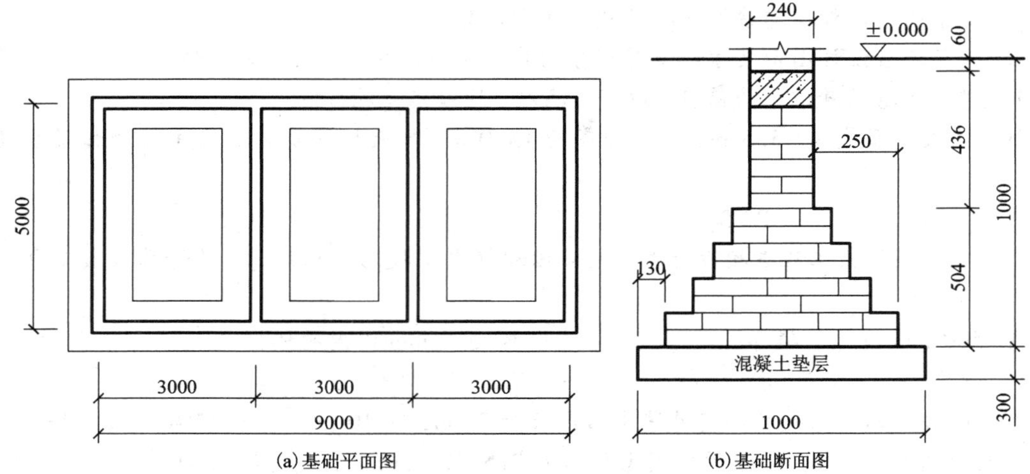

图 6－110　某工程基础平面图与断面图

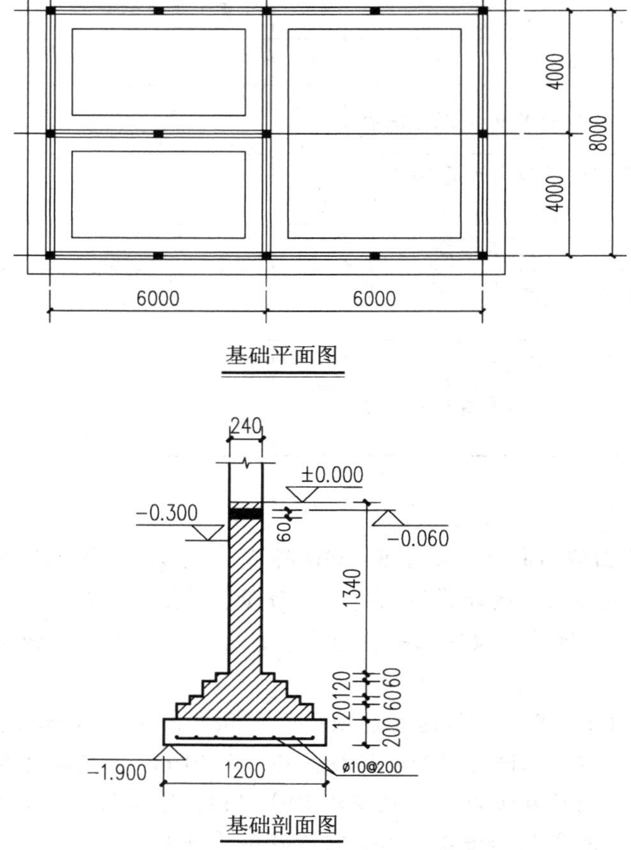

图 6－111　传达室基础平面图、剖面图

3. 计算如图6-112所示C25现浇混凝土简支梁内钢筋工程量。

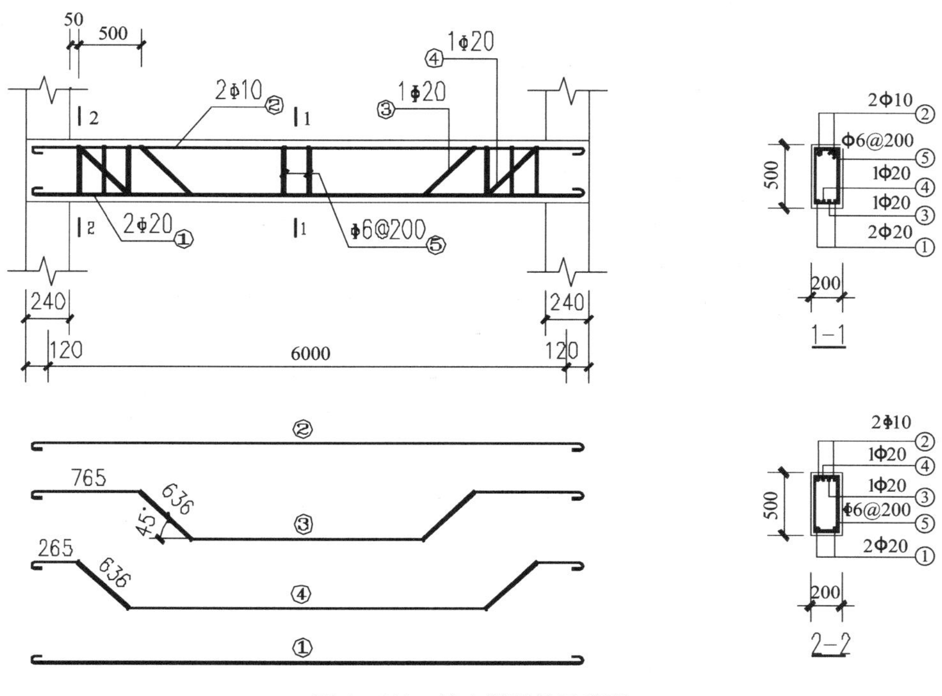

图6-112 简支梁配筋示意图

4. 试计算如图6-113所示屋面工程量，室内外高差450 mm，檐高标高为9.0 m。屋面做法如下：1∶6水泥炉渣找坡，最薄处70 mm，上铺加气混凝土砌块，厚度100 mm，水泥砂浆找平，厚20 mm，1.2mm厚三元乙丙橡胶卷材，镀锌铁皮落水管，铸铁出水口（带有女儿墙）。

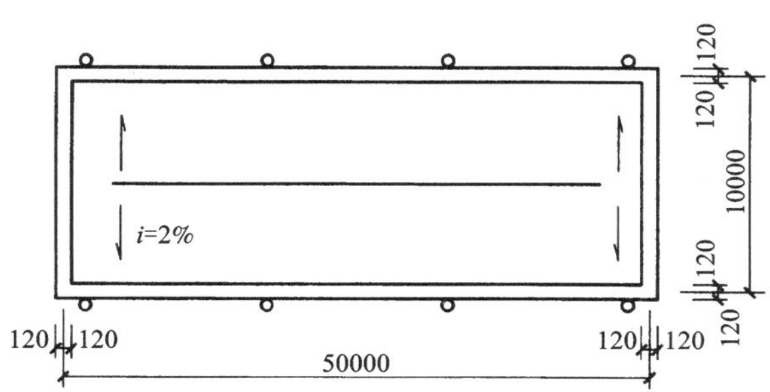

图6-113 某工程屋面平面图

5. 某楼主楼为19层，如图6-114所示，每层建筑面积为1000 m^2，附楼为6层，每层建筑面积为1500 m^2，主附楼底层层高均为5 m，其余各层层高均为3 m。要求：计算该楼的建筑物超高增加费。

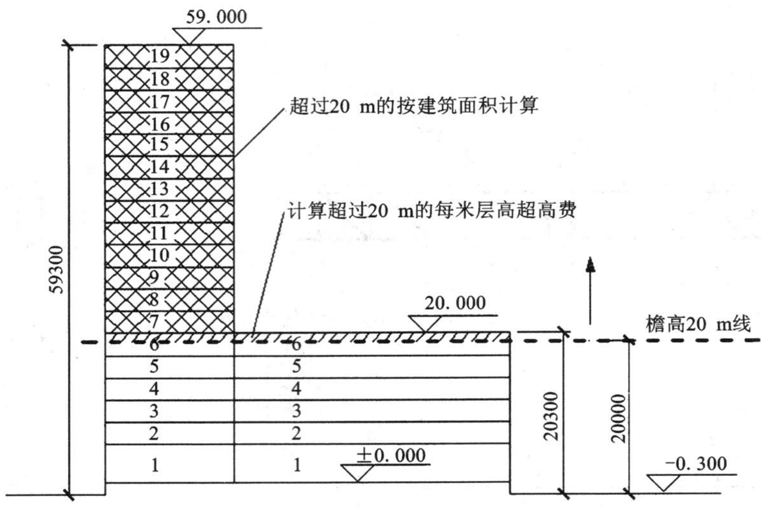

图 6－114　某建筑物立面示意图

第 7 章　建筑工程量清单计价

【目的要求】

1. 了解工程量清单计价的方式。
2. 明确工程量清单及清单计价的编制依据。
3. 掌握工程量清单及清单计价的编制方法和步骤。
4. 明确工程量清单审核的内容和方法。

【重点和难点】

1. 重点：(1)工程量清单及清单计价的编制方法和步骤；(2)工程量清单的编制的特殊处理。
2. 难点：分部分项工程量清单及清单计价的编制程序和方法。

教学时数：8 学时。

7.1　工程量清单计价概述

7.1.1　《建设工程工程量清单计价规范》(GB 50500—2013)简介

《建设工程工程量清单计价规范》(GB 50500—2013)以及《房屋建筑与装饰工程工程量计算规范》(GB 50854—2013)等 9 本工程量计算规范，自 2013 年 7 月 1 日起实施。《建设工程工程量清单计价规范》(GB 50500—2013)总结了《建设工程工程量清单计价规范》(GB 50500—2008)实施以来的经验，针对执行中存在的问题，特别是清理拖欠工程款工作中普遍反映的，在工程实施阶段中有关工程价款调整、支付、结算等方面缺乏依据的问题，主要修订了原规范正文中不尽合理、可操作性不强的条款及表格格式，特别增加了采用工程量清单计价如何编制工程量清单和招标控制价、投标报价、合同价款约定以及工程计量与价款支付、工程价款调整、索赔、竣工结算、工程计价争议处理等内容，并增加了条文说明。原规范的附录 A ~ E 除个别作了调整外，基本没有修改。原由局部修订增加的附录 F，此次修订一并纳入规范中。

规范中以黑体字标志的条文为强制性条文，必须严格执行。本规范由住房和城乡建设部负责管理和强制性条文的解释。

7.1.2 工程量清单计价的概念

一、工程量清单计价的基本概念

(1)工程量清单计价方法：是建设工程招标投标中，招标人按照国家统一的工程量计算规则或委托其有相应资质的工程造价咨询人编制反映工程实体消耗和措施消耗的工程量清单，由投标人依据工程量清单自主报价，并按照经评审低价中标的工程造价的计价方式。

(2)工程量清单：是表现拟建工程的分部分项工程项目、措施项目、其他项目项目名称及其相应工程数量等的明细清单。是由招标人按照《建设工程工程量清单计价规范》(以下简称《计价规范》)附录中统一的项目编码、项目名称、项目特征、计量单位和工程量计算规则进行编制。包括分部分项工程量清单、措施项目清单、其他项目清单、规费项目清单和税金项目清单。

(3)工程量清单计价：是指投标人完成由招标人提供的工程量清单所需的全部费用，包括分部分项工程费、措施项目费、其他项目费。

(4)综合单价：是指完成一个规定计量单位的分部分项工程量清单项目或措施清单项目所需的人工费、材料费、施工机械使用费、企业管理费与利润、规费、税金，以及一定范围内的风险费用。

二、实行工程量清单计价的意义

(1)实行工程量清单计价，是我国工程造价管理深化改革与发展的需要。

实行工程量清单计价，将改变以工程预算定额为计价依据的计价模式，适应工程招标投标和由市场竞争形成工程造价的需要，推进我国工程造价事业的发展。

(2)实行工程量清单计价，是整顿和规范建设市场秩序，适应社会主义市场经济发展的需要。

工程造价是工程建设的核心内容，也是建设市场运行的核心内容。实行工程量清单计价，是由市场竞争形成工程造价。工程量清单计价反映工程的个别成本，有利于企业自主报价和公平竞争，实现政府定价到市场定价的转变；有利于规范业主在招标中的行为，有效纠正招标单位在招标中盲目压价的行为，避免工程招标中弄虚作假、暗箱操作等不规范行为，促进其提高管理水平，从而真正体现公开、公平、公正的原则，反映市场经济规律；有利于规范建设市场计价行为，从源头上遏止工程招投标中滋生的腐败，整顿建设市场的秩序，促进建设市场的有序竞争。

实行工程量清单计价，是适应我国社会主义市场经济发展的需要。市场经济的主要特点是竞争，建设工程领域的竞争主要体现在价格和质量上，工程量清单计价的本质是价格市场化。实行工程量清单计价，对于在全国建立一个统一、开放、健康、有序的建设市场，促进建设市场有序竞争和企业健康发展，都具有重要的作用。

(3)实行工程量清单计价，是适应我国工程造价管理政府职能转变的需求。

按照政府部门真正履行"经济调节、市场监管、社会管理和公共服务"的职能要求，政府对工程造价的管理，将推行政府宏观调控、企业自主报价、市场形成价格、社会全面监督的工程造价管理体制。实行工程量清单计价，有利于我国工程造价管理政府职能的转变，由过去行政直接干预转变为对工程造价依法监管，有效地强化政府对工程造价的宏观调控，以适应建设市场发展的需要。

(4)实行工程量清单计价，是我国建筑业发展适应国际惯例与国际接轨、融入世界大市场的需要。

在我国实行工程量清单计价，会为我国建设市场主体创造一个与国际惯例接轨的市场竞争环境，有利于进一步对外开放交流，有利于提高国内建设各方主体参与国际竞争的能力，有利于提高我国工程建设的管理水平。

三、工程量清单计价的作用

(1)有利于实现从政府定价到市场定价，从消极自我保护向积极公平竞争的转变。

工程量清单计价有利于实现从政府定价到市场定价过渡，从消极自我保护向积极公平竞争的转变，对计价依据改革具有推动作用，特别是对施工企业，通过采用工程量清单计价，有利于施工企业编制自己的企业定额，从而改变了过去企业过分依赖国家发布定额的状况，实现通过市场竞争自主报价。

(2)有利于公平竞争，避免暗箱操作。

所有的投标单位根据由招标单位提供的建设项目工程量清单，在工程量一样的前提下，按照统一的规则(统一的编码、统一的计量单位、统一的项目特征、统一的工程量计算规则、统一的工程内容)，根据企业管理水平和技术能力，充分考虑市场和风险因素，并根据投标竞争策略进行自主报价，充分体现了公平竞争的原则。

(3)有利于实现风险合理分担。

工程量清单计价本质上是单价合同的计价模式，首先，它反映“量价分离”的真实面目，“量由招标人提，价由投标人报”。其次，有利于实现工程风险的合理分担。建设工程一般都比较复杂，建设周期长，工程变更多，因而建设的风险比较大，采用工程量清单计价，投标人只对自己所报单价负责，而工程量变更的风险由业主承担，这种格局符合风险合理分担与责权利关系对等的一般原则。

(4)有利于工程款拨付和工程造价的最终确定。

(5)有利于标底的管理和控制。

(6)有利于提高施工企业的技术和管理水平。

投标企业在报价过程中，必须通过对单位工程成本、利润进行分析、统筹考虑、精心选择施工方案，并根据企业自身的情况合理确定人工、材料、机械等要素的投入与配置，优化组合，合理控制施工技术措施费用，以便更好地保证工程质量和工期，促进技术进步，提高经营管理水平和劳动生产率，这就要求投标企业提高施工的管理水平，改善施工技术条件，注重市场信息的搜集和施工资料的积累，提高企业的管理水平。

(7)有利于工程索赔的控制与合同价的管理。

实行工程量清单计价进行招标，清单项目的综合单价不因施工数量变化、施工难易程度、施工技术措施差异、取费等变化而调整，从而减少了施工单位在施工过程中因现场签证、技术措施费用和价格变化等因素引起的不合理索赔；同时也便于业主随时掌握设计变更、工程量增减而引起的工程造价变化，进而根据投资情况决定是否变更方案，从而有效地降低工程造价。

(8)有利于建设单位合理控制投资，提高资金使用效益。

(9)有利于招标投标避免重复劳动，节省时间。

采用工程量清单招标后，可以充分发挥招标方提供的工程量的作用，避免了投标方重新计算和估计工程量，投标人只需填报综合造价和调价，节省了大量的人、材、物，缩短了投标单位投标报价的时间，避免了所有的投标人按照同一图纸计算工程数量的重复劳动，节省了大量的社会财富和时间。

（10）有利于规范建设市场的计价行为。

7.1.3 工程量清单计价的一般规定

一、工程量清单计价活动的内容

工程量清单计价活动包括：工程量清单、招标控制价、投标报价的编制，工程合同价款的约定，竣工结算的办理以及施工过程中的工程计量、工程价款支付、索赔与现场签证、工程价款调整和工程计价争议处理等活动。

二、工程量清单计价的适用范围

全部适用国有资金投资（国有投资的资金包括国家融资资金）或国有资金投资为主的工程建设项目，必须采用工程量清单计价。非国有资金投资的可采用工程量清单计价。

（1）国有资金投资的工程建设项目包括：

①使用各级财政预算资金的项目；

②使用纳人财政管理的各种政府性专项建设资金的项目；

③使用国有企事业单位自有资金，并且国有资产投资者实际拥有控制权的项目。

（2）国家融资资金投资的工程建设项目包括：

①使用国家发行债券所筹资金的项目；

②使用国家对外借款或者担保所筹资金的项目；

③使用国家政策性贷款的项目；

④国家授权投资主体融资的项目；

⑤国家特许的融资项目。

（3）国有资金为主的工程建设项目是指国有资金占投资总额50%以上，或虽不足50%但国有投资者实质上拥有控股权的工程建设项目。

（4）非国有资金投资的工程建设项目，可以采用工程量清单计价，采用工程量清单计价的，应执行《计价规范》。对于不采用工程量清单计价方式的工程建设项目，除工程量清单等专门性规定外，《计价规范》的其他条文仍应执行。

三、建设工程工程量清单计价活动的原则

建设工程工程量清单计价活动应遵循客观、公正、公平的原则。建设工程计价活动的基本要求、建设工程计价活动的结果既是工程建设投资的价值表现，同时又是工程建设交易活动的价值表现。因此，建设工程造价计价活动不仅要客观反映工程建设的投资，还应体现工程建设交易活动的公正、公平性。

四、《建设工程工程量清单规范》的特点

（1）强制性：一是由建设主管部门按照强制性国家标准的要求批准发布，规定全部使用国有资金或国有资金投资为主型的建设工程必须采用工程量清单计价。二是明确工程量清单是招标文件的组成部分，规定招标人在编制工程量清单时必须遵守的规则，做到五统一，并明确工程量清单应作为编制招标控制价、投标报价、计算工程量、支付工程款、调整合同价款、办理竣工结算以及工程索赔等的依据之一，为建立全国统一的建设市场和规范计价行为提供了依据。

(2)竞争性：《计价规范》中政策性规定到一般内容的具体规定，都充分体现了工程造价由市场竞争形成价格的原则。一是《计价规范》中的措施项目，在工程量清单中只列“措施项目”一栏，具体采用什么措施，由投标人根据企业的施工组织设计，视具体情况报价。二是《计价规范》中人工、材料和施工机械没有具体的消耗量，为企业报价提供了自主的空间，投标企业可以依据企业的定额和市场价格信息，也可以参照建设行政主管部门发布的社会平均消耗量定额，按照《计价规范》规定的原则和方法进行投标报价，将报价权交给了企业，必然促使企业提高管理水平，引导企业学会编制企业自己的消耗量定额，适应市场竞争投标报价的需要。

(3)通用性：我国采用的工程量清单计价是与国际惯例接轨的，符合工程量计算方法标准化、工程量计算规则统一化和工程造价确定市场化的要求。《计价规范》与国际通行的工程量清单和工程量清单计价是基本一致的。

(4)实用性：新规范修订了原规范中不尽合理、可操作性不强的条款及表格格式，补充完善了采用工程量清单计价如何编制工程量清单和招标控制价、合同价款约定以及工程计量与价款支付、工程价款调整、索赔、竣工结算、工程计价争议处理等内容。新规范可操作性强，方便使用。

五、实行工程量清单计价对编制人员的要求

工程量清单、招标控制价、投标报价、工程价款结算等工程造价文件的编制与核对应有具有资格的工程造价专业人员承担。

按照《注册造价工程师管理办法》(建设部第150号令)的规定，注册造价工程师应在本人承担的工程造价成果文件上签字并加盖执业专用章；按照《全国建设工程造价人员管理暂行办法》(中价协[2006]013号)的规定，造价员应在本人承担的工程造价业务文件上签字并加盖专用章。

“造价工程师”是指按照《注册造价工程师管理办法》(建设部令第150号)，经全国造价工程师统一执业资格考试合格，取得造价工程师执业资格证书，经批准注册在一个单位从事工程造价活动的专业技术人员。

“造价员”是指通过考试，取得《全国建设工程造价员资格证书》，在一个单位从事工程造价活动的专业人员。

7.2 工程量清单

“工程量清单”是建设工程实行工程量清单计价的专用名词。表示的是拟建工程的分部分项工程项目、措施项目、其他项目、规费项目和税金项目的名称和数量。

7.2.1 一般规定

一、清单编制的主体

招标人应负责编制工程量清单，若招标人不具有编制工程量清单的能力时，根据《工程造价咨询企业管理办法》(建设部第149号令)的规定，可委托具有工程造价咨询资质的工程造价咨询企业编制。

二、清单编制的条件及招标人的责任

采用工程量清单方式招标，工程量清单必须作为招标文件的组成部分，其准确性和完整性由招标人负责。

工程施工招标发包可采用多种方式，但采用工程量清单方式招标发包，招标人必须将工程量清单作为招标文件的组成部分，连同招标文件一并发(或售)给投标人。招标人对编制的工程量清单的准确性和完整性负责，投标人依据工程量清单进行投标报价。

三、工程量清单的作用

工程量清单是工程量清单计价的基础，应作为编制招标控制价、投标报价、计算工程量、支付工程款、调整合同价款、办理竣工结算以及工程索赔等的依据之一。

四、工程量清单的组成

工程量清单由分部分项工程量清单、措施项目清单、其他项目清单、规费项目清单和税金项目清单组成。

五、工程量清单的编制依据

编制工程量清单应依据《计价规范》，国家或省级、行业建设主管部门颁发的计价依据和办法，建设工程设计文件，与建设工程项目有关的标准规范和技术资料，招标文件及其补充通知、答疑纪要，施工现场情况、工程特点及常规施工方案和其他相关资料编制。

六、相关的表格

工程量清单表宜采用统一格式，但由于行业、地区的一些特殊情况，省级或行业建设主管部门可在《计价规范》提供表格格式的基础上予以补充。

1. 封面

工程量清单使用的封面如图7-1所示，封面应按照规定的内容填写、签字、盖章，造价员编制的工程量清单应有负责审核的造价工程师签字、盖章。

封面的有关签署和盖章中应遵守和满足有关工程造价计价管理规章和政策的规定，这是工程造价文件是否生效的必备条件。

我国在工程造价计价活动管理中，对从业人员实行的是执业资格管理制度，对工程造价咨询人实行的是资质许可管理制度。建设部先后发布了《工程造价咨询企业管理办法》(建设部令第149号)、《注册造价工程师管理办法》(建设部令第150号)，中国建设工程造价管理协会印发了《全国建设工程造价员管理暂行办法》(中价协[2006J013号])。

工程造价文件是体现上述规章、规定的主要载体，工程造价文件封面的签字盖章应按下列规定办理方能生效。

招标人自行编制工程量清单和招标控制价时，编制人员必须是在招标人单位注册的造价人员。由招标人盖单位公章，法定代表人或其授权人签字或盖章；当编制人是注册造价工程师时，由其签字盖执业专用章；当编制人是造价员时，由其在编制人栏签字盖专用章，并应由注册造价工程师复核，在复核人栏签字盖执业专用章。

招标人委托工程造价咨询人编制工程量清单和招标控制价时，编制人员必须是在工程造价咨询人单位注册的造价人员。工程造价咨询人盖单位资质专用章，法定代表人或其授权人签字或盖章；当编制人是注册造价工程师时，由其签字盖执业专用章；当编制人是造价员时，由其在编制人栏签字盖专用章，并应由注册造价工程师复核，在复核人栏签字盖执业专用章。

“工程造价咨询人”是指按照《工程造价咨询企业管理办法》(建设部令第149号)的规定，取得工程造价咨询资质，在其资质许可范围内接受委托，提供工程造价咨询服务的企业。

______________________工程

工 程 量 清 单

	工程造价
招　标　人：__________	咨　询　人：__________
(单位盖章)	(单位资质专用章)
法定代表人	法定代表人
或其授权人：__________	或其授权人：__________
(签字或盖章)	(签字或盖章)
编　制　人：__________	复　核　人：__________
(造价人员签字盖专用章)	(造价工程师签字盖专用章)
编制时间：____年___月___日	复核时间：____年___月___日

图7-1　工程量清单封面

2. 总说明

总说明使用的表格如(表7-1)

表7-1　总说明

工程名称　　　　　　　　　　　　　　　　　　　　　第　页共　页

总说明应按下列内容填写：

（1）工程概况：

填写建设规模、工程特征、计划工期、施工现场实际情况、自然地理条件、环境保护要求等。

（2）工程招标和分包范围。

（3）工程量清单编制依据。

（4）工程质量、材料、施工等的特殊要求。

（5）其他需要说明的问题。

7.2.2 分部分项工程量清单

一、分部分项工程量清单的五个要件及编制依据

构成一个分部分项工程量清单的五个要件是项目编码、项目名称、项目特征、计量单位和工程量，这五个要件在分部分项工程量清单的组成中缺一不可。

分部分项工程量清单各构成要件的编制依据分别为《计价规范》规定的项目编码、项目名称、项目特征、计量单位和工程量计算规则。

二、工程量清单编码

项目编码是工程量分部分项工程量清单项目名称的数字标识。清单编码的表示方式为十二位阿拉伯数字，各位数字的含义是：一、二位为工程分类顺序码；三、四位为专业工程顺序码；五、六位为分部工程顺序码；七、八、九位为分项工程项目名称顺序码；十至十二位为清单项目名称顺序码。当同一标段（或合同段）的一份工程量清单中含有多个单位工程且工程量清单是以单位工程为编制对象时，在编制工程量清单时应特别注意对项目编码十至十二位的设置不得有重码的规定。例如一个标段（或合同段）的工程量清单中含有三个单位工程，每一单位工程中都有项目特征相同的实心砖墙砌体，在工程量清单中又需反映三个不同单位工程的实心砖墙砌体工程量时，则第一个单位工程的实心砖墙的项目编码应为010403001001，第二个单位工程的实心砖墙的项目编码应为010403001002，第三个单位工程的实心砖墙的项目编码应为010403001003，并分别列出各单位工程实心砖墙的工程量。

三、分部分项工程量清单项目名称

分部分项工程量清单项目的名称应按附录中的项目名称，结合拟建工程的实际确定。项目名称原则上以形成工程实体而命名，为此，应考虑三个因素：一是附录中的项目名称，应以附录中的项目名称为主体；二是附录中的项目特征，应考虑该项目的规格、型号、材质等特征要求；三是拟建工程的实际情况。结合拟建工程的实际情况，使其工程量项目名称具体化、详细化，反映工程造价的主要影响因素。

四、工程量计算规则和计量单位

工程量应按附录中规定的工程量计算规则计算。工程量清单的计量单位应按《计价规

范》附录中规定的计量单位确定。附录按国际惯例，工程量计量单位均采用基本单位计量。计量单位全国统一，一定要严格遵守，工程量的有效位数应遵守下列规定：

(1)以"t"为单位，应保留三位小数，第四位小数四舍五入；

(2)以"m^3""m^2""m""kg"为单位，应保留两位小数，第三位小数四舍五入；

(3)以"个""项"等为单位，应取整数。

附录中有两个或两个以上计量单位的，应结合拟建工程项目的实际选择其中一个确定。

五、工程量清单的项目特征

项目特征是构成分部分项工程量清单项目、措施项目自身价值的本质特征。工程量清单的项目特征是确定一个清单项目综合单价不可缺少的重要依据，在编制工程量清单时，必须对项目特征进行准确和全面的描述。但有些项目特征用文字往往又难以准确和全面地描述清楚。因此，为达到规范、简捷、准确、全面描述项目特征的要求，在描述工程量清单项目特征时应按以下原则进行。

(1)项目特征描述的内容应按附录中的规定，结合拟建工程的实际，能满足确定综合单价的需要。

(2)若采用标准图集或施工图纸能够全部或部分满足项目特征描述的要求，项目特征描述可直接采用详见××图集或××图号的方式。对不能满足项目特征描述要求的部分，仍应用文字描述。

六、编制补充项目

随着工程建设中新材料、新技术、新工艺等的不断涌现，《计价规范》附录所列的工程量清单项目不可能包含所有项目。在编制工程量清单时，当出现《计价规范》附录中未包括的清单项目时，编制人应作补充。在编制补充项目时应注意以下三个方面。

(1)补充项目的编码应按《计价规范》的规定确定。

(2)在工程量清单中应附补充项目的项目名称、项目特征、计量单位、工程量计算规则和工作内容。

(3)将编制的补充项目报省级或行业工程造价管理机构备案。

七、工程内容

工程内容是指完成该清单项目可能发生的具体工程，可供招标人确定清单项目和投标人报价参考，是针对形成该分部分项清单项目实体的施工过程（或工序）所包含的内容的描述，是列项编码时，对拟建工程编制的分部分项清单项目，与《计价规范》附录各清单项目是否对应，也是对已列出的清单项目，检查是否重列或漏列的主要依据。应注意的是决定分部分项工程量清单综合单价的是项目特征而不是工程内容。

八、分部分项工程量清单表格

2013《计价规范》的分部分项工程量清单表格与分部分项工程量清单计价采用的表格是相同的，表格的形式如表7－2。

表 7－2　分部分项工程量清单与计价表

工程名称：　　　　　　　　　　　　标段：　　　　　　　　　　第　页　共　页

序号	项目编码	项目名称	项目特征描述	计量单位	工程量	金额（元）		
						综合单价	合价	其中：暂估价
本页小计								
合　计								

注：根据建设部、财政部发布的《建筑安装工程费用组成》（建标［2003］206 号）的规定，为计取规费等的使用，可在表中增设：“直接费”“人工费”或“人工费＋机械费”。

7.2.3　措施项目清单

措施项目是指为完成工程项目施工，发生于该工程施工准备和施工过程中的技术、生活、安全、环境保护等方面的非工程实体项目。

措施项目清单应根据拟建工程的实际情况列项。编制时需考虑多种因素，除工程本身的因素外，还涉及水文、气象、环境、安全等因素。通用措施项目可按表 7－3 和表 7－4 作为措施项目列项的参考，表中所列内容是各专业工程均可列出的措施项目。各专业工程的“措施项目清单”中可列的措施项目分别在《计价规范》的附录中规定，应根据拟建工程的具体情况选择列项。

由于影响措施项目设置的因素太多，《计价规范》不可能将施工中可能出现的措施项目一一列出。在编制措施项目清单时，因工程情况不同，若出现《计价规范》及附录中未列出的措施项目，可根据工程的具体情况对措施项目清单作补充。

《计价规范》规范将实体性项目划分为分部分项工程量清单，非实体性项目划分为措施项目。所谓非实体性项目，一般来说，其费用的发生和金额的大小与使用时间、施工方法或者两个以上工序相关，与实际完成的实体工程量的多少关系不大，典型的是大中型施工机械、文明施工和安全防护、临时设施等。不能计算工程量的项目清单，以“项”为计量单位计算。表格形式如表 7－3。

表7－3　措施项目清单与计价表(一)

工程名称：　　　　标段：　　　　第　页　共　页

序号	项目名称	计算基础	费率/%	金额/元
	安全文明施工费			
	夜间施工费			
	二次搬运费			
	冬雨季施工			
	大型机械设备进出场及安拆费			
	施工排水			
	施工降水			
	地上、地下设施、建筑物的临时保护设施			
	已完工程及设备保护			
	各专业工程的措施项目			
合　计				

注：本表适用于以“项”计价的措施项目。2. 根据建设部、财政部发布的《建筑安装工程费用组成》(建标[2003]206号)的规定，“计算基础”可为“直接费”“人工费”或“人工费＋机械费”。

有的非实体性项目，则是可以计算工程量的项目，典型的是混凝土浇筑的模板工程，这些可以计算工程量的项目清单宜采用分部分项工程量清单的方式编制，列出项目编码、项目名称、项目特征、计量单位和工程量计算规则；用分部分项工程量清单的方式采用综合单价，更有利于措施费的确定和调整。表格形式如表7－4。

表7－4　措施项目清单与计价表(二)

工程名称：　　　　标段：　　　　第　页　共　页

序号	项目编码	项目名称	项目特征描述	计量单位	工程量	金额/元	
						综合单价	合价
本页小计							
合　计							

注：本表适用于以综合单价形式计价的措施项目。

7.2.4 其他项目清单

工程建设标准的高低、工程的复杂程度、工程的工期长短、工程的组成内容、发包人对工程管理要求等都直接影响其他项目清单的具体内容，《计价规范》仅提供了暂列金额、暂估价计日工和总承包服务费等 4 项内容作为列项参考。其不足部分，可根据工程的具体情况进行补充。表格形式如表 7－5。

表 7－5　其他项目清单与计价汇总表

工程名称：　　　　　　　　　　　　标段：　　　　　　　　　　　　第　页　共　页

序号	项目名称	计量单位	金额/元	备注
1	暂列金额		项	明细详见表 7－6
2	暂估价			
2.1	材料(工程设备)暂估价			明细详见表 7－7
2.2	专业工程暂估价			明细详见表 7－8
3	计日工			明细详见表 7－9
4	总承包服务费			明细详见表 7－10
5				
合　计				

注：材料暂估单价进入清单项目综合单价，此处不汇总。

一、暂列金额

暂列金额是招标人暂定并掌握使用的一笔款项，它包括在合同价款中，由招标人用于合同协议签订时尚未确定或者不可预见的所需材料、设备、服务的采购以及施工过程中可能发生的工程变更、合同约定调整因素出现时的工程价款调整以及发生的索赔、现场签证确认等的费用。

不管采用何种合同形式，其理想的标准是，一份合同的价格就是其最终的竣工结算价格，或者至少两者应尽可能接近。我国规定对政府投资工程实行概算管理，经项目审批部门批复的设计概算是工程投资控制的刚性指标，即使商业性开发项目也有成本的预先控制问题，否则，无法相对准确预测投资的收益和科学合理地进行投资控制。但工程建设自身的特性决定了工程的设计需要根据工程进展不断地进行优化和调整，业主需求可能会随工程建设进展出现变化，工程建设过程还会存在一些不能预见、不能确定的因素。消化这些因素必然会影响合同价格的调整，暂列金额正是为这类不可避免的价格调整而设立的，以便达到合理地确定和有效控制工程造价的目标。暂列金额明细表表格见表 7－6。

表 7－6　暂列金额明细表

工程名称：　　　　　　　　　　　　　标段：　　　　　　　　　　第　页　共　页

序号	项目名称	计量单位	暂定金额/元	备注
1				
2				
3				
4				
5				
6				
合　计				

注：此表由招标人填写，如不能详列，也可只列暂定金额总额，投标人应将上述暂列金额计入投标总价中。

二、暂估价

暂估价是招标人在工程量清单中提供的用于支付必然发生但暂时不能确定价格的材料的单价及专业工程的金额。

暂估价是在招标阶段预见肯定要发生，只是因为标准不明确或者需要由专业承包人完成，暂时又无法确定具体价格时采用。包括材料暂估单价和专业工程暂估价。

暂估价是招标阶段直至签订合同协议时，招标人在招标文件中提供的用于支付必然要发生但暂时不能确定价格的材料以及专业工程的金额。暂估价类似于 FIDIC 合同条款中的 Prime CostItems，在招标阶段预见肯定要发生，只是因为标准不明确或者需要由专业承包人完成，暂时无法确定价格。暂估价数量和拟用项目应当结合工程量清单中的“暂估价表”予以补充说明。

为方便合同管理，需要纳入分部分项工程量清单项目综合单价中的暂估价应只是材料费，以方便投标人组价。

专业工程的暂估价一般应是综合暂估价，应当包括除规费和税金以外的管理费、利润等取费。总承包招标时，专业工程设计深度往往是不够的，一般需要交由专业设计人设计，国际上，出于提高可建造性考虑，一般由专业承包人负责设计，以发挥其专业技能和专业施工经验的优势。这类专业工程交由专业分包人完成是国际工程的良好实践，目前在我国工程建设领域也已经比较普遍。公开透明地合理确定这类暂估价的实际开支金额的最佳途径，就是通过施工总承包人与工程建设项目招标人共同组织的招标。

材料暂估价明细表表格见表 7－7，专业暂估价明细表见表 7－8。

表 7－7　材料暂估单价表

工程名称：　　　　　　　　　　　　　　　　标段：　　　　　　　　　　　　第　页　共　页

序号	材料（工程设备）名称、规格、型号	计量单位	单价（元）	备注

注：1. 此表由招标人填写，并在备注栏说明暂估价的材料拟用在那些清单项目上，投标人应将上述材料暂估单价计入工程量清单综合单价报价中。2. 材料包括原材料、燃料、构配件以及按规定应计入建筑安装工程造价的设备。

表 7－8　专业工程暂估价表

工程名称：　　　　　　　　　　　　　　　　标段：　　　　　　　　　　　　第　页　共　页

序号	工程名称	工程内容	金额/元	备注
合　计				—

注：此表由招标人填写，投标人应将上述专业工程暂估价计入投标总价中。

三、计日工

计日工是在施工过程中，完成发包人提出的施工图以外的零星项目或工作，按合同中约定的综合单价计价。

计日工是对零星项目或工作采取的一种计价方式，包括完成作业所需的人工、材料、施工机械及其费用的计价，类似于定额计价中的签证记工。

计日工是为了解决现场发生的零星工作的计价而设立的。国际上常见的标准合同条款中，大多数都设立了计日工（Daywork）计价机制。计日工对完成零星工作所消耗的人工工时、材料数量、施工机械台班进行计量，并按照计日工表中填报的适用项目的单价进行计价支付。计日工适用的所谓零星工作一般是指合同约定之外的或者因变更而产生的、工程量清单中没有相应项目的额外工作，尤其是那些时间不允许事先商定价格的额外工作。

计日工明细表见表 7－9。

表 7－9　计日工表

工程名称：　　　　　　　　　　标段：　　　　　　　　　　第　页　共　页

编号	项目名称	单位	暂定数量	综合单价	合　价
一	人工				
1					
2					
3					
4					
人工小计					
二	材料				
1					
2					
3					
4					
5					
6					
材料小计					
三	施工机械				
1					
2					
3					
4					
施工机械小计					
合　计					

注：此表项目名称、数量由招标人填写，编制招标控制价时，单价由招标人按有关计价规定确定；投标时，单价由投标人自助报价，计入投标总价中。

四、总承包服务费

总承包服务费是总承包人为配合协调发包人进行的工程分包自行采购设备、材料等进行管理、服务以及施工现场管理、竣工资料汇总整理等服务所需的费用。

它是指在工程建设的施工阶段实行施工总承包时，当招标人在法律、法规允许的范围内对工程进行分包和自行采购供应部分设备、材料时，要求总承包人提供相关服务（如分包人使用总包人的脚手架、水电接剥等）和施工现场管理等所需的费用。

总承包服务费是为了解决招标人在法律、法规允许的条件下进行专业工程发包，以及自行供应材料、设备，并需要总承包人对发包的专业工程提供协调和配合服务，对供应的材料、设备提供收、发和保管服务以及进行施工现场管理时发生，并向总承包人支付的费用。招标人应预计该项费用并按投标人的投标报价向投标人支付该项费用。

总承包服务费明细表见表 7 – 10。

表 7 – 10　总承包服务费计价表

工程名称：　　　　　　　　　　　　标段：　　　　　　　　　　　　第　页　共　页

序号	工程名称	项目价值/元	服务内容	费率/%	金额/元
1	发包人发包专业工程				
2	发包人供应材料				
	合　计	—	—	—	

7.2.5　规费项目清单

根据省级政府或省级有关权力部门的相关规定必须缴纳的，应计入建筑安装工程造价的费用。

根据建设部、财政部“关于印发《建筑安装工程费用项目组成》的通知”（建标[2003]206号）的规定，“规费”属于工程造价的组成部分，其计取标准由省级、行业建设主管部门依据省级政府或省级有关权力部门的相关规定制定。

规费包括工程排污费、社会保险费（养老保险、失业保险、医疗保险、工伤保险费、生育保险费）、住房公积金。规费是政府和有关权力部门规定必须缴纳的费用，编制人对《建筑安装工程费用项目组成》未包括的规费项目，在编制规费项目清单时应根据省级政府或省级有关权力部门的规定列项。

一般计税法其“社会保险费”由以建安造价（扣除规费）为基数计算；简易计税法其“社会保险费”以税前造价（扣除规费）为基数计算。“社会保险费”应按规定足额计取，不得作为竞争性费用。各企业应对社会保险费实行统一管理、专项使用，确保足额缴纳职工保险费。

表格形式如表 7 – 11。

表7-11 规费项目清单与计价表

工程名称： 标段： 第 页 共 页

序号	项目名称	计算基础	费率/%	金额/元
1	规费			
1.1	工程排污费			
1.2	社会保障费			
(1)	养老保险费			
(2)	失业保险费			
(3)	医疗保险费			
1.3	住房公积金			
1.4	工伤保险			
合计				

7.2.6 税金项目清单

税金是指国家税法规定的应计入建筑工程造价内的增值税，“营改增”后，税金项目不再单独列项，而是包含在综合单价或其他项目费中，相关“营改增”详见第二章。

7.3 工程量清单计价

7.3.1 一般规定

一、计价的多次性

工程造价的计价具有动态性和阶段性(多次性)的特点。工程建设项目从决策到竣工交付使用，都有一个较长的建设期。在整个建设期内，构成工程造价的任何因素发生变化都必然会影响工程造价的变动，不能一次确定可靠的价格，要到竣工结算后才能最终确定工程造价，因此需对建设程序的各个阶段进行计价，以保证工程造价确定和控制的科学性。工程造价的多次性计价反映了不同的计价主体对工程造价的逐步深化、逐步细化、逐步接近和最终确定工程造价的过程。

二、建设工程造价的组成

采用工程量清单计价时，建设工程造价由分部分项工程费、措施项目费、其他项目费和规费、税金五部分组成。

三、工程计价方法

《建筑工程施工发包与承包计价管理办法》(建设部令第107号)第五条规定，工程计价方法包括工料单价法和综合单价法。实行工程量清单计价应采用综合单价法，综合单价为完成一个规定计量单位的分部分项工程量清单项目或措施项目清单项目所需的人工费、材料费、施工机械使用费和企业管理费和利润，以及一定范围内的风险费用。

四、清单所列工程量与竣工结算时工程量的差异

招标文件中的工程量清单标明的工程量是投标人投标报价的共同基础，竣工结算的工程量按发、承包双方在合同中约定应予计量且实际完成的工程量确定。

招标文件中工程量清单所列的工程量是一个预计工程量，它一方面是各投标人进行投标报价的共同基础，另一方面也是对各投标人的投标报价进行评审的共同平台，体现了招投标活动中的公开、公平、公正和诚实信用原则。发、承包双方竣工结算的工程量应按经发、承包双方认可的实际完成的工程量确定，而非招标文件中工程量清单所列的工程量。

五、措施项目清单计价

措施项目清单计价应根据拟建工程的施工组织设计规定可以计算工程量的措施项目，宜采用分部分项工程量清单的方式编制，与之相对应，这部分的措施项目应采用综合单价计价；其余的措施项目可以“项”为计量单位的，按项计价，但应包括除规费、税金以外的全部费用。

根据《中华人民共和国安全生产法》《中华人民共和国建筑法》《建设工程安全生产管理条例》《安全生产许可证条例》等法律、法规的规定，建设部办公厅印发了《建筑工程安全防护、文明施工措施费及使用管理规定》(建办[2005]89 号)，将安全文明施工费纳人国家强制性标准管理范围，其费用标准不予竞争。《计价规范》规定措施项目清单中的安全文明施工费应按国家或省级、行业建设主管部门的规定费用标准计价，招标人不得要求投标人对该项费用进行优惠，投标人也不得将该项费用参与市场竞争。

措施项目清单中的安全文明施工费包括《建筑安装工程费用项目组成》(建标[2003]06号)中措施费的文明施工费、环境保护费、临时设施费、安全施工费。

六、其他项目清单计价

其他项目清单计价应根据工程特点和《计价规范》的规定计价。

若招标人在工程量清单中提供了暂估价的材料或专业工程属于依法必须招标的，按照《工程建设项目货物招标投标办法》(国家发改委、建设部等七部委27 号令)第五条规定：“以暂估价形式包括在总承包范围内的货物达到国家规定规模标准的，应当由总承包中标人和工程建设项目招标人共同依法组织招标”的规定设置。此项规定同样适用于以暂估价形式出现的专业分包工程。

若材料或专业工程不属于依法必须招标的，即未达到法律、法规规定招标规模标准的材料和专业工程，需要约定定价的程序和方法，并与材料样品报批程序相互衔接。

七、规费和税金计价规定

规费和税金应按照国家或省级、行业建设主管部门依据国家税法及省级政府或省级有关权力部门的规定确定，在工程计价时应按规定计算，不得作为竞争性费用。

八、风险合理分担

采用工程量清单计价的工程应在招标文件中或合同中明确风险内容及风险范围或风险幅度。不得采用无限风险、所有风险或类似语句规定风险内容及其范围(幅度)。

风险是一种客观存在的、会带来损失的、不确定的状态。它具有客观性、损失性、不确定性的特点，并且风险始终是与损失相联系的。工程施工发包是一种期货交易行为，工程建设本身又具有单件性和建设周期长的特点。在工程施工过程中影响工程施工及工程造价的风险因素很多，但并非所有的风险都是承包人能预测、能控制和应承担其造成的损失的。基于

市场交易的公平性和工程施工过程中发、承包双方权、责的对等性要求，发、承包双方应合理分摊风险，所以要求招标人在招标文件中或在合同中禁止采用无限风险、所有风险或类似语句规定投标人应承担的风险内容及其风险范围或风险幅度。

根据我国工程建设特点，投标人应完全承担的风险是技术风险和管理风险，如管理费和利润；应有限度承担的是市场风险，如材料价格、施工机械使用费等的风险；应完全不承担的是法律、法规、规章和政策变化的风险。

《计价规范》定义的风险是综合单价包含的内容。根据我国目前工程建设的实际情况，各省、自治区、直辖市建设行政主管部门均根据当地劳动行政主管部门的有关规定发布了人工成本信息，对此关系职工切身利益的人工费不宜纳入风险，材料价格的风险宜控制在 5% 以内、施工机械使用费的风险可控制在 10% 以内，超过者予以调整，管理费和利润的风险由投标人全部承担。

7.3.2　招投标阶段

一、招标文件与风险分担

原 2008 清单规范中对解决风险的方式的强制性不够，2013 清单规范里对计价风险的说明，由以前的适用性条文修改为强制性条文：建筑工程施工发承包，应在招标文件、合同中明确计价中的风险内容及其范围(幅度)，不得采用无限风险、所有风险或类似语句规定计价中的风险内容及其范围(幅度)。并且新增了对风险的补充说明：综合单价中应包括招标文件中划分的应由投标人承担的风险范围及其费用，招标文件中没有明确的，应提请招标人明确。

2008 清单规范里对工程量偏差的说明，只是给出了解决方式，但未明确给出调整的比例和计算过程，2013 清单规范给出了明确的计算说明：合同履行期间，若实际工程量与招标工程量清单出现偏差，且超过 15% 时，调整原则为：①工程量增加 15% 以上时，其增加部分的工程量的综合单价应予调低；②当工程量减少 15% 以上时，减少后剩余部分的工程量的综合单价应予调高，并给出了详细的调整公式。

<table>
<tr><th></th><th>2013 清单规范</th><th>2008 清单规范</th></tr>
<tr><td rowspan="2">1）招标文件</td><td>3.1.4 工程量清单应采用综合单位计价。
7.1.3 实行工程量清单计价的工程，应采用单价合同。建设规模较小，技术难度，工期较短，且施工图设计已审查批准的建设工程可以采用总价合同；紧急抢险、救灾以及施工技术特别复杂的建设工程可以采用成本加酬金合同</td><td>4.1.2 分部分项工程量清单应采用综合单价计价。
4.4.3 实行工程量清单计价的工程，宜采用单价合同</td></tr>
<tr><td colspan="2">2013 清单规定工程量清单计价应采用综合单价法，包括分部分项工程、措施项目，此强制性条款拓宽了综合计价的范围。
2013 清单规定实行工程量清单计价的工程“应”采用单价合同，比 08 版清单中“宜采用”效力等级高，而且适用总价合同及成本加酬金合同</td></tr>
</table>

续上表

<table>
<tr><th></th><th>13 清单规范</th><th>08 清单规范</th></tr>
<tr><td rowspan="2">2）风险分担</td><td>3.4.1 建设工程发承包，必须在招标文件、合同中明确计价中的风险内容及其范围，不得采用无限风险、所有风险或类似语句规定计价中的风险内容及其范围(强条)</td><td>4.1.9 采用工程量清单计价的工程，应在招标文件或合同中明确风险内容及其范围(幅度)，不得采用无限风险、所有风险或类似语句规定计价中的风险内容及其范围(幅度)</td></tr>
<tr><td colspan="2">单价合同风险分担三种情况：
(1)法律法规类风险：承包人完全不承担的是法律、法规、规章和政策变化的风险，此外还包括省级和行业建设主管部门发布的人工费调整、由政府定价或政府指导价管理的原材料等价格的调整。2013 清单规范和 2008 清单的规定一致，但是由于承包人原因导致工程延误的，且规定的调整时间在合同工程原定竣工时间之后，不予调整增加的价款。调整时间：招标工程以投标截止日前 28 天，非招标工程已合同签订前 28 天为基准日。
(2)变更类风险：承包人完全不承担“设计图纸与工程量清单项目特征描述不符”、“工程量清单缺项引起的分部分项清单项目及措施项目增加”三类风险。变更类风险的分担，2013 清单规范与 2008 清单规范的规定一致，均由业主承担</td></tr>
<tr><td rowspan="3">2）风险分担</td><td colspan="2">(3)技术风险和管理风险：承包人应完全承担，如管理费和利润。
(4)市场风险：发承包共担，如材料价、施工机械使用费等风险，2013 清单规范对物价波动风险范围及幅度进行了具体约定，9.8.2 材料、工程设备单价变化幅度具体约定为 5%。机械 10%
(5)不可抗力风险：发承包人共担，工程损失、业主承担；各自损失，各自承担；同时 2013 清单规范增加了业主承担增加费用；因不可抗力解除合同，业主支付已完工程款</td></tr>
<tr><td>9.6.2 对于任一招标工程量清单项目，如果因本条规定的工程量偏差和的工程变更等原因导致工程量偏差超过 15%，调整的原则为：当工程量增加 15% 以上时，其增加部分的工程量的综合单价应予调低当工程量减少 15% 以上时，减少后剩余部分的工程量的综合单价应予调高。[引起的措施项目同步变化]
此时，按下列公式调整结算分部分项工程费：
当 $Q_1 > 1.15Q_0$ 时，$S = 1.15Q_0 \times P_0 + (Q_1 - 1 - 15Q_0) \times P_1$
当 $Q_1 < 0.85Q_0$ 时，$S = Q_1 \times P_1$
式中：S 为调整后的某一部分项工程结算价；Q_1 为最终完成的工作量；Q_0 为招标工程量清单中列出的工程量；P_1 为按照最终完成工程量重新调整后的综合单价；P_0 为承包人在工程量清单中填报的综合单价</td><td>4.1.9 采用工程量清单计价的工程，应在招标文件或合同中明确风险内容及其范围(幅度)，不得采用无限风险、所有风险或类似语句规定风险内容及其范围(幅度)</td></tr>
<tr><td colspan="2">(6)工程量偏差风险：发承包人共担，2013 清单规范与 2008 清单规范对比，明确了工程量偏差的幅度范围，并且有详细的调整计算公式，且将幅度明确调整至 ±15%。业主承担工程量偏差 ±15% 以外引起的价款调整风险，承包商承担 ±15% 以内的风险</td></tr>
</table>

例 7－1　某业主认为工程量将来要按实核定。在编制某住宅工程量清单时，工程量采用暂估的方式，认为这样可以节省人力投入。

分析：

(1)如果该工程只有初步设计图纸，可按暂估工程量提供；

(2)如果有施工图纸招标人应尽可能提供准确的工程量，避免招标人所提供工程量与实际工程量偏差较大，投标人采用策略报价或提出索赔。

例 7－2　材料价格波动案例 2【按附录 A 造价信息调整法】：

钢材投标价为 5000，投标数量为 1000 t，投标造价信息为 5200，结算期价格为 5600，材料单价涨幅超过 5%，如何结算？

分析：

根据 9.8.2 按附录 A 方法计算：5600/5200＝7.69%，超过 5% 风险由业主承担，5% 以内由承包商承担，核定价格＝[5000＋5200×(7.69－5)%]＝5139.88

例 7－3　9.6.2/9.3.1. 工程量偏差案例 3：

010101001001 平整场地合同工程量 100，实际完成工程量 130，招标控制价 15，投标报价 20，合同约定按 2013 清单规范执行，如何结算？

[该工程招标控制价 1000 万，中标价 940 万，下浮率为 940/1000＝6%]

分析：

首先确定单价是否调整：20/15＝1.33 偏差为 33%。投标价 20＞控制价 15，调整单价＝15×(1＋15%)＝17.25＜20，调整后价格应为 17.25

如投标价格为 12，即 12/15＝0.8 偏差为 20%，投标价 12＜控制价 15，调整价＝15×(1－6%)×(1－15%)＝11.985＜投标价 12，单价可不调。

工程量偏差(130－100)/100＝30%，偏差超过 15%，根据 9.6.2 增加部分工程量价格若工程量实际完成为 80 减少超过 15%，单价可不调，80×12

二、招标控制价

由于原 2008 清单规范中对招标控制价的错误未做复查说明，2013 清单规范新增了对招标控制价复查结果的更正说明：当招标控制价复查结论与原公布的招标控制价误差＞±5% 的，应当责成招标人改正；对低投标报价的适用性也改为了强制性条文执行。

<table>
<tr><th></th><th>2013 清单规范</th><th>2008 清单规范</th></tr>
<tr><td rowspan="2">1）招标控制价</td><td>5.1.1 国有资金投资的建设工程招标，招标人必须编制招标控制权。(强条)
5.1.3 工程造价咨询人接受招标人委托编制招标控制价，不得再就同一工程接受投标人委托编制投标报价。</td><td>4.2.1 应编制招标控制价。
4.2.1 条的条文说明，工程造价咨询人接受招标人委托编制招标控制价，不得再就同一工程接受投标人委托编制投标报价。</td></tr>
<tr><td colspan="2">2013 清单与 2008 相比：更强调招标控制价编制的强制行。此外，将 2008 清单中的条文说明“工程造价咨询人不得同时接受招标人和投标人对同一工程的招标控制价和投标报价的编制”作为正式条款规定，体现了对招标控制价编制人的严格要求。
招标控制价的编制和复核依据增加了第六条依据：编制招标控制价时要充分考虑施工现场情况、工程特点及施工方案对措施项目费的影响，要求更专业。
招标控制价：可以有效遏制国际串标行为抬高投标价：避免盲目投标；结合合理最低价评标促使投标人加快技术革新和提高管理水平。业主对承包商不平衡报价有一定的风险约束。
2013 清单中增加了多条有关投诉和处理的规定，2013 清单更加注重对招标控制价的质量监督管理，避免发包人故意压低控制价。误差＞±3% 的，应当责成招标人改正。
5.2.2 综合单位中应包括招标文件中划分的应由投标人承担的风险范围及其费用，招标文件中没有明确的，如果是工程造价咨询人编制，应提请招标人明确：如果是招标人编制，应予明确。
暂估价：分为材料、工程设备暂估价和专业工程暂估价。</td></tr>
</table>

三、投标中不平衡的报价的应用

1. 2013 清单中的条款内容

条款号	条款内容	有经验的不平衡报价形式
10.3.2	进度款支付周期，应与合同约定的工程计量周期一致。	只结算收款的提高报价。
8.2.2	施工中工程计量时，若发现招标工程量清单中出现缺项，工程量偏差，或因工程变更引起工程量的增减，应按承包人在履行合同义务中完成工程量计算。	预计量增加的，可适当提高报价，减少的降低报价。
9.4.2	承包人应按照发包人提供的设计图纸实施合同工程，若在合同履行期间，出现设计图纸(含设计变更)与招标工程量清单在一项的特征描述不符，且该变化引起该项目的工程造价增减变化的，应按照实际施工的项目特征按本规范第 9.3 节相关条款的规定重新确定相应工程量清单项目的综合单价，调整合同价款。	研究实施图纸后认为图纸和实际工程要求不符，可先把这部以低价，待变更后提高价格。
9.8.1	合同履行期间，因人工、材料、工程设备、机械台班价格波动影响合同价款时应根据合同约定的本规范附录 A 的方法之一调整合同价款。	单价分析表中的人工费及机械设备费报得较高，而材料费报得较低。
9.8.2	承包人采购材料和工程设备的，应在合同中约定主要材料、工程设备价格变化的方位或幅度，如没有约定，则材料、工程设备单价变化超过 5%，超过部分的价格应按照价格指数调整法或造价信息差额调整法计算调整材料、工程设备费。	
9.3.1	工程变更引起已标价工程量清单项目或其工程数量发生变化，应按照下列规定调整：1. 已标价工程量清单中有适用于变更工程项目的，采用该项目的单价，但当工程变更导致该清单项目的工程数量发生变化，且工程量偏差超过 10%，此时，该项目单价应按照本规范第 9.6.2 条的规定调整。2. 已标价工程量清单中没有适用、但有类似于变更工程项目的，可在合理范围内参照类似项目的单价。3. 已标价工程量清单中没有适用也没有类似于变更工程项目的，由承包人根据变更工程资料，计量规则和计价办法、工程造价管理机构发布的信息价格和承包人报价浮动率提出变更工程项目的单价，报发包人确认后调整。	类似清单项目适用的综合单价提高。
9.3.2	工程变更引起施工方案改变，并使措施项目发生变化，承包人提出调整措施项目费的，应事先将拟实施的方案提交发包人确认，并详细说明与原方案措施项目相比的变化情况。	认定分部分项工程量清单漏项。
	计日工、零星只报单价项目提高报价；分包项目报低价，反之报高价。	
	工程量明确部分，工程量大的报价小幅度降低，工程量小的报价大幅度降低。	平衡总价。

2. 投标中的不平衡报价的应用

例 7－4　工程量计算错误案例

下表为带形基础常规报价，承包商复核量时法相有计算错误，实际工程量比清单量高。

带形基础工程量清单与计价表(1)

序号	项目编码	项目名称	项目特征描述	计量单位	工程量	金额(元)	
						综合单价	合价
4	010401001001	带形基础	C20	m^3	307.20	277.35	85201.92

分析：

报价时提高综合单价，提高人工费、机械人工费、机械费价格，材料按市场价。

带形基础综合单价分析表(2)

项目编码	010401001001		项目名称			带形基础		计价单位			m^3
定额编号	定额名称	定额单位	数量	单价(元)				合价(元)			
				人工费	材料费	机械费	管理费和利润	人工费	材料费	机械费	管理费和利润
5－394	带形基础	m^3	1.000	33.46	192.41	11.10	40.38	33.46	192.41	11.10	40.38
人工单价		合计						33.46	192.41	11.10	40.38
35 元/工日		未计价材料(元)									
清单项目综合单价(元/项)								277.35			

例 7－5　工程量清单漏项案例

使用项目：某市某企业建厂房，由于设计图纸不明确，承包商确定施工过程中会发生如下变更事件：房门原为杉木带纱镶板门将变更为杉木带纱胶合板门，在合同工程量清单中给出了综合单价分析表。

项目编码	010501001	项目名称		木板大门			计量单位			樘	
清单综合单价组成明细											
定额编号	定额名称	定额单位	数量	单价				合价			
				人工费	材料费	机械费	管理费和利润	人工费	材料费	机械费	管理费和利润
5－2	杉木带沙镶板门制作	M2	20	20	25.3	16.2	4.92	400	506	314	98.4
5－46	带沙镶板门、胶合板门安装	M2	20	20	20.4	1.6	3.36	400	408	32	67.2

分析：此案例变更后合同中有适用项目套用适合项目，5—46是适用的，可以适当提高其报价。

①可提高其整个的报价

②如只是材质变化：可提供人工、机械消耗量提高，降低材料报价

例7-6 现场踏勘案例

岩石的力学性质不能满足工程设计需要，一般情况下，岩石抗压能力不能满足设计需求而要增加一些下列的措施，会增加工程量。

满足下一条或多条可能会产生滑坡：

A. 当坡度大于60度时，或者开挖的地点又高又陡；

B. 坡体表面土石松动破碎，起伏不平，裂缝纵横；

C. 滑坡前缘的斜度较陡，上体松散，未生草木。

承包商处理措施项目，并提高处理单价；地表情况与招标文件表述不符：招标文件描述地貌是草地；勘察结果：多为大型岩石或树木。

承包商利用策略：如果实际会增加工程量，提高报价；反之，降低报价。

3. 招标中对招标文件中特殊规定的应付

例7-7 发包人要求复核招标工程量案例

13清单中对招标工程量清单的规定

1	4.1.2	招标工程量清单必须作为招标文件的组成部分，其准确性和完整性由招标人负责。（强条）

工程量相关合同中的约定案例。

1	专用条款	投标人应对招标人提供的工程量清单中给定的信息进行核实，招标人对工程量清单的准确性和完整性不负责。
2	专用条款	工程量误差视为投标人已经包含在其他部分的报价内或视为对招标人的减让。
3	专用条款	工程量中任何误差、缺项、漏项均视为已包含在其他列明的项目的单价或合价中，工程量清单中任何误差、缺项、漏项的风险均由乙方承担，与甲方无关，包干总价不做任何调整。

承包人应对：

认真复核工程量计算错误和漏项，在招标文件规定的期限内向招标单位提出（对预算人员电算化效率要求高）。

图纸有错误的，如梁板结构错误，图纸不符合强制标准，导致开工后工程量的变动等，可先报低价，再通过索赔增加结算收入。

施工时可能发生的设计变更所引起的工程量的增减，在投标报价时针对性地采用不平衡报价策略。

例7-8 招标文件效力高于投标文件案例

合同解释顺序案例		
1	专用条款	某施工合同通用条款采用的是GF-2012-0201的示范合同文本，但是在专用条款中规定，合同文件的解释顺序依次为合同协议书、中标通知书、招标文件、投标书及其附件、专用条款、通用条款、标准规范及有关技术文件、图纸、工程量清单、工程报价单或预算书。在施工过程中，由于发生一些工程变更情形，承发包双方又签订了签证单、联系单等补充协议。 问题1：双方工程的洽商、变更等书面协议或文件的效力及解释顺序？承包商如何应对？ 问题2：从承包商角度应如何应对合同对招标文件的优先解释顺序的约定？
13清单合同约定		
1	7.1.1	实行招标的工程合同价款应在中标通知书发出之日起30日内，由发承包双方依据招标文件和中标人的投标文件在书面合同中约定。合同约定不得违背招、投标文件中关于工期、造价、质量等方面的实质性内容。招标文件与中标人投标文件不一致的地方，以投标文件为准。

承包人应对：

同一事项后约定的法律效力高于先约定的法律效力。对比招标文件中有悖与合同的地方，说明后续合同的签订时双方针对工程实际情况的变化进行的具体约定。

清单条款7.1.1

事实上的优先权高于程序上的优先权。通过实际施工过程中发生的事件与招标文件明显不同的地方，证明工程并非按照招标文件的约定进行施工，而是依据合同的约定，从而说明招标文件没有效力。

实际施工过程中的变更，改变了招标文件的招标基础、招标范围，因此招标文件不能作为合同的组成部分。具体统计施工过程中的变更情况以及金额，证明发生的变更不再属于原招标文件招标的范围。

例7-9 发包人其他规定案例

政策变化风险案例

【背景】2010年，业主和建筑公司签订合同。合同总价包干，承包人应负责支付一切工程期间政府法律变化产生的费用。

2010年3月，当地消防部门修订了工程消防验收办法，新增消防技术测试项目，需要增收消防预检费。建筑公司承担了该费用。竣工结算时，业主提出按合同消防预检费用应由承包人承担。承包人认为消防预检费不属于在工程期间常规实验，不应承担相应费用。双方对此多次协商，未达成一致。

2010年6月，建筑公司以拖欠工程款为由向法院起诉。

分析：尽管按惯例，签约后政策变化造成事故成本的增加，应调整价款，但因合同约定要求承包人承担此风险，则认为该费用包含在投标报价中，承包人应对报价的完整性和充分性承担责任。

尽管合同该约定不合理，但为达显失公平的程度。法院判决根据合同约定消防预检费由建筑公司承担。

例 7 –10　措施费调整的约定案例

措施费调整的约定案例		
1	专用条款	对措施费价格调整约定不予调整。
2013 清单对措施费调整原则的规定		
1	9.3.2	工程变更引起施工方案改变，并使措施项目发生变化的，承包人提出调整措施项目费的，应是将拟实施的方案提交发包人确认，并详细说明与原方案措施项目相比的变化情况。拟实施的方案经发承包双方确认后执行。

承包人应对：

为避免损失，应在投标报价时对工程量清单中未列出而在施工中可能会涉及的措施项目补齐并确定报价。

7.3.3　施工阶段

一、工程变更

13 清单增加了对承包商不平衡报价防范的条款		
1	9.6.2	如果工程变更项目出现承包人在工程量清单中填报的综合单价与发包人招标控制价相应清单项目的综合单价偏差超过 15%，则工程变更项目的综合单价按照浮动率调整。

有效地降低了业主业主的风险：

若 2 标价工程量清单中适用或类似项目单价与招标控制价项目清单项目单价偏差幅度超过 15% 时，已标价工程量清单中适用或类似项目不能作为变更项目综合单价。按照浮动率 $L=(1-$ 中标价/招标控制价$)\times100\%$。

二、现场签证

	术语	约定条款位置	约定的详细程度
08 清单	2.0.11 现场签证发包人现场代表与承包人现场代表就施工过程中涉及的责任事件所做的签认证明。	4.6 索赔与现场签证。 4.7 工程价款调整。	4.6.6 提出签证的前提。 4.6.7 签证的支付时间（与进度款同期支付）。
13 清单	2.0.24 现场签证发包人现场代表（或其授权的监理人、工程造价咨询人）与承包人现场代表就施工过程中涉及的责任事件所做的签认证明。	9 合同价款调整。 9.14 现场签证。	9.14.1 与 9.14.6 规定承包人提出签证的前提。 9.14.2 与 9.14.5 规定了签证的处理程序与支付时间（与进度款同期支付）。 9.14.3 规定了现场签证费用的计算规则。 9.14.4 规定了承包人承担签证费用的条件（未经发包签证确认，承包人便擅自施工的）。

续表

	术语	约定条款位置	约定的详细程度
对比	2013 清单规范进一步明确了签证主体。	2013 清单规范将现场签证作为合同价款调整的一部分。	2013 清单规范详细说明了现场签证的处理流程与计算规则。

13 清单对现场签证的规定主要有 3 个变化：

1. 现场签证从与工程价款相独立转变为合同价款调整的因素。
2. 明确了现场签证费用的计算规则。
3. 规范了现场签证费用的程序（包括签证主体、签证事项、签证时间）。

三、工程变更与现场签证的区别

类目	工程变更	现场签证
适用范围	更改工程有关部分的标高、基线、位置和尺寸；增减合同中约定的工程量；取消合同中约定的工程内容；改变工程质量、性质或工作类型改变有关工程的施工时间和顺序；其他有关工程变更需要的附加工作。	施工企业就施工图纸、工程变更所清单的工程内容外，施工图预算或预算定额取费中未含有而施工中又实际发生费用的施工内容。
性质	以设计变更、技术变更为主。	以返修加固、施工中途修改或增减工程量为主。
特点	工程变更数量相对现场签证较少。有规定的审批程序，手续较复杂。	临时发生，具体内容不同，没有规律性。手续简单，无正式程序。
提出者	提出工程变更的各方当事人包括业主、用户、设计单位、施工单位、监理工程师以及工程相临地段的第三方等提出的变更。	一般由施工单位提出。
变更程序	《建设工程施工合同示范文本》规定：设计变更一般由发包人提出，向承包人发出变更通知。变更超过原设计标准或建设规模，须经原规划管理部门和其他有关部门审查批准，并由原设计单位提供变更的相关图纸和说明，承包人提出设计变更必须经工程师同意。其他变更应由一方提出，与地方协商一致签署补充协议后，方可进行变更。	施工单位报审，现场监理和业主签发，不需要规划管理部门和其他有关部门审查批准。
费用处理	按工程变更处理，计入追加合同价款，与工程进度款同期支付，最后从“暂列金额”项目中开支。	所发生的费用按发生原因处理。计入现场签证费用，从“暂列金额”开支，与工程进度款同期支付。

四、工程索赔

序号			2013 版清单规范	条款号	2008 版清单规范	对比
1	提出索赔的要求	9.13.1	合同一方向另一方提出索赔时，应有正当的索赔理由和有效依据，并应符合合同的相关约定。	4.6.1	合同一方向另一方提出索赔时，应有正当的索赔理由和有效依据，并应符合合同的相关约定。	相同
2	承包人提出索赔的程序	6.13.2	根据合同约定，承包人认为非承包人原因发生的事件造成了承包人的损失，应按以下程序向发包人提出索赔： 1. 承包人应在知道索赔事件发生后 28 天内，向发包人提交索赔意向通知书，说明发生索赔事件的事由。招标人逾期未发出索赔意向通知书的，丧失索赔的权利； 2. 承包人应在发出索赔意向通知书后 28 天内，向发包人正式提交索赔通知书。索赔通知书应详细说明索赔理由和要求，并附必要的记录和证明材料 3. 索赔事件具有连续影响的，承包人应继续提交延续索赔通知说明连续影响的实际情况和记录。 4. 在索赔事件影响结束后的 28 天内，承包人应向发包人提交最终索赔通知书，说明索赔要求并附必要的记录和证明材料。	4.6.2	若承包人认为非承包人原因发生的事件造成了承包人的经济损失，承包人应在确认该事件发生后，合同约定向发包人发出索赔通知。发包人在收到最终索赔报告后并在合同约定时间内，未向承包人作出答复，视为该项索赔已经认可。	2013 清单对承包人提出索赔的程序规定更加具体，更具有操作性

序号			2013 版清单规范	条款号	2008 版清单规范	对比
3	发包人处理索赔的程序	9.13.3	承包人索赔应按下列程序处理： 1. 发包人收承包人的索赔通知书后，应及时查验承包人的记录和证明材料； 2. 发包人应在收到索赔通知书或有关索赔的进一步证明材料后的 28 天内，将索赔处理答复承包人，如果发包人逾期未作出答复，视为承包人索赔要求已被发包人认可； 3. 承包人接受索赔处理结果的，索赔款项作为增加合同价款，在当期进度款中进行支付；承包人不接受索赔处理结果的，按合同约定的争议解决方式办理。	4.6.3	承包人索赔案下列程序处理： 1. 承包人在合同约定的时间内向发包人递交费用索赔意向通知书； 2. 发包人指定专人收集与索赔有关的材料。 3. 承包人在合同约定的时间内向发包人递交费用索赔申请表。 4. 发包人指定的专人初步审查费用索赔申请表，符合本规范第 4.6.1 条规定的条件是予以受理； 5. 发包人指定的专人进行费用索赔核对，经造价工程师复核索赔金额后，与承包人协商清单并由发包人批准； 6. 发包人指定的专人应在合同约定的时间内签署费用索赔审批表，或发出邀请承包人提交有关索赔的进一步详细资料的通知，待收到承包人提交的详细资料后，按本条第 4、5 款的程序进行。	2013 清单规范简化了发包人处理索赔的程序
4	承包人获得的赔偿方式	9.13.4	承包人要求赔偿时，可以选择以下一项或几项方式获得赔偿； 1. 延长工期。 2. 要求发包人支付实际发生的额外费用。 3. 要求发包人支付合理的预期利润。 4. 要求发包人按合同的约定支付违约金。			2013 清单规范新增条款对承包人获得的赔偿方式进行了约定，并首次提出承包人可以要求发包人支付违约金，体现了索赔的惩罚性。

序号			13 版清单	条款号	08 版清单	对比
5	工期与费用关联情况下的综合索赔	9.13.5	若承包人的费用索赔与工期索赔要求相关联时，发包人在作出费用索赔的批准决定时，应结合工期延期，综合作出费用赔偿和工期延期的决定。	4.6.4	与2013清单规范相同	相同
6	承包人索赔的终止条件和时限	9.13.6	发承包双方在按合同约定办理了竣工结算后，应被认为承包人已无权再提出竣工结算前所发生的如何索赔。承包人在提交的最终结算清单中，只限于提出竣工结算后的索赔，提出索赔的期限自发承包双方最终结算时终止。			
7	发包人索赔的程序	9.13.7	根据合同约定，发包人认为由于承包人的原因造成发包人的损失，应参照承包人索赔的程序进行索赔。	4.6.5	若发包人认为由于承包人的原因造成额外损失，发包人应在确认引起索赔的事件后，按合同约定向承包人发出索赔通知。 承包人在收到发包人索赔通知后并在合同约定时间内，未向发包人作出答复，视为该项索赔已经认可	2013清单规范规定发包人索赔应参照承包人索赔的程序进行，使发包人的索赔程序更加具体和规范。
8	发包人获得赔偿的方式	9.13.8	发包人要求赔偿时，可以选择以下一项或几项方式获得赔偿： 1. 延长质量缺陷修复期限； 2. 要求承包人支付实际方式的额外费用； 3. 要求承包人按合同的约定支付违约金。			2013清单规范新增条款，对发包人获得赔偿的方式进行约定，并首次提出发包人可以要求承包人支付违约金，体现了索赔。
9	支付方式与支付时间	9.13.9	承包人应付给发包人的索赔金额可从拟支付给承包人的合同价款中扣除，或由承包人以其他方式支付给发包人。	4.6.7	发、承包双方确认的索赔与现场签证费用与工程进度款同期支付。	2012清单规范规定了承包人应付给发包人的索赔金额支付方式，08版清单规定了索赔金额的支付时间。

五、工程索赔原因分析

<table>
<tr><th colspan="2">原因种类</th><th colspan="2">具　体　事　项</th></tr>
<tr><td rowspan="26">当事人违约</td><td rowspan="16">发包人违约</td><td colspan="2">移交工地延误</td></tr>
<tr><td colspan="2">提供的基准点、基准线、基准标高错误而导致的索赔</td></tr>
<tr><td colspan="2">图纸发放延误</td></tr>
<tr><td colspan="2">施工图认可延误</td></tr>
<tr><td colspan="2">指令下达延误</td></tr>
<tr><td colspan="2">支付预付款延误</td></tr>
<tr><td colspan="2">工程进度款支付延误</td></tr>
<tr><td colspan="2">发包人负责提供设备或材料延误</td></tr>
<tr><td colspan="2">材料认可延误</td></tr>
<tr><td colspan="2">检查施工质量(隐蔽工程)延误</td></tr>
<tr><td colspan="2">发包人指定的分包商或供货商的延误</td></tr>
<tr><td colspan="2">交工验收延误</td></tr>
<tr><td colspan="2">发包人要求停工引起的延误</td></tr>
<tr><td colspan="2">发包人提前占用永久工程引起的损失</td></tr>
<tr><td colspan="2">发包人原因导致施工条件发生变化</td></tr>
<tr><td colspan="2">因发包人的原因终止合同</td></tr>
<tr><td rowspan="10">承包人违约</td><td colspan="2">未能按照合同协议书中约定或监理人的指示在约定时间内完成工程</td></tr>
<tr><td colspan="2">工程质量未达到合同协议书中约定的质量标准</td></tr>
<tr><td colspan="2">未经发包人同意擅自将工程转包分包给其他人</td></tr>
<tr><td colspan="2">未向发包人支付应付的材料费和设备等费用给发包人造成损失</td></tr>
<tr><td colspan="2">未按合同约定办理保险</td></tr>
<tr><td colspan="2">无理扣留和拒绝支付分包商</td></tr>
<tr><td colspan="2">未按合同约定的程序通知发包人检查隐蔽工程质量</td></tr>
<tr><td colspan="2">由于承包人过错导致的工程拒收和再次检验</td></tr>
<tr><td colspan="2">对施工过程管理不善造成发包人或第三方利益损失</td></tr>
<tr><td colspan="2">因承包人的原因终止合同</td></tr>
<tr><td rowspan="5">不可抗力或不利的物质条件</td><td colspan="3">地质、水文条件的变化</td></tr>
<tr><td colspan="3">恶劣的气候条件</td></tr>
<tr><td colspan="3">出现文物、化石等</td></tr>
<tr><td colspan="2">自然不可抗力</td><td>地震、洪水等自然灾害等</td></tr>
<tr><td colspan="2">社会不可抗力</td><td>战争。军事政变等、罢工、示威、游行等</td></tr>
</table>

原因种类		具 体 事 项
合同问题	合同缺陷	措成不当、说明不清、条款二义性
		构成合同文件的各部分文件(图纸)约定不一致
		合同中遗漏了对相关问题的约定
		合同文件文字打印错误
	合同理解差异	采用不同的工程习惯用语
		采用不同的法律体系
工程变更	设计变更	
	实施合同约定以外的额外工程(有时作为独立合同出现)	
	取消合同中任何一没有转由发包人或其他人实施的工作	
	改变合同中的极限、标高、位置或尺寸	
	改变合同中任何一项工作的质量或其他特性	
	改变合同中任何一项工作的施工时间或施工顺序	
	改变合同中任何一项工作的已批准的施工工艺	
监理人指令	指令承包人加速施工	
	要求进行某项施工	
	要求更换某些材料	
	要求采取某些措施	
	对已经合格的材料和工程质量进行二次检验	

六、工程变更与工程索赔的区别与联系

	比较项目	工程变更	工程索赔
相同点	变更与索赔对项目目标顺利实现的影响都很大，其依据都是合同文件，都涉及到工期和费用的改变，都是承包人获取额外利润的主要手段。		
区别	含义	工程变更时指业主、其代理人或承包商等在合同实施过程中根据实际工程情况的需要，提出改变合同项目中某项工作的要求。	索赔是指承包商在合同实施工程中根据合同及法律规定，对并非由于自己的过错，并且属于应由业主承担责任的情况所造成的实际损失，向业主或代理人提出请求给予补偿的要求。
	经济补偿费用组成	补偿的费用包括净成本、管理费、利润、担保和保险等。	索赔费用一般是承包商实际发生的费用，除了因变更引起的索赔可计利润外其他类型索赔不能计利润。
	控制能力	相对较强的主动性，因为一般是经过谈判之后发生变更事件，变更各方对工程变更的相关调整取得一致意见之后，造成变更事实。	相对较弱的主动性索赔是以问题为指向的，索赔实施发生之后承包商才向业主提出关于各项损失的补偿，是先发生事实之后再谈判。
	协调难度	变更涉及到的各方容易达成一致意见，这是由于工程变更所涉及的项目一般是可以证明以及可以计量的具体项目。	索赔涉及到的相关各方矛盾比较尖锐，难以达成一致意见，大多需要仲裁或者法院介入调节，因为索赔的相关项目难以实际计量。
	合同价格影响	发生工程变更不一定会使合同价格增加。	若索赔成功会增加发包人的费用，并且是发生与工程成本无关的诉讼、争议、仲裁费用
联系	变更是导致索赔的主要原因，当变更无法协调时就上升为索赔。		

七、变更与索赔的选择案例

例7-11　某工程钢屋架施工前，发现实际施工图与招标图不一致，实际施工图增加了钢材用量。由于清单中按“榀”计量。且不能在清单中进行调整，为此承包商向业主提出变更，得到业主支持。经计算后，经双方协商变更了单价，追加了钢材等原材料款项。对于这种招标图与施工图的差异变更，承包人采用了变更的途径，没有提出索赔。

例7-12　某五层办公楼混凝土梁施工时，风险施工图上标明为C30，但工程量清单中为C25.承包商向工程师提出询问后，正式复函：梁采用C30混凝土。梁施工的同时承包商提出补偿C30和C25的价差。承包商着手准备资料，保留梁有关施工数据，提交索赔报告。经过一个月的审核与协商，此项索赔要求最终被业主和工程师接受。索赔款拖到竣工结算才拿到。

分析：

两个工程都是招标图与施工图的差异。案例7-12承包商向业主提出工程索赔而不是工程变更，是自己处于被动局面。

对于单一的工程变化，承包商应主动提出向业主变更请求，特别是施工前就发现的变化，处理起来比较快，而且能争取在施工前确定变更的单价，及时拿到变更款项。在工程变更中，承包商与业主处于平等地位，大变身对于变更单价的确定有参加权。

而在施工索赔中，承包商往往处于被动的地位，业主会在索赔权论证是否合理、索赔额计算是否正确等方面做文章。想方设法拒绝索赔或者拖延岁索赔的处理。

八、暂列金额引起的合同价款调整案例分析

例7-13　投标报价中包含暂列金额的结算处理案例

某工程建设方提供的招标控制价规定了暂列金额为200万，中标单位的投标书中却没有这一项，请问竣工结算怎么处理？

分析：暂列金额作为今后有可能发生也可能不发生的费用，投标报价中暂列金额按招标人在其他项目清单中列出的金额填写。投标人为填报，不能视作该费用已含在其他费用之中，应视同没有响应招标文件。若投标单位中标，招标人应向行政监管部门投诉评标委员会评标违规，重新进行招标。鉴于已进入结算阶段，建议双方协商。暂列金额是招标人暂定并包括在合同价格中的一笔款项，但并不直接属承包人所有，而是由发包人暂定并掌握使用的一笔款项。如果发生工程价款调整，经发、承包双方确认后，应作为追加(减)合同价款与工程进度款同期支付，承包商承担相应责任。

例7-14　暂列金额据实结算导致造价失控案例

某排水工程位于道路东侧，采用雨污分流，雨水排水管道全长1204 m。污水管道全长1196 m。污水管道布置在道路东侧距道路中心线34 m处，采用D1500钢筋砼柔性接口企口管。遇拆迁不到位或赶工期采用顶管。本工程合同约定合同价款调整执行政策性调整。该工程送审金额1606.66万元，审定1269.59万元，核减金额：337.07万元。其中，因措施费计取不当核减金额：57.6万元。本工程招标文件中约定：因方案未审批，此项费用用以暂列金522878.07元计入，待方案审批后，据实结算。

分析：

暂列金额的应用前提为“可能发生”、“合同约定调整因素出现时”、“发生索赔、现场签证确认等”情况。

清单计价模式下施工企业的竞争主要集中在措施项目上，属可竞争项目，本工程中技术措施费不应该放在暂列金额中据实结算，可报价的措施项目应作为投标报价，按照报价支付：投标时不能报价的措施费项目应阅读其计价方式放在暂列金额中，据实结算。最好的方式招标投标时就有明确的技术措施方案，从而达到控制造价，若在投标时没有明确的方案造价会很难控制。造价控制越往前越好。

八、工程计量

13 清单规范新增强制性条文：

8.1.1 工程量必须按照相关工程现行国家计量规范规定的工程量计算规则计算。

8.2.1 工程量必须以承包人完成合同工程应予计量的工程量确认。

变化：

13 清单计价规范提高了规范在指导国内工程计量中的地位，强化了规范在工程量计量中的作用，在统一了承发包双方的计量规则有重要意义，避免双方因为计量规则问题发生纠纷。

九、进度款

13 清单进度款相关规定：

支付额度：10.3.7 进度款的支付比例按照合同约定，按期中结算价款总额计，不低于60%，不高于90%。

支付申请：10.3.2 承包人应在每个计量周期到期后的 7 天内向发包人提交已完工程进度款支付申请一式四份，详细说明此周期认为有权得到的款项，包括分包人已完工程的价款。支付申请的内容包括：共 10 项。

甲供材料支付处理：新增条款 10.3.5 发包人提供的甲供材料金额，应按照发包人签约提供的单价和数量从进度款支付中扣出，列入本周期应扣减的金额中。

索赔及签证款的支付处理：新增条款 10.3.6 承包人现场签证和得到发包人确认的索赔金额列入本周期应增加的金额中。

进度款的修正处理：新增条款 10.3.13 发现已签发的如果支付证书有错、漏或重复的数额，发包人有权予以修正，承包人也有权提出修正申请。经发承包双方复核同意修正的，应在本次到期的进度款中支付或扣除。

变化：13 清单对进度款条款进行了细化修正，具有更强的操作性。

7.3.4 竣工结算阶段

一、13 清单变化 1

强化对施工过程中双方签认材料的效力。

新增条款：11.2.6 发承包双方在合同工程实施过程中已经签认的工程计量结果和合同价款，在竣工结算办理中应直接进入结算。优点：不需要重复计算工程量，指需将历次计量结果直接计入结算资料。

11.3.1 合同工程完工后，承包人应在经发承包双方签认的合同工程期中价款结果的基础上汇总编制完成竣工结算文件，并在提交竣工验收申请的同时向发包人提交竣工结算文件。优点：简化结算工程，只需将其中历次支付直接汇总编入结算资料。

二、13 清单变化 2

增加最终结清的概念。

11.6.1 缺陷责任期终止后，承包人应按照合同约定向发包人提交最终支付申请。发包人对最终结清支付申请有异议的，有权要求承包人进行修正和提供补充资料。承包人修正后，应再次向发包人提交修正后的最终结清支付申请。

7.3.5《建设工程工程量清单计价规范》(GB 50500—2013)的具体内容：

1 总则

1.0.1 为规范工程造价计价行为，统一建设工程工程量清单的编制和计价方法，根据《中华人民共和国建筑法》《中华人民共和国合同法》《中华人民共和国招标投标法》等法律法规，制定本规范。

1.0.2 本规范适用于建设工程工程量清单计价活动。

1.0.3 全部使用国有资金投资或国有资金投资为主(以下二者简称“国有资金投资”)的工程建设项目，必须采用工程量清单计价。

1.0.4 非国有资金投资的工程建设项目，可采用工程量清单计价。

1.0.5 工程量清单、招标控制价、投标报价、工程价款结算等工程造价文件的编制与核对应由具有资格的工程造价专业人员承担。

1.0.6 建设工程工程量清单计价活动应遵循客观、公正、公平的原则。

1.0.7 本规范附录 A、附录 B、附录 C、附录 D、附录 E、附录 F 应作为编制工程量清单的依据。

1. 附录 A 为建筑工程工程量清单项目及计算规则，适用于工业与民用建筑物和构筑物工程。

2. 附录 B 为装饰装修工程工程量清单项目及计算规则，适用于工业与民用建筑物和构筑物的装饰装修工程。

3. 附录 C 为安装工程工程量清单项目及计算规则，适用于工业与民用安装工程。

4. 附录 D 为市政工程工程量清单项目及计算规则，适用于城市市政建设工程。

5. 附录 E 为园林绿化工程工程量清单项目及计算规则，适用于园林绿化工程。

6. 附录 F 为矿山工程工程量清单项目及计算规则，适用于矿山工程。

1.0.8 建设工程工程量清单计价活动，除应遵守本规范外，尚应符合国家现行有关标准的规定。

2. 术语

2.0.1 工程量清单

建设工程的分部分项工程项目、措施项目、其他项目的名称和相应数量等的明细清单。

2.0.2 项目编码

分部分项工程量清单项目名称的数字标识。

2.0.3 项目特征

构成分部分项工程量清单项目、措施项目自身价值的本质特征。

2.0.4 综合单价

完成一个规定计量单位的分部分项工程量清单项目或措施清单项目所需的人工费、材料费、施工机械使用费和企业管理费与利润、规费、税金，以及一定范围内的风险费用。

2.0.5 措施项目

为完成工程项目施工，发生于该工程施工准备和施工过程的技术、生活、安全、环境保护等方面的非工程实体项目。

2.0.6 暂列金额

招标人在工程量清单中暂定并包括在合同款中的一笔款项。用于施工合同签订时尚未确定或者不可预见的所需材料、设备、服务的采购，施工中可能发生的工程变更、合同约定调整因素出现时的工程价款调整以及发生的索赔、现场签证确认等的费用。

2.0.7 暂估价

招标人在工程量清单中提供的用于支付必然发生但暂时不能确定的材料的单价以及专业工程的金额。

2.0.8 计日工

在施工过程中，完成发包人提出的施工图纸以外的零星项目或工作，按合同中约定的综合单价计价。

2.0.9 总承包服务费

总承包人为配合协调发包人进行的工程分包自行采购的设备、材料等进行管理、服务以及施工现场管理、竣工资料汇总整理等服务所需的费用。

2.0.10 索赔

在合同履行过程中，对于非己方的过错而应由对方承担责任的情况造成的损失，向对方提出补偿的要求。

2.0.11 现场签证

发包人现场代表与分包人现场代表就施工过程中涉及的责任事件所做的签证证明。

2.0.12 企业定额

施工企业根据本企业的施工技术和管理水平而编制的人工、材料和施工机械台班等的消耗标准。

2.0.13 规费

根据省级政府或省级有关权力部门规定必须缴纳的、应计入建筑安装工程造价的费用。

2.0.14 税金

国家税法规定的应计入建筑安装工程造价内的营业税、城市维护建设税以及教育附加等。

2.0.15 发包人

具有工程发包主体资格和支付工程价款能力的当事人以及取得该当事人资格的合法继承人。

2.0.16 承包人

被发包人接受的具有工程施工承包主体资格的当事人以及取得该当事人资格的合法继承人。

2.0.17 造价工程师

取得《造价工程师注册证书》，在一个单位注册从事建设工程造价活动的专业人员。

2.0.18 造价员

取得《全国建设工程造价员资格证书》，在一个单位注册从事建设工程造价活动的专业人员。

2.0.19 工程造价咨询人

取得工程造价咨询资质等级证书，接受委托从事建设工程造价咨询活动的企业。

2.0.20 招标控制价

招标人根据国家或省级、行业建设主管部门颁发的有关计价依据和办法，按设计施工图纸计算的、对招标工程限定的最高工程造价。

2.0.21 投标价

投标人投标时报出的工程造价。

2.0.22 合同价

发、承包人在施工合同中约定的工程造价。

2.0.23 竣工结算价

发、承包双方依据国家有关法律、法规和标准规定，按照合同约定的最终工程造价。

7.4　工程量清单及清单计价的编制

7.4.1　工程量清单的编制程序

工程量清单的编制程序如图 7－1 所示：

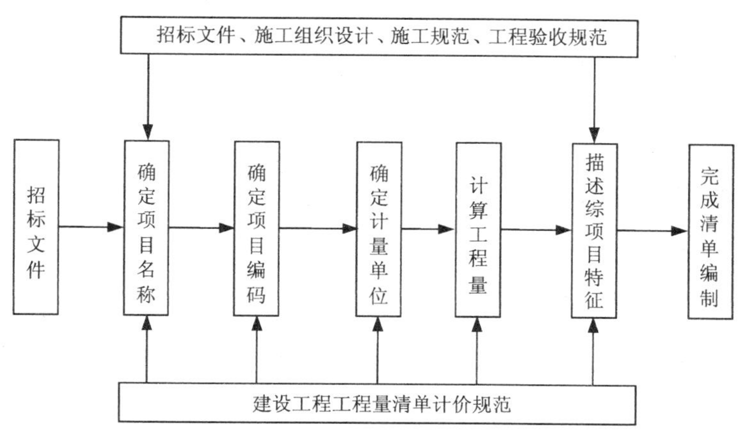

图 7－1　工程量清单的编制程序图

7.4.2　计算方法

工程量计算方法同第四章。

1. 按清单规范的分部分项顺序计算

按清单规范的分部分项工程项目的顺序，即由前到后，逐项对照，只需核对清单项目内容与图样设计内容一致即可。这种方法，要求首先熟悉图样，要有很好的工程设计基础知识。使用这种方法时还要注意：工程图样是按使用要求设计的，其平立面造型、内外装修、结构形式以及内容设施千变万化，有些设计采用了新工艺、新材料，或有些零星项目，可能有些项目套不上清单项目，在计算工程量时，应单列出来，待后面编补充。

2. 清单工程量计算注意事项

(1)要依据对应的工程量计算规则来进行计算，其中包括项目编码的一致、计量单位的一致及项目名称的一致等。

(2)注意熟悉设计图纸和设计说明

能作出准确的项目描述，对图中的错漏、尺寸不符、用料及做法不清等问题及时请设计单位解决。计算时应以图纸注明尺寸为依据，不能任意加大或缩小构件尺寸。

7.4.2 分部分项工程量清单计价

在分部分项工程量清单计价前，应对分部分项工程量清单的工程数量进行校核，若发现工程数量相差较大，应及时书面告知甲方，然后针对招标方提供的工程量清单，进行分部分项工程的分解细化，就是要求明确地列出每个分部分项工程具体有哪些施工项目组成，而这些施工项目应该与采用的消耗量定额的哪些子目相对应，才能够合理套用消耗量定额，进一步分析计算工程量综合单价，最后根据工程消耗量计算规则计算出这些子目的工程数量，即施工数量。

分部分项工程量清单计价就是根据招标文件提供的“分部分项工程量清单”，按照《建设工程工程量清单计价规范》规定的统一计价格式，结合施工企业的具体情况，完成“分部分项工程量清单计价表”和“分部分项工程量清单综合单价分析表”的填写计算，这里的关键是分部分项工程综合单价的确定。

综合单价的确定方法可采用“综合定额”或“企业定额”分析计算。企业投标报价可以自主采用消耗量定额，包括本单位的“企业定额”，并考虑一定的风险因素，分析计算综合单价或自主报价。运用“综合定额”分析计算综合单价，实质上就是分解细化每个分部分项工程应包含哪些具体的定额子目工作内容，并对应地套用定额分析计算，然后将各子目费用组合汇总，形成综合单价。

7.4.3 建设工程取费标准及计算程序

根据住房和城乡建设部办公厅《关于做好建筑业营改增建设工程计价依据调整准备工作的通知》(建办标〔2016〕4 号)规定的计价依据调整要求，“营改增”后，《江苏省建设工程费用定额》(2014 年)取费标准调整。

营改增后，采用一般计税方法的建设工程费用组成中的分部分项工程费、措施项目费、其他项目费、规费中均不包含增值税可抵扣进项税额。

采用简易计税方式的建设工程费用组成中，分部分项工程费、措施项目费、其他项目费的组成，均与《江苏省建设工程费用定额》(2014 年)原规定一致，包含增值税可抵扣进项税额。

一、《江苏省建设工程费用定额》(2014 年)取费标准的调整

(一)一般计税方法

(1)企业管理费和利润取费标准

建筑工程企业管理费和利润取费标准表

序号	项目名称	计算基础	企业管理费率(%)			利润率(%)
			一类工程	二类工程	三类工程	
一	建筑工程	人工费+除税施工机具使用费	32	29	26	12
二	单独预制构件制作		15	13	11	6
三	打预制桩、单独构件吊装		11	9	7	5
四	制作兼打桩		17	15	12	7
五	大型土石方工程		7			4

单独装饰工程企业管理费和利润取费标准表

序号	项目名称	计算基础	企业管理费率(%)	利润率(%)
一	单独装饰工程	人工费+除税施工机具使用费	43	15

安装工程企业管理费和利润取费标准表

序号	项目名称	计算基础	企业管理费率(%)			利润率(%)
			一类工程	二类工程	三类工程	
一	安装工程	人工费	48	44	40	14

市政工程企业管理费和利润取费标准表

序号	项目名称	计算基础	企业管理费费率(%)			利润率(%)
			一类工程	二类工程	三类工程	
一	通用项目、道路、排水工程	人工费+除税施工机具使用费	26	23	20	10
二	桥梁、水工构筑物	人工费+除税施工机具使用费	35	32	29	10
三	给水、燃气与集中供热	人工费	45	41	37	13
四	路灯及交通设施工程	人工费	43			13
五	大型土石方工程	人工费+除税施工机具使用费	7			4

仿古建筑及园林绿化工程企业管理费和利润取费标准表

序号	项目名称	计算基础	企业管理费率(%)			利润率(%)
			一类工程	二类工程	三类工程	
一	仿古建筑工程	人工费+除税施工机具使用费	48	43	38	12
二	园林绿化工程	人工费	29	24	19	14
三	大型土石方工程	人工费+除税施工机具使用费	7			4

房屋修缮工程企业管理费和利润取费标准表

<table>
<tr><th>序号</th><th colspan="2">项目名称</th><th>计算基础</th><th>企业管理费率(%)</th><th>利润率(%)</th></tr>
<tr><td>一</td><td rowspan="2">修缮工程</td><td>建筑工程部分</td><td>人工费+除税施工机具使用费</td><td>26</td><td>12</td></tr>
<tr><td>二</td><td>安装工程部分</td><td>人工费</td><td>44</td><td>14</td></tr>
<tr><td>三</td><td colspan="2">单独拆除工程</td><td rowspan="2">人工费+除税施工机具使用费</td><td>11</td><td>5</td></tr>
<tr><td>四</td><td colspan="2">单独加固工程</td><td>36</td><td>12</td></tr>
</table>

城市轨道交通工程企业管理费和利润取费标准表

<table>
<tr><th>序号</th><th>项目名称</th><th>计算基础</th><th>企业管理费率(%)</th><th>利润率(%)</th></tr>
<tr><td>一</td><td>高架及地面工程</td><td rowspan="5">人工费+除税施工机具使用费</td><td>34</td><td>10</td></tr>
<tr><td>二</td><td>隧道工程(明挖法)
及地下车站工程</td><td>38</td><td>11</td></tr>
<tr><td>三</td><td>隧道工程(矿山法)</td><td>29</td><td>10</td></tr>
<tr><td>四</td><td>隧道工程(盾构法)</td><td>22</td><td>9</td></tr>
<tr><td>五</td><td>轨道工程</td><td>61</td><td>13</td></tr>
<tr><td>六</td><td>安装工程</td><td>人工费</td><td>44</td><td>14</td></tr>
<tr><td rowspan="2">七</td><td>大型土石方工程一</td><td>人工费+除税施工机具使用费</td><td>9</td><td>5</td></tr>
<tr><td>大型土石方工程二</td><td>人工费+除税施工机具使用费</td><td>15</td><td>6</td></tr>
</table>

(2)措施项目费及安全文明施工措施费取费标准

措施项目费取费标准表

<table>
<tr><th rowspan="3">项目</th><th rowspan="3">计算基础</th><th colspan="8">各专业工程费率(%)</th></tr>
<tr><th rowspan="2">建筑工程</th><th rowspan="2">单独装饰</th><th rowspan="2">安装工程</th><th rowspan="2">市政工程</th><th>修缮土建</th><th rowspan="2">仿古(园林)</th><th colspan="2">城市轨道交通</th></tr>
<tr><th>(修缮安装)</th><th>土建轨道</th><th>安装</th></tr>
<tr><td>临时设施</td><td rowspan="3">分部分项工程费+单价措施项目费-除税工程设备费</td><td>1~2.3</td><td>0.3~1.3</td><td>0.6~1.6</td><td>1.1~2.2</td><td>1.1~2.1
(0.6~1.6)</td><td>1.6~2.7
(0.3~0.8)</td><td colspan="2">0.5~1.6</td></tr>
<tr><td>赶工措施</td><td>0.5~2.1</td><td>0.5~2.2</td><td>0.5~2.1</td><td>0.5~2.2</td><td>0.5~2.1</td><td>0.5~2.1</td><td colspan="2">0.4~1.3</td></tr>
<tr><td>按质论价</td><td>1~3.1</td><td>1.1~3.2</td><td>1.1~3.2</td><td>0.9~2.7</td><td>1.1~2.1</td><td>1.1~2.7</td><td colspan="2">0.5~1.3</td></tr>
</table>

注：本表中除临时设施、赶工措施、按质论价费率有调整外，其他费率不变。

安全文明施工措施费取费标准表

<table>
<tr><th>序号</th><th colspan="2">工程名称</th><th>计费基础</th><th>基本费率（%）</th><th>省级标化增加费（%）</th></tr>
<tr><td rowspan="3">一</td><td rowspan="3">建筑工程</td><td>建筑工程</td><td rowspan="17">分部分项工程费+单价措施项目费－除税工程设备费</td><td>3.1</td><td>0.7</td></tr>
<tr><td>单独构件吊装</td><td>1.6</td><td>—</td></tr>
<tr><td>打预制桩/制作兼打桩</td><td>1.5/1.8</td><td>0.3/0.4</td></tr>
<tr><td>二</td><td colspan="2">单独装饰工程</td><td>1.7</td><td>0.4</td></tr>
<tr><td>三</td><td colspan="2">安装工程</td><td>1.5</td><td>0.3</td></tr>
<tr><td rowspan="4">四</td><td rowspan="4">市政工程</td><td>通用项目、道路、排水工程</td><td>1.5</td><td>0.4</td></tr>
<tr><td>桥涵、隧道、水工构筑物</td><td>2.2</td><td>0.5</td></tr>
<tr><td>给水、燃气与集中供热</td><td>1.2</td><td>0.3</td></tr>
<tr><td>路灯及交通设施工程</td><td>1.2</td><td>0.3</td></tr>
<tr><td>五</td><td colspan="2">仿古建筑工程</td><td>2.7</td><td>0.5</td></tr>
<tr><td>六</td><td colspan="2">园林绿化工程</td><td>1.0</td><td>—</td></tr>
<tr><td>七</td><td colspan="2">修缮工程</td><td>1.5</td><td>—</td></tr>
<tr><td rowspan="3">八</td><td rowspan="3">城市轨道交通工程</td><td>土建工程</td><td>1.9</td><td>0.4</td></tr>
<tr><td>轨道工程</td><td>1.3</td><td>0.2</td></tr>
<tr><td>安装工程</td><td>1.4</td><td>0.3</td></tr>
<tr><td>九</td><td colspan="2">大型土石方工程</td><td>1.5</td><td>—</td></tr>
</table>

(3)其他项目取费标准

暂列金额、暂估价、总承包服务费中均不包括增值税可抵扣进项税额。

(4)规费取费标准

社会保险费及公积金取费标准表

序号	工程类别		计算基础	社会保险费率(%)	公积金费率(%)
一	建筑工程	建筑工程	分部分项工程费+措施项目费+其他项目费-除税工程设备费	3.2	0.53
		单独预制构件制作、单独构件吊装、打预制桩、制作兼打桩		1.3	0.24
		人工挖孔桩		3	0.53
二	单独装饰工程			2.4	0.42
三	安装工程			2.4	0.42
四	市政工程	通用项目、道路、排水工程		2.0	0.34
		桥涵、隧道、水工构筑物		2.7	0.47
		给水、燃气与集中供热、路灯及交通设施工程		2.1	0.37
五	仿古建筑与园林绿化工程			3.3	0.55
六	修缮工程			3.8	0.67
七	单独加固工程			3.4	0.61
八	城市轨道交通工程	土建工程		2.7	0.47
		隧道工程(盾构法)		2.0	0.33
		轨道工程		2.4	0.38
		安装工程		2.4	0.42
九	大型土石方工程			1.3	0.24

(5)税金计算标准及有关规定

税金以除税工程造价为计取基础，费率为11%。

(二)简易计税方法

税金包括增值税应缴纳税额、城市建设维护税、教育费附加及地方教育附加：

(1)增值税应纳税额=包含增值税可抵扣进项税额的税前工程造价×适用税率，税率：3%；

(2)城市建设维护税=增值税应纳税额×适用税率，税率：市区7%、县镇5%、乡村1%；

(3)教育费附加=增值税应纳税额×适用税率，税率：3%；

(4)地方教育附加=增值税应纳税额×适用税率，税率2%。

以上四项合计，以包含增值税可抵扣进项额的税前工程造价为计费基础，税金费率为：市区3.36%、县镇3.30%、乡村3.18%。如各市另有规定的，按各市规定计取。

（三）计算程序

（1）一般计税方法

（一）工程量清单法计算程序（包工包料）

<table>
<tr><th>序号</th><th colspan="2">费用名称</th><th>计算公式</th></tr>
<tr><td rowspan="6">一</td><td colspan="2">分部分项工程费</td><td>清单工程量×除税综合单价</td></tr>
<tr><td rowspan="5">其中</td><td>1. 人工费</td><td>人工消耗量×人工单价</td></tr>
<tr><td>2. 材料费</td><td>材料消耗量×除税材料单价</td></tr>
<tr><td>3. 施工机具使用费</td><td>机械消耗量×除税机械单价</td></tr>
<tr><td>4. 管理费</td><td>（1+3）×费率或（1）×费率</td></tr>
<tr><td>5. 利润</td><td>（1+3）×费率或（1）×费率</td></tr>
<tr><td rowspan="3">二</td><td colspan="2">措施项目费</td><td></td></tr>
<tr><td rowspan="2">其中</td><td>单价措施项目费</td><td>清单工程量×除税综合单价</td></tr>
<tr><td>总价措施项目费</td><td>（分部分项工程费+单价措施项目费－除税工程设备费）×费率
或以项计费</td></tr>
<tr><td>三</td><td colspan="2">其它项目费</td><td></td></tr>
<tr><td rowspan="4">四</td><td colspan="2">规费</td><td></td></tr>
<tr><td rowspan="3">其中</td><td>1. 工程排污费</td><td rowspan="3">（一+二+三－除税工程设备费）×费率</td></tr>
<tr><td>2. 社会保险费</td></tr>
<tr><td>3. 住房公积金</td></tr>
<tr><td>五</td><td colspan="2">税金</td><td>[一+二+三+四－（除税甲供材料费+除税甲供设备费）/1.01]
×费率</td></tr>
<tr><td>六</td><td colspan="2">工程造价</td><td>一+二+三+四－（除税甲供材料费+除税甲供设备费）/1.01+五</td></tr>
</table>

（2）简易计税方法

包工不包料工程（清包工工程），可按简易计税法计税。原计费程序不变。

（二）工程量清单法计算程序（包工包料）

<table>
<tr><th>序号</th><th colspan="2">费用名称</th><th>计算公式</th></tr>
<tr><td rowspan="6">一</td><td colspan="2">分部分项工程费</td><td>清单工程量×综合单价</td></tr>
<tr><td rowspan="5">其中</td><td>1. 人工费</td><td>人工消耗量×人工单价</td></tr>
<tr><td>2. 材料费</td><td>材料消耗量×材料单价</td></tr>
<tr><td>3. 施工机具使用费</td><td>机械消耗量×机械单价</td></tr>
<tr><td>4. 管理费</td><td>（1+3）×费率或（1）×费率</td></tr>
<tr><td>5. 利润</td><td>（1+3）×费率或（1）×费率</td></tr>
</table>

<table>
<tr><th>序号</th><th colspan="2">费用名称</th><th>计算公式</th></tr>
<tr><td rowspan="3">二</td><td colspan="2">措施项目费</td><td></td></tr>
<tr><td rowspan="2">其中</td><td>单价措施项目费</td><td>清单工程量×综合单价</td></tr>
<tr><td>总价措施项目费</td><td>（分部分项工程费＋单价措施项目费－工程设备费）×费率
或以项计费</td></tr>
<tr><td>三</td><td colspan="2">其它项目费</td><td></td></tr>
<tr><td rowspan="4">四</td><td colspan="2">规费</td><td></td></tr>
<tr><td rowspan="3">其中</td><td>1. 工程排污费</td><td rowspan="3">（一＋二＋三－工程设备费）×费率</td></tr>
<tr><td>2. 社会保险费</td></tr>
<tr><td>3. 住房公积金</td></tr>
<tr><td>五</td><td colspan="2">税金</td><td>[一＋二＋三＋四－(甲供材料费＋甲供设备费)/1.01]×费率</td></tr>
<tr><td>六</td><td colspan="2">工程造价</td><td>一＋二＋三＋四－(甲供材料费＋甲供设备费)/1.01＋五</td></tr>
</table>

7.5 建筑工程工程量清单及计价的审核

工程量清单规范明确要求招标方提供的工程量清单能反映拟建工程消耗，但由于编制工程量清单的编制人员水平参差不齐，工程量清单会出现漏项或工程出入较大的情况，部分编制内容不完整或不严谨。一般在招标文件上都要求投标单位审查工程量清单，规定了双方的责任。投标方没有审查，如果清单编制有问题，由投标单位自行负责。清单错误会带来评标过程中的困难，而且也给签订施工合同、竣工结算带来很多困难。所以投标人在接受招标文件后，编制投标报价前，应根据投标文件的要求，要对照图纸、对照招标文件上提供的工程量清单进行审查或复合。复核招标方提供的工程量清单，是投标人最重要的工作之一。

7.5.1 工程量清单审核的内容

一、工程量清单项目的审核

主要审核工程量清单项目是否齐全，有无漏项或重复，重点是项目重复、正负误差。目前国内概预算定额内容及项目划分同工程量清单要求不尽一致，必须先弄清概预算定额及其工程量计算规则的特点，以及定额项目的工程量计算规则和工作内容与工程量清单的规则和内容有何不同。正误差在采用综合定额预算的项目中比较普遍。负误差由于清单编制人员缺乏现场施工管理经验和施工常识、图纸说明遗漏或模糊不清处理而常常遗漏。

在进行核对前，首先要熟悉施工图纸和概预算定额，如投标人的工程量清单是采用概算定额和项目划分，则更应注意每个主要项目中所综合的次要项目的内容，如：墙身中是否包括了外墙面的勾缝和内墙面的一般抹灰、喷浆、过梁、墙身加筋、脚手架等；楼地面、屋面、墙面装饰是否以施工图中的各种做法编号为计量单位；楼地面中是否包括踢脚线，或有的包括，有的单独列项(如木地板地面等)等。

二、工程量的审核

工程量是计算标价的重要依据，在招标文件中大部分均有实物工程量清单。清单工程量是根据工程图纸、图纸说明和各种选用规范计算出来的，包括了建筑及结构、电气设备和照明、给排水及消防水系统、通风空调、弱电工程(综合布线、广播电视系统、消防报警系统、安全防范系统等)等多个专业。一般来说，招标文件上要求投标单位审查工程量清单，如果投标单位没有审查，投标单位则对清单编制的问题负责，这就要求分专业对施工图进行工程量的数量审查。各个专业有各自规范、标准和规定，分专业审查要根据图纸的专业要求核对工程量，而不简单是图纸上表示的工程量。

投标人在投标报价前应对工程量的数量进行核对，通过核对分析工程量清单有无漏算、重复计算和数字计算等错误。

三、工程做法及用料与图纸是否相符

在核对项目是否齐全、工程做法及用料是否与图纸相符时，可以将工程量清单与图纸择要逐项进行核对，以查明是否有不符或漏项之处，一般易于疏忽者是图纸中的说明或图纸本身就有相互矛盾之处。

四、工程量清单和招标文件是否相符

投标人通过审查工程量清单可以根据技术要求和招标文件的具体要求，对工程需要增加的内容进行审查。认真研究招标文件是投标单位争取中标的第一要素。虽然招标文件基本相同，但每个项目都有自己的特殊要求，这些要求一定会在招标文件上反映出来。有的项目工程量清单上要求增加的内容与技术要求或招标文件上的要求不统一，投标人应通过审查和澄清，将此统一起来。

7.5.2　工程量清单计价审核的内容

审查工程量清单计价的重点，应该放在工程量计算、定额套用、设备材料价格取定是否合理，各项费用标准是否符合现行规定等方面。

一、审查编制依据的合法性

采用的各种编制依据必须经过国家和授权机关的批准，符合国家的编制规定，未经批准的不能采用。

二、审查编制依据的时效性

各种定额、价格、取费标准等，都应根据国家有关部门的现行规定进行，注意有无调整和新的规定，如有，应按新的调整方法和规定执行。

三、审查编制说明及编制范围

审查编制说明可以检查工程量清单计价的深度、编制依据等重大原则问题，若编制说明有差错，具体预算必然有差错。此外，审查建筑工程的编制范围和具体内容是否与工程量清单的数量相对应，是否有无重复或漏算。

四、审查施工工程量

工程量是影响工程造价的决定因素，它是审查的重要内容，审查工程量计算主要是依据工程量计算规则进行核算。

1. 建筑面积

审查建筑面积计算，应重点审查计算建筑面积所依据的尺寸，计算的内容和方法是否符合建筑面积计算规则的要求；是否将不应该计算建筑面积部分也进行了计算，并作为建筑面积的一部分，以此扩大建筑面积，达到降低技术经济指标的目的。

2. 土石方工程

主要是审查计算式、有关系数和计算尺寸是否正确，土壤类别是否与勘察资料相符，施工方案是否合理经济。

3. 桩基工程

注意审查各种不同的桩，应该分别计算，施工方法必须符合设计要求，注意审查桩的接头数量是否正确。

4. 措施项目

措施项目是指可以计量的工程项目，包括模板、脚手架工程、垂直运输机械、大型机械进出场等。

五、审查材料的预算价格

设备、材料预算价格在工程造价中所占比重最大，变化最大的内容应当重点审查。审查设备、材料的预算价格是否符合工程所占地的真实价格及价格水平。若是采用市场价，要核实其真实性、可靠性；若是采用有关部门公布的信息价，要注意信息价的时间、地点是否符合要求，是否要按规定调整。

六、审查定额的套用

审查定额的套用是否正确，是审查预算工作的主要内容之一，审查的重点是工程名称、规格、计量单位是否与消耗量定额相符，有换算时，应审查换算的分项工程是否是定额中允许换算并审查换算是否正确。

七、审查有关费用项目及其计取

有关费用项目计取的审查，要注意措施费的计算是否符合有关的规定标准，间接费和利润的计取基础是否符合现行规定，有无不能作为计费基础的费用列入计费的基础，是否有无巧立名目，乱计费、乱摊费用现象。

7.5.3 工程量清单及清单计价审核的方法

一、全面审核法

全面审核法就是按照施工图的要求，按照工程项目划分的标准和土木工程工程量计算规则，全面地核对项目划分、工程数量的计算。这种方法实际上与工程量计算的方法和过程基本相同。这种方法常常适用于工程量不多的项目，如维修工程；工程内容比较简单，分项工程不多的项目，如围墙、道路挡土墙、排水沟等。

这种方法的优点是：全面和细致，审查质量高，效果好；缺点是：工作量大，时间较长，存在重复劳动。在工程数量较大，投标时间要求较紧的情况下，这种方法是不可取的，但为了准确反映拟建工程实际工程量，仍可以采用这种方法。

二、重点审核法

这种方法类似于全面审核法，其与全面审核法之区别仅是审核范围不同而已。通常的做法是选择工程量大，并且项目划分比较复杂的项目进行重点审核。如基础工程、砖石工程、混凝土及钢筋混凝土工程，门窗幕墙工程等。高层结构还应注意内外装饰工程的工程量审核。而一些附属项目、零星项目(雨蓬、散水、坡道、明沟、水池、垃圾箱等，往往忽略不计。

该方法的优点是属重复劳动工作量相对减少，而取得的效果效果较佳。

三、常见病审核法

由于工程量清单编制人员所处地位不同、立场不同，则观点、方法亦不同。在预算编制中，不同程度地出现某些常见病。如工程量计算常常出现以下常见错误：

1. 工程量计算正误差

(1)毛石、钢筋混凝土基础 T 形交接重叠处重复计算；

(2)楼地面孔洞、沟道所占面积不扣；

(3)墙体中的圈梁、过梁所占体积不扣；

(4)挖地槽、地坑土方常常出现“挖空气”现象；

(5)钢筋计算常常不扣保护层；

(6)梁、板、柱交接处受力筋或箍筋重复计算；

(7)楼地面、墙面各种抹灰重复计算。

2. 工程量计算负误差：完全按理论尺寸计算工程量。

四、相关项目、相关数据审核法

工程量计算项目成百上千、数据成千上万。各项目和数据之间有着千丝万缕的联系。仔细分析就可以摸索出它们的规律。我们可利用这些规律来审核施工图预算，找出不符合规律的项目及数据，如漏项、重项、工程量数据错误等，然后，针对这此问题进行重点审核，如与建筑面积相关的项目和工程量数据、与室外净面积相关的项目和工程量数据、与墙体面积相关的项目和工程量数据、与外墙外边线相关的项目和工程量数据及其他相关项目与数据。

相关项目、相关数据审核法实质是工程量计算统筹法在预算审核工作中的应用，这种方法的最大优点是审查速度快，工作量小可使审核工作效率大大提高。

【课堂教学内容总结】

1. 工程量清单计价的基本概念。
2. 实行工程量清单计价的意义。
3. 工程量清单计价的作用。
4. 工程量清单计价的一般规定。
5. 工程量清单的组成及格式。
6. 分部分项工程量清单的五个要件及编制依据。
7. 措施项目清单的组成及格式。
8. 其他项目、规费、税金清单的组成及格式。
9. 工程量清单计价的一般规定。
10. 分部分项工程量清单及清单计价的编制程序和方法。
11. 建筑工程工程量清单及计价的审核。

习　题

一、思考题

1. 什么是工程量清单及工程量清单计价?
2. 工程量清单由哪些组成?
3. 分部分项工程量清单应由哪些部分组成?
4. 工程量清单格式应由哪些内容组成?
5. 简述分部分项工程量清单编制依据?
6. 简述分部分项工程量清单编制程序?
7. 计算清单工程量时应注意什么事项?
8. 简述工程量清单计价的费用组成。
9. 简述工程量清单计价的审核内容。

二、造价员考试模拟习题

(一)单项选择题

1. 对工程量清单概念表述不正确的是(　　)。

A. 工程量清单是包括工程数量的明细清单

B. 工程量清单也包括工程数量相应的单价

C. 工程量清单由招标人提供

D. 工程量清单是招标文件的组成部分

2. 工程量清单表中项目编码的第二级为(　　)。

A. 具体清单项目编码　　B. 节顺序码

C. 章顺序码　　D. 名称顺序码

3. 采用工程量清单方式招标，工程量清单必须作为招标文件的组成部分，其准确性和完整性由(　　)负责。

A. 投标人　　B. 造价咨询人

C. 招标人和投标人共同　　D. 招标人

4. 分部分项工程量清单内容包括(　　)。

A. 工程量清单表和工程量清单说明

B. 项目编码、项目名称、项目特征、计量单位和工程数量

C. 工程清单表、措施项目一览表和其他项目清单

D. 项目名称、项目特征、工程内容等

5. 计日工是指在施工过程中由发包人提出的(　　)的零星项目或工作所需的费用。

A. 设计变更　　B. 现场签证

C. 暂估工程量　　D. 施工图纸以外

(二)多项选择题

1. 以下哪些项目必须用工程量清单计价(　　　　)。

A. 全部使用国有资金投资的工程建设项目

B. 国有资金投资为主工程建设项目

C. 使用国家对外借款或者担保所筹资金的项目

D. 私营投资项目

E. 国有资金不足50%但国有投资者实质上拥有控股权的工程建设项目

2. 清单计价法的分部分项工程费包括(　　　　)。

A. 人工费　　B. 材料费

C. 机械费　　D. 措施项目费

E. 规费

第 8 章 清单工程量计量

【目的要求】

1. 熟悉建筑工程项目的项目编码、项目名称、项目特征、计量单位、工程量计算规则以及工程内容。

2. 掌握建筑工程项目工程量的计量与计价方法。

3. 掌握建筑工程项目工程量清单的编制，以及工程量清单计价单价分析。

【重点和难点】

1. 重点：(1)建筑工程项目工程量清单的编制。

2. 难点：(1)建筑工程项目工程量清单编制时，如何准确描述项目特征；(2)建筑工程项目工程量计算与定额工程量计算的区别。

教学时数：12 学时。

8.1 土石方工程

土石方工程分部共 3 节 13 个项目。包括土方工程，石方工程，回填。适用于建筑物和构筑物的土石方开挖及回填工程。

8.1.1 土方工程(010101)

一、清单有关说明：

①挖土应按自然地面测量标高至设计地坪标高的平均厚度确定。竖向土方、山坡切土开挖深度应按基础垫层底表面标高至交付施工现场地标高确定，无交付施工场地标高时，应按自然地面标高确定。

②建筑物场地厚度≤±300 mm 的挖、填、运、找平，应按本表中平整场地项目编码列项。厚度>±300 mm 的竖向布置挖土或山坡切土应按本表中挖一般土方项目编码列项。

③沟槽、基坑、一般土方的划分为：底宽≤7 m，底长>3 倍底宽为沟槽；底长≤3 倍底宽、底面积≤150 m^2为基坑；超出上述范围则为一般土方。

④挖土方如需截桩头时，应按桩基工程相关项目编码列项。

⑤弃、取土运距可以不描述，但应注明由投标人根据施工现场实际情况自行考虑，决定报价。

⑥土壤的分类应按第六章表 6－1 确定，如土壤类别不能准确划分时，招标人可注明为综

合，由投标人根据地勘报告决定报价。

⑦土方体积应按挖掘前的天然密实体积计算。如需按天然密实体积折算时，应按第六章表 6－2 系数计算。

⑧挖沟槽、基坑、一般土方因工作面和放坡增加的工程量（管沟工作面增加的工程量），是否并入各土方工程量中，按各省、自治区、直辖市或行业建设主管部门的规定实施，如并入各土方工程量中，办理工程结算时，按经发包人认可的施工组织设计规定计算，编制工程量清单时，可按第六章表 6－3、表 6－4、表 6－5 规定计算。

⑨挖方出现流砂、淤泥时，应根据实际情况由发包人与承包人双方现场签证确认工程量。

⑩管沟土方项目适用于管道（给排水、工业、电力、通信）、光（电）缆沟（包括：人孔桩、接口坑）及连接井（检查井）等。

二、清单工程量计算

1．平整场地（010101001）

平整场地按设计图示尺寸建筑物首层建筑面积（不包含阳台等部分的面积）以 m^2 计算。

$$S_{平整场地工程量} = 建筑物首层建筑面积$$

平整场地工程量清单项目设置及工程量计算规则如表 8－1 所示。

表 8－1　平整场地工程量清单编制内容

项目编码	项目名称	项目特征	计量单位	工程量计算规则	工程内容
010101001	平整场地	1. 土壤类别 2. 弃土运距 3. 取土运距	m^2	按设计图示尺寸以建筑物首层建筑面积计算	1. 土方挖填 2. 场地找平 3. 运输

平整场地工程量清单计算与定额工程量清单计算不同，在前面第六章已经说明。

例 8－1　同例 6－1。某建筑物平面图、1－1 剖面图如图 8－1 所示，墙厚为 240 mm，试计算人工场地平整工程量。

解：

平整场地：$(3.3\times3+0.24)\times(5.4+0.24)-3.3\times0.6=55.21\ m^2$

该工程平整场地的工程量清单如下表 8－2 所示。

表 8－2　某工程平整场地分部分项工程量清单

序号	项目编码	项目名称	项目特征描述	计量单位	工程量	金额/元		
						综合单价	合价	其中：暂估价
1	010101001001	平整场地	1. 土壤类别：三类土 2. 弃土、取土运距：自定	m^2	55.21			

2．挖一般土方（010101002）、挖沟槽土方（010101003）、挖基坑土方（010101004）

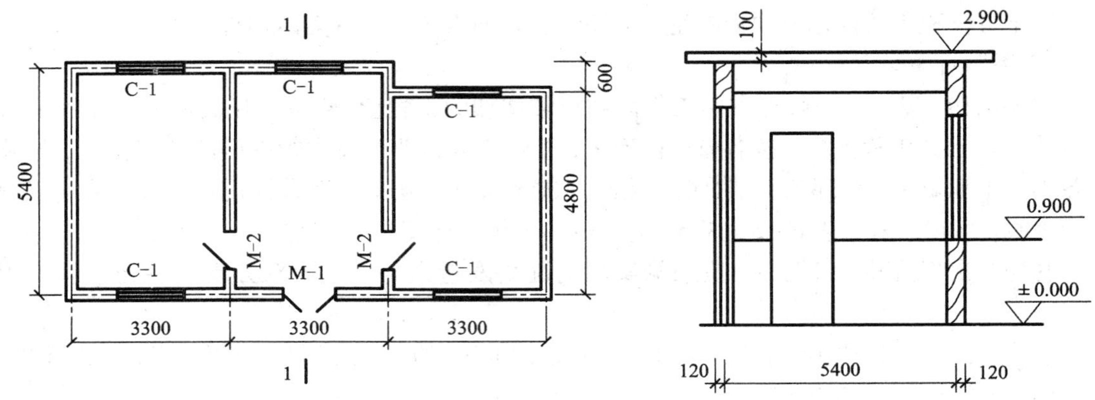

图 8-1 （例 8-1 附图）

挖沟槽土方、基坑土方是挖基础土方的不同类型，包括带形基础、独立基础、满堂基础（包括地下室基础）及设备基础、人工挖孔桩等的挖方。

工程量清单项目设置及工程量计算规则如表 8-3 所示。

表 8-3 挖一般土方、挖沟槽土方、挖基坑土方的工程量清单编制内容

项目编码	项目名称	项目特征	计量单位	工程量计算规则	工作内容
010101002	挖一般土方	1. 土壤类别 2. 挖土深度	m^3	按设计图示尺寸以体积计算。	1. 排地表水 2. 土方开挖 3. 围护（挡土板）、支撑 4. 基底钎探 5. 运输
010101003	挖沟槽土方			1. 房屋建筑按设计图示尺寸以基础垫层底面积乘以挖土深度计算。 2. 构筑物按最大水平投影面积乘以挖土深度（原地面平均标高至坑底高度）以体积计算。	
010101004	挖基坑土方				

土石方清单工程量计算与定额工程量计算的最大区别是清单是按照设计图示尺寸（如图 8-2 所示），定额需要考虑放坡及工作面等，详细内容见第六章。

工程量计算：

（1）沟槽土方

$$V = a \times L \times H$$

其中：a 为垫层宽；L 为垫层长，外墙下基础垫层按中心线长度计算，内墙下基础垫层按垫层边净长线长度计算；H 为挖土深度，应按基础垫层底表面标高至交付施工场地标高确定，无交付施工场地标高时，应按自然地面标高确定。

（2）基坑土方

基坑土方工程量计算规则，按设计图示尺寸以基础垫层底面积乘以挖土深度以体积计算如图 8－3 所示，计量单位是 m^3。

$$V = A \times B \times H$$

其中：A 为垫层长；B 为垫层宽；H 为挖土深度，应按基础垫层底表面标高至交付施工场地标高确定，无交付施工场地标高时，应按自然地面标高确定。

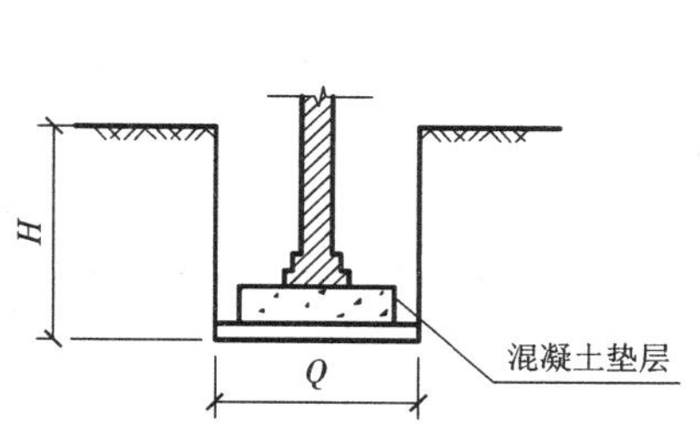

图 8－2　沟槽土方开挖断面示意图

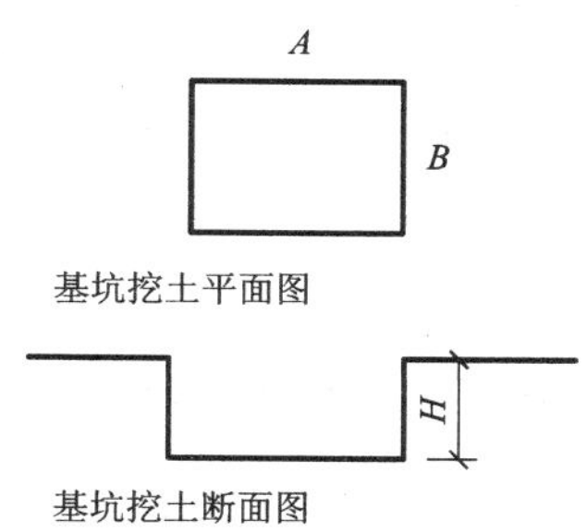

图 8－3　基坑土方断面示意图

例 8－2　某工程有现浇混凝土独立基础 20 个，平面图和断面图如图 8－4 所示，已知土壤类别为二类土，室外标高 －0.300 m。基础采用 C25 现浇混凝土浇注，下设 C10 混凝土基础垫层，基础回填土为夯填。

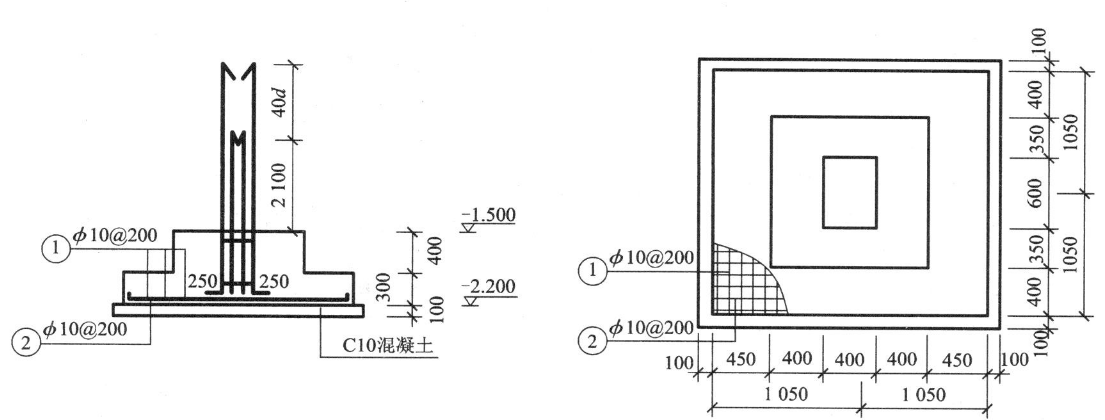

图 8－4　某工程混凝土独立基础平面图和断面图

解：(1) 工程量计算

挖土深度

$$H = 2.3 - 0.3 = 2.0 \text{ m}$$

$$A = 2.3\text{m},\ B = 2.3\text{m},\ N = 20 \text{ 个}$$

$$V = A \times B \times H \times N = 2.3 \times 2.3 \times 2 \times 20 = 211.60 \text{ m}^3$$

(2) 编制工程量清单表 8－4：

表 8-4　某工程挖基坑土方分部分项工程量清单

序号	项目编码	项目名称	项目特征描述	计量单位	工程量	金额/元		
						综合单价	合价	其中：暂估价
1	010101004001	挖基坑土方	1. 土壤类别：二类土 2. 挖土深度：2.0 m 3. 弃土运距：1 km	m^2	211.60			

(3)管沟土方(010101007)

管沟土方项目适用于管道(给排水、工业、电力、通信)、光(电)缆沟(包括：人孔桩、接口坑)及连接井(检查井)等。

工程量计算：

(1)以米计量，按设计图示以管道中心线长度计算。

(2)以立方米计量，按设计图示管底垫层面积乘以挖土深度计算；无管底垫层按管外径的水平投影面积乘以挖土深度计算。

工程量清单项目设置及工程量计算规则如表 8-5 所示。

表 8-5　管沟工程量清单编制内容

项目编码	项目名称	项目特征	计量单位	工程量计算规则	工作内容
010101007	管沟土方	1. 土壤类别 2. 管外径 3. 挖沟深度 4. 回填要求	1. m 2. m^3	1. 以米计量，按设计图示以管道中心线长度计算。 2. 以立方米计量，按设计图示管底垫层面积乘以挖土深度计算；无管底垫层按管外径的水平投影面积乘以挖土深度计算。	1. 排地表水 2. 土方开挖 3. 围护(挡土板)、支撑 4. 运输 5. 回填

8.1.2　石方工程(010102)

一、清单有关说明

①挖石应按自然地面测量标高至设计地坪标高的平均厚度确定。基础石方开挖深度应按基础垫层底表面标高至交付施工现场地标高确定，无交付施工场地标高时，应按自然地面标高确定。

②厚度 > ±300 mm 的竖向布置挖石或山坡凿石应按本表中挖一般石方项目编码列项。

③沟槽、基坑、一般石方的划分为：底宽≤7 m，底长 >3 倍底宽为沟槽；底长≤3 倍底宽、底面积≤150 m^2 为基坑；超出上述范围则为一般石方。

④弃碴运距可以不描述，但应注明由投标人根据施工现场实际情况自行考虑，决定报价。

⑤岩石的分类应按表 8-6 确定。

⑥石方体积应按挖掘前的天然密实体积计算。如需按天然密实体积折算时，应按规范表 8－7 系数计算。

⑦管沟石方项目适用于管道(给排水、工业、电力、通信)、电缆沟及连接井(检查井)等。

表 8－6　岩石分类表

岩石分类		代表性岩石	开挖方式
极软岩		1. 全风化的各种岩石； 2. 各种半成岩	部分用手凿工具、部分用爆破法开
软质岩	软岩	1. 强风化的坚硬岩或较硬岩； 2. 中等风化—强风化的较软岩； 3. 未风化—微风化的页岩、泥岩、泥质砂岩等	用风镐和爆破法开挖
	较软岩	1. 中等风化—强风化的坚硬岩或较硬岩； 2. 未风化—微风化的凝灰岩、千枚岩、泥灰岩、砂质泥岩等	用爆破法开挖
硬质岩	较硬岩	1. 微风化的坚硬岩； 2. 未风化—微风化的大理岩、板岩、石灰岩、白云岩、钙质砂岩等	用爆破法开挖
	坚硬岩	未风化—微风化的花岗岩、闪长岩、辉绿岩、玄武岩、安山岩、片麻岩、石英岩、石英砂岩、硅质砾岩、硅质石灰岩等	用爆破法开挖

注：本表依据国家标准《工程岩体分级级标准》GB 50218—94 和《岩土工程勘察规范》GB 50021—2001(2009 年版)整理。

表 8－7　石方体积折算系数表

石方类别	天然密度体积	虚方体积	松填体积	码方
石方	1.0	1.54	1.31	
块石	1.0	1.75	1.43	1.67
砂夹石	1.0	1.07	0.94	

注：本表按建设部颁发《爆破工程消耗量定额》GYD－102—2008 整理。

二、清单工程量计算

(1)挖一般石方(010102001)

挖一般石方按设计图示尺寸以体积计算。

(2)挖沟槽石方(010102002)

挖沟槽石方按设计图示尺寸沟槽底面积乘以挖石深度以体积计算。

(3)挖基坑石方(010102003)

按设计图示尺寸基坑底面积乘以挖石深度以体积计算。

(4)工程量清单项目设置及工程量计算规则如表 8－8 所示。

表 8－8　石方工程工程量清单编制内容

项目编码	项目名称	项目特征	计量单位	工程量计算规则	工作内容
010102001	挖一般石方	1. 岩石类别 2. 开凿深度 3. 弃碴运距	m^3	按设计图示尺寸以体积计算。	1. 排地表水 2. 凿石 3. 运输
010102002	挖沟槽石方			按设计图示尺寸沟槽底面积乘以挖石深度以体积计算。	
010102003	挖基坑石方			按设计图示尺寸基坑底面积乘以挖石深度以体积计算。	
010102004	基座摊底			按设计图示尺寸以展开面积计算	
010102005	管沟石方	1. 岩石类别 2. 管外径 3. 挖沟深度	1. m 2. m^3	1. 以米计量，按设计图示以管道中心线长度计算。 2. 以立方米计量，按设计图示截面积乘以长度计算	1. 排地表水 2. 凿石 3. 回填 4. 运输

8.1.3　回填(010103)

“回填方”项目适用于场地回填、室内回填和基础回填并包括指定范围内的运输以及借土回填的土方开挖。

一、清单有关说明

①填方密实度要求，在无特殊要求情况下，项目特征可描述为满足设计和规范的要求。

②填方材料品种可以不描述，但应注明由投标人根据设计要求验方后方可填入，并符合相关工程的质量规范要求。

③填方粒径要求，在无特殊要求情况下，项目特征可以不描述。

二、清单工程量计算

按设计图示尺寸以体积计算。计量单位：m^3。

(1)场地回填：回填面积乘平均回填厚度。

(2)室内回填：主墙间面积乘回填厚度，不扣除间壁墙。

回填厚度＝室内外高差－室内地面厚度

(3)基础回填：按挖方清单项目工程量减去自然地坪以下埋设的基础体积(包括基础垫层及其他构筑物)。

(4)余土运输按下式以立方米计算(天然密实体积)：

余土运输体积＝挖土总体积－回填土(天然密实)总体积

式中的计算结果为正值时，为余土外运；为负值时，为取土内运。

工程量清单项目设置及工程量计算规则如表 8－9 所示。

表8-9 回填工程工程量清单编制内容

项目编码	项目名称	项目特征	计量单位	工程量计算规则	工作内容
010103001	回填方	1. 密实度要求 2. 填方材料品种 3. 填方粒径要求 4. 填方来源、运距	m^3	按设计图示尺寸以体积计算。 1. 场地回填：回填面积乘平均回填厚度 2. 室内回填：主墙间面积乘回填厚度，不扣除间隔墙。 3. 基础回填：挖方体积减去自然地坪以下埋设的基础体积(包括基础垫层及其他构筑物)。	1. 运输 2. 回填 3. 压实
010103002	余方弃置	1. 废弃料品种 2. 运距	m^3	按挖方清单项目工程量减利用回填方体积(正数)计算	余方点装料运输至弃置点
010103003	缺方内运	1. 填方材料品种 2. 运距		按挖方清单项目工程量减利用回填方体积(负数)计算	取料点装料运输至缺方点

例8-3 根据图8-5所示某平房建筑平面图及有关数据，计算室内回填土工程量。

有关数据：室内外地坪高差0.30 m；C15混凝土地面垫层80 mm厚；1∶2水泥砂浆面层25 mm厚。

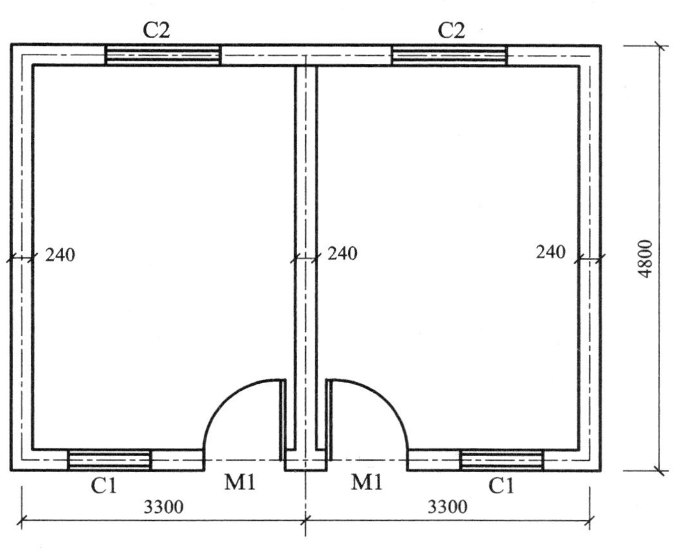

图8-5 某平房平面图

解：(1)求回填土厚

回填土厚 = 室内外地坪高差 - 垫层厚 - 面层厚 = 0.30 - 0.08 - 0.025 = 0.195 m

(2)求主墙间净面积

主墙间净面积 = 建筑面积 - 墙结构面积

$= (3.30 \times 2 + 0.24) \times (4.80 + 0.24) - [(6.60 + 4.80) \times 2 + (4.80 - 0.24)] \times 0.24$

$= 6.74 \times 5.04 - 27.36 \times 0.24 = 34.47 - 6.57 = 27.90\ m^2$

(3)求室内回填土体积

室内回填土工程量 = 主墙间净面积 × 回填土厚 $= 27.90 \times 0.195 = 5.44\ m^3$

8.2 地基处理与边坡支护工程

地基处理与边坡支护工程分地基处理、基坑与边坡支护两节共28个项目。

8.2.1 地基处理(010201)

地基处理一般是指用于改善支承建筑物的地基(土或岩石)的承载能力或抗渗能力所采取的工程技术措施，主要分为基础工程措施和岩土加固措施。

一、清单有关说明

①地层情况按表6-1和表8-6的规定，并根据岩土工程勘察报告按单位工程各地层所占比例(包括范围值)进行描述。对无法准确描述的地层情况，可注明由投标人根据岩土工程勘察报告自行决定报价。

②项目特征中的桩长应包括桩尖，空桩长度 = 孔深 - 桩长，孔深为自然地面至设计桩底的深度。

③高压喷射注浆类型包括旋喷、摆喷、定喷。高压喷射注浆方法包括单管法、双重管法、三重管法。

④复合地基的检测费用按国家相关取费标准单独计算，不在本清单项目中。

⑤如采用泥浆护壁成孔，工作内容包括土方、废泥浆外运，如采用沉管灌注成孔，工作内容包括桩尖制作、安装。

⑥弃土(不含泥浆)清理、运输按《房屋建筑与装饰工程计量规范 GB 500854—2013》附录A中相关项目编码列项。

二、清单工程量计算

(1)换填垫层、铺设土工合成材料按设计图示尺寸以体积计算。

(2)预压地基、强夯地基、振冲密实(不填料)按设计图示尺寸以加固面积计算。

(3)振冲桩(填料)、砂石桩：

①以米计量，按设计图示尺寸以桩长(包括桩尖)计算。

②以立方米计量，按设计桩截面乘以桩长(包括桩尖)以体积计算。

(4)水泥粉煤灰碎石桩、夯实水泥土桩按设计图示尺寸以桩长(包括桩尖)计算。

工程量清单项目设置、项目特征描述的内容、计量单位及工程量计算规则，应按表8-10的规定执行。

表 8－10　地基处理工程工程量清单编制内容

项目编码	项目名称	项目特征	计量单位	工程量计算规则	工作内容
010201001	换填垫层	1. 材料种类及配比 2. 压实系数 3. 掺加剂品种	m^3	按设计图示尺寸以体积计算	1. 分层铺填 2. 碾压、振密或夯实 3. 材料运输
010201002	铺设土工合成材料	1. 部位 2. 品种 3. 规格	m^2	按设计图示尺寸以面积计算	1. 挖填锚固沟 2. 铺设 3. 固定 4. 运输
010201003	预压地基	1. 排水竖井种类、断面尺寸、排列方式、间距、深度 2. 预压方法 3. 预压荷载、时间 4. 砂垫层厚度		按设计图示尺寸以加固面积计算	1. 设置排水竖井、盲沟、滤水管 2. 铺设砂垫层、密封膜 3. 堆载、卸载或抽气设备安拆、抽真空 4. 材料运输
010201004	强夯地基	1. 夯击能量 2. 夯击遍数 3. 地耐力要求 4. 夯填材料种类			1. 铺设夯填材料 2. 强夯 3. 夯填材料运输
010201005	振冲密实（不填料）	1. 地层情况 2. 振密深度 3. 孔距			1. 振冲加密 2. 泥浆运输
010201006	振冲桩（填料）	1. 地层情况 2. 空桩长度、桩长 3. 桩径 4. 填充材料种类	1. m 2. m^3	1. 以米计量，按设计图示尺寸以桩长计算 2. 以立方米计量，按设计桩截面乘以桩长以体积计算	1. 振冲成孔、填料、振实 2. 材料运输 3. 泥浆运输
010201007	砂石桩	1. 地层情况 2. 空桩长度、桩长 3. 桩径 4. 成孔方法 5. 材料种类、级配		1. 以米计量，按设计图示尺寸以桩长（包括桩尖）计算 2. 以立方米计量，按设计桩截面乘以桩长（包括桩尖）以体积计算	1. 成孔 2. 填充、振实 3. 材料运输
010201008	水泥粉煤灰碎石桩	1. 地层情况 2. 空桩长度、桩长 3. 桩径 4. 成孔方法 5. 混合料强度等级	m	按设计图示尺寸以桩长（包括桩尖）计算	1. 成孔 2. 混合料制作、灌注、养护

续表 8-10

项目编码	项目名称	项目特征	计量单位	工程量计算规则	工作内容
010201009	深层搅拌桩	1. 地层情况 2. 空桩长度、桩长 3. 桩截面尺寸 4. 水泥强度等级、掺量	m	按设计图示尺寸以桩长计算	1. 预搅下钻、水泥浆制作、喷浆搅拌提升成桩 2. 材料运输
010201010	粉喷桩	1. 地层情况 2. 空桩长度、桩长 3. 桩径 4. 粉体种类、掺量 5. 水泥强度等级、石灰粉要求		按设计图示尺寸以桩长计算	1. 预搅下钻、喷粉搅拌提升成桩 2. 材料运输
010201011	夯实水泥土桩	1. 地层情况 2. 空桩长度、桩长 3. 桩径 4. 成孔方法 5. 水泥强度等级 6. 混合料配比		按设计图示尺寸以桩长(包括桩尖)计算	1. 成孔、夯底 2. 水泥土拌合、填料、夯实 3. 材料运输
010201012	高压喷射注浆桩	1. 地层情况 2. 空桩长度、桩长 3. 桩截面 4. 注浆类型、方法 5. 水泥强度等级		按设计图示尺寸以桩长计算	1. 成孔 2. 水泥浆制作、高压喷射注浆 3. 材料运输
010201013	石灰桩	1. 地层情况 2. 空桩长度、桩长 3. 桩径 4. 成孔方法 5. 掺和料种类、配合比		按设计图示尺寸以桩长(包括桩尖)计算	1. 成孔 2. 混合料制作、运输、夯填
010201014	灰土(土)挤密桩	1. 地层情况 2. 空桩长度、桩长 3. 桩径 4. 成孔方法 5. 灰土级配			1. 成孔 2. 灰土拌和、运输、填充、夯实
010201015	柱锤冲扩桩	1. 地层情况 2. 空桩长度、桩长 3. 桩径 4. 成孔方法 5. 桩体材料种类、配合比		按设计图示尺寸以桩长计算	1. 安拔套管 2. 冲孔、填料、夯实 3. 桩体材料制作、运输

续表 8－10

项目编码	项目名称	项目特征	计量单位	工程量计算规则	工作内容
010201016	注浆地基	1. 地层情况 2. 空钻深度、注浆深度 3. 注浆间距 4. 浆液种类及配比 5. 注浆方法 6. 水泥强度等级	1. m 2. m^3	1. 以米计量，按设计图示尺寸以钻孔深度计算 2. 以立方米计量，按设计图示尺寸以加固体积计算	1. 成孔 2. 注浆导管制作、安装 3. 浆液制作、压浆 4. 材料运输
010201017	褥垫层	1. 厚度 2. 材料品种及比例	1. m^2 2. m^3	1. 以平方米计量，按设计图示尺寸以铺设面积计算 2. 以立方米计量，按设计图示尺寸以体积计算	材料拌合、运输、铺设、压实

例 8－4　某场地地基加固工程，采用地基强夯的方式，夯击点布置有效区域长和宽分别是 22.6 m 和 22.6 m，夯击能为 400 t · m，每坑击数为 6 击，要求第一遍、第二遍按设计的分隔点夯击，第三遍为低锤满夯，计算其清单工程量并列出清单。

解：(1) 工程量计算

根据地基强夯清单的工程量计算规则，该地基强夯的清单工程量为

$$S = 22.6 \times 22.6 = 510.76\ \text{m}^2$$

(2) 工程量清单编制见表 8－11。

表 8－11　强夯地基分部分项工程量清单

序号	项目编码	项目名称	项目特征	计量单位	工程量	金额/元	
						综合单价	综合合价
1	010201004001	强夯地基	1. 夯击能量：400 t · m 2. 夯击遍数：6 3. 地耐力要求 4. 夯填材料种类	m^2	510.76		

例 8－5　某工程采用砂石灌注桩基础，人工配置砂石，其比例为净砂：(3～7) 砾石 = 4∶6，共计 300 根，桩径 300 mm，桩长 15 m，该工程的施工场地为二类土。请计算此灌注桩清单工程量并编制工程量清单。

解：(1) 工程量计算

根据砂石灌注桩清单的工程量计算规则，该砂石灌注桩的清单工程量为

$$\text{按长度计算：} 300 \times 15 = 4500\ \text{m}$$

(2) 工程量清单编制见表 8－12。

表 8-12　砂石桩分部分项工程量清单

序号	项目编码	项目名称	项目特征	计量单位	工程量	金额/元	
						综合单价	综合合价
1	010201007001	砂石桩	1. 地层情况：二类土 2. 空桩长度、桩长：桩长 15 m 3. 桩径：桩径 300 mm 4. 成孔方法：砂石灌注桩 5. 材料种类、级配：净砂：(3～7)砾石 =4:6	m	4500		

8.2.2　基坑与边坡支护工程(010202)

建造埋置深度大的基础或地下工程时，往往需要进行大深度的土方开挖。这个由地面向下开挖的地下空间称为基坑。

基坑与边坡支护就是为保证地下结构施工及基坑周边环境的安全，对基坑侧壁及周边环境采用的支挡、加固与保护措施。

常见的基坑开挖支护形式有：

(1)放坡开挖。适用于硬质、可塑性黏土和良好砂性土等地质条件，场地足够放坡。

(2)挡土支护开挖。

①水泥土墙支护；

②排桩、地下连续墙；

③钢板桩支护；

④土钉墙支护(喷锚支护)；

⑤逆作拱墙。

一、清单有关说明

①地层情况按表 6-1 和表 8-6 的规定，并根据岩土工程勘察报告按单位工程各地层所占比例(包括范围值)进行描述。对无法准确描述的地层情况，可注明由投标人根据岩土工程勘察报告自行决定报价。

②其他锚杆是指不施加预应力的土层锚杆和岩石锚杆。置入方法包括钻孔置入、打入或射入等。

③基坑与边坡的检测、变形观测等费用按国家相关取费标准单独计算，不在本清单项目中。

④地下连续墙和喷射混凝土的钢筋网及咬合灌注桩的钢筋笼制作、安装，按附录 E 中相关项目编码列项。本分部未列的基坑与边坡支护的排桩按《房屋建筑与装饰工程计量规范(GB 500854—2013)》附录 C 中相关项目编码列项。水泥土墙、坑内加固按地基处理(010201)中相关项目编码列项。砖、石挡土墙、护坡按《房屋建筑与装饰工程计量规范(GB 500854—2013)》附录 D 中相关项目编码列项。混凝土挡土墙按《房屋建筑与装饰工程计量规范(B500854-2013)》附录 E 中相关项目编码列项。弃土(不含泥浆)清理、运输按《房屋建筑与装饰工程计量规范(GB 500854—2013)》附录 A 中相关项目编码列项。

二、工程量清单

工程量清单项目设置、项目特征描述的内容、计量单位及工程量计算规则，应按表 8－13 的规定执行。

表 8－13　基坑与边坡支护工程工程量清单编制内容

项目编码	项目名称	项目特征	计量单位	工程量计算规则	工作内容
010202001	地下连续墙	1. 地层情况 2. 导墙类型、截面 3. 墙体厚度 4. 成槽深度 5. 混凝土类别、强度等级 6. 接头形式	m^3	按设计图示墙中心线长乘以厚度乘以槽深以体积计算	1. 导墙挖填、制作、安装、拆除 2. 挖土成槽、固壁、清底置换 3. 混凝土制作、运输、灌注、养护 4. 接头处理 5. 土方、废泥浆外运 6. 打桩场地硬化及泥浆池、泥浆沟
010202002	咬合灌注桩	1. 地层情况 2. 桩长 3. 桩径 4. 混凝土类别、强度等级 5. 部位	1. m 2. 根	1. 以米计量，按设计图示尺寸以桩长计算 2. 以根计量，按设计图示数量计算	1. 成孔、固壁 2. 混凝土制作、运输、灌注、养护 3. 套管压拔 4. 土方、废泥浆外运 5. 打桩场地硬化及泥浆池、泥浆沟
010202003	圆木桩	1. 地层情况 2. 桩长 3. 材质 4. 尾径 5. 桩倾斜度	1. m 2. 根	1. 以米计量，按设计图示尺寸以桩长(包括桩尖)计算 2. 以根计量，按设计图示数量计算	1. 工作平台搭拆 2. 桩机竖拆、移位 3. 桩靴安装 4. 沉桩
010202004	预制钢筋混凝土板桩	1. 地层情况 2. 送桩深度、桩长 3. 桩截面 4. 混凝土强度等级			1. 工作平台搭拆 2. 桩机竖拆、移位 3. 沉桩 4. 接桩
010202005	型钢桩	1. 地层情况或部位 2. 送桩深度、桩长 3. 规格型号 4. 桩倾斜度 5. 防护材料种类 6. 是否拔出	1. t 2. 根	1. 以吨计量，按设计图示尺寸以质量计算 2. 以根计量，按设计图示数量计算	1. 工作平台搭拆 2. 桩机竖拆、移位 3. 打(拔)桩 4. 接桩 5. 刷防护材料
010202006	钢板桩	1. 地层情况 2. 桩长 3. 板桩厚度	1. t 2. m^2	1. 以吨计量，按设计图示尺寸以质量计算 2. 以平方米计量，按设计图示墙中心线长乘以桩长以面积计算	1. 工作平台搭拆 2. 桩机竖拆、移位 3. 打拔钢板桩

续表 8－13

项目编码	项目名称	项目特征	计量单位	工程量计算规则	工作内容
010202007	预应力锚杆、锚索	1. 地层情况 2. 锚杆（索）类型、部位 3. 钻孔深度 4. 钻孔直径 5. 杆体材料品种、规格、数量 6. 浆液种类、强度等级	1. m 2. 根	1. 以米计量，按设计图示尺寸以钻孔深度计算 2. 以根计量，按设计图示数量计算	1. 钻孔、浆液制作、运输、压浆 2. 锚杆、锚索索制作、安装 3. 张拉锚固 4. 锚杆、锚索施工平台搭设、拆除
010202008	其他锚杆、土钉	1. 地层情况 2. 钻孔深度 3. 钻孔直径 4. 置入方法 5. 杆体材料品种、规格、数量 6. 浆液种类、强度等级			1. 钻孔、浆液制作、运输、压浆 2. 锚杆、土钉制作、安装 3. 锚杆、土钉施工平台搭设、拆除
010202009	喷射混凝土、水泥砂浆	1. 部位 2. 厚度 3. 材料种类 4. 混凝土（砂浆）类别、强度等级	m^2	按设计图示尺寸以面积计算	1. 修整边坡 2. 混凝土（砂浆）制作、运输、喷射、养护 3. 钻排水孔、安装排水管 4. 喷射施工平台搭设、拆除
010202010	混凝土支撑	1. 部位 2. 混凝土强度等级	m^3	按设计图示尺寸以体积计算	1. 模板（支架或支撑）制作、安装、拆除、堆放、运输及清理模内杂物、刷隔离剂等 2. 混凝土制作、运输、浇筑、振捣、养护
010202011	钢支撑	1. 部位 2. 钢材品种、规格 3. 探伤要求	t	按设计图示尺寸以质量计算。不扣除孔眼质量，焊条、铆钉、螺栓等不另增加质量	1. 支撑、铁件制作（摊销、租赁） 2. 支撑、铁件安装 3. 探伤 4. 刷漆 5. 拆除 6. 运输

例8-6　某工程地基施工组织设计中采用土钉支护，如图8-6所示。土钉深度为2 m，平均每平方米设一个，C25混凝土喷射厚度为80 mm。编制工程量清单并进行清单报价。

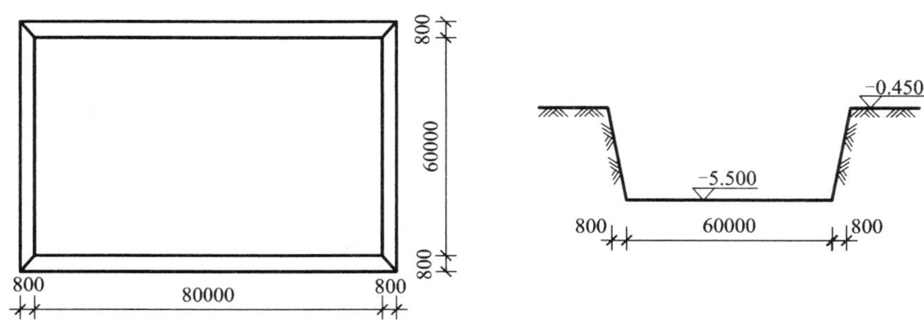

图8-6　土钉支护断面示意图

解：土钉支护工程量清单的编制

土钉支护工程量 $=(80.80+60.80)\times2\times\sqrt{0.8^2+(5.5-0.45)^2}=1447.99\ m^2$

土钉工程量 $=1447.99\div1.00\times2.00=2895.98$ m，工程量清单见表8-14所示。

表8-14　土钉支护工程分部分项工程量清单

序号	项目编码	项目名称	项目特征	计量单位	工程量	金额/元	
						综合单价	综合合价
1	010202008001	土钉支护	1. 土钉深度：2m 2. 喷射厚度：80 mm 3. 混凝土强度等级：C25	m	2895.98		
2	010202009001	喷射混凝土	1. 部位：边坡 2. 厚度：80 mm 3. 材料种类：C25混凝土	m^2	1447.99		

8.3　桩基工程

桩基工程分为打桩和灌注桩共两节计11个项目。包括预制钢筋混凝土方桩、预制钢筋混凝土管桩、钢管桩、泥浆护壁成孔灌注桩、沉管灌注桩、挖孔桩等。

8.3.1　打桩工程(010301)

一、清单有关说明

①地层情况按表6-1和表8-6的规定，并根据岩土工程勘察报告按单位工程各地层所占比例(包括范围值)进行描述。对无法准确描述的地层情况，可注明由投标人根据岩土工程勘察报告自行决定报价。

②项目特征中的桩截面、混凝土强度等级、桩类型等可直接用标准图代号或设计桩型进行描述。

③打桩项目包括成品桩购置费，如果用现场预制桩，应包括现场预制的所有费用。

④打试验桩和打斜桩应按相应项目编码单独列项，并应在项目特征中注明试验桩或斜桩（斜率）。

⑤桩基础的承载力检测、桩身完整性检测等费用按国家相关取费标准单独计算，不在本清单项目中。

二、工程量清单

工程量清单项目设置、项目特征描述的内容、计量单位及工程量计算规则，应按表 8－15 的规定执行。

表 8－15　打桩工程工程量清单编制内容

项目编码	项目名称	项目特征	计量单位	工程量计算规则	工作内容
010301001	预制钢筋混凝土方桩	1. 地层情况 2. 送桩深度、桩长 3. 桩截面 4. 桩倾斜度 5. 混凝土强度等级	1. m 2. 根	1. 以米计量，按设计图示尺寸以桩长(包括桩尖)计算 2. 以根计量，按设计图示数量计算	1. 工作平台搭拆 2. 桩机竖拆、移位 2. 沉桩 3. 接桩 4. 送桩
010301002	预制钢筋混凝土管桩	1. 地层情况 2. 送桩深度、桩长 3. 桩外径、壁厚 4. 桩倾斜度 5. 混凝土强度等级 6. 填充材料种类 7. 防护材料种类			1. 工作平台搭拆 2. 桩机竖拆、移位 3. 沉桩 4. 接桩 5. 送桩 6. 填充材料、刷防护材料
010301003	钢管桩	1. 地层情况 2. 送桩深度、桩长 3. 材质 4. 管径、壁厚 5. 桩倾斜度 6. 填充材料种类 7. 防护材料种类	1. t 2. 根	1. 以吨计量，按设计图示尺寸以质量计算 2. 以根计量，按设计图示数量计算	1. 工作平台搭拆 2. 桩机竖拆、移位 3. 沉桩 4. 接桩 5. 送桩 6. 切割钢管、精割盖帽 7. 管内取土 8. 填充材料、刷防护材料
010301004	截(凿)桩头	1. 桩头截面、高度 2. 混凝土强度等级 3. 有无钢筋	1. m^3 2. 根	1. 以立方米计量，按设计桩截面乘以桩头长度以体积计算 2. 以根计量，按设计图示数量计算	1. 截桩头 2. 凿平 3. 废料外运

例8-7　第六节【例6-8】某打桩工程(如图8-7所示)，设计桩型为T-PHC-AB700-650(110)-13、13a，管桩数量250根，断面及示意如图所示，桩外径700 mm，壁厚110 mm，自然地面标高-0.3 m，桩顶标高-3.6 m，螺栓加焊接接桩，管桩接桩接点周边设计用钢板，该型号管桩成品价为1800元/m³，a型空心桩尖市场价180元/个。采用静力压桩施工方法，管桩场内运输按250 m考虑。

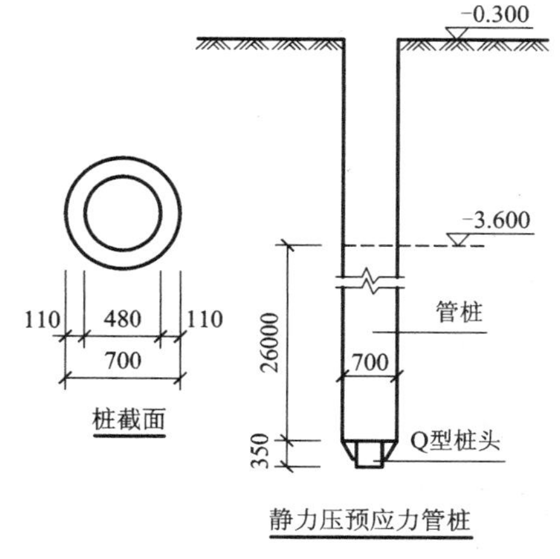

图8-7　(例8-7附图)

解：根据预制钢筋混凝土管桩清单的工程量计算规则，该桩的清单工程量为

按根计算：250根

工程量清单编制见表8-16。

表8-16　预制钢筋混凝土管桩分部分项工程量清单

序号	项目编码	项目名称	项目特征描述	计量单位	工程量	金额/元		
						综合单价	合价	其中：暂估价
1	010301002001	预制钢筋混凝土管桩	1. 地层情况：三类土 2. 送桩深度、桩长：3.3 m，26 m 3. 桩截面：300×300 mm 5. 桩外径、壁厚：700 mm、110 mm 6. 沉桩方法：静力压桩 7. 桩尖类型：a型空心桩尖 8. 混凝土强度等级：成品桩	根	250.00			

8.3.2　灌注桩工程(010302)

一、清单有关说明

①地层情况按表6-1和表8-6的规定，并根据岩土工程勘察报告按单位工程各地层所占比例(包括范围值)进行描述。对无法准确描述的地层情况，可注明由投标人根据岩土工程勘察报告自行决定报价。

②项目特征中的桩长应包括桩尖，空桩长度=孔深-桩长，孔深为自然地面至设计桩底的深度。

③项目特征中的桩截面(桩径)、混凝土强度等级、桩类型等可直接用标准图代号或设计桩型进行描述。

④泥浆护壁成孔灌注桩是指在泥浆护壁条件下成孔，采用水下灌注混凝土的桩。其成孔方法包括冲击钻成孔、冲抓锥成孔、回旋钻成孔、潜水钻成孔、泥浆护壁的旋挖成孔等。

⑤沉管灌注桩的沉管方法包括捶击沉管法、振动沉管法、振动冲击沉管法、内夯沉管法等。

⑥干作业成孔灌注桩是指不用泥浆护壁和套管护壁的情况下，用钻机成孔后，下钢筋笼，灌注混凝土的桩，适用于地下水位以上的土层使用。其成孔方法包括螺旋钻成孔、螺旋钻成孔扩底、干作业的旋挖成孔等。

⑦桩基础的承载力检测、桩身完整性检测等费用按国家相关取费标准单独计算，不在本清单项目中。

⑧混凝土灌注桩的钢筋笼制作、安装，按《房屋建筑与装饰工程计量规范(GB 500854—2013)》附录E中相关项目编码列项。

二、工程量清单

工程量清单项目设置、项目特征描述的内容、计量单位及工程量计算规则，应按表8－17的规定执行。

表8－17　灌注桩工程工程量清单编制内容

项目编码	项目名称	项目特征	计量单位	工程量计算规则	工作内容
010302001	泥浆护壁成孔灌注桩	1. 地层情况 2. 空桩长度、桩长 3. 桩径 4. 成孔方法 5. 护筒类型、长度 6. 混凝土类别、强度等级	1. m 2. m^3 3. 根	1. 以米计量，按设计图示尺寸以桩长(包括桩尖)计算 2. 以立方米计量，按不同截面在桩上范围内以体积计算。 3. 以根计量，按设计图示数量计算	1. 护筒埋设 2. 成孔、固壁 3. 混凝土制作、运输、灌注、养护 4. 土方、废泥浆外运 5. 打桩场地硬化及泥浆池、泥浆沟
010302002	沉管灌注桩	1. 地层情况 2. 空桩长度、桩长 3. 复打长度 4. 桩径 5. 沉管方法 6. 桩尖类型 7. 混凝土类别、强度等级			1. 打(沉)拔钢管 2. 桩尖制作、安装 3. 混凝土制作、运输、灌注、养护
010302003	干作业成孔灌注桩	1. 地层情况 2. 空桩长度、桩长 3. 桩径 4. 扩孔直径、高度 5. 成孔方法 6. 混凝土类别、强度等级			1. 成孔、扩孔 2. 混凝土制作、运输、灌注、振捣、养护

续表 8－17

项目编码	项目名称	项目特征	计量单位	工程量计算规则	工作内容
010302004	挖孔桩	土(石)方 1. 土(石)类别 2. 挖孔深度 3. 弃土(石)运距	m^3	按设计图示尺寸截面积乘以挖孔深度以立方米计算。	1. 排地表水 2. 挖土、凿石 3. 基底钎探 4. 运输
010302005	人工挖孔灌注桩	1. 桩芯长度 2. 桩芯直径、扩底直径、扩底高度 3. 护壁厚度、高度 4. 护壁混凝土类别、强度等级 5. 桩芯混凝土类别、强度等级	1. m^3 2. 根	1. 以立方米米计量，按桩芯混凝土体积计算 2. 以根计量，按设计图示数量计算	1. 护壁制作 2. 混凝土制作、运输、灌注、振捣、养护
010302006	钻孔压浆桩	1. 地层情况 2. 空钻长度、桩长 2. 钻孔直径 3. 水泥强度等级	1. m 2. 根	1. 以米计量，按设计图示尺寸以桩长计算 2. 以根计量，按设计图示数量计算	钻孔、下注浆管、投放骨料、浆液制作、运输、压浆
010302007	桩底注浆	1. 注浆导管材料、规格 2. 注浆导管长度 3. 单孔注浆量 4. 水泥强度等级	孔	按设计图示以注浆孔数计算	1. 注浆导管制作、安装 2. 浆液制作、运输、压浆

例 8－8　第 6 章【例 6－9】如图 8－8 所示，某单独打桩工程编制标底，设计钻孔灌注桩 25 根，桩径 900，设计桩长 28 m，入软岩 1.5 m，自然标高 －0.6 m，桩顶标高 －2.6 m，C30 砼现场自拌，土孔砼充盈系数 1.25，岩石孔砼充盈系数 1.1，每根桩钢筋用量为 0.75 t，以自身的粘土及灌入的自来水进行护壁，砌泥浆池，泥浆外运 8 km，桩头不需凿除。请计算定额工程量并确定综合单价。

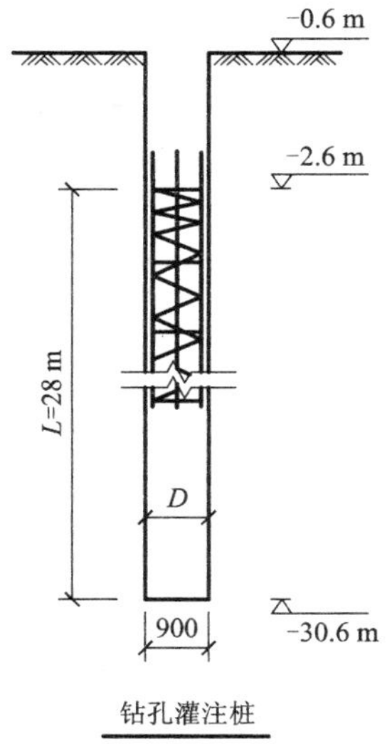

图 8－8　(例 8－8 附图)

解：根据钻孔灌注桩清单的工程量计算规则，该桩的清单工程量为

(1) 钻孔灌注桩工程量：$28\times25=700$ m

(2) 凿桩头工程量：$\pi\times0.45\times0.45\times0.9\times25=14.31$ m^3

工程量清单编制见表 8－18。

表 8-18　钻孔灌注桩分部分项工程量清单

<table>
<tr><th rowspan="3">序号</th><th rowspan="3">项目编码</th><th rowspan="3">项目名称</th><th rowspan="3">项目特征描述</th><th rowspan="3">计量单位</th><th rowspan="3">工程量</th><th colspan="3">金额/元</th></tr>
<tr><th rowspan="2">综合单价</th><th rowspan="2">合价</th><th>其中：</th></tr>
<tr><th>暂估价</th></tr>
<tr><td>1</td><td>010302001001</td><td>泥浆护壁成孔灌注桩</td><td>1. 地层情况：入软岩 1.5 m
2. 空桩长度、桩长：28 m
3. 桩径：900 mm
4. 成孔方法：钻孔
5. 护筒类型、长度：土孔泥浆护壁
6. 混凝土种类、强度等级：C30 自拌</td><td>m</td><td>700.00</td><td></td><td></td><td></td></tr>
<tr><td>2</td><td>010301004001</td><td>截(凿)桩头</td><td>1. 桩类型：钻孔灌注桩
2. 桩头截面、高度：外径 900 mm、900 mm
3. 混凝土强度等级：C30
4. 有无钢筋：有</td><td>m^3</td><td>14.13</td><td></td><td></td><td></td></tr>
</table>

例 8-9　某工程现场搅拌钢筋混凝土沉管灌注桩，混凝土强度等级为 C30，土壤类别为三类土，单桩设计长度为 13 m，桩径为 500 mm，锅锥成孔，设计桩顶距自然地面高度 1.2 m，泥浆外运 10 km，共计 120 根桩，请计算该混凝土灌注桩的清单工程量，并编制该混凝土灌注桩的工程量清单。

解：根据混凝土灌注桩清单的工程量计算规则，该混凝土灌注桩的清单工程量为

按长度计算：$120 \times 13 = 1560$ m

工程量清单编制见表 8-19。

表 8-19　混凝土沉管灌注桩分部分项工程量清单

<table>
<tr><th rowspan="2">序号</th><th rowspan="2">项目编码</th><th rowspan="2">项目名称</th><th rowspan="2">项目特征</th><th rowspan="2">计量单位</th><th rowspan="2">工程量</th><th colspan="2">金额/元</th></tr>
<tr><th>综合单价</th><th>综合合价</th></tr>
<tr><td>1</td><td>010302002001</td><td>沉管灌注桩</td><td>1. 地层情况：三类土
2. 空桩长度、桩长：设计桩长 13 m
3. 桩径：500 mm
4. 成孔方法：锅锥成孔
5. 混凝土等级：C30，泵送商品混凝土</td><td>m</td><td>1560</td><td></td><td></td></tr>
</table>

8.4　砌筑工程

砌筑工程分为砖砌体、砌块砌体、石砌体和垫层共 5 节计 27 个项目。包括砖基础、实心砖墙、空斗墙、砖散水、地坪、地沟、砖检查井、砌块墙、石基础、石勒脚、石墙，适用于建筑物、构筑物的砌筑工程。

8.4.1　砖砌体工程(010401)

一、清单有关说明

①“砖基础”项目适用于各种类型砖基础：柱基础、墙基础、管道基础等。

②基础与墙(柱)身使用同一种材料时，以设计室内地面为界(有地下室者，以地下室室内设计地面为界)，以下为基础，以上为墙(柱)身。基础与墙身使用不同材料时，位于设计室内地面高度≤±300 mm 时，以不同材料为分界线，高度>±300 mm 时，以设计室内地面为分界线。

③砖围墙以设计室外地坪为界，以下为基础，以上为墙身。

④框架外表面的镶贴砖部分，按零星项目编码列项。

⑤附墙烟囱、通风道、垃圾道、应按设计图示尺寸以体积(扣除孔洞所占体积)计算并入所依附的墙体体积内。当设计规定孔洞内需抹灰时，应按本规范附录 L 中零星抹灰项目编码列项。

⑥空斗墙的窗间墙、窗台下、楼板下、梁头下等的实砌部分，按零星砌砖项目编码列项。

⑦“空花墙”项目适用于各种类型的空花墙，使用混凝土花格砌筑的空花墙，实砌墙体与混凝土花格应分别计算，混凝土花格按混凝土及钢筋混凝土中预制构件相关项目编码列项。

⑧台阶、台阶挡墙、梯带、锅台、炉灶、蹲台、池槽、池槽腿、砖胎模、花台、花池、楼梯栏板、阳台栏板、地垄墙、≤0.3m^2的孔洞填塞等，应按零星砌砖项目编码列项。砖砌锅台与炉灶可按外形尺寸以个计算，砖砌台阶可按水平投影面积以平方米计算，小便槽、地垄墙可按长度计算、其他工程按立方米计算。

⑨砖砌体内钢筋加固，应按《房屋建筑与装饰工程计量规范(GB 500854—2013)》附录 E 中相关项目编码列项。

⑩砖砌体勾缝按《房屋建筑与装饰工程计量规范(GB 500854—2013)》附录 L 中相关项目编码列项。

检查井内的爬梯按本附录 E 中相关项目编码列项；井、池内的混凝土构件按《房屋建筑与装饰工程计量规范(GB 500854—2013)》附录 E 中混凝土及钢筋混凝土预制构件编码列项。

如施工图设计标注做法见标准图集时，应注明标注图集的编码、页号及节点大样。

标准砖尺寸应为 240 mm×115 mm×53 mm。标准砖墙厚度应按表 8－20 计算。

表 8－20　标准墙计算厚度表

砖数(厚度)	1/4	1/2	3/4	1	3/2	2	5/2	3
计算厚度/mm	53	115	180	240	365	490	615	740

二、清单工程量

(一)砖基础(010401001)

"砖基础"项目适用于各种类型砖基础：柱基础、墙基础、烟囱基础、水塔基础、管道基础等。对基础类型应在工程量清单中进行描述，砖基础所在位置如图 8－9 所示。

工程量清单项目设置、项目特征描述的内容、计量单位及工程量计算规则，应按表 8－21 的规定执行。

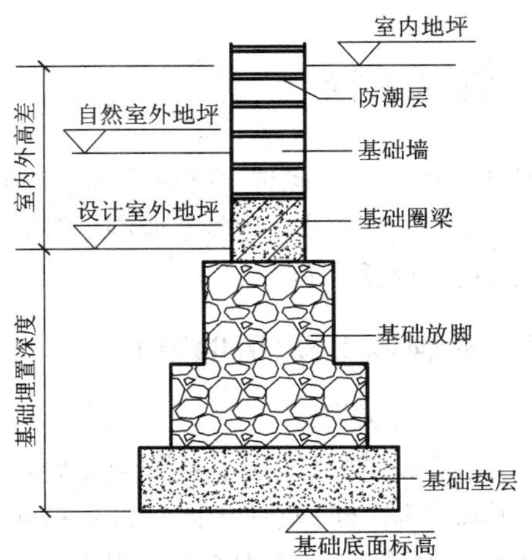

图 8－9　基础墙断面示意图

表 8－21　砖基础工程量清单编制内容

项目编码	项目名称	项目特征	计量单位	工程量计算规则	工程内容
010401001	砖基础	1. 砖品种、规格、强度等级 2. 基础类型 3. 砂浆强度等级 4. 防潮层材料种类	m^3	按设计图示尺寸以体积计算。包括附墙垛基础宽出部分体积，扣除地梁(圈梁)、构造柱所占体积，不扣除基础大放脚 T 形接头处的重叠部分及嵌入基础内的钢筋、铁件、管道、基础砂浆防潮层和单个面积≤0.3 m^2 的孔洞所占体积，靠墙暖气沟的挑檐不增加。 基础长度：外墙按外墙中心线，内墙按内墙净长线计算	1. 砂浆制作、运输 2. 砌砖 3. 防潮层铺设 4. 材料运输

基础与墙身的分界线、砖基础大放脚内容详见第六章相关内容。特别提示的是砖基础大放脚的尺寸计算，在一些图纸中会出现 60 mm × 120 mm 的情形如图 8－10 所示，均按照标准大放脚尺寸计算，即 62.5 mm × 126 mm，1 个标准大放脚尺寸为 0.007875 m^2。砖基础大放脚的面积，可以有两外一种算法，即 $0.007875 \times n \times (n+1)$，$n$ 代表大放脚层数。

砖基础是由基础墙和大放脚组成。基础大放脚一般采用每两皮挑出 1/4 砖(等高式大放脚)或二皮与一皮间隔挑出 1/4 砖(不等高式大放脚)两种形式。

工程量计算公式：

$$V = \text{基础长度 } L \times \text{基础断面面积 } S + \text{应增加体积 } V_1 - \text{应扣除体积 } V_2$$

(1)基础长度 L 的确定：

外墙基础长度：外墙中心线 $L_{中}$

内墙基础长度：内墙净长线 $L_{内}$

(2)基础断面面积 S 的确定：

①采用折加高度计算法

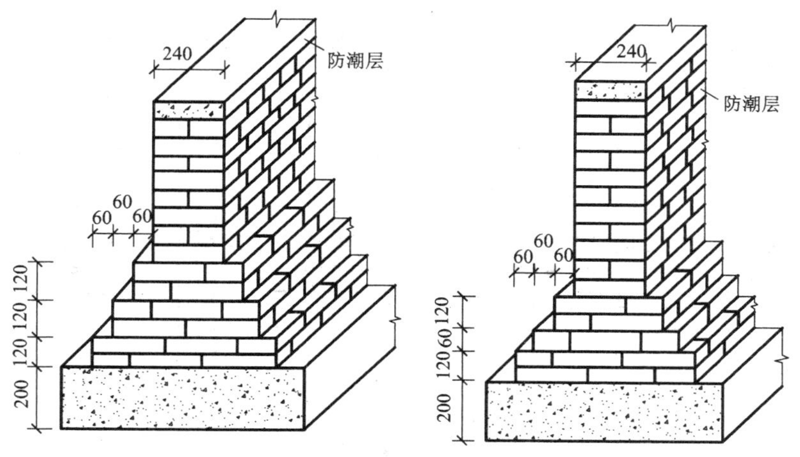

图 8－10　大放脚示意图

基础断面积＝基础宽度×（基础高度＋折加高度）

式中：折加高度＝大放脚断面之和/基础宽度

②采用增加断面积计算法

基础断面积＝基础宽度×基础高度＋大放脚断面积

（3）应增加体积 V_1：附墙垛基础宽出部分体积，如图 8－11 所示。

（4）应扣除体积 V_2：基础混凝土防潮层、单个面积＞0.3 m^2 的孔洞所占体积、砖基础里混凝土构件所占的体积，如构造柱、地圈梁等。

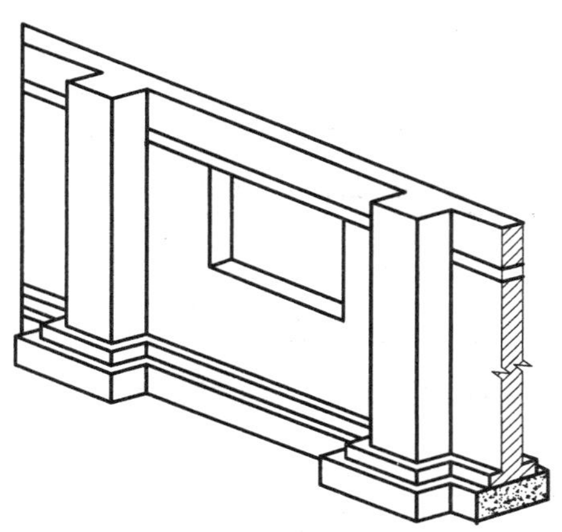

图 8－11　附墙垛示意图

例 8－10　某工程，基础平面图、剖面图如图 8－12 所示。该工程设计室外地坪标高为－0.30，室内标高 ±0.00 以下砖基础采用 M10 水泥砂浆标准砖砌筑，室内标高 ±0.00 以上采用 M5 混合砂浆多孔砖砌筑，－0.06 处设 20 厚 1∶2 防水砂浆防潮层，±0.00 以下构造柱的体积为 2.18 m^3，试编制砖基础的分部分项工程量清单。

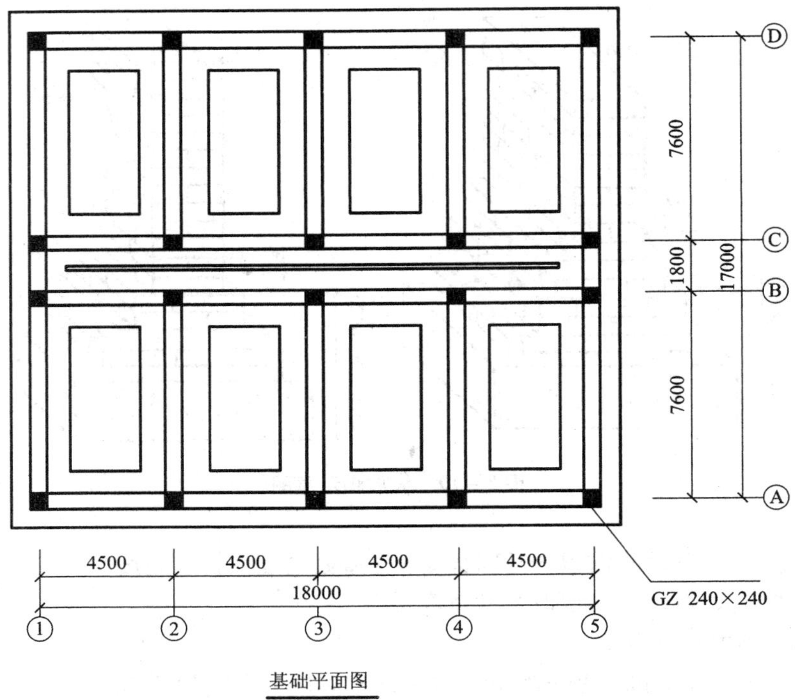

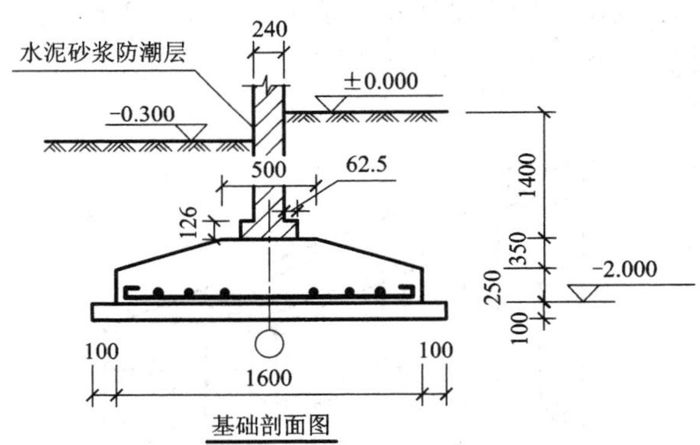

图 8－12　某工程基础平面图和剖面图

解：(1)计算清单工程量

依据砖基础的工程量计算规则，计算砖基础工程量：

①砖基础长度 L 的确定：

$$L_{中}=(18.0+17.0)\times 2=70.00\ \text{m}$$

$$L_{内}=(18.0-0.24)\times 2+(7.6-0.24)\times 6=79.68\ \text{m}$$

$$长度\ L=70+79.68=149.68\ \text{m}$$

②基础断面面积 S 的确定：

$$S=0.126\times 0.0625\times 2+0.24\times 1.4=0.35\ \text{m}^2$$

③砖基础体积的确定：

$$V = 0.35 \times 149.68 - 2.18 = 50.21\ m^3$$

(2)编制工程量清单，见表 8 - 22。

表 8 - 22　某工程砖基础工程分部分项工程量清单

序号	项目编码	项目名称	项目特征描述	计量单位	工程量	金额/元		
						综合单价	合价	其中：暂估价
1	010401001001	砖基础	1. 砖品种、规格、强度等级：标准砖 2. 基础类型：条形砖基础 3. 砂浆强度等级：M10 水泥砂浆 4. 防潮层材料种类：20 厚 1∶2防水砂浆防潮层	m^3	50.21			

(二)实心砖墙(010401003)、多孔砖墙(010401004)、空心砖墙(010401005)

"实心砖墙"项目适用于各种类型实心砖墙，可分为外墙、内墙、围墙、双面混水墙、双面清水墙、单面清水墙、直形墙、弧形墙以及不同的墙厚，砌筑砂浆分水泥砂浆、混合砂浆以及不同的强度，不同的砖强度等级，加浆刮缝、原浆刮缝等，应在工程量清单项目中一一进行描述。

1. 清单工程量

工程量清单项目设置、项目特征描述的内容、计量单位及工程量计算规则，应按表 8 - 23 的规定执行。

表 8 - 23　实心砖墙、多孔砖墙、空心砖墙工程量清单编制内容

项目特征	项目名称	项目特征	计量单位	工程量计算规则	工程内容
010401003	实心砖墙	1. 砖品种、规格、强度等级 2. 墙体类型 3. 砂浆强度等级、配合比	m^3	按设计图示尺寸以体积计算。扣除门窗、洞口嵌入墙内的钢筋混凝土柱、梁、圈梁、挑梁、过梁及凹进墙内的壁龛、管槽、暖气槽、消火栓箱所占体积。不扣除梁头、板头、檩头、垫木、木楞头、沿缘木、木砖、门窗走头、砖墙内加固钢筋、木筋、铁件、钢管及单个面积 $\leq 0.3\ m^2$ 的孔洞所占体积。凸出墙面的腰线、挑檐、压顶、窗台线、虎头砖、门窗套的体积亦不增加。凸出墙面的砖垛并入墙体体积内计算	1. 砂浆制作、运输 2. 砌砖 3. 刮缝 4. 砖压顶砌筑 5. 材料运输
010401004	多孔砖墙				
010401005	空心砖墙				

2. 工程量计算公式

$$V = 墙长 L \times 墙厚 B \times 墙高 H + 应增加体积 V_1 - 应扣除体积 V_2$$

1）墙长度 L

墙长度：外墙按中心线、内墙按净长计算；框架间墙按净长计算。

①内墙与外墙丁字相交时，如图 8－13 所示，计算内墙长度时，要算至外墙的里边线，这就避免了内外墙重复计算。

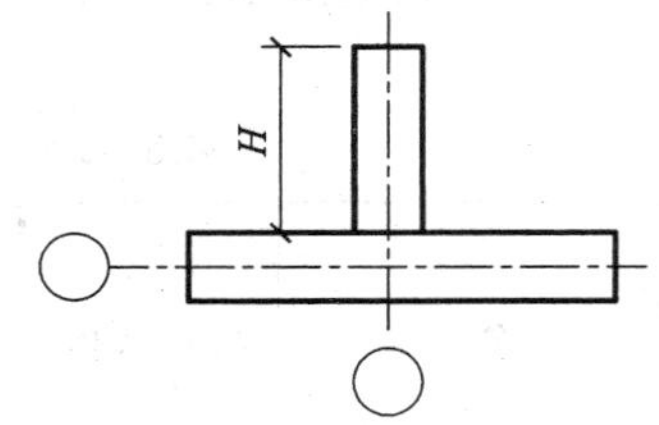

图 8－13　内墙与外墙丁字相交

②内墙与内墙 L 形相交时，两面内墙的长度均算至中心线，如图 8－14 所示。

③内墙与内墙十字相交时，按较厚墙体的内墙长度计算，较薄墙体的内墙长度算至较厚墙体的外边线处，如图 8－15 所示。

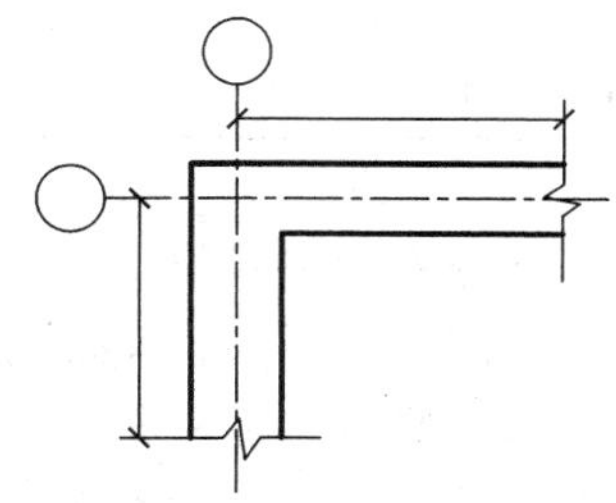

图 8－14　内墙与内墙 L 形相交

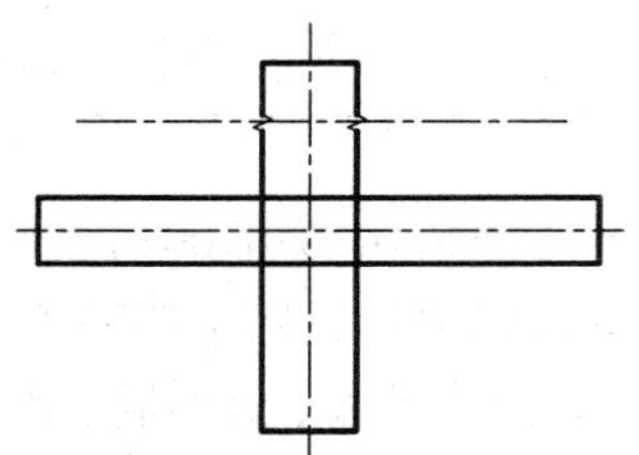

图 8－15　内墙与内墙十字相交

2）墙厚 B

墙厚 B 的确定一般依据图纸确定。

3）墙高度 H

①外墙：斜（坡）屋面无檐口天棚者算至屋面板底；有屋架且室内外均有天棚者算至屋架下弦底另加 200 mm；无天棚者算至屋架下弦底另加 300 mm，出檐宽度超过 600 mm 时按实砌高度计算；与钢筋混凝土楼板隔层者算至板顶。平屋顶算至钢筋混凝土板底。

②内墙：位于屋架下弦者，算至屋架下弦底；无屋架者算至天棚底另加 100 mm；有钢筋混凝土楼板隔层者算至楼板顶；有框架梁时算至梁底。

③女儿墙：从屋面板上表面算至女儿墙顶面（如有混凝土压顶时算至压顶下表面）。

④内、外山墙：按其平均高度计算。

⑤框架间墙：不分内外墙按墙体净尺寸以体积计算。

⑥围墙：高度算至压顶上表面（如有混凝土压顶时算至压顶下表面），围墙柱并入围墙体积内。

⑦墙身计算高度与定额工程量计算规则比较，见表 8－24。

表 8 - 24　GB 500854—2013 与 2014 江苏省定额墙身计算高度比较

<table>
<tr><th>名称</th><th>屋面类型</th><th>檐口构造</th><th>规范墙身计算高度</th><th>定额墙身计算高度</th></tr>
<tr><td rowspan="8">外墙</td><td rowspan="4">坡屋面</td><td>无檐口天棚者</td><td>算至屋面板底</td><td>算至屋面板底</td></tr>
<tr><td>有屋架，室内外均有天棚者</td><td>算至屋架下弦底面另加 200 mm</td><td>算至屋架下弦底另加 200 mm</td></tr>
<tr><td>有屋架，无天棚者</td><td>算至屋架下弦底面另加 300 mm</td><td>算至屋架下弦底另加 300 mm</td></tr>
<tr><td>无天棚，檐宽超过 600 mm</td><td>按实砌高度计算</td><td>按实砌高度计算</td></tr>
<tr><td rowspan="2">平屋面</td><td>有挑檐</td><td>算至钢筋混凝土板底</td><td>算至钢筋混凝土板顶</td></tr>
<tr><td>有女儿墙，无檐口</td><td>算至屋面板顶面</td><td>算至屋面板顶面</td></tr>
<tr><td rowspan="2">女儿墙</td><td>无混凝土压顶</td><td>算至女儿墙顶面</td><td>算至女儿墙顶面</td></tr>
<tr><td>有混凝土压顶</td><td>算至女儿墙压顶底面</td><td>算至女儿墙压顶底面</td></tr>
<tr><td rowspan="4">内墙</td><td rowspan="4">平顶</td><td>位于屋架下弦者</td><td>算至屋架下弦底</td><td>算至屋架下弦底</td></tr>
<tr><td>无屋架，有天棚者</td><td>算至天棚底另加 100 mm</td><td>算至天棚底另加 100 mm</td></tr>
<tr><td>有钢筋混凝土楼板隔层者</td><td>算至楼板顶面</td><td>算至楼板底面</td></tr>
<tr><td>有框架梁时</td><td>算至梁底面</td><td>算至梁底面</td></tr>
<tr><td>山墙</td><td>有山尖</td><td>内、外山墙</td><td>按平均高度计算</td><td>按平均高度计算</td></tr>
</table>

4）应增加体积 V_1

凸出墙面的砖垛并入墙体体积内计算，附墙烟囱、通风道、垃圾道应按设计图示尺寸以体积（扣除孔洞所占体积）计算并入所依附的墙体体积内。附墙垛基础宽出部分体积。

5）应扣除体积 V_2

门窗、洞口、嵌入墙内的钢筋混凝土柱、梁、圈梁、挑梁、过梁及凹进墙内的壁龛、管槽、暖气槽、消火栓箱所占体积，单个面积 $>0.3\ m^2$ 的孔洞所占体积。

例 8 - 11　某三类工程项目，如图 8 - 16 底层平面图、墙身剖面图所示，层高 2.8m，±0.00以上为 M7.5 混合砂浆粘土多孔砖砌筑，构造柱 240 mm × 240 mm，有马牙搓与墙嵌接，圈梁 240 mm × 300 mm，屋面板厚 100 mm，门窗上口无圈梁处设置过梁厚 240 × 240 mm，过梁长度为洞口尺寸两边各加 250 mm，砌体材料为 KP1 多孔砖，女儿墙采用 M5 水泥砂浆标准砖砌筑，女儿墙上压顶厚 60 mm，窗 C1：1500 mm × 1500 mm；门 M1：1200 mm × 2100 mm，M2：900 mm × 2100 mm；一层过梁、构造柱、圈梁的体积为 $11.61\ m^3$，女儿墙上构造柱体积为 $0.54\ m^3$，编制墙体的分部分项工程量清单。

解： 1. 计算清单工程量

（1）多孔砖墙体积 V = 墙长 L × 墙厚 B × 墙高 H + 应增加体积 V_1 − 应扣除体积 V_2

①墙长 L 的确定：外墙按中心线，内墙按净长线。

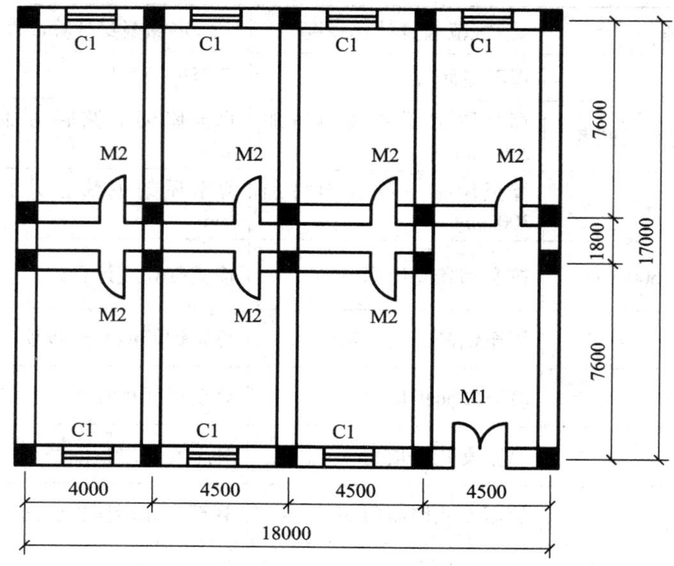

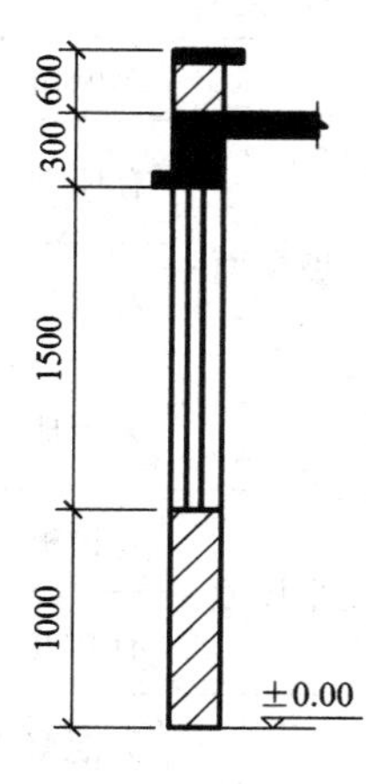

图 8-16　底层平面图、墙身剖面图

$$L_{中}=(18.0+17.0)\times2=70.00\ \text{m}$$

$$L_{内}=(18.0-0.24)+4.5\times3+(7.6-0.24)\times6=75.42\ \text{m}$$

$$墙长\ L=L_{中}+L_{内}=70.00+75.42=145.42\ \text{m}$$

(2)墙厚 $B=0.24$ m

①墙高 $H=2.8-0.1=2.70$ m

②应扣除体积 $V_2=(1.5\times1.5\times7+1.2\times2.1+0.9\times2.1\times7)\times0.24+11.61=19.17\ \text{m}^3$

多孔砖墙体积 V = 墙长 $L\times$ 墙厚 $B\times$ 墙高 $H+$ 应增加体积 V_1- 应扣除体积 V_2

$=145.42\times0.24\times2.7-19.17$

$=75.06\ \text{m}^3$

(3)女儿墙体积 V = 墙长 $L\times$ 墙厚 $B\times$ 墙高 $H+$ 应增加体积 V_1- 应扣除体积 V_2

①墙长 L 的确定：外墙按中心线，内墙按净长线。

$$L_{中}=(18.0+17.0)\times2=70.00\ \text{m}$$

②墙厚 $B=0.24$ m

③墙高 $H=0.6-0.06=0.54$ m

$$应扣除体积\ V_2=0.54\ \text{m}^3$$

女儿墙体积 V = 墙长 $L\times$ 墙厚 $B\times$ 墙高 $H+$ 应增加体积 V_1- 应扣除体积 V_2

$=70\times0.24\times0.54-0.54=8.53\ \text{m}^3$

2. 编制工程量清单，见表 8-25。

表 8－25　某工程多孔砖墙和实心砖墙分部分项工程量清单

序号	项目编码	项目名称	项目特征描述	计量单位	工程量	金额/元		
						综合单价	合价	其中：暂估价
1	010401004001	多孔砖墙	1. 砖品种、规格、强度等级：黏土多孔砖 2. 墙体类型：内外墙 3. 砂浆强度等级、配合比：M7.5 混合砂浆	m^3	75.06			
2	010401003001	实心砖墙	1. 砖品种、规格、强度等级：标准砖 2. 墙体类型：女儿墙 3. 砂浆强度等级配合比：M5 水泥砂浆	m^3	8.53			

（三）空斗墙（010401006）、空花墙（010401007）

空斗墙按设计图示尺寸以空斗墙外形体积计算。墙角、内外墙交接处、门窗洞口立边、窗台砖、屋檐处的实砌部分体积并入空斗墙体积内。空斗墙类型如图 8－17 所示。

“空花墙”项目适用于各种类型的空花墙如图 8－18 所示，使用混凝土花格砌筑的空花墙，实砌墙体与混凝土花格应分别计算，混凝土花格按混凝土及钢筋混凝土中预制构件相关项目编码列项。

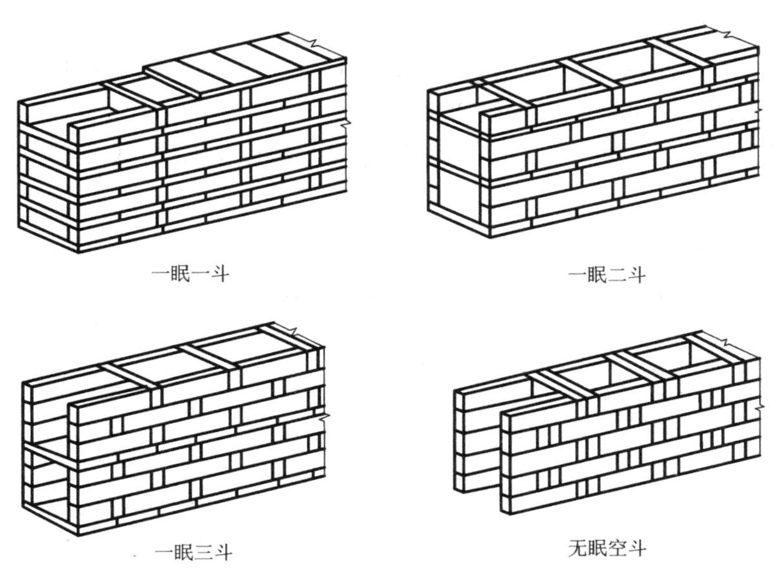

图 8－17　常见空斗墙类型

工程量清单项目设置、项目特征描述的内容、计量单位及工程量计算规则，应按表 8－26 的规定执行。

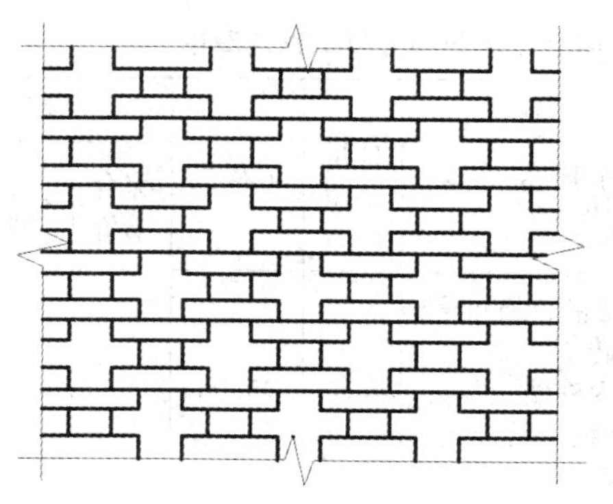

图 8－18　空花墙

表 8－26　空斗墙、空花墙工程量清单编制内容

项目编码	项目名称	项目特征	计量单位	工程量计算规则	工程内容
010401006	空斗墙	1. 砖品种、规格、强度等级 2. 墙体类型 3. 砂浆强度等级、配合比	m^3	按设计图示尺寸以空斗墙外形体积计算。墙角、内外墙交接处、门窗洞口立边、窗台砖、屋檐处的实砌部分体积，并入空斗墙体积内	1. 砂浆制作、运输 2. 砌砖 3. 刮缝 4. 材料运输
010401007	空花墙			按设计图示尺寸以空花部分的外形体积计算，不扣除空洞部分体积	

（四）砖检查井（010401011）

"砖检查井"项目适用于各种类型的砖砌检查井，检查井内的爬梯、井、池内的混凝土构件按混凝土及钢筋混凝土预制构件编码列项。

工程量清单项目设置、项目特征描述的内容、计量单位及工程量计算规则，应按表 8－27 的规定执行。

表 8－27　砖检查井工程量清单编制内容

项目编码	项目名称	项目特征	计量单位	工程量计算规则	工程内容
010401011	砖检查井	1. 井截面、深度 2. 砖品种、规格、强度等级 3. 垫层材料种类、厚度 4. 底板厚度 5. 井盖安装 6. 混凝土强度等级 7. 砂浆强度等级 8. 防潮层材料种类	座	按设计图示数量计算	1. 砂浆制作、运输 2. 铺设垫层 3. 底板混凝土制作、运输、浇筑、振捣、养护 4. 砌砖 5. 刮缝 6. 井池底、壁抹灰 7. 抹防潮层 8. 材料运输

（五）零星砌体（010401012）

“零星砌体”项目适用于台阶、台阶挡墙、梯带、锅台、炉灶、蹲台、池槽、池槽腿、砖胎模、花台、花池、楼梯栏板、阳台栏板、地垄墙、≤0.3 m^2的孔洞填塞等。在该项目编制时注意计量单位的使用。如砖砌锅台与炉灶可按外形尺寸以个计算，砖砌台阶可按水平投影面积以平方米计算，小便槽、地垄墙可按长度计算，其他工程按立方米计算。

工程量清单项目设置、项目特征描述的内容、计量单位及工程量计算规则，应按表8－28的规定执行。

表8－28 零星砌体工程量清单编制内容

项目编码	项目名称	项目特征	计量单位	工程量计算规则	工程内容
010401012	零星砌砖	1. 零星砌砖名称、部位 2. 砖品种、规格、强度等级 3. 砂浆强度等级、配合比	1. m^3 2. m^2 3. m 4. 个	1. 以立方米计量，按设计图示尺寸截面积乘以长度计算。 2. 以平方米计量，按设计图示尺寸水平投影面积计算。 3. 以米计量，按设计图示尺寸长度计算。 4. 以个计量，按设计图示数量计算。	1. 砂浆制作、运输 2. 砌砖 3. 刮缝 4. 材料运输

8.4.2 砌块砌体工程（010402）

一、清单有关说明

①砌体内加筋、墙体拉结的制作、安装，应按《房屋建筑与装饰工程计量规范（GB 500854—2013）》附录E中相关项目编码列项。

②砌块排列应上、下错缝搭砌，如果搭错缝长度满足不了规定的压搭要求，应采取压砌钢筋网片的措施，具体构造要求按设计规定。若设计无规定时，应注明由投标人根据工程实际情况自行考虑。

图8－19 砌块墙砌体

③由于砌块墙砌块空隙较大，如图8－19所示，砌体垂直灰缝宽＞30 mm时，采用C20细石混凝土灌实。灌注的混凝土应按《房屋建筑与装饰工程计量规范（GB 500854—2013）》附录E相关项目编码列项。

二、工程量清单

工程量清单项目设置、项目特征描述的内容、计量单位及工程量计算规则，应按表8－29的规定执行。

$$V = 墙长\ L \times 墙厚\ B \times 墙高\ H + 应增加体积\ V_1 - 应扣除体积\ V_2$$

（1）墙长度 L。

墙长度：外墙按中心线、内墙按净长计算。

（2）墙厚 B。

墙厚 B 的确定一般依据图纸确定。

表 8－29　砌块墙工程量清单编制内容

项目编码	项目名称	项目特征	计量单位	工程量计算规则	工程内容
0402001	砌块墙	1. 砌块品种、规格、强度等级 2. 墙体类型 3. 砂浆强度等级	m^3	按设计图示尺寸以体积计算。扣除门窗、洞口嵌入墙内的钢筋混凝土柱、梁、圈梁、挑梁、过梁及凹进墙内的壁龛、管槽、暖气槽、消火栓箱所占体积。不扣除梁头、板头、檩头、垫木、木楞头、沿缘木、木砖、门窗走头、砖墙内加固钢筋、木筋、铁件、钢管及单个面积≤0.3 m^2 的孔洞所占体积。凸出墙面的腰线、挑檐、压顶、窗台线、虎头砖、门窗套的体积亦不增加。凸出墙面的砖垛并入墙体体积内计算	1. 砂浆制作、运输 2. 砌砖、砌块 3. 勾缝 4. 材料运输

(3)墙高度 H

①外墙：斜(坡)屋面无檐口天棚者算至屋面板底；有屋架且室内外均有天棚者算至屋架下弦底另加 200 mm；无天棚者算至屋架下弦底另加 300 mm，出檐宽度超过 600 mm 时按实砌高度计算；与钢筋混凝土楼板隔层者算至板顶；平屋面算至钢筋砼板底。

②内墙：位于屋架下弦者，算至屋架下弦底；无屋架者算至天棚底另加 100 mm；有钢筋砼楼板隔层者算至楼板顶；有框架梁时算至梁底。

③女儿墙：从屋面板上表面算至女儿墙顶面(如有砼压顶时算至压顶下表面)。

④内、外山墙：按其平均高度计算。

(3)框架间墙：不分内外墙按墙体净尺寸以体积计算。

(4)围墙：高度算至压顶上表面(如有砼压顶时算至压顶下表面)，围墙柱并入围墙体积内。

8.4.3　石砌体工程(010403)

石砌体主要有石基础、石勒脚、石墙、石挡土墙、石柱、护坡、石坡道、石地沟、石明沟、石栏杆、石台阶等项目。

一、清单有关说明

①石基础、石勒脚、石墙的划分：基础与勒脚应以设计室外地坪为界。勒脚与墙身应以设计室内地面为界。石围墙内外地坪标高不同时，应以较低地坪标高为界，以下为基础；内外标高之差为挡土墙时，挡土墙以上为墙身，如图 8－20 所示。

②“石基础”项目适用于各种规格(粗料石、细料石等)、各种材质(砂石、青石等)和各种类型(柱基、墙基、直形、弧形等)基础。

③“石勒脚”“石墙”项目适用于各种规格(粗料石、细料石等)、各种材质(砂石、青石、大理石、花岗石等)和各种类型(直形、弧形等)勒脚和墙体。

④“石挡土墙”项目适用于各种规格(粗料石、细料石、块石、毛石、卵石等)、各种材质(砂石、青石、石灰石等)和各种类型(直形、弧形、台阶形等)挡土墙。

⑤“石柱”项目适用于各种规格、各种石质、各种类型的石柱。

⑥“石栏杆”项目适用于无雕饰的一般石栏杆。

⑦“石护坡”项目适用于各种石质和各种石料（粗料石、细料石、片石、块石、毛石、卵石等）。

⑧石砌台阶的象眼和石梯带如图 8－21 所示。

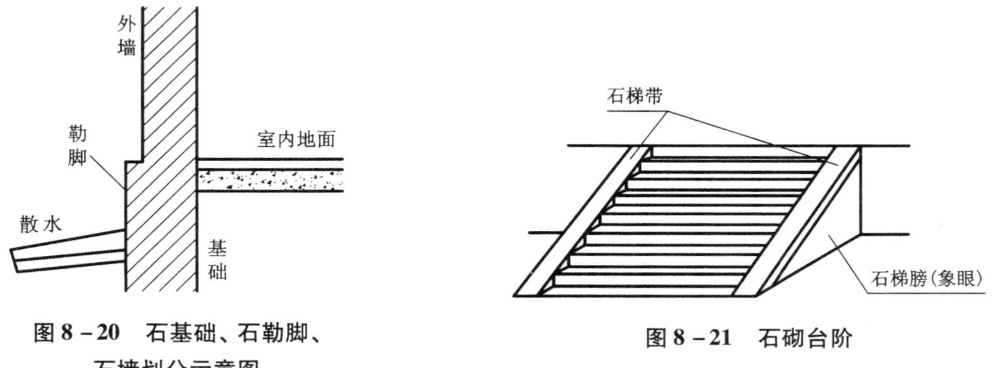

图 8－20　石基础、石勒脚、石墙划分示意图

图 8－21　石砌台阶

二、工程量清单

工程量清单项目设置、项目特征描述的内容、计量单位及工程量计算规则，应按表 8－30 的规定执行。

表 8－30　石基础、石勒脚和石墙工程量清单编制内容

项目编码	项目名称	项目特征	计量单位	工程量计算规则
010403001	石基础	1. 石料种类、规格 2. 基础类型 3. 砂浆强度等级	m^3	按设计图示尺寸以体积计算。包括附墙垛基础宽出部分体积，不扣除基础砂浆防潮层及单个面积≤0.3 m^2 的孔洞所占体积，靠墙暖气沟的挑檐不增加体积。
010403002	石勒脚	1. 石料种类、规格 2. 石表面加工要求 3. 勾缝要求 4. 砂浆强度等级、配合比	m^3	按设计图示尺寸以体积计算，扣除单个面积＞0.3 m^2 的孔洞所占的体积。
010403003	石墙	1. 石料种类、规格 2. 石表面加工要求 3. 勾缝要求 4. 砂浆强度等级、配合比		按设计图示尺寸以体积计算。扣除门窗洞口、过人洞、空圈、嵌入墙内的钢筋混凝土柱、梁、圈梁、挑梁、过梁及凹进墙内的壁龛、管槽、暖气槽、消火栓箱所占体积，不扣除梁头、板头、檩头、垫木、木楞头、沿缘木、木砖、门窗走头、石墙内加固钢筋、木筋、铁件、钢管及单个面积≤0.3 m^2 的孔洞所占的体积。凸出墙面的腰线、挑檐、压顶、窗台线、虎头砖、门窗套的体积亦不增加。凸出墙面的砖垛并入墙体体积内计算。

三、工程量计算规则

1. 石基础

按设计图示尺寸以体积计算。包括附墙垛基础宽出部分体积，不扣除基础砂浆防潮层及单个面积≤0.3 m^2 的孔洞所占体积，靠墙暖气沟的挑檐不增加体积。

基础长度：外墙按中心线，内墙按净长计算。

2. 石墙：按设计图示尺寸以体积计算。具体计算同砖砌体。

1）墙长度

外墙按中心线、内墙按净长计算；

2）墙高度

（1）外墙：斜（坡）屋面无檐口天棚者算至屋面板底；有屋架且室内外均有天棚者算至屋架下弦底另加200 mm；无天棚者算至屋架下弦底另加300 mm，出檐宽度超过600 mm时按实砌高度计算；平屋顶算至钢筋砼板底。

（2）内墙：位于屋架下弦者，算至屋架下弦底；无屋架者算至天棚底另加 100 mm；有钢筋砼楼板隔层者算至楼板顶；有框架梁时算至梁底。

（3）女儿墙：从屋面板上表面算至女儿墙顶面（如有砼压顶时算至压顶下表面）。

（4）内、外山墙：按其平均高度计算。

3. 围墙

高度算至压顶上表面（如有混凝土压顶时算至压顶下表面），围墙柱并入围墙体积内。

8.4.4 垫层工程（010404）

“垫层”项目适用于除混凝土垫层以外的所有垫层，如碎石垫层、三七土垫层、灰土垫层和煤渣垫层等。

工程量清单项目设置、项目特征描述的内容、计量单位及工程量计算规则，应按表8－31的规定执行。

表8－31 垫层工程量清单编制内容

项目编码	项目名称	项目特征	计量单位	工程量计算规则	工程内容
010404001	垫层	垫层材料种类、配合比、厚度	m^3	按设计图示尺寸以立方米计算	1. 垫层材料的拌制 2. 垫层铺设 3. 材料运输

8.5 混凝土及钢筋混凝土工程

混凝土及钢筋混凝土工程分部共 17 节 76 个项目。包括现浇混凝土基础、现浇混凝土柱、现浇混凝土梁、现浇混凝土墙、现浇混凝土板、现浇混凝土楼梯、现浇混凝土其他构件、后浇带、预制混凝土柱、预制混凝土梁、预制混凝土屋架、预制混凝土板、预制混凝土楼梯、其他预制构件、钢筋工程、螺栓铁件等。适用于建筑物和构筑物的混凝土及钢筋混凝土工程。

8.5.1　现浇混凝土基础(010501)

一、清单有关规定

①有肋带形基础、无肋带形基础应按《房屋建筑与装饰工程计量规范(GB 500854—2013)》E.1 中相关项目列项，并注明肋高。

②箱式满堂基础中柱、梁、墙、板按《房屋建筑与装饰工程计量规范(GB 500854—2013)》E.2、E.3、E.4、E.5 相关项目分别编码列项；箱式满堂基础底板按 E.1 的满堂基础项目列项。

③框架式设备基础中柱、梁、墙、板分别按《房屋建筑与装饰工程计量规范(GB 500854—2013)》E.2、E.3、E.4、E.5 相关项目编码列项；基础部分按 E.1 相关项目编码列项。

④如为毛石混凝土基础，项目特征应描述毛石所占比例。

二、工程量清单

包括垫层、带形基础、独立基础、满堂基础、设备基础、桩承台基础等，按设计尺寸以体积计算，不扣除构件内钢筋、预埋铁件和伸入承台基础的桩头所占体积。

1. 垫层(010501001)

非混凝土垫层已经在砌筑工程中说明，在本节是指混凝土垫层的计算。

$$垫层体积\ V = 垫层长 \times 垫层宽 \times 垫层厚度$$

带形基础下垫层的长度：外墙基础垫层长度按外墙中心线长度计算，内墙基础垫层长度按内墙基础垫层净长计算。

工程量清单项目设置、项目特征描述的内容、计量单位及工程量计算规则，应按表 8－32 的规定执行。

表 8－32　混凝土垫层工程量清单编制内容

项目编码	项目名称	项目特征	计量单位	工程量计算规则	工程内容
010501001	垫层	1. 混凝土种类 2. 混凝土强度等级	m^3	按设计图示尺寸以体积计算。不扣除伸入承台基础的桩头所占体积	1. 模板及支撑制作、安装、拆除、堆放、运输及清理模内杂物、刷隔离剂等 2. 混凝土制作、运输、浇筑、振捣、养护

例 8－12　如图 8－22 所示，混凝土基础 20 个，已知混凝土强度等级，垫层 C10(40)现浇碎石混凝土自拌，基础 C25(40)现浇碎石混凝土自拌。试编制该基础的垫层工程量清单。

解： 垫层的工程量 $V = (2.1 + 0.1 \times 2) \times (2.1 + 0.1 \times 2) \times 0.1 \times 20 = 10.58\ m^3$

工程量清单编制见表 8－33。

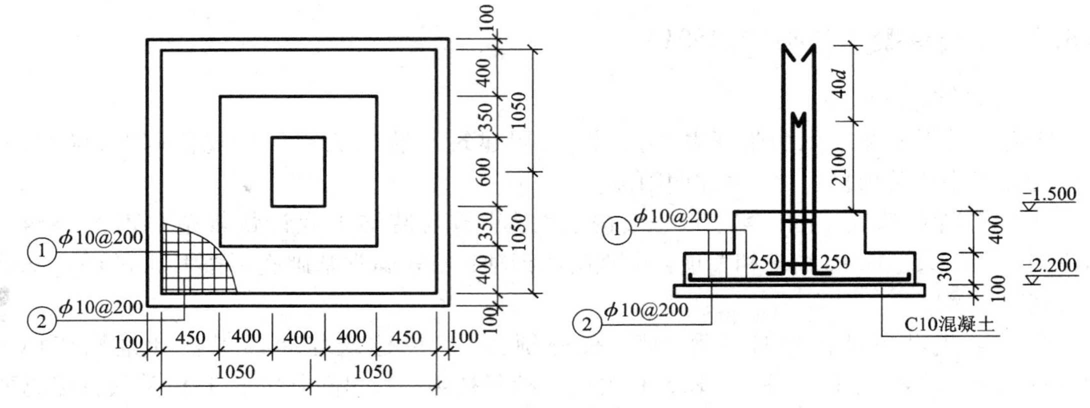

图 8－22 （例 8－12）附图

表 8－33 某混凝土基础垫层分部分项工程量清单

序号	项目编码	项目名称	项目特征描述	计量单位	工程量	金额/元		
						综合单价	合价	其中：暂估价
1	010501001001	垫层	1. 混凝土种类：自拌 2. 混凝土强度等级：C10	m^3	10.58			

2. 带形基础((010501002)

有梁带形混凝土基础，其梁高与梁宽之比在 4∶1 以内的，按有梁式带形基础计算(带形基础梁高是指梁底部到上部的高度)。超过 4∶1 时，其基础底按无梁式带形基础计算，上部按墙计算，按设计图示尺寸以体积计算，不扣除构件内钢筋、预埋铁件和伸入承台基础的桩头所占体积。

条形基础混凝工程量 = 基础断面面积 × 基础长度

基础长度：外墙按墙基中心线长度；内墙按基础间净长度。具体图例可参照第六章。

$V = \sum$外墙下基础断面面积 × 外墙中心线长度 + $\sum$(内墙下基础基底断面面积 × 基底净长 + 内墙下基础斜坡面积 × 斜坡中心线长度 + 内墙下基础梁面积 × 梁间净长)

工程量清单项目设置、项目特征描述的内容、计量单位及工程量计算规则，应按表 8－34 的规定执行。

表 8－34 带形基础工程量清单编制内容

项目编码	项目名称	项目特征	计量单位	工程量计算规则	工程内容
010501002	带形基础	1. 混凝土种类 2. 混凝土强度等级	m^3	按设计图示尺寸以体积计算。不扣除伸入承台基础的桩头所占体积	1. 模板及支撑制作、安装、拆除、堆放、运输及清理模内杂物、刷隔离剂等 2. 混凝土制作、运输、浇筑、振捣、养护

例 8－13　某工程，基础平面图、剖面图如图 8－23 所示，商品混凝土泵送，C10 砼垫层，C20 钢筋砼条形基础，试计算混凝土基础、垫层的清单工程量并编制工程量清单。

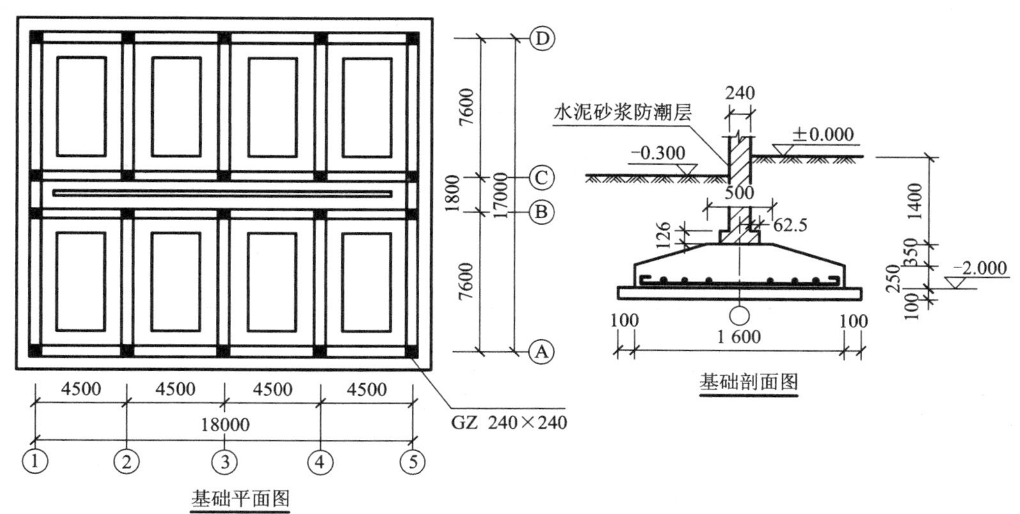

图 8－23　某工程基础平面图及剖面图

解：(1)混凝土垫层

外墙中心线长度 $=(18+17)\times 2=70.00$ m

内墙下垫层净长 $=(18-1.8)\times 2+(7.6-1.8)\times 6=67.20$ m

总长度 $=70.00+67.20=137.20$ m

$V=1.80\times 137.20\times 0.1=24.70\ \mathrm{m}^3$

(2)混凝土带形基础

外墙中心线长度 $=(18+17)\times 2=70.00$ m

内墙下基底净长 $=(18-1.6)\times 2+(7.6-1.6)\times 6=68.8$ 发 m

内墙下斜坡中心线长 $=[18-(1.6+0.5)\div 2]\times 2+[7.6-(1.6+0.5)\div 2]\times 6$
$=73.2$ m

V = ∑外墙下基础断面面积 × 外墙中心线长度 + ∑(内墙下基础基底面积 × 基底净长 + 内墙下基础斜坡面积 × 斜坡中心线长 + 内墙下基础梁面积 × 梁间净长)

$=[1/2\times(0.5+1.6)\times 0.35+1.6\times 0.25]\times 70+[1.6\times 0.25\times 68.8+1/2\times(0.5+1.6)\times 0.35\times 73.2]=108.15\ \mathrm{m}^3$

(3)工程量清单编制见表 8－35。

3．独立基础(010501003)

按设计图示尺寸以体积计算。不扣除构件内钢筋、预埋铁件和伸入承台基础的桩头所占体积。

工程量清单项目设置、项目特征描述的内容、计量单位及工程量计算规则，应按表 8－36 的规定执行。

表 8－35　某混凝土带形基础工程量清单编制内容

序号	项目编码	项目名称	项目特征描述	计量单位	工程量	金额/元		
						综合单价	合价	其中：暂估价
1	010501002001	带形基础	1. 混凝土种类：商品混凝土泵送 2. 混凝土强度等级：020	m^3	108.15			
2	010501001001	垫层	1. 混凝土种类：商品混凝土泵送 2. 混凝土强度等级：C10	m^3	24.70			

表 8－36　独立基础工程量清单编制内容

项目编码	项目名称	项目特征	计量单位	工程量计算规则	工程内容
010501003	独立基础	1. 混凝土种类 2. 混凝土强度等级	m^3	按设计图示尺寸以体积计算。不扣除伸入承台基础的桩头所占体积	1. 模板及支撑制作、安装、拆除、堆放、运输及清理模内杂物、刷隔离剂等 2. 混凝土制作、运输、浇筑、振捣、养护

例 8－14　如图 8－22 所示，混凝土基础 20 个，已知混凝土强度等级，垫层 C10(40) 现浇碎石混凝土自拌，基础 C25(40) 现浇碎石混凝土自拌。试编制该基础的独立基础工程量清单。

解：$V=(2.1\times2.1\times0.3+1.2\times1.3\times0.4)\times20=38.94m^3$

工程量清单编制见表 8－37。

表 8－37　某混凝土独立基础分部分项工程量清单

序号	项目编码	项目名称	项目特征描述	计量单位	工程量	金额/元		
						综合单价	合价	其中：暂估价
1	010501003001	独立基础	1. 混凝土种类：自拌 2. 混凝土强度等级：C25	m^3	38.94			

4. 满堂基础(010501004)

满堂(板式)基础有梁式(包括反梁)、无梁式应分别计算，按设计图示尺寸以体积计算。不扣除构件内钢筋、预埋铁件和伸入承台基础的桩头所占体积。

工程量清单项目设置、项目特征描述的内容、计量单位及工程量计算规则，应按表 8－38 的规定执行。

表 8－38　满堂基础工程量清单编制内容

项目编码	项目名称	项目特征	计量单位	工程量计算规则	工程内容
010501004	满堂基础	1. 混凝土种类 2. 混凝土强度等级	m^3	按设计图示尺寸以体积计算。不扣除伸入承台基础的桩头所占体积	1. 模板及支撑制作、安装、拆除、堆放、运输及清理模内杂物、刷隔离剂等 2. 混凝土制作、运输、浇筑、振捣、养护

例 8－15　同第六章【例 6－18】某办公楼，为三类工程，其地下室如图 8－24 所示。设计室外地坪标高为 −0.30 m，地下室的室内地坪标高为 －1.50 m。现某土建单位投标该办公楼土建工程。已知该工程采用满堂基础，C30 钢筋砼，垫层为 C10 素砼，垫层底标高为 －1.90 m。垫层施工前原土打夯，所有砼均采用商品砼。某办公楼，为三类工程，其地下室如图。设计室外地坪标高为 −0.30 m，地下室的室内地坪标高为 －1.50 m。现某土建单位投标该办公楼土建工程。已知该工程采用满堂基础，C30 钢筋砼，垫层为 C10 素砼，垫层底标高为 －1.90 m。垫层施工前原土打夯，所有砼均采用商品砼。

计算该满堂基础砼和垫层砼部分的分部分项工程量清单。

解：

1. 计算基础垫层和满堂基础的工程量

基础垫层：$(3.6\times2+4.5+0.5\times2+0.1\times2)\times(5.4+2.4+0.5\times2+0.1\times2)\times0.1$

$=11.61\ m^3$

满堂基础：

底板：$(3.6\times2+4.5+0.5\times2)\times(5.4+2.4+0.5\times2)\times0.3=33.528m^3$

反梁：$0.4\times0.2\times[(3.6\times2+4.5+5.4+2.4)\times2+(7.4\times2+4.5-0.4)]=4.63\ m^3$

合计：$38.16\ m^3$

2. 工程量清单编制见表 8－39。

表 8－39　某混凝土满堂基础分部分项工程量清单编制内容

序号	项目编码	项目名称	项目特征	计量单位	工程量	金额/元	
						综合单价	综合合价
1	0105010010010	垫层	1. 混凝土类别：泵送商品混凝土 2. 混凝土强度等级：C10	m^3	11.61		5
2	010501004001	满堂基础	1. 混凝土类别：泵送商品混凝土 2. 混凝土强度等级：C30	m^3	38.16		

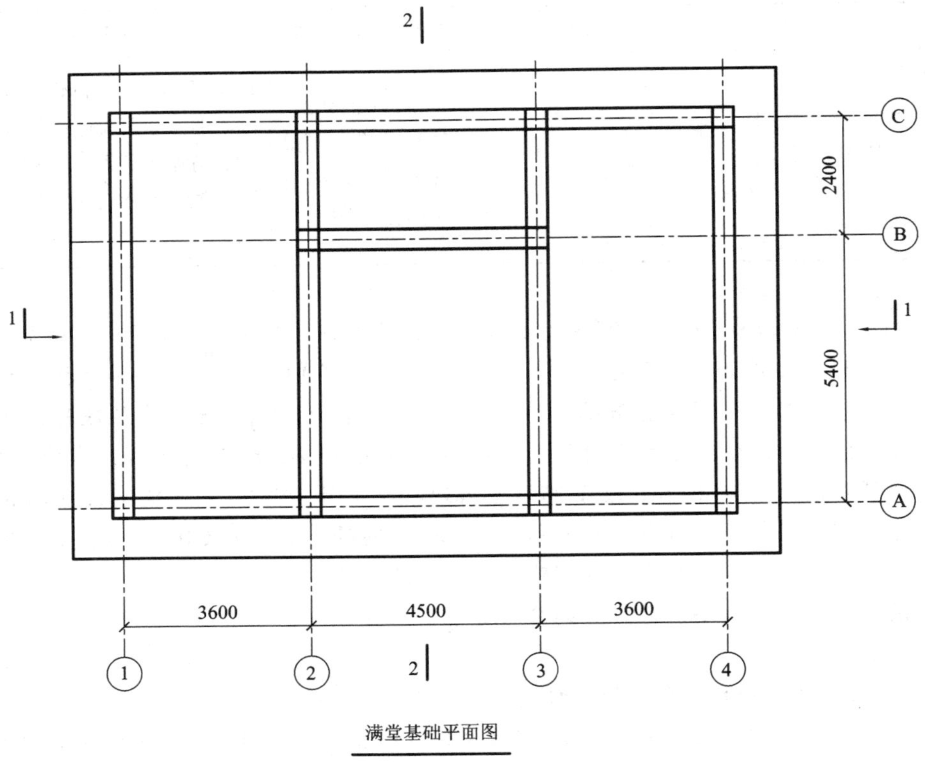

满堂基础平面图

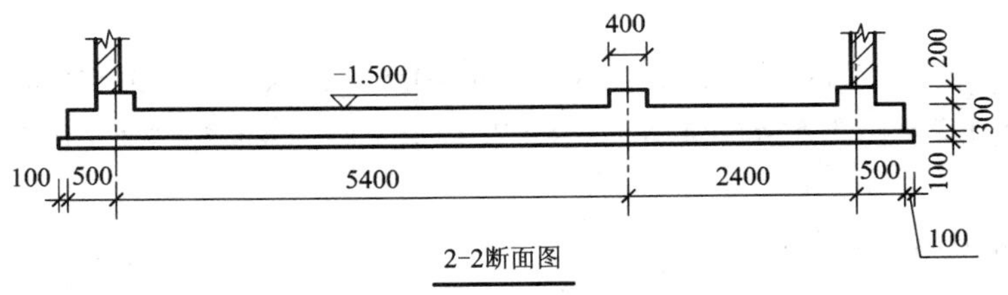

2-2断面图

图 8-24　(例 8-15) 附图

8.5.2　现浇混凝土柱(010502)

一、清单有关规定

混凝土类别指清水混凝土、彩色混凝土等，如在同一地区既使用预拌(商品)混凝土、又允许现场搅拌混凝土时，也应注明。

二、工程量清单

现浇混凝土柱分为矩形柱、构造柱、异形柱三种类型。按设计图示尺寸以体积计算。不扣除构件内钢筋、预埋铁件所占体积。型钢混凝土柱扣除构件内型钢所占体积。

$$柱的混凝土体积 V = 柱断面面积 S \times 柱高 H$$

柱高按下列规定确定：

(1)有梁板的柱高，应自柱基上表面(或楼板上表面)至上一层楼板上表面之间的高度计算。

(2)无梁板的柱高，应自柱基上表面(或楼板上表面)至柱帽下表面之间的高度计算。

(3)框架柱的柱高，应自柱基上表面至柱顶高度计算。

(4)构造柱按全高计算，嵌接墙体部分(马牙槎)并入柱身体积。

(5)依附柱上的牛腿和升板的柱帽并入柱身体积计算。

具体图例参照第六章内容。

工程量清单项目设置、项目特征描述的内容、计量单位及工程量计算规则，应按表 8－40 的规定执行。

表 8－40　现浇混凝土柱工程量清单编制内容

项目编码	项目名称	项目特征	计量单位	工程量计算规则	工程内容
010502001	矩形柱	1. 混凝土种类 2. 混凝土强度等级	m^3	按设计图示尺寸以体积计算。	1. 模板及支撑制作、安装、拆除、堆放、运输及清理模内杂物、刷隔离剂等 2. 混凝土制作、运输、浇筑、振捣、养护
010502002	构造柱				
010502003	异形柱	1. 柱形状 2. 混凝土种类 3. 混凝土强度等级			

例 8－16　混凝土基础 20 个，如图 8－22 所示，已知一层有梁板顶标高 3.600 m，板厚 100 mm，矩形柱混凝土强度等级 C30，商品混凝土泵送。试编制该矩形柱混凝土工程量清单。

解：矩形柱的工程量 $V=0.4\times0.6\times(3.6+1.5)\times20=24.48\ m^3$

工程量清单编制见表 8－41。

表 8－41　某混凝土矩形柱分部分项工程量清单编制内容

序号	项目编码	项目名称	项目特征描述	计量单位	工程量	金额/元		
						综合单价	合价	其中：暂估价
1	010502001001	矩形柱	1. 混凝土种类：商品混凝土泵送 2. 混凝土强度等级：C30	m^3	24.48			

8.5.3　现浇混凝土梁(010503)

现浇混凝土梁分为基础梁、矩形梁、异形梁、圈梁、过梁、弧形、拱形梁六种类型。按设计图示尺寸以体积计算。不扣除构件内钢筋、预埋铁件所占体积，伸入墙内的梁头、梁垫并入梁体积内。型钢混凝土梁扣除构件内型钢所占体积。

$$梁的混凝土体积\ V=梁断面面积\ S\times梁长\ L$$

梁长按下列规定确定：

(1)梁与柱连接时，梁长算至柱侧面。

(2)主梁与次梁连接时，次梁长算至主梁侧面。

工程量清单项目设置、项目特征描述的内容、计量单位及工程量计算规则，应按表8-42的规定执行。

表8-42 现浇混凝土梁工程量清单编制内容

项目编码	项目名称	项目特征	计量单位	工程量计算规则	工程内容
010503001	基础梁	1. 混凝土种类 2. 混凝土强度等级	m^3	按设计图示尺寸以体积计算。伸入墙内的梁头、梁垫并入梁体积内 梁长： 1. 梁与柱连接时，梁长算至柱侧面 2. 主梁与次梁连接时，次梁长算至主梁侧面	1. 模板及支架(撑)制作、安装、拆除、堆放、运输及清理模内杂物、刷隔离剂等 2. 混凝土制作、运输、浇筑、振捣、养护
010503002	矩形梁				
010503003	异形梁				
010503004	圈梁				
010503005	过梁				
010503006	弧形、拱形梁				

8.5.4 现浇混凝土墙(010504)

一、清单有关说明

①墙肢截面的最大长度与厚度之比小于或等于6倍的剪力墙，按短肢剪力墙项目列项。

②L、Y、T、十字、Z形、一字形等短肢剪力墙的单肢中心线长≤0.4m，按柱项目列项。

二、工程量计算

按设计图示尺寸以体积计算。不扣除构件内钢筋、预埋铁件所占体积，扣除门窗洞口及单个面积>0.3 m^2的孔洞所占体积，墙垛及突出墙面部分并入墙体体积计算内。

工程量清单项目设置、项目特征描述的内容、计量单位及工程量计算规则，应按表8-43的规定执行。

表8-43 现浇混凝土墙工程量清单编制内容

项目编码	项目名称	项目特征	计量单位	工程量计算规则	工程内容
010504001	直形墙	1. 混凝土种类 2. 混凝土强度等	m^3	按设计图示尺寸以体积计算。扣除门窗洞口及单个面积>0.3 m^2 的孔洞所占体积，墙垛及突出墙面部分并入墙体体积计算	1. 模板及支架(撑)制作、安装、拆除、堆放、运输及清理模内杂物、刷隔离剂等 2. 混凝土制作、运输、浇筑、振捣、养护
010504002	弧形墙				
010504003	短肢剪力墙				
010504004	挡土墙				

8.5.5 现浇混凝土板(010505)

一、清单有关说明

现浇挑檐、天沟板、雨篷、阳台与板(包括屋面板、楼板)连接时，以外墙外边线为分界线；与圈梁(包括其他梁)连接时，以梁外边线为分界线。外边线以外为挑檐、天沟、雨篷或阳台。

二、工程量计算

按设计图示尺寸以体积计算，不扣除构件内钢筋、预埋铁件及单个面积≤0.3 m^2的柱、垛以及孔洞所占体积。压形钢板混凝土楼板扣除构件内压形钢板所占体积。有梁板(包括主、次梁与板)按梁、板体积之和计算，无梁板按板和柱帽体积之和计算，各类板伸入墙内的板头并入板体积内，薄壳板的肋、基梁并入薄壳体积内计算。

无梁板混凝土工程量 = 图示长度 × 图示宽度 × 板厚 + 柱帽体积

工程量清单项目设置、项目特征描述的内容、计量单位及工程量计算规则，应按表 8 - 44 的规定执行。

表 8 - 44　现浇混凝土有梁板、无梁板、平板等工程量清单编制内容

项目编码	项目名称	项目特征	计量单位	工程量计算规则	工程内容
010505001	有梁板	1. 混凝土种类 2. 混凝土强度等级	m^3	按设计图示尺寸以体积计算。不扣除单个面积≤0.3 m^2 以内的柱、垛以及空洞所占体积。压形钢板混凝土楼板扣除构件内压形钢板所占体积。 有梁板(包括主、次梁与板)按梁、板体积之和计算，无梁板按板和柱帽体积之和计算，各类板伸入墙内的板头并入板体积内计算，薄壳板的肋、基梁并入薄壳体积内计算。	1. 模板及支架(撑)制作、安装、拆除、堆放、运输及清理模内杂物、刷隔离剂等 2. 混凝土制作、运输、浇筑、振捣、养护
010505002	无梁板				
010505003	平板				
010505004	拱板				
010505005	薄壳板				
010505006	栏板				

雨篷、悬挑板、阳台板按设计图示尺寸以墙外部分体积计算。包括伸出墙外的牛腿和雨篷反挑檐的体积。现浇雨篷、阳台与板连接时，以外墙外边线为分界线；与圈梁(包括其他梁)连接时，以梁外边线为分界线。外边线以外为雨篷、阳台。

工程量清单项目设置、项目特征描述的内容、计量单位及工程量计算规则，应按表 8 - 45 的规定执行。

表 8 - 45　现浇混凝土雨篷、悬挑板工程量清单编制内容

项目编码	项目名称	项目特征	计量单位	工程量计算规则	工程内容
010505008	雨篷、悬挑板、阳台板	1. 混凝土种类 2. 混凝土强度等级	m^3	按设计图示尺寸以墙外部分体积计算。包括伸出墙外的牛腿和雨篷反挑檐的体积	1. 模板及支架(撑)制作、安装、拆除、堆放、运输及清理模内杂物、刷隔离剂等 2. 混凝土制作、运输、浇筑、振捣、养护

8.5.6 现浇混凝土楼梯(010506)

一、清单有关说明

整体楼梯(包括直形楼梯、弧形楼梯)水平投影面积包括休息平台、平台梁、斜梁和楼梯的连接梁。当整体楼梯与现浇楼板无梯梁连接时，以楼梯的最后一个踏步边缘加300 mm为界，如图8－25所示。

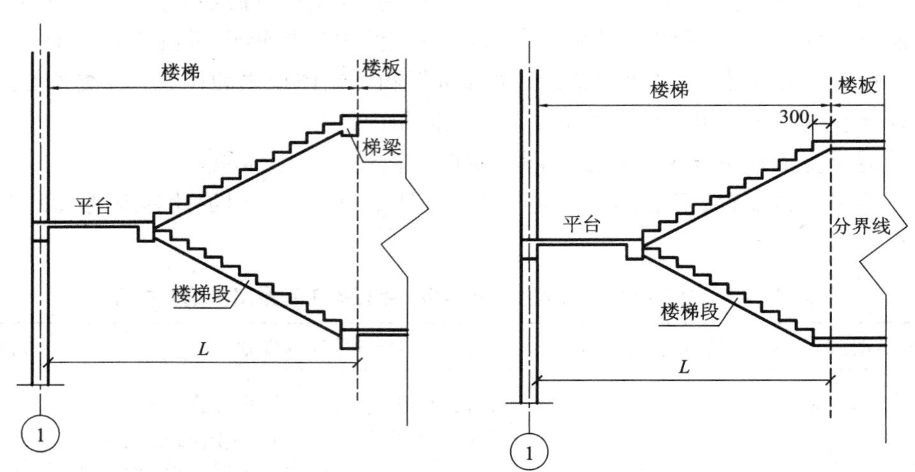

图8－25 整体楼梯与梯梁、现浇楼板无梯梁连接示意图

二、工程量计算

(1)以平方米计量，按设计图示尺寸以水平投影面积计算。不扣除宽度≤500 mm的楼梯井，伸入墙内部分不计算。

(2)以立方米计量，按设计图示尺寸以体积计算。

工程量清单项目设置、项目特征描述的内容、计量单位及工程量计算规则，应按表8－46的规定执行。

表8－46 现浇混凝土整体楼梯工程量清单编制内容

项目编码	项目名称	项目特征	计量单位	工程量计算规则	工程内容
01050600	直形楼梯	1. 混凝土种类 2. 混凝土强度等级	1. m^2 2. m^3	1. 以平方米计量，按设计图示尺寸以水平投影面积计算。不扣除宽度≤500 mm的楼梯井，伸入墙内部分不计算 2. 以立方米计量，按设计图示尺寸以体积计算	1. 模板及支架(撑)制作、安装、拆除、堆放、运输及清理模内杂物、刷隔离剂等 2. 混凝土制作、运输、浇筑、振捣、养护
010506002	弧形楼梯				

8.5.7　现浇混凝土其他构件(010507)

一、清单有关说明

①现浇混凝土小型池槽、垫块、门框等，应按《房屋建筑与装饰工程计量规范(GB 500854—2013)》附录 E.7 中其他构件项目编码列项。

②架空式混凝土台阶，按现浇楼梯计算。

二、工程量计算

1. 现浇混凝土散水、坡道(010507001)、室外地坪(010507002)

以平方米计量，按设计图示尺寸以面积计算。不扣除单个≤0.3 m^2的孔洞所占面积。

工程量清单项目设置、项目特征描述的内容、计量单位及工程量计算规则，应按表 8－47 的规定执行。

表 8－47　现浇混凝土散水、坡道、室外地坪工程量清单编制内容

项目编码	项目名称	项目特征	计量单位	工程量计算规则	工程内容
010507001	散水、坡道	1. 垫层材料种类、厚度 2. 面层厚度 3. 混凝土种类 4. 混凝土强度等级 5. 变形缝填塞材料种类	m^2	按设计图示尺寸以水平投影面积计算。不扣除单个≤0.3 m^2 的孔洞所占面积	1. 地基夯实 2. 铺设垫层 3. 模板及支架(撑)制作、安装、拆除、堆放、运输及清理模内杂物、刷隔离剂等 4. 混凝土制作、运输、浇筑、振捣、养护 5. 变形缝填塞
010507002	室外地坪				

2. 台阶(010507004)

(1)以平方米计量，按设计图示尺寸水平投影面积计算。

(2)以立方米计量，按设计图示尺寸以体积计算。

工程量清单项目设置、项目特征描述的内容、计量单位及工程量计算规则，应按表 8－48 的规定执行。

表 8－48　现浇混凝土台阶地坪工程量清单编制内容

项目编码	项目名称	项目特征	计量单位	工程量计算规则	工程内容
010507004	台阶	1. 踏步高、宽 2. 混凝土种类 3. 混凝土强度等级	m^2 m^3	1. 以平方米计量，按设计图示尺寸水平投影面积计算 2. 以立方米计量，按设计图示尺寸以体积计算	1. 模板及支架(撑)制作、安装、拆除、堆放、运输及清理模内杂物、刷隔离剂等 2. 混凝土制作、运输、浇筑、振捣、养护

例 8－17　某三类工程项目，如图 8－26 底层平面图、墙身剖面图所示，层高 2.8 m，±0.00以上为 M7.5 混合砂浆粘土多孔砖砌筑，构造柱 240 mm×240 mm，有马牙搓与墙嵌

接，圈梁 240 mm × 300 mm，屋面板厚 100 mm，门窗上口无圈梁处设置过梁厚 240 mm × 240 mm，过梁长度为洞口尺寸两边各加 250 mm，砌体材料为 KP1 多孔砖，女儿墙采用 M5 水泥砂浆标准砖砌筑，女儿墙上压顶厚 60 mm，窗 C1：1500 mm × 1500 mm；门 M1：1200 mm × 2100 mm，M2：900 mm × 2100 mm；散水宽 600 mm，台阶长 4000 mm 宽 300 mm，共四级，编制构造柱、圈梁、过梁、压顶、台阶、散水的工程量清单。

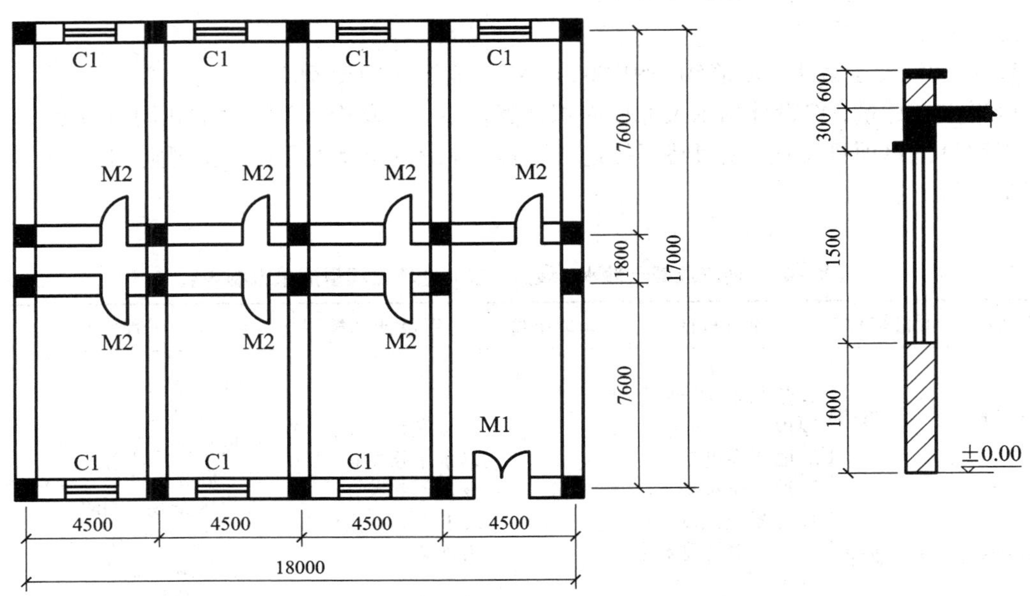

图 8 – 26　某工程底层平面图、墙身剖面图

解：(1) 计算工程量

①构造柱

V = 柱身体积 + 马牙槎体积

$= 0.24 \times 0.24 \times 2.8 \times 20 + 0.24 \times 0.03 \times 2.8 \times (2 \times 6 + 3 \times 14) = 4.31\ m^3$

②圈梁

梁长 $L = (18.0 + 17.0) \times 2 + (18.0 - 0.24) + (18 - 4.5 + 0.12) + (7.6 - 0.24) \times 6 - 0.24 \times 20 = 140.74\ m$

V = 梁长 × 梁宽 × 梁高 $= 140.74 \times 0.24 \times 0.3 = 10.13\ m^3$

③过梁

$V = 0.24 \times 0.24 \times【(1.2 + 0.25 \times 2) + (0.9 + 0.25 \times 2) \times 7】= 0.66\ m^3$

④女儿墙压顶

$$V = 0.3 \times 0.06 \times (18 + 17) \times 2 = 1.26\ m^3$$

⑤台阶

$$S = 0.30 \times 4 \times 4.0 = 4.80\ m^2$$

⑥散水

$S = [(18 + 0.24 + 17 + 0.24) \times 2 - 4.0] \times 2 \times 0.6 + 0.6 \times 0.6 \times 4.0 = 41.62\ m^2$

(2)编制工程量清单，见表8－49所示。

表8－49　某工程分部分项工程量清单

序号	项目编码	项目名称	项目特征描述	计量单位	工程量	金额/元		
						综合单价	合价	其中：暂估价
1	010502002001	构造柱	1. 混凝土种类：自拌 2. 混凝土强度等级：C20	m^3	5.02			
2	010503004001	圈梁	1. 混凝土种类：自拌 2. 混凝土强度等级：C20	m^3	10.13			
3	010503005001	过梁	1. 混凝土种类：自拌 2. 混凝土强度等级：C20	m^3	0.66			
4	010507005001	压顶	1. 混凝土种类：自拌 2. 混凝土强度等级：C20	m^3	1.26			
5	010507004001	台阶	1. 混凝土种类：自拌 2. 混凝土强度等级：C20	m^3	4.80			
6	010507001001	散水	1. 混凝土种类：自拌 2. 混凝土强度等级：C20	m^3	41.62			

8.5.8　后浇带(010508)

按设计图示尺寸以体积计算。

工程量清单项目设置、项目特征描述的内容、计量单位及工程量计算规则，应按表8－50的规定执行。

表8－50　后浇带工程量清单编制内容

项目编码	项目名称	项目特征	计量单位	工程量计算规则	工程内容
010508001	后浇带	1. 混凝土强度种类 2. 混凝土强度等级	m^3	按设计图示尺寸以体积计算	1. 模板及支架(撑)制作、安装、拆除、堆放、运输及清理模内杂物、刷隔离剂等 2. 混凝土制作、运输、浇筑、振捣、养护及混凝土交接面、钢筋等的清理

8.5.9　预制混凝土柱(010509)

一、清单有关说明

预制混凝土柱分矩形柱和异形柱两部分，以根计量，必须描述单件体积。

二、工程量计算

(1)以立方米计量，按设计图示尺寸以体积计算。不扣除构件内钢筋、预埋铁件所占体积。

(2)以根计量，按设计图示尺寸以数量计算。

工程量清单项目设置、项目特征描述的内容、计量单位及工程量计算规则，应按表8－51的规定执行。

表8－51 预制混凝土柱工程量清单编制内容

项目编码	项目名称	项目特征	计量单位	工程量计算规则	工程内容
010509001	矩形柱	1. 图代号 2. 单件体积 3. 安装高度 4. 混凝土强度等级 5. 砂浆（细石混凝土）强度等级、配合比	1. m^3 2. 根	1. 以立方米计量，按设计图示尺寸以体积计算。 2. 以根计量，按设计图示尺寸以数量计算	1. 模板制作、安装、拆除、堆放、运输及清理模内杂物、刷隔离剂等 2. 混凝土制作、运输、浇筑、振捣、养护 3. 构件运输、安装 4. 砂浆制作、运输 5. 接头灌缝、养护
010509002	异形柱				

8.5.10 预制混凝土梁(010510)

一、清单有关说明

预制混凝土梁分矩形梁、异形梁、过梁和拱形梁等，以根计量，必须描述单件体积。

二、工程量计算

(1)以立方米计量，按设计图示尺寸以体积计算。不扣除构件内钢筋、预埋铁件所占体积。

(2)以根计量，按设计图示尺寸以数量计算。

工程量清单项目设置、项目特征描述的内容、计量单位及工程量计算规则，应按表8－52的规定执行。

表8－52 预制混凝土梁工程量清单编制内容

项目编码	项目名称	项目特征	计量单位	工程量计算规则	工程内容
010510001	矩形梁	1. 图代号 2. 单件体积 3. 安装高度 4. 混凝土强度等级 5. 砂浆（细石混凝土）强度等级、配合比	1. m^3 2. 根	1. 以立方米计量，按设计图示尺寸以体积计算。 2. 以根计量，按设计图示尺寸以数量计算	1. 模板制作、安装、拆除、堆放、运输及清理模内杂物、刷隔离剂等 2. 混凝土制作、运输、浇筑、振捣、养护 3. 构件运输、安装 4. 砂浆制作、运输 5. 接头灌缝、养护
010510002	异形梁				
010510003	过梁				
010510004	拱形梁				
010510005	鱼腹式吊车梁				
010510006	风道梁				

8.5.11　预制混凝土屋架(010511)

一、清单有关说明

①以榀计量，必须描述单件体积。

②三角形屋架应按《房屋建筑与装饰工程计量规范(GB 500854—2013)》附录 E.11 中折线型屋架项目编码列项。

二、工程量计算

(1)以立方米计量，按设计图示尺寸以体积计算。不扣除构件内钢筋、预埋铁件所占体积。

(2)以榀计量，按设计图示尺寸以数量计算。

工程量清单项目设置、项目特征描述的内容、计量单位及工程量计算规则，应按表 8-53 的规定执行。

表 8-53　预制混凝土屋架工程量清单编制内容

项目编码	项目名称	项目特征	计量单位	工程量计算规则	工程内容
010511001	折线型	1. 图代号 2. 单件体积 3. 安装高度 4. 混凝土强度等级 5. 砂浆(细石混凝土)强度等级、配合比	1. m^3 2. 榀	1. 以立方米计量，按设计图示尺寸以体积计算。 2. 以榀计量，按设计图示尺寸以数量计算	1. 模板制作、安装、拆除、堆放、运输及清理模内杂物、刷隔离剂等 2. 混凝土制作、运输、浇筑、振捣、养护 3. 构件运输、安装 4. 砂浆制作、运输 5. 接头灌缝、养护
010511002	组合				
010511003	薄腹				
010511004	门式刚架				
010511005	天窗架				

8.5.12　预制混凝土板(010512)

一、清单有关说明

①以块、套计量，必须描述单件体积。

②不带肋的预制遮阳板、雨篷板、挑檐板、栏板等，应按《房屋建筑与装饰工程计量规范(GB 500854—2013)》附录 E.12 中平板项目编码列项。

③预制 F 形板、双 T 形板、单肋板和带反挑檐的雨篷板、挑檐板、遮阳板等，应按《房屋建筑与装饰工程计量规范(GB 500854—2013)》附录 E.12 中带肋板项目编码列项。

④预制大型墙板、大型楼板、大型屋面板等，应按《房屋建筑与装饰工程计量规范(GB 500854—2013)》附录 B.12 中大型板项目编码列项。

二、工程量计算

(1)以立方米计量，按设计图示尺寸以体积计算。不扣除构件内钢筋、预埋铁件所占体积及单个尺寸≤300 mm×300 mm 的孔洞所占体积，扣除空心板空洞体积。

(2)以块计量，按设计图示尺寸以数量计算。

工程量清单项目设置、项目特征描述的内容、计量单位及工程量计算规则，应按表 8-54

的规定执行。

表 8－54　预制混凝土板工程量清单编制内容

项目编码	项目名称	项目特征	计量单位	工程量计算规则	工程内容
010512001	平板	1. 图代号 2. 单件体积 3. 安装高度 4. 混凝土强度等级 5. 砂浆（细石混凝土）强度等级、配合比	1. m^3 2. 块	1. 以立方米计量，按设计图示尺寸以体积计算，不扣除单个面积≤300 mm×300 mm 的孔洞所占体积，扣除空心板空洞体积 2. 以块计量，按设计图示尺寸以数量计算	1. 模板制作、安装、拆除、堆放、运输及清理模内杂物、刷隔离剂等 2. 混凝土制作、运输、浇筑、振捣、养护 3. 构件运输、安装 4. 砂浆制作、运输 5. 接头灌缝、养护
010512002	空心板				
010512003	槽形板				
010512004	网架板				
010512005	折线板				
010512006	带肋板				
010512007	大型板				
010512008	沟盖板、井盖板、井圈	2. 单件体积 3. 安装高度 4. 混凝土强度等级 5. 砂浆强度等级、配合比	1. m^3 2. 块（套）	1. 以立方米计量，按设计图示尺寸以体积计算 2. 以块计量，按设计图示尺寸以数量计算	

8.5.13　预制混凝土楼梯(010513)

一、清单有关说明

以块计量，必须描述单件体积。

二、工程量计算

(1)以立方米计量，按设计图示尺寸以体积计算。不扣除构件内钢筋、预埋铁件所占体积，扣除空心踏步板空洞体积。

(2)以段计量，按设计图示尺寸以数量计算。

工程量清单项目设置、项目特征描述的内容、计量单位及工程量计算规则，应按表 8－55 的规定执行。

表 8－55　预制混凝土楼梯工程量清单编制内容

项目编码	项目名称	项目特征	计量单位	工程量计算规则	工程内容
010513001	楼梯	1. 楼梯类型 2. 单件体积 3. 混凝土强度等级 4. 砂浆（细石混凝土）强度等级	1. m^3 2. 段	1. 以立方米计量，按设计图示尺寸以体积计算，扣除空心踏步板空洞体积 2. 以段计量，按设计图示数量计算	1. 模板制作、安装、拆除、堆放、运输及清理模内杂物、刷隔离剂等 2. 混凝土制作、运输、浇筑、振捣、养护 3. 构件运输、安装 4. 砂浆制作、运输 5. 接头灌缝、养护

8.5.14　其他预制构件(010514)

一、清单有关说明

①以块、根计量，必须描述单件体积。

②预制钢筋混凝土小型池槽、压顶、扶手、垫块、隔热板、花格等，按本部分表中其他构件项目编码列项。

二、工程量计算

(1)以立方米计量，按设计图示尺寸以体积计算。不扣除构件内钢筋、预埋铁件所占体积及单个尺寸≤300 mm×300 mm 的孔洞所占体积，扣除烟道、垃圾道、通风道的孔洞体积。

(2)以平方米计量，按设计图示尺寸以面积计算。不扣除构件内钢筋、预埋铁件所占面积及单个尺寸≤300 mm×300 mm 的孔洞所占面积，扣除烟道、垃圾道、通风道的孔洞面积。

(3)以根计量，按设计图示尺寸以数量计算。

工程量清单项目设置、项目特征描述的内容、计量单位及工程量计算规则，应按表 8－56 的规定执行。

表 8－56　其他预制构件工程量清单编制内容

项目编码	项目名称	项目特征	计量单位	工程量计算规则	工程内容
010514001	垃圾道、通风道、烟道	1. 单件体积 2. 混凝土强度等级 3. 砂浆强度等级	1. m^3 2. m^2 3. 根（块、套）	1. 以立方米计量，按设计图示尺寸以体积计算，不扣除单个面积≤300 mm×300 mm 的孔洞所占体积，扣除烟道、垃圾道、通风道的孔洞所占体积 2. 以平方米计量，按设计图示尺寸以面积计算，不扣除单个面积≤300 mm×300 mm 的孔洞所占面积 2. 以根计量，按设计图示尺寸以数量计算	1. 模板制作、安装、拆除、堆放、运输及清理模内杂物、刷隔离剂等 2. 混凝土制作、运输、浇筑、振捣、养护 3. 构件运输、安装 4. 砂浆制作、运输 5. 接头灌缝、养护
010514002	其他构件	1. 单件体积 2. 构件的类型 3. 混凝土强度等级 4. 砂浆强度等级			

8.5.15　钢筋工程(010515)

一、清单有关说明

①现浇构件中伸出构件的锚固钢筋应并入钢筋工程量内。除设计(包括规范规定)标明的搭接外，其他施工搭接不计算工程量，在综合单价中综合考虑。

②现浇构件中固定位置的支撑钢筋、双层钢筋用的“铁马”在编制工程量清单时，其工程数量可为暂估量，结算时按现场签证数量计算。钢筋工程量 = 钢筋长度 × 线密度(钢筋单位理论质量)。

二、工程量计算

1. 现浇混凝土钢筋(010515001)、预制构件钢筋(010515002)、钢筋网片(010515003)钢筋笼(010515004)

其中钢筋线密度(钢筋单位理论质量) =0.006165×d2(d 为钢筋直径

钢筋长度 = 构件长度(高度) - 混凝土保护层厚度 + 弯钩增加长度 + 弯起增加长度 + 锚固增加长度 + 搭接增加长度，如图 8 - 27 所示。

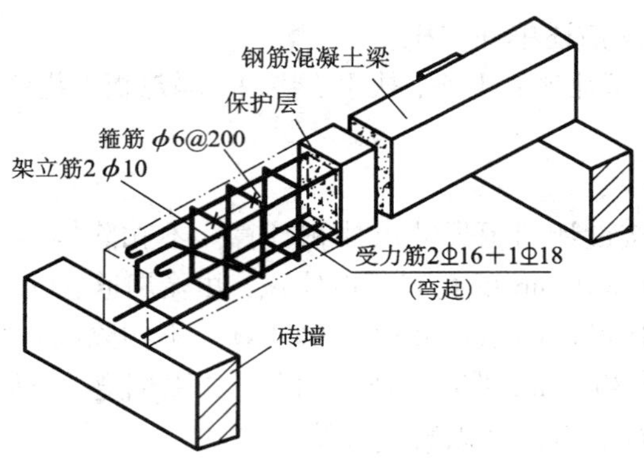

图 8 - 27　钢筋布置示意图

工程量清单项目设置、项目特征描述的内容、计量单位及工程量计算规则，应按表 8 - 57 的规定执行。

表 8 - 57　现浇混凝土钢筋、预制构件钢筋、钢筋网片和钢筋笼工程量清单编制内容

项目编码	项目名称	项目特征	计量单位	工程量计算规则	工程内容
010515001	现浇混凝土钢筋	钢筋种类、规格	t	按设计图示钢筋(网)长度(面积)乘以单位理论质量计算	1. 钢筋制作、运输 2. 钢筋安装 3. 焊接(绑扎)
010515002	预制构件钢筋				
010515003	钢筋网片				1. 钢筋网制作、运输 2. 钢筋网安装 3. 焊接(绑扎)
010515004	钢筋笼				1. 钢筋笼制作、运输 2. 钢筋笼安装 3. 焊接(绑扎)

例 8 - 18　同第六章【例 6 - 15】如图 8 - 28 所示，框架梁配筋图，抗震等级为二级，混凝土 C30，框架柱 450 mm × 450 mm，配筋如下，在正常环境下使用，计算梁的钢筋及确定综合单价。

解：(1)根据前面第 6 章计算，已知梁的钢筋工程量为：

Ⅰ级钢筋，ϕ10 以内：G = 149.738 × 0.395/1000 = 0.059t

Ⅱ级钢筋，Φ20 以内：G = (27.178 + 5.628 + 4.52 + 9.9 + 7.65 + 4.028 + 32.292 + 22.692) × 2.466 + 49.235 × 1.578)/1000 = 0.359 t

(2)编制工程量清单，见表 8 - 58 所示。

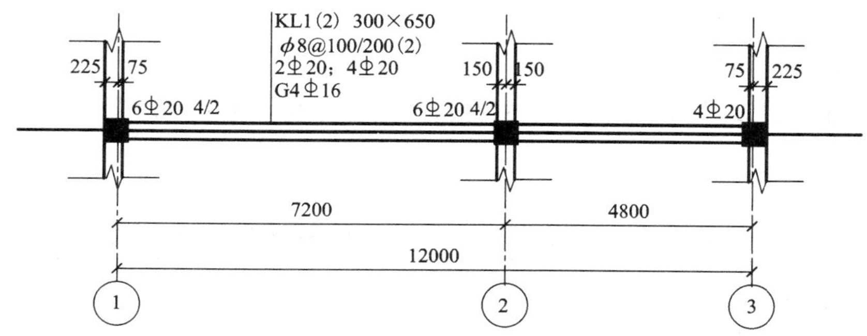

图 8－28　(例 8－18)附图

表 8－58　某工程现浇混凝土构件钢筋分部分项工程量清单

序号	项目编码	项目名称	项目特征描述	计量单位	工程量	金额/元		
						综合单价	合价	其中：暂估价
1	010515001001	现浇构件钢筋	钢筋种类、规格：Ⅰ级钢筋，φ10 以内	t	0.059			
2	010515001002	现浇构件钢筋	钢筋种类、规格：Ⅱ级钢筋，φ20 以内	t	0.359			

2. 先张法预应力钢筋(010515005)、后张法预应力钢筋(010515006)、预应力钢丝(010515007)和预应力钢绞丝(010515008)、支撑钢筋(010515009)、声测管(010515010)

1)先张法预应力钢筋工程量计算

钢筋按设计图示钢筋长度乘单位理论质量计算。

2)后张法预应力钢筋、预应力钢丝、预应力钢绞丝工程量计算

按设计图示钢筋(丝束、绞线)长度乘单位理论质量计算。

①低合金钢筋两端均采用螺杆锚具时，钢筋长度按孔道长度减 0.35 m 计算，螺杆另行计算。

②低合金钢筋一端采用镦头插片、另一端采用螺杆锚具时，钢筋长度按孔道长度计算，螺杆另行计算。

③低合金钢筋一端采用镦头插片、另一端采用帮条锚具时，钢筋增加 0.15 m 计算；两端均采用帮条锚具时，钢筋长度按孔道长度增加 0.3 m 计算。

④低合金钢筋采用后张砼自锚时，钢筋长度按孔道长度增加 0.35 m 计算。

⑤低合金钢筋(钢铰线)采用 JM、XM、QM 型锚具，孔道长度≤20 m 时，钢筋长度增加 1 m 计算，孔道长度 >20 m 时，钢筋长度增加 1.8 m 计算。

⑥碳素钢丝采用锥形锚具，孔道长度≤20 m 时，钢丝束长度按孔道长度增加 1 m 计算，孔道长度 >20 m 时，钢丝束长度按孔道长度增加 1.8 m 计算。

⑦碳素钢丝采用镦头锚具时，钢丝束长度按孔道长度增加 0.35 m 计算。

3)支撑钢筋工程量计算

按钢筋长度乘单位理论质量计算。

4）声测管工程量计算

按设计图示尺寸质量计算。

工程量清单项目设置、项目特征描述的内容、计量单位及工程量计算规则，应按表8－59的规定执行。

表8－59　先张法预应力钢筋等工程量清单编制内容

项目编码	项目名称	项目特征	计量单位	工程量计算规则	工程内容
010515005	先张法预应力钢筋	1. 钢筋种类、规格 2. 锚具种类	t	按设计图示钢筋长度乘以单位理论质量计算	1. 钢筋制作、运输 2. 钢筋张拉
010515006	后张法预应力钢筋	1. 钢筋种类、规格 2. 钢丝束种类、规格 3. 钢绞线种类、规格 4. 锚具种类 5. 砂浆强度等级		按设计图示钢筋（丝束、绞线）长度乘以单位理论质量计算	1. 钢筋、钢丝束、钢绞线制作、运输 2. 钢筋、钢丝、钢绞线安装 3. 预埋管孔道铺设 4. 锚具安装 5. 砂浆制作、运输 6. 孔道压浆、养护
010515007	预应力钢丝				
010515008	预应力钢绞线				
010515009	支撑钢筋（铁马）				
010515010	声测管	1. 钢筋种类 2. 规格		按钢筋长度乘单位理以质量计算	
		1. 材质 2. 规格型号		按设计图示尺寸以质量计算	

8.5.16　螺栓、铁件（010516）

一、清单有关说明

编制工程量清单时，其工程数量可暂作估量，实际工程量按现场签证数量计算。

二、工程量计算

螺栓、预埋铁件按设计图示尺寸以质量计算，机械连接按数量计算。

工程量清单项目设置、项目特征描述的内容、计量单位及工程量计算规则，应按表8－60的规定执行。

表8－60　螺栓、预埋铁件工程量清单编制内容

项目编码	项目名称	项目特征	计量单位	工程量计算规则	工程内容
010516001	螺栓	1. 螺栓种类 2. 规格	t	按设计图示尺寸以质量计算	1. 螺栓、铁件制作、运输 2. 螺栓、铁件安装
010516002	预埋铁件	1. 钢材种类 2. 规格 3. 铁件尺寸			
010516003	机械连接	1. 连接方式 2. 螺纹套筒种类 3. 规格	个	按数量计算	1. 钢筋套丝 2. 套筒连接

8.6 金属结构工程

8.6.1 钢网架(010601)

1. 钢网架(010601001)

按设计图示尺寸以质量计算，不扣除孔眼的质量，焊条、铆钉、螺栓等不另增加质量。

工程量清单项目设置、项目特征描述的内容、计量单位及工程量计算规则，应按表 8－61 的规定执行。

表 8－61　钢网架工程量清单编制内容

项目编码	项目名称	项目特征	计量单位	工程量计算规则	工程内容
010601001	钢网架	1. 钢材品种、规格 2. 网架节点形式、连接方式 3. 网架跨度、安装高度 4. 探伤要求 5. 防火要求	t	按设计图示尺寸以质量计算。不扣除孔眼的质量，焊条、铆钉等不另增加质量	1. 拼装 2. 安装 3. 探伤 4. 补刷油漆

8.6.2 钢屋架、钢托架、钢桁架、钢桥架(010602)

一、清单有关说明

①螺栓种类指普通或高强。

②以榀计量，按标准图设计的应注明标准图代号，按非标准图设计的项目特征必须描述单榀屋架的质量。

二、工程量计算

1. 钢屋架(010602001)

(1) 以榀计量，按设计图示数量计算。

(2) 以吨计量，按设计图示尺寸以质量计算，不扣除孔眼的质量，焊条、铆钉、螺栓等不另增加质量。

工程量清单项目设置、项目特征描述的内容、计量单位及工程量计算规则，应按表 8－62 的规定执行。

表 8－62　钢屋架工程量清单编制内容

项目编码	项目名称	项目特征	计量单位	工程量计算规则	工程内容
010602001	钢屋架	1. 钢材品种、规格 2. 单榀质量 3. 屋架跨度、安装高度 4. 螺栓种类 5. 探伤要求 6. 防火要求	1. 榀 2. t	1. 以榀计量，按设计图示数量计算 2. 以吨计量，按设计图示尺寸以质量计算。不扣除孔眼的质量，焊条、铆钉、螺栓等不另增加质量	1. 拼装 2. 安装 3. 探伤 4. 补刷油漆

例 8－19　同第 6 章【例 6－20】某工程钢屋架如图 8－29 所示，计算钢屋架工程量。

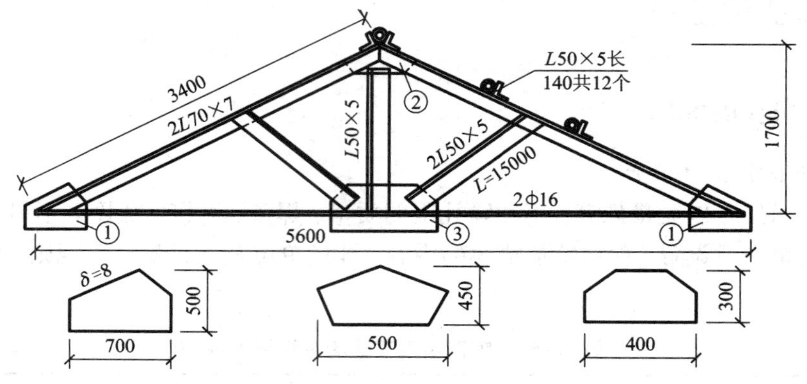

图 8－29 钢屋架示意图

解：(1) 工程量计算：钢屋架工程量＝1 榀

按照第六章计算的工程量＝219.30 kg

(2) 编制工程量清单，见表 8－63 所示。

表 8－63　某工程钢屋架分部分项工程量清单

序号	项目编码	项目名称	项目特征描述	计量单位	工程量	金额/元		
						综合单价	合价	其中：暂估价
1	010602001001	钢屋架	1. 钢材品种、规格； 2. 单榀质量：0.2 t； 3. 屋架跨度、安装高度：跨度 5.6 m	榀	1			

2. 钢托架(010602002)、钢桁架(010602003)

按设计图示尺寸以质量计算，不扣除孔眼的质量，焊条、铆钉、螺栓等不另增加质量。

工程量清单项目设置、项目特征描述的内容、计量单位及工程量计算规则，应按表 8－64 的规定执行。

表 8－64　钢托架、钢桁架工程量清单编制内容

项目编码	项目名称	项目特征	计量单位	工程量计算规则	工程内容
010602002	钢托架	1. 钢材品种、规格 2. 单榀质量 3. 安装高度 4. 螺栓种类 5. 探伤要求 6. 防火要求	t	按设计图示尺寸以质量计算。不扣除孔眼的质量，焊条、铆钉、螺栓等不另增加质量	1. 拼装 2. 安装 3. 探伤 4. 补刷油漆
010602003	钢桁架				

8.6.3　钢柱(010603)

一、清单有关说明

①螺栓种类指普通或高强。

②实腹钢柱类型指十字、T、L、H 形等。

③空腹钢柱类型指箱形、格构等。

④型钢混凝土柱浇筑钢筋混凝土，其混凝土和钢筋应按《房屋建筑与装饰工程计量规范(GB 500854—2013)》附录 E 混凝土及钢筋混凝土工程中相关项目编码列项。

二、工程量计算

1. 实腹钢柱(01060301)、空腹钢柱(01060302)

实腹钢柱和空腹钢柱均按设计图示尺寸以质量计算，不扣除孔眼的质量，焊条、铆钉、螺栓等不另增加质量，依附在钢柱上的牛腿及悬臂梁等并入钢柱工程量。

工程量清单项目设置、项目特征描述的内容、计量单位及工程量计算规则，应按表 8－65 的规定执行。

表 8－65　实腹钢柱和空腹钢柱工程量清单编制内容

项目编码	项目名称	项目特征	计量单位	工程量计算规则	工程内容
010603001	实腹钢柱	1. 钢材品种、规格 2. 单根柱重量 3. 探伤要求 4. 油漆品种、刷漆遍数	t	按设计图示尺寸以质量计算。不扣除孔眼的质量，焊条、铆钉、螺栓等不另增加质量，依附在钢柱上的牛腿及悬臂梁等并入钢柱工程量内	1. 拼装 2. 安装 3. 探伤 4. 补刷油漆
010603002	空腹钢柱				

例 8－20　同第六章【例 6－21】某工程有 10 根实腹钢柱，热轧 H 型钢 500×300×14×16，安装在混凝土柱上，单根重量 0.809 t，油漆 80.00 m^2 探伤费用不计入，铁红防锈漆一遍，醇酸磁漆二遍，场外运输距离 24.5 km，试计算清单工程量。

解：

(1)工程量计算：10×0.809＝8.09 t

(2)编制工程量清单，见表 8－66 所示。

表 8－66　某工程实腹钢柱分部分项工程量清单

序号	项目编码	项目名称	项目特征描述	计量单位	工程量	金额/元		
						综合单价	合价	其中：暂估价
1	010603001001	实腹钢柱	1. 钢材品种、规格：热轧 H 形钢 500×300×14×16 2. 单根柱重量：0.809 t 3. 探伤要求：无 4. 油漆品种、刷漆遍数：铁红防锈漆一遍，醇酸磁漆二遍 5. 场外运输距离 24.5 km	t	8.09			

2．钢管柱（01060303）

按设计图示尺寸以质量计算，不扣除孔眼的质量，焊条、铆钉、螺栓等不另增加质量，钢管柱上的节点板、加强环、内衬管、牛腿等并入钢管柱工程量内。

工程量清单项目设置、项目特征描述的内容、计量单位及工程量计算规则，应按表8－67的规定执行。

表8－67　钢管柱工程量清单编制内容

项目编码	项目名称	项目特征	计量单位	工程量计算规则	工程内容
010603003	钢管柱	1. 钢材品种、规格 2. 单根柱重量 3. 探伤要求 4. 油漆种类、刷漆遍数	t	按设计图示尺寸以质量计算。不扣除孔眼的质量，焊条、铆钉、螺栓等不另增加质量，钢管柱上的节点板、加强环、内衬管、牛腿等并入钢管柱工程量内	1. 拼装 2. 安装 3. 探伤 4. 补刷油漆

8.6.4　钢梁（010604）

一、清单有关说明

①螺栓种类指普通或高强。

②梁类型指H、L、T形、箱形、格构式等。

③型钢混凝土梁浇筑钢筋混凝土，其混凝土和钢筋应按《房屋建筑与装饰工程计量规范（GB 500854—2013）》附录E混凝土及钢筋混凝土工程中相关项目编码列项。

二、工程量计算

钢梁和钢吊车梁均按设计图示尺寸以质量计算，不扣除孔眼的质量，焊条、铆钉、螺栓等不另增加质量，制动梁、制动板、制动桁架、车挡并入钢吊车梁工程量内。

工程量清单项目设置、项目特征描述的内容、计量单位及工程量计算规则，应按表8－68的规定执行。

表8－68　钢梁和钢吊车梁工程量清单编制内容

项目编码	项目名称	项目特征	计量单位	工程量计算规则	工程内容
010604001	钢梁	1. 梁类型 2. 钢材品种、规格 3. 单根质量 4. 螺栓种类 5. 安装高度 6. 探伤要求 7. 防火要求	t	按设计图示尺寸以质量计算。不扣除孔眼的质量，焊条、铆钉、螺栓等不另增加质量，制动梁、制动板、制动桁架、车挡并入钢吊车梁工程量内	1. 拼装 2. 安装 3. 探伤 4. 补刷油漆
010604002	钢吊车梁	1. 钢材品种、规格 2. 单根质量 3. 螺栓种类 4. 安装高度 5. 探伤要求 6. 防火要求			

8.6.5　钢板楼板、墙板(010605)

一、清单有关说明

①螺栓种类指普通或高强。

②钢板楼板上浇筑钢筋混凝土，其混凝土和钢筋应按《房屋建筑与装饰工程计量规范(GB 500854—2013)》附录 E 混凝土及钢筋混凝土工程中相关项目编码列项。

③压型钢楼板按钢楼板项目编码列项。

二、工程量计算

钢板楼板按设计图示尺寸以铺设水平投影面积计算。不扣除单个面积≤0.3 m^2柱、垛及孔洞所占面积。

钢板墙板按设计图示尺寸以铺挂展开面积计算。不扣除单个面积≤0.3 m^2的梁、孔洞所占面积，包角、包边、窗台泛水等不另加面积。

工程量清单项目设置、项目特征描述的内容、计量单位及工程量计算规则，应按表 8－69 的规定执行。

表 8－69　钢板楼板、墙板工程量清单编制内容

项目编码	项目名称	项目特征	计量单位	工程量计算规则	工程内容
010605001	钢板楼板	1. 钢材品种、规格 2. 钢板厚度 3. 螺栓种类 4. 防火要求	m^2	按设计图示尺寸以铺设水平投影面积计算。不扣除单个面积≤0.3 m^2 柱、垛及孔洞所占面积	1. 接装 2. 安装 3. 探伤 4. 补刷油漆
010605002	钢板墙板	1. 钢材品种、规格 2. 钢板厚度、复合板厚度 3. 螺栓种类 4. 复合板夹芯材料种类、层数、型号、规格 5. 防火要求		按设计图示尺寸以铺挂展开面积计算。不扣除单个面积≤0.3 m^2 梁、孔洞所占面积，包角、包边、窗台泛水等不另增加面积	

8.6.6　钢构件(010606)

一、清单有关说明

①螺栓种类指普通或高强。

②钢墙架项目包括墙架柱、墙架梁和连接杆件。

③支撑、钢拉条类型指单式、复式；钢檩条类型指型钢式、格构式；钢漏斗形式指方形、圆形；天沟形式指矩形沟或半圆形沟。

④加工铁件等小型构件，应按零星钢构件项目编码列项。

二、工程量计算

1. 钢支撑、钢拉条(010606001)

按设计图示尺寸以质量计算。不扣除孔眼的质量，焊条、铆钉、螺栓等不另增加质量。

工程量清单项目设置、项目特征描述的内容、计量单位及工程量计算规则，应按表 8－70 的规定执行。

表 8－70　钢支撑、钢拉条工程量清单编制内容

项目编码	项目名称	项目特征	计量单位	工程量计算规则	工程内容
010606001	钢支撑、 钢拉条	1. 钢材品种、规格 2. 构件类型 3. 安装高度 4. 螺栓种类 5. 探伤要求 6. 防火要求	t	按设计图示尺寸以质量计算。不扣除孔眼的质量，焊条、铆钉、螺栓等不另增加质量	1. 拼装 2. 安装 3. 探伤 4. 补刷油漆

2．钢檩条（010606002）、钢天窗架（010606003）、钢挡风架（010606004）、钢墙架（010606005）

按设计图示尺寸以质量计算。不扣除孔眼的质量，焊条、铆钉、螺栓等不另增加质量。

工程量清单项目设置、项目特征描述的内容、计量单位及工程量计算规则，应按表 8－71 的规定执行。

表 8－71　钢檩条、钢天窗架、钢挡风架、钢墙架工程量清单编制内容

<table>
<tr><th>项目编码</th><th>项目名称</th><th>项目特征</th><th>计量单位</th><th>工程量计算规则</th><th>工程内容</th></tr>
<tr><td>010606002</td><td>钢檩条</td><td>1. 钢材品种、规格
2. 构件类型
3. 单根质量
4. 安装高度
5. 螺栓种类
6. 探伤要求
7. 防火要求</td><td rowspan="4">t</td><td rowspan="4">按设计图示尺寸以质量计算。不扣除孔眼的质量，焊条、铆钉、螺栓等不另增加质量</td><td rowspan="4">1. 拼装
2. 安装
3. 探伤
4. 补刷油漆</td></tr>
<tr><td>010606003</td><td>钢天窗架</td><td>1. 钢材品种、规格
2. 单榀质量
3. 安装高度
4. 螺栓种类
5. 探伤要求
6. 防火要求</td></tr>
<tr><td>010606004</td><td>钢挡风架</td><td rowspan="3">1. 钢材品种、规格
2. 单榀质量
3. 螺栓种类
4. 探伤要求
5. 防火要求</td></tr>
<tr><td>010606005</td><td>钢墙架</td></tr>
<tr><td>010606005</td><td>钢墙架</td></tr>
</table>

3．钢梯（010606008）、钢护栏（010606009）

按设计图示尺寸以质量计算。不扣除孔眼的质量，焊条、铆钉、螺栓等不另增加质量。

工程量清单项目设置、项目特征描述的内容、计量单位及工程量计算规则，应按表 8－72 的规定执行。

表 8-72　钢檩条、钢天窗架、钢挡风架、钢墙架工程量清单编制内容

项目编码	项目名称	项目特征	计量单位	工程量计算规则	工程内容
010606008	钢梯	1. 钢材品种、规格 2. 钢梯形式 3. 螺栓种类 4. 防火要求	t	按设计图示尺寸以质量计算。不扣除孔眼的质量，焊条、铆钉、螺栓等不另增加质量	1. 拼装 2. 安装 3. 探伤 4. 补刷油漆
010606009	钢护栏	1. 钢材品种、规格 2. 防火要求			

8.6.7　钢构件(010607)

按设计图示尺寸以框外围计算。不扣除孔眼的质量，焊条、铆钉、螺栓等不另增加质量。

工程量清单项目设置、项目特征描述的内容、计量单位及工程量计算规则，应按表 8-73 的规定执行。

表 8-73　成品空调金属百叶护栏、成品栅栏工程量清单编制内容

项目编码	项目名称	项目特征	计量单位	工程量计算规则	工程内容
010607001	成品空调金属百叶护栏	1. 材料品种、规格 2. 边框材质	m^2	按设计图示尺寸以框外围展开面积计算	1. 安装 2. 校正 3. 预埋铁件及安螺栓
010607002	成品栅栏	1. 材料品种、规格 2. 边框及立柱型钢品种、规格			1. 安装 2. 校正 3. 预埋铁件 4. 安螺栓及金属立柱

8.7　木结构工程

8.7.1　木屋架(010701)

一、清单有关说明

①屋架的跨度应以上、下弦中心线两交点之间的距离计算。

②带气楼的屋架和马尾、折角以及正交部分的半屋架，按相关屋架项目编码列项。

③以榀计量，按标准图设计，项目特征必须标注标准图代号。

二、工程量计算

1. 木屋架工程量计算

(1)以榀计量，按设计图示数量计算。

(2)以立方米计量，按设计图示规格尺寸以体积计算。

2. 钢木屋架以榀计量，按设计图示数量计算

工程量清单项目设置、项目特征描述的内容、计量单位及工程量计算规则，应按表 8-74 的规定执行。

表 8－74　木屋架、钢木屋架工程量清单编制内容

项目编码	项目名称	项目特征	计量单位	工程量计算规则	工程内容
010701001	木屋架	1. 跨度 2. 材料品种、规格 3. 刨光要求 4. 拉杆及起睑耀廷 5. 防护材料种类	1. 榀 2. m^3	1. 以榀计量，按设计图示数量计算 2. 以立方米计量，按设计图示的规格尺寸以体积计算	1. 制作 2. 运输 3. 安装 4. 刷防护材料
010701002	钢木屋架	1. 跨度 2. 材料品种、规格 3. 刨光要求 4. 钢材品种、规格 5. 防护材料种类	榀	以榀计量，按设计图示数量计算	

例 8－21　同第 6 章【例 6－22】某工程木屋架如图 8－30 所示，试编制 15 m 跨度方木屋架工程量清单。

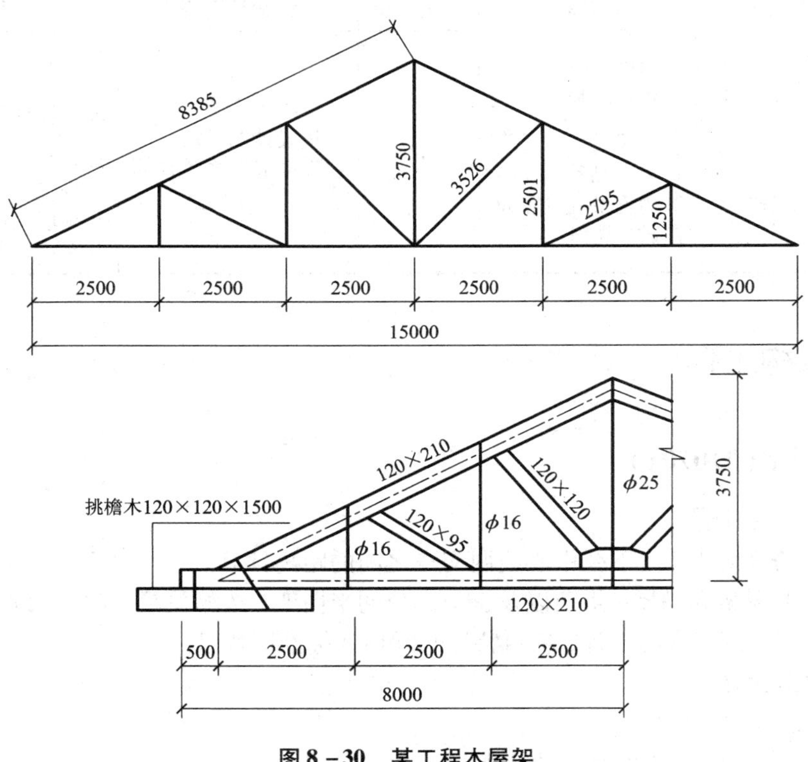

图 8－30　某工程木屋架

解：(1) 工程量计算：木屋架工程量＝1 榀

第六章计算木屋架的工程量＝1.035 m^3

(2) 编制工程量清单，见表 8－75 所示。

表 8 - 75　某工程木屋架分部分项工程量清单

序号	项目编码	项目名称	项目特征描述	计量单位	工程量	金额/元		
						综合单价	合价	其中：暂估价
1	010701002001	木屋架	1. 跨度：15 m 2. 木材品种、规格； 3. 刨光要求； 4. 钢材品种、规格； 5. 防护材料种类。	榀	1			

8.7.2　木构件(010702)

一、清单有关说明

①木楼梯的栏杆（栏板）、扶手，应按《房屋建筑与装饰工程计量规范（GB 500854—2013）》附录 O 中的相关项目编码列项。

②以米计量，项目特征必须描述构件规格尺寸跨度，应以上、下弦中心线两交点之间的距离计算。

二、工程量计算

1. 木柱(010702001)、木梁((010702002)

工程量计算按设计图示尺寸以体积计算。

工程量清单项目设置、项目特征描述的内容、计量单位及工程量计算规则，应按表 8 - 76 的规定执行。

表 8 - 76　木柱、木梁工程量清单编制内容

项目编码	项目名称	项目特征	计量单位	工程量计算规则	工程内容
010702001	木柱	1. 构件规格尺寸 2. 木材种类 3. 刨光要求 4. 防护材料种类	m^3	按设计图示尺寸以体积计算	1. 制作 2. 运输 3. 安装 4. 刷防护材料
010702002	木梁				

2. 木檩条(010702003)

(1)以立方米计量，按设计图示尺寸以体积计算。

(2)以米计量，按设计图示尺寸以长度计算。

工程量清单项目设置、项目特征描述的内容、计量单位及工程量计算规则，应按表 8 - 77 的规定执行。

表 8－77　木檩条工程量清单编制内容

项目编码	项目名称	项目特征	计量单位	工程量计算规则	工程内容
010702003	木檩	1. 构件规格尺寸 2. 木材种类 3. 刨光要求 4. 防护材料种类	1. m^3 2. m	1. 以立方米计量，按设计图示尺寸以体积计算 2. 以米计量，按设计图示尺寸以长度计算	1. 制作 2. 运输 3. 安装 4. 刷防护材料

3. 木楼梯(010702004)

工程量计算按设计图示尺寸以水平投影面积计算。不扣除宽度≤300 mm 的楼梯井，伸入墙内部分不计算。

工程量清单项目设置、项目特征描述的内容、计量单位及工程量计算规则，应按表 8－78 的规定执行。

表 8－78　木楼梯工程量清单编制内容

项目编码	项目名称	项目特征	计量单位	工程量计算规则	工程内容
010702004	木楼梯	1. 楼梯形式 2. 木材种类 3. 刨光要求 4. 防护材料种类	m^2	按设计图示尺寸以水平投影面积计算。不扣除宽度≤300 mm 的楼梯井，伸入墙内部分不计算	1. 制作 2. 运输 3. 安装 4. 刷防护材料

8.7.3　屋面木基层(010703)

设计图示尺寸以斜面积计算。不扣除房上烟囱、风帽底座、风道、小气窗、斜沟等所占面积。小气窗的出檐部分不增加面积。

工程量清单项目设置、项目特征描述的内容、计量单位及工程量计算规则，应按表 8－79 的规定执行。

表 8－79　屋面木基层工程量清单编制内容

项目编码	项目名称	项目特征	计量单位	工程量计算规则	工程内容
010703001	屋面木基层	1. 椽子断面尺寸 2. 望板材料种类、厚度 3. 防护材料种类	m^2	按设计图示尺寸以斜面积计算。不扣除房上烟囱、风帽底座、风道、小气窗、斜沟等所占面积。小气窗的出檐部分不增加面积	1. 椽子制作安装 2. 望板制作安装 3. 顺水条和挂瓦条制作安装 4. 刷防护材料

8.8　屋面及防水工程

8.8.1　瓦、型材及其他屋面(010901)

一、清单有关说明

①瓦屋面，若是在木基层上铺瓦，项目特征不必描述粘结层砂浆的配合比，瓦屋面铺防水层，按 1.2 屋面防水及其他中相关项目编码列项。

②型材屋面、阳光板屋面、玻璃钢屋面的柱、梁、屋架，按《房屋建筑与装饰工程计量规范(GB 500854—2013)》附录 F 金属结构工程、附录 G 木结构工程中相关项目编码列项。

二、工程量计算

1. 瓦屋面(010901001)、型材屋面(010901002)

按设计图示尺寸以斜面积计算。不扣除房上烟囱、风帽底座、风道、小气窗、斜沟等所占面积。小气窗的出檐部分不增加面积。

工程量清单项目设置、项目特征描述的内容、计量单位及工程量计算规则，应按表 8－80 的规定执行。

表 8－80　瓦屋面、型材屋面工程量清单编制内容

项目编码	项目名称	项目特征	计量单位	工程量计算规则	工作内容
010901001	瓦屋面	1. 瓦品种、规格 2. 粘结层砂浆的配合比	m^2	按设计图示尺寸以斜面积计算。不扣除房上烟囱、风帽底座、风道、小气窗、斜沟等所占面积。小气窗的出檐部分不增加面积。	1. 砂浆制作、运输、摊铺、养护 2. 安瓦、作瓦脊
010901002	型材屋面	1. 型材品种、规格 2. 金属檩条材料品种、规格 3. 接缝、嵌缝材料种类			1. 檩条制作、运输、安装 2. 屋面型材安装 3. 接缝、嵌缝

例 8－22　同第 6 章【例 6－23】某建筑平面图、剖面图如图 8－31 所示，屋面采用水泥彩瓦 420 mm×332 mm，墙厚均为 240 mm，屋面坡度 1:2，试确定瓦屋面综合单价并编制瓦屋面的分部分项工程量清单计价表。

解：(1)计算清单工程量

瓦屋面：$(6.00+0.24+0.12\times2)\times(3.60\times4+0.24)\times1.118=106.06\ m^2$

与第六章定额工程量计算做比较。

(2)编制工程量清单如下表 8－81 所示：

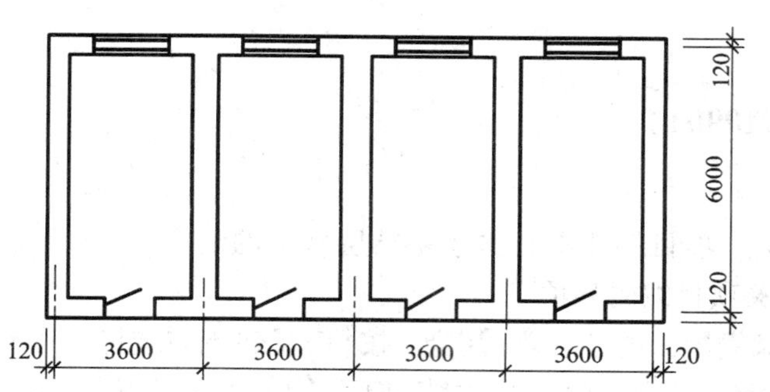

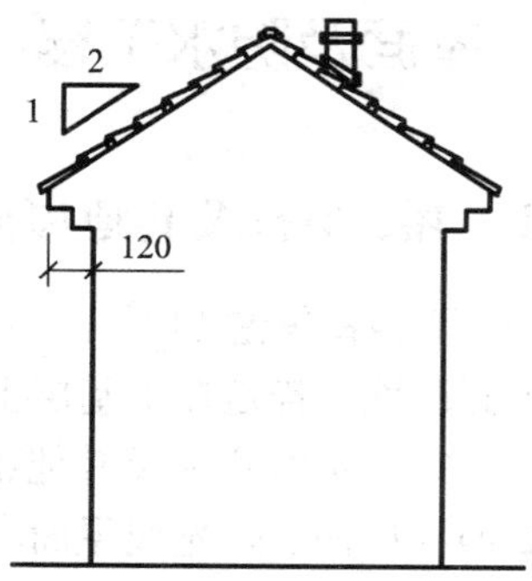

图 8－31　某建筑平面图、剖面图

表 8－81　某工程瓦屋面分部分项工程量清单

序号	项目编码	项目名称	项目特征描述	计量单位	工程量	金额/元		
						综合单价	合价	其中：暂估价
1	010901001001	瓦屋面	1. 瓦品种、规格：水泥彩瓦 420 mm×332 mm	m^2	106.06			

2. 阳光板屋面(010901003)、玻璃钢屋面(010901004)

按设计图示尺寸以斜面积计算。不扣除屋面面积≤0.3 平方米孔洞所占面积。

工程量清单项目设置、项目特征描述的内容、计量单位及工程量计算规则，应按表 8－82 的规定执行。

表 8－82　阳光板屋面、玻璃钢屋面工程量清单编制内容

项目编码	项目名称	项目特征	计量单位	工程量计算规则	工作内容
010901003	阳光板屋面	1. 阳光板品种、规格 2. 骨架材料品种、规格 3. 接缝、嵌缝材料种类 4. 油漆品种、刷漆遍数	m^2	按设计图示尺寸以斜面积计算。不扣除屋面面积≤0.3 平方米孔洞所占面积。	1. 骨架制作、运输、安装、刷防护材料、油漆 2. 阳光板安装 3. 接缝、嵌缝
010901004	玻璃钢屋面	1. 玻璃钢品种、规格 2. 骨架材料品种、规格 3. 玻璃钢固定方式 4. 接缝、嵌缝材料种类 5. 油漆品种、刷漆遍数			1. 骨架制作、运输、安装、刷防护材料、油漆 2. 玻璃钢制作、安装 3. 接缝、嵌缝

8.8.2　屋面防水及其他(010902)

一、清单有关说明

①屋面刚性层防水，按屋面卷材防水、屋面涂膜防水项目编码列项；屋面刚性层无钢筋，其钢筋项目特征不必描述。

②屋面找平层按《房屋建筑与装饰工程计量规范(GB 500854—2013)》附录 K 楼地面装饰工程"平面砂浆找平层"项目编码列项。

③屋面防水搭接及附加层用量不另行计算，在综合单价中考虑。

二、工程量计算

1. 卷材防水(010902001)、涂膜防水面(010902002)

(1)按设计图示尺寸以面积计算。

(2)斜屋顶(不包括平屋顶找坡)按斜面积计算，平屋顶按水平投影面积计算不扣除房上烟囱、风帽底座、风道、屋面小气窗和斜沟所占面积。

(3)屋面的女儿墙、伸缩缝和天窗等处的弯起部分，并入屋面工程量内。

工程量清单项目设置、项目特征描述的内容、计量单位及工程量计算规则，应按表 8－83 的规定执行。

表 8－83　屋面卷材防水、涂膜防水工程量清单编制内容

项目编码	项目名称	项目特征	计量单位	工程量计算规则	工程内容
010902001	屋面卷材防水	1. 卷材品种、规格、厚度 2. 防水层数 3. 防水层做法	m^2	按设计图示尺寸以面积计算 1. 斜屋顶(不包括平屋顶找坡)按斜面积计算，平屋顶按水平投影面积计算 2. 不扣除房上烟囱、风帽底座、风道、屋面小气窗和斜沟所占面积 3. 屋面的女儿墙、伸缩缝和天窗等处的弯起部分，并入屋面工程量内	1. 基层处理 3. 刷底油 4. 铺油毡卷材、接缝
010902002	屋面涂膜防水	1. 防水膜品种 2. 涂膜厚度、遍数、增强材料种类 3. 嵌缝材料种类 4. 防护材料种类			1. 基层处理 2. 刷基层处理剂 3. 铺布、喷涂防水层

例 8－23　同第 6 章【例 6－24】某工程 SBS 改性沥青卷材防水屋面平面、剖面图如图 8－32所示，其自结构层由下向上的做法为：钢筋混凝土板上用 1∶12 水泥珍珠岩找坡，坡度 2%，最薄处 60 mm；保温隔热层上 1∶3 水泥砂浆找平层反边高 300 mm，在找平层上刷冷底子油，加热烤铺，贴 3 mm 厚 SBS 改性沥青防水卷材一道(反边高 300 mm)，在防水卷材上抹 1∶2.5 水泥砂浆找平层(反边高 300 mm)。不考虑嵌缝，砂浆以使用中砂为拌和料，女儿墙不计算，未列项目不补充。试计算屋面工程的工程量及确定综合单价。

解：(1)计算清单工程量

①屋面卷材防水 $16.00 \times 9.00 + (16 + 9) \times 2 \times 0.30 = 159.00\ m^2$

②屋面找平层 $16.00 \times 9.00 + (16 + 9) \times 2 \times 0.30 = 159.00\ m^2$

与第六章定额工程量计算做比较。

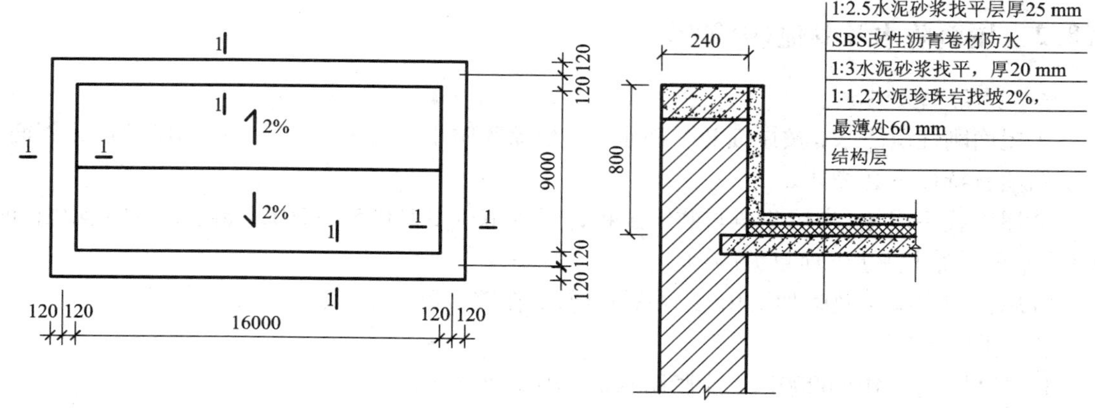

图8－32　某工程屋面工程示意图

(2)编制工程量清单如表8－84所示。

表8－84　某工程屋面卷材防水分部分项工程量清单

序号	项目编码	项目名称	项目特征描述	计量单位	工程量	金额/元		
						综合单价	合价	其中：暂估价
1	010902001001	屋面卷材防水	1. 卷材品种、规格、厚度：3 mm厚SBS改性沥青防水卷材 2. 防水层数：一道 3. 防水层做法：卷材底刷冷底子油、加热烤铺	m^2	159.00			
2	011101006001	屋面砂浆找平	找平层厚度、砂浆配合比：20厚1∶3水泥砂浆找平层(防水底层)、25厚1∶2.5水泥砂浆找平层(防水面层)	m^2	159.00			

2. 屋面刚性防水(010902003)、屋面排水管(010902004)、屋面排(透)气管(010902005)、屋面(廊、阳台)吐水管(010902006)、屋面天沟、檐沟(010902007)

(1)屋面刚性防水按设计图示尺寸以面积计算。不扣除房上烟囱、风帽底座、风道等所占面积。

(2)屋面排水管按设计图示尺寸以长度计算。如设计未标注尺寸，以檐口至设计室外散水上表面垂直距离计算。

(3)屋面排(透)气管按设计图示尺寸以长度计算。

(4)屋面(廊、阳台)吐水管按设计图示数量计算。

(5)屋面天沟、檐沟按设计图示尺寸以展开面积计算。

工程量清单项目设置、项目特征描述的内容、计量单位及工程量计算规则，应按表8－85

的规定执行。

表 8－85　屋面刚性防水、屋面排水管、屋面排(透)气管等工程量清单编制内容

项目编码	项目名称	项目特征	计量单位	工程量计算规则	工程内容
010902003	屋面刚性层	1. 防水层厚度 2. 嵌缝材料种类 3. 混凝土强度等级	m^2	按设计图示尺寸以面积计算。不扣除房上烟囱、风帽底座、风道等所占面积	1. 基层处理 2. 混凝土制作、运输、铺筑、养护 3. 钢筋制安
010902004	屋面排水管	1. 排水管品种、规格、品牌、颜色 2. 接缝、嵌缝材料种类 3. 油漆品种、刷漆遍数	m	按设计图示尺寸以长度计算。如设计未标注尺寸，以檐口至设计室外散水上表面垂直距离计算	1. 排水管及配件安装、固定 2. 雨水斗、山墙出水口、雨水箅子安装 3. 接缝、嵌缝
010902005	屋面排(透)气管	1. 排(透)气管品种、规格 2. 接缝、嵌缝材料种类 3. 油漆品种、刷漆遍数		按设计图示尺寸以长度计算	1. 排(透)气管及配件安装、固定 2. 铁件制作、安装 3. 接缝、嵌缝 4. 刷漆
010902006	屋面(廊、阳台)泄(吐)水气管	1. 吐水管品种、规格 2. 接缝、嵌缝材料种类 3. 吐水管长度 4. 油漆品种、刷漆遍数	根(个)	按设计图示数量计算	1. 水管及配件安装、固定 2. 接缝、嵌缝 3. 刷漆
010902007	屋面天沟、沿沟	1. 材料品种 2. 砂浆配合比 3. 宽度、坡度 4. 接缝、嵌缝材料种类 5. 防护材料种类	m^2	按设计图示尺寸以面积计算。铁皮和卷材天沟按展开面积计算	1. 天沟材料铺设 2. 天沟配件安装 3. 接缝、嵌缝 4. 刷防护材料

8.8.3　墙面防水、防潮(010903)

一、清单有关说明

①墙面防水搭接及附加层用量不另行计算，在综合单价中考虑。

②墙面变形缝，若做双面，工程量乘系数 2。

③墙面找平层按《房屋建筑与装饰工程计量规范(GB 500854—2013)》附录 L 墙、柱面装饰与隔断工程“立面砂浆找平层”项目编码列项。

二、工程量计算

(1)墙面卷材防水、涂膜防水面、墙面砂浆防水(防潮)按设计图示尺寸以面积计算。

(2)墙面变形缝按设计图示尺寸以长度计算。

工程量清单项目设置、项目特征描述的内容、计量单位及工程量计算规则，应按表8－86的规定执行。

表8－86 墙面卷材防水、涂膜防水面、墙面砂浆防水(防潮)等工程量清单编制内容

项目编码	项目名称	项目特征计量单位	工程量计算规则	工程内容	
010903001	墙面卷材防水	1. 卷材品种、规格、厚度 2. 防水层数 3. 防水层做法	m^2	按设计图示尺寸以面积计算	1. 基层处理 2. 抹找平层 3. 刷黏结剂 4. 铺防水卷材 5. 铺保护层 6. 接缝、嵌缝
010903002	墙面涂膜防水	1. 防水膜品种 2. 涂膜厚度、遍数 3. 增强材料种类			1. 基层处理 2. 抹找平层 3. 刷基层处理剂 4. 铺涂膜防水层 5. 铺保护层
010903003	墙面砂浆防水(防潮)	1. 防水层做法 2. 砂浆厚度、配合比 3. 钢丝网规格			1. 基层处理 2. 挂钢丝网片 3. 设置分格缝 4. 砂浆制作、运输、摊铺、养护
010903004	墙面变形缝	1. 嵌缝材料种类 2. 止水带材料种类 3. 盖缝材料 4. 防护材料种类	m	按设计图示以长度计算	1. 清缝 2. 填塞防水材料 3. 止水带安装 4. 盖缝制作、安装 5. 刷防护材料

8.8.4 楼(地)面防水、防潮(010904)

一、清单有关说明

①楼(地)面防水找平层按《房屋建筑与装饰工程计量规范(GB 500854—2013)》K楼地面装饰工程“平面砂浆找平层”项目编码列项。

②楼(地)面防水搭接及附加层用量不另行计算，在综合单价中考虑。

二、工程量计算

(1)楼(地)面卷材防水、楼(地)面涂膜防水面、楼(地)面砂浆防水(防潮)按设计图示尺寸以面积计算。

①楼(地)面防水：按主墙间净空面积计算，扣除凸出地面的构筑物、设备基础等所占面积，不扣除间壁墙及单个面积≤0.3 m^2 柱、垛、烟囱和孔洞所占面积。

②楼(地)面防水反边高度≤300 mm 算作地面防水，反边高度＞300 mm 算作墙面防水。

(2)楼(地)面变形缝按设计图示尺寸以长度计算。

工程量清单项目设置、项目特征描述的内容、计量单位及工程量计算规则，应按表8－87的规定执行。

表 8-87　楼(地)面卷材防水、楼(地)面涂膜防水面等工程量清单编制内容

<table>
<tr><th>项目编码</th><th>项目名称</th><th>项目特征</th><th>计量单位</th><th>工程量
计算规则</th><th>工程内容</th></tr>
<tr><td>010904001</td><td>楼(地)面
卷材防水</td><td>1. 卷材品种、规格、厚度
2. 防水层数
3. 防水层做法
4. 反边高度</td><td rowspan="3">m²</td><td rowspan="3">按设计图示尺寸以面积计算
1. 楼(地)面防水：按主墙间净空面积计算，扣除凸出地面的构筑物、设备基础等所占面积，不扣除间壁墙及单个面积≤0.3 m² 柱、垛、烟囱和孔洞所占面积
2. 楼(地)面防水反边高度≤300 mm 算作地面防水，反边高度 >300 mm 按墙面防水计算</td><td>1. 基层处理
2. 抹找平层
3. 刷黏结剂
4. 铺防水卷材
5. 铺保护层
6. 接缝、嵌缝</td></tr>
<tr><td>010904002</td><td>楼(地)面
涂膜防水</td><td>1. 防水膜品种
2. 涂膜厚度、遍数
3. 增强材料种类
4. 反边高度</td><td>1. 基层处理
2. 抹找平层
3. 刷基层处理剂
4. 铺涂膜防水层
5. 铺保护层</td></tr>
<tr><td>010904003</td><td>楼(地)
面砂浆
防水(防潮)</td><td>1. 防水层做法
2. 砂浆厚度、配合比
3. 反边高度</td><td>1. 基层处理
2. 挂钢丝网片
3. 设置分格缝
4. 砂浆制作、运输、摊铺、养护</td></tr>
<tr><td>010904004</td><td>楼(地)面
变形缝</td><td>1. 嵌缝材料种类
2. 止水带材料种类
3. 盖缝材料
4. 防护材料种类</td><td>m</td><td>按设计图示以长度计算</td><td>1. 清缝
2. 填塞防水材料
3. 止水带安装
4. 盖缝制作、安装
5. 刷防护材料</td></tr>
</table>

8.9　保温、隔热、防腐工程

8.9.1　保温、隔热(011001)

一、清单有关说明

①保温隔热装饰面层，按《房屋建筑与装饰工程计量规范(GB 500854—2013)》附录 K、L、M、N、O 中相关项目编码列项；仅做找平层按《房屋建筑与装饰工程计量规范(GB 500854—2013)》附录 K 中“平面砂浆找平层”或附录 L“立面砂浆找平层”项目编码列项。

②柱帽保温隔热应并入天棚保温隔热工程量内。

③池槽保温隔热应按其他保温隔热项目编码列项。

④保温隔热方式：指内保温、外保温、夹心保温。

二、工程量计算

1. 保温隔热屋面(011001001)、保温隔热天棚(011001002)

保温隔热屋面按设计图示尺寸以面积计算。扣除面积 >0.3 m²孔洞及占位面积。

保温隔热天棚按设计图示尺寸以面积计算。扣除面积 >0.3m²柱、垛、孔洞所占面积，与天棚相连的梁按展开面积计算，并入天棚工程量中。

工程量清单项目设置、项目特征描述的内容、计量单位及工程量计算规则，应按表 8－88 的规定执行。

表 8－88　保温隔热屋面、保温隔热天棚工程量清单编制内容

项目编码	项目名称	项目特征	计量单位	工程量计算规则	工程内容
011001001	保温隔热屋面	1. 保温隔热材料品种、规格、厚度 2. 隔气层材料品种、厚度 3. 黏结材料种类、做法 4. 防护材料种类、做法	m^2	按设计图示尺寸以面积计算。扣除面积 >0.3 m^2 孔洞及占位面积	1. 基层清理 2. 刷黏结材料 3. 铺黏保温层 4. 铺刷（喷）防护材料
011001002	保温隔热天棚	1. 保温隔热面层材料品种、规格、性能 2. 保温隔热材料品种、规格及厚度 3. 黏结材料种类、做法 4. 防护材料种类、做法		按设计图示尺寸以面积计算。扣除面积 >0.3 m^2 柱、垛、孔洞所占面积，与天棚相连的梁按展开面积计算，并入天棚工程量中	

例 8－24　同第 6 章【例 6－25】某工程 SBS 改性沥青卷材防水屋面平面、剖面图如上例图 8－32 所示，其自结构层由下向上的做法为：钢筋混凝土板上用 1∶12 水泥珍珠岩找坡，坡度 2%，最薄处 60 mm；保温隔热层上 1∶3 水泥砂浆找平层反边高 300 mm，在找平层上刷冷底子油，加热烤铺，贴 3mm 厚 SBS 改性沥青防水卷材一道（反边高 300 mm），在防水卷材上抹 1∶2.5 水泥砂浆找平层（反边高 300 mm）。不考虑嵌缝，砂浆以使用中砂为拌和料，女儿墙不计算，未列项目不补充。试计算屋面保温工程的工程量及确定综合单价。

解：（1）计算清单工程量

屋面保温工程的工程量 $=16.00\times 9.00=144.00\ m^2$

与第六章定额工程量计算做比较。

（2）编制工程量清单如下表 8－89 所示：

表 8－89　某工程屋面卷材防水分部分项工程量清单

序号	项目编码	项目名称	项目特征描述	计量单位	工程量	金额/元		
						综合单价	合价	其中：暂估价
1	011001001001	屋面保温	1. 材料品种：1∶12 水泥珍珠岩 2. 保温厚度：最薄处 60 mm	m^2	144.00			

2. 保温隔热墙面(011001003)

保温隔热墙面按设计图示尺寸以面积计算。扣除门窗洞口及面积 >0.3 m^2孔洞梁、孔洞所占面积；门窗洞口侧壁以及与墙相连的柱，并入保温墙体工程量内。

工程量清单项目设置、项目特征描述的内容、计量单位及工程量计算规则，应按表 8 -90 的规定执行。

表 8 -90　保温隔热墙面工程量清单编制内容

项目编码	项目名称	项目特征	计量单位	工程量计算规则	工程内容
011001001	保温隔热墙面	1. 保温隔热部位 2. 保温隔热方式 3. 踢脚线、勒脚线保温做法 4. 龙骨材料品种、规格 5. 保温隔热面层材料品种、规格、性能 6. 保温隔热材料品种、规格及厚度 7. 增强网及抗裂防水砂浆种类 8. 黏结材料种类、做法 9. 防护材料种类、做法	m^2	按设计图示尺寸以面积计算。扣除门窗洞口以及面积 >0.3 m^2 梁、孔洞所占面积；门窗洞口侧壁以及与墙相连接的柱，并入保温墙体工程量内	1. 基层清理 2. 刷界面剂 3. 安装龙骨 4. 填贴保温材料 5. 保温板安装 6. 粘贴面层 7. 铺设增强网格、抹抗裂、防水砂浆面层 8. 嵌缝 9. 铺刷（喷）防护材料

8.9.2　防腐面层(011002)

一、清单有关说明

防腐踢脚线，应按《房屋建筑与装饰工程计量规范（GB 500854—2013)》附录 K 中“踢脚线”项目编码列项。

二、工程量计算

防腐混凝土面层、砂浆面层及胶泥面层按设计图示尺寸以面积计算。

(1) 平面防腐：扣除凸出地面的构筑物、设备基础等以扣及面积 >0.3 m^2孔洞、柱、垛等所占面积。门洞、空圈、暖气包槽、壁龛的开口部分不增加面积。

(2) 立面防腐：扣除门、窗、洞口以及面积 >0.3 m^2孔洞、梁所占面积，门、窗、洞口侧壁、垛突出部分按展开面积并入墙面积内。

工程量清单项目设置、项目特征描述的内容、计量单位及工程量计算规则，应按表 8 -91 的规定执行。

表 8-91　防腐混凝土面层、砂浆面层及胶泥面层工程量清单编制内容

项目编码	项目名称	项目特征	计量单位	工程量计算规则	工程内容
011002001	防腐混凝土面层	1. 防腐部位 2. 面层厚度 3. 混凝土种类 4. 胶泥种类、配合比	m^2	按设计图示尺寸以面积计算 1. 平面防腐：扣除凸出地面的构筑物、设备基础等以及面积 > 0.3 m^2 孔洞、柱、垛等所占面积。门洞、空圈、暖气包槽、壁龛的开口部分不增加面积 2. 立面防腐：扣除门、窗、洞口以及面积 > 0.3 m^2 孔洞、梁所占面积，门、窗、洞口侧壁、垛突出部分按展开面积并入墙面积内	1. 基层清理 2. 基层刷稀胶泥 3. 混凝土制作、运输、摊铺、养护
011002002	防腐砂浆面层	1. 防腐部位 2. 面层厚度 3. 砂浆、胶泥种类、配合比			1. 基层清理 2. 基层刷稀胶泥 3. 砂浆制作、运输、摊铺、养护
011002003	防腐胶泥面层	1. 防腐部位 2. 面层厚度 3. 胶泥种类、配合比			1. 基层清理 2. 胶泥调制、摊铺

例 8-24　某仓库需做防腐处理，现将地面和踢脚线抹防腐铁屑砂浆，厚度 20 mm，如图 8-33 所示。计算工程量并编制防腐砂浆工程量清单。

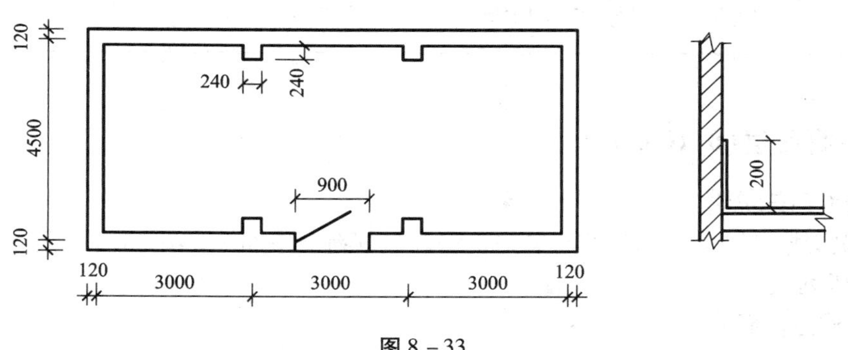

图 8-33

解：(1) 防腐砂浆面层工程量

地面防腐砂浆工程量 = (9.00 - 0.24) × (4.50 - 0.24) = 37.32 m^2

踢脚线防腐砂浆工程量 = [(9.00 - 0.24 + 0.24 × 4 + 4.50 - 0.24) × 2 - 0.90 + 0.12 × 2] × 0.2 = 5.46 m^2

(2) 编制工程量清单，如表 8-92 所示。

表8－92　某工程防腐砂浆面层工程分部分项工程量清单

序号	项目编码	项目名称	项目特征描述	计量单位	工程量	金额/元		
						综合单价	合价	其中：暂估价
1	011002002001	防腐砂浆面层	防腐砂浆面层 ①砂浆种类：铁屑砂浆； ②面层厚度：20 mm； ③防腐部位：地面	m^2	37.32			
2	011002002001	防腐砂浆面层	防腐砂浆面层 ①砂浆种类：铁屑砂浆； ②面层厚度：20 mm； ③防腐部位：踢脚线	m^2	5.46			

8.9.3　其他防腐(011003)

一、清单有关说明

浸渍砖砌法指平砌、立砌。

二、工程量计算

1．隔离层(011003001)

按设计图示尺寸以面积计算。

(1)平面防腐：扣除凸出地面的构筑物、设备基础等以扣除面积>0.3 m^2孔洞、柱、垛等所占面积。门洞、空圈、暖气包槽、壁龛的开口部分不增加面积。

(2)立面防腐：扣除门、窗、洞口以及面积>0.3 m^2孔洞、梁所占面积，门、窗、洞口侧壁、垛突出部分按展开面积并入墙面积内。

工程量清单项目设置、项目特征描述的内容、计量单位及工程量计算规则，应按表8－93的规定执行。

表8－93　隔离层工程量清单编制内容

项目编码	项目名称	项目特征	计量单位	工程量计算规则	工程内容
011003001	隔离层	1.隔离层部位 2.隔离层材料品种 3.隔离层做法 4.粘贴材料种类	m^2	按设计图示尺寸以面积计算 1.平面防腐：扣除凸出地面的构筑物、设备基础等以及面积>0.3 m^2孔洞、柱、垛等所占面积。门洞、空圈、暖气包槽、壁龛的开口部分不增加面积 2.立面防腐：扣除门、窗、洞口以及面积>0.3 m^2 孔洞、梁所占面积，门、窗、洞口侧壁、垛突出部分按展开面积并入墙面积内	1.基层清理、刷油 2.煮沥青 3.胶泥调制 4.隔离层铺设

2. 防腐涂料(011003003)

按设计图示尺寸以面积计算。

(1)平面防腐：扣除凸出地面的构筑物、设备基础等以及面积 >0.3 m^2孔洞、柱、垛等所占面积。门洞、空圈、暖气包槽、壁龛的开口部分不增加面积。

(2)立面防腐：扣除门、窗、洞口以及面积 >0.3 m^2孔洞、梁所占面积，门、窗、洞口侧壁、垛突出部分按展开面积并入墙面积内。

工程量清单项目设置、项目特征描述的内容、计量单位及工程量计算规则，应按表8－94的规定执行。

表8－94 防腐涂料工程量清单编制内容

项目编码	项目名称	项目特征	计量单位	工程量计算规则	工程内容
011003003	防腐涂料	1. 涂刷部位 2. 基层材料类型 3. 刮腻子的种类、遍数 4. 涂料品种、刷涂遍数	m^2	按设计图示尺寸以面积计算 1. 平面防腐：扣除凸出地面的构筑物、设备基础等以及面积 >0.3 m^2孔洞、柱、垛等所占面积。门洞、空圈、暖气包槽、壁龛的开口部分不增加面积 2. 立面防腐：扣除门、窗、洞口以及面积 >0.3 m^2 孔洞、梁所占面积，门、窗、洞口侧壁、垛突出部分按展开面积并入墙面积内	1. 基层清理 2. 刷涂料

8.10 措施项目

8.10.1 脚手架工程(011701)

一、清单有关说明

(1)使用综合脚手架时，不再使用外脚手架、里脚手架等单项脚手架；综合脚手架适用于能够按“建筑面积计算规则”计算建筑面积的建筑工程脚手架，不适用于房屋加层、构筑物及附属工程脚手架。

(2)同一建筑物有不同檐高时，按建筑物竖向切面分别按不同檐高编列清单项目。

(3)整体提升架已包括2 m高的防护架体设施。

(4)脚手架材质可以不描述，但应注明由投标人根据工程实际情况按照《建筑施工扣件式钢管脚手架安全技术规范》JGJ 130、《建筑施工附着升降脚手架管理规定》(建[2000]230号)等规范自行确定。

二、工程量计算

1. 综合脚手架(011701001)

按建筑面积计算。

工程量清单项目设置、项目特征描述的内容、计量单位及工程量计算规则，应按表8－95

的规定执行。

表 8－95　综合脚手架工程量清单编制内容

项目编码	项目名称	项目特征	计量单位	工程量计算规则	工程内容
011701001	综合脚手架	1. 建筑结构形式 2. 檐口高度	m^2	按建筑面积计算	1. 场内、场外材料搬运 2. 搭、拆脚手架、斜道、上料平台 3. 安全网的铺设 4. 选择附墙点与主体连接 5. 测试电动装置、安全锁等 6. 拆除脚手架后材料的堆放

例 8－25　某接待室为三类工程，平面图如图 8－34 所示。建筑共二层，每层层高均为 3.600 m，设计室外地坪标高 －0.300 m，平屋面板厚 100 mm。试编制脚手架工程量清单。

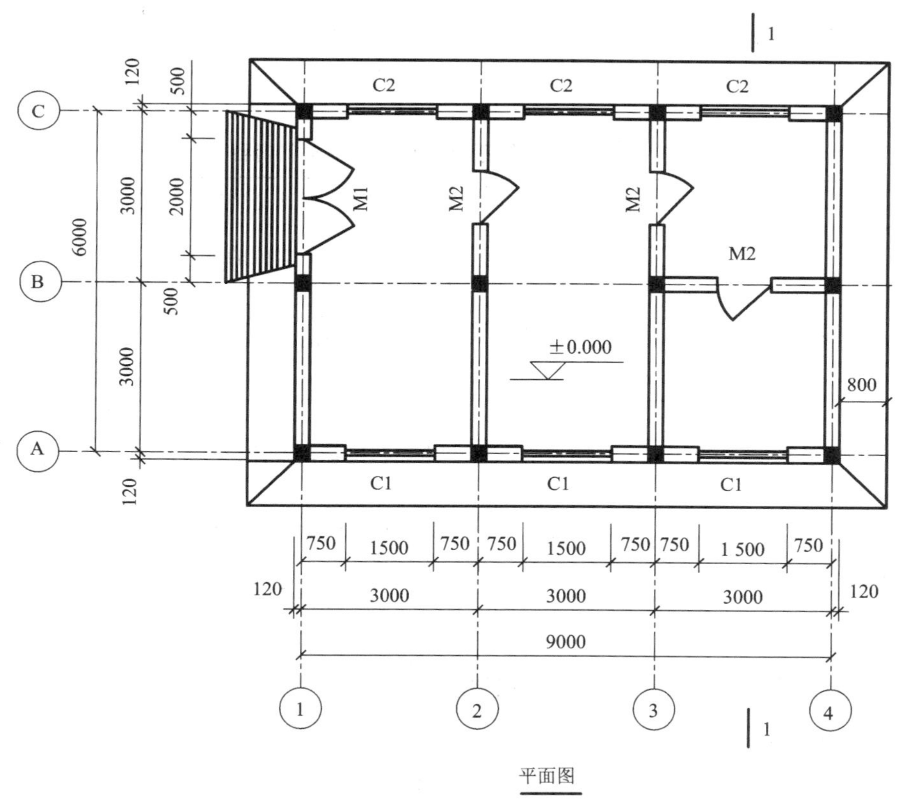

图 8－34　某接待室平面图

解：(1)计算工程量

综合脚手架 $(9.00+0.24)\times(6.00+0.24)\times2=115.32m^2$

(2)编制工程量清单，如表 8－96 所示：

表 8-96　某工程综合脚手架工程措施项目清单

序号	项目编码	项目名称	项目特征描述	计量单位	工程量	金额/元		
						综合单价	合价	其中：暂估价
1	011701001001	综合脚手架	1. 建筑结构形式：砖混 2. 檐口高度：7.40 m	m^2	115.32			

2. 外脚手架(011701002)、里脚手架(011701003)、悬空脚手架(011701004)、挑脚手架(011701005)、满堂脚手架(011701006)

(1)外脚手架与里脚手架按所服务对象的垂直投影面积计算。

(2)悬空脚手架按搭设的水平投影面积计算。

(3)挑脚手架按搭设长度乘以搭设层数以延长米计算。

(4)满堂脚手架按搭设的水平投影面积计算。

相关知识及计算参照第六章内容。

工程量清单项目设置、项目特征描述的内容、计量单位及工程量计算规则，应按表 8-97 的规定执行。

表 8-97　综合脚手架工程量清单编制内容

项目编码	项目名称	项目特征	计量单位	工程量计算规则	工程内容
011701002	外脚手架	1. 搭设方式 2. 搭设高度 3. 脚手架材质	m^2	按所服务对象的垂直投影面积计算	1. 场内、场外材料搬运 2. 搭、拆脚手架、斜道、上料平台 3. 安全网的铺设 4. 拆除脚手架后材料的堆放
011701003	里脚手架				
011701004	悬空脚手架	1. 搭设方式 2. 悬挑宽度 3. 脚手架材质		按搭设的水平投影面积计算	
011701005	挑脚手架		m	按搭设的长度乘以搭设层数以延长米计算	
011701006	满堂脚手架	1. 搭设方式 2. 搭设高度 3. 脚手架材质	m^2	按搭设的水平投影面积计算	

8.10.2　混凝土模板及支架(撑)(011702)

一、清单有关说明

(1)原槽浇灌的混凝土基础、垫层，不计算模板。

(2)混凝土模板及支撑(架)项目，只适用于以平方米计量，按模板与混凝土构件的接触面积计算。以“立方米”计量的模板及支撑(支架)，按混凝土及钢筋混凝土实体项目执行，其综合单价中应包含模板及支撑(支架)。

(3)采用清水模板时，应在特征中注明。

(4)若现浇混凝土梁、板，支撑高度超过 3.6 m 时，项目特征应描述支撑高度。

二、工程量计算

1．基础(011702001)、矩形柱(011702002)、矩形梁(011702006)、直形墙(011702011)

按模板与现浇混凝土构件的接触面积计算：

(1)现浇钢筋砼墙、板，单孔面积≤0.3m^2的孔洞不予扣除，洞侧壁模板亦不增加；单孔面积＞0.3m^2时应予扣除，洞侧壁模板面积并入墙、板工程量计算。

(2)现浇框架分别按梁、板、柱有关规定计算；附墙柱、暗梁、暗柱并入墙内工程量计算。

(3)柱、梁、墙、板相互连接的重叠部分，均不计算模板面积。

(4)构造柱按图示外露部分计算模板面积。

相关知识及计算参照第 6 章内容。

工程量清单项目设置、项目特征描述的内容、计量单位及工程量计算规则，应按表 8－98 的规定执行。

表 8－98　基础、柱、梁、墙等脚手架工程量清单编制内容

项目编码	项目名称	项目特征	计量单位	工程量计算规则	工程内容
011702001	基础	基础类型	m^2	按模板与现浇混凝土构件的接触面积计算 1. 现浇混凝土墙、板，单孔面积≤0.3 m^2 的孔洞不予扣除，洞侧壁模板亦不另增加；单孔面积＞0.3 m^2 时应予扣除，洞侧壁模板面积并入墙、板工程量内计算。 2. 现浇框架分别按梁、板、柱有关规定计算；附墙柱、暗梁、暗柱并入墙内工程量内计算 3. 柱、梁、墙、板相互连接的重叠部分，均不计算模板面积。 4. 构造柱按图示外露部分计算模板面积	1. 模板制作 2. 模板安装、拆除、整理堆放及场内外运输 3. 清理模板黏结物及模内杂物、刷隔离剂等
011702002	矩形柱				
011702003	构造柱				
011702004	异形柱	柱截面形状			
011702005	基础梁	梁截面形状			
011702006	矩形梁	支撑高度			
011702007	异形梁	1. 梁截面形状 2. 支撑高度			
011702008	圈梁				
011702009	过梁				
011702010	弧形、拱形梁	1. 梁截面形状 2. 支撑高度			
011702011	直形墙				
011702012	弧形墙				
011702013	短肢剪力墙、电梯井壁				

2．有梁板(011702014)、平板(011702015)

按模板与现浇混凝土构件的接触面积计算。

相关知识及计算参照第 6 章内容。

工程量清单项目设置、项目特征描述的内容、计量单位及工程量计算规则，应按表 8－99 的规定执行。

表 8－99　板脚手架工程量清单编制内容

项目编码	项目名称	项目特征	计量单位	工程量计算规则	工程内容
011702014	有梁板	支撑高度	m^2	按模板与现浇混凝土构件的接触面积计算	1. 模板制作 2. 模板安装、拆除、整理堆放及场内外运输 3. 清理模板黏结物及模内杂物、刷隔离剂等
011702015	梁板				
011702016	板				
011702017	板				
011702018	薄壳板				
011702019	空心				
011702020	其他板				
011702021	栏板				

例 8－26　如图 8－35 所示，某单位办公楼屋面现浇钢筋砼有梁板，板厚为 100 mm，A、B、1、4 轴截面尺寸为 240 mm×500 mm，2、3 轴截面尺寸为 240 mm×350 mm，柱截面尺寸为 400 mm×400 mm。请根据工程量清单计算规则计算现浇钢筋砼有梁板 C20 的模板工程量。

解：(1)计算工程量

底模：$12.24\times7.44-(0.4\times0.24\times4+0.24\times0.24\times4)=90.46\ m^2$

板侧模：$(10.96+6.96)\times2\times0.1=3.58\ m^2$

梁侧模：$6.96\times0.25\times2\times2=6.96\ m^2$ $(10.96+6.96)\times2\times0.4\times2=28.67\ m^2$

模板工程量：$90.46+3.58+6.96+28.67=129.67\ m^2$

(2)编制工程量清单，如表 8－100 所示。

表 8－100　某办公楼有梁板模板工程措施项目清单

序号	项目编码	项目名称	项目特征描述	计量单位	工程量	金额/元		
						综合单价	合价	其中：暂估价
1	011702014001	有梁板	支撑高度：3.600 m	m^2	129.67			

3. 天沟、檐沟(011702022)、雨篷、悬挑板、阳台板(011702023)、楼梯(011702024)、其他现浇构件(011702025)、电缆沟、地沟(011702026)

(1)天沟、檐沟按模板与现浇混凝土构件的接触面积计算。

(2)雨篷、悬挑板、阳台板按图示外挑部分尺寸的水平投影面积计算，挑出墙外的悬臂梁及板边不另计算。

(3)楼梯按楼梯(包括休息平台、平台梁、斜梁和楼层板的连接梁)的水平投影面积计算，不扣除宽度≤500 mm 的楼梯井所占面积，楼梯踏步、踏步板、平台梁等侧面模板不另计算，伸入墙内部分亦不增加。

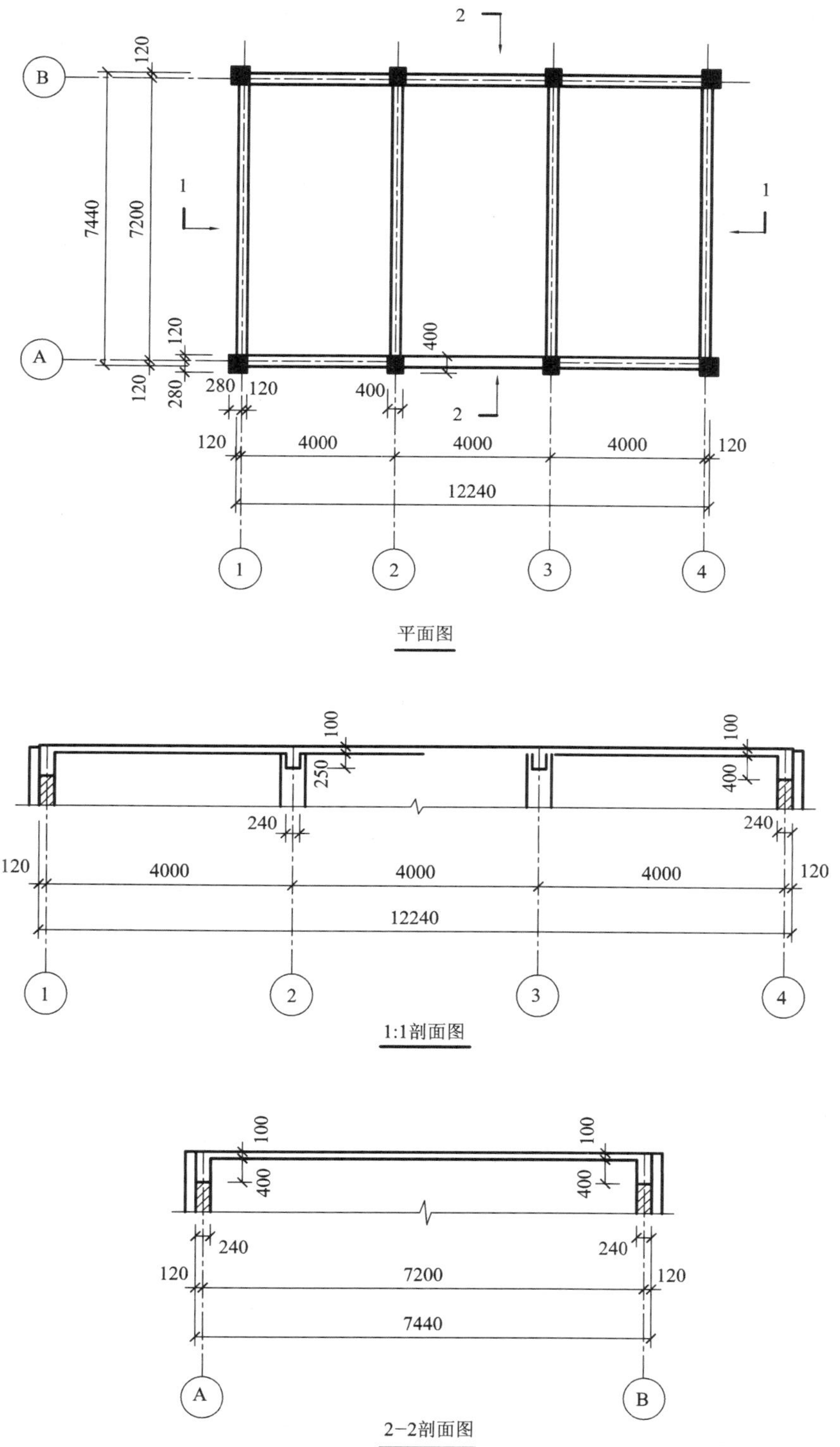

图 8－35　办公楼屋面现浇钢筋砼有梁板平面图、剖面图

(4)其他现浇构件按模板与现浇混凝土构件的接触面积计算。

(5)电缆沟、地沟按模板与电缆沟、地沟接触的面积计算。

工程量清单项目设置、项目特征描述的内容、计量单位及工程量计算规则，应按表8－101的规定执行。

表8－101　天沟、檐沟、楼梯等工程量清单编制内容

项目编码	项目名称	项目特征	计量单位	工程量计算规则	工程内容
011702022	天沟、檐沟	构件类型		按模板与现浇混凝土构件的接触面积计算	
011702023	雨篷、悬挑板、阳台板	1. 构件类型 2. 板厚度		按图示外挑部分尺寸的水平投影面积计算，挑出墙外的悬臂梁及板边不另计算	
011702024	楼梯	类型	m^2	按楼梯（包括休息平台、平台梁、斜梁和楼层板连接的梁）的水平投影面积计算，不扣除宽度≤500 mm 的楼梯井所占面积，楼梯踏步、踏步板、平台梁等侧面模板不另计算，伸人墙内部分亦不增加。	1. 模板制作 2. 模板安装、拆除、整理堆放及场内外运输 3. 清理模板黏结物及模内杂物、刷隔离剂等
011702025	其他现浇构件	构件类型		按模板与现浇混凝土构件的接触面积计算	
011702026	电缆沟、地沟	1. 沟类型 2. 沟截面		按模板与电缆沟、地沟接触面积计算	

4. 台阶(011702027)、扶手(011702028)、散水(011702029)、后浇带(011702030)、化粪池(011702031)、检查井(011702032)

(1)台阶按图示台阶水平投影面积计算，台阶端头两侧不另计算模板面积。架空式混凝土台阶，按现浇楼梯计算。

(2)扶手按模板与扶手的接触面积计算。

(3)散水按模板与散水的接触面积计算。

(4)后浇带按模板与后浇带的接触面积计算。

(5)化粪池、检查井均按模板与混凝土接触面积计算。

工程量清单项目设置、项目特征描述的内容、计量单位及工程量计算规则，应按表8－102的规定执行。

表 8－102　台阶、散水等工程量清单编制内容

项目编码	项目名称	项目特征	计量单位	工程量计算规则	工程内容
011702027	台阶	台阶踏步宽	m^2	按图示台阶水平投影面积计算，台阶端头两侧不另计算模板面积。架空式混凝土台阶，按现浇楼梯计算	1. 模板制作 2. 模板安装、拆除、整理堆放及场内外运输 3. 清理模板黏结物及模内杂物、刷隔离剂等
011702028	扶手	扶手断面尺寸		按模板与扶手的接触面积计算	
011702029	散水			按模板与散水的接触面积计算	
011702030	后浇带	后浇带部位		按模板与后浇带的接触面积计算	
011702031	化粪池	1. 化粪池部位 2. 化粪池规格		按模板与混凝土接触面积计算	
011702032	检查井	1. 检查井部位 2. 检查井规格			

8.10.3　垂直运输(011703)

一、清单有关说明

(1)建筑物的檐口高度是指设计室外地坪至檐口滴水的高度(平屋顶系指屋面板底高度)，突出主体建筑物屋顶的电梯机房、楼梯出口间、水箱间、瞭望塔、排烟机房等不计入檐口高度。

(2)垂直运输指施工工程在合理工期内所需垂直运输机械。

(3)同一建筑物有不同檐高时，按建筑物的不同檐高做纵向分割，分别计算建筑面积，以不同檐高分别编码列项。

二、工程量计算。

(1)按建筑面积计算。

(2)按施工工期日历天数计算。

工程量清单项目设置、项目特征描述的内容、计量单位及工程量计算规则，应按表 8－103的规定执行。

表 8－103　综合脚手架工程量清单编制内容

项目编码	项目名称	项目特征	计量单位	工程量计算规则	工程内容
011703001	垂直运输	1. 建筑物建筑类型及结构形式 2. 地下室建筑面积 3. 建筑物檐口高度、层数	1. m^2 2. 天	1. 按建筑面积计算 2. 按施工工期日历天数计算	1. 垂直运输机械的固定装置、基础制作、安装 2. 行走式垂直运输机械轨道的铺设、拆除、摊销

8.10.4 超高施工增加(011704)

一、清单有关说明

(1)单层建筑物檐口高度超过 20 m，多层建筑物超过 6 层时，可按超高部分的建筑面积计算超高施工增加。计算层数时，地下室不计入层数。

(2)同一建筑物有不同檐高时，可按不同高度的建筑面积分别计算建筑面积，以不同檐高分别编码列项。

二、工程量计算

超高施工增加按建筑物超高部分的建筑面积计算。

工程量清单项目设置、项目特征描述的内容、计量单位及工程量计算规则，应按表 8－104的规定执行。

表 8－104　综合脚手架工程量清单编制内容

项目编码	项目名称	项目特征	计量单位	工程量计算规则	工程内容
011704001	超高施工增加	1. 建筑物建筑类型及结构形式 2. 建筑物檐口高度、层数 3. 单层建筑物檐口高度超过 20 m，多层建筑物超过 6 层部分的建筑面积	m^2	按建筑物超高部分的建筑面积计算	1. 建筑物超高引起的人工工效降低以及由于人工工效降低引起的机械降效 2. 高层施工用水加压水泵的安装、拆除及工作台班 3. 通信联络设备的使用及摊销

例 8－27　某高层建筑如图 8－36 所示，框剪结构，女儿墙高度为 1.8m，由总承包公司承包，施工组织设计中，垂直运输采用自升式塔式起重机及双笼施工电梯。试编制高层建筑物垂直运输、超高施工增加的分部分项工程量清单。

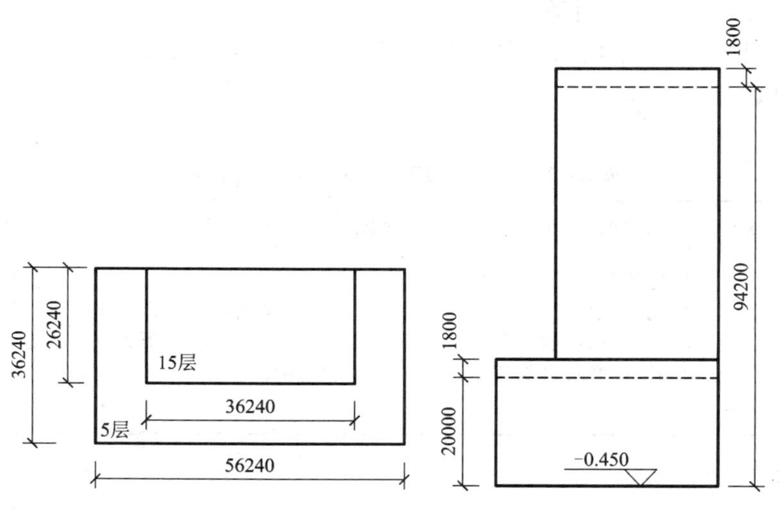

图 8－36　某高层建筑平面、立面示意图

解：(1) 工程量计算

垂直运输：檐高 94.20 m 内 26.24 × 36.24 × 5 + 36.24 × 26.24 × 15 = 19018.75

檐高 20.00 m 内 (56.24 × 36.24 − 36.24 × 26.24) × 5 = 5436.00 m^2

超高施工增加：36.24 × 26.24 × 15 = 14264.06 m^2

(2) 编制工程量清单，如下表 8 − 105 所示。

表 8 − 105　某建筑垂直运输、超高费措施项目工程量清单

序号	项目编码	项目名称	项目特征描述	计量单位	工程量	金额/元		
						综合单价	合价	其中：暂估价
1	011704001001	垂直运输（檐高 94.20m 内）	1. 建筑物建筑类型及结构形式：现浇框架剪力墙结构 2. 建筑物檐口高度、层数：94.20 m，20 层	m^2	19018.75			
2	011704001002	垂直运输（檐高 20.00 m 内）	1. 建筑物建筑类型及结构形式：现浇框架结构 2. 建筑物檐口高度、层数：20.00 m，5 层	m^2	5436.00			
3	011705001001	超高施工增加	1. 建筑物建筑类型及结构形式：现浇框架结构 2. 建筑物檐口高度、层数：94.20 m，20 层	m^2	14264.06			

8.10.5　大型机械设备进出场及安拆(011705)

一、清单有关说明

(1) 安拆费包括施工机械、设备在现场进行安装拆卸所需人工、材料、机械和试运转费用以及机械辅助设施的折旧、搭设、拆除等费用

(2) 进出场费包括施工机械、设备整体或分体自停放地点运至施工现场或由一施工地点运至另一施工地点所发生的运输、装卸、辅助材料等费用

二、工程量计算

大型机械设备进出场及安拆按使用机械设备的数量计算

工程量清单项目设置、项目特征描述的内容、计量单位及工程量计算规则，应按表 8 − 106的规定执行。

表 8－106　大型机械设备进出场及安拆工程量清单编制内容

项目编码	项目名称	项目特征	计量单位	工程量计算规则	工程内容
011705001	大型机械设备进出场及安拆	1. 机械设备名称 2. 机械设备规格型号	台次	按使用机械设备的数量计算	1. 安拆费包括施工机械、设备在现场进行安装拆卸所需人工、材料、机械和试运转费用以及机械辅助设施的折旧、搭设、拆除等费用 2. 进出场费包括施工机械、设备整体或分体自停放地点运至施工现场或由一施工地点运至另一施工地点所发生的运输、装卸、辅助材料等费用

8.10.5　施工排水、降水(011706)

一、清单有关说明

相应专项设计不具备时，可按暂估量计算。

二、工程量计算

成井按设计图示尺寸以钻孔深度计算

排水、降水按排、降水日历天数计算。

工程量清单项目设置、项目特征描述的内容、计量单位及工程量计算规则，应按表 8－107的规定执行。

表 8－107　施工排水、降水工程量清单编制内容

项目编码	项目名称	项目特征	计量单位	工程量计算规则	工程内容
011706001	成井	1. 成井方式 2. 地层情况 3. 成井直径 4. 井(滤)管类型、直径	m	按设计图示尺寸以钻孔深度计算	1. 准备钻孔机械、埋设护筒、钻机就位；泥浆制作、固壁；成孔、出渣、清孔等 2. 对接上下井管(滤管)，焊接，安放，下滤料，洗井，连接试抽等
011706002	排水、降水	1. 机械规格型号 2. 降排水管规格	昼夜	按排、降水日历天数计算	1. 管道安装、拆除，场内搬运等 2. 抽水、值班、降水设备维修等

8.10.7　安全文明施工及其他措施项目(011707)

安全文明施工及其他措施项目，主要适用于总价措施项目。是指在现行工程量清单计算规范中无工程量计算规则，以总价(或计算基础乘费率)计算的措施项目。

所列项目应根据工程实际情况计算措施项目费用，需分摊的应合理计算摊销费用。

1. 安全文明施工

安全文明施工：为满足施工安全、文明、绿色施工以及环境保护、职工健康生活所需要的各项费用。本项为不可竞争费用。

2. 其他措施项目

其他措施项目包括夜间施工，非夜间施工照明，二次搬运，冬雨季施工，地上、地下设施，建筑物的临时保护设施，已完工程及设备保护等。

安全文明施工及其他措施项目工程量清单项目设置、计量单位、工作内容及包含范围应按表 8－108、表 8－109 的规定执行。

表 8－108　安全文明施工清单编制内容

项目编码	项目名称	工作内容及包含范围
011707001	安全文明施工	1. 环境保护：现场施工机械设备降低噪音、防扰民措施；水泥和其他易飞扬细颗粒建筑材料密闭存放或采取覆盖措施等；工程防扬尘洒水；土石方、建渣外运车辆冲洗、防洒漏等；现场污染源的控制、生活垃圾清理外运、场地排水排污措施；其他环境保护措施 2. 文明施工：“五牌一图”；现场围挡的墙面美化（包括内外粉刷、刷白、标语等）、压顶装饰；现场厕所便槽刷白、贴面砖，水泥砂浆地面或地砖费用，建筑物内临时便溺设施；其他施工现场临时设施的装饰装修、美化措施费用；现场生活卫生设施；符合卫生要求的饮水设备、淋浴、消毒等设施费用；生活用洁净燃料；防煤气中毒、防蚊虫叮咬等措施；施工现场操作场地的硬化；现场绿化、治安综合治理、现场电子监控设备；现场配备医药保健器材、物品和急救人员培训；用于现场工人的防暑降温费、电风扇、空调等设备及用电；其他文明施工措施 3. 安全施工：安全资料、特殊作业专项方案的编制，安全施工标志的购置及安全宣传；“三宝”（安全帽、安全带、安全网）、“四口”（楼梯口、电梯井口、通道口、预留洞口），“五临边”（阳台围边、楼板围边、屋面围边、槽坑围边、卸料平台两侧），水平防护架、垂直防护架、外架封闭等防护；施工安全用电，包括配电箱三级配电、两级保护装置要求、外电防护措施；起重机、塔吊等起重设备（含井架、门架）及外用电梯的安全防护措施（含警示标志）费用及卸料平台的临边防护、层间安全门、防护棚等设施；建筑工地起重机械的检验检测；施工机具防护棚及其围栏的安全保护设施；施工安全防护通道；工人的安全防护用品、用具购置；消防设施与消防器材的配置；电气保护、安全照明设施；其他安全防护措施 4. 临时设施：施工现场采用彩色、定型钢板，砖、混凝土砌块等围挡的安砌、维修、拆除；施工现场临时建筑物、构筑物的搭设、维修、拆除，如临时宿舍、办公室，食堂、厨房、厕所、诊疗所、临时文化福利用房、临时仓库、加工场、搅拌台、临时简易水塔、水池等；施工现场临时设施的搭设、维修、拆除，如临时供水管道、临时供电管线、小型临时设施等；施工现场规定范围内临时简易道路铺设，临时排水沟、排水设施安砌、维修、拆除；其他临时设施搭设、维修、拆除

表8－109　夜间措施项目等其他措施项目费清单编制内容

项目编码	项目名称	工作内容及包含范围
011707002	夜间施工	1. 夜间固定照明灯具和临时可移动照明灯具的设置、拆除 2. 夜间施工时，施工现场交通标志、安全标牌、警示灯等的设置、移动、拆除 3. 包括夜间照明设备及照明用电、施工人员夜班补助、夜间施工劳动效率降低等
011707003	非夜间施工照明	为保证工程施工正常进行，在地下室等特殊施工部位施工时所采用的照明设备的安拆、维护、及照明用电等
011707004	二次搬运	由于施工场地条件限制而发生的材料、成品、半成品等一次运输不能到达堆放地点，必须进行的二次或多次搬运
011707005	冬雨季施工	1. 冬雨（风）季施工时增加的临时设施（防寒保温、防雨、防风设施）的搭设、拆除 2. 冬雨（风）季施工时，对砌体、混凝土等采用的特殊加温、保温和养护措施 3. 冬雨（风）季施工时，施工现场的防滑处理、对影响施工的雨雪的清除 4. 包括冬雨（风）季施工时增加的临时设施、施工人员的劳动保护用品、冬雨（风）季施工劳动效率降低等
011707006	地上、地下设施、建筑物的临时保护设施	在工程施工过程中，对已建成的地上、地下设施和建筑物进行的遮盖、封闭、隔离等必要保护措施
011707007	已完工程及设备保护	对已完工程及设备采取的覆盖、包裹、封闭、隔离等必要保护措施

【课堂教学内容总结】

通过本章的学习：

掌握了平整场地、挖土（石）方、挖基础土（石）方、回填等分部分项工程量清单的编制内容；地基处理、混凝土灌注桩、预制混凝土桩、接桩等分部分项工程量清单的编制；砖基础、实心砖墙、空心砖墙、砌块墙等分部分项工程量清单的编制；钢筋、各混凝土构件等分部分项工程量清单的编制；钢屋架、钢梁、实腹柱等分部分项工程量清单的编制；屋面卷材防水、刚性防水、涂膜防水等分部分项工程量清单的编制；保温隔热屋面等分部分项工程量清单的编制；措施项目的工程量清单编制。

习　题

一、思考题

1. 如何计算土石方工程的清单工程量，并与定额工程量比较？
2. 地基处理与基坑支护工程的项目特征和工程内容是什么？
3. 如何计算打桩工程的清单工程量，并与定额工程量比较？
4. 如何计算钢筋工程的清单工程量？
5. 如何计算混凝土工程工程量？

6. 如何计算屋面防水工程的清单工程量，并与定额工程量比较？
7. 如何计算保温工程的清单工程量，并与定额工程量比较？
8. 如何计算措施项目的工程量？

二、造价员考试模拟习题

(一)选择题

1. 砖基础与钢筋混凝土柱基相连接时，砖基础算至(　　)

A. 柱基础边　　B. 柱边　　C. 柱子中心线　　D. 以上答案都不对

2. 下列有关桩基础工程量清单项目特征描述说法不正确的是(　　)。

A. 现场自然地坪标高应予以描述　　B. 钻孔灌注桩应描述入岩深度

C. 设计要求的加灌长度应予以描述　　D. 安放钢筋笼时均应予以描述

3. 层高为8 m的单层房屋，在L形墙体的转角处，设构造柱共8根，设计断面尺寸240×240，柱高8 m，其工程量为(　　)m^3。

A. 4.61　　B. 3.69　　C. 4.67　　D. 5.53

4. 某工程桩基采用ϕ800、C25混凝土灌注桩，设计有效桩长30 m，成孔长度为35 m，总桩数为100根。其灌注混凝土工程量为(　　)m^3

A. 1548　　B. 1533　　C. 1568　　D. 1759

5. 下列关于超高费计算高度正确的是(　　)

A. 自设计室外地坪至檐口　　B. 自室外自然地坪至檐口

C. 自设计室外地坪至女儿墙顶　　D. 自室外自然地坪至女儿墙顶

6. 梁的上部钢筋第一排支座负筋长度为(　　)

A. $1/5L_n$ + 锚固　　B. $1/4L_n$ + 锚固

C. $1/3L_n$ + 锚固　　D. 其他值

(二)案例题

1. 某工程基础平面图和断面图如图8-37所示，根据招标人提供的地质资料，土壤类别为三类，查看现场无地面积水，场地已平整，并达到设计地面标高(无需支挡土板，不考虑土方运输)，要求：①编制“挖基础土方”工程量清单；②编制“挖基础土方”工程量清单计价表。

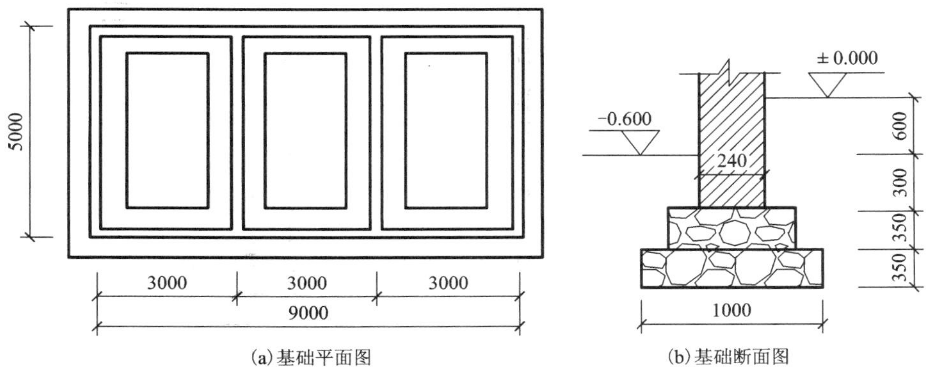

图8-37　某工程基础平面、断面图

2. 如8－38所示，某多层住宅变形缝宽度为0.20 m，阳台水平投影尺寸为1.80 m×3.60 m（共18个），雨蓬水平投影尺寸为2.60 m×4.00 m，坡屋面阁楼室内净高最高点为3.65 m，坡屋面坡度为1∶2；平屋面女儿墙顶面标高为11.60 m。请编制该住宅建筑物综合脚手架工程量和外墙脚手架。

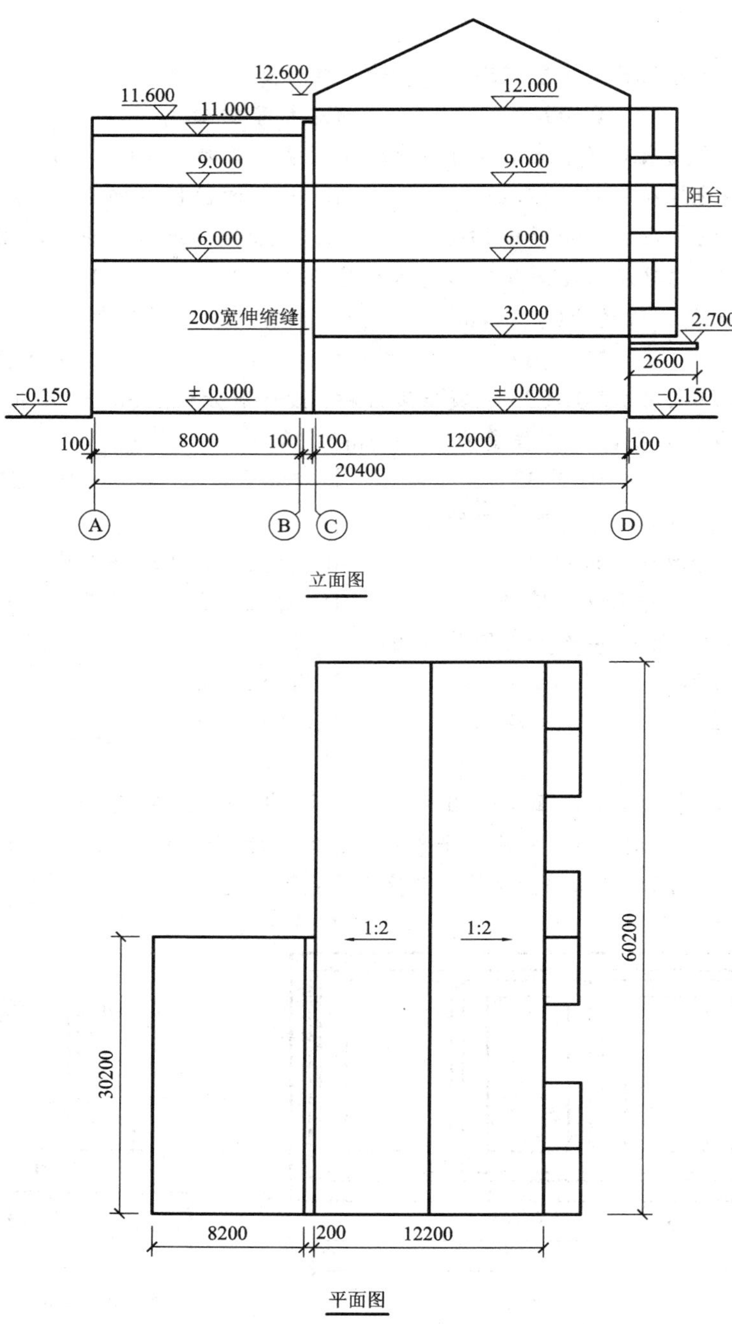

图8－38　某住宅平面、立面图

3. 某一层接待室为三类工程，平、剖面图如图8-39所示。墙体中C20构造柱体积为$3.6m^3$（含马牙槎），墙体中C20圈梁断面为240 mm×300 mm，体积为$1.99m^3$，屋面板砼标号C20，厚100 mm，门窗洞口上方设置砼过梁，体积为0.54 m^3，窗下设C20窗台板，体积为0.14 m^3，-0.06 m处设水泥砂浆防潮层，防潮层以上墙体为MU5KP1粘土多孔砖240 mm×115 mm×90 mm，M5混合砂浆砌筑，防潮层以下为砼标准砖，门窗为彩色铝合金材质，尺寸见门窗表。

请编制KP1粘土多孔砖墙体分部分项工程量清单。（内墙高度算至屋面板底）。

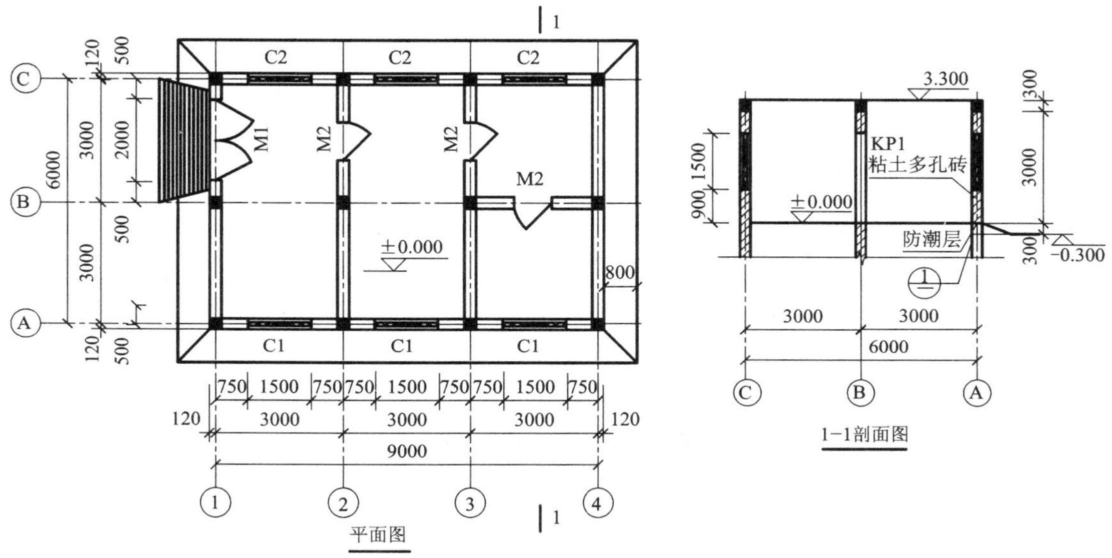

名称	编号	洞口尺寸/mm		数量
		宽	高	
门	M-1	2000	2400	1
	M-2	900	2400	3
窗	C-1	1500	1500	3
	C-2	1500	1500	3

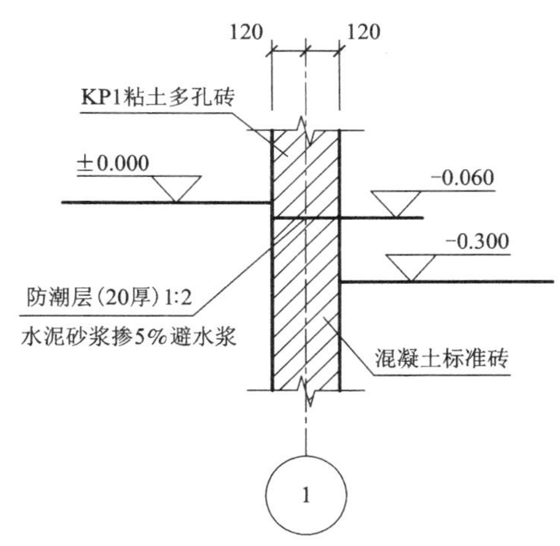

图8-39　某接待室平、剖面图

4. 某三类建筑的全现浇框架主体结构工程如图 8 - 40 所示，采用组合钢模板，图中轴线为柱中，现浇砼均为 C30，板厚 100 mm，用计价表计算柱、梁、板的混凝土清单工程量及编制工程量清单。

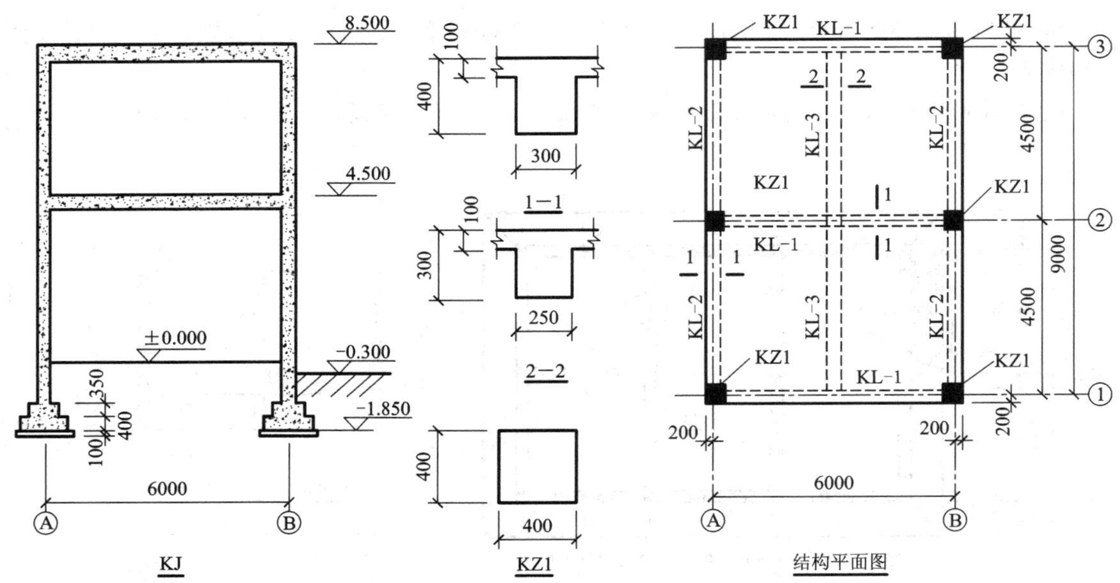

图 8 - 40　某建筑的全现浇框架主体结构平面图

第 9 章　工程造价软件的应用

【目的要求】

1. 了解工程造价软件的有关概念。
2. 明确工程造价预算软件的运用。

【重点和难点】

1. 重点：工程造价预算软件的运用。
2. 难点：工程造价预算软件的报表输出与导入。

建议教学时数： 2 学时。

9.1　概述

9.1.1　我国工程造价软件的发展历史

20 世纪 80 年代，我国诞生了第一批探索性质的计算造价软件。但当时的软件功能十分简单，起到的作用也就是简单的运算和表格打印，而且受到早期硬件设备能力和硬件普及范围的制约，早期软件基本都是非商业性质的个人开发产品或者是单独为某个小范围应用而研制的软件工具，没有大规模推广使用。

伴随着全球网络信息一体化以及相关电子产业的飞速发展，计算机的广泛应用已经对人类社会文明的发展产生了巨大的作用，无论是在国防、科研、金融、建造、工业、医学等各个领域都发挥着独特的作用。在建筑业，造价应用软件逐渐升温，利用计算机计算建筑工程量乃至由此拓展的其他工程管理应用，已经成为建筑行业推广计算机应用技术的新热点。

9.1.2　我国工程造价软件的发展现状

传统预算的编制过程要求预算员必须熟悉相关预算定额、地区标准、各种图纸和地区有关规定。预算编制工作中耗用人力多、计算时间长、人工计算慢、计算容易出错、工作效率低，而利用计算机进行工程预结算的编制可以大大减轻预算人员工作强度。

目前，工程造价软件主要分为以下两个部分：工程量计算软件(例如混凝土，钢筋用量、建筑面积、物体体积等)和辅助造价计算软件(计算造价、工料分析、调整报价、打印报表等)。从研发软件的商家来分主要有广联达、鲁班、神机妙算、PKPM、清华斯维尔等多种。无论哪种软件，都可以说是造价人员工作方式的一次次里程碑式的变革，都不同程度地推动了造价管理工作的向前发展。并且，这些软件的应用，基本上都可以解决目前的概预算编制、概预算审核、工程量计算、统计报表以及施工过程中的预算问题，也使我国的造价软件进入了工程计价的实用阶段。

长期以来，建筑工程量的计算一直在工程造价管理工作中占有主要地位，并消耗了预算人员大量的时间和精力，人们在实际工作中也在不断寻求新的方法和捷径，这其中大致经历了以下几个过程：手工算量→手工表格算量→计算器表格算量→电脑表格算量→探索电脑表格算量。用计算机进行自动算量的具体思路是：利用计算机容量大、速度快、保存久、易操作、便管理、可视强等特点，模仿人工算量的思路方法及操作习惯，将建筑工程图输入电脑中，由电脑完成自动算量、自动扣减、统计分类、汇总打印等工作。工程量计算软件自动算量的方法就是采用轴线图形法，即根据工程图纸纵横轴线的尺寸，在电脑屏幕上以同样的比例定义轴线，然后使用软件中提供的特殊绘图工具，依据图中的建筑构件尺寸，将建筑图形描绘在计算机中。计算机根据所定义的扣减计算规则，采用三维矩形图形数学模型，统一进行汇总计算，并打印出计算结果、计算公式、计算位置、计算图形等，方便甲乙双方审核和核对。计算的结果也可以直接套价，从而实现了工程造价预决算的整体自动计算。

9.1.3　工程造价软件计价的特点

(1)精确度高，编制速度快、工作效率高，能适应快节奏的市场需求。

(2)容易操作，对工程量计算规则的调整和修改、定额套取和换算、工程变更的修改都很方便。

(3)预算成果项目完整、数据齐全，并可形成多种指标。除了造价费用的计算外，还可以根据具体需要提供单位面积消耗指标、项目费用的组成比例等技术经济指标，也可以进行工料分项，为项目工程备料、施工计划、经济核算等提供大量有用的数据。

9.1.4　工程造价软件的作用

(1)工程造价软件的广泛应用大大节省了造价人员算量套定额的工作时间，提高了工作效率。同时，还可以应用网络搜集各种工程造价信息、工程材料担架新型，进行大规模的统计工作。

(2)工程造价软件的应用对于建设单位及项目管理公司对项目进行成本控制盒进度控制也起到了一定作用。

(3)工程造价软件的普及应用，很大程度上调动了造价从业者的工作热情，同时也提出了更高的要求，软件的使用已经发展成造价人员的一项基本技能，能否熟练操作工程造价软件也已经成为招聘造价人员时的一个硬性指标。同时这种需求也刺激了行业软件朝着更高、更深的方向发展，形成了良性循环。

9.2　预算软件的使用简介

下面以广联达 GBQ4.0 软件为例来介绍清单计价软件的应用。

2003 年 7 月 1 日，《建设工程工程量清单计价规范》(GB50500－2003)的实施，标志着我国工程造价从传统的预算定额为主的计价方式向工程量清单计价模式转变，是从计划经济向市场经济过渡中提出的“法定量、指导价、竞争费”向清单计价模式下的“政府宏观调控、企业自由组价、市场竞争形成价格”的体系的转变。使参与工程建设的承、发包双方共同承担风险。承包商承担清单单价的风险，而发包商承担工程量的风险，这是我国工程造价管理政策的一项重大举措，在计价发展史上具有划时代的意义。尤其是《建设工程工程量清单计价规范》(GB50500－2008)的实施，修订和完善了 GB50500－2003 存在的问题，进一步与国际通行计价模式接轨。因此，造价人员转变传统定额计价的思维方式，认真学习工程量清单计价软件的操作是十分必要的。

9.2.1　软件的操作

本节就以广联达清单计价系统 GBQ4.0(2013)为例，来简单介绍一下软件的基本操作步骤。

1. 软件的启动

双击桌面上的“广联达计价软件 GBQ4.0”快捷图标，即可启动软件，如图 9－1 所示。

在没有插入加密锁时，双击图标，屏幕上会自动弹出一个对话框“出现未知错误，程序无法启动”，如图 9－2 所示。

图 9－1

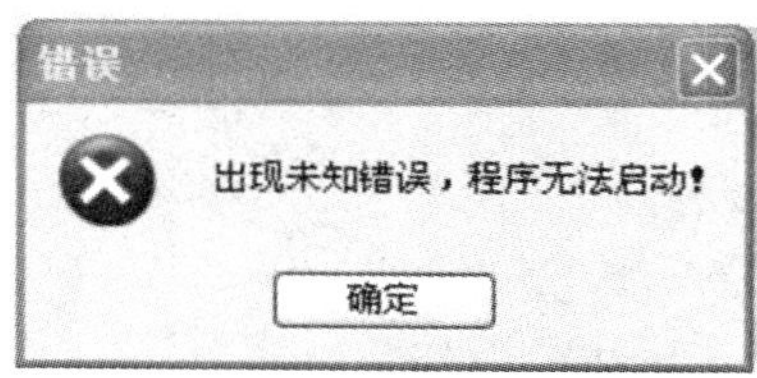

图 9－2

2. 选择功能

对于新用户或第一次使用选择“按模板新建”，如图 9－3 所示。

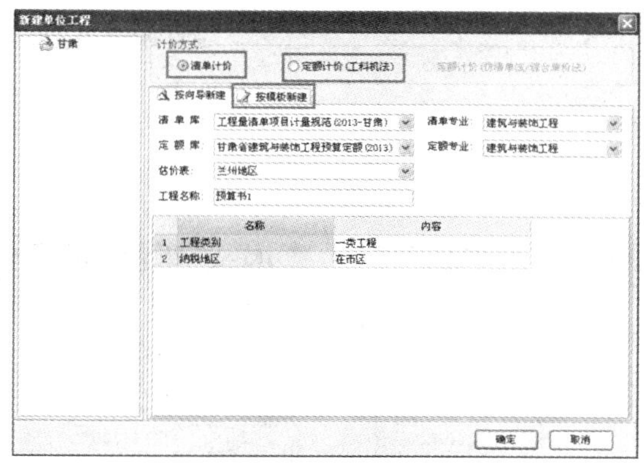

图 9－3

点击下一步出现选择什么方式的界面，如图 9－4 所示，有清单计价和定额计价两个方式可选择，选择“清单计价”，需要继续选择编制预算的文件类型——“工程量清单”“工程量清单计价(标底)”“工程量清单计价(投标)”，比如选择“工程量清单”的编制，点击下一步，接下来要进行清单和定额的选择。

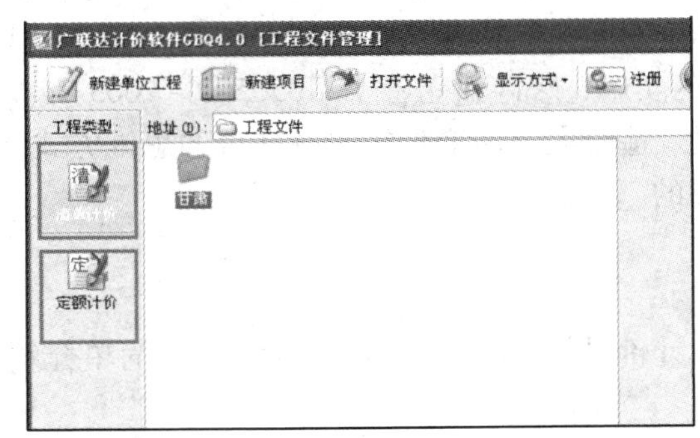

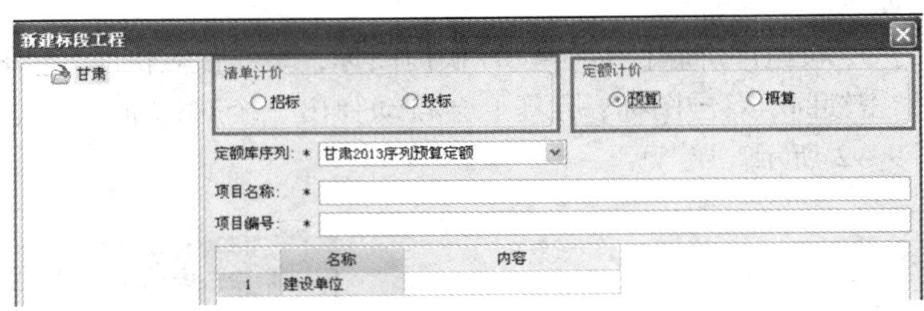

图 9－4

3．选择清单定额

在清单选项中，选择清单规则和相关专业，清单规则里有“工程量清单项目设置规则”和“建设工程工程量清单计价规范设置规则”可供选择，专业项里区分“建筑与装饰工程”“仿古建筑工程”“安装工程”“市政工程”“园林绿化工程”，如图 9－5 所示。比如选择“建设工程工程量清单项目计量规范(2013－甘肃)清单”、“建筑与装饰工程”专业。之后选择定额选项时，系统就直接默认为“甘肃省建筑与装饰工程预算定额(2013)”定额和“建筑与装饰工程”专业。

4．输入工程名称

如图 9－6 所示，在工程名称栏内输入如“天庆嘉园”。

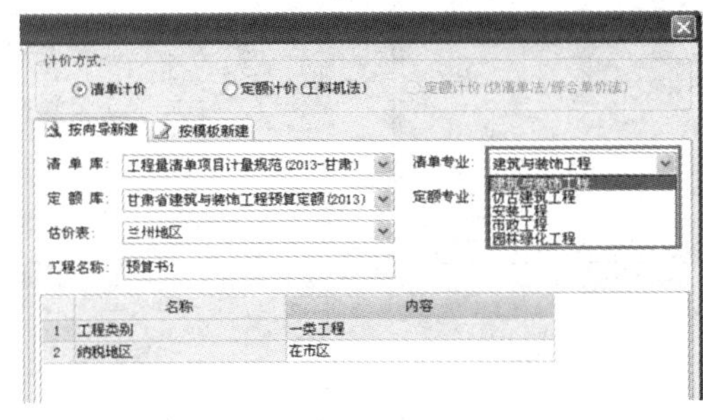

图 9－5

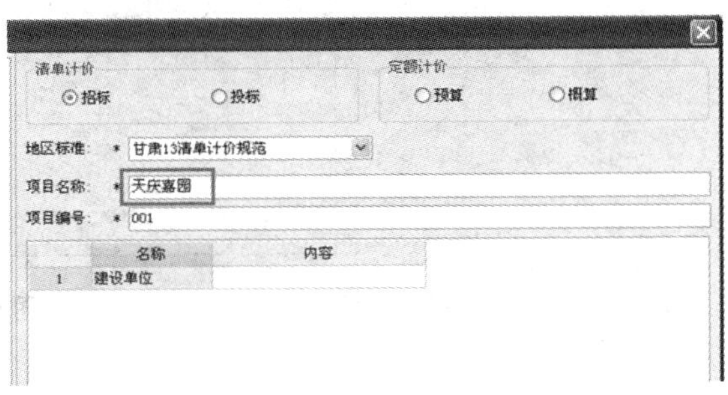

图 9－6

5. 工程类别和纳税地区的选择

如图 9－7 所示，在工程类别下拉栏中，按照工程的实际情况，选择工程类别(一类工程、二类工程、三类工程)；在纳税地区下拉栏中按照工程施工所在区域，选择纳税区域(无、在市区、在县城/镇、不在市区/县城/镇)如图 9－8 所示。点击确定，直接进入清单编制界面。

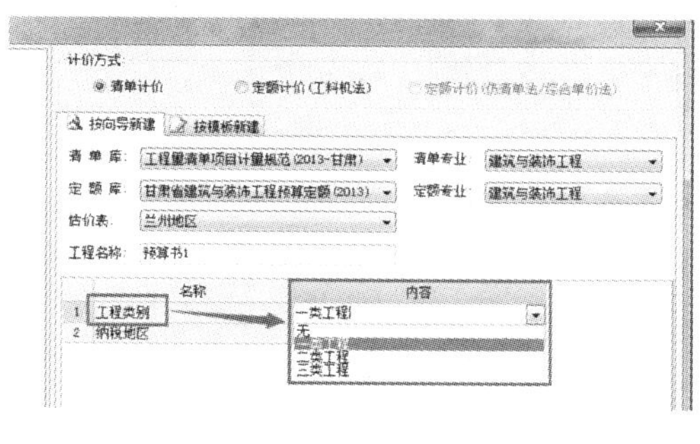

图 9－7

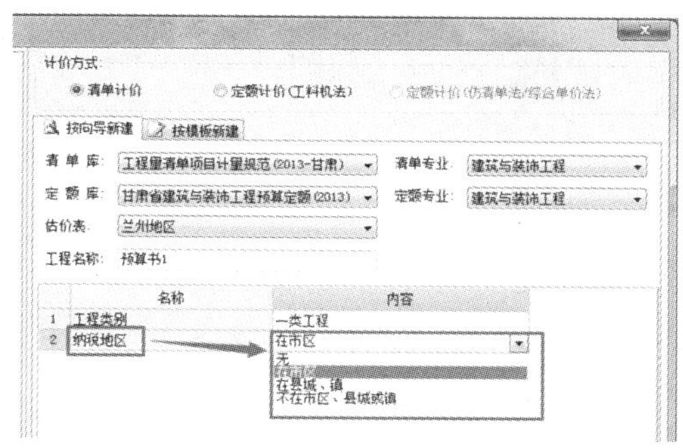

图 9－8

5. 编制工程量清单

(1)清单的录入方法有三种。第一种“直接录入”，第二种“利用查询窗口录入”，第三种“简码录入”。第一种“直接录入”，在编码列直接输入，清单项目由 12 位编码组成，前 9 位为规范规定，后 3 位是顺序码。在输入时，只需要输入前 9 位，后 3 位编码软件会自动排序。例如，“平整场地”，直接在编码列输入“010101001”，按回车键鼠标会自动弹到工程量列，这时，可以直接输入工程量 50，如图 9－9 所示。

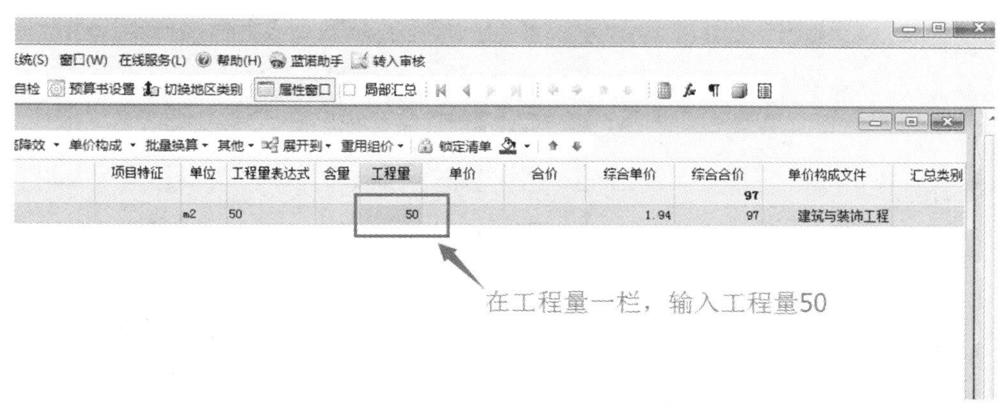

图 9－9

按回车键可以直接输入下一条清单，如“挖淤泥、流砂”，在不清楚清单编码的情况下，可以点击工具栏中的查询窗口，查找相应章节，查到对应项，双击编码即可，如图 9－10、图 9－11、图 9－12 所示。

清单查询的第 3 种方法“简码录入”：首先区分工程量清单 12 位编码的组成，1、2 位为专业码，3、4 位为章顺序码，5、6 位为节顺序码，7、8、9 位为分项工程项目名称顺序码，10、

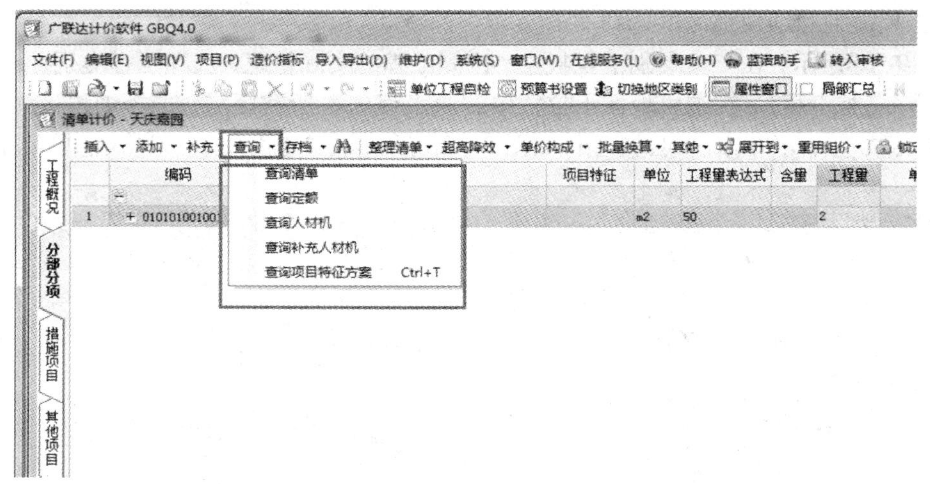

图 9－10

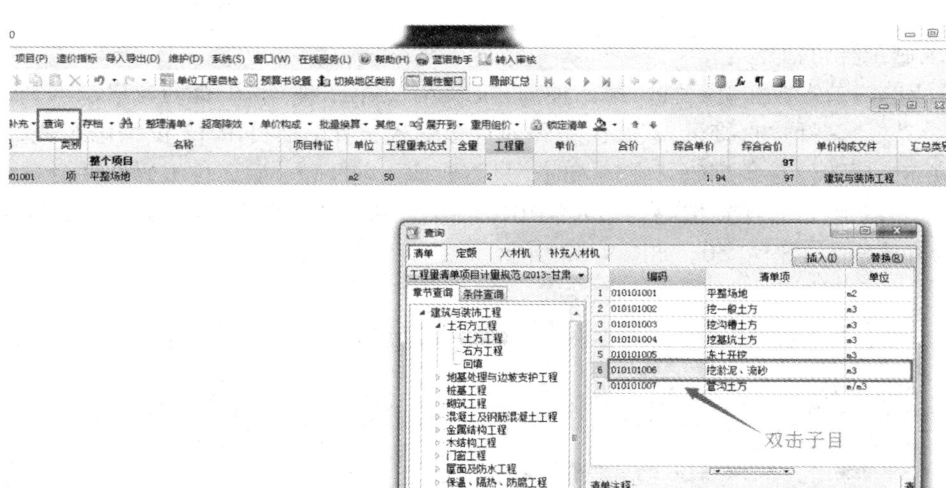

图 9－11

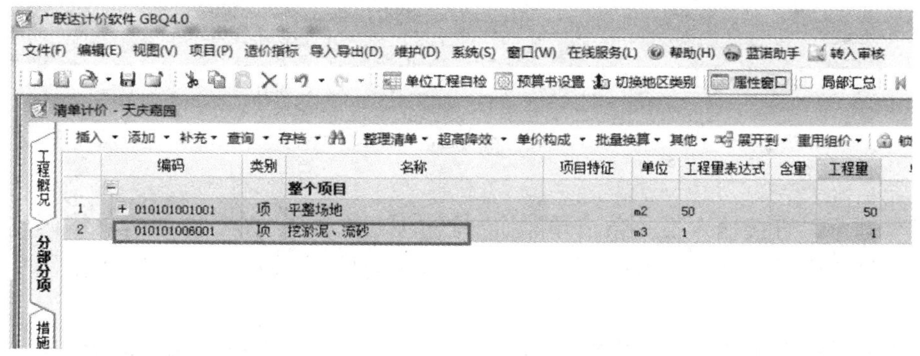

图 9－12

11、12 位为清单项目名称顺序码。最后这 3 位编码是软件自动排序生成的，只需要录入前 9 位编码即可。对于“平整场地”，根据“专业章节分项工程名称”的顺序码录入：如 010101001001；对于“挖淤泥、流砂”，针对上一个清单项来说，“专业章节”都是一样的，只有分项工程顺序码不一样的，这时，直接录入“010101006001”即可，只要录入和上一节清单编码不一样的数据就可以了，如图 9－13 和图 9－14 所示。

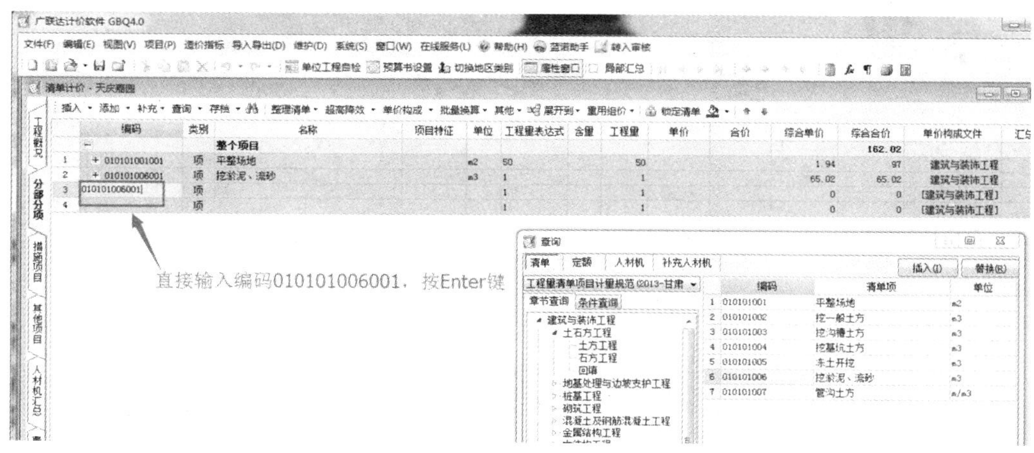

图 9－13

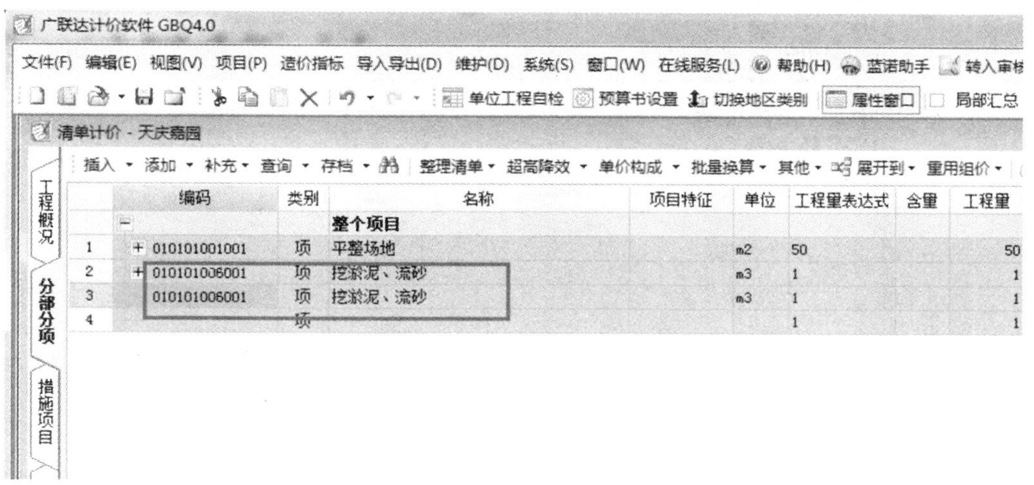

图 9－14

（2）工程量输入的方法也有多种。第一种“直接输入”；第二种“直接在工程量列编辑公式”回车即可直接计算出量；第三种“根据图元公式输入”，点击工具栏中的图元公式“fx”，如图 9－15 所示，可以根据不同形状要计算的公式来选择。例如“周长”“面积”“体积”等，方便快速的计算构建的量，如图 9－16 所示。

（3）工作内容和特征项目的输入。一个完整的清单除了编码和工程量，还有工程内容和特征项目。工作内容是决定清单项是套哪些定额子目的，如图 9－17 所示。特征项目会使清

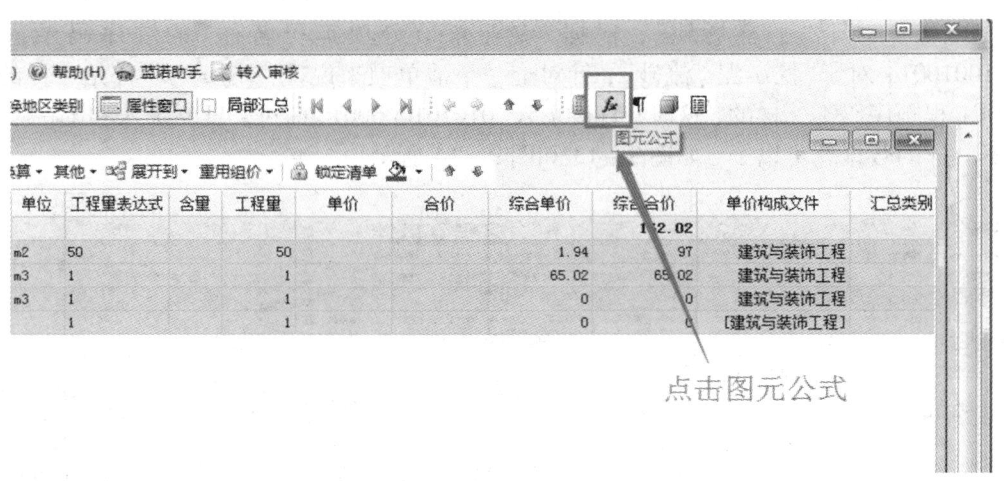

图 9－15

图 9－16

单描述更为详细准确。特征项目必须描述清楚，不然容易造成甲乙双方的歧义，导致结算时发生扯皮。

(4)以“平整场地”为例来介绍一下清单项目特征在软件中的操作，选中清单后点击属性窗口当中的“特征项目”进行描述，然后点击右下侧的“特征项目”和“刷新”按钮，如图 9－18 所示。

如果清单的项目特征需要增加一些项，这时可以直接双击“项目特征”名称，右侧弹出“…”按钮，点击后进入编辑状态，直接输入所要描述的内容，如图 9－19 所示。

(4)分部工程名称的输入，该软件提供了两种添加分部的方法，第一种可以按照清单的

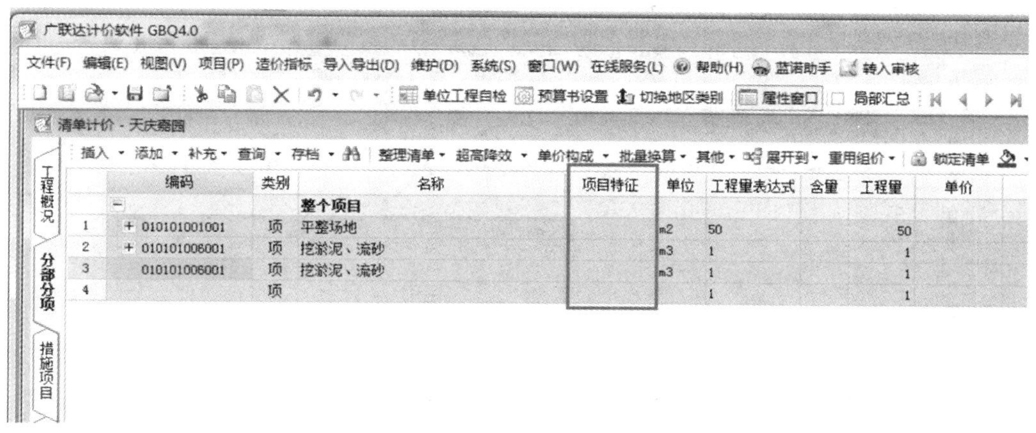

图 9 – 17

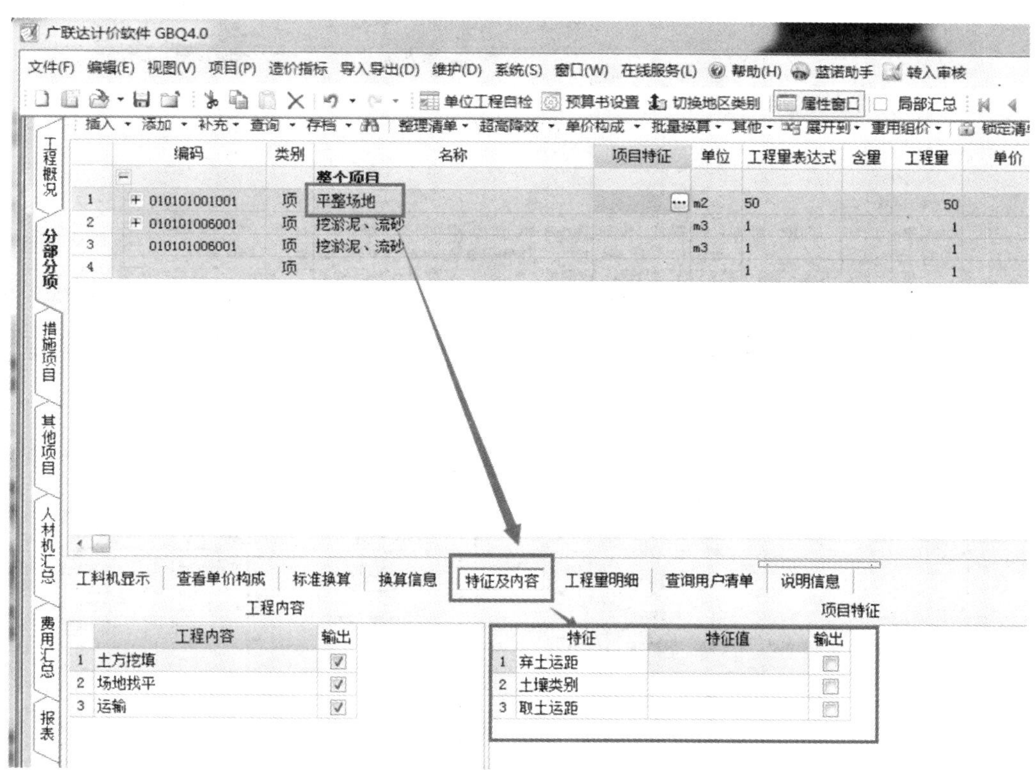

图 9 – 18

章节自动添加分部名称，如图 9 – 20 所示。

第二种可以手动添加分部名称，如图 9 – 21 所示。

(5)输入分部项目名称之后，将属于该分部工程的清单项目选中，点击工具栏中的整理清单按钮，根据所需要的内容进行整理，如图 9 – 22 所示。

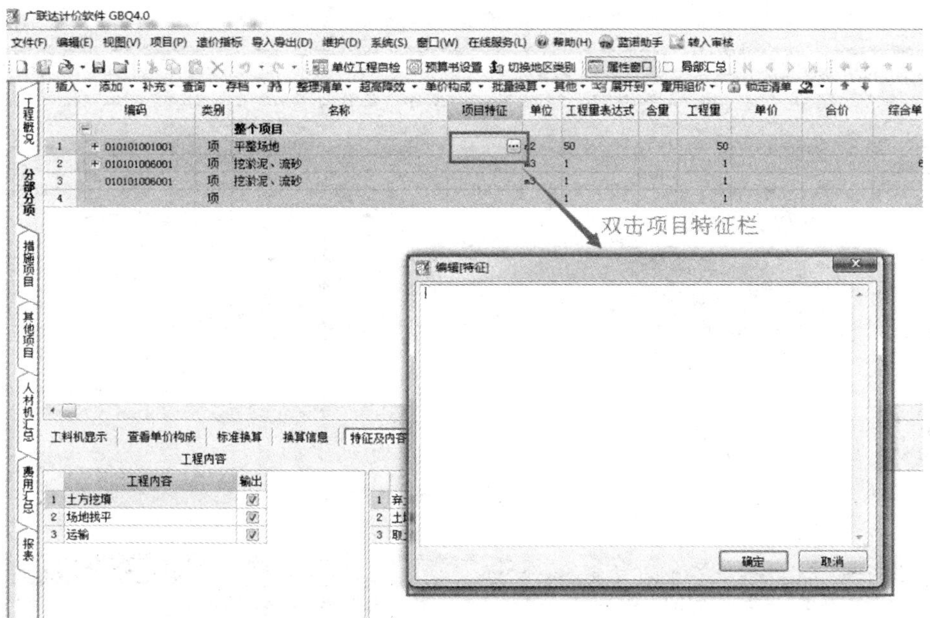

图 9－19

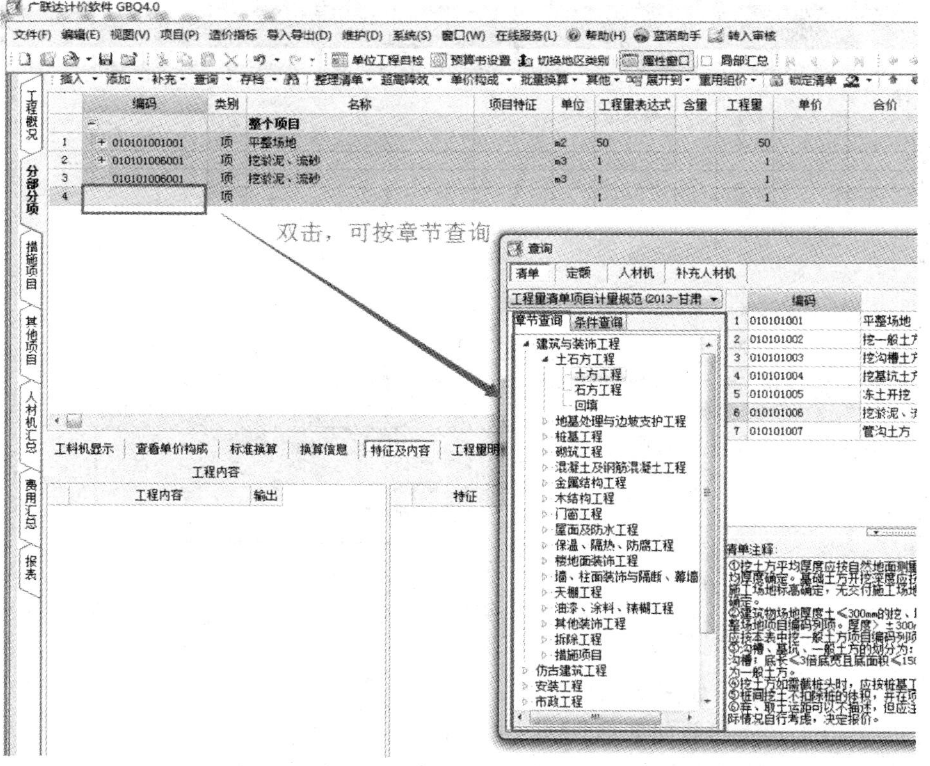

图 9－20

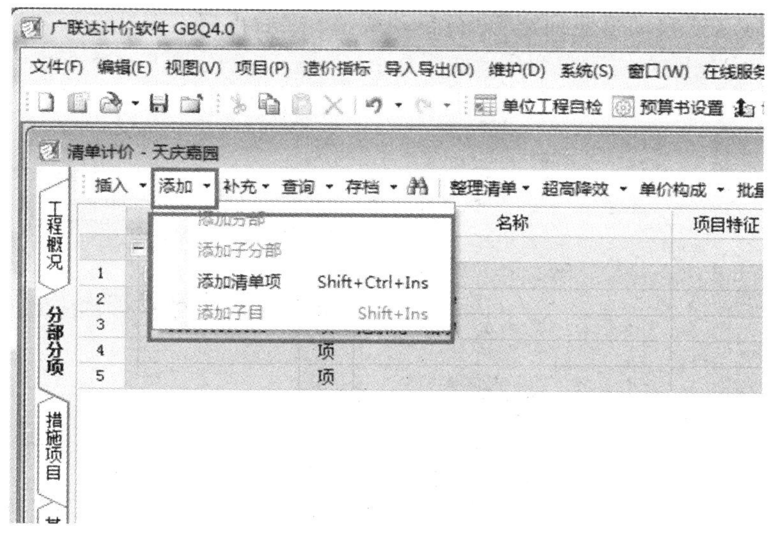

图 9－21

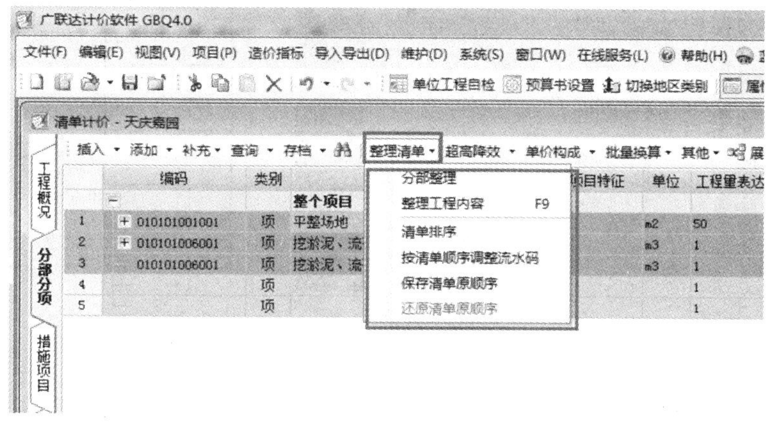

图 9－22

6. 清单列项

(1)清单列项要尽可能详细，这样可使甲乙双方对每个清单项的工作内容非常了解，便于投标人理解清单项目，进行组价报价以及后期的结算工作。

(2)清单列项要完整，防止漏项。例如清单中根本没有列项的零星项目，还有清单项已经列出，单清单项工作内容描述不全的项目。

(3)清单计价规范中缺少清单项时的几种处理办法：

第一种“找相近的清单项，修改名称或单位即可”；

第二种“直接补充清单项”，根据当地清单计价补充的一些清单进行列项。

另外，项目名称描述越细越好，最好能达到乙方投标报价时不看图纸就可报价的地步，同时可避免结算时更多的纠纷，或扯皮。

工程量清单编制完成后，可以直接点击“报表”项，如图 9－23 所示。如果显示的报表与页面不符，可以点击“自动适应列宽”进行自动调整，之后再点击鼠标选择＋“报表存档”，将报表存档放到指定位置方便下次调用，如图 9－23、图 9－24、图 9－25 所示。

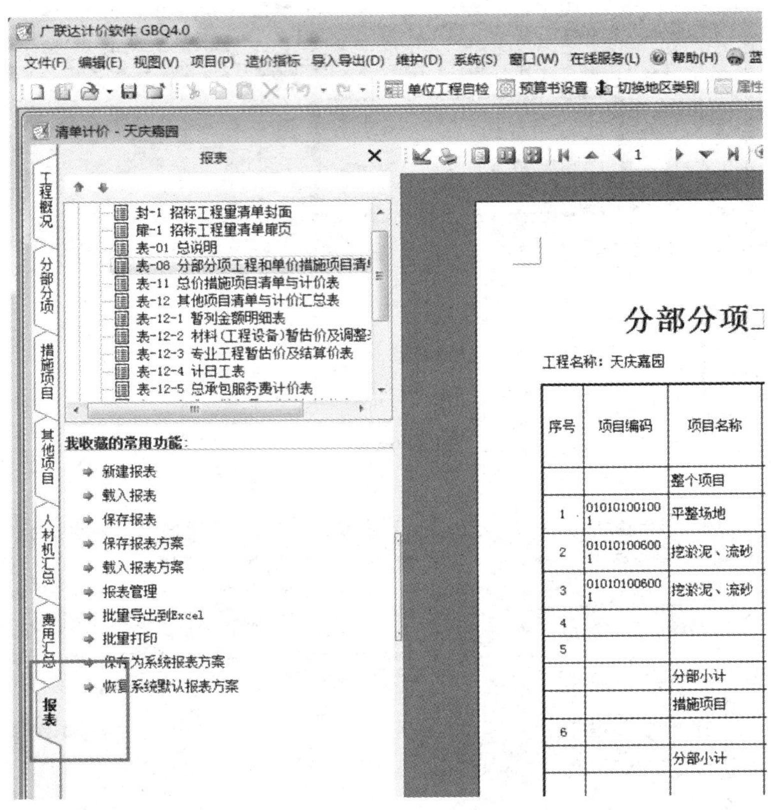

图 9－23

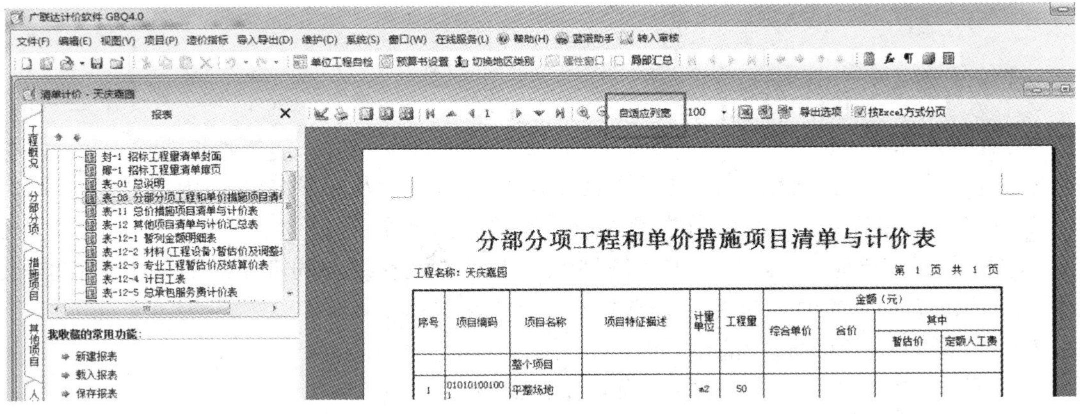

图 9－24

图 9－25

如果发包人希望投标人拿到的是 Excel 格式的标书形式，那么可以直接在当前预览的报表上点击右键选择“导出到 Excel”，点击“全选”按钮或勾选需要导出的选项名称，选择文件的保存路径，导出成功后就可以直接打开 Excel 格式的报表了，如图 9－26、图 9－27、图 9－28 所示。

乙方拿到 Excel 格式的清单后，可以直接导入进造价软件中进行操作。清单导入成功后，乙方就可以编制招标投标文件了。

由于造价软件多种多样，这里只简单介绍了常用的广联达预算软件，其余的软件功能就不再过多地介绍了，用户可以利用软件自带的帮助文件进行更深一步的学习。熟练掌握软件的使用功能，以便为将来的就业奠定基础。

9.2.2　工程造价软件的发展前景

随着科学技术的不断发展，工程量计算模式的日益完善，工程造价软件智能化水平的不断提高，这种技术的发展能够实现工程造价软件与其他信息之间的交换、传递，从而使工程造价软件功能日益强大，也昭示着工程造价软件的发展趋势。

工程造价管理科学化、电算化和自动化的先进管理特点以及计算机在工程造价管理上的广泛应用是科学管理的标志。信息化水平的高低已成为衡量一个国家、一个地区、一个行业现代化水平和综合实力的重要标志。工程造价软件的推广应用，可以使广大的造价人员摆脱

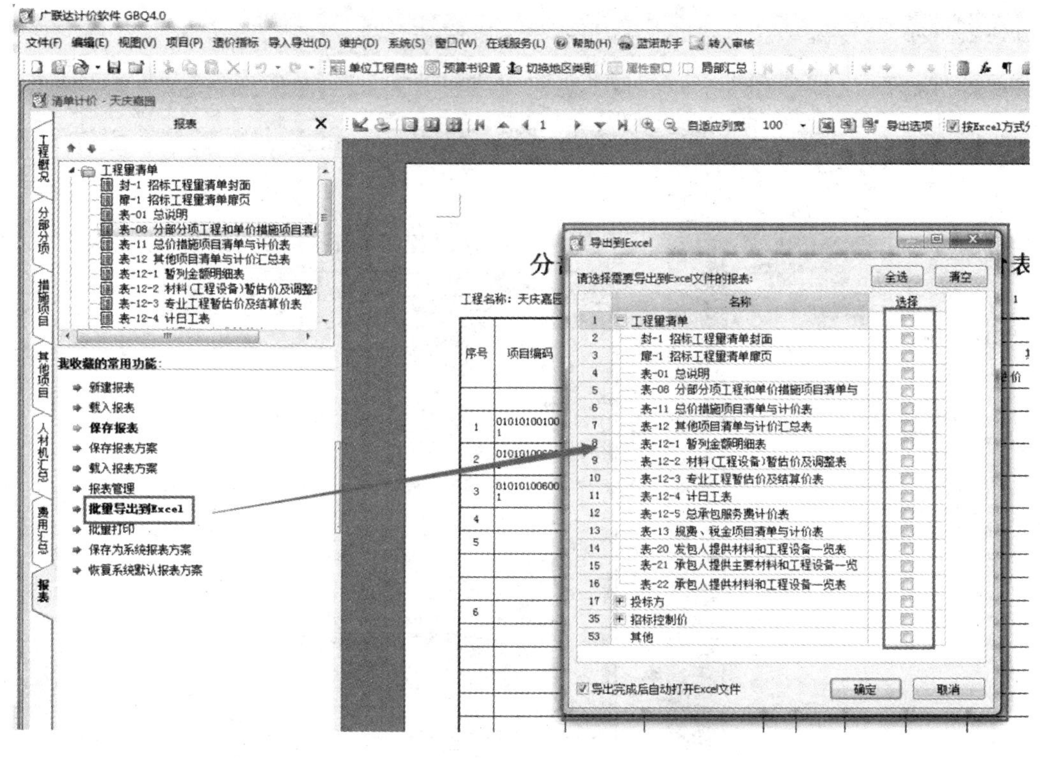

图 9 – 26

图 9 – 27

繁重的工程量计算工作，专心投入到造价分析管理工作中，更好地发挥“管理”而非“计算”的使命，这也适应了工程造价管理的改革方向。

随着建筑工程“定额计价”向“市场计价”的转变，以及与国际接轨的需要，适应工程量清单为平台的工程计价模式，更多更好的预算软件将会脱颖而出。特别是基于 Web 的造价信息互联网的建立，丰富多样的共享数据的形成，无论是从工程造价工作还是从设计图纸以及工程造价的复杂性来看，工程造价软件必须与时俱进地进行更新，加快发展，以满足新时代经济建设的需求。

分部分项工程和单价措施项目清单与计价表

工程名称：天庆嘉园　　　　第 1 页 共 1 页

序号	项目编码	项目名称	项目特征描述	计量单位	工程量	金额（元）			
						综合单价	合价	其中	
								暂估价	定额人工费
		整个项目							
1	010101001001	平整场地		m2	50	1.94	97		71.5
2	010101006001	挖淤泥、流砂		m3	1	65.02	65.02		47.82
3	010101006001	挖淤泥、流砂		m3	1				
4					1				
5					1				
		分部小计					162.02		119.32
		措施项目							
6					1				
		分部小计							

图 9－28

附　录

附录一　建筑工程计量与计价实例

根据接待室工程施工图和该工程招标文件及《建设工程工程量清单计价规范》编制建筑工程工程量清单及工程量清单报价表。

接待室工程施工图设计说明：

1．结构类型及标高

本工程为砖混结构工程。室内地坪标高 ±0.000 m，室外地坪高 −0.300 m。

2．基础

M5 水泥砂浆砌砖基础，C10 混凝土基础垫层 200 mm 厚，位于 −0.06 m 处做 20 mm 厚 1∶2水泥砂浆防潮层(加质量分数为 6% 的防水粉)。

3．墙、柱

M5 混合砂浆砌砖墙、砖柱。

4．地面

基层素土回填夯实，80 mm 厚 C10 混凝土地面垫层，铺 400 mm × 400 mm 浅色地砖，20 mm厚 1∶2 水泥砂浆粘结层。20 mm 厚 1∶2 水泥砂浆贴瓷砖踢脚线，高 150 mm。

5．屋面

预制空心屋面板上铺 30 mm 厚 1∶3 水泥砂浆找平层，40 mm 厚 C20 混凝土刚屋面，20 mm 厚 1∶2 水泥砂浆防水层(加质量分数为 6% 防水粉)。

6．台阶、散水

C10 混凝土基层，15 mm 厚 1∶2 水泥白石子浆水磨石台阶。60 mm 厚 C10 混凝土散水，沥青砂浆塞伸缩缝。

7．墙面、顶棚

内墙：18 mm 厚 1∶0.5∶2.5 混合砂浆底灰，8 mm 厚 1∶0.3∶3 混合砂浆面灰，满刮腻子 2 遍，刷乳胶漆 2 遍。

天棚：12 mm 厚 1∶0.5∶2.5 混合砂浆底灰，5 mm 厚 1∶0.3∶3 混合砂浆面灰，满刮腻子 2 遍，刷乳胶漆 2 遍。

外墙面、梁柱面水刷石：15 mm 厚 1∶2.5 水泥砂浆底灰，10 mm 厚 1∶2 水泥白石子浆面灰。

8．门、窗

实木装饰门：M − 1、M − 2 洞口尺寸均为 900 mm × 2400 mm。

塑钢推拉窗：C − 1 洞口尺寸 1500 mm × 1500 mm，C − 2 洞口尺寸 1100 mm × 1500 mm。

9．现浇构件

圈梁：C20 混凝土，钢筋 HPB235：ϕ12，116.80 m；HPB235：ϕ6.5，122.64 m。

矩形梁：C20 混凝土，钢筋 HR335：ϕ14，18.41 kg；HPB235：ϕ12，9.02 kg；HPB235：ϕ6.5，8.70 kg。

10. 预制构件

预应力空心板：C30 混凝土，单件体积及钢筋重量如下：

YKB 3962 0.164m³/块　6.57kg/块（CRB650ϕ4）

YKB 3362 0.139m³/块　4.50kg/块（CRB650ϕ4）

YKB 3062 0.126m³/块　3.83kg/块（CRB650ϕ4）

接待室工程施工图如下：

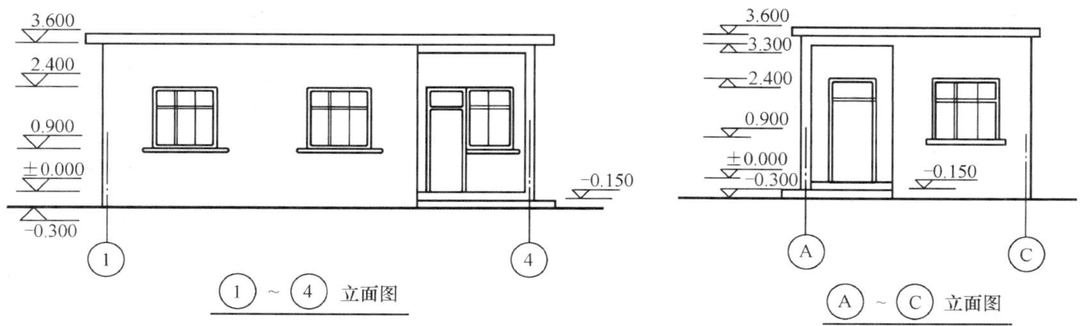

①～④立面图　　Ⓐ～Ⓒ立面图

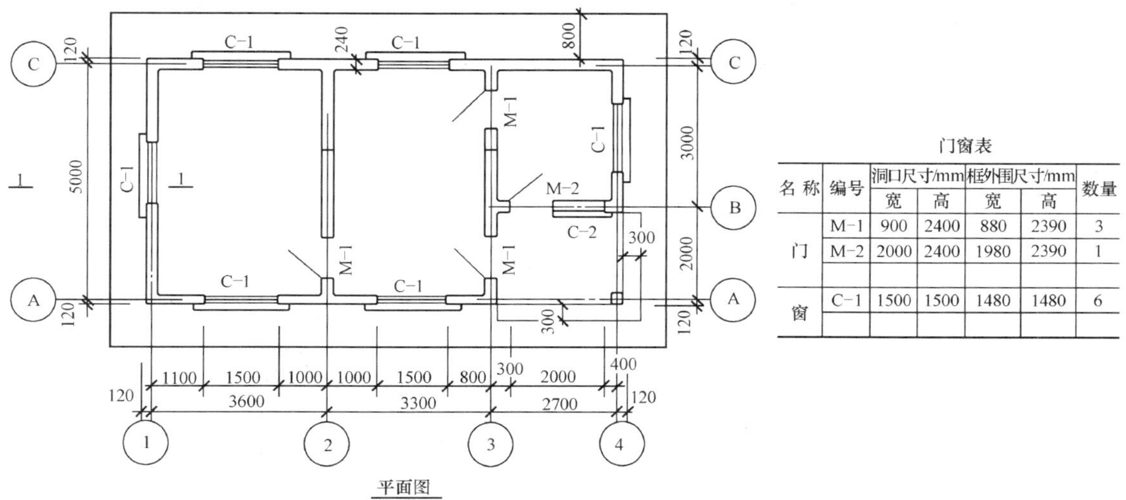

平面图

门窗表

名称	编号	洞口尺寸/mm		框外围尺寸/mm		数量
		宽	高	宽	高	
门	M-1	900	2400	880	2390	3
	M-2	2000	2400	1980	2390	1
窗	C-1	1500	1500	1480	1480	6

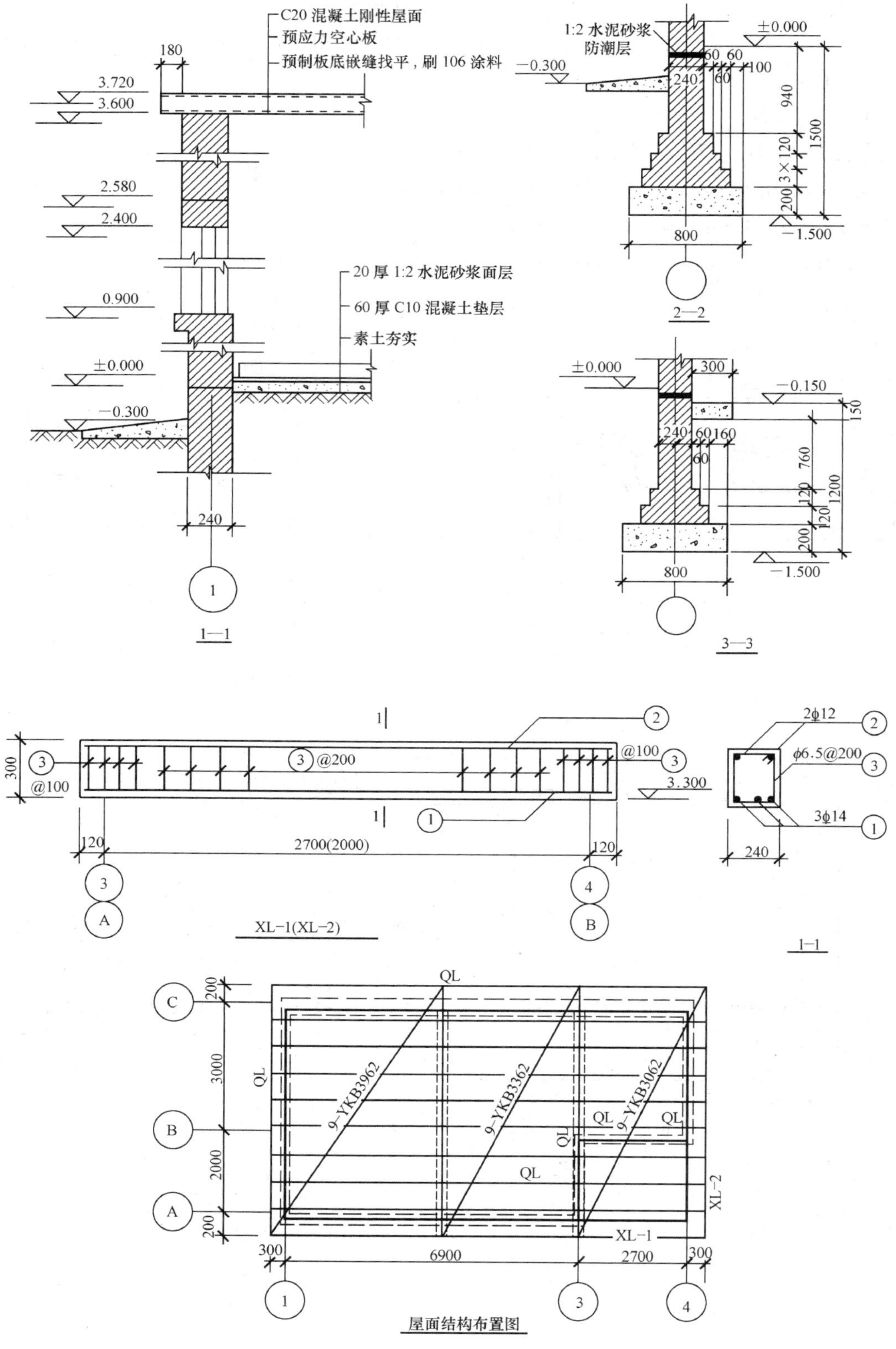

C20 混凝土刚性屋面
预应力空心板
预制板底嵌缝找平，刷 106 涂料
180
3.720
3.600
2.580
2.400
0.900
±0.000
−0.300
20 厚 1:2 水泥砂浆面层
60 厚 C10 混凝土垫层
素土夯实
240
1
1—1
1:2 水泥砂浆
防潮层
±0.000
−0.300
60 60
100
240
60
940
3×120
200
1500
−1.500
800
2—2
±0.000
300
−0.150
150
240 60 160
60
760
120
120
200
1200
−1.500
800
3—3
@100
3 @200
2
1
3.300
120
2700(2000)
120
3
4
A
B
XL−1(XL−2)
2ϕ12
ϕ6.5@200
3ϕ14
240
1—1
QL
9−YKB3962
9−YKB3362
9−YKB3062
XL−2
XL−1
C
B
A
200
3000
2000
300
6900
2700
1
3
4
屋面结构布置图

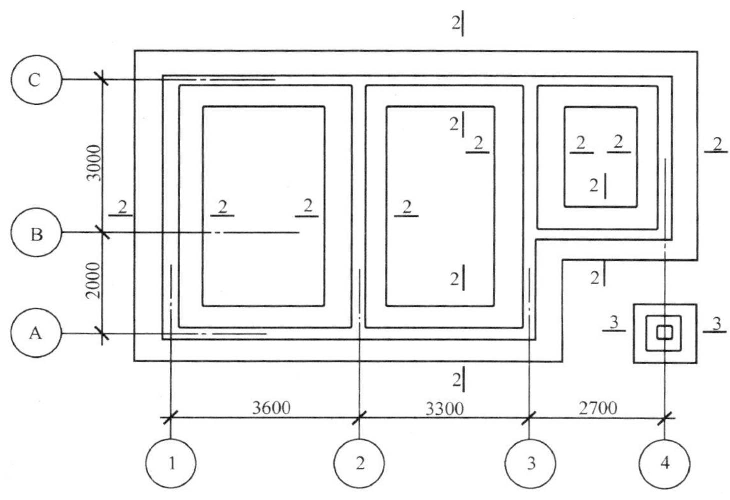

基础平面图

清单工程量计算表

工程名称：接待室

序号	项目编码	项目名称	单位	工程量	计算式
		A. 1 土石方工程			
1	010101001001	平整场地	m^3	51.56	$S=(5.0+0.24)\times(3.60+3.30+2.70+0.24)=51.56$
2	010101003001	人工挖基础土方（墙基）	m^3	34.18	基础垫层底面积 $=[(5.0+9.6)\times2+(5.0-0.8)+(3.0-0.8)]\times0.8=35.60\times0.8=28.48$ 基础土方 $=28.48\times1.20=34.18$
3	010101004001	人工挖基础土方（柱基）	m^3	0.77	基础土方 $=0.8\times0.8\times1.20=0.77$
4	010103001001	基础土（石）方回填	m^3	16.70	$V=$挖方体积－室外地坪以下基础体积 $=34.18+0.77-15.08+36.72\times0.24\times0.30+0.30\times0.24\times0.24-(28.48+0.64)\times0.2=16.70$
5	010103001002	室内土（石）方回填	m^3	8.11	$V=$（建筑面积－墙、柱结构面积）×回填厚度 $=(51.56-36.72\times0.24-0.24\times0.24)\times(0.30-0.08-0.02-0.01)=8.11$
		A. 3 砌筑工程			

序号	项目编码	项目名称	单位	工程量	计算式
6	010401001001	砖基础	m^3	15.08	砖墙基础 = (29.20 + 5.0 − 0.24 + 3.0 − 0.24) × [(1.50 − 0.20) × 0.24 + 0.007875 × 12] = 14.93 砖柱基础 = [(0.24 + 0.0625 × 4) × (0.24 + 0.0625 × 4) + (0.24 + 0.0625 × 2) × (0.24 + 0.0625 × 2)] × 0.126 × 2 + (1.50 − 0.20 − 0.126 × 2) × 0.24 × 0.24 = 0.15 合计 14.93 + 0.15 = 15.08
7	0104001003001	实心砖墙	m^3	24.91	V = (墙长 × 墙高 − 门窗面积) × 墙厚 − 圈梁体积 = (36.72 × 3.6 − 0.9 × 2.40 × 4 − 1.50 × 1.50 × 6 − 1.10 × 1.50) × 0.24 − 29.20 × 0.18 × 0.24 = 24.91
8	010401009001	实心砖柱	m^3	0.19	V = 0.24 × 0.24 × 3.3 = 0.19
		A.4 混凝土及钢筋混凝土工程			
9	010503002001	矩形梁	m^3	0.36	V = (2.70 + 0.12 + 2.0 + 0.12) × 0.24 × 0.30 = 0.36
10	010503004001	圈梁	m^3	1.26	V = 29.20 × 0.18 × 0.24 = 1.26
11	010507001001	散水、坡道	m^3	22.63	S = 散水长 × 散水宽 − 台阶面积 = (29.20 + 0.24 × 4) × 0.80 − (2.7 + 0.3 + 2.0) × 0.30 = 22.63
12	010512002001	空心板	m^3	3.86	YKB3962 0.164 × 9 = 1.476 YKB3662 0.139 × 9 = 1.251 YKB3062 0.126 × 9 = 1.134 合计：3.86
13	010515001001	现浇混凝土钢筋	t	0.172	圈梁：HPB235ϕ12 116.80 × 0.888 = 103.72 ϕ6.5 122.64 × 0.26 = 31.89 矩形梁： HPB235ϕ12 9.02 ϕ6.5 8.70 HRB335 14 18.41 合计：HPB235 ϕ12 112.74 ϕ6.5 40.59 HRB335 14 18.41

序号	项目编码	项目名称	单位	工程量	计算式
14	010515005001	先张法预应力钢筋	t	0.134	空心板钢筋： CRB650ϕ4 YKB3962　6.57×9=59.13 YKB3662　4.50×9=40.50 YKB3062　3.83×9=34.47 合计：134.10
		A.7 屋面及防水工程			
15	010902003001	屋面刚性防水	m^3	55.08	$S=(5.0+0.2\times2)\times(9.60+0.3\times2)=55.08$
16	010903003001	砂浆防水(潮)	m^3	8.87	$S=36.72\times0.24+0.24\times0.24=8.87$

接待室　　　　工程

工 程 量 清 单

招　标　人：＿＿＿＿＿＿＿＿＿＿（单位签字盖章）

法定代表人：＿＿＿＿＿＿＿＿＿＿（签字盖章）

造价工程师

及注册证号：＿＿＿＿＿＿＿＿＿＿（签字盖执业专用章）

编制时间：　2015－3－4

分部分项目工程量清单

工程名称：接待室

序号	项目编码	项目名称	单位	工程量
		A. 1 土石方工程		
1	010101001001	平整场地 土的类别：三类土； 弃土距离：5km； 取土距离：3km	m^3	51.56
2	010101003001	挖基础土方（墙基） 土壤类别：三类土； 基础类型：条基； 挖土深度：2m 内； 垫层宽度：800mm； 弃土运距：5km；	m^3	34.18
3	010101004001	挖基础土方 土壤类别：三类土； 基础类型：独立基； 挖土深度：2m 内； 垫层宽度：800mm； 弃土运距：5km； 底面积：0.64m^2	m^3	0.77
4	010103001001	基础土（石）方回填 土质要求：含砾石粉质黏土； 密实度要求：密实； 粒径要求：10～40mm 砾石； 夯填：分层夯填； 运输距离：5km	m^3	16.70
5	010103001002	房心土（石）方回填 土质要求：含砾石粉质黏土； 密实度要求：密实； 粒径要求：10－40mm 砾石； 夯填：分层夯填； 运输距离：5km	m^3	8.11
		A.4 砌筑工程		
6	010401001001	砖基础 砖品种、规格、强度等级：粘土砖； 基础类型：条基； 砂浆强度等级：M5.0 砂浆； 垫层及厚度：C20 混凝土，200mm 厚	m^3	15.08

序号	项目编码	项目名称	单位	工程量
7	0104001003001	实心砖墙 砖品种、规格、强度等级：粘土砖； 墙体类型：砌筑墙体； 墙体厚度：240mm；墙体高度：3.60m	m^3	24.91
8	010401009001	实心砖柱 柱形式：标准砖柱； 柱截面：240mm×240mm； 砖的品种规格及强度等级：粘土砖； 柱高：3.30m	m^3	0.19
		A. 4 混凝土及钢筋混凝土工程		
9	010503002001	矩形梁 梁截面：240mm×300mm； 混凝土强度等级：C20； 梁底标高：3.30mm	m^3	0.36
10	010503004001	圈梁 梁截面：180mm×240mm； 混凝土强度等级：C20； 梁底标高：2.40m	m^3	1.26
11	010507001001	散水、坡道 填塞材料：沥青砂浆； 垫层材料：素土夯实； 厚度：60mm； 混凝土强度等级：C10	m^3	22.63
12	010512002001	空心板 安装高度：3.60m； 构件尺寸：3900mm×600mm； 混凝土强度等级：C30； 接头灌浆：C20 细石混凝土	m^3	3.86
13	010515001001	现浇混凝土钢筋 钢筋种类、规格： HPB235 ϕ12　ϕ6.5 HRB335　14；	t	0.172
14	010515005001	先张法预应力钢筋； 钢筋种类、规格：CRB650　ϕ4；	t	0.134
		A. 9 屋面及防水工程		
15	010902003001	屋面刚性防水 找平层及厚度：1∶2 水泥砂浆 30mm 厚； 防水层厚度：40mm； 混凝土强度等级：C20； 防水砂浆及厚度：1∶2 水泥砂浆 20mm 厚；	m^3	55.08

序号	项目编码	项目名称	单位	工程量
16	010903003001	砂浆防水(潮) 防水(潮)部位:砖基础、砖柱; 防水(潮)厚度:20mm; 砂浆配合比:水泥砂浆 1∶2;	m^3	8.87

措施项目清单

工程名称:接待室

序号	项目名称
	脚手架
1	混凝土、钢筋混凝土模板及支架
2	大型机械设备进出场及安拆费
3	垂直运输机械
4	施工排水、降水
5	临时设施
6	文明施工
7	二次搬运
8	已完工程及设备保护
9	环境保护
10	夜间施工
11	泵送混凝土输送机械
12	冬、雨季施工

其他项目清单

工程名称:接待室

序号	项目名称
1	招标人部分
2	预留金
3	材料购置费
4	投标人部分
5	总承包服务费
6	零星工作项目费

零星工作项目清单

工程名称：接待室

序号	名 称	单位	数量
1	综合工日(土建)	工日	110.00
2	型钢	t	0.088
3	滚筒式砼搅拌机电动250L	台班	2.00
4	钢丝	kg	15.00
5	水泥42.5 MPa	t	2.10

计价工程量计算表

工程名称：接待室

序号	项目编码	项目名称		单位	工程量	计算式
		A. 1 土石方工程				
1	010101001001	主项	人工平整场地	m^3	127.88	人工平整场地：$S=(5.24+9.84)\times2\times2+51.56+16=127.88$ 自卸汽车运土：5.71
		包含内容	自卸汽车运土	m^3	5.71	
2	010101003001	主项	人工挖基础土方(墙基)	m^3	57.79	基础土方 $V=[(5.0+9.6)\times2+(5.0-0.8-0.3\times2)+(3.0-0.8-0.3\times2)]\times(0.80+0.30\times2)\times(1.50-0.30)=57.79$ 自卸汽车运土：57.79
		包含内容	自卸汽车运土	m^3	57.79	
3	010101004001	主项	人工挖基础土方(柱基)	m^3	0.77	基础土方 $V=(0.80+0.30\times2)\times(0.80+0.30\times2)\times1.20=2.35$ 自卸汽车运土：2.35
		包含内容	人工挖基础土方(墙基)			
4	010103001001	主项	基础土(石)方回填	m^3	41.90	V=挖方体积－室外地坪以下基础体积$=57.79+2.35-15.08+36.72\times0.24\times0.30+0.30\times0.24\times0.24-5.82=41.90$
		包含内容				
5	010103001002	主项	室内土(石)方回填	m^3	8.11	V=(建筑面积－墙、柱结构面积)×回填厚度$=(51.56-36.72\times0.24-0.24\times0.24)\times(0.30-0.08-0.02-0.01)=8.11$
		包含内容				
			A. 3 砌筑工程			

<table>
<tr><th>序号</th><th>项目编码</th><th colspan="2">项 目 名 称</th><th>单位</th><th>工程量</th><th>计算式</th></tr>
<tr><td rowspan="2">6</td><td rowspan="2">010401001001</td><td>主项</td><td>M5 水泥砂浆砖基础</td><td>m^3</td><td>15.08</td><td rowspan="2">砖墙基础 =（29.20 + 5.0 − 0.24 + 3.0 − 0.24）×［（1.50 − 0.20）× 0.24 + 0.007875 × 12］= 14.93
砖柱基础 =［（0.24 + 0.0625 × 4）×（0.24 + 0.0625 × 4）+（0.24 + 0.0625 × 2）×（0.24 + 0.0625 × 2）］× 0.126 × 2 +（1.50 − 0.20 − 0.126 × 2）× 0.24 × 0.24 = 0.15
合计 14.93 + 0.15 = 15.08
C20 混凝土基础垫层 V =［（5.0 + 9.6）× 2 +（5.0 − 0.8 + 3.0 − 0.8）］× 0.80 × 0.20 + 0.80 × 0.80 × 0.20 = 5.82</td></tr>
<tr><td>包含内容</td><td>C20 混凝土基础垫层</td><td>m^3</td><td>5.82</td></tr>
<tr><td rowspan="2">7</td><td rowspan="2">010401003001</td><td>主项</td><td>M5 水泥砂浆实心砖墙</td><td>m^3</td><td>24.91</td><td rowspan="2">V =（墙长 × 墙高 − 门窗面积）× 墙厚 − 圈梁体积 =（36.72 × 3.6 − 0.9 × 2.40 × 4 − 1.50 × 1.50 × 6 − 1.10 × 1.50）× 0.24 − 29.20 × 0.18 × 0.24 = 24.91</td></tr>
<tr><td>包含内容</td><td></td><td></td><td></td></tr>
<tr><td rowspan="2">8</td><td rowspan="2">010401009001</td><td>主项</td><td>M5 水泥砂浆实心砖柱</td><td>m^3</td><td>0.19</td><td rowspan="2">V = 0.24 × 0.24 × 3.3 = 0.19</td></tr>
<tr><td>包含内容</td><td></td><td></td><td></td></tr>
<tr><td></td><td></td><td></td><td>A.4 混凝土及钢筋混凝土工程</td><td></td><td></td><td></td></tr>
<tr><td rowspan="2">9</td><td rowspan="2">010503002001</td><td>主项</td><td>现浇 C20 混凝土矩形梁</td><td>m^3</td><td>0.36</td><td rowspan="2">V =（2.70 + 0.12 + 2.0 + 0.12）× 0.24 × 0.30 = 0.36</td></tr>
<tr><td>包含内容</td><td></td><td></td><td></td></tr>
<tr><td rowspan="2">10</td><td rowspan="2">010503004001</td><td>主项</td><td>现浇 C20 混凝土圈梁</td><td>m^3</td><td>1.26</td><td rowspan="2">V = 29.20 × 0.18 × 0.24 = 1.26</td></tr>
<tr><td>包含内容</td><td></td><td></td><td></td></tr>
<tr><td rowspan="2">11</td><td rowspan="2">010507001001</td><td>主项</td><td>散水、坡道</td><td>m^3</td><td>22.63</td><td rowspan="2">S = 散水长 × 散水宽 − 台阶面积 =（29.20 + 0.24 × 4）× 0.80 −（2.7 + 0.3 + 2.0）× 0.30 = 22.63
沥青砂浆变形缝 L =（5.0 + 0.24 + 0.30 + 9.60 + 0.24 + 0.30）× 2 + 0.80 × 1.414 × 4 + 1.60 = 37.48m</td></tr>
<tr><td>包含内容</td><td>沥青砂浆变形缝</td><td>m</td><td>37.48</td></tr>
</table>

序号	项目编码	项目名称		单位	工程量	计算式
12	010512002001	主项	空心板	m^3	3.86	YKB39620.164×9=1.476 YKB36620.139×9=1.251 YKB3062　0.126×9=1.134 合计：3.86 制作 $V=3.86\times1.015=3.92$
		包含内容	制作 吊装 灌缝	m^3	3.92 3.86 3.86	
13	010515001001	主项	现浇混凝土钢筋	t	0.172	圈梁： HPB235ϕ12　116.80×0.888=103.72kg ϕ6.5　122.64×0.26=31.89 kg 矩形梁： HPB235ϕ12　9.02 kg ϕ6.5　8.70 kg HRB335　14 18.41 kg 合计：HPB235 ϕ12 112.74 kg ϕ6.5 40.59 kg HRB335　14　18.41 kg
		包含内容	HPB235ϕ12 HPB235 ϕ6.5 HRB335　14	t t t	0.113 0.041 0.018	
14	010515005001	主项	先张法预应力钢筋	t	0.134	空心板钢筋： CRB650ϕ4 YKB3962　6.57×9=59.13 kg YKB3662　4.50×9=40.50 kg YKB3062　3.83×9=34.47 kg 合计：134.10 kg
		包含内容	CRB650ϕ4	t	0.134	
			A.9 屋面及防水工程			
15	010902003001	主项	屋面刚性防水	m^3	55.08	$S=(5.0+0.2\times2)\times(9.60+0.3\times2)=55.08$
		包含内容	30 厚找平层 防水砂浆	m^3	55.08 55.08	
16	010903003001	主项	砂浆防水(潮)	m^3	8.87	$S=36.72\times0.24+0.24\times0.24=8.87$
		包含内容				

综合楼施工平面图

建筑目录表

序号	图号	图名	张数	备注
1	建施-1	建筑设计说明 门窗表		
2	建施-2	一层平面		
3	建施-3	二~四层平面		
4	建施-4	五层平面		
5	建施-5	屋顶平面		
6	建施-6	南立面		
7	建施-7	北立面		
8	建施-8	东立面		
9	建施-9	西立面		
10	建施-10	1—1剖面		
11	建施-11	节点详图		
12	建施-12	楼梯详图		
13	建施-13	电梯详图		

结构目录表

序号	图号	图名	张数	备注
1	结施-1	结构设计总说明 节点详图	1	
2	结施-2	桩位平面图	1	
3	结施-3	基础平面图	1	
4	结施-4	基础详图	1	
5	结施-5	基础平面柱子布置图 柱子配筋详图	1	
6	结施-6	二层梁配筋平面图	1	
7	结施-7	三~四层梁配筋平面图	1	
8	结施-8	五层梁配筋平面图	1	
9	结施-9	屋顶梁配筋平面图	1	
10	结施-10	二层板配筋平面图	1	
11	结施-11	三~四层板配筋平面图	1	
12	结施-12	五层板配筋平面图	1	
13	结施-13	屋顶板配筋平面图	1	
14	结施-14	1# 楼梯详图	1	

建筑设计说明

一、本工程主体设计耐久年限为二级，即50~100年。

二、本工程建筑设计标高±0.000相当于绝对标高5300，室内外高差200mm。

三、本工程按地震设计烈度六度设防。

四、本工程地下水位按室外地面下0.600m设防。

五、本工程为综合楼，建筑物耐火等级为二级。

六、本工程建筑物的建筑面积：4012m，占地面积：873m²

七、施工时必须严格遵守国家颁发的现行施工及验收规范，所选用的建筑材料必须满足设计中提出的质量要求。

八、施工时必须密切配合各相关专业图纸，并会同安装单位统一安排协调进行，文明施工。

九、主要工程做法：

（一）、墙体：

1、墙体类型：

外墙，各层内墙及楼电梯间采用240厚MU10烧结多孔砖（KP1型）砌筑，M5.0混合砂浆砌筑，砂浆必须饱满密实。

±0.000以下墙基础详见结构设计说明。

2、墙身防潮层：条形砖基础在-0.060米处，采用1：2水泥砂浆掺3%防水剂，20厚。

（二）、屋面：

均采用有组织排水，钢筋混凝土平屋面。平屋面坡度1%~2%。

屋1、上人卷材保温屋面

（1）、35厚C20细石混凝土随捣随抹，内配双向筋?6@150。（分仓缝按<6000X4000）3宽缝隙，用1：3水泥砂浆勾缝

（2）、4厚纸筋灰或10厚1：4灰砂隔离层

（3）、APP改性沥青卷材（聚酯胎）一层，厚4，热熔铺贴法施工。

（4）、20厚1：3水泥砂浆找平层

（5）、高强度憎水珍珠岩保温板50厚，配套胶粘贴。

（6）、刷冷底子油一道（或铺油毡一层隔气层）（如需取消详见单体做法）

（7）、20厚1：3水泥砂浆找平层

（8）、1：8水泥加加气混凝土碎块垫坡，表面拍平，坡度2%，最薄处30厚（结构找坡时无此层）

（9）、钢筋混凝土屋面结构层。

屋2、一般防水卷材保温屋面 取消屋1中（1），（2），其它均同屋1。

注： 高强度憎水珍珠岩板质量要求：容重r=193Kg/m，导热系数<>0.059W/M.K 抗压强度>0.4MPa，憎水率>99%。

保温层也可由甲方根据现场要求自定，但必需满足传热系数（k值）和结构安全需要

屋面挑檐为现浇钢筋混凝土挑檐檐口内坡度0.7~1.5%

女儿墙做法：详见各单项工程剖面节点做法。

屋面保温层分仓缝、排气槽详见99xxJ14第24页。 ③ ④

排气孔详见99xxJ14第25页。⑨ ⑪

（三）、楼、地面

地面、水泥砂浆地面（150高1：2水泥砂浆踢脚板25厚）

（1）、20厚1:2水泥砂浆抹面（分两次抹面），压实赶光

（2）、素水泥浆结合层一道

（3）、120厚C10混凝土垫层

（4）、150厚级配砂石垫层

（5）、素土夯实

注：地面垫层分仓浇捣~6000X6000，或按柱网分块浇捣，做法见国标J330-43页，44页，⑫ ③

素土夯实系数>0.94。

楼面、水泥砂浆楼面（150高水泥踢脚板25厚）

（1）、25厚1:2水泥砂浆抹面（分两次抹面），压实赶光

（2）、素水泥浆结合层一道

（3）、钢筋混凝土楼板

注：楼面面层按柱网设分仓缝。

（四）、粉刷

外粉刷 外墙涂料墙面

（1）、外墙涂料两遍（样板定色）

（2）、6厚1：2水泥砂浆，压实赶光

（3）、14厚1：3水泥砂浆打底扫毛，划出纹道

内粉刷 喷刷大白浆（或耐擦洗涂料）（用于车间）

（1）、喷刷大白浆两遍

（2）、5厚1：0.3:2.5水泥石灰膏砂浆罩面

（3）、13厚1：0.3:3水泥石灰膏砂浆罩面

裙1、瓷砖墙裙（2100高，用于厕所，有吊顶房间贴到吊顶上50）

（1）、5厚白色釉面砖，白水泥擦缝

（2）、素水泥浆一道，5厚1：2建筑胶水泥砂浆黏结

（3）、10厚1：3水泥砂浆打底扫毛，划出纹道

裙2、水泥砂浆墙裙

（1）、内墙涂料两道（高1400）

（2）、8厚1：2水泥砂浆抹面，压实赶光

（3）、12厚1：3水泥砂浆打底扫毛，划出纹道

（五）、顶棚

喷大白浆（或耐擦洗涂料）

（1）、喷大白浆涂料底一面二

（2）、板底耐水腻子刮平

（3）、现浇钢筋混凝土板底刷素水泥砂浆一道

注：建筑结合胶品种可根据当地产品情况选择，配比需根据所选产品的要求来定。

（六）、门窗

具体详门窗表

窗台板下设钢筋混凝土梁垫高120，做法参见剖面节点详图

（七）、散水、坡道、台阶及其他配件

具体详见图

屋面有钢管穿出处，做法详见99xxJ14 (5/29)

女儿墙预留防雷钢筋头@1000，做法参见剖面节点详图。

（十）、各项地下工程应于隐蔽前先行验收合格。

门窗表

门窗名称	洞口尺寸	门窗数量	门窗型号及选用图籍	备注
C1215	1200x1500	24	99xxJ7 LTC1215	铝合金窗
C1515	1500x1500	20	99xxJ7 LTC1515	铝合金窗
C2415	2400x1500	69	99xxJ7 LTC2415	铝合金窗
M-1	2400x2400	1		甲方自定
M-2	1200x2400	12	M33-1224 J642	镶板门
M-3	900x2100	20	M25-0921 J642	镶板门

注：1.厕所外窗均带纱，一层厕所采用磨砂玻璃。2.门窗过梁，雨蓬与圈梁相遇时，应整浇。

工种	审定	审核	工程负责人	工种负责人	核对	设计 制图	图目	建筑设计说明 门窗表	工程总称		工程号	
负责人											图别	建施
日期									项目	综合楼	图号	1
											日期	

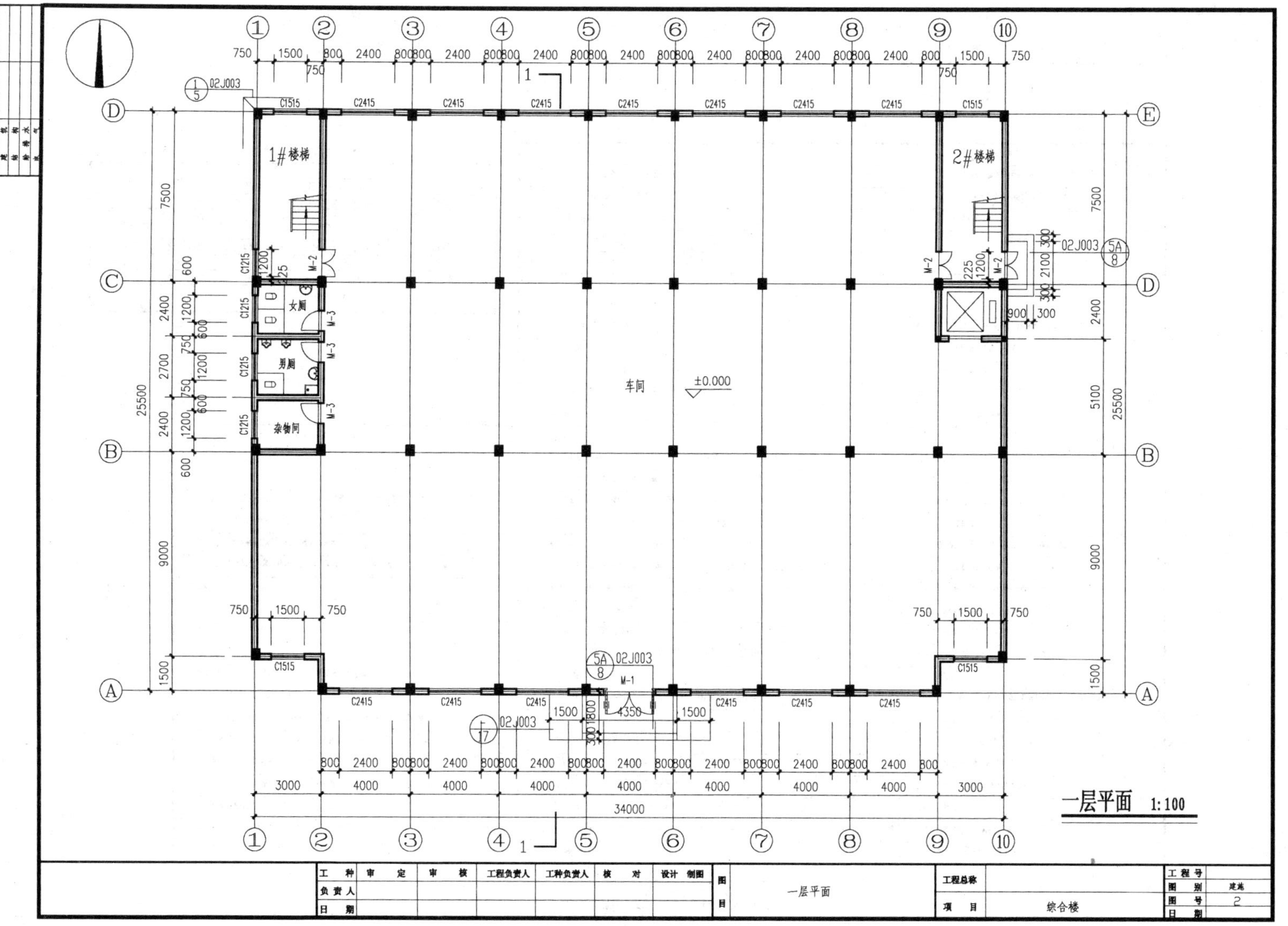
1#楼梯
2#楼梯
女厕
男厕
杂物间
车间
±0.000
一层平面 1:100
工种
审定
审核
工程负责人
工种负责人
校对
设计
制图
负责人
日期
图目
一层平面
工程总称
项目
综合楼
工程号
图别
建施
图号
2
日期

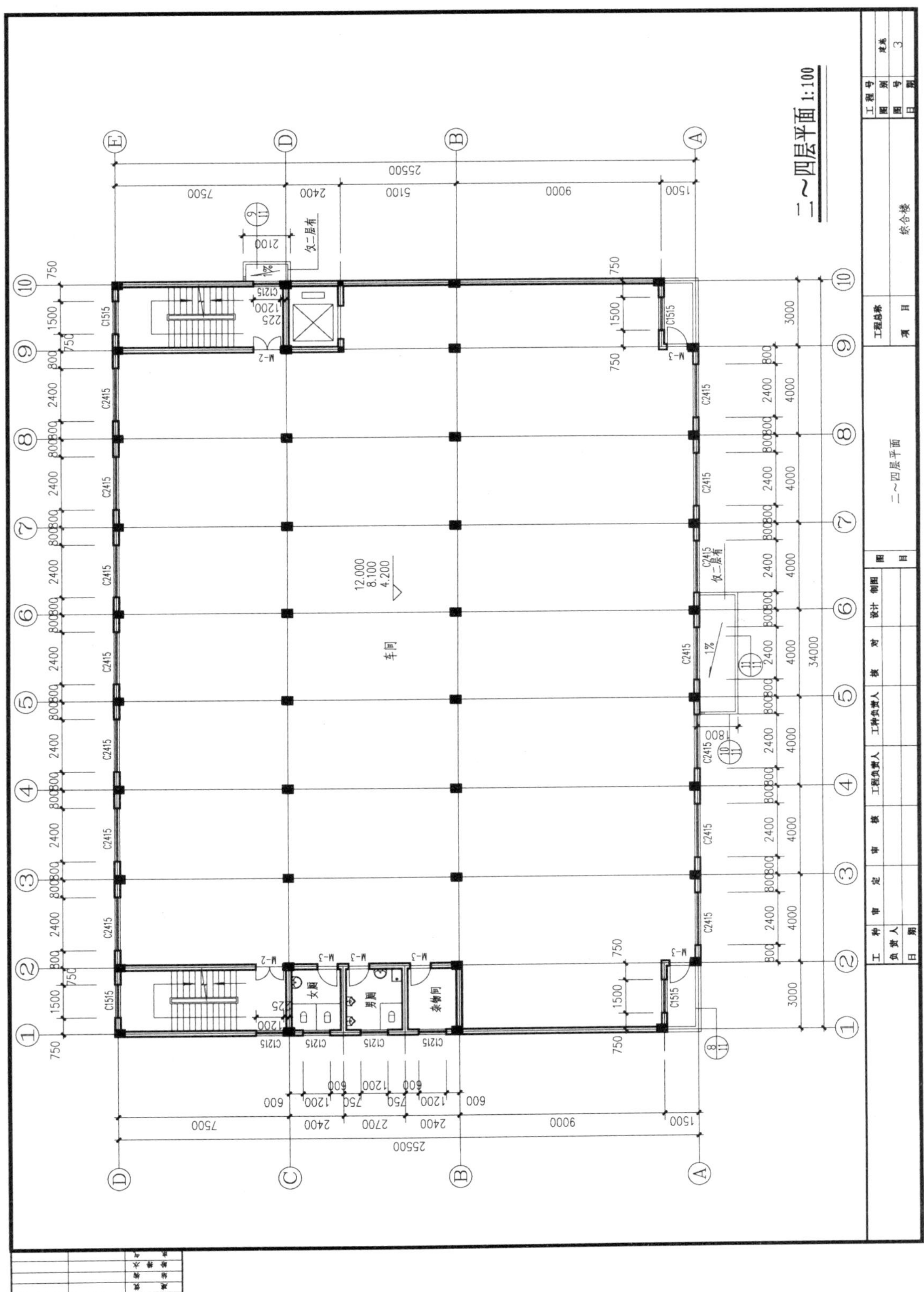
二~四层平面 1:100
综合楼
二~四层平面
车间
女厕
男厕
杂物间
仅二层有
12.000
8.100
4.200
25500
34000

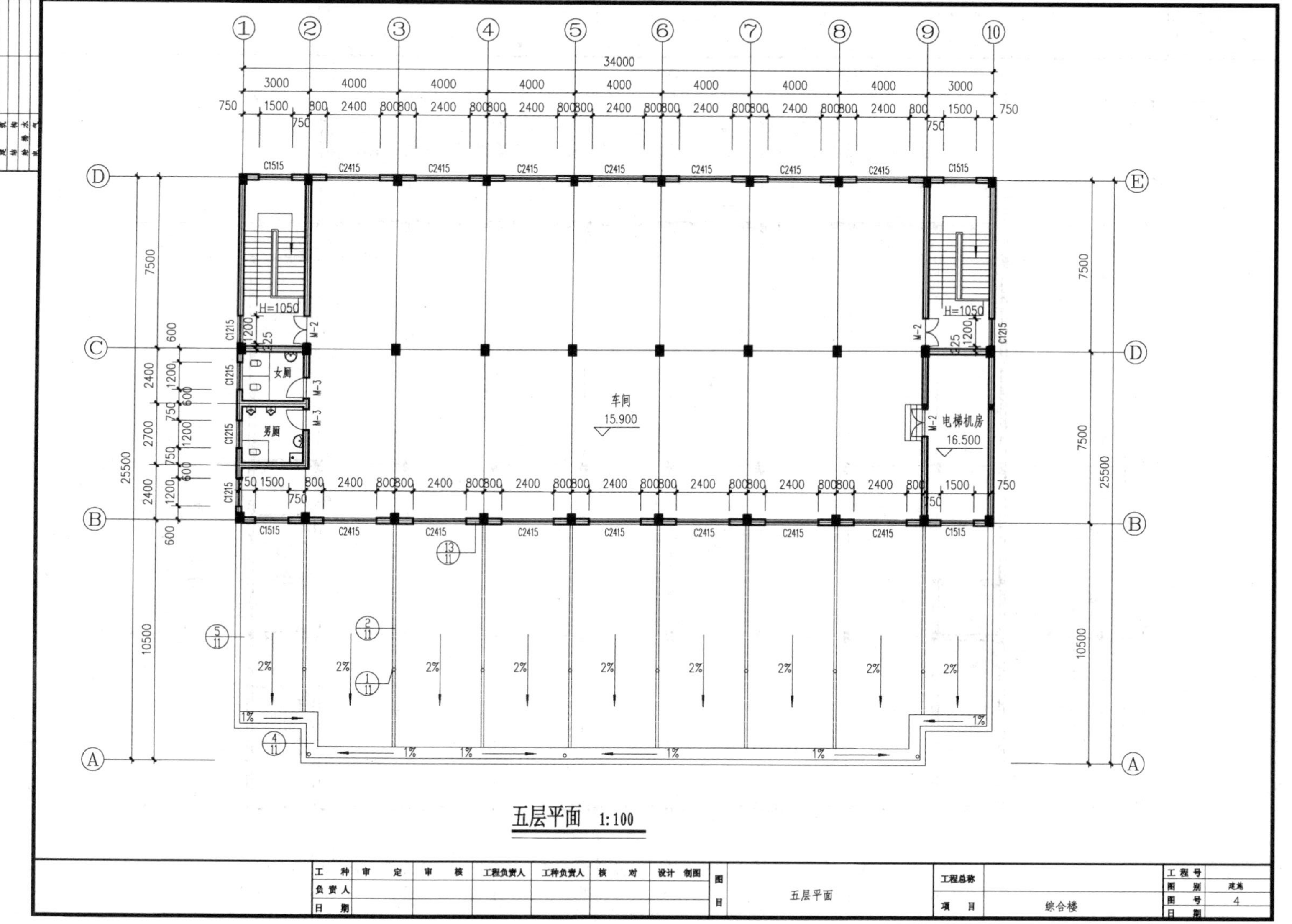

车间
15.900
电梯机房
16.500
女厕
男厕
五层平面 1:100
工种
审定
审核
工程负责人
工种负责人
校对
设计
制图
负责人
日期
图目
五层平面
工程总称
项目
综合楼
工程号
图别
建施
图号
4
日期

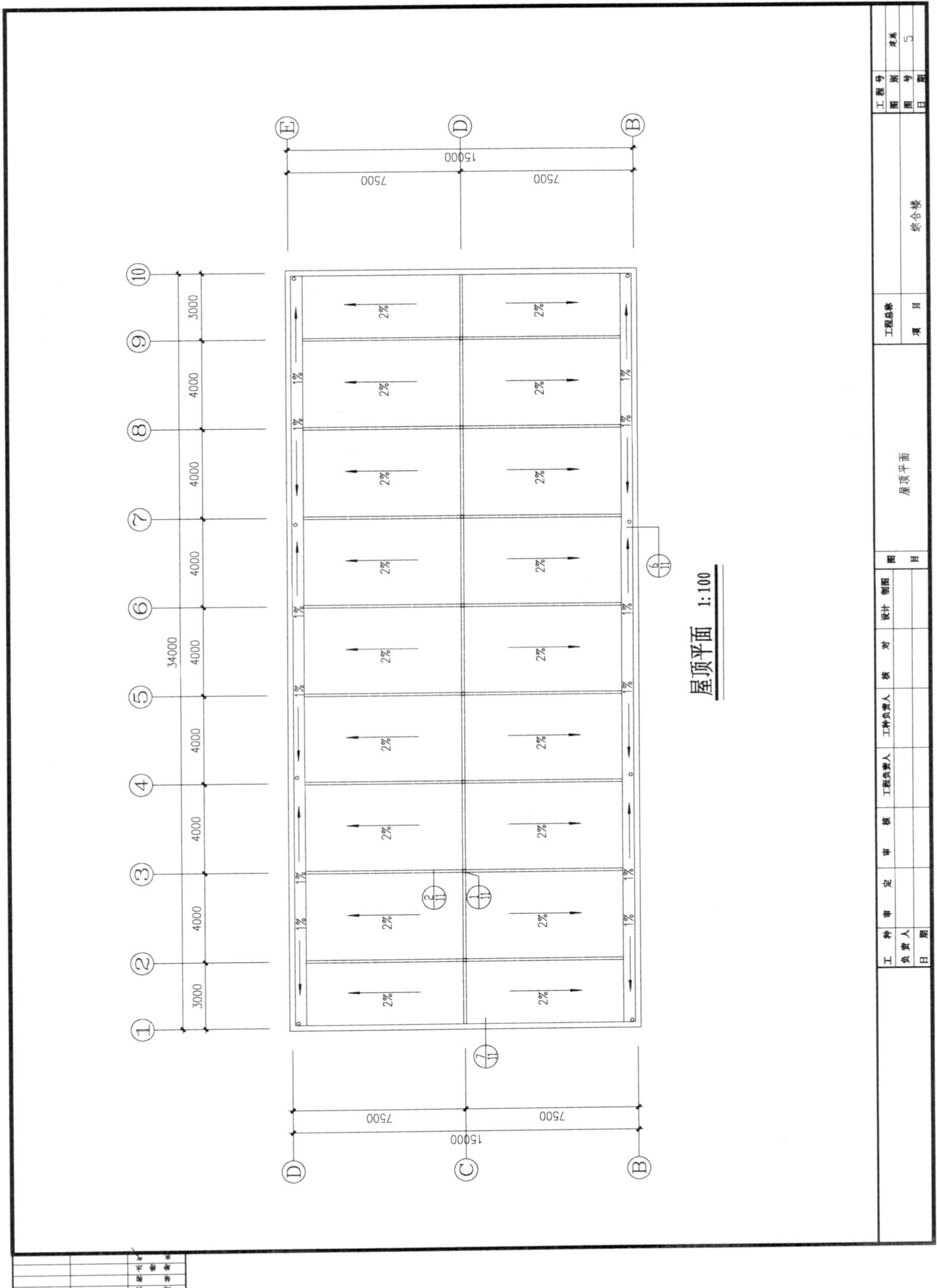
屋顶平面　1:100
15000
7500
7500
34000
3000
4000
2%
1%
工程总称
综合楼
屋顶平面
建施
5

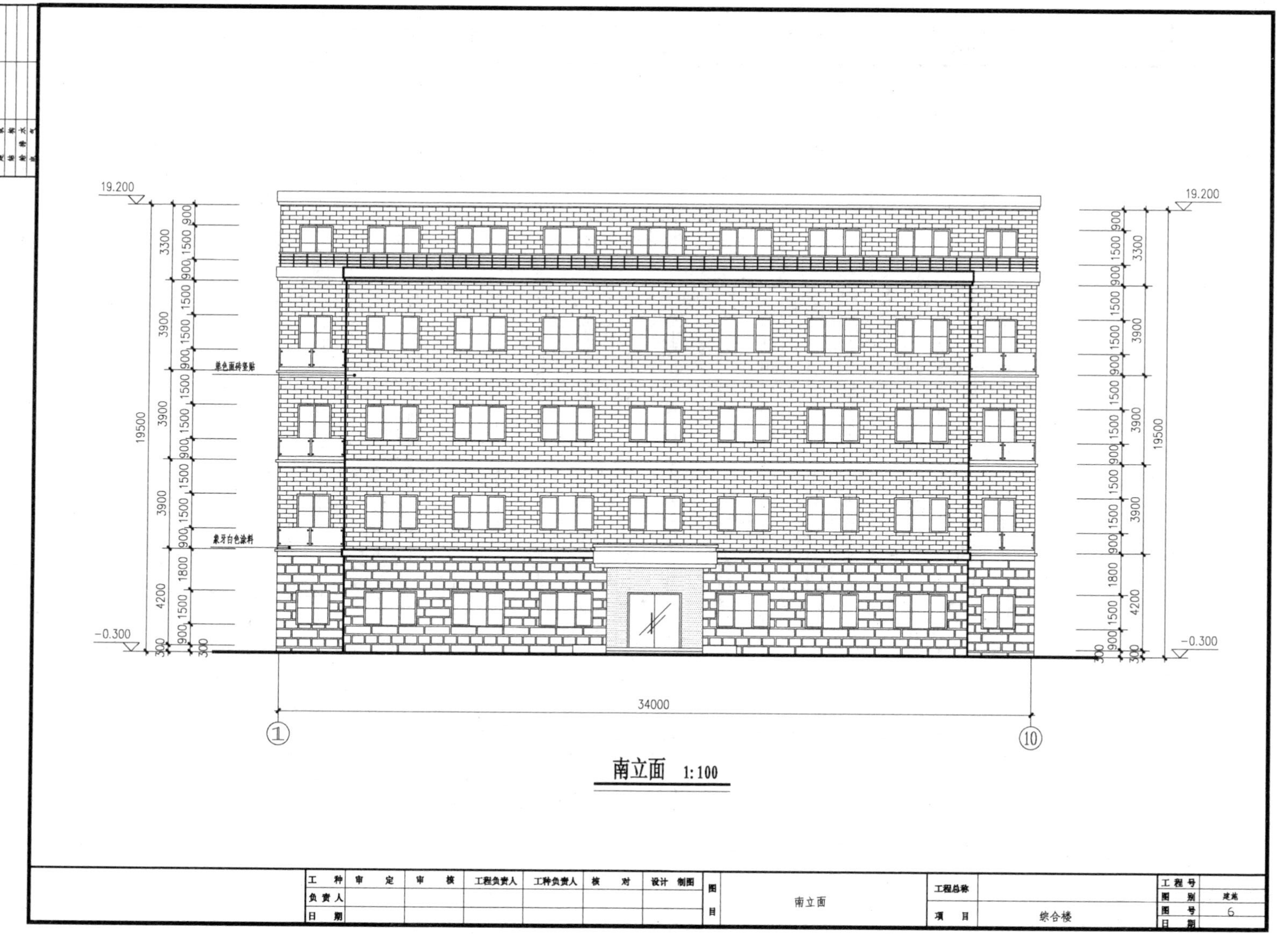

19.200
-0.300
19500
3300
3900
3900
3900
4200
300
象牙白色涂料
34000
①
⑩
南立面 1:100
工种
审定
审核
工程负责人
工种负责人
核对
设计
制图
负责人
日期
图目
南立面
工程总称
项目
综合楼
工程号
图别
建施
图号
6
日期

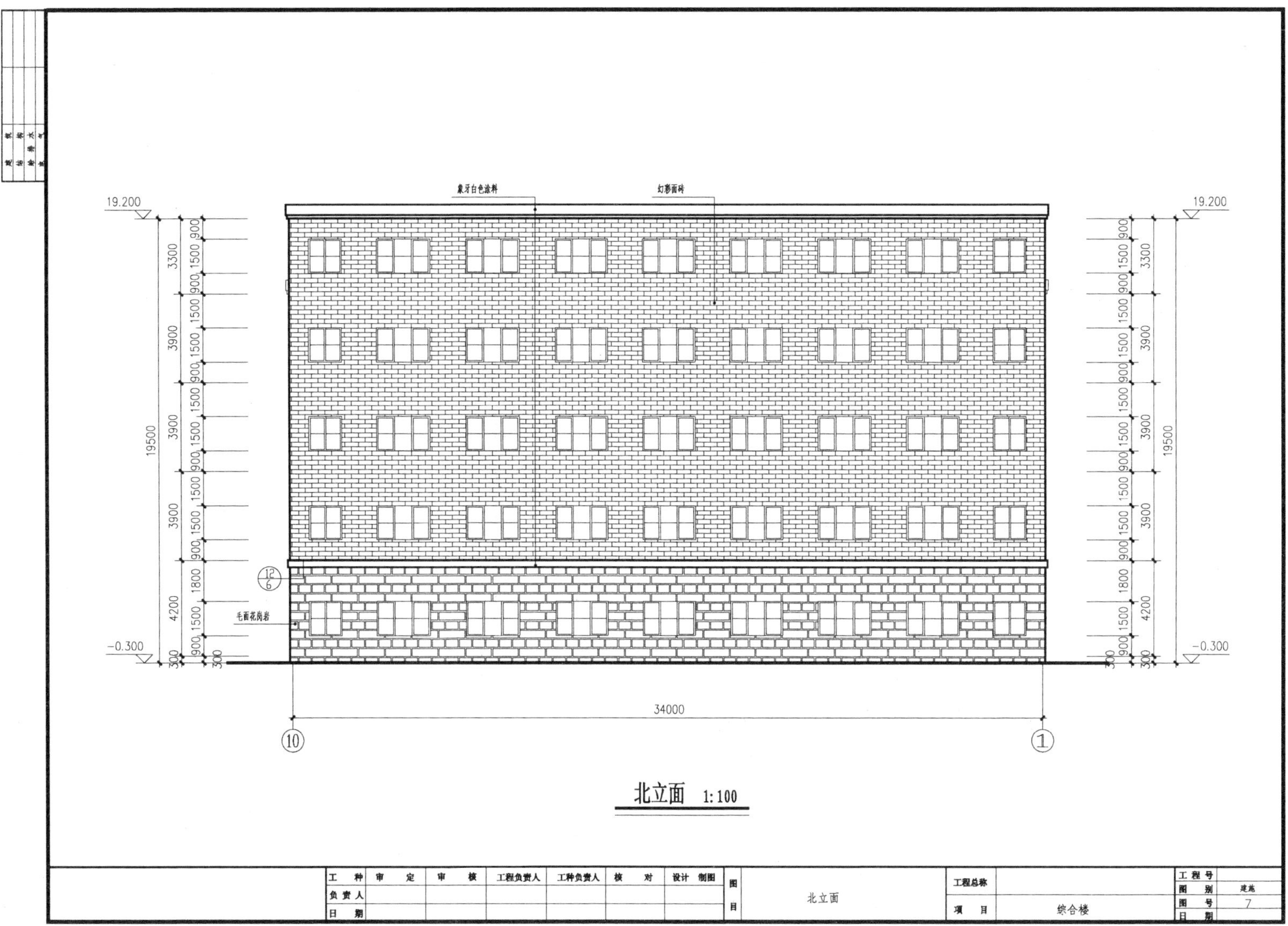
象牙白色涂料
幻影面砖
毛面花岗岩
19.200
-0.300
19500
3300
3900
3900
3900
4200
34000
北立面 1:100
工 种
负责人
日 期
审 定
审 核
工程负责人
工种负责人
校 对
设计 制图
图 目
北立面
工程总称
项 目
综合楼
工程号
图 别
建施
图 号
7
日 期

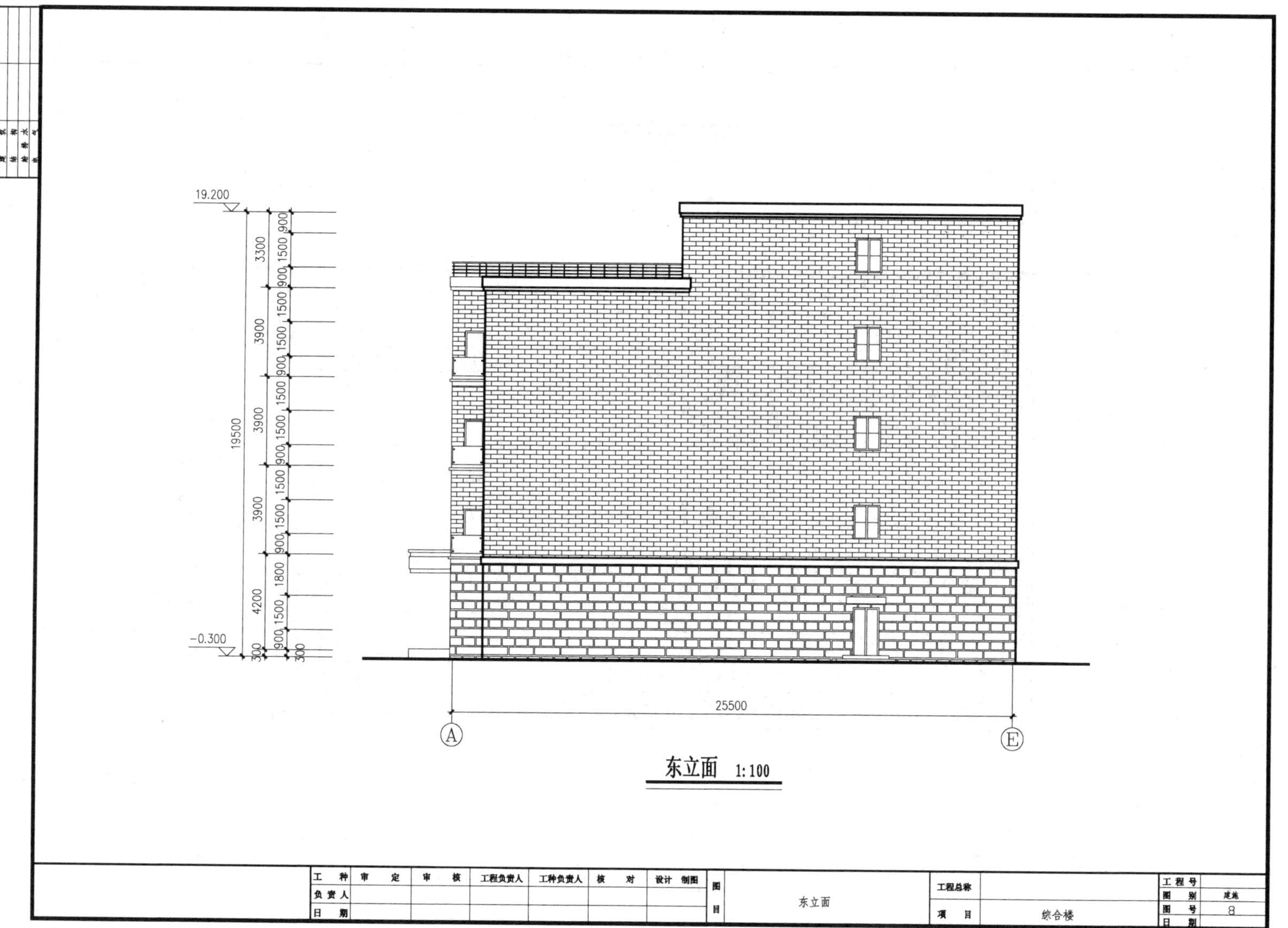

东立面 1:100

工种	审定	审核	工程负责人	工种负责人	核对	设计 制图	图目	东立面	工程总称		工程号	
负责人									项目	综合楼	图别	建施
日期											图号	8
											日期	

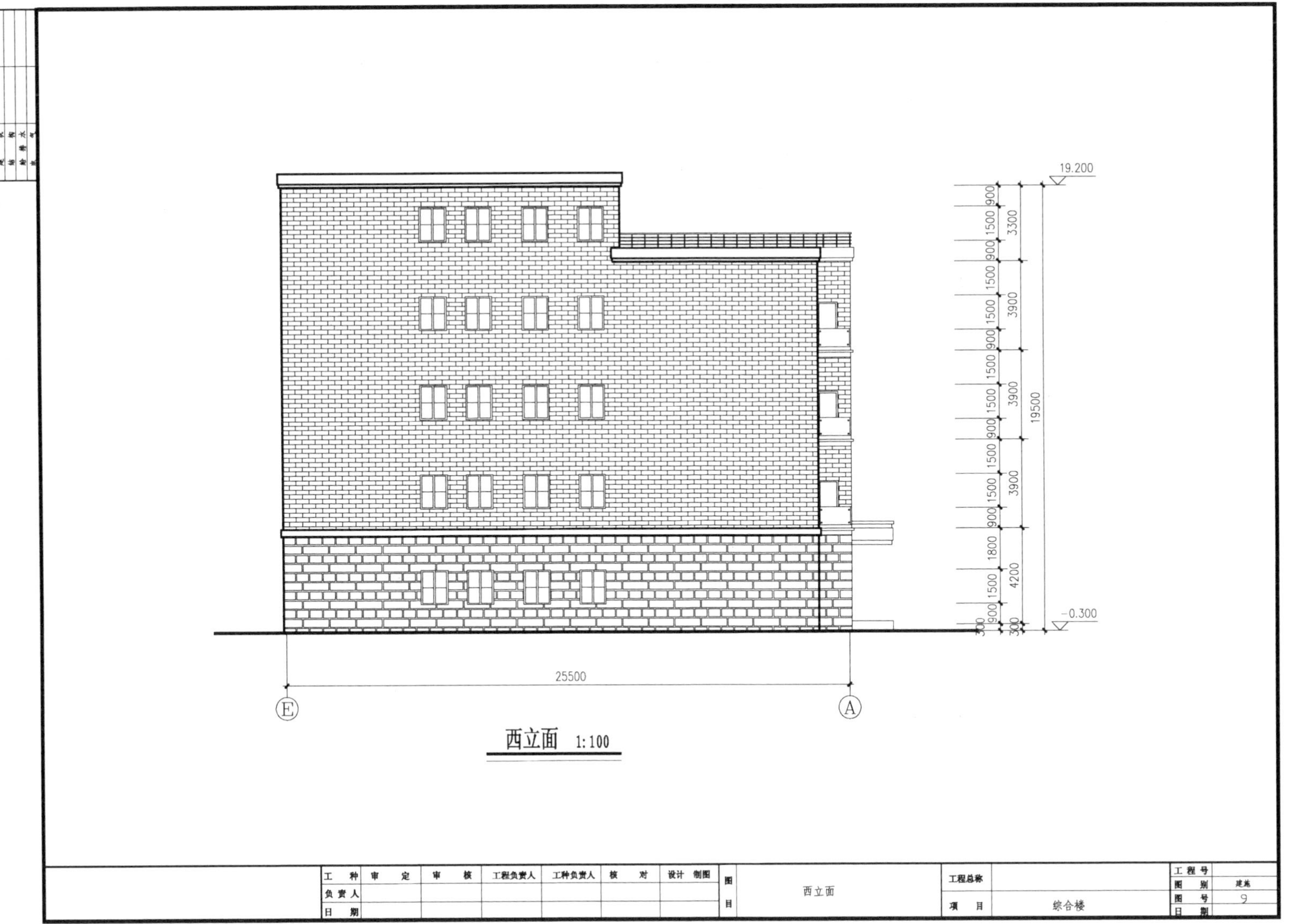
19.200
-0.300
900
1500
900
1500
900
1500
900
1500
1500
900
1500
900
1500
900
1800
1500
900
300
3300
3900
3900
3900
4200
300
19500
25500
E
A
西立面 1:100
工 种
负责人
日 期
审 定
审 核
工程负责人
工种负责人
校 对
设计 制图
图 目
西立面
工程总称
项 目
综合楼
工程号
图 别
建施
图 号
9
日 期

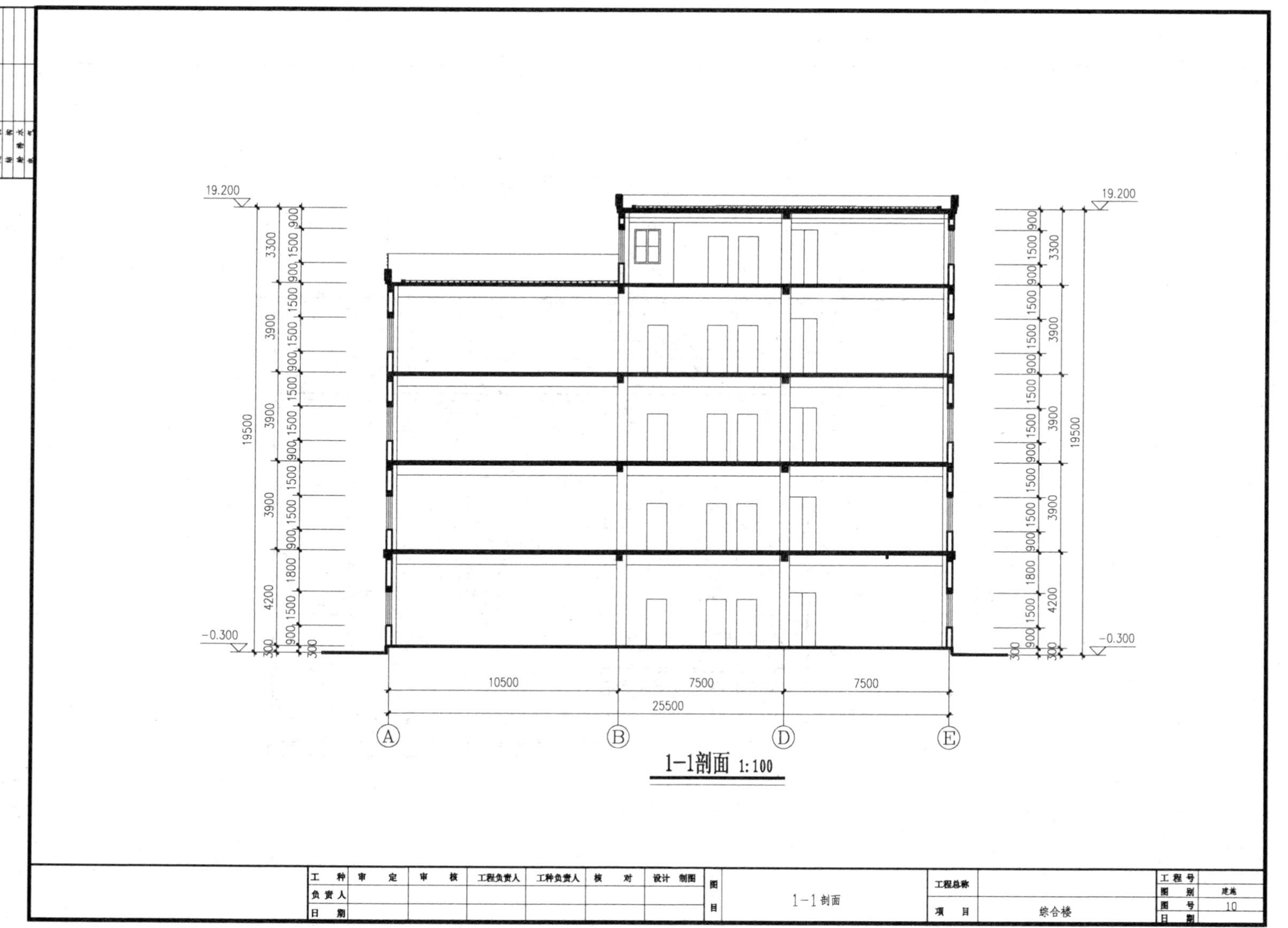
19.200
-0.300
19500
3300
3900
3900
3900
4200
300
10500
7500
7500
25500
A
B
D
E
1—1剖面 1:100
工 种
负责人
日 期
审 定
审 核
工程负责人
工种负责人
核 对
设计 制图
图 目
1—1 剖面
工程总称
项 目
综合楼
工 程 号
图 别
建施
图 号
10
日 期

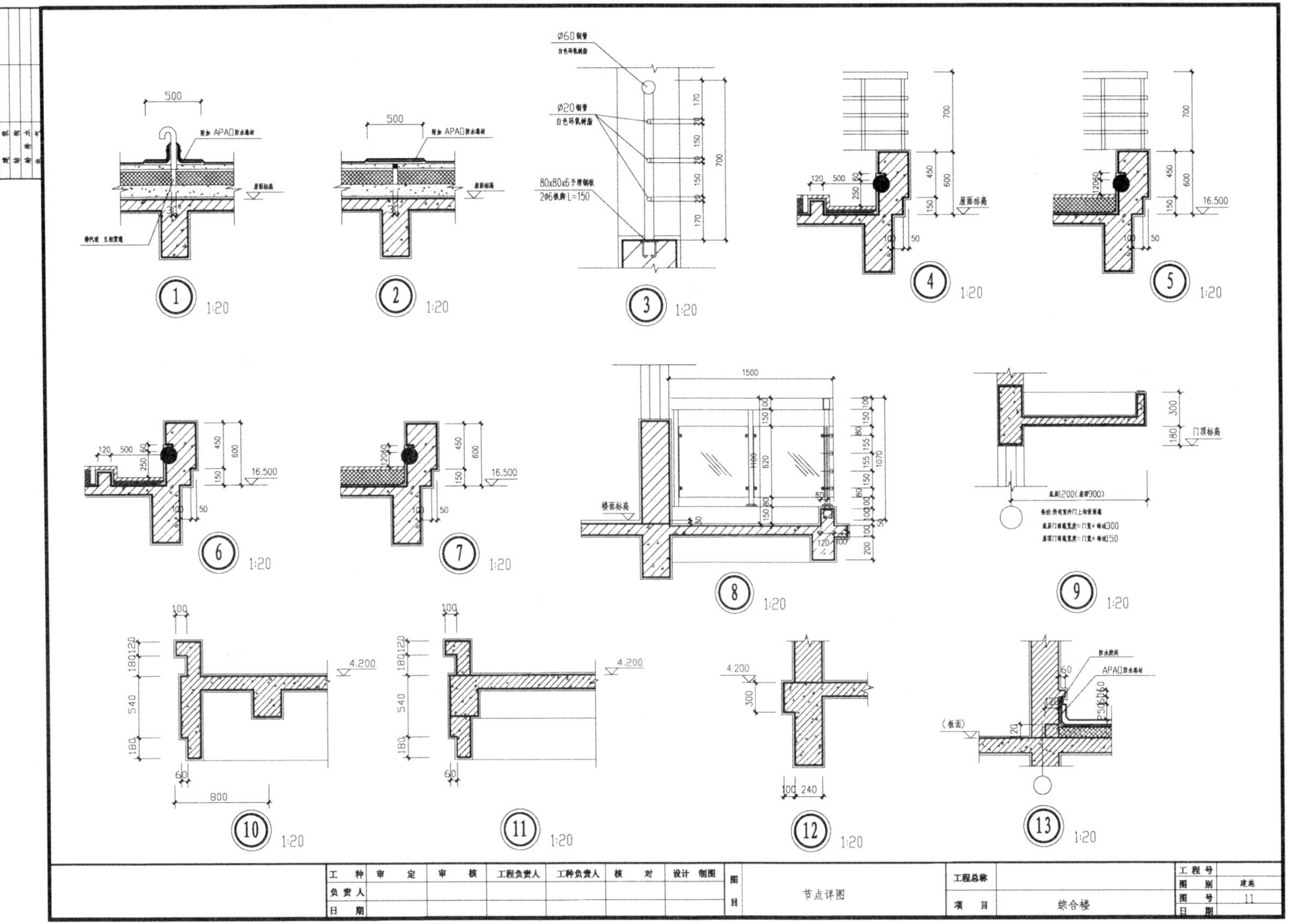

1 1:20
2 1:20
3 1:20
4 1:20
5 1:20
6 1:20
7 1:20
8 1:20
9 1:20
10 1:20
11 1:20
12 1:20
13 1:20
Ø60钢管
Ø20钢管
80x80x6予埋钢板
2Ø6钢筋 L=150
屋面标高
楼面标高
门顶标高
16.500
4.200
1500
1070
500
700
600
450
150
800
540
180
120
300
240
工 种
负责人
日 期
审 定
审 核
工程负责人
工种负责人
核 对
设计 制图
图 目
节点详图
工程总称
项 目
综合楼
工程号
图 别
建施
图 号
11
日 期

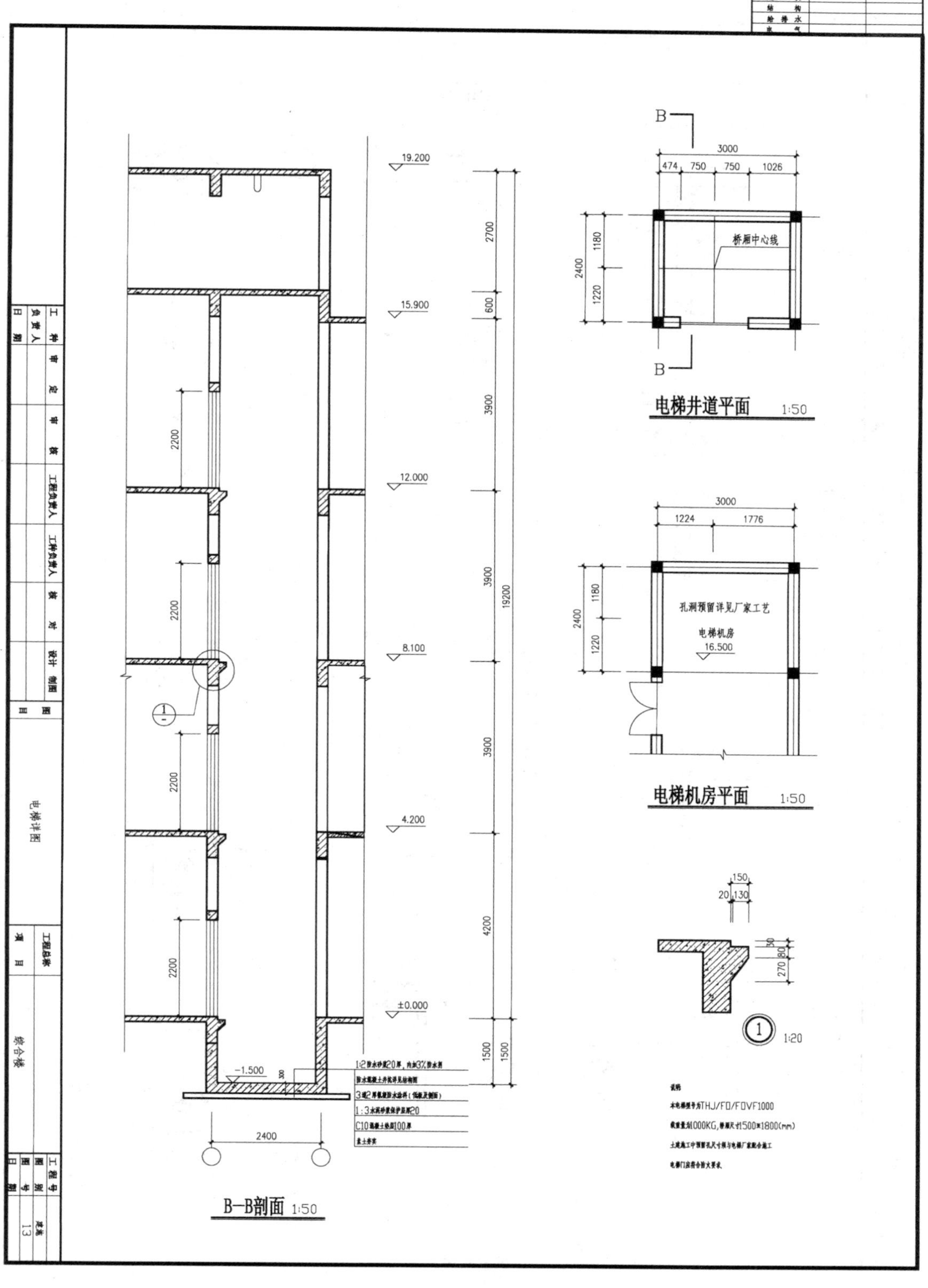
B-B剖面 1:50
19.200
15.900
12.000
8.100
4.200
±0.000
-1.500
2700
600
3900
3900
3900
4200
1500
19200
2200
2400
1:2防水砂浆20厚，内加3%防水剂
防水混凝土井坑详见结构图
3或2厚氯胶防水涂料（底板及侧面）
1:3水泥砂浆保护层厚20
C10混凝土垫层100厚
素土夯实
电梯井道平面 1:50
桥厢中心线
3000
474 750 750 1026
2400
1180
1220
电梯机房平面 1:50
孔洞预留详见厂家工艺
电梯机房
16.500
1224 1776
1:20
说明
本电梯型号为THJ/FO/FOVF1000
载重量为1000KG，轿厢尺寸1500×1800(mm)
土建施工中预留孔尺寸须与电梯厂家配合施工
电梯门应符合防火要求
综合楼
电梯详图
建施
13

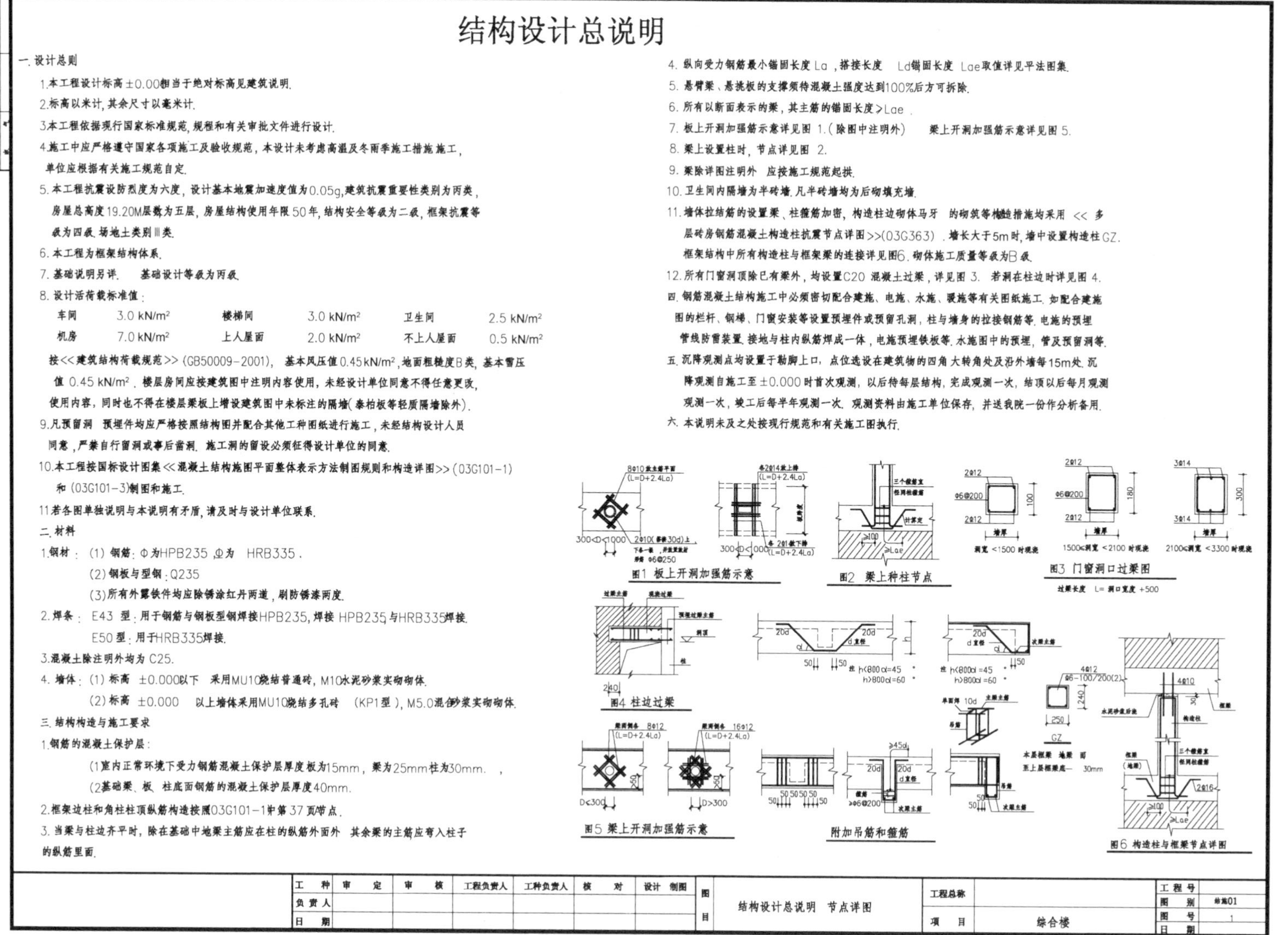

结构设计总说明

一、设计总则

1.本工程设计标高±0.00相当于绝对标高见建筑说明。

2.标高以米计，其余尺寸以毫米计。

3.本工程依据现行国家标准规范，规程和有关审批文件进行设计。

4.施工中应严格遵守国家各项施工及验收规范，本设计未考虑高温及冬雨季施工措施施工，单位应根据有关施工规范自定。

5.本工程抗震设防烈度为六度，设计基本地震加速度值为0.05g，建筑抗震重要性类别为丙类，房屋总高度19.20M层数为五层，房屋结构使用年限50年，结构安全等级为二级，框架抗震等级为四级，场地土类别Ⅲ类。

6.本工程为框架结构体系。

7.基础说明另详。 基础设计等级为丙级。

8.设计活荷载标准值：

车间	3.0 kN/m²	楼梯间	3.0 kN/m²	卫生间	2.5 kN/m²
机房	7.0 kN/m²	上人屋面	2.0 kN/m²	不上人屋面	0.5 kN/m²

按<<建筑结构荷载规范>>(GB50009-2001)，基本风压值0.45kN/m²，地面粗糙度B类，基本雪压值0.45 kN/m²。楼层房间应按建筑图中注明内容使用，未经设计单位同意不得任意更改使用内容，同时也不得在楼层梁板上增设建筑图中未标注的隔墙(泰柏板等轻质隔墙除外)。

9.凡预留洞 预埋件均应严格按照结构图并配合其他工种图纸进行施工，未经结构设计人员同意，严禁自行留洞或事后凿洞。施工洞的留设必须征得设计单位的同意。

10.本工程按国标设计图集<<混凝土结构施工图平面整体表示方法制图规则和构造详图>>(03G101-1)和(03G101-3)制图和施工。

11.若各图单独说明与本说明有矛盾，请及时与设计单位联系。

二、材料

1.钢材：(1)钢筋：Φ为HPB235 Φ为 HRB335。

(2)钢板与型钢：Q235

(3)所有外露铁件均应除锈涂红丹两道，刷防锈漆两度。

2.焊条：E43 型：用于钢筋与钢板型钢焊接HPB235，焊接 HPB235与HRB335焊接。

E50型：用于HRB335焊接。

3.混凝土除注明外均为C25。

4.墙体：(1)标高 ±0.000以下 采用MU10烧结普通砖，M10水泥砂浆实砌砌体。

(2)标高 ±0.000 以上墙体采用MU10烧结多孔砖 (KP1型)，M5.0混合砂浆实砌砌体。

三、结构构造与施工要求

1.钢筋的混凝土保护层：

(1)室内正常环境下受力钢筋混凝土保护层厚度板为15mm，梁为25mm柱为30mm。

(2)基础梁、板、柱底面钢筋的混凝土保护层厚度40mm。

2.框架边柱和角柱柱顶纵筋构造按照03G101-1中第37页节点。

3.当梁与柱边齐平时，除在基础中地梁主筋应在柱的纵筋外面外 其余梁的主筋应弯入柱子的纵筋里面。

4.纵向受力钢筋最小锚固长度La，搭接长度 Ld锚固长度 Lae取值详见平法图集。

5.悬臂梁、悬挑板的支撑须待混凝土强度达到100%后方可拆除。

6.所有以断面表示的梁，其主筋的锚固长度>Lae。

7.板上开洞加强筋示意详见图1.(除图中注明外) 梁上开洞加强筋示意详见图5.

8.梁上设置柱时，节点详见图2.

9.梁除详图注明外 应按施工规范起拱。

10.卫生间内隔墙为半砖墙，凡半砖墙均为后砌填充墙。

11.墙体拉结筋的设置梁、柱箍筋加密，构造柱边砌体马牙 的砌筑等构造措施均采用<<多层砖房钢筋混凝土构造柱抗震节点详图>>(03G363)。墙长大于5m时，墙中设置构造柱GZ。框架结构中所有构造柱与框架梁的连接详见图6。砌体施工质量等级为B级。

12.所有门窗洞顶除已有梁外，均设置C20混凝土过梁，详见图3。若洞在柱边时详见图4。

四、钢筋混凝土结构施工中必须密切配合建施、电施、水施、暖施等有关图纸施工。如配合建施图的栏杆、钢梯、门窗安装等设置预埋件或预留孔洞，柱与墙身的拉接钢筋等，电施的预埋管线防雷装置，接地与柱内纵筋焊成一体，电施预埋铁板等，水施图中的预埋，管及预留洞等。

五、沉降观测点均设置于勒脚上口，点位选设在建筑物的四角大转角处及沿外墙每15m处。沉降观测自施工至±0.000时首次观测，以后待每层结构，完成观测一次，结顶以后每月观测观测一次，竣工后每半年观测一次。观测资料由施工单位保存，并送我院一份作分析备用。

六、本说明未及之处按现行规范和有关施工图执行。

工种	审定	审核	工程负责人	工种负责人	校对	设计 制图	图目	结构设计总说明 节点详图	工程总称		工程号	
负责人											图别	结施01
日期									项目	综合楼	图号	1
											日期	

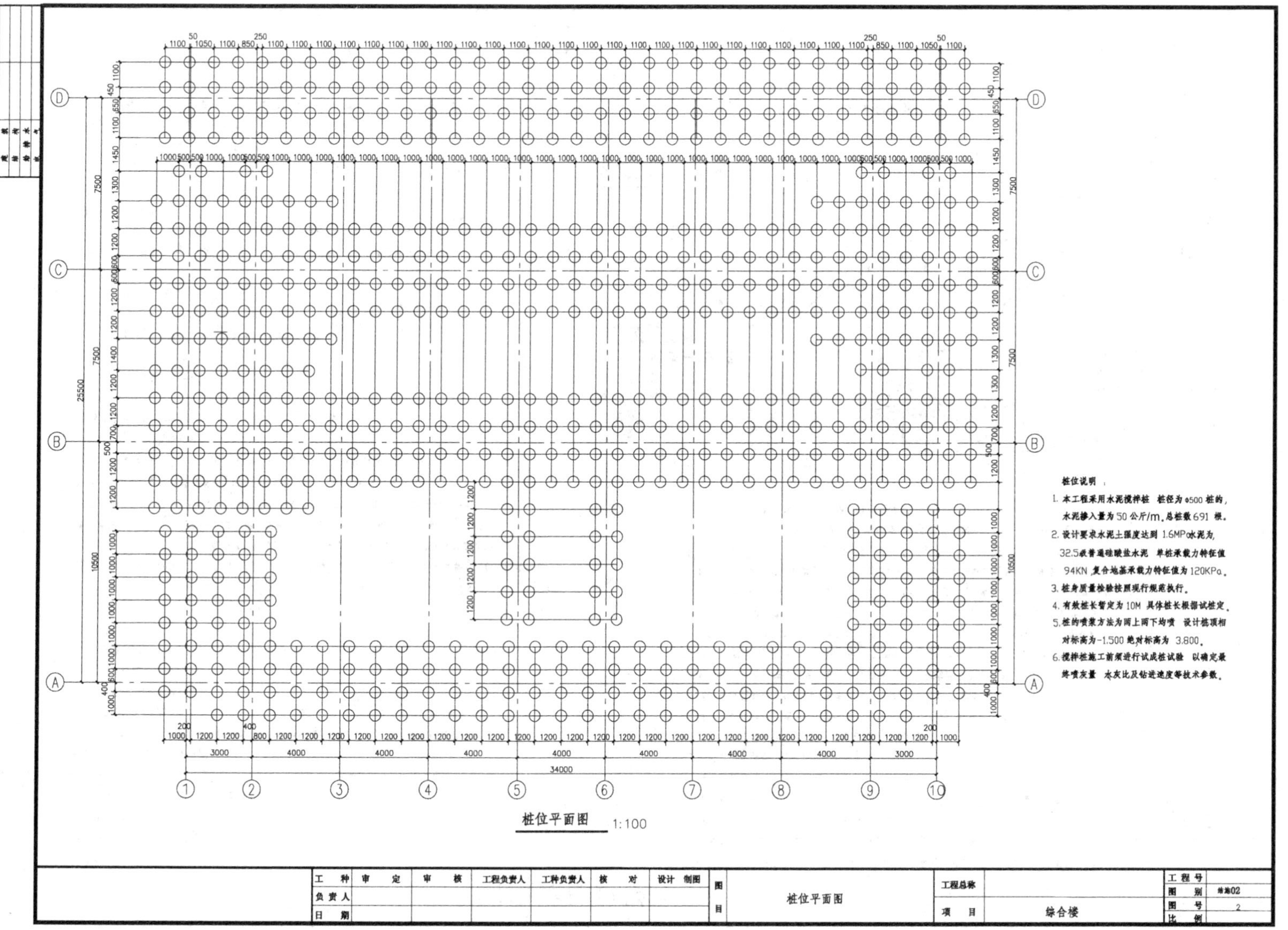
桩位说明：
1. 本工程采用水泥搅拌桩 桩径为 ф500 桩的，水泥掺入量为 50 公斤/m，总桩数 691 根。
2. 设计要求水泥土强度达到 1.6MPa水泥为，32.5级普通硅酸盐水泥 单桩承载力特征值 94KN，复合地基承载力特征值为 120KPa。
3. 桩身质量检验按照现行规范执行。
4. 有效桩长暂定为 10M 具体桩长根据试桩定。
5. 桩的喷浆方法为两上两下均喷 设计桩顶相对标高为-1.500 绝对标高为 3.800。
6. 搅拌桩施工前须进行试成桩试验 以确定最终喷灰量 水灰比及钻进速度等技术参数。
桩位平面图 1:100
工种 审定 审核 工程负责人 工种负责人 核对 设计 制图
负责人
日期
图目 桩位平面图
工程总称
项目 综合楼
工程号
图别 结施02
图号 2
比例

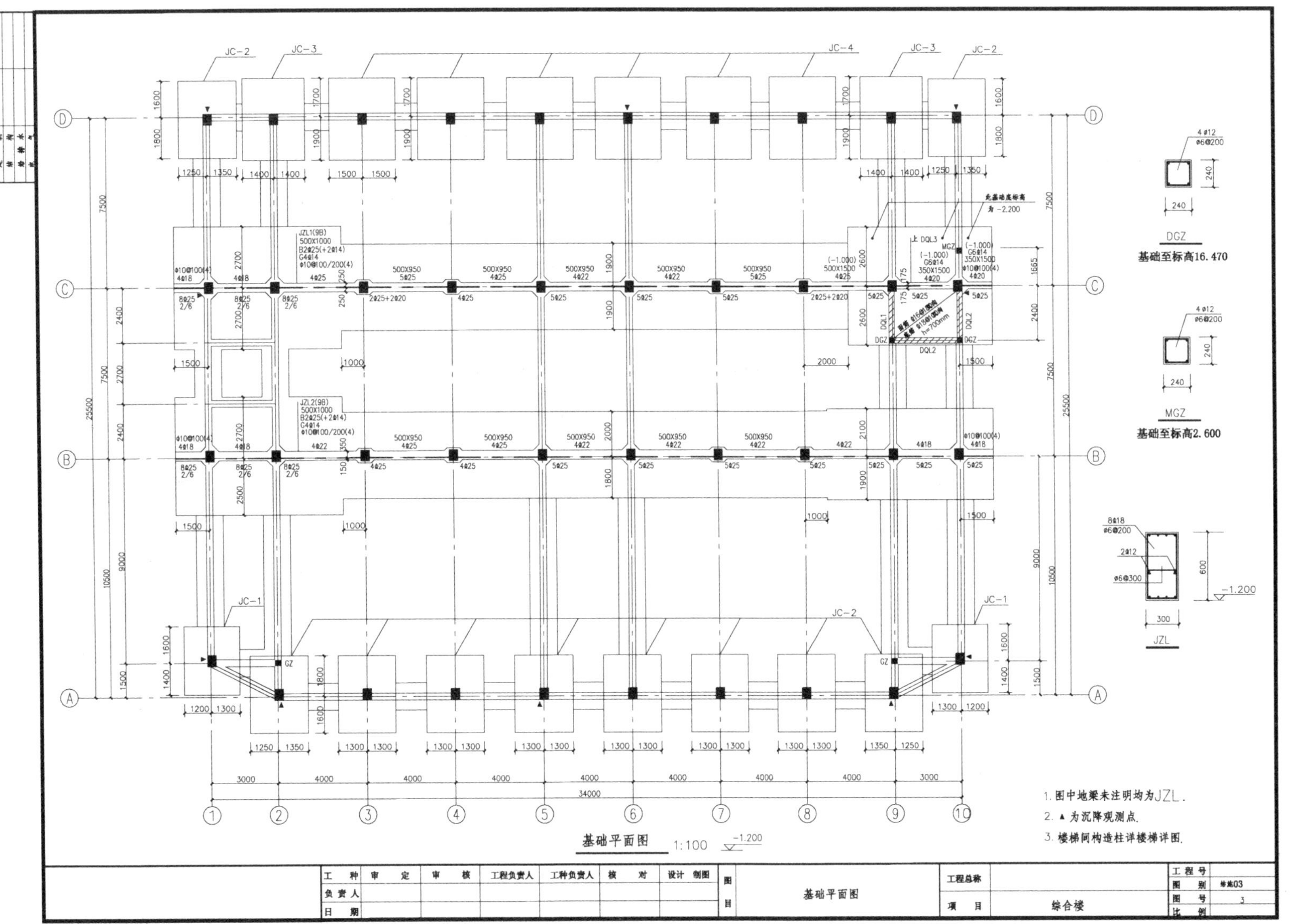

DGZ
基础至标高16.470
MGZ
基础至标高2.600
JZL
基础平面图 1:100
1. 图中地梁未注明均为JZL.
2. ▲ 为沉降观测点.
3. 楼梯间构造柱详楼梯详图.
工程总称
项 目
综合楼
基础平面图

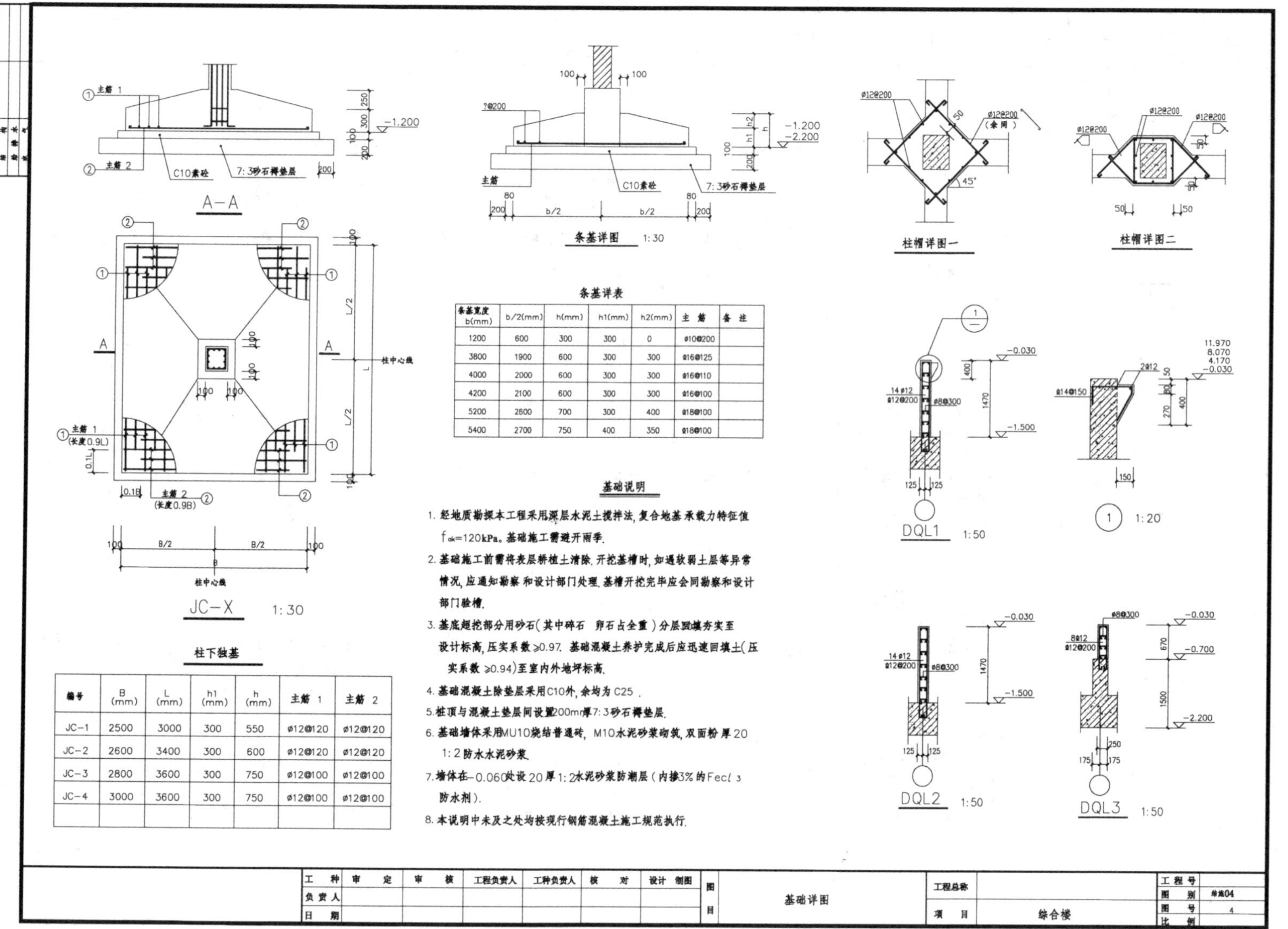

条基详表

条基宽度 b(mm)	b/2(mm)	h(mm)	h1(mm)	h2(mm)	主筋	备注
1200	600	300	300	0	ø10@200	
3800	1900	600	300	300	ø16@125	
4000	2000	600	300	300	ø16@110	
4200	2100	600	300	300	ø16@100	
5200	2600	700	300	400	ø18@100	
5400	2700	750	400	350	ø18@100	

基础说明

1. 经地质勘探本工程采用深层水泥土搅拌法，复合地基承载力特征值 f_{ak}=120kPa。基础施工需避开雨季。
2. 基础施工前需将表层耕植土清除，开挖基槽时，如遇软弱土层等异常情况，应通知勘察和设计部门处理。基槽开挖完毕应会同勘察和设计部门验槽。
3. 基底超挖部分用砂石（其中碎石　卵石占全重）分层回填夯实至设计标高，压实系数≥0.97。基础混凝土养护完成后应迅速回填土（压实系数≥0.94）至室内外地坪标高。
4. 基础混凝土除垫层采用C10外，余均为C25。
5. 桩顶与混凝土垫层间设置200mm厚7:3砂石褥垫层。
6. 基础墙体采用MU10烧结普通砖，M10水泥砂浆砌筑，双面粉厚20 1:2防水水泥砂浆。
7. 墙体在-0.060处设20厚1:2水泥砂浆防潮层（内掺3%的$FeCl_3$防水剂）。
8. 本说明中未及之处均按现行钢筋混凝土施工规范执行。

柱下独基

编号	B (mm)	L (mm)	h1 (mm)	h (mm)	主筋 1	主筋 2
JC-1	2500	3000	300	550	ø12@120	ø12@120
JC-2	2600	3400	300	600	ø12@120	ø12@120
JC-3	2800	3600	300	750	ø12@100	ø12@100
JC-4	3000	3600	300	750	ø12@100	ø12@100

工种	审定	审核	工程负责人	工种负责人	校对	设计 制图	图目	基础详图	工程总称		工程号	
负责人											图别	结施04
日期									项目	综合楼	图号	4
											比例	

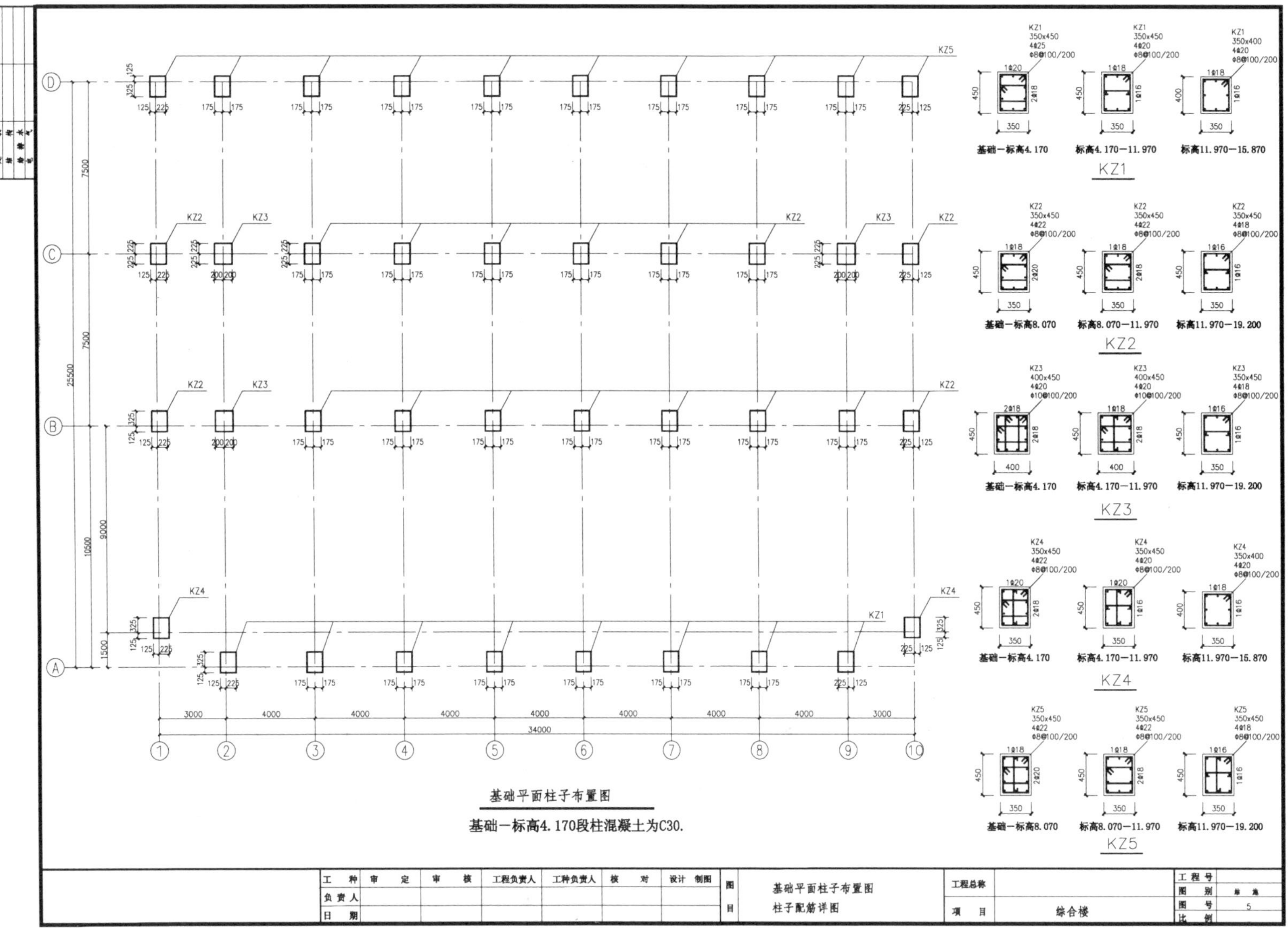
KZ1
350x450
4Φ25
Φ8@100/200
基础—标高4.170
KZ1
350x450
4Φ20
Φ8@100/200
标高4.170—11.970
KZ1
350x400
4Φ20
Φ8@100/200
标高11.970—15.870
KZ1
KZ2
350x450
4Φ22
Φ8@100/200
基础—标高8.070
KZ2
350x450
4Φ22
Φ8@100/200
标高8.070—11.970
KZ2
350x450
4Φ18
Φ8@100/200
标高11.970—19.200
KZ2
KZ3
400x450
4Φ20
Φ10@100/200
基础—标高4.170
KZ3
400x450
4Φ20
Φ10@100/200
标高4.170—11.970
KZ3
350x450
4Φ18
Φ8@100/200
标高11.970—19.200
KZ3
KZ4
350x450
4Φ22
Φ8@100/200
基础—标高4.170
KZ4
350x450
4Φ20
Φ8@100/200
标高4.170—11.970
KZ4
350x400
4Φ20
Φ8@100/200
标高11.970—15.870
KZ4
KZ5
350x450
4Φ22
Φ8@100/200
基础—标高8.070
KZ5
350x450
4Φ22
Φ8@100/200
标高8.070—11.970
KZ5
350x450
4Φ18
Φ8@100/200
标高11.970—19.200
KZ5
基础平面柱子布置图
基础—标高4.170段柱混凝土为C30.
工种
审定
审核
工程负责人
工种负责人
核对
设计
制图
负责人
日期
图目
基础平面柱子布置图
柱子配筋详图
工程总称
项目
综合楼
工程号
图别
图号
5
比例

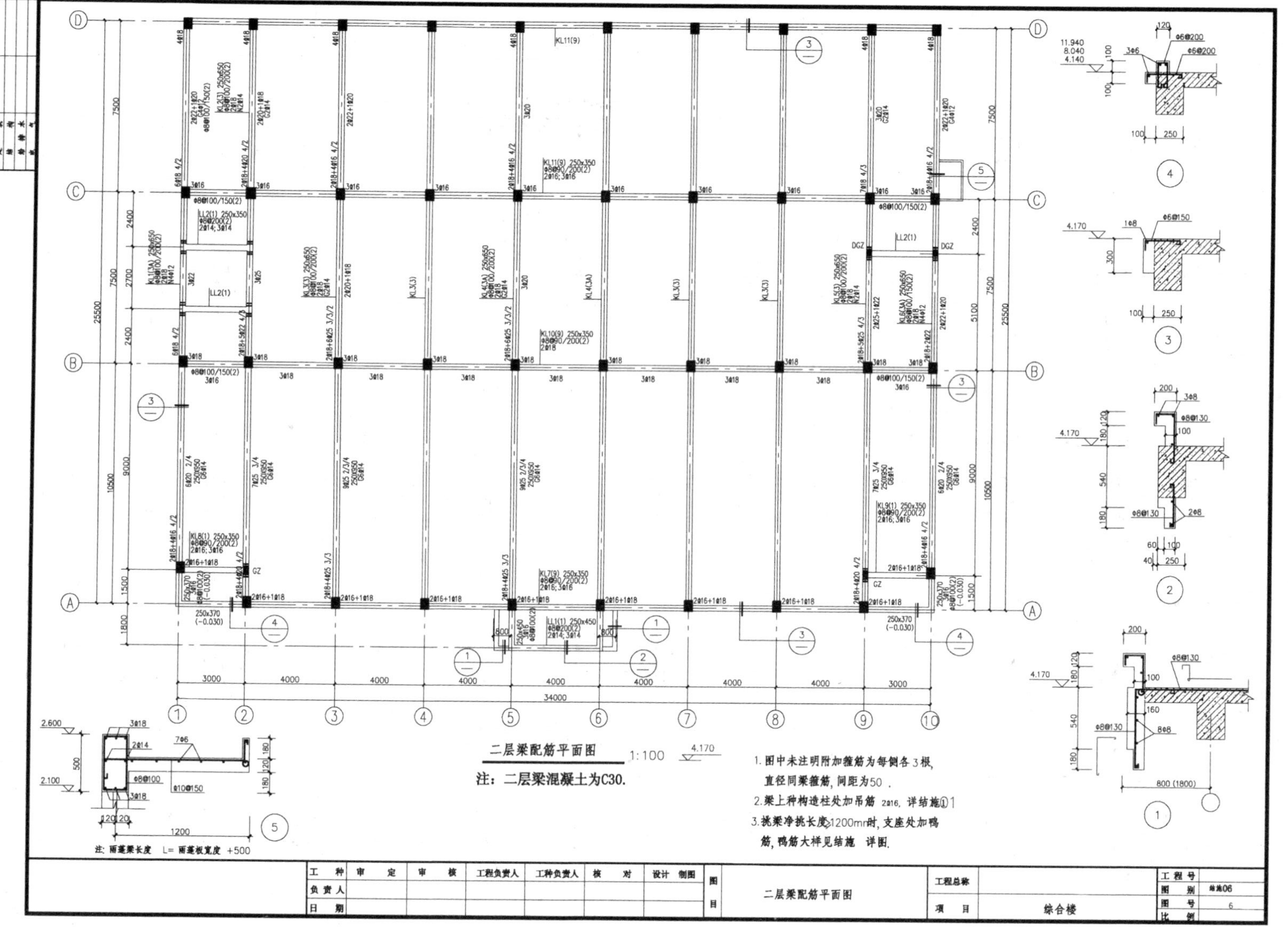
二层梁配筋平面图 1:100
注：二层梁混凝土为C30.
1.图中未注明附加箍筋为每侧各3根，直径同梁箍筋，间距为50．
2.梁上种构造柱处加吊筋 2Φ16，详结施①1
3.挑梁净挑长度≥1200mm时，支座处加鸭筋，鸭筋大样见结施 详图．
注：雨蓬梁长度 L= 雨蓬板宽度 +500
工程总称
项目
综合楼
二层梁配筋平面图
图别 结施06
图号 6

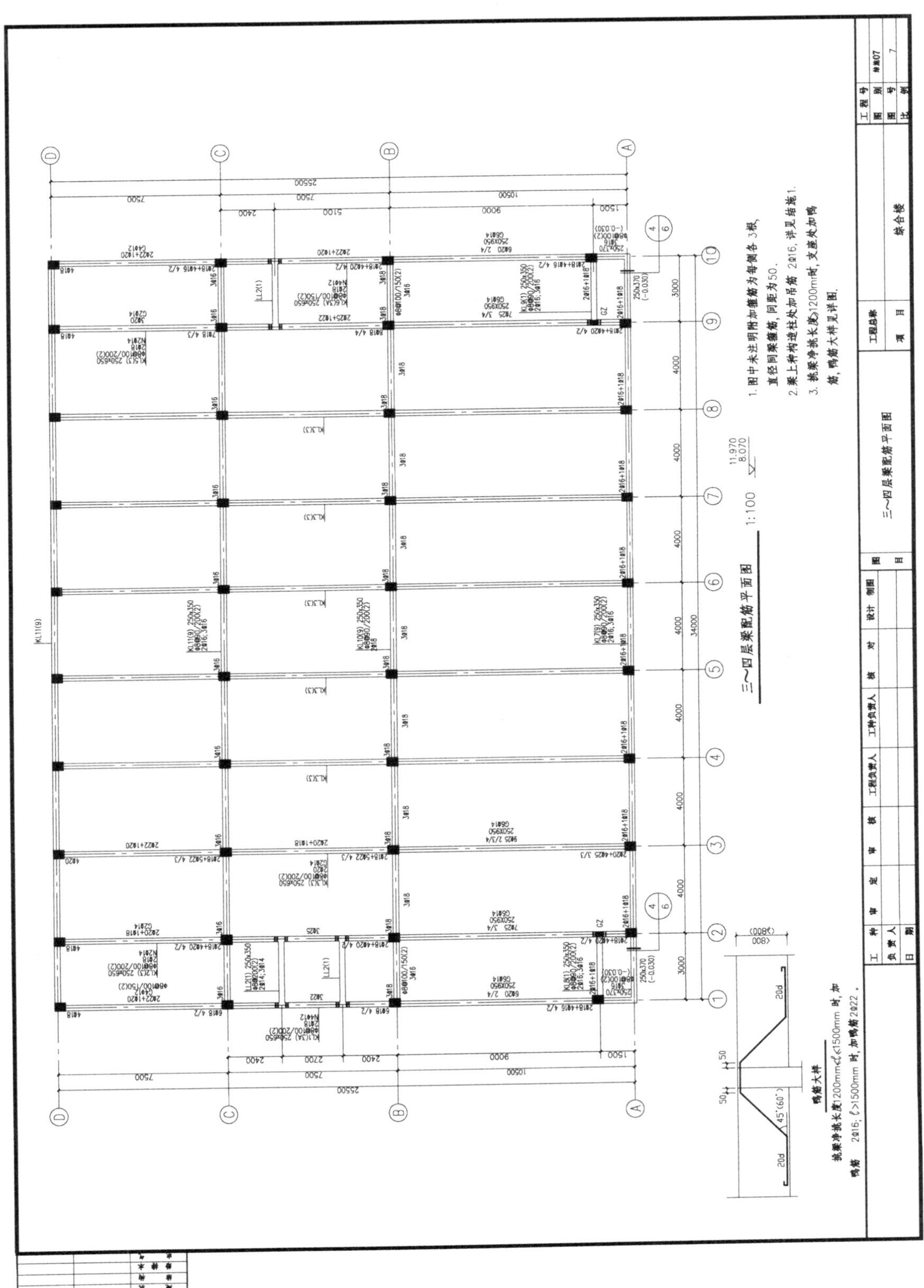
三～四层梁配筋平面图 1:100
1.图中未注明附加箍筋为每侧各3根，直径同梁箍筋，间距为50。
2.梁上构造柱处加吊筋 2Φ16，详见结施1。
3.挑梁净挑长度≥1200mm时，支座处加鸭筋，鸭筋大样见详图。
鸭筋大样
挑梁净挑长度1200mm≤L≤1500mm时，加鸭筋2Φ16；L>1500mm时，加鸭筋2Φ22。
综合楼
三～四层梁配筋平面图

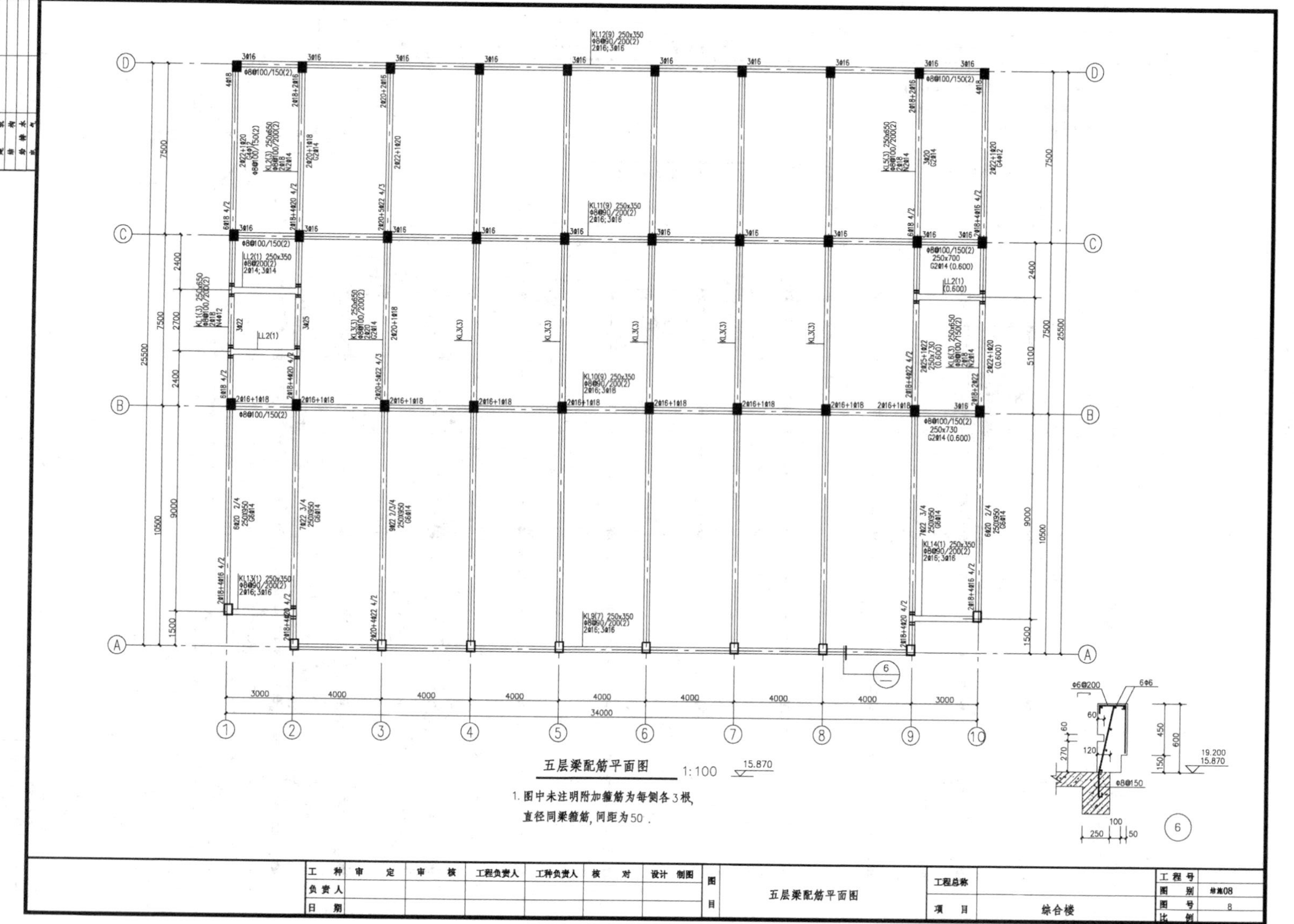

工　种	审　定	审　核	工程负责人	工种负责人	校　对	设计　制图	图目	五层梁配筋平面图	工程总称		工程号	
负责人											图　别	结施08
日　期									项　目	综合楼	图　号	8
											比　例	

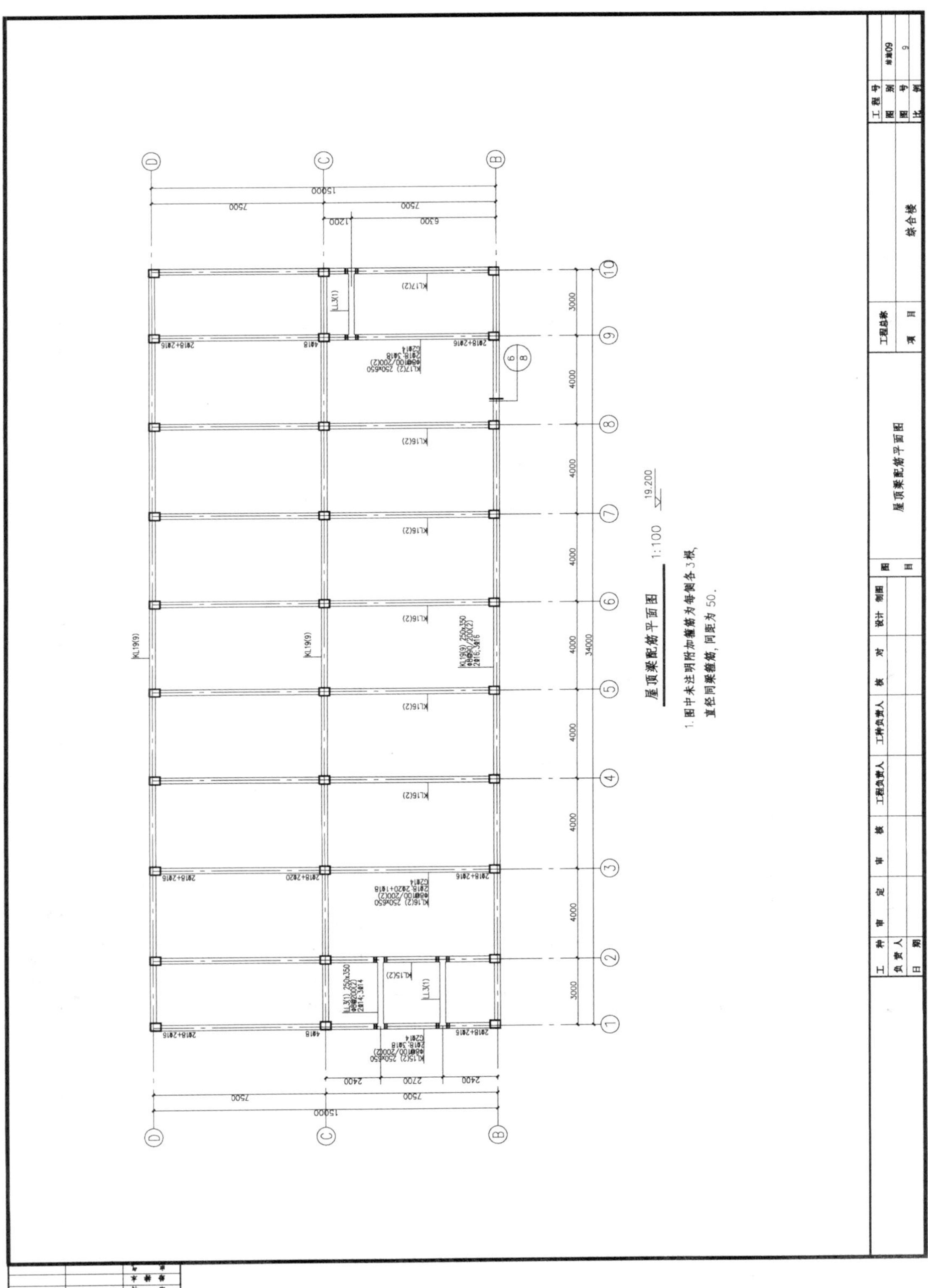
屋顶梁配筋平面图
1:100
19.200
1.图中未注明附加箍筋为每侧各3根，直径同梁箍筋，间距为50。
综合楼
屋顶梁配筋平面图

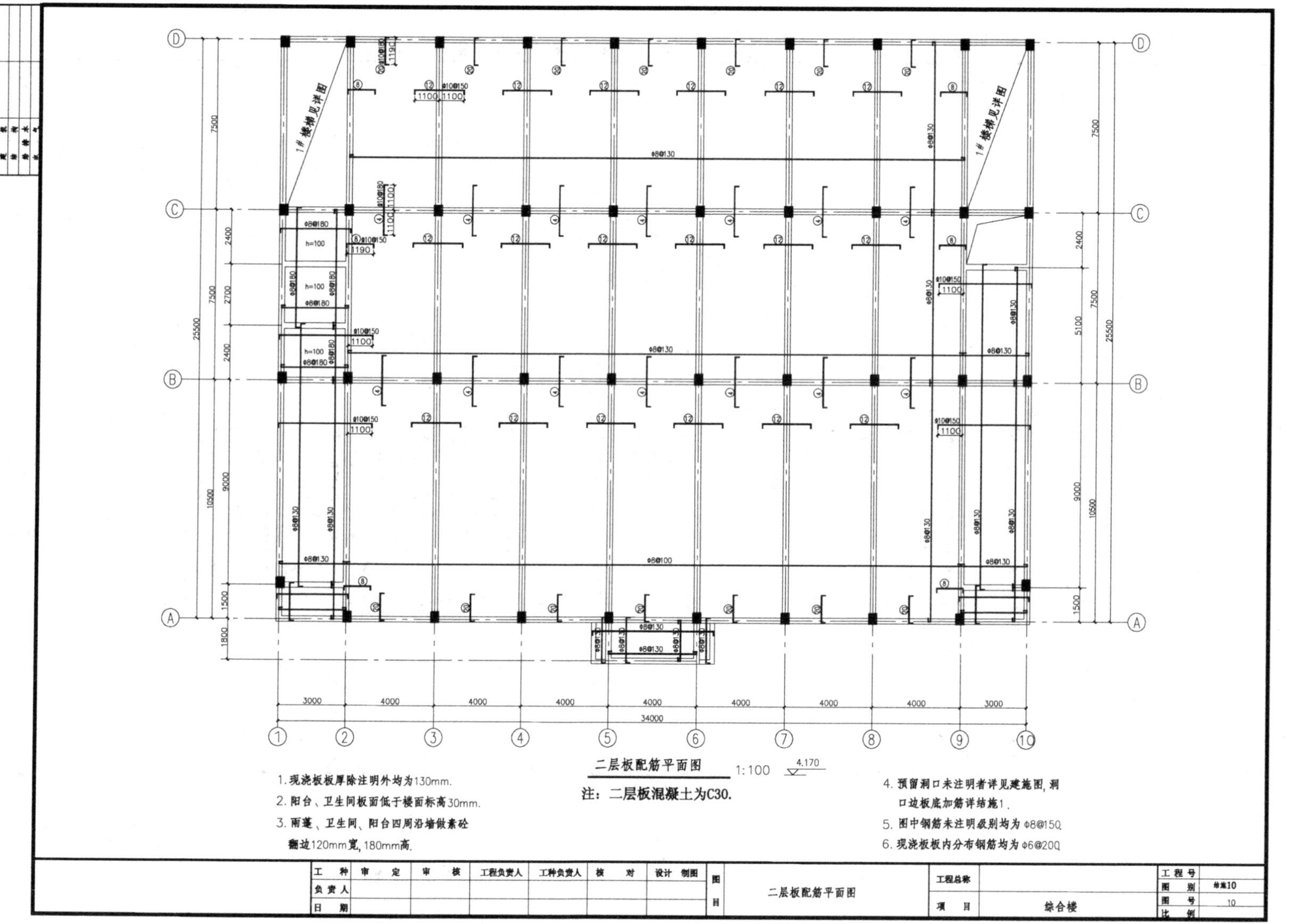
1#楼梯见详图
二层板配筋平面图 1:100
4.170
注：二层板混凝土为C30.
1.现浇板板厚除注明外均为130mm.
2.阳台、卫生间板面低于楼面标高30mm.
3.雨蓬、卫生间、阳台四周沿墙做素砼翻边120mm宽,180mm高.
4.预留洞口未注明者详见建施图,洞口边板底加筋详结施1.
5.图中钢筋未注明级别均为Φ8@150
6.现浇板内分布钢筋均为Φ6@200
工种负责人 审定 审核 工程负责人 工种负责人 校对 设计 制图
日期
图目 二层板配筋平面图
工程总称
项目 综合楼
工程号
图别 结施10
图号 10
比例

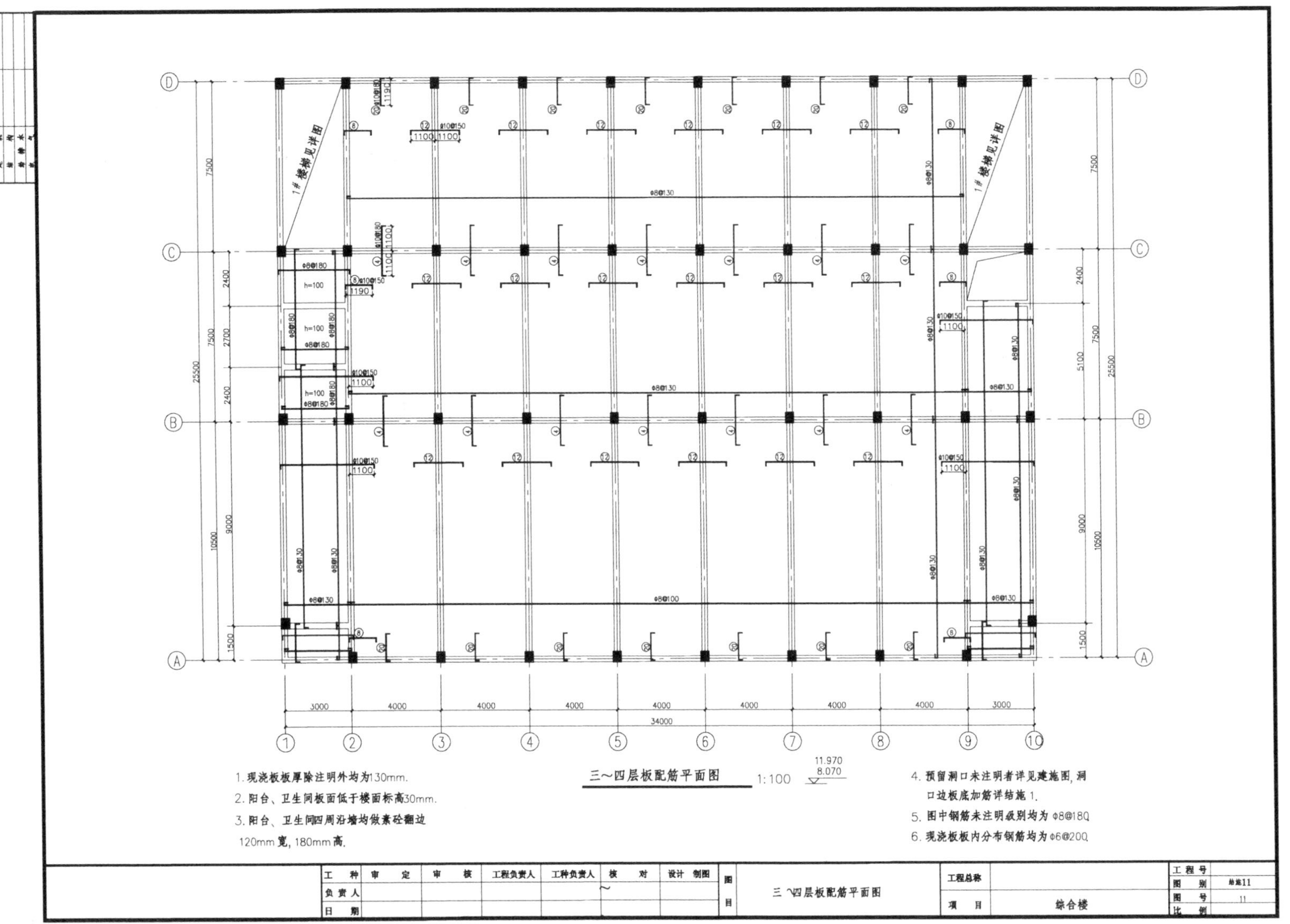
1#楼梯见详图
1#楼梯见详图
三~四层板配筋平面图 1:100
11.970
8.070
1. 现浇板板厚除注明外均为130mm.
2. 阳台、卫生间板面低于楼面标高30mm.
3. 阳台、卫生间四周沿墙均做素砼翻边120mm宽，180mm高.
4. 预留洞口未注明者详见建施图，洞口边板底加筋详结施1.
5. 图中钢筋未注明级别均为Φ8@180
6. 现浇板板内分布钢筋均为Φ6@200
工种 审定 审核 工程负责人 工种负责人 校对 设计 制图
负责人
日期
图目
三~四层板配筋平面图
工程总称
项目
综合楼
工程号
图别 结施11
图号 11
比例

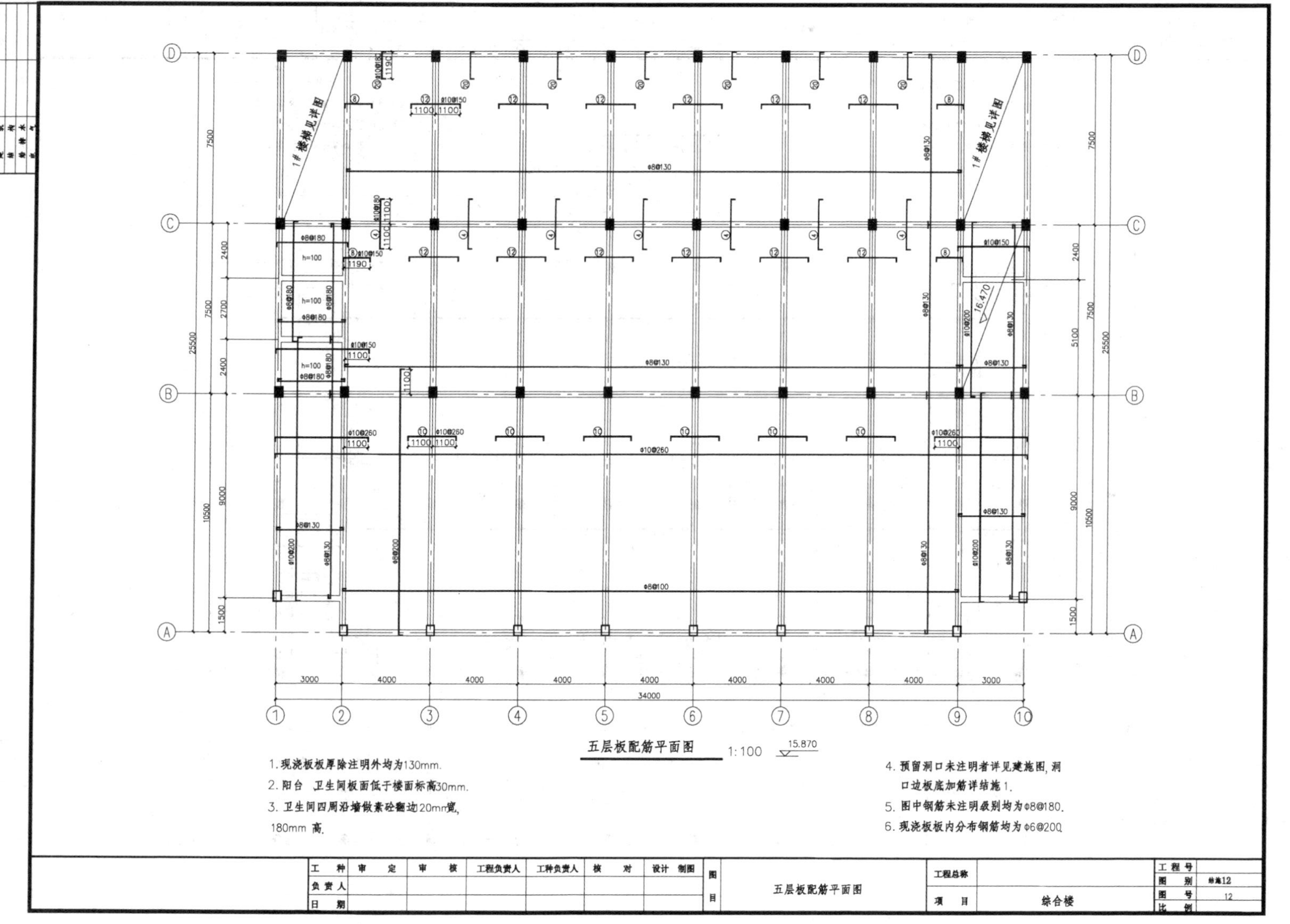
1#楼梯见详图
五层板配筋平面图 1:100 15.870
1. 现浇板板厚除注明外均为130mm.
2. 阳台 卫生间板面低于楼面标高30mm.
3. 卫生间四周沿墙做素砼翻边20mm宽, 180mm 高.
4. 预留洞口未注明者详见建施图, 洞口边板底加筋详结施1.
5. 图中钢筋未注明级别均为φ8@180.
6. 现浇板板内分布钢筋均为φ6@200
工种 审定 审核 工程负责人 工种负责人 校对 设计 制图
负责人
日期
图目 五层板配筋平面图
工程总称
项目 综合楼
工程号
图别 结施12
图号 12
比例

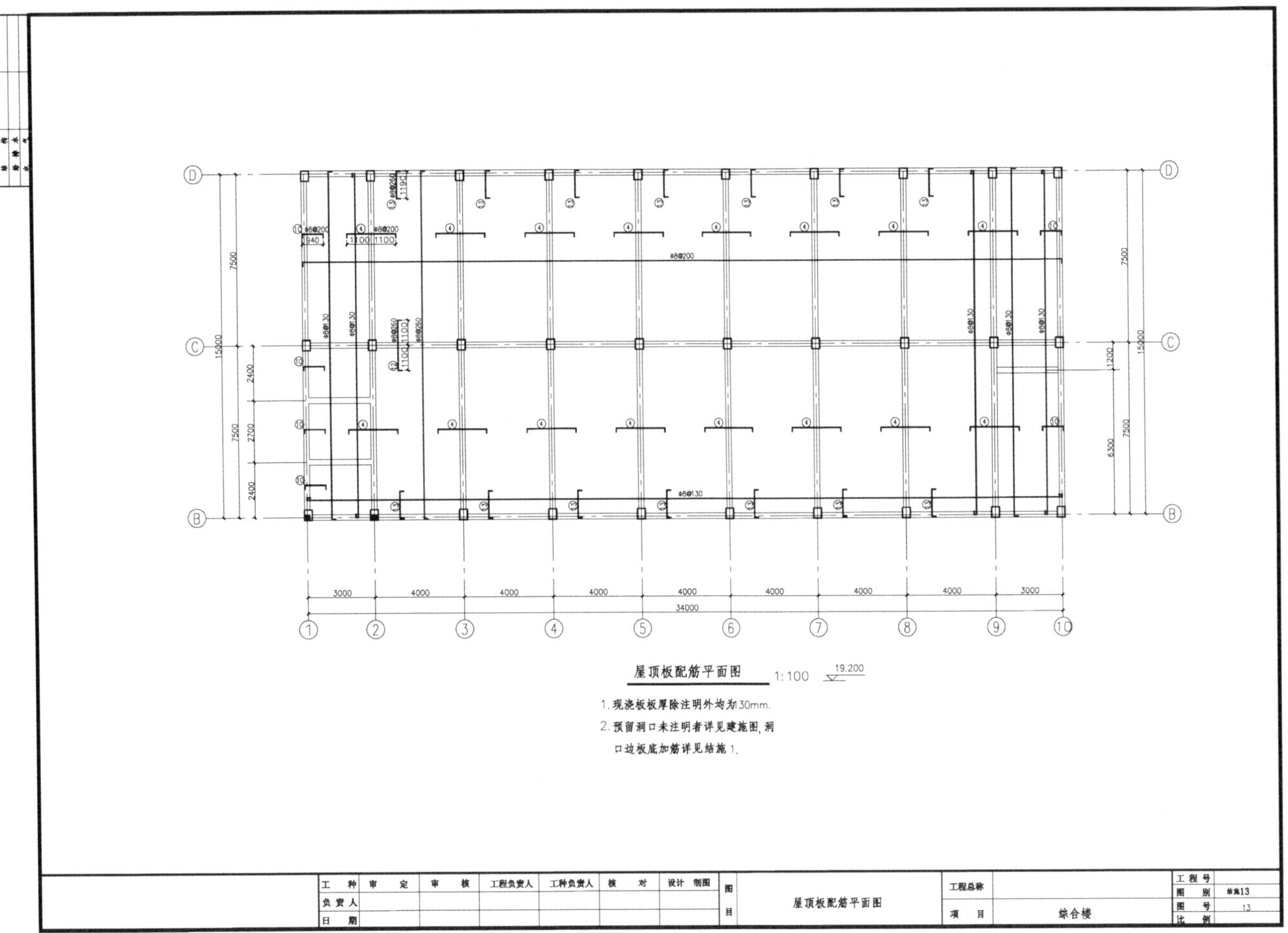
屋顶板配筋平面图
1:100
19.200
1.现浇板板厚除注明外均为130mm.
2.预留洞口未注明者详见建施图,洞口边板底加筋详见结施1.
3000
4000
34000
15000
7500
6300
1200
2400
2700
Φ8@200
Φ8@130
Φ8@260
工种
审定
审核
工程负责人
工种负责人
核对
设计
制图
负责人
日期
图目
屋顶板配筋平面图
工程总称
项目
综合楼
工程号
图别
结施13
图号
13
比例

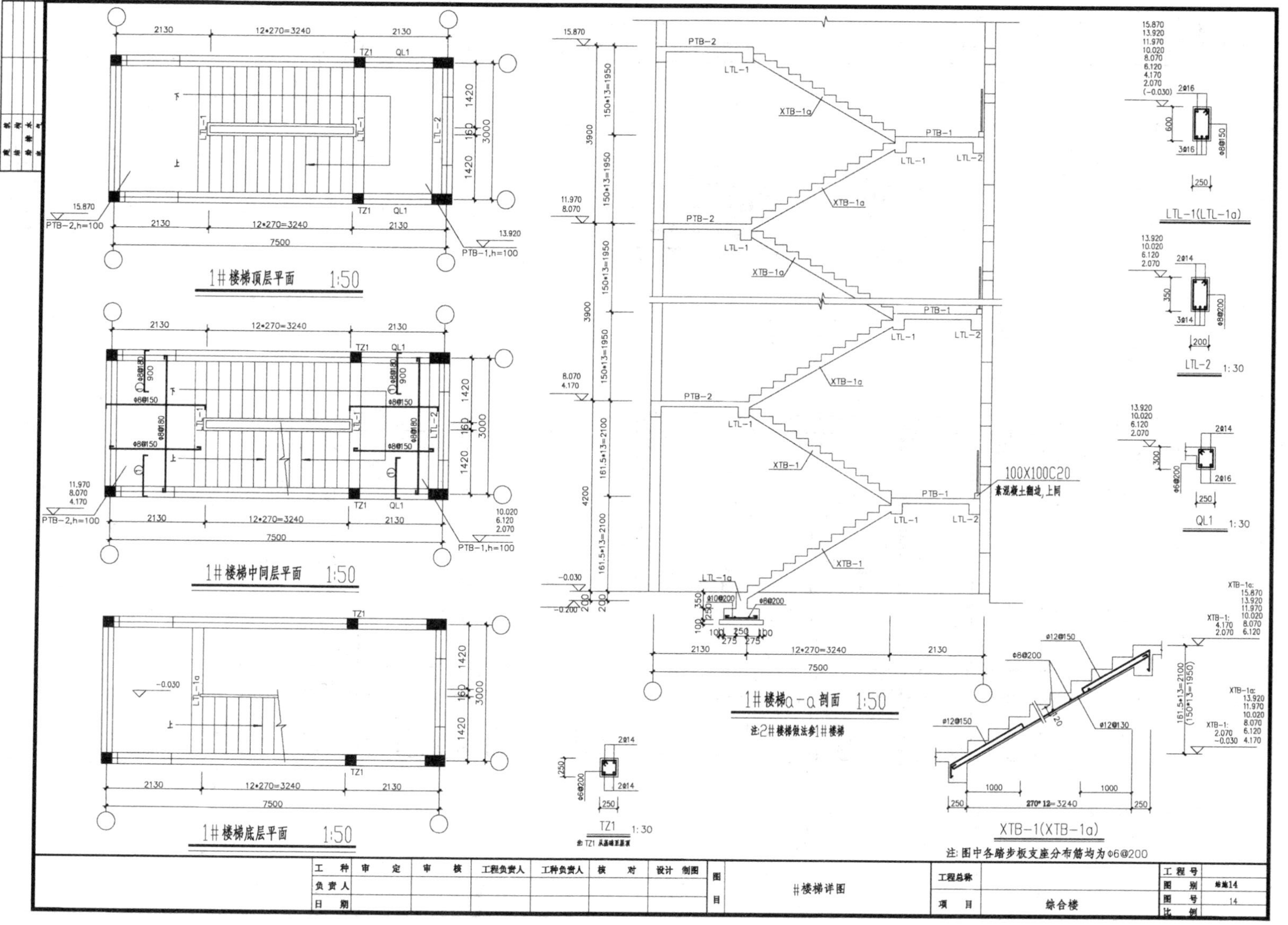
1#楼梯顶层平面 1:50
1#楼梯中间层平面 1:50
1#楼梯底层平面 1:50
1#楼梯a-a剖面 1:50
注:2#楼梯做法参1#楼梯
100X100C20
素混凝土翻边，上同
LTL-1(LTL-1a)
LTL-2 1:30
QL1 1:30
TZ1 1:30
XTB-1(XTB-1a)
注:图中各踏步板支座分布筋均为Φ6@200
工种 审定 审核 工程负责人 工种负责人 校对 设计 制图
负责人
日期
图目
#楼梯详图
工程总称
项目
综合楼
工程号
图别 结施14
图号 14
比例

参考文献

[1] 中华人民共和国住房和城乡建设部. 建设工程工程量清单计价规范(GB 50500—2013)[M]. 北京：中国计划出版社，2013
[2] 中华人民共和国住房和城乡建设部. 房屋建筑与装饰工程工程量计算规范(GB 50854—2013)[M]. 北京：中国计划出版社，2013
[3] 中华人民共和国住房和城乡建设部. 建筑工程建筑面积计算规范(GB/T 50353—2013)[M]. 北京：中国计划出版社，2013
[4] 袁建新. 工程量清单计价[M]. 北京：中国建筑工业出版社，2010
[5] 夏宪成，曾奎. 建筑与装饰工程计量计价[M]. 北京：中国矿业大学出版社，2010
[6] 江苏省住房和建设厅. 江苏省建筑与装饰工程计价定额(2014)[M]. 南京：江苏凤凰科学技术出版社，2014
[7] 江苏省住房和建设厅. 江苏省建设工程费用定额(2014)[M]. 南京：江苏凤凰科学技术出版社，2014
[8] 肖明和. 建筑工程计量与计价[M]. 北京：北京大学出版社，2009
[9] 黄伟典. 建设工程计量与计价案例详解[M]. 北京：中国环境科学出版社，2006
[10] 廖雯，孙璐. 建筑工程计量与计价[M]. 西安：西安电子科技大学出版社，2013
[11]《国家建筑标准设计图集平面整体表示方法制图规则和构造详图》(16G101—1)
[12]《国家建筑标准设计图集平面整体表示方法制图规则和构造详图》(16G101—2)
[13]《国家建筑标准设计图集平面整体表示方法制图规则和构造详图》(16G101—3)

图书在版编目（C I P）数据

建筑工程计量与计价／王丽梅，高久云主编. --长沙：中南大学出版社，2017.8

ISBN 978－7－5487－2974－7

Ⅰ.①建… Ⅱ.①王… ②高… Ⅲ.①建筑工程—计量—高等职业教育—教材 ②建筑造价—高等职业教育—教材 Ⅳ.①TU723.3

中国版本图书馆 CIP 数据核字(2017)第 217780 号

建筑工程计量与计价
（第 2 版）

王丽梅　高久云　主编

□**责任编辑**　周兴武
□**责任印制**　易建国
□**出版发行**　中南大学出版社
社址：长沙市麓山南路　　邮编：410083
发行科电话：0731－88876770　　传真：0731－88710482
□**印　　装**　长沙印通印刷有限公司

□**开　　本**　787×1092　1/16　□**印张** 26　□**字数** 646 千字
□**版　　次**　2017 年 8 月第 2 版　□2017 年 8 月第 1 次印刷
□**书　　号**　ISBN 978－7－5487－2974－7
□**定　　价**　56.00 元